研究生系列教材
地球科学

稳定同位素
地球化学

STABLE ISOTOPE GEOCHEMISTRY

EIGHTH EDITION

[德] 约亨·霍夫斯 著

吴石头　王洋洋　肖益林 译

中国科学技术大学出版社

安徽省版权局著作权合同登记号:第 12212022 号

First published in English under the title **Stable Isotope Geochemistry**(8th Ed.) by Jochen Hoefs
© Springer International Publishing AG, part of Springer Nature, 2018
This edition has been translated and published under licence from Springer Nature Switzerland AG.
This book is in copyright. No reproduction of any part may take place without the written permission of Springer Nature Switzer land AG and University of Science and Technology of China Press.
This edition is for sale in the People's Republic of China(excluding Hong Kong SAR,Macao SAR and Taiwan Province)only.
此版本仅限在中华人民共和国境内(不包括香港、澳门特别行政区及台湾地区)销售。

图书在版编目(CIP)数据

稳定同位素地球化学/(德)约亨·霍夫斯著;吴石头,王洋洋,肖益林译.—合肥:中国科学技术大学出版社,2021.11(2025.1 重印)
ISBN 978-7-312-05201-9

Ⅰ.稳… Ⅱ.①约… ②吴… ③王… ④肖… Ⅲ.稳定同位素—地球化学 Ⅳ.P597

中国版本图书馆 CIP 数据核字(2021)第 114553 号

稳定同位素地球化学
WENDING TONGWEISU DIQIU HUAXUE

出版	中国科学技术大学出版社
	安徽省合肥市金寨路 96 号,230026
	http://press.ustc.edu.cn
	https://zgkxjsdxcbs.tmall.com
印刷	合肥华苑印刷包装有限公司
发行	中国科学技术大学出版社
经销	全国新华书店
开本	787 mm×1092 mm 1/16
印张	25
字数	654 千
版次	2021 年 11 月第 1 版
印次	2025 年 1 月第 2 次印刷
定价	98.00 元

内 容 简 介

本书介绍了稳定同位素在地球科学研究中的应用。主要内容包括自然界中稳定同位素比值和分馏机制、稳定同位素应用领域及如何运用稳定同位素解释地质问题等。内容翔实,论述精练,是国际地球科学工作者公认的地球化学经典教科书。

全书分3个部分,分别介绍了同位素理论基础和实验方法原理、自然界中42个元素同位素的比值及分馏机制以及不同地球化学研究领域中同位素比值变化特征,包括对非传统同位素体系的讨论。

本书可作为地球科学及其相关领域研究生的教材,也可供稳定同位素地球化学、行星地球化学等领域的研究人员参考。

中 文 版 序

Stable Isotope Geochemistry 是德国哥廷根大学 Jochen Hoefs 教授撰写的一本国际知名的稳定同位素地球化学教学和科研参考书。自从 1973 年出版了第 1 版后,历经 45 年的修订和扩充,到 2018 年已经再版到第 8 版。该书从稳定同位素分馏理论和分析方法、同位素分馏机制、自然界同位素变化及其示踪原理等三方面,系统介绍了稳定同位素地球化学基本原理,重点总结了该领域的重要研究成果,是稳定同位素地球化学领域的经典参考书籍。因此,将该书翻译成中文版很有必要,特别是对于英文相对薄弱的初学者和青年地球化学工作者,该书可为他们提供一个很好的参考。我认为,国际著名的施普林格出版社能够先后组织 8 次修订和定期更新书中内容,已经很好地说明了这本书的价值。

相比于第 7 版以及之前的版本,第 8 版涵盖了化学周期表中的 42 个元素,包括"传统"的气体稳定同位素碳、氢、氧、氮、硫(即 C、H、O、N、S)和"非传统"的固体稳定同位素锂、硼、镁、硅、钙、铁等。该版本着重综述了近三年来的研究进展,不仅概括了先前的重要发现,而且对固体稳定同位素地球化学进行了系统讨论。固体稳定同位素研究的快速发展,主要得益于多接收等离子质谱仪分析技术的快速发展,使得之前不能测定的同位素得到了精确测定。

近年来,随着我国高投入引进大型仪器(如多接收等离子质谱仪、热电离质谱仪、高分辨率气体同位素质谱仪、离子探针、激光探针等),促使了我国稳定同位素地球化学领域的快速发展,特别是在固体稳定同位素(如镁、铁同位素等)方面,我国学者发表了许多重要的学术论文,并做出了前沿性的科学贡献。我相信该书在稳定同位素地球化学研究的前沿领域,对于我国地球化学专业的研究生及相关领域学者具有重要的引领意义。

Hoefs 教授是国际著名的地球化学家,美国地球化学学会、欧洲地球化学学会会士。他从 20 世纪 80 年代开始的 30 多年时间里一直任国际顶级地学期刊 *Contributions to Mineralogy and Petrology* 的主编,先后在欧洲地球化学学会和国际地球化学学会任重要职务。从 48 年前的第 1 版到现在最新的第 8 版,

Hoefs 教授投入了难以想象的精力来完善和改进这本教材。由于 Hoefs 教授已经年过 80 周岁，第 8 版很可能是这本书的最后一版。希望中译版的出版发行能够进一步提高该书的国际影响力，以回馈 Hoefs 教授对稳定同位素地球化学发展的重要贡献。

Hoefs 教授是我留学德国哥廷根大学时的博士生导师，我在科学研究和人才培养方面的建树非常得益于他对我在学习方法上的指导和科研写作上的帮助。自从 1993 年回国到中国科学技术大学工作以来，我一直坚持在气体稳定同位素地球化学领域耕耘。虽然在进入 21 世纪后我没有直接从事固体稳定同位素研究，但是一直关注这个新兴领域的发展。我还清楚地记得，在 2002 年国际地球化学年会（Goldschmidt Conference）非传统稳定同位素专题的特邀报告中，他非常中肯地对这个新兴领域的发展所提出的建议和寄予的厚望。肖益林和吴石头两位博士也先后留学德国哥廷根大学，与 Hoefs 教授有不同程度的交集。他俩经过一番努力，终于将 Hoefs 教授的 *Stable Isotope Geochemistry* 第 8 版译成中文，在中国科学技术大学出版社出版。在恭贺之余，我非常高兴能有机会为本书作序，并借此表达我对 Hoefs 教授的深深敬意。

郑永飞

2021 年 4 月 8 日

中文版自序

非常欣喜地得知我的作品 *Stable Isotope Geochemistry* 第 8 版的中文翻译本即将出版。实际上,这是该书的第 4 次中文翻译。第一次翻译是在 1976 年,当时翻译的是 1973 年出版的第 1 版,该版翻译是作为一个小册子出版的。在 20 世纪 80 年代早期,来自中国地质大学(武汉)的一个代表团访问我时,将该译本作为礼物赠与我,直到那时我才第一次知道我的著作有了中文译本。令我非常惊讶的是,无论是施普林格出版社,还是我自己,都不知道我的著作被翻译成了中文。在很多年以后的一次国际会议上,丁悌平告诉我是他翻译了这本书,这令我再一次感到惊讶,同时又感到荣幸,因为丁悌平是中国稳定同位素地球化学的奠基人之一。

第二次翻译(翻译的是 1997 年出版的第 4 版)是在 2002 年由另一个出版社完成的。同样地,第三次翻译本的出版在 2011 年完成(翻译的是 2009 年出版的第 6 版)。遗憾的是,直到现在我也并不清楚这两个中文翻译本的影响力,也不清楚它们是否卖得好,以及出版时印刷了多少本。

这本书的内容涵盖了过去长达 50 年的研究进展。一直以来,我修订和扩充该书的意图都是一样的:按时间顺序概述同位素地球化学最新的研究进展。该书的前 4 版主要聚焦在传统的轻元素(H、C、O、N、S)上。随着多接收电感耦合等离子体质谱仪(MC-ICP-MS)的发展,2004 年出版的第 5 版不得不扩充内容,这是因为在那时很多元素的同位素已经可以以必要的精度进行准确测定。到第 8 版时,元素的数量已经扩充并超过 40 个,这也使得这本书的内容增加了很多,同时也增加了被引次数,根据谷歌学术的数据统计,这本书已经被引用了超过 5500 次。

另外,一个让人更加兴奋的事实是,中国在同位素地球化学研究方面的贡献越来越大,在该书的第 1 版中,引自中国的论文很少,并且仅仅局限于矿床研究。这种现象在过去数年中发生了彻底的变化,目前中国学者在稳定同位素地球化学的各个领域都扮演着非常重要的角色,这也是我修订新版图书时要重点考虑的一个内容。

最后，我要感谢我以前指导过的中国学生对于此书出版的帮助，包括吴石头、王洋洋和肖益林对此书的翻译，肖益林的组织，以及郑永飞撰写的序言。

约亨·霍夫斯

2021年6月

附：自序原文

I am delighted that a translated version of the 8th edition of my book *Stable Isotope Geochemistry* is now ready for publication. Actually, my book will be the fourth of a series of translations. The first appeared in 1976 as a small booklet of my first edition 1973. I got knowledge about the book from a delegation of the Chinese University of Geosciences in Wuhan visiting me in the early 1980s and bringing with them a copy of the book as a gift. I was totally surprised, because neither the publisher Springer nor myself was aware about the existence of the translation of my book. Many years later during an international meeting Ding TiPing told me, that he was the translator of the book. I was again surprised and somewhat flattered, because Ding TiPing was one of the founders of stable isotope geochemistry in China.

The second translated version (my 4th edition 1997) appeared in 2002 from another publisher; the same is true for the 3rd book (my 6th edition 2009) which appeared in 2011. Unfortunately, I do not know anything about the impact of these books, whether they have been sold well or how many copies have been printed.

The 8 editions of my book cover an unusually large time span of nearly 50 years. My intentions for rewriting and revisions have been always the same: to give timely overviews of the new developments in stable isotope geochemistry. The first 4 editions had to be restricted to the classical light elements HCONS. With the introduction of the Multi-collector-ICP-Mass Spectrometry, the 5th edition in 2004 had to be extended, due to the fact that many more elements could be measured with the necessary precision, which reaches now more than 40 elements in the 8th edition and which also leads to an increase in the volume of the book, but also to an increase in the number of citations, which according to Google Scholar have reached more than 5500.

An even more exciting fact, however, is the increasing importance of studies originating from China. For my first edition, papers from China were of little importance and were restricted to the investigation of ore deposits. This has totally changed over the years: studies from China now play a very important role in all fields of stable isotope geochemistry and have to be considered in revising the book.

Finally, I want to thank my former Chinese students: Wu Shitou, Wang Yangyang and Xiao Yilin for translating, Xiao Yilin for organizing and Zheng Yongfei for writing a preface for the book.

Jochen Hoefs

前　言

《稳定同位素地球化学》第 7 版于 2015 年出版。近年来，多接收电感耦合等离子体质谱技术的快速发展，使得对元素周期表中大多数元素的高精度同位素测定成为了可能。在第 7 版中，讨论了 30 个自然界中可分辨同位素组成变化的元素。而在第 8 版中，共讨论了 42 个元素。元素数量的增加以及采用"从头计算"的方法计算平衡同位素分馏的进展，促使了大量文献的产生，这使得有必要对第 7 版做重要的修订和扩充。

在第 8 版中，本书的整体结构没有变化。第 1 章给出了理论和实验原理的总体介绍，同时添加补充了有关医学应用的部分。

第 2 章报道了 42 个元素的自然界同位素变化的情况。在第 7 版中，元素是以元素序号的形式列出的。而在第 8 版中，第 2 章分为了两个部分：第一部分讨论了"传统的"同位素（碳、氢、氧、氮、硫），这些同位素组成均是通过气源质谱测定的；第二部分呈现的是"非传统"同位素，这些同位素是通过多接收电感耦合等离子体质谱测定的。作者将具有相似的地球化学性质的元素放在一起讨论，重点强调了过去三年的研究进展，同时也总结了先前的重要发现。有关新添加元素的结论是基于非常有限的数据，需要未来研究来强化其中的一些推论。总体来说，第 2 章扩充了大约 30% 的内容。

和之前的版本一样，第 3 章讨论了传统地球化学"圈层"同位素组成的自然变化，添加了有关非传统稳定同位素方面的发现。本章引用了大量的参考文献，其中很多是新添加的，这使得读者能快速查阅到最近成指数增长的文献。即使如此，作者还是略去了一定数量的新文献，这是因为参考文献部分已经占据了本书篇幅的 30%。

再次说明，作者尽力去报道稳定同位素地球化学整体领域的最新进展，希望能给出一个相对平衡的讨论，但不可避免地存在一些遗漏和缺点。

这里感谢 Michael Böttcher 和 Stefan Weyer 对第 2 章审稿的帮助，以及

Klaus Simon 在整本书撰写过程中提供的巨大帮助。我将对有关本书所有的不足负责。

约亨·霍夫斯

于德国哥廷根

目 录

中文版序 ·· (ⅰ)

中文版自序 ··· (ⅲ)

前言 ··· (ⅴ)

第1章 理论及实验原理 ··· (1)
  1.1 同位素基本特征 ··· (1)
  1.2 同位素效应 ··· (3)
  1.3 同位素分馏过程 ··· (4)
    1.3.1 同位素交换 ·· (4)
    1.3.2 动力学效应 ·· (9)
    1.3.3 质量与非质量同位素效应 ··· (9)
    1.3.4 核体积和磁同位素效应 ·· (11)
    1.3.5 团簇同位素 ·· (11)
    1.3.6 扩散 ·· (14)
    1.3.7 其他影响同位素分馏的因素 ··· (16)
    1.3.8 同位素地质温度计 ·· (17)
  1.4 质谱基本原理 ·· (21)
    1.4.1 连续流-同位素比值质谱(IRMS) ·· (23)
    1.4.2 气体样品前处理技术的总体说明 ·· (24)
    1.4.3 光腔衰荡光谱法(CRDS) ··· (25)
  1.5 标准物质 ·· (25)
  1.6 微量分析技术 ·· (28)
    1.6.1 激光探针 ·· (29)
    1.6.2 二次离子探针(SIMS) ·· (29)
    1.6.3 多接收器电感耦合等离子体质谱(MC-ICP-MS) ··························· (30)
    1.6.4 高质量分辨率多接收红外质谱 ·· (30)

1.7 金属元素稳定同位素的变化 （30）
1.7.1 钙 （32）
1.7.2 铁 （32）
1.7.3 锌 （33）
1.7.4 铜 （33）
参考文献 （33）

第2章 典型元素的同位素分馏过程 （45）
2.1 传统同位素 （45）
2.1.1 氢 （45）
2.1.2 碳 （51）
2.1.3 氮 （55）
2.1.4 氧 （60）
2.1.5 硫 （69）
2.2 非传统同位素 （76）
2.2.1 锂 （76）
2.2.2 硼 （79）
2.2.3 镁 （83）
2.2.4 钙 （87）
2.2.5 锶 （91）
2.2.6 钡 （93）
2.2.7 硅 （94）
2.2.8 氯 （97）
2.2.9 溴 （100）
2.2.10 钾 （101）
2.2.11 钛 （101）
2.2.12 钒 （102）
2.2.13 铬 （102）
2.2.15 镍 （110）
2.2.16 铜 （112）
2.2.17 锌 （115）
2.2.18 镓 （117）
2.2.19 锗 （118）
2.2.20 硒 （119）

2.2.21 碲 …………………………………………………………………… (121)
　　2.2.22 钼 …………………………………………………………………… (122)
　　2.2.23 银 …………………………………………………………………… (125)
　　2.2.24 镉 …………………………………………………………………… (126)
　　2.2.25 锡 …………………………………………………………………… (128)
　　2.2.26 锑 …………………………………………………………………… (129)
　　2.2.27 铈 …………………………………………………………………… (129)
　　2.2.28 铼 …………………………………………………………………… (129)
　　2.2.29 钨 …………………………………………………………………… (130)
　　2.2.30 钯 …………………………………………………………………… (131)
　　2.2.31 铂 …………………………………………………………………… (131)
　　2.2.32 钌 …………………………………………………………………… (132)
　　2.2.33 铱 …………………………………………………………………… (132)
　　2.2.34 锇 …………………………………………………………………… (133)
　　2.2.35 汞 …………………………………………………………………… (133)
　　2.2.36 铊 …………………………………………………………………… (136)
　　2.2.37 铀 …………………………………………………………………… (138)
参考文献 ……………………………………………………………………………… (140)

第3章 自然界中稳定同位素比值的变化 ……………………………………… (205)
3.1 地外物质 …………………………………………………………………… (205)
　　3.1.1 球粒陨石 ……………………………………………………………… (205)
　　3.1.2 月球 …………………………………………………………………… (211)
　　3.1.3 火星 …………………………………………………………………… (212)
　　3.1.4 金星 …………………………………………………………………… (214)
3.2 地球上地幔的同位素组成 ………………………………………………… (214)
　　3.2.1 氧 ……………………………………………………………………… (215)
　　3.2.2 氢 ……………………………………………………………………… (216)
　　3.2.3 碳 ……………………………………………………………………… (217)
　　3.2.4 氮 ……………………………………………………………………… (218)
　　3.2.5 硫 ……………………………………………………………………… (219)
　　3.2.6 镁和铁 ………………………………………………………………… (220)
　　3.2.7 锂和硼 ………………………………………………………………… (221)
　　3.2.8 地核的稳定同位素组成 ……………………………………………… (221)

3.3 岩浆岩 ·· (222)
3.3.1 分异结晶 ·· (222)
3.3.2 火山岩与深成岩的区别 ·· (223)
3.3.3 低温蚀变过程 ·· (223)
3.3.4 地壳岩石混染 ·· (223)
3.3.5 来自不同构造背景的玻璃 ·· (224)
3.3.6 海水-玄武岩地壳相互作用 ·· (226)
3.3.7 花岗质岩石 ·· (227)
3.3.8 岩浆体系中的挥发分 ·· (228)
3.3.9 地热系统中的同位素地质温度计 ·· (232)

3.4 变质岩 ·· (233)
3.4.1 接触变质 ·· (235)
3.4.2 区域变质 ·· (235)
3.4.3 下地壳岩石 ·· (236)
3.4.4 测温法 ·· (237)

3.5 矿床和热液系统 ·· (239)
3.5.1 成矿流体的来源 ·· (240)
3.5.2 围岩蚀变 ·· (242)
3.5.3 古热液系统 ·· (242)
3.5.4 热液碳酸盐 ·· (243)
3.5.5 矿床硫同位素的组成 ·· (244)
3.5.6 金属同位素 ·· (248)

3.6 水圈 ·· (249)
3.6.1 大气降水 ·· (249)
3.6.2 冰芯 ·· (253)
3.6.3 地下水 ·· (254)
3.6.4 蒸发过程中的同位素分馏 ·· (255)
3.6.5 海水 ·· (256)
3.6.6 孔隙水 ·· (257)
3.6.7 地层水 ·· (258)
3.6.8 水合盐类矿物中的水 ·· (260)

3.7 海水和淡水中溶解化合物、微粒化合物的同位素组成 ···················· (261)
3.7.1 水中的碳化合物 ·· (261)

目 录

- 3.7.2 硅 .... (264)
- 3.7.3 氮 .... (264)
- 3.7.4 氧 .... (265)
- 3.7.5 硫酸盐 .... (265)
- 3.7.6 磷酸盐 .... (267)
- 3.7.7 金属同位素 .... (267)

3.8 地质历史时期海洋的同位素组成 .... (268)
- 3.8.1 氧 .... (269)
- 3.8.2 碳 .... (270)
- 3.8.3 硫 .... (272)
- 3.8.4 锂 .... (273)
- 3.8.5 硼 .... (274)
- 3.8.6 钙 .... (274)

3.9 大气圈 .... (274)
- 3.9.1 大气中的水蒸气 .... (275)
- 3.9.2 氮气 .... (276)
- 3.9.3 氧气 .... (277)
- 3.9.4 二氧化碳 .... (279)
- 3.9.5 一氧化碳 .... (284)
- 3.9.6 甲烷 .... (284)
- 3.9.7 氢气 .... (285)
- 3.9.8 硫 .... (285)
- 3.9.9 高氯酸盐 .... (286)
- 3.9.10 金属同位素 .... (287)

3.10 生物圈 .... (287)
- 3.10.1 生物有机体 .... (287)
- 3.10.2 饮食和代谢指标 .... (292)
- 3.10.3 示踪人为有机污染物的来源 .... (293)
- 3.10.4 海相有机质与陆源有机质 .... (293)
- 3.10.5 化石有机物 .... (294)
- 3.10.6 石油 .... (295)
- 3.10.7 煤 .... (296)
- 3.10.8 天然气 .... (297)

3.11 沉积岩 ······ (301)
   3.11.1 黏土矿物 ······ (301)
   3.11.2 碎屑沉积岩 ······ (302)
   3.11.3 生物硅和燧石 ······ (304)
   3.11.4 海相碳酸盐 ······ (305)
   3.11.5 成岩作用 ······ (310)
   3.11.6 灰岩 ······ (310)
   3.11.7 白云岩 ······ (311)
   3.11.8 淡水碳酸盐 ······ (312)
   3.11.9 磷酸盐 ······ (313)
   3.11.10 铁氧化物 ······ (314)
   3.11.11 沉积硫和黄铁矿 ······ (315)
3.12 古气候学 ······ (317)
   3.12.1 大陆记录 ······ (317)
   3.12.2 冰芯 ······ (320)
   3.12.3 海洋记录 ······ (322)

参考文献 ······ (325)

第 1 章 理论及实验原理

1.1 同位素基本特征

同位素是指具有相同质子数、不同中子数的原子。"同位素"这个词起源于希腊语(意思为"相同位置"),这也表明同位素在元素周期表中占据着相同的位置。

同位素通常采用 ^m_nE 来表示,其中上角标"m"表示质量数(原子核内的质子数和中子数之和),下角标"n"表示元素 E 的原子序数。例如 $^{12}_6\text{C}$ 是一个含有 6 个质子和 6 个中子的碳同位素,自然界中存在某个元素的原子质量是其各同位素质量的加权平均值。

同位素可分为两个基本的类型:稳定同位素和不稳定同位素(放射性)。稳定同位素有 300 多种;目前发现的不稳定同位素超过 1200 种。稳定同位素也是相对而言的,取决于放射衰变时间的检出限。原子序数从 1(H) 到 83(Bi) 的范围内,除了未发现质量数为 5 和 8 的稳定核素外,所有元素的稳定核素都是已知的。

核素的稳定性可以通过几个重要的原则进行标定,这里简单讨论其中的两个。第一个是所谓的对称原则,它阐述了对于一个质量数较低的稳定核素,质子数与中子数大约相同,或者中子数与质子数的比值(N/Z)约等于 1。对于质子数或中子数大于 20 的稳定核素来说,N/Z 比值总是大于 1,对于最重的稳定核素,N/Z 比值最大可至 1.5。这是因为带正电的质子的静电库仑力随 Z 值增加而快速增长,为了维持原子核的稳定,需要比质子数多的中子(电中性)进入原子核中(图 1.1)。

第二个原则是所谓的奥多-哈金斯(Oddo-Harkins)法则,它是指原子序数为偶数的核素要比奇数的多。表 1.1 显示的四种组合中,最普遍的是偶数-偶数组合,最少见的是奇数-奇数组合。

表 1.1 原子核素的种类及其出现的频率

Z-N 组合	稳定核素数量
偶数-偶数	160
偶数-奇数	50
奇数-偶数	56
奇数-奇数	5

图 1.2 也显示了相同的规律,即质子数为偶数的稳定同位素要比奇数的多。

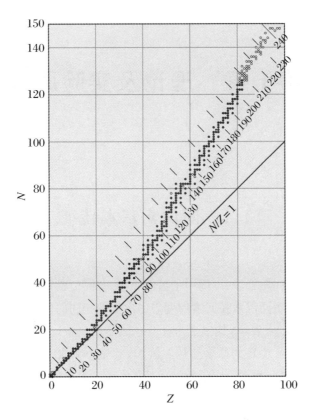

图 1.1 稳定(实圈)和不稳定(空圈)核素中质子数(Z)与中子数(N)对比图

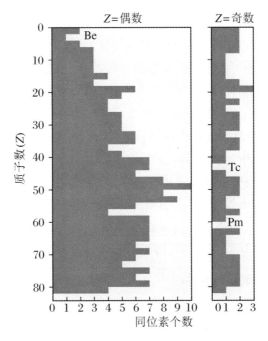

图 1.2 质子数为偶数和奇数的元素的稳定同位素数量
(包括半衰期大于 10^9 年的放射性同位素)

放射性同位素可以分为人工合成同位素和自然存在同位素。在地质学中，人们只对自然界中存在的放射性同位素感兴趣，因为这是放射性同位素年代学的基础。放射性衰变过程是一种自发的核反应过程，往往存在离子辐射，如 α、β 和 γ 辐射。衰变过程中还可能涉及电子捕获。

放射性衰变是一个影响同位素丰度变化的因素。另外一个引起同位素丰度变化的因素是元素的同位素之间因微小的化学和物理差异引起的同位素分馏，这一重要的过程将在后面的章节中进行重点讨论。

1.2 同位素效应

由于原子质量数不同而引起的同位素化学和物理性质变化，我们称之为同位素效应。众所周知，一个元素的电子结构决定了其化学行为，而原子核一定程度上影响着它的物理性质。一个元素的所有同位素均包含相同数量和排列结构的电子，故同位素具有极为相似的化学行为是合乎情理的。但是这种相似性并不是完全的，明显的一个不同就是由于质量数的不同导致的物理化学性质差异。一个分子中的任何一个原子被其同位素替换，都会引起其在化学行为上的细微变化。例如，添加一个中子会明显地降低化学反应速率。此外，还会导致拉曼和红外光谱位移。这种质量变化对于轻质量数元素会有更为明显的效应。表 1.2 列出了 $H_2^{16}O$、$D_2^{16}O$、$H_2^{18}O$ 的物理性质差异。总结来说，分子性质的变化是由于相同同位素替换，但是替换的数量不同。

表 1.2 $H_2^{16}O$、$D_2^{16}O$ 和 $H_2^{18}O$ 的物理性质

性质	$H_2^{16}O$	$D_2^{16}O$	$H_2^{18}O$
密度(20 ℃,g/cm)	0.997	1.1051	1.1106
密度最大时的温度(℃)	3.98	11.24	4.30
熔点(760 Torr,℃)	0.00	3.81	0.28
沸点(760 Torr,℃)	100.00	101.42	100.14
蒸汽压力(100 ℃,Torr)	760.00	721.60	
黏度(20 ℃,10^{-3} Pa·s)	1.002	1.247	1.056

注：1 Torr = 1.33×10^2 Pa。

H、C、N、O、S 以及其他元素的各同位素之间的化学性质差异，可通过统计力学的方法计算出来，也可通过实验测定。在化学反应过程中，这种差异可引起明显的同位素分馏。

本书将详细地讨论同位素效应理论和相应的元素分馏机制，详细的理论背景介绍请参见 Bigeleisen 和 Mayer(1947)、Urey(1947)、Melander(1960)、Bigeleisen(1965)、Richet 等(1977)、O'Neil(1986)、Criss(1999)、Chacko 等(2001)、Schauble(2004)等。

同位素物理化学性质的不同源于量子力学效应。图 1.3 为双原子分子能量随两个原子

间距变化的示意图。根据量子理论,一个分子的能量取决于其特定的势能,能量最小值并不位于能量曲线的最低点,而比其最低值高约 $1/2\ h\nu$ 倍数,其中,h 为普朗克常数,ν 是原子在分子中相对于另一个原子的振动频率。因此,即使在绝对零度时,分子振动能量也是一个高于最低势能的零点能量。分子以一个基础频率进行振动,这个基础频率取决于同位素的质量数。在这种条件下,有必要强调振动动能主导了化学的同位素效应,而旋转或平动动能对同位素分馏无影响或者影响很小。因此,即使分子具有相同的化学结构,但不同的同位素种类会具有不同的零点能量。因为较低的振动频率,分子中含有重同位素会比含有轻同位素具有较低的零点能量。图 1.3 为示意图,上面的水平线(E_L)代表轻分子的解离能,下面的水平线(E_H)代表重分子的解离能。E_L 实际上不是一条线,而是介于零点能量与"连续"水平的能量区间。这就意味着由轻同位素组成的键要比由重同位素组成的键弱。因此,在化学反应过程中,含有轻同位素的分子要比含有重同位素的分子更容易参与反应。

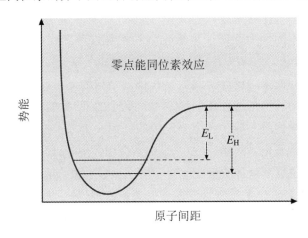

图 1.3 稳定分子中两个原子或液相和固相中两个分子反应过程中的势能能量曲线示意图(修改自 Bigeleisen(1965))

1.3 同位素分馏过程

不同物质或同一物质的不同相之间往往具有不同的同位素比值,当发生同位素再分配时,我们称之为同位素分馏。引起同位素分馏的主要原因包括同位素交换(同位素平衡分布)和动力学效应(主要取决于同位素分子的反应速率)。

1.3.1 同位素交换

同位素交换包括不同的物理化学机制。"同位素交换"这个概念,在本书中用于没有绝对反应,只存在不同化学物质之间、不同相之间或不同分子之间的同位素置换的情况中。

同位素置换反应是普通化学平衡中的一个特殊情况,可用下列方程式进行描述:

$$a\mathrm{A}_1 + b\mathrm{B}_2 \rightleftharpoons a\mathrm{A}_2 + b\mathrm{B}_1 \quad (1.1)$$

其中,A 和 B 的下角标 1、2 分别表示轻、重同位素。对于上述反应,平衡常数表示如下:[①]

$$K = \frac{\left(\frac{[A_2]}{[A_1]}\right)^a}{\left(\frac{[B_2]}{[B_1]}\right)^b} \tag{1.2}$$

其中,括弧里的比值表示物质的量浓度比值。依照数学统计原理,同位素平衡常数可以以物质的配分函数 Q 的形式表示为[②]

$$k = \frac{\left(\frac{Q_{A_2}}{Q_{A_1}}\right)^a}{\left(\frac{Q_{B_2}}{Q_{B_1}}\right)^b} \tag{1.3}$$

因此平衡常数可以简单地表示为同位素 A 和 B 的配分函数比值的商。

配分函数方程公式定义如下:

$$Q = \sum_i (g_i \exp(-E_i/kT)) \tag{1.4}$$

其中,$\sum_i$ 是基于所有可能的分子能量等级(E_i)求和,g_i 是第 i 等级分子能量(E_i)的简并度或统计权重,k 是玻尔兹曼常数,T 是温度。Urey(1947)曾表示,当计算同位素分子的配分函数比值时,对于任何化学组分,引入与之相应的孤立原子的配分函数比值是非常便利的,这又称为简化的配分函数。这个简化配分函数可以像正常配分函数比值那样准确计算。分子的配分函数可以拆分为与之对应的不同能量类型的参数,这些能量包括平动、转动和振动能量:

$$Q_2/Q_1 = (Q_2/Q_1)_{\text{trans}} \times (Q_2/Q_1)_{\text{rot}} \times (Q_2/Q_1)_{\text{vib}} \tag{1.5}$$

除了氢气需要考虑转动能量外,一般来说,交换反应方程式两边的化学物质的平动和转动能量基本是相同的。这意味着振动能量是引起同位素效应的主要来源。振动能量可以拆分为两部分:第一部分与零点能量有关,囊括了大部分与温度相关的变化;第二部分包括了其他所有化合键状态的贡献,通常不会偏离 1 太多。相对于这个简单的模型,其他复杂情况也会发生,通常是与振荡不完美的谐波有关,这时有必要对非谐波的影响进行校正。

对于地质学研究来说,平衡常数 K 与温度的相关性是一个非常重要的性质(见 1.4 节)。从原理上说,在同位素交换反应的过程中,压力基本上不会影响同位素的分馏,这是由于同位素的替换造成的固体或液体摩尔体积的变化非常小。Clayton 等(1975)进行的高温

---

① 译者注:原文为 "$\dfrac{\left(\dfrac{A^2}{A^1}\right)^a}{\left(\dfrac{B^2}{B^1}\right)^b}$"。

② 译者注:原文为 "$\dfrac{\left(\dfrac{Q_{A_2}}{Q_{A_1}}\right)}{\left(\dfrac{Q_{B_2}}{Q_{B_1}}\right)}$",漏加指数项。

高压实验(至 2×10^6 kPa)结果表明,由压力引起的氧同位素分馏变化小于仪器的测试精度。因此据现在所知,在地壳和上地幔环境中,除氢外,压力对同位素分馏的影响是可忽略不计的(Polyakov,Kharlashina,1994)。

在非常高的温度下,同位素分馏效应将会趋向于零。然而随着温度的升高同位素分馏效应并不会单调地降低至零。在高温下,分馏效应可能会改变方向(又称为交叉点),也可能会在数值上增加,但是在非常高的温度下,它们一定是趋向零的。这种交叉点的现象是与原子振动导致的热激发有关,这种复杂的行为会影响同位素效应(Stern et al.,1968)。

对于理想的气体反应有两个温度区域,在这两个温度区域里平衡常数的表现行为可以以简单的形式表示。在低温下(一般来说比室温低很多),平衡常数 K 的自然对数 $\ln K$ 与 $1/T$ 成相关性,这里的 T 是绝对温度;在高温下这种相关性转变为 $\ln K$ 与 $1/T^2$ 之间的关系。

在某温度范围内,这些相对简单的相关性($\ln K$ 与 $1/T$ 或者 $\ln K$ 与 $1/T^2$)通常与反应过程中涉及的分子振动频率有关。当计算一对同位素分子的配分函数比值时,必须要知道每个分子的振动频率。如果涉及固体物质,情况就会变得相对复杂,这时不仅要考虑每个分子内部独立的振动,还需要考虑晶格的振动。

1. 分馏系数(α)

地球化学中的同位素交换反应中,平衡常数 K 通常可以被分馏系数 α 替换。分馏系数通常定义为某一化学物质 A 的同位素比值与另外一化学物质 B 同位素比值的比值:

$$\alpha_{A\text{-}B} = \frac{R_A}{R_B} \tag{1.6}$$

如果同位素随机分配于化学物质 A 和 B 中所有可能的位置,那么 α 与平衡常数 K 成相关性,如下公式所示:

$$\alpha = K^{1/n} \tag{1.7}$$

其中,n 表示被交换原子的数量。换句话说,同位素交换反应通常会写成只有一个原子被交换的形式。在这种情况下,平衡常数与分馏系数相同。例如,同位素 ^{18}O 和 ^{16}O 在 H_2O 和 $CaCO_3$ 中的分馏系数可以表示为以下公式:

$$H_2^{18}O + \frac{1}{3}CaC^{16}O_3 \rightleftharpoons H_2^{16}O + \frac{1}{3}CaC^{18}O_3 \tag{1.8}$$

分馏系数 $\alpha_{CaCO_3\text{-}H_2O}$ 定义为

$$\alpha_{CaCO_3\text{-}H_2O} = \frac{\left(\frac{^{18}O}{^{16}O}\right)_{CaCO_3}}{\left(\frac{^{18}O}{^{16}O}\right)_{H_2O}} = 1.031 \quad (在 25\ ℃\ 条件下) \tag{1.9a}$$

近年来,通常采用 ε 值(或者同位素富集系数)来替换。ε 值定义为

$$\varepsilon = \alpha - 1 \tag{1.9b}$$

由于 $\varepsilon \times 1000$ 近似地表示分馏程度的千分值,这类似于 δ 值(如下)。

2. δ 值

在同位素地球化学领域,通常采用 δ 值来表示同位素组成。对于化学物质 A 和 B,其同位素组成由实验室传统的质谱仪测定而知:

$$\delta_A = \left(\frac{R_A}{R_{St}} - 1\right) \cdot 10^3 (‰) \tag{1.10}$$

$$\delta_B = \left(\frac{R_B}{R_{St}} - 1\right) \cdot 10^3 (‰) \tag{1.11}$$

其中，R_A 和 R_B 是物质 A 和物质 B 测出的同位素组成，R_{St} 是标准物质的同位素比值。

表 1.3　δ、α 和 $10^3 \ln \alpha_{A\text{-}B}$ 之间的对比

δ_A(‰)	δ_B(‰)	$\Delta_{A\text{-}B}$(‰)	$\alpha_{A\text{-}B}$	$10^3 \ln \alpha_{A\text{-}B}$
1.00	0	1.00	1.001	1.00
5.00	0	5.00	1.005	4.99
10.00	0	10.00	1.01	9.95
15.00	0	15.00	1.015	14.98
20.00	0	20.00	1.02	19.80
10.00	5.00	5.00	1.00498	4.96
20.00	15.00	5.00	1.00493	4.91
30.00	15.00	15.00	1.01478	14.67
30.00	20.00	10.00	1.00980	9.76
30.00	10.00	20.00	1.01980	19.61

对于化学物质 A 和 B 来说，其 δ 值和分馏系数 α 之间的关系如下：

$$\delta_A - \delta_B = \Delta_{A\text{-}B} \approx 10^3 \ln \alpha_{A\text{-}B} \tag{1.12}$$

表 1.3 显示了这种近似方式在不同分馏值情况下的偏离情况。考虑到测试过程中的不确定度（通常 ≥0.1‰），在 δ 值较小且 δ 值的差异小于 10 的情况下，这种近似方法是可以接受的。

3. 蒸发—冷凝过程

在稳定同位素地球化学中，蒸发—冷凝过程备受关注，这是因为化学物质蒸气压的不同会导致明显的同位素分馏效应。例如，由表 1.2 中的蒸气压数据可以看出，分子量小的物质更易富集于蒸汽中，富集程度取决于温度高低。这种同位素分馏过程可以进行理论计算，这个理论是基于 Rayleigh(1896) 公式中所表述的在平衡条件下蒸发或冷凝过程。对于一个冷凝过程，这个公式可以表达为

$$\frac{R_V}{R_{V_0}} = f^{\alpha-1} \tag{1.13}$$

其中，R_{V_0} 表示初始化学物质的同位素比值，R_V 表示残余蒸汽部分的实时同位素比值，f 表示残余蒸汽所占比例，分馏系数 α 为 R_l/R_V（l 表示液体）。类似地，从蒸汽中产生的冷凝部分实时同位素比值的计算公式如下：

$$\frac{R_l}{R_{V_0}} = \alpha f^{\alpha-1} \tag{1.14}$$

冷凝过程中任何时间内，分离出的和聚集的冷凝部分的同位素平均组成可以由以下公式计算得出：

$$\frac{\bar{R}_l}{R_{V_0}} = \frac{1-f^\alpha}{1-f} \tag{1.15}$$

对于一个蒸馏过程,残余液体的实时同位素比值以及蒸汽状态的实时同位素比值可由以下两个公式给出:

$$\frac{R_l}{R_{l_0}} = f^{(\frac{1}{\alpha}-1)} \tag{1.16}$$

$$\frac{\bar{R}_V}{R_{l_0}} = \frac{1}{\alpha} f^{(\frac{1}{\alpha}-1)} \tag{1.17}$$

分离出的和聚集的蒸发部分的同位素平均组成可以由以下公式计算得出:

$$\frac{\bar{R}_V}{R_{l_0}} = \frac{1-f^{\frac{1}{\alpha}}}{1-f} \quad (f\text{ 为残余液体的分数}) \tag{1.18}$$

在反应过程中,如果产物在生成的瞬间从反应物中抽离出来,这时同位素组成将会以一个特征趋势进行分馏。随着冷凝或蒸馏的进行,残余的蒸汽部分或液体部分将会逐渐亏损或富集重同位素。一个自然界中的例子是氧同位素在云层中水蒸气与云层冷凝生成的水滴之间的分馏情况。图 1.4 显示了残余蒸汽和云层冷凝出水滴的 $^{18}O/^{16}O$ 比值,该值随着云层中残余蒸汽的比重的降低而逐渐降低。

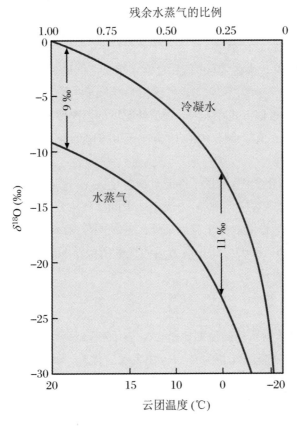

图 1.4 对于一个瑞利过程,云层中蒸汽态和冷凝态的 $\delta^{18}O$
随云层中残余蒸汽态所占比例的关系图

下面横坐标显示了云层的温度。图中结果已考虑到了随温度的
降低同位素分馏加强的效应(修改自 Dansgaard(1964))。

1.3.2 动力学效应

产生分馏效应的第二个主要因素是同位素的动力学效应。动力学效应通常与不完全的、单向的反应过程有关,如蒸发、溶解、生物介导以及扩散过程。其中最后一个过程(扩散)在地球科学研究中最为重要,详细信息见1.3.3小节。当化学反应速率对反应物的某个特定位置的原子质量非常敏感的时候,通常会发生同位素的动力学效应。

Bigeleisen和Wolfsberg(1958)、Melander(1960)、Melander和Saunders(1980)讨论过动力学同位素分馏的原理。同位素的动力学效应是非常重要的,因为它可以提供反应过程中的详细信息。

通常来说,很多观察到的偏离简单反应平衡的现象,都可以解释为不同同位素组成的化合物具有不同反应速率的结果。在单向化学反应过程中,进行的同位素测试通常会产生反应产物中富集轻同位素的情况。单向反应过程中引发的同位素分馏可以认为是同位素化学物质之间反应速率常数的比值。因此对于两个竞争同位素反应来说:

$$
\begin{array}{c}
k_1 \longrightarrow k_2 \\
A_1 \longrightarrow B_1 \\
A_2 \longrightarrow B_2
\end{array}
\tag{1.19}
$$

类似于平衡常数,轻和重同位素 k_1/k_2 的反应速率常数比值可以表示为两个配分函数的比值,其中一个是两个反应物的同位素,另一个是活化络合物或过渡状态 A^X 的同位素:

$$
\frac{k_1}{k_2} = \left[\frac{Q^*_{A_2}}{Q^*_{A_1}} \Big/ \frac{Q^*_{A_2^X}}{Q^*_{A_1^X}} \right] \frac{v_1}{v_2}
\tag{1.20}
$$

公式中的参数 v_1/v_2 表示两个同位素质量项的比值。原则上,测定反应速率常数比值与测定平衡常数是一样的,尽管可能很难进行准确的计算,这主要是因为不知道过渡态准确信息。"过渡态"是指反应过程中介于反应物和产物之间且比较难定义的分子。这个理论沿用了化学反应中的概念,认为从初始状态到最终状态的反应过程是连续的,通常反应过程中存在重要的中间态分子,又被称为活化络合物或过渡态。往往有一部分活化络合物或过渡态与反应物呈平衡状态,因此反应速率取决于活化络合物降解的速率。

1.3.3 质量与非质量同位素效应

1. 质量相关分馏效应

一般来说,热力学平衡过程引起的同位素分馏,严格地取决于同位素的质量差。与质量相关的特征,通常也适用于很多动力学反应过程。因此,一个普遍的认识是,对于绝大多数自然化学反应导致的同位素分馏,是由同位素质量差引起的。这就意味着对于一个有超过两个同位素的元素,例如氧或者硫,^{18}O 相对 ^{16}O 的富集程度或者 ^{34}S 相对 ^{32}S 的富集程度大概是 ^{17}O 相对 ^{16}O 的富集程度或者 ^{33}S 相对 ^{32}S 的富集程度的2倍。因此,长期以来,只测定某个元素的一个同位素比值。近年来,由于分析技术的提高,可测定某一元素的多个同位素比值,实验结果表明不同的质量相关分馏过程(例如扩散、代谢、高温平衡过程),可导致几个百分点的偏离,并且遵从略有不同的质量相关分馏定律(Young et al.,2002;

Miller，2002；Farquhar et al.，2003)。这些细微差别是可测定的，并且已经发现氧(Luz et al.，1999)、镁(Young et al.，2002)、硫(Farquhar et al.，2003)以及汞(Blum，2011)均有这样的现象。Young 等(2002)研究表明对于三个及以上同位素，在平衡和动力学过程中，质量相关的分馏法则是不同的。相比平衡交换反应，动力学过程的质量相关分馏斜率较小。

通常来说，在三同位素谱图中，采用一条直线来表示质量分馏效应(Matsuhisa et al.，1978)。这条直线被认为是地球的质量分馏曲线，如果偏离这条直线，通常认为是与非质量同位素效应有关。三同位素图是基于幂律函数向线性函数的近似情况。为了描述偏离质量相关分馏曲线的程度，引用了一个新的定义：$\Delta^{17}O$、$\Delta^{25}Mg$、$\Delta^{33}S$ 等。已有文献中介绍了 Δ 的几种定义，Assonov 和 Brenninkmeijer(2005)讨论过这几种定义的区别。最简单的定义如下所示：

$$\Delta^{17}O = \delta^{17}O - \lambda\delta^{18}O$$

$$\Delta^{25}Mg = \delta^{25}Mg - \lambda\delta^{26}Mg$$

$$\Delta^{33}S = \delta^{33}S - \lambda\delta^{34}S$$

其中，λ 是描述质量相关分馏的参数。参数 λ 的大小取决于分子质量，对于氧来说，这个值可在 0.500(高的含氧分子量)到 0.530(氧原子)之间变化。近年来高精度同位素比值分析可以使得 λ 值的测试精度达到小数点后三位，这使得在一个小 Δ 值情况下，依然能区分质量相关分馏和非质量相关分馏(Farquhar et al.，2003)。

2. 非质量相关分馏效应

自然界中存在少数不符合上文所描述的质量相关分馏的情况。偏离质量相关分馏这种情况最先是在陨石(Clayton et al.，1973)和臭氧层(Thiemens，Heidenreich，1983)的氧同位素和 2.45 Ga 前的硫化物中的硫同位素(Farquhar et al.，2000)中发现的。这些非质量相关分馏(MIF)描述的是偏离质量相关分馏法则($\delta^{17}O\approx 0.5\delta^{18}O$，$\delta^{33}S\approx 0.5\delta^{34}S$)的程度，而这种偏离造成了同位素组成具有非零的 $\Delta^{17}O$ 和 $\Delta^{33}S$。

已有一些实验及理论研究讨论了引起非质量相关分馏效应的原因，但如 Thiemens(1999)总结的，引起非质量分馏的机理尚不清楚。目前研究比较清楚的就是大气中臭氧形成的反应过程。Mauersberger 等(1999)从实验角度证明了不是分子的对称性决定了 ^{17}O 的富集程度，而是分子几何结构不同的原因。Gao 和 Marcus(2001)报道了一个新模型，这使我们可以更好地理解非质量相关分馏效应。

非质量相关分馏广泛存在于地球大气中，通常涉及大气平流层臭氧的反应物或反应产物，如 O_3、CO_2、N_2O 和 CO(Thiemens，1999)。对于氧气来说，这是大气中的一个特征标记(见 3.9 节)。氧气的这种特征过程也有可能存在于火星或太阳系前星云的大气中(Thiemens，1999)。臭氧中由化学反应引起的氧同位素非质量相关分馏的发现，开拓了学者的视角，特别是在其他自然体系中的多同位素分馏方面的研究，详情可见 Thiemens 等(2012)的综述文章。

Clayton 等(1973)测试了陨石中的氧同位素组成的(3.1 节)，并首次证明了太阳系的形成过程对氧同位素组成的影响非常大。目前已发现多个地球固体储库中存在非质量相关同位素分馏的变化。例如，Farquhar 等（2000c）和 Bao 等（2000）报道了陆源硫化物的氧同位素非质量相关分馏现象，沙漠环境中硫酸盐中 ^{17}O 过剩几乎是普遍存在的现象（Bao et al.，2001）。

Farquhar 等（2000c）首次报道了早于 2.4 Ga 前的硫化物样品存在明显的硫同位素非质量相关分馏效应，而对于 2.4 Ga 以内的硫化物样品没有这种现象（见图 2.24）。已经在极地冰芯火山灰硫酸盐中发现具有微小的，但可明显区分的 MIF 现象（Baroni et al.，2007）。SO_2 向硫酸转变的光化学反应可以用来解释引起硫同位素非质量相关分馏的原因。这些研究表明，非质量相关分馏比之前预计的更丰富，这有可能是一种新的同位素指标。

1.3.4　核体积和磁同位素效应

1. 核体积效应

对于重元素，非质量相关分馏通常认为是与核体积分馏有关（Fujii et al.，2009）。Bigeleisen（1996）、Schauble（2007，2013）、Estrade 等（2009）和其学者研究表明，对于非常重的元素（如 Hg、U）来说，其同位素变化是由核体积及形状的不同导致的，核体积及形状可以影响到原子和分子的电子结构。核体积分馏可通过第一性原理量子力学计算来进行评估（Schauble，2007）。核体积分馏效应对于轻元素的影响很小，会随着原子质量的增加而逐渐增强。

原子核与电子的键能取决于核内质子的分布。核体积随着中子数的增加而增大，相比于奇数同位素，偶数同位素的这种增大程度要大一点（Bigeleisen，1996）。因此，核体积效应通常被认为是产生奇-偶同位素分馏的原因（Schauble，2007；Fujii et al.，2009）。

2. 磁同位素效应

不同于通过不同的质量影响同位素分馏的核体积效应，磁同位素效应是通过旋转和磁矩来改变同位素组成的（Bucharenko，2001；Epov et al.，2011）。磁同位素效应仅出现在动力学反应中，而在平衡反应中不存在。由于核自旋和电子自旋的耦合效应，磁同位素效应可以将具有和不具有成对核自旋的同位素分开，因此磁同位素效应可区分奇数和偶数同位素。生物成因的汞的化合物存在的巨大的非质量相关分馏是极易受磁同位素效应影响的（Bucharenko，2013；Dauphas，Schauble，2016）。

1.3.5　团簇同位素

在稳定同位素地球化学中，通常给出自然样品的整体同位素组成（例如 $\delta^{13}C$、$\delta^{18}O$ 等）。在测试的气体中，整体同位素组成只取决于含有一种稀有同位素的分子的丰度（例如 $^{13}C^{16}O^{16}O$、$^{12}C^{18}O^{16}O$）。然而，通常会存在一些浓度非常低的分子，这些分子具有一种以上稀有同位素，例如 $^{13}C^{18}O^{16}O$、$^{12}C^{18}O^{17}O$。这就是所谓的**团簇同位素**，分子与另一分子的区别仅表现在同位素组成上。表 1.4 汇总了 CO_2 的**团簇同位素**的随机丰度情况。

表 1.4　CO_2 的团簇同位素的随机丰度情况(Eiler, 2007)

质量数	团簇同位素	相对丰度
44	$^{12}C^{16}O_2$	98.40%
45	$^{13}C^{16}O_2$	1.11%
45	$^{12}C^{17}O^{16}O$	748 ppm
46	$^{12}C^{18}O^{16}O$	0.040%
46	$^{13}C^{17}O^{16}O$	8.4 ppm
46	$^{12}C^{17}O_2$	0.142 ppm
47	$^{13}C^{18}O^{16}O$	44.4 ppm
47	$^{12}C^{17}O^{18}O$	1.50 ppm
47	$^{13}C^{17}O_2$	1.60 ppb
48	$^{12}C^{18}O_2$	3.96 ppm
48	$^{13}C^{17}O^{18}O$	16.8 ppb
49	$^{13}C^{18}O_2$	44.5 ppb

注:1 ppm=1.0×10^{-6},1 ppb=1.0×10^{-9}。

Urey(1947)以及 Bigeleisen 和 Mayer(1947)已经认识到,相比于单一取代的团簇同位素,多取代团簇同位素具有独特的热力学性质。因此,团簇同位素的自然分布可为地质、地球化学以及宇宙化学过程提供唯一的限定(Wang et al.,2004)。

一般来说,常规气源质谱仪不能测定出这些稀有类型分子的丰度。但是,如果仪器满足高灵敏度、高精度和高分辨率,这些测试也是可能的。John Eiler 和其课题组(例如 Eiler 和 Schauble(2004),Affek 和 Eiler(2006),Eiler(2007),采用特殊改进的、但是依然是常规的气源质谱仪,报道了质量数为 47(Δ^{47}值)的 CO_2 的高精度(<0.1‰)分析结果。Δ^{47}值定义为测定的质量数为 47 的所有分子的丰度与其预期随机分布的丰度的差别(‰)。Huntington 等(2009)以及 Daeron 等(2016)描述了这个方法的细节并讨论了潜在的误差和分析精度。这个分析技术在广泛应用方面的最大限制是需要相对较大质量的高纯样品(5~10 mg)来保证分析精度。

这个新技术称为"团簇同位素地球化学"(Eiler,2007),这主要是因为涉及两个由稀有同位素组合在一起的分子类型。相比于单一随机分布的所有同位素,"团簇"导致了多取代同位素统计过剩。一般情况下,偏离随机分布的程度在 1% 以内,这可能与自然界中所观察到的所有过程有关。因此,导致整体组成同位素分馏的过程也会影响到团簇同位素的同位素组成(Eiler,2007)。

团簇同位素研究已应用于 O_2、CO_2 和 CH_4 气体。到目前为止,最主要的应用是基于碳酸盐岩组内同位素交换反应的碳酸盐岩温度计,这里的平衡常数不取决于母体水的同位素组成。Schauble 等(2006)计算出,在室温下,碳酸盐基团中的 $^{13}C^{18}O^{16}O$ 基团数量相对于具有相同 $^{13}C/^{12}C$、$^{18}O/^{16}O$ 和 $^{17}O/^{16}O$ 比值的碳酸盐团簇同位素随机混合所预期的值富集

0.4‰。$^{13}C^{18}O^{16}O$ 的过量程度随温度的升高而逐渐降低(Ghosh et al.，2006)。已有很多人尝试去校准碳酸盐岩同位素温度计,这是一个真正的单矿物温度计,并得出了有争议的结论。人工合成碳酸盐岩的温度校准公式(Ghosh et al.，2006；Tang et al.，2014)不能应用于自然生物成因的碳酸盐岩(Tripati et al.，2010；Henkes et al.，2013；Came et al.，2014)。引起温度计校准公式差别的原因尚不清楚,但明显反映出这可能是多种因素影响的结果(Tang et al.，2014)。图1.5展示了Wacker等(2014)总结的团簇同位素温度计经验校准公式。

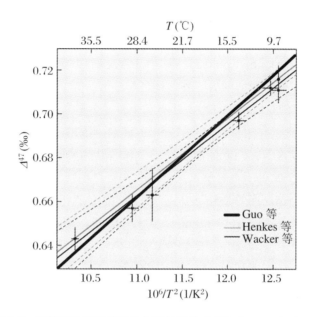

图1.5　团簇同位素温度计的经验校准公式(Wacker et al.,2014)

这个温度计的优点是具有在未知流体同位素组成的前提下计算出碳酸盐岩形成温度的潜力。流体的同位素组成可以结合传统同位素组成推导出来。

虽然自其诞生以来,团簇同位素温度计已经取得了很大的进步,但世界上只有非常少数的实验室可以开展团簇同位素测试。因此,团簇同位素技术在古环境气候研究方面(有孔虫以及其他海洋有机物的温度)(Tripati et al.，2010)、在估计古土壤碳酸盐岩(Quade et al.，2011)和石笋(Affek et al.，2008)的温度方面、在限定方解石(Huntington et al.，2010)和白云石的成岩历史方面具有一定的贡献。

Tripati等(2010)汇总了有孔虫和颗石藻的全球数据,并证明团簇同位素温度计可用于计算温度。然而,对于石笋和表面珊瑚来说,计算得出的团簇同位素温度与已知温度有很大的偏差(Saenger et al.，2012；Eiler et al.，2014)。对于石笋,计算出的团簇同位素温度明显高于已知的生长温度。珊瑚的数据偏差可能与其生长速度有关,这表明存在团簇同位素动力学效应。

通过测定脊椎动物磷灰石中的碳酸盐部分中的$^{13}C—^{18}O$化学键,Eagle等(2010)表明团簇同位素是有可能反演出灭绝脊椎动物体温的。恐龙蛋壳表明了恐龙具有像哺乳动物和鸟类相似的"热血的"体温特征(Eagle et al.，2011)。Eagle等(2015)的最新研究证明其他类恐龙具有变化的体温调节机制。

团簇同位素温度计的温度应用范围为50～300 ℃(Passey，Henkes，2012)，这个温度范围与白云石化过程(Ferry et al.，2011)和埋藏成岩过程(Huntington et al.，2011)相当。Dennis 和 Schrag(2010) 采用碳酸盐岩测试了其团簇同位素组成在长时间范围内的同位素完整性，并得出 C 和 O 原子所记录的信息足够用来反演 10^8 a 时间尺度范围内的团簇同位素古环境温度。Henkes 等(2014)认为对于方解石来说，即使暴露在 100 ℃ 温度下 10^6～10^8 a，也不会影响到其固态 C—O 记录信息。

深埋碳酸盐岩的团簇同位素温度应用过程中最关键的问题是晶格扩散导致同位素再分配的封闭温度。大理石和碳酸盐岩的研究表明方解石的封闭温度在 200 ℃ 左右，而白云石的封闭温度稍微高一些(Dennis，Schrag，2010；Ferry et al.，2011)。

甲烷是团簇同位素体系研究的另一种气体(Stolper et al.，2014)。除了 3 个丰度最大的团簇同位素 $^{12}CH_4$、$^{13}CH_4$ 和 $^{12}CH_3D$ 外，还有 7 个质量数最高为 21($^{13}CD_4$)的团簇同位素。Stolper 等(2014)首次尝试并报道了 $^{13}CH_3D$ 和 $^{12}CH_2D_2$ 团簇同位素的数据，这些数据可在平衡体系中作为温度计使用。在判断低温生物成因和高温热成因甲烷温度方面，团簇同位素可以得出一致的温度结果。

特定位点同位素分馏描述的是分子中一个位点的同位素组成与其分子中当同位素随机分配时应有的同位素组成的差异(Galimov，2006；Eiler，2013)。例如 ^{15}N 在中心位置和 N_2O 在终端位置的分布。硝化细菌在中心位置富集 ^{15}N，然而反硝化细菌产生的或其他自然来源的 N_2O 则没有特定位点同位素分馏效应。

另外一个特征的特定位点分馏是有机分子合成过程中 ^{13}C 和 D 的分馏。Abelson 和 Hoering(1961)首次测试了分离后单个氨基酸的 $\delta^{13}C$ 值，并表明对于大多数氨基酸来说，末端羟基比其他位置的 C 明显富集 ^{13}C。Blair 等(1985)证明了在醋酸(CH_3COOH)中甲基(—CH_3)和羧基(—COOH)中的 ^{13}C 具有最大20‰的差异。随着分析技术的进一步发展，可以期待将会有更多的有关特定位点同位素分馏应用的兴起。

1.3.6 扩散

普通的扩散能导致明显的同位素分馏。一般来说，轻同位素移动性更强，因此扩散可以导致轻与重同位素的分馏。对于气体，扩散系数比值相当于它们质量数平方根的倒数。由于 CO_2 中 C 的同位素分子 $^{12}C^{16}O^{16}O$ 和 $^{13}C^{16}O^{16}O$ 的质量数分别为 44 和 45，求解两个分子的动能方程($1/2mv^2$)可知，分子速度的比值等于 45/44 的平方根或者 1.01，也就是说这与温度无关，在同一个体系中 $^{12}C^{16}O^{16}O$ 分子的平均速度要比 $^{13}C^{16}O^{16}O$ 的平均速度高约 1%。但是这种同位素效应仅仅限定于理想气体，对于理想气体分子间的碰撞以及分子间力可以忽略不计。例如，土壤-CO_2 体系中由扩散运动导致的碳同位素分馏约为 4‰(Cerling，1984；Hesterberg，Siegenthaler，1991)。

与普通扩散有很大不同的是热扩散，在热扩散中温度梯度导致了物质迁移。两个分子的质量差越大，由热扩散导致的分馏效应就会越明显。Severinghaus 等(1996)曾报道过一个热扩散的自然存在的例子，他们发现了相比于自由空气，沙丘中的空气存在 ^{15}N 和 ^{18}O 的少量亏损。这项发现与预计土壤中非饱和区由于重力作用导致的重同位素富集相矛盾。这种热力学导致的同位素扩散分馏效应也曾发现于冰芯的气泡中(Severinghaus et al.，1998；Severinghaus，Brook，1999；Grachiev，Severinghaus，2003)。

在溶液和固体中，这种扩散效应比气体复杂得多。"固态扩散"这个概念一般包括体积扩散和原子沿着容易扩散路径的扩散机制，如在晶体边界和晶体表面。扩散-渗透实验表明沿着晶体边界的扩散速率显著增强，这要比体积扩散快一个数量级。因此，晶体边界可以作为一个快速交换的通道。体积扩散的驱动力是晶格内一个元素或原子与温度有关的随机运动，并且它取决于位点的晶格缺陷，如晶格内的空位和间隙原子等。

元素或同位素经过介质扩散的通量 F 与浓度梯度成正比，如以下公式：

$$F = -D(dc/dx) \quad (\text{Fick 第一定律}) \tag{1.21}$$

其中，D 为扩散系数，负号表示浓度梯度有一个负斜率，如元素或同位素从高浓度的位置向低浓度的位置移动。根据阿伦尼乌斯关系，扩散系数 D 随着温度的变化而变化：

$$D = D_0 e^{(-E_a/RT)} \tag{1.22}$$

其中，D_0 表示与温度无关的系数；E_a 是活化能；R 是气体常数；T 是温度，单位为开尔文。

近年来，科学界有过多种测试扩散系数的尝试，主要是采用二次离子探针(SIMS)。测定暴露于富集重同位素的溶液或气体中的晶体表面以下的同位素比值随深度的变化情况。

从扩散系数的对数与相应温度的关系图可以看出，对于多数矿物来说，在一个很宽的温度范围内两者成线性关系。图1.6显示了不同矿物的阿伦尼乌斯关系图，这表明不同的矿物具有不同的扩散系数。实际应用主要体现为，同一个岩石中不同的矿物将以不同的速率进行同位素交换，并在不同的温度下形成封闭的同位素交换系统。当一个岩石从热事件峰值冷却时，矿物之间的同位素分馏程度将会增加。低温下共存矿物达到平衡的速率，取决于

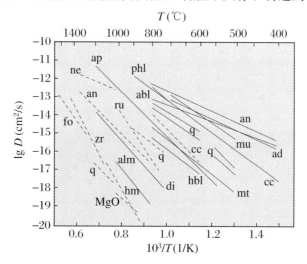

图1.6 不同矿物扩散系数与对应温度的阿伦尼乌斯关系图

湿环境下反应的相关数据用实线表示；干环境用虚线表示。值得注意的是干体系的速率整体上偏低，并且具有较高的(图线更陡)活化能(修改自 Cole 和 Chakraborty(2011))。

相应矿物的体积扩散速率。

文献中讨论了几种矿物内和矿物间的扩散传导模型,其中一个是 Eiler 等(1992,1993)提出的"快速晶体界面(FGB)模型"。FGB 模型考虑了非相邻晶体的扩散效应,并表明当加入质量守恒概念后,封闭温度与组成矿物的摩尔丰度以及所有共存矿物扩散系数的差异有高度的相关性。

Richter 等(1999,2003,2007,2009)报道了化学和热力学扩散可导致非常大的同位素分馏效应。其他研究工作者发现经历过热梯度的硅酸盐熔体中的 Mg、Ca、Fe、Si 和 O 具有较大的同位素变化。熔融玄武岩和流纹岩的扩散实验也证明具有相当程度的 Li、Ca 和 Ge(后者用作 Si 的替代物)的同位素分馏。特别是 Li,高温下发生的扩散过程是第一重要的。因此,以前认为的"1000 ℃温度以上发生的同位素分馏可忽略不计"的观点需要重新考虑,虽然其物理机制尚不清楚。在岩浆和热液环境下,扩散有可能导致非常明显的同位素分馏。Dauphas 等(2010)、Teng 等(2011)、Sio 等(2013)以及 Oeser 等(2015)在具有环带的橄榄石中发现 Fe 和 Mg 同位素组成具有负相关性,这种现象可用 Fe 和 Mg 同位素扩散分离来解释,在岩浆演化过程中 Mg 向外扩散,而 Fe 向内扩散。

1.3.7 其他影响同位素分馏的因素

1. 压力

普遍来说,都假设温度是决定同位素分馏的主要因素,而压力的影响可忽略不计,这是因为摩尔体积不会改变同位素的替换。总体来说,除了氢气外,这个假设是适用的。Driesner(1997)、Horita 等(1999,2002)和 Polyakov 等(2006)研究表明对于涉及水的同位素交换反应,压力的变化可以影响同位素分馏。Driesner(1997)计算了绿帘石和水之间的氢同位素分馏,并发现在 400 ℃温度下从 1 bar(10^5 Pa)压力的 90‰向 4000 bar 的 30‰转变。Horita 等(1999,2002)提供了水镁石($Mg(OH)_2$)-水体系中压力影响的实验证据。理论计算表明,压力的影响主要是对水的影响,而不是对水镁石的影响。因此,任何含水矿物的 D/H 分馏都可能存在类似的压力影响(Horita et al., 2002)。当从矿物组成计算流体的氢同位素组成时,这些压力影响必须考虑进去。

2. 化学组成

从定性方面说,矿物的同位素组成很大程度上取决于矿物内部的化学键性质,而较小程度上取决于特定元素的原子质量。一般情况下,高离子电势和小离子半径的化学键具有强振动频率,倾向于选择重同位素。这个关系可通过对比成岩矿物中与高电荷 Si^{4+} 和相对较大的 Fe^{2+} 形成的氧键得以佐证。在天然矿物组合中,并达到平衡体系时,石英是最富集 ^{18}O 的矿物,而磁铁矿是最亏损 ^{18}O 的矿物。另外,相比于其他矿物,碳酸盐岩总是最富集 ^{18}O 的,这主要是因为氧是与小半径并且高电荷的 C^{4+} 离子形成化合键的。二价阳离子的质量是影响 C—O 化学键的次要因素。然而,硫化物矿物中的 ^{34}S 同位素分布受质量影响是非常明显的,例如相比于共生的 PbS,ZnS 总是富集 ^{34}S。

硅酸盐岩中的化学组成影响是非常复杂的,并且很难推导,这是因为硅酸盐矿物具有非常多样的离子替代机制(Kohn,Valley,1988)。斜长石中最大的分馏效应与 NaSi↔CaAl

替换有关,这是因为钠长石的 Si 与 Al 比值较高,并且 Si—O 键相对于 Al—O 键的键强更大。对于辉石、硬玉($NaAlSi_2O_6$)-透辉石($CaMgSi_2O_6$)的替换也涉及 Al,但是这种情况下,Al 替换位置为八面体,而不是四面体。Chacko 等(2001)估计在高温下,Al 在辉石中的替代每摩尔仅有 4‰的概率出现在四面体的位置上。其他常见的离子替代,如 Fe-Mg 以及 Ca-Mg,并不会产生明显的氧同位素分馏差别(Chacko et al.,2001)。

3. 晶体结构

相比于化学键这个主要因素而言,结构影响是第二重要的:重同位素富集于更紧密堆积或更有序的结构中。冰与液态水之间的 ^{18}O 和 D 分馏主要是因为氢键有序度不同。已发现在石墨和钻石之间存在着与结构相关的相对较大的同位素效应(Bottinga,1969)。采用改进的增量方法,Zheng(1993a)计算出了晶体结构对 SiO_2 和 Al_2SiO_5 多晶型的影响,并表明 ^{18}O 富集于低压形态中。但是对于这种影响,需要强调的是,Sharp(1995)通过测定自然的 Al_2SiO_5 矿物,发现蓝晶石和矽线石没有差别。其他有关结构影响同位素分馏的例子主要是碳酸盐矿物(Zheng,Böttcher,2016)。

4. 吸附

"吸附"这个概念用于表示固体以某种机制吸附溶解物质。吸附过程中同位素分馏主要取决于矿物表面化学性质和溶液的成分。在物理吸附过程中,吸附的元素不是通过结构键合,故同位素分馏应该比较小;而在化学吸附过程中,元素是通过化学键吸附于矿物表面,故同位素分馏较大。

考虑到可能的吸附剂范围很广(如氧化物、氢氧化物、层状硅酸盐、生物表面等),固体/水接触面的同位素分馏知识对研究金属同位素地球化学非常重要。金属同位素在金属氧化物相上吸附过程中分馏的实验测定 B 由许多研究提出(Teutsch et al.,2005;Gelabert et al.,2006)。大多数研究表明在金属离子从溶液中脱离并吸附在氧化物表面的过程中会产生小的同位素分馏(<1‰)。除了 Mo 之外,氧化物吸附导致 $^{98}Mo/^{95}Mo$ 比值约为 2‰的分馏。总体来说,溶液中阳离子元素(Fe、Cu、Zn)表现为重同位素富集于固体表面,这与较短的金属—氧化物化学键以及相比于溶液离子金属表面更低的配位数是一致的。因此重同位素应该富集于具有强化学键的相态中,例如,相比于溶液中的八面体金属,重同位素更易富集于具有较短的金属—氧化学键的吸附四面体中。

那些可以形成可溶性含氧阴离子的金属阳离子,如 Ge、Se、Mo 和 U,在 Fe/Mn 氧化物表面富集轻同位素。固体与水溶相之间的金属同位素分馏现象和大小的分子机制尚不清楚。Wasylenki 等(2011)推测,当溶液中含量较低的溶质与含量较高的溶质具有不同的配位时,同位素效应最大。Kashiwabara 等(2011)证明了类似的效应,并表明吸附过程中小的同位素分馏与吸附位点的结构变化较小有关。

1.3.8 同位素地质温度计

自从 Urey(1947)发表了关于同位素热动力学的经典论文后,同位素地质温度计得到了很好的应用。一个元素的两个稳定同位素在两个矿物相中的分配可以看作两个矿物元素分配的特殊情况。两个交换反应的最重要的区别是同位素分配过程中压力不敏感效应,这是因为同位素交换过程中体积变化可忽略不计。相对于其他多数与压力相关的地质温度计来说,这是很明显的优势。

应用同位素地质温度计的必要前提是同位素需达到平衡,在高温下绝大多数反应都是可以达到同位素平衡的,这也就是说同位素地质温度计在低温下是不敏感的。同位素交换平衡应该建立在反应产物处于**化学**和**矿物**均平衡的基础上。岩石中各矿物之间达到氧同位素平衡是岩石达到化学平衡强有力的证据。断裂 Al—O 和 Si—O 化学键,并且允许其重新排列达到氧同位素平衡需要足够的能量,这些能量也会影响到化学平衡。

理论研究表明两个矿物同位素交换的分馏系数 α 与 $1/T^2$ 成线性关系,这里的 T 是温度,单位是开尔文。Bottinga 和 Javoy(1973)证明不含水矿物对的氧同位素分馏可以用如下关系式表示:

$$1000\ln \alpha = A/T^2 + B/T^2 + B/T + C$$

同位素温度计应用的一个缺点是受限于缓慢冷却的变质岩和火成岩,同位素温度计估算出的温度常常明显低于其他温度计。这是由于共存相或者矿物与流体之间退化同位素交换导致了同位素重置。封闭的体系在冷却过程中,体积扩散可能是控制共存矿物之间同位素交换的主要机制。

Giletti(1986)提出了一个模型,这个模型中实验驱动的扩散数据与测定的同位素比值可用于解释缓慢冷却、封闭体系共存矿物之间的不平衡同位素分馏现象。这个方法描述了矿物和具有同位素组成不变的无限储库之间由扩散导致的同位素交换。然而由于质量平衡的原因,当一个矿物丢失或者获取一个同位素的同时需要其他发生同位素交换的矿物也做出改变。Eiler 等(1992)提出的数学模式表明,封闭体系中的交换不仅取决于一个岩石中所有矿物的模态丰度,还取决于氧同位素在矿物中的扩散率、晶粒尺寸、晶粒形状和冷却速率。正如 Kohn 和 Valley(1998)所述的水的逸度也是一个重要的因素。如果存在流体,情况会更复杂,这是因为同位素交换可能伴随溶液再沉淀或者化学反应发生,而不仅仅是扩散。

三种不同的方法常被用来测定同位素交换反应的平衡分馏:

(1) 理论计算。

(2) 实验室的实验测定。

(3) 经验或半经验校准。

方法(3)假定所有的矿物处于平衡态,通过计算一个岩石的"形成温度"(从其他地质温度计中计算得出)来校准测定的同位素分馏。然而,多数证据表明自然界中的矿物并不总是能够达到或保持平衡,因此经验校准在应用时需谨慎。尽管如此,岩石和矿物的平衡标准的严谨应用可为矿物分馏提供重要的信息(Kohn, Valley, 1998; Sharp, 1995; Kitchen, Valley, 1995)。

1. 理论计算

平衡同位素分馏系数的计算在气体中已经取得了部分成功。Richet 等(1977)计算了大量气体分子的配分函数比值。他们证明了计算过程的误差主要来源于分子振动常数的不确定度。

如果晶体的配分函数可以用一系列与各种基本的振动模式相对应的振动频率表示的

话,那么这个针对理想气体的理论可以扩充至固体中(O'Neil,1986)。通过从弹性、结构和光谱数据中估计热动力学性质,Kieffer(1982)和随后的 Clayton 和 Kieffer(1991)计算了氧同位素的配分函数比值,并从这些计算中得出了硅酸盐矿物的分馏系数。计算没有固有的温度限制,可以用于具有足够光谱和力学数据的任何样品。由于计算过程中需要一些近似处理,加上光谱数据的有限的准确度,这使得这种方法的准确度有限。

固体中的同位素分馏取决于晶体结构中一个元素的原子与其最近原子的化学键的性质(O'Neil,1986)。Schütze(1980)研究了化学键的强度和氧同位素分馏的关系,他开发了"增量"法来预测硅酸盐矿物的氧同位素分馏。Richter 和 Hoernes(1988)采用这个方法计算了硅酸盐矿物和水之间的氧同位素分馏。Zheng(1991,1993 b,c)通过采用没有经验因子的晶体化学参数,拓展了增量法。通过这些方法计算出在 0~1200 ℃温度范围内的同位素系数与实验校准数据相对一致。

计算机运算能力的进步和新软件的开发,使得采用基于密度泛函数理论的第一性原理方法计算平衡同位素分馏成为可能(Meheut et al.,2007;Schauble et al.,2009;Schauble,2011;Kowalski, Jahn,2011;Kowalski et al.,2013)。平衡同位素分馏可以以相对不错的精度计算出高温高压条件下的流体和固体(例如 Kowalski 和 Jahn(2011),Kowalski 等(2013))。虽然这些计算中运用了不同的方法,但所有的方法均需要系统的振动光谱知识。

2. 实验校正

一般来说,同位素地质温度计的实验是在 250~800 ℃温度下开展的,温度上限一般与所研究矿物的稳定性或者实验设备限制有关,低温下限与逐渐降低的交换速率有关。

已经有很多种实验途径用于测定分馏系数,最常见的三种技术总结如下:

(1) 双向逼近法

这个方法类似于实验岩石学的逆反应,并且是唯一可充分证明反应达到平衡的方法。该方法通常通过从平衡分布的相反两侧开始来实现平衡分馏。

(2) 部分交换法

当同位素交换相对慢时,可采用部分交换法,这是基于所有伴随的交换实验的同位素交换速率是相同的这个假设。除了起始物质的同位素组成外,实验必须在所有的条件一致的情况下才能进行。在不均匀的体系中,同位素交换反应速率一开始相对较快(表面控制),然后随时间逐渐降低(扩散控制)。图 1.7 给出了 CO_2-石墨体系的四个实验设计(修改自 Scheele 和 Hoefs(1992))。Northrop 和 Clayton(1966)报道了一组公式用来描述同位素交换反应机制,并开发了部分交换技术的普遍公式。在低程度交换时,由部分交换法测定的分馏总是要比平衡分馏大(O'Neil,1986)。

(3) 三同位素法

这个方式是由 Matsuhisa 等(1978)提出的,后来 Matthews 等(1983)对其进行了改进,并用来测定在已经平衡的单个实验中的 $^{17}O/^{16}O$ 和 $^{18}O/^{16}O$ 分馏。最初选定的材料中矿物-流体体系中的 $^{18}O/^{16}O$ 分馏接近假定的平衡状态,而 $^{17}O/^{16}O$ 分馏远远偏离平衡状态值。从这个方法上来说,$^{17}O/^{16}O$ 分馏的变化用来指示同位素交换的程度,而 $^{18}O/^{16}O$ 分馏用来反

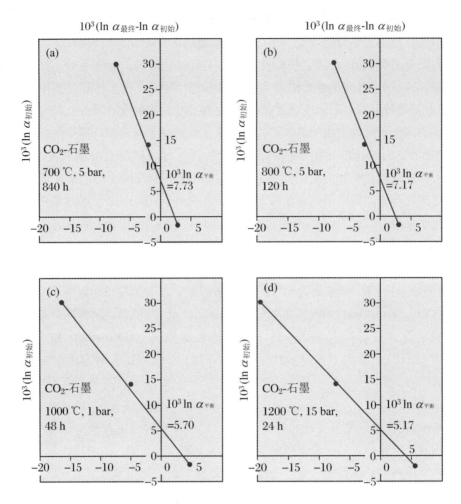

图 1.7 Northrop 和 Clayton 图中在温度 700 ℃、800 ℃、1000 ℃和 1200 ℃下，
CO_2-石墨部分交换实验

实验中在 1200 ℃条件下的连接线具有平坦的斜率，并说明在 700 ℃实验条件下，截距更加准确（修改自 Scheele 和 Hoefs(1992)）。

映平衡状态。图 1.8 给出了三同位素交换技术的示意图。

多数已发表的有关矿物分馏数据都是通过单矿物与水交换测定的。这个技术受限于两点：(1) 很多矿物不稳定，易熔融或者溶解在水介质中；(2) 与温度相关的水性系统的分馏系数会因水分子高振动频率变得很复杂。在测定矿物之间的同位素分馏时，Clayton 等(1989)和 Chiba 等(1989)首次采用了另一种技术，他们证明在普通交换介质中，当采用 $CaCO_3$ 而不是 H_2O 时，可以有效避免上述的限制。这些研究表明在温度高于 600 ℃、压力在 15 kbar 时，大多数普通硅酸盐与 $CaCO_3$ 之间经历了氧同位素的快速交换。

碳酸盐交换技术的优势有：(1) 实验温度可达到 1400 ℃；(2) 没有矿物溶解相关的问题；(3) 简便的矿物分选（碳酸盐可溶解于酸中）。除涉及石英和方解石的实验外，通过热液和碳酸盐交换技术计算出的矿物分馏基本保持一致。一个可能的解释是石英-水体系中的盐度效应，但是在方解石-水体系中没有发现这种盐度效应(Hu, Clayton, 2003)。

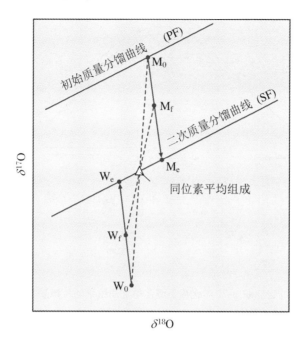

图 1.8 三同位素交换技术的示意图

自然样品投在原始质量分馏线(PF)上。初始同位素组成分别是矿物(M_0)和水(W_0),这明显以 $\delta^{17}O$ 区别平衡状态的 M_0,并且 $\delta^{18}O$ 非常接近于平衡状态的 M_0。完全的同位素平衡被定义为二次质量分馏曲线(SF)与 PF 平行,并且由矿物与水体系的总体同位素组成。部分平衡样品的同位素组成是 M_f 和 W_f,完全平衡样品是 M_e 和 W_e。M_e 和 W_e 的值可通过外推法由 M_0、M_f、W_0 和 W_f 测定值推导得到(修改自 Matthews 等(1983))。

1.4 质谱基本原理

到目前为止,质谱方法是测定同位素丰度最有效的分析技术。质谱是基于原子和分子质量数在磁场或电场中的动能来分离带电原子和分子的。不同的质谱方法具有不同的设计和应用,本书不能覆盖全部,因此仅简要阐述了质谱分析原理(详细的信息请参考 Brand (2002)的综述论文)。

理论上,质谱有四个不同的组成部分(见图 1.9):

(1) 进样系统。进样系统的特别组成部件包括一个转换阀门。这允许在几秒钟之内快速、连续分析两个气体样品(样品和标准气体)。这两种气体从直径约 0.1 mm、长度约 1 m 的毛细管中释放出来。当一种气体流向离子源时,另一种气体流向了废气泵,因此毛细管可以不间断地运行。为了避免质量歧视,气体样品的同位素丰度测试采用了黏性气流方法。在黏性气体流动过程中,分子的自由路径长度非常小,分子碰撞频繁(气体充分混合),并且不会发生质量分离。在黏性流动进样系统的末端流动管线收缩部分有一个"漏口"。

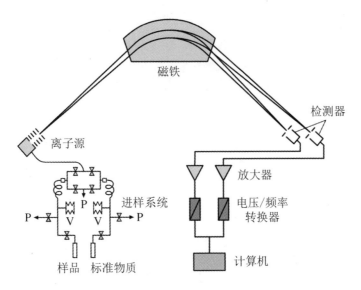

图 1.9　20 世纪 60～70 年代用于测定稳定同位素的气源质谱仪的示意图
P 表示真空泵系统，V 表示可变体积。

使用双入口进样系统高精度分析的样品最小质量受限于黏性流动环境的保持状态。这个范围通常是 15～20 mbar(Brand，2002)。当尝试降低样品尺寸时，有必要在毛细管前端的小体积内进行浓缩。

(2) 离子源。离子源作为质谱仪的一部分，主要作用是产生离子，加速并聚焦为一个窄的离子束。在离子源中，气流总是以分子形式存在。采用电子轰击可在多数情况下稳定地产生气体样品离子。通常采用钨或铼材质的加热灯丝来发射电子束，在进入离子腔体之前，先通过静电势加速至能量范围为 50～150 eV，这能使单次离子化的效率最大化。离子化后，根据电子所获得的能量，所有带电分子被打碎成几个部分，并产生特定组成的质量谱图。

为了增加离子化效率，可用一个均匀的但相对较弱的磁场来保持电子在一个螺旋路径上。在离子化腔体的末端，会有一个带正电的离子阱采集电子、测定电流并使得发射调节器电路保持稳定。

电场可使得带电分子从电子束中分离开来，随后被加速到几千伏，离子流被聚焦为可通过出口狭缝进入检测器的离子束。因此，进入磁场的正离子是单一能量的，即它们具有相同的动能，公式如下：

$$1/2mv^2 = 1\,\text{eV} \tag{1.24}$$

质谱灵敏度取决于离子化过程的效率，一般来说 1000～2000 个分子产生一个这种离子(Brand，2002)。

(3) 质量分析器。质量分析器根据离子的 m/e (质量/带电量)比，将从离子源进来的离子束进行分离。当离子束通过磁场时，离子将会偏转进入圆形路径中，圆形路径与 m/e 的平方根成正比。因此，离子被分为具有特征 m/e 值的不同离子束。

1940 年，Nier 引入了扇形磁质谱仪。在这种类型的分析器中，偏转发生在楔形磁场中。离子束以垂直于磁场界面的角度进入和离开磁场，因此偏转角度与楔形角度相当(如 60°)。

扇形磁质谱仪有这样的优点，即相对来说离子源和检测器不受分析场质量歧视的影响。

（4）离子检测系统。在离开磁场后，分离开的离子进入到检测器中，进入的离子将被转变为电信号，这个电信号通常会进入放大器中。Nier 等（1947）采用多接收器同时测定离子电流。采用两个独立的放大器同时测定的优势是，离子流随时间的波动对于不同 m/e 离子束往往是相同的。每个检测通道都配置了一个高欧姆电阻，这个欧姆电阻是与离子流的平均自然丰度相匹配的。

现代同位素质谱仪具有至少三个法拉第杯，法拉第杯位于质谱的焦平面上。因为相邻峰的空间随质量数变化，并且不是线性的，所以每个同位素都需要配置自己的法拉第杯。

1.4.1 连续流-同位素比值质谱（IRMS）

从 20 世纪 50 年代早期，即 Nier 引进双连续流质谱仪，到 20 世纪 80 年代中期这段时间，仅有非常小的关于商业质谱仪硬件方面的提升。在同位素测定过程中，人们在降低样品尺寸方面做了很多工作。这使得传统双进样技术向连续流同位素比值测定技术转变，这种质谱仪分析的气体是载气中的微量气体，并能达到黏性流动条件。现在绝大多数商售的气体质谱仪是连续流系统，而不是双进样系统。

传统的离线样品前处理程序是非常耗时间的，并且分析精度取决于操作员的技术水平。采用在线技术并结合直接连接质谱的元素分析器，离线前处理的很多问题都可以减少和克服。这两个技术的不同点汇总于表 1.5 中。

表 1.5　离线和在线方法的不同点

离线方法（双进样）	在线方法（连续流）
离线样品前处理	在线样品前处理
离线气体纯化	通过 CG 色谱柱对气体进行纯化
大样品量（毫克级）	小样品量（微克级）
样品气体直接进样	样品气体依托载气进样
两种气体需要压力调控	不需要压力调控，需要系统的线性和稳定性条件
样品/标样交换（>6 倍）	每个样品都有一个峰
通过计算统计平均值得到 δ 值	通过计算峰的积分和标准气体得到 δ 值
系统校准频率大概一个月	系统校准频率大概一天，并且是在测定过程中
受样品均匀性的影响很小	存在样品均匀性的问题

这种新一代的质谱仪通常是与色谱技术相结合的。同位素测试需要的样品量极大地减少至纳摩尔，甚至皮摩尔级别（Merritt，Hayes，1994）。气相色谱-同位素比值质谱（GC-IRMS）的重要特征如下（Brand，2002）：

（1）离子电流测定的分子是从 GC 柱上直接释放的，因此相对于气体标准物质，不需要对它们的离子强度做很大的改变。色谱不仅可以区分不同的化学类别，还可以区分出不同的同位素类别，这意味着在洗脱过程中，相应化学物质的峰出现之后物质的同位素组成是不同的。因此每个峰值必须要在全部宽度范围内进行积分，来获取真实的同位素比值。

(2) 同位素信号的测试时间受到色谱峰宽的限制,对于非常尖的峰来说,测试的平均时间可能不到 5 s。

(3) 相对于双进样系统来说,绝对灵敏度是非常重要的,这是因为色谱需要的样品量非常少,因此通常采用较大数量的样品来避免获得统计上的噪音数据。

测试过程中需要通过采用添加内标来进行标准化,这个内标的同位素组成是运用传统技术测定得出的。

这项技术的发展通过几个独立的路线来实现,主要是基于两个基本的线路,分别是元素分析-IRMS 和毛细管气相色谱-IRMS。在元素分析器中,样品燃烧成 CO_2、N_2、SO_2 和 H_2O,这些气体通过化学俘获或者 GC 柱分离。主要有两种类型的元素分析器:对于碳、氮和硫来说,样品与大气中的氧气燃烧;对于氢气和氧气,样品经历高温热转换。这些技术的优势是,在精度相当甚至更好的前提下,自动化前处理的样品花费少且样品测试量大。图 1.10 展示了一种元素分析器——同位素比值质谱仪的示意图。

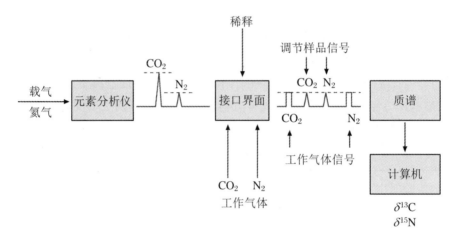

图 1.10　用于测定碳和氮同位素的一种元素分析器——同位素比值质谱仪的示意图

1.4.2　气体样品前处理技术的总体说明

一般来说,不同样品之间的同位素变化是非常小的,因此要重点避免样品的化学和物理前处理导致的同位素分馏。稳定同位素测试的质量取决于样品前处理后的气体纯度、定量回收率、背景和记忆效应。

为了把地质样品转换为适合测试的形态,必须采用多种不同的化学前处理技术。这些技术有一个共同的特征:任何一个前处理流程的回收率小于 100% 可能会导致反应产物的同位素组成不同于原始样品的同位素组成,这是因为不同的同位素具有不同的反应速率。

纯化气体的定量回收率通常是质谱测试所必需的,这不仅能避免样品前处理过程中导致的同位素分馏,还可以避免质谱的干扰峰。具有同样分子质量和相似的物理性质的气体的污染可能是个比较严重的问题。这对于 CO_2 和 N_2O(Craig, Keeling, 1963)以及 N_2 和 CO 来说是特别重要的。当采用 CO_2 时,碳氢化合物和 CS^+ 的干扰可能会是个问题。

污染可能来源于真空系统的不完全抽离和/或样品的去气化影响。一般来说,系统的空白应当小于样品前处理得到气体总量的1%。对于非常小的样品量来说,空白可能会最终影响到测试分析结果。记忆效应来源于先前测试的样品。当对同位素组成差别很大的样品进行连续分析时,记忆效应会很明显。

对于不同的元素,需要对气体是如何在真空线路中转移、净化或者其他处理等方面进行简要讨论。一个详细的描述汇总于最近发表的《稳定同位素分析技术手册》,这本书是由 de Groot(2004)编写的。

与化学分离有关的误差限制了同位素比值测定的整体精度,通常是0.1‰~0.2‰,现代质谱仪器对轻元素(除了氢)的测试精度可以达到小于0.02‰。当样品中某个元素的浓度比较低时,受化学分离的影响会有较大的不确定度(例如火成岩中的碳和硫)。

商用燃烧元素分析仪可以通过"动态燃烧"将样品同时转换为 CO_2、H_2O、N_2 和 SO_2。这些不同的气体进而被化学吸附、转换,或者在 GC 柱上分离,最后在连续流质谱上测试。这项技术可以测定同一样品的几个同位素比值,这扩展了有机和无机样品的同位素示踪,使得包含一种元素以上的同位素样品示踪成为可能。由于非常高的燃烧温度,样品的定量转化可以得到保证。

通过将色谱技术与同位素质谱仪串联,有机混合物可以被单独分析(特定成分稳定同位素分析)。Matthews 和 Hayes(1978)首次报道了这项技术在碳同位素方面的应用,后来经过改进应用于氢、氮、氯和氧。Elsner 等(2012)最近发表了一篇关于这个技术的综述。

1.4.3 光腔衰荡光谱法(CRDS)

光腔衰荡光谱法是一种同位素比质谱法的替代方法。光腔衰荡光谱通过采用气体分子的红外吸收光谱测定水蒸气、CO_2、CH_4、N_2O 浓度和同位素组成。测试时,激光被注入由非常高的反射镜组成的精确对准的光学腔内,当达到稳态条件时,关闭激光,这时测定的腔体内的光强度称为"衰荡"。同时,水的同位素组成(δD、$\delta^{18}O$、$\Delta^{17}O$)也能被持续测定。

对于水来说,光腔衰荡光谱法已经是一种常规方法,这是因为它具有快速、易于操作、无需样品前处理以及可以在野外条件下操作等优点。如 Brand 等(2009)和 Gupta 等(2009)所证明的,光腔衰荡光谱技术的精度和准确度与 IRMS 技术相当。和 IRMS 相比,它的优势在于易于操作和低成本。

1.5 标 准 物 质

绝对同位素丰度的测试精度总体上低于两个样品同位素组成的测试精度。然而,测定同位素的绝对比值是非常重要的,因为这些数据是用来计算相对差别,即 δ 值的基础。表1.6总结了国际稳定同位素组织常用的主要标准物质的绝对同位素比值。

表 1.6 国际标准物质的绝对同位素比值(修改自 Hayes(1983))

标准物质	同位素比值	接受的值(×10⁶)(95%置信区间)	
SMOW	D/H	155.76 ± 0.10	(Hagemann et al., 1970)
	$^{18}O/^{16}O$	2005.20 ± 0.43	(Baertschi, 1976)
	$^{17}O/^{16}O$	373 ± 15	(Nier, 1950; Hayes, 1983)
PDB	$^{13}C/^{12}C$	11237.2 ± 2.9	(Craig, 1957)
	$^{18}O/^{16}O$	2067.1 ± 2.1	
	$^{17}O/^{16}O$	379 ± 15	
空气中的氮	$^{15}N/^{14}N$	3676.5 ± 8.1	(Junk, Svec, 1958)
迪亚布洛峡谷陨硫铁 (CDT)	$^{34}S/^{32}S$	45004.5 ± 9.3	(Jensen, Nakai, 1962)

为了对比不同实验室的同位素数据,需要国际上可接受的一系列标准物质。Friedman 和 O'Neil(1977)、Gonfiantini(1978,1984)、Coplen 等(1983)、Coplen(1996)和 Coplen 等(2006)评估了与标准物质有关的不规范现象或问题。同位素测试过程中普遍采用的单位是 δ 值,以‰给出。δ 值定义为

$$\delta(‰) = \frac{R_{样品} - R_{标样}}{R_{标样}} \times 1000 \tag{1.25}$$

其中,R 表示测定的同位素比值,如果 $\delta_A > \delta_B$,那么可以说相比于 B 组分,A 组分富集稀少的或"重"同位素。不幸的是,并不是文章中报道的所有 δ 值都是相对于单一通用的标准物质,因此通常采用一个元素的几种标准物质。δ 值从一个标准物质转变为另一个标准物质时,需要采用下列公式:

$$\delta_{X\text{-}A} = \left[\left(\frac{\delta_{B\text{-}A}}{10^3} + 1\right)\left(\frac{\delta_{X\text{-}B}}{10^3} + 1\right) - 1\right] \times 10^3 \tag{1.26}$$

这里的 X 表示样品,A 和 B 分别表示不同的标准物质。

对于不同的元素,每个实验室采用便捷的"工作标准物质"。然而,文献中报道了测试的结果是相对于统一标准物质而不是相对于"工作标准物质"。

图 1.11 绘制了一个同位素含量比(%)和 δ 值(‰)关系的例子,图中表明非常大的 δ 值变化仅对应非常小的重同位素含量变化(这里以 ^{18}O 含量为例)。一个理想的世界通用的标准物质,通常作为 δ 尺度的"零点"应当满足以下要求:

(1) 组成成分均匀。
(2) 存量相对大,保证需求。
(3) 化学分离和同位素测试简单。
(4) 同位素组成介于自然界变化范围的中间。

目前应用的标准物质中,很少有满足以上条件的。例如,SMOW 标准的情况就比较混乱。SMOW 标准物质最开始时是假设水样,这个水样的同位素组成接近于未处理的平均海水(Craig, 1961),后来被定义为美国国家标准局分发的水样品 NBS-1,再后来 IAEA 发布了名为 V-SMOW(Vienna-SMOW)的稀释水样,这个标样的同位素组成与原始 SMOW 标样非

常接近,但并不是相同的。表1.7给出了目前世界应用广泛的标准物质。

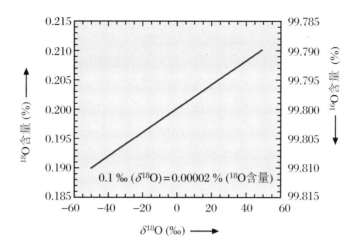

图1.11　$^{18}O(^{16}O)$含量百分比与$\delta^{18}O$的关系图

表1.7　氢、硼、氧、硅、硫、氯以及几种金属元素的世界广泛应用同位素组成标准物质(Möller et al., 2012)

元素	标准	标准
H	标准平均海水	V-SMOW
B	硼酸(NBS)	SRM 951
C	美国南卡罗莱纳州白垩纪皮狄组拟箭石化石	V-PDB
N	空气中的氮	N_2(atm.)
O	标准平均海水	V-SMOW
Si	石英砂	NBS-28
S	来自Canyon Diablo铁陨石的硫铁矿(FeS)	V-CDT
Cl	海水氯化物	SMOC
Mg	硝酸镁	DSM-3 NIST SRM 980
Ca	碳酸钙	NIST SRM 915a
Cr	硝酸铬	NIST SRM 979
Fe	金属铁	IRMM-014
Cu	金属铜	NIST SRM 976
Zn	金属锌	JMC3-0749
Mo	氯化钼溶液	NIST 3134
Tl	金属铊	NIST SRM 997
U	氧化铀(U_3O_8)	NIST SRM 950a

IAEA 咨询小组多次讨论了关于标准物质的问题。会议讨论了现有标准物质的质量及其可利用性和新标准物质的需求，并达成了一致。

进展主要来自标准化程序可以通过实验室之间两个标准物质数据对比来实现，这两个标准物质有不同的同位素组成，并可以形成一个标准化程序用来校正质谱测试方面和样品前处理方面所有的误差。理想状态下，这两个标准物质的同位素组成应尽可能不同，但是应该限制在自然界变化范围之内。然而有关数据标准化的问题还在争论中，例如 CO_2 与水达到平衡和用酸提取碳酸盐岩中的 CO_2 都是间接的测试流程，通常会涉及与温度相关的同位素分馏（这些值超出了测试的不确定度范围），这种情况下可能需要在标准化尺度下进行重新评估。

对于金属同位素，其标准物质主要来自两个研究机构：比利时标准物质和测试研究所（IRMM）以及美国国家标准与技术研究所（NIST）。IRMM 和 NIST 提供的标准物质主要是纯金属形式或容易溶解的盐形式。一些实验室采用自然样品作为标准物质，这些标准物质的优势是与实际样品具有相同的化学纯化过程。目前为止，对于一些元素，世界上并没有统一采用的标准物质，这使得数据对比变得复杂。Vogl 和 Pritzkow（2010）列出了现有针对一些特定元素的标准物质。

表 1.8 总结了质谱分析多种元素的气体形式。

表 1.8　质谱中测定同位素比值时经常采用的气体

元素	气体
H	H_2
C	CO_2、CO
N	N_2、N_2O
O	CO_2、CO、O_2
S	SO_2、SF_6
Si	SiF_4

1.6　微量分析技术

近年来微量分析技术变得越来越重要，微量分析技术采用的样品量比传统技术小一个数量级，并且对于多种样品具有相对不错的测试精度。在这方面使用了不同的方法，它们通常能比传统的分析方法显示出更大的同位素不均匀性。其中一个经验法则是越小的测试空间会有越大的不均一性。

图 1.12 显示了激光和离子探针分析技术的发展以及所需样品尺寸的大幅度降低。当然随着样品尺寸的降低，分析精度逐渐变差，但这种精度变差的程度很小。

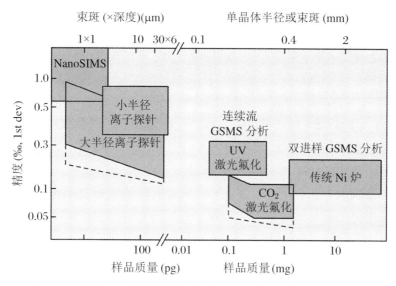

图 1.12 不同氧同位素测试技术的精度随着样品质量或大小的变化
（Bindeman，2008）

1.6.1 激光探针

激光辅助提取是基于激光能量可以被多种自然样品有效吸收这一特征来实现的。吸收特征取决于样品的结构、组成和结晶度。近年来已经采用高能量、细聚焦激光束来进行 Ar 同位素分析，Crowe 等（1990）、Kelley 和 Fallick（1990）以及 Sharp（1990）等最先讨论了采用详细记录的 CO_2 和 Nd-YAG 激光系统进行稳定同位素分析。他们的研究结果表明毫克级的单矿物样品量就可以进行氧、硫和碳同位素分析。为了实现高精度和高准确度测试，样品需被完全蒸发，这是因为激光加热过程中陡增的热梯度可以导致同位素分馏（Elsenheimer，Valley，1992）。由于这种 CO_2 和 Nd-YAG 激光辅助样品前处理技术产生的热效应，分析时必须要将样品切成很小的片状。这种技术的空间分辨率约为 500 μm。

可通过采用紫外（UV）KrF 和 ArF 激光气化样品来改善热效应，这可以使得硅酸盐矿物原位氧同位素分析成为可能（Wiechert，Hoefs，1995；Fiebig et al.，1999；Wiechert et al.，2002）。

1.6.2 二次离子探针（SIMS）

主要采用的两种类型 SIMS 分别为 Cameca f 系列和高灵敏度高质量分辨率离体微探针（SHRIMP）系列（Valley，Graham，1993；Valley et al.，1998；McKibben，Riciputi，1998）。通过聚焦的离子束轰击样品表面产生二次离子，然后二次离子被提取出来并在质谱中分析等流程实现离子探针分析。这个技术最大的优势是高灵敏度、高空间分辨率以及只需小的样品量。通常 30 min SIMS 分析导致的溅射坑直径为 10～30 μm，深度为 1～6 μm。这个分析技术的空间分辨率要比激光技术高一个数量级。而其缺点是在溅射过程中不仅产生了原子、离子，还产生了大量的分子二次离子，这些分子二次离子可能会干扰到待测离子，同时不同原子的离子化效率可能会相差几个数量级,且与样品的化学成分密切相关。"基体"效应也是影响定量分析的主要问题之一。这两种仪器(Cameca 和 SHRIMP)具有一些技术特点,有助于克服多原子离体干扰和基体效应决定的二次离子产率,例如高分辨率和能量过滤。

Fitzsimons 等(2000)和 Kita 等(2010)以及其他研究学者综述了影响 SIMS 稳定同位素分析精度的因素。最新版本的离子探针是 Cameca-IMS-1280,这款仪器可以进一步降低样品尺寸,而束斑尺寸可达到 10 μm,对于 O、S、Fe 同位素比值的数据可达到精度≤0.3‰水平(Huberty et al., 2010;Kita et al., 2010)。

对于一些矿物如磁铁矿、赤铁矿、闪锌矿以及方铅矿来说,研究数据表明质量还受到晶轴取向的影响。

1.6.3 多接收器电感耦合等离子体质谱(MC-ICP-MS)

热电离质谱技术(TIMS)的进步以及 MC-ICP-MS 的引入,使得开展自然样品中过渡元素和重金属元素的同位素组成变化方面的研究成为可能,在这之前其他的分析技术不足以得到足够精度的数据。这项技术是结合 ICP 的强电离特点(对于几乎所有的元素能实现高效率电离)和高精度的热电离子质谱配置的多接收杯(Becker,2005;Vanhaecke et al.,2009)。ICP 离子源允许以溶液或激光剥蚀产生气溶胶的形式进样分析。

MC-ICP-MS 的分析准确度和精度主要取决于两个因素:

(1)消除分子干扰的情况,所有的 MC-ICP-MS 仪器都需要用 Ar 作为等离子体气体,这与常见的传统 ICP-MS 是一样的。质量干扰是这项技术的固有特征,可以通过采用膜去溶和其他技术来消除。

(2)元素质量干扰校正和仪器质量歧视校正,这些干扰主要取决于样品的纯度和基体。可以通过溶液进样和等离子体电离等技术添加外部标样,或采用在相同的测试条件下将标准物质与样品对比,来校正有关的仪器质量分馏。

1.6.4 高质量分辨率多接收红外质谱

目前使用的气源同位素比值质谱是单聚焦磁场扇形质谱。Young 等(2016)首先报道了双聚焦大半径气源质谱仪,该质谱仪具有最高的质量分辨率和灵敏度,并采用该设备测定了少见的团簇同位素。对于甲烷,他们的实验表明 $^{13}CH_3D/^{12}CH_4$ 和 $^{12}CH_2D_2/^{12}CH_4$ 的测试精度可达 0.1‰~0.5‰。

1.7 金属元素稳定同位素的变化

自从 Maréchal 等(1999)和 Zhu 等(2000)首次报道了 Cu 和 Zn 同位素比值的分析技术,很多相关文献相继发表,最近 Teng、Dauphas 和 Watkins(2017)编写的《非传统同位素》

总结了这些技术。目前发现这些同位素在低温下有千分之几的变化,这与之前预期的不同,先前认为重同位素变化应该会很小。分馏程度主要取决于几个因素,如参与氧化还原和生物介导反应等。

Wiederhold(2015)发表了金属同位素分馏的综述。测试过程中的主要问题是仪器导致的质量分馏。目前有三种方法来校正:

(1) 标准物质-样品间插法。

(2) 向溶液中添加一个行为相似的元素进行外标校正。

(3) 双稀释技术。向溶液中添加一个已知的混合两种同位素的稀释剂。该技术只能应用于具有四个同位素以上的元素。

金属同位素平衡分馏主要取决于振动频率。由于全部的振动频率是不可知的,随着计算机性能的提高,现在可以采用第一原理电子结构理论来计算简单分子和结晶化合物的振动频率。这有一个优势,即可基于计算同位素频率偏移时的自洽性和错误消除,来计算同位素效应(Schauble et al.,2009)。另一个第一性原理振动模型的优势是,计算出的数据可以和测试数据对比,进而可以验证模型的准确性(例如 Polyakov 等(2007))。Blanchard 等(2009)首次报道了基于"从头计算方法"计算出的 Fe 同位素的平衡分馏,Rustad 等(2010)报道了 Mg 和 Ca 同位素的计算数据。

虽然已有文献报道了某些过渡金属的平衡分馏情况(例如 Fe),但这种分馏应该是很小的,相对于低温过程及生物体系的动力学分馏可忽略不计(Schauble,2004)。在某些元素(如 Li、Mg 和 Fe)的质量扩散迁移过程中发现了动力学分馏,对于 Li 来说是相对较大的,并且可能在微米到米的空间尺度内发生分馏。

矿物的沉淀和溶解通常会伴随着金属同位素的分馏,同位素分馏的程度取决于实验条件,特别是当动力分馏或平衡分馏占主导时。在动力控制的条件下,从水中沉淀出的矿物(例如碳酸盐岩)通常会亏损重金属同位素,这不同于取决于键能的平衡分馏(Hofmann et al.,2013)。

金属同位素的另外一个重要的分馏机制是在颗粒表面的吸附过程。同位素分馏的方向和程度很大程度上取决于金属类型。例如,Mo 的轻同位素优先吸附于 Fe-Mn 氧化物,这可以被认为是 Mo 同位素最重要的分馏机制(Wasylenki et al.,2008)。相反,相比于 Fe(Ⅱ)溶解过程中,吸附在石墨颗粒上的 Fe(Ⅱ)是富集重同位素的(Beard et al.,2010)。对于 Cr 来说,报道的同位素分馏可忽略不计(Ellis et al.,2004)。

液体和固体中的金属配位数是影响同位素分馏的另外一个参数。Schauble(2004)指出各共存相的不同的配位数影响到了碳同位素分馏。轻同位素优先占据高配位数的位置。例如,相比于磁铁矿,赤铁矿富集轻同位素,这是由于赤铁矿是八面体配位,而磁铁矿是八面体和四面体配位。因此,不同的亲石元素如 Fe、Mg、Ca 和 Li 的同位素组成可以反映配位数的变化。

金属同位素的另外一个特征是在植物和动物中的分馏,这可以用来示踪运输机制。整体来说,相比于它们生长环境中的土壤,植物是重同位素亏损的。Weiss 等(2005)首次报道了植物相比于其生长的溶液,整体上亏损重金属同位素,植物的芽比根部更富集轻同位素。

有机物吸取和转移同位素可以进一步导致同位素分馏,这取决于特定的金属及其化学形态以及有机物的类型。

影响金属同位素分馏的另外一个重要的因素是氧化还原反应,不管是在无机介质还是微生物介质中。氧化还原反应被认为是导致金属同位素变化的最主要原因,例如轻元素 C 和 S,还原态的金属物质,相比于氧化态物质,通常富集轻同位素。这与元素 U 相反,核体积效应导致了其还原态物质产生了重同位素富集。因此还原性敏感元素的同位素组成可以用来示踪体系的氧化还原系统。重建地质时期的氧化还原状态是近年来有关金属同位素研究的主要内容。

传统稳定同位素体系(CHON)很少应用于医学中,因为它们的丰度太大或者对于生物示踪过程没有特别之处。与之相反,金属同位素在生物反应过程中起着重要的作用。因此,人体生理过程导致的金属同位素分馏具有应用于医学研究的潜力,特别是对于 Ca、Fe、Zn 和 Cu。近年来金属同位素技术被越来越多地应用于医疗诊断。

1.7.1 钙

钙是人体生理过程中的一个非常重要的元素。成年人平均 Ca 含量为 1000～1200 g,其中 99% 存储在骨头中。在生命过程中,骨头不断地增长和消融。随着年龄的增长,骨头的消融速度可能会超过骨头的增长速度,这导致骨质流失,也就是常见的骨质疏松症。尿液和血液中的 Ca 同位素最先作为 Ca 代谢指标得到应用(Skulan et al.,2007;Heuser,Eisenhauer,2009;Morgan et al.,2012)。这些研究表明 Ca 同位素可以用来量化骨头的进出通量,因此可作为研究骨质疏松症和涉及骨癌的技术。Skulan 和 de Paolo(1999)首先证明了在骨头生长过程中,Ca 的轻同位素优先进入到骨头中,而在骨头消融过程中没有 Ca 同位素的分馏。当骨头生长速度超过消融速度时,软组织(血液和尿液)中的 Ca 同位素组成将偏向重同位素,反之,如果消融速度大于生长速度时,软组织将偏向轻同位素(Heuser,Eisenhauer,2009;Morgan et al.,2012;Channon et al.,2015)。这些研究表明,Ca 同位素可作为一个新的分析技术,用来诊断早期骨质疏松症和预测多发性骨髓瘤疾病活动——一种可造成骨骼破坏的血液癌症(Gordon et al.,2014)。

1.7.2 铁

铁对人体来说是非常必要的,因为在血液中 Fe(Ⅱ)-血红蛋白是用来运输氧气的。Walczyk 和 von Blankenburg(2002)率先报道了血液和器官之间的 Fe 同位素变化。相比于饮食,血液和肌肉组织中的 Fe 重同位素亏损 1‰～2‰。虽然肠道中铁同位素分馏的机理尚不清楚,但全血液中的铁同位素可作为饮食中 Fe 吸收效率的指标(Hotz,Walszyk,2013)。铁吸收效率受损会导致缺铁(贫血)或者铁过载(血色素沉着症)。缺铁是最常见的营养缺乏症,可由不充足吸收和/或铁丢失过量导致。Anoshkina 等(2017)采用 Fe 同位素来区分缺铁性贫血和 EPO 相关的贫血。缺铁性贫血导致血清中铁同位素的变化,而 EPO 相关的贫血不会产生这种效应。相比于健康肌体,Fe 重同位素富集可能指示遗传性血色素沉着症(Hotz et al.,2012)。

1.7.3 锌

锌是人体中丰度第二高的微量元素。它对很多酶化学反应是必需的。对山羊和老鼠方面的研究表明，不同的器官由不同的锌同位素组成(Balter et al.，2010；Moynier et al.，2013)。例如，相比于血清、大脑和肺部，血红细胞和骨头富集锌重同位素(Moynier et al.，2013)。如 Larner 等(2015)研究结果所示，Zn 同位素可能被用作乳腺癌的早期生物指标。他们证明了相比于血液、血清和健康的乳腺组织，乳腺癌肿瘤细胞明显亏损 Zn 重同位素。Moynier 等(2017)研究了阿尔茨海默病期间 Zn 同位素分布情况。由于富集 Zn 的淀粉样斑块的形成，阿尔茨海默病患者体内的 Zn 动态平衡失调。如 Moynier 等(2017)研究所示，相比于正常对照组，具有阿尔茨海默症状的转基因小鼠的大脑富集 Zn 同位素。

1.7.4 铜

铜是非常重要的微量元素，在很多酶化学反应中起着重要作用。代谢过程需要铜，铜对于细胞来说也是潜在的毒素，因此需要保持一个微平衡来实现内环境的稳定。如 Balter 等(2013)研究所示，器官和体液中的 Cu 同位素差异很大。肾脏特别富集 Cu 重同位素，这可能反映出在还原过程中产生了元素分馏。

肝脏是 Cu 的主要储存点，并且在保证内环境稳定过程中起着重要的作用。相比于健康对照组，肝硬化病人血清中的 Cu 同位素亏损，并且随着病情的加重会更加亏损(Costas-Rodriguez et al.，2015)。

Cu 同位素可能指示快速病变的癌症(Telouk et al.，2015；Balter et al.，2015；Albarede et al.，2016)。如这些研究所示，相比于健康人，结肠癌、乳腺癌和肺癌病人的 Cu 同位素比值亏损重同位素。Telouk 等(2015)提出低 Cu 同位素不仅可以用来预测癌症晚期，相比于分子生物指标来说，还可以更早地预测死亡。

总的来说，上述引用的文献证明，金属同位素研究对于很多医学问题具有很大的潜在帮助。在医学科学里，金属同位素可能成为一个重要的诊断工具。

参 考 文 献

Abelson P H，Hoering T C，1961. Carbon isotope fractionation in formation of amino acids by photosynthetic organisms[J]. Proc. Natl. Acad. Sci. USA，47：623.

Affek H P，Eiler J M，2006. Abundance of mass 47 CO_2 in urban air, car exhaust and human breath[J]. Geochim. Cosmochim. Acta，70：1-12.

Affek H P，Bar-Matthews M，Ayalon A，et al.，2008. Glacial/interglacial temperature variations in Soreq cave speleothems as recorded by "clumped isotope" thermometry[J]. Geochim. Cosmochim.

Acta, 72:5351-5360.

Albarede F, 2015. Metal stable isotopes in the human body: a tribute of geochemistry to medicine[J]. Elements, 11:265-269.

Albarede F, Telouk P, Balter V, et al., 2016. Medical applications of Cu, Zn and S isotope effects[J]. Metallomics, 8:1056-1070.

Albarede F, Telouk P, Balter V, 2017. Medical applications of isotope metallomics[J]. Rev. Min. Geochem., 82:851-887.

Anoshkina Y, Costas-Rodriguez M, Speeckaert M, et al., 2017. Iron isotopic composition of blood serum in anemia of chronic kidney disease[J]. Metallomics, 24:517-524.

Assonov S S, Brenninkmeijer C A, 2005. Reporting small $\delta^{17}O$ values: existing definitions and concepts [J]. Rapid Commun. Mass Spectrom, 19:627-636.

Baertschi P, 1976. Absolute ^{18}O content of standard mean ocean water[J]. Earth Planet Sci. Lett., 31: 341-344.

Balter V, Zazzo A, Moloney A P, et al., 2010. Bodily variability of zinc natural isotope abundances in sheep[J]. Rapid Commun. Mass Spectr., 24:605-612.

Balter V, Lamboux A, Zazzo A, et al., 2013. Contrasting Cu, Fe and Zn isotope patterns in organs and body fluids of mice and sheep, with emphasis on cellular fractionation[J]. Metallomics, 5:1470-1482.

Balter V, 2015. Natural variations of copper and sulfur stable isotopes in blood of hepatocellular carcinoma patients[J]. PNAS, 112:982-985.

Bao H, Thiemens M H, Farquahar J, et al., 2000. Anomalous ^{17}O compositions in massive sulphate deposits on the Earth[J]. Nature, 406:176-178.

Bao H, Thiemens M H, Heine K, 2001. Oxygen-17 excesses of the Central Namib gypcretes: spatial distribution[J]. Earth Planet Sci. Lett., 192:125-135.

Baroni M, Thiemens M H, Delmas R J, et al., 2007. Mass-independent sulfur isotopic composition in stratospheric volcanic eruptions[J]. Science, 315:84-87.

Beard B L, Handler R M, Scherer M M, et al., 2010. Iron isotope fractionation between aqueous ferrous iron and goethite[J]. Earth Planet Sci. Lett., 295:241-250.

Becker J S, 2005. Recent developments in isotopic analysis by advanced mass spectrometric techniques[J]. J. Anal. At. Spectrom., 20:1173-1184.

Bigeleisen J, 1965. Chemistry of isotopes[J]. Science, 147:463-471.

Bigeleisen J, 1996. Nuclear size and shape effects in chemical reactions. Isotope chemistry of heavy elements[J]. J. Am. Chem. Soc., 118:3676-3680.

Bigeleisen J, Mayer M G, 1947. Calculation of equilibrium constants for isotopic exchange reactions[J]. J. Chem. Phys., 15:261-267.

Bigeleisen J, Wolfsberg M, 1958. Theoretical and experimental aspects of isotope effects in chemical kinetics[J]. Adv. Chem. Phys., 1:15-76.

Bindeman I, 2008. Oxygen isotopes in mantle and crustal magmas as revealed by single crystal analysis[J]. Rev. Miner. Geochem., 69:445-478.

Blair N, Leu A, Munoz E, et al., 1985. Carbon isotopic fractionation in heterotrophic microbial metabolism[J]. Appl. Environ. Microbiol., 50:996-1001.

Blanchard M, Poitrasson F, Meheut M, et al., 2009. Iron isotope fractionation between pyrite (FeS$_2$), hematite (Fe$_2$O$_3$) and siderite (FeCO$_3$): a first-principles density functional theory study[J]. Geochim. Cosmochim. Acta, 73:6565-6578.

Blum J D, 2011. Applications of stable mercury isotopes to biogeochemistry[M]//Baskaran M (Ed), Handbook of environmental isotope geochemistry. Heidelberg: Springer, 229-246.

Bottinga Y, 1969. Carbon isotope fractionation between graphite, diamond and carbon dioxide[J]. Earth Planet Sci. Lett., 5:301-307.

Bottinga Y, Javoy M, 1973. Comments on oxygen isotope geothermometry[J]. Earth Planet Sci. Lett., 20:250-265.

Brand W, 2002. Mass spectrometer hardware for analyzing stable isotope ratios[M]//de Groot P, Handbook of stable isotope analytical techniques. Amsterdam: Elsevier.

Brand W, Geilmann H, Crosson E R, et al., 2009. Cavity ring-down spectroscopy versus high-temperature conversion isotope ratio mass spectrometry: a case study on δ^2H and δ^{18}O of pure water samples and alcohol/water mixtures[J]. Rapid Comm. Mass Spectrom., 23:1879-1884.

Bucharenko A I, 1995. MIE versus CIE: comparative analysis of magnetic and classical isotope effects [J]. Chem. Rev., 95:2507-2528.

Bucharenko A I, 2001. Magnetic isotope effect: nuclear spin control of chemical reactions[J]. J. Phys. Chem. A, 105:9995-10011.

Bucharenko A I, 2013. Mass-independent isotope effects[J]. J. Phys. Chem. B, 117:2231-2238.

Came R E, Brand U, Affek H P, 2014. Clumped isotope signatures in modern brachiopod carbonate[J]. Chem. Geol., 377:20-30.

Cerling T E, 1984. The stable isotopic composition of modern soil carbonate and its relationship to climate [J]. Earth Planet Sci. Lett., 71:229-240.

Chacko T, Cole D R, Horita J, 2001. Equilibrium oxygen, hydrogen and carbon fractionation factors applicable to geologic systems[J]. Rev. Miner. Geochem., 43:1-81.

Channon M B, Gordon G W, Morgan J L, et al., 2015. Using natural stable calcium isotopes of human blood to detect and monitor changes in bone mineral balance[J]. Bone, 77:69-74.

Chiba H, Chacko T, Clayton R N, et al., 1989. Oxygen isotope fractionations involving diopside, forsterite, magnetite and calcite: application to geothermometry[J]. Geochim. Cos-mochim. Acta, 53:2985-2995.

Clayton R N, Kieffer S W, 1991. Oxygen isotope thermometer calibrations[J]//Taylor H P, O'Neil J R, Kaplan I R, Stable isotope geochemistry: a tribute to Sam Epstein. Geochem. Soc. Spec. Publ., 3:3-10.

Clayton R N, Goldsmith J R, Karel K J, et al., 1975. Limits on the effect of pressure in isotopic fractionation[J]. Geochim. Cosmochim. Acta, 39:1197-1201.

Clayton R N, Grossman L, Mayeda T K, 1973. A component of primitive nuclear composition in carbonaceous meteorites[J]. Science, 182:485-488.

Clayton R N, Goldsmith J R, Mayeda T K, 1989. Oxygen isotope fractionation in quartz, albite, anorthite and calcite[J]. Geochim. Cosmochim. Acta, 53:725-733.

Cole D R, Chakraborty S, 2011. Rates and mechanisms of isotopic exchange[J]//Stable isotope geochemistry. Rev. Min. Geochem., 43:83-223.

Coplen T B, 1996. New guidelines for the reporting of stable hydrogen, carbon and oxygen isotope ratio data[J]. Geochim. Cosmochim. Acta, 60:3359-3360.

Coplen T B, Kendall C, Hopple J., 1983. Comparison of stable isotope reference samples[J]. Nature, 302:236-238.

Coplen T B, Brand W, Gehre M, et al., 2006. New guidelines for $\delta^{13}C$ measurements[J]. Anal. Chem., 78:2439-2441.

Costa-Rodriguez M, Anoshkina Y, Lauwens S, et al., 2015. Isotopic analysis of Cu in blood serum by multi-collector ICP-mass-spectrometry: a new approach for the diagnosis and prognosis of liver cirrhosis[J]. Metallomics, 7:491-498.

Craig H, 1957. Isotopic standards for carbon and oxygen and correction factors for mass-spectrometric analysis of carbon dioxide[J]. Geochim. Cosmochim. Acta, 12:133-149.

Craig H, 1961. Standard for reporting concentrations of deuterium and oxygen-18 in natural waters[J]. Science, 133:1833-1834.

Craig H, Keeling C D, 1963. The effects of atmospheric N20 on the measured isotopic composition of atmospheric CO_2[J]. Geochim. Cosmochim. Acta, 27:549-551.

Criss R E, 1999. Principles of stable isotope distribution[M]. Oxford: Oxford University Press.

Crowe D E, Valley J W, Baker K L, 1990. Micro-analysis of sulfur isotope ratios and zonation by laser microprobe[J]. Geochim. Cosmochim. Acta, 54:2075-2092.

Daeron M, Blamart D, Peral M, et al., 2016. Absolute isotope abundance ratios and the accuracy of Δ^{47} measurements[J]. Chem. Geol., 442:83-96.

Dansgaard W, 1964. Stable isotope in precipitation[J]. Tellus, 16:436-468.

Dauphas N, Schauble E A, 2016. Mass fractionation laws, mass-independent effects and isotope anomalies [J]. Ann. Rev. Earth Planet Sci., 44:709-783.

Dauphas N, Teng F Z, Arndt N T, 2010. Magnesium and iron isotopes in 2.7 Ga Alexo komatiites: mantle signatures, no evidence for Soret diffusion and identification of diffusive transport in zoned olivine[J]. Geochim. Cosmochim. Acta, 74:3274-3291.

De Groot P A, 2004. Handbook of stable isotope analytical techniques[M]. Amsterdam: Elsevier.

Dennis K J, Schrag D P, 2010. Clumped isotope thermometry of carbonatites as an indicator of diagenetic alteration[J]. Geochim. Cosmochim. Acta, 74:4110-4122.

Driesner T, 1997. The effect of pressure on deuterium-hydrogen fractionation in high-temperature water [J]. Science, 277:791-794.

Eagle R A, Schauble E A, Tripati A K, et al., 2010. Body temperatures of modern and extinct vertebrates from $^{13}C^{18}O$ bond abundances in bioapatite[J]. PNAS, 107:10377-10382.

Eagle R A, Tütken T, Martin T S, et al., 2011. Dinosaur body temperatures determined from the ($^{13}C^{18}O$) ordering in fossil biominerals[J]. Science, 333:443-445.

Eagle R A, 2015. Isotopic ordering in eggshells reflects body temperatures and suggests differing thermophysiology in two Crteaceous dinosaurs[J]. Nat. Commun., 6:8296.

Eiler J M, 2007. The study of naturally-occurring multiply-substituted isotopologues[J]. Earth Planet Sci. Lett., 262:309-327.

Eiler J M, 2013. The isotopic anatomies of molecules and minerals[J]. Ann. Rev. Earth Planet Sci., 41: 411-441.

Eiler J M, Schauble E, 2004. $^{18}O^{13}C^{16}O$ in earth, satmosphere[J]. Geochim. Cosmochim. Acta, 68: 4767-4777.

Eiler J M, Baumgartner L P, Valley J W, 1992. Intercrystalline stable isotope diffusion: a fast grain boundary model[J]. Contr. Min. Petrol., 112:543-557.

Eiler J M, Valley J W, Baumgartner L P, 1993. A new look at stable isotope thermometry[J]. Geochim. Cosmochim. Acta, 57:2571-2583.

Eiler J M, 2014. Frontiers of stable isotope geoscience[J]. Chem. Geol., 372:119-143.

Ellis A S, Johnson T M, Bullen T D, 2004. Using chromium stable isotope ratios to quantify Cr(Ⅵ) reduction: lack of sorption effects[J]. Environ Sci. Technol., 38:3604-3607.

Elsenheimer D, Valley J W, 1992. In situ oxygen isotope analysis of feldspar and quartz by Nd-YAG laser microprobe[J]. Chem. Geol., 101:21-42.

Elsner M, Jochmann M A, Hofstetter T B, et al., 2012. Current challenges in compound-specific stable isotope analysis of environmental organic contaminants[J]. Anal. Bioanal. Chem., 403:2471-2491.

Epov V N, Malinovskiy D, Vanhaecke F, et al., 2011. Modern mass spectrometry for studying mass-independent fractionation of heavy stable isotopes in environmental and biological sciences[J]. J. Anal. At. Spectrom., 26:1142-1156.

Estrade N, Carignan J, Sonke J E, 2009. Mercury isotope fractionation during liquid-vapor evaporation experiments[J]. Geochim. Cosmochim. Acta, 73:2693-2711.

Farquhar J, Bao H, Thiemens M, 2000. Atmospheric influence of Earth's earliest sulfur cycle[J]. Science, 289:756-759.

Farquhar J, Johnston D T, Wing B A, et al., 2003. Multiple sulphur isotope interpretations for biosynthetic pathways: implications for biological signatures in the sulphur isotope record[J]. Geobiology, 1:27-36.

Ferry J M, Passey B H, Vasconcelos C, et al., 2011. Formation of dolomite at 40~80℃ in the Latemar carbonate buildup, Dolomites, Italy from clumped isotope thermometry[J]. Geology, 39:571-574.

Fiebig J, Wiechert U, Rumble D, et al., 1999. High-precision in-situ oxygen isotope analysis of quartz using an ArF laser[J]. Geochim. Cosmochim. Acta, 63:687-702.

Fitzsimons I C, Harte B, Clark R M, 2000. SIMS stable isotope measurement: counting statistics and analytical precision[J]. Min. Mag., 64:59-83.

Fujii T, Moynier F, Albarede F, 2009. The nuclear field shift effect in chemical exchange reactions[J]. Chem. Geol., 267:139-156.

Galimov E M, 2006. Isotope organic geochemistry[J]. Org. Geochem., 37:1200-1262.

Gao Y Q, Marcus R A, 2001. Strange and unconventional isotope effects in ozone formation. Science, 293:259-263.

Gelabert A, Pokrovsky O S, Viers J, et al., 2006. Interaction between zinc and marine diatom species: surface complexation and Zn isotope fractionation[J]. Geochim. Cosmochim. Acta, 70:839-857.

Ghosh P, 2006. $^{13}C^{18}O$ bonds in carbonate minerals: a new kind of paleothermometer. Geochim[J]. Cosmochim. Acta, 70:1439-1456.

Gilbert A, Yamada K, Suda K, et al., 2016. Measurement of position-specific ^{13}C isotopic composition of propane at the nanomole level[J]. Geochim. Cosmochim. Acta, 177:205-216.

Giletti B J, 1986. Diffusion effect on oxygen isotope temperatures of slowly cooled igneous and metamorphic rocks[J]. Earth Planet Sci. Lett., 77:218-228.

Gonfiantini R, 1978. Standards for stable isotope measurements in natural compounds[J]. Nature, 271: 534-536.

Gonfiantini R, 1984. Advisory group meeting on stable isotope reference samples for geochemical and hydrological investigations[R]. Vienna: Report Director General IAEA.

Gordon G W, Monge J, Channon M B, et al., 2014. Predicting multiple myeloma disease activity by analyzing natural calcium isotope composition[J]. Leukemia, 28:2112-2115.

Grachev A M, Severinghaus J P, 2003. Laboratory determination of thermal diffusion constants for $^{29}N/^{28}N$ in air at temperatures from 60 ℃ to 0 ℃ for reconstruction of magnitudes of abrupt climate changes using the ice core fossil-air paleothermometer[J]. Geochim. Cosmochim. Acta, 67:345-360.

Gupta P, Noone D, Galewsky J, et al., 2009. Demonstration of high-precision continuous measurements of water vapor isotopologues in laboratory and remote field deployments using wavelength-scanned cavity ring-down spectroscopy (WS-CRDS) technology[J]. Rapid Comm. Mass Spectrom., 23: 2534-2542.

Hagemann R, Nief G, Roth E, 1970. Absolute isotopic scale for deuterium analysis of natural waters. Absolute D/H ratio for SMOW[J]. Tellus, 22:712-715.

Henkes G A, Passey B H, Wanamaker A D, et al., 2013. Carbonate clumped isotope composition of modern marine mollusk and brachiopod shells[J]. Geochim. Cosmochim. Acta, 106:307-325.

Henkes G A, Passey B H, Grossman E L, et al., 2014. Temperature limits of preservation of primary calcite clumped isotope paleotemperatures[J]. Geochim. Cosmochim. Acta, 139:362-382.

Hesterberg R, Siegenthaler U, 1991. Production and stable isotopic composition of CO_2 in a soil near Bern, Switzerland[J]. Tellus, 43B:197-205.

Heuser A, Eisenhauer A, 2009. A pilot study on the use of natural calcium isotope ($^{44}Ca/^{40}Ca$) fractionation in urine as a proxy for the human body calcium balance[J]. Bone, 46:889-896.

Hofmann A E, Bourg I C, De Paolo D J, 2013. Ion desolvation as a mechanism for kinetic isotope fractionation in aqueous systems[J]. PNAS, 109:18689-18694.

Horita J, Driesner T, Cole D R, 1999. Pressure effect on hydrogen isotope fractionation between brucite and water at elevated temperatures[J]. Science, 286:1545-1547.

Horita J, Cole D R, Polyakov V B, et al., 2002. Experimental and theoretical study of pressure effects on hydrous isotope fractionation in the system brucite-water at elevated temperatures[J]. Geochim. Cosmochim. Acta, 66:3769-3788.

Hotz K, Walczyk T, 2013. Natural iron isotopic composition of blood is an indicator of dietary iron absorption efficiency in humans[J]. J. Biol. Inorg. Chem., 18:1-7.

Hotz K, Krayenbuehl P A, Walczyk T, 2012. Mobilization of storage iron is reflected in the iron isotopic composition of blood in humans[J]. J. Biol. Inorg. Chem., 17:301-309.

Hu G, Clayton R N, 2003. Oxygen isotope salt effects at high pressure and high temperature and the calibration of oxygen isotope thermometers[J]. Geochim. Cosmochim. Acta, 67:3227-3246.

Huberty J M, Kita N T, Kozdon R, et al., 2010. Crystal orientation effects in δ^{18}O for magnetite and hematite by SIMS[J]. Chem. Geol., 276:269-283.

Huntington K W, Eiler J M, 2009. Methods and limitations of "clumped" CO_2 isotope (Δ^{47}) analysis by gas-source isotope ratio mass spectrometry[J]. J. Mass Spectrom., 44:1318-1329.

Huntington K W, Wernicke B P, Eiler J M, 2010. Influence of climate change and uplift on Colorado Plateau paleotemperatures from carbonate clumped isotope thermometry[J]. Tectonics, 29.

Huntington K W, Budd D A, Wernicke B P, et al., 2011. Use of clumped-isotope thermometry to constrain the crystallization temperature of diagenetic calcite[J]. J. Sediment Res., 81:656-669.

Junk G, Svec H, 1958. The absolute abundance of the nitrogen isotopes in the atmosphere and compressed gas from various sources[J]. Geochim. Cosmochim. Acta, 14:234-243.

Kashiwabara T, Takahashi Y, Tanimizu M, et al., 2011. Molecular-scale mechanisms of distribution and isotopic fractionation of molybdenum between seawater and ferromanganese oxides[J]. Geochim. Cosmochim. Acta, 75:5762-5784.

Kelley S P, Fallick A E, 1990. High precision spatially resolved analysis of δ^{34}S in sulphides using a laser extraction technique[J]. Geochim. Cosmochim. Acta, 54:883-888.

Kieffer S W, 1982. Thermodynamic and lattice vibrations of minerals: Application to phase equilibria, isotopic fractionation and high-pressure thermodynamic properties[J]. Rev. Geophys. Space Phys., 20:827-849.

Kita N T, Hyberty J M, Kozdon R, et al., 2010. High-precision SIMS oxygen, sulfur and iron stable isotope analyses of geological materials: accuracy, surface topography and crystal orientation[J]. Surf. Interface Anal., 43:427-431.

Kitchen N E, Valley J W. 1995. Carbon isotope thermometry in marbles of the Adirondack Mountains, New York[J]. J. Metamorph. Geol., 13:577-594.

Kohn M J, Valley J W, 1998. Obtaining equilibrium oxygen isotope fractionations from rocks: theory and examples[J]. Contr. Min. Petrol., 132:209-224.

Kowalski P M, Jahn S, 2011. Prediction of equilibrium Li isotope fractionation between minerals and aqueous solutions at high P and T: an efficient ab initio approach[J]. Geochim. Cosmochim. Acta, 75:6112-6123.

Kowalski P M, Wunder B, Jahn S, 2013. Ab initio prediction of equilibrium boron isotope fractionation between minerals and aqueous fluids at high P and T[J]. Geochim. Cosmochim. Acta, 101:285-301.

Larner F, 2015. Zinc isotopic compositions of breast cancer tissue[J]. Metallomics, 7:112-117.

Luz B, Barkan E, Bender M L, et al., 1999. Triple-isotope composition of atmospheric oxygen as a tracer of biosphere productivity[J]. Nature, 400:547-550.

Maréchal C N, Télouk P, Albarède F, 1999. Precise analysis of copper and zinc isotopic compositions by plasma-source mass spectrometry[J]. Chem. Geol., 156:251-273.

Matsuhisa Y, Goldsmith J R, Clayton R N, 1978. Mechanisms of hydrothermal crystallization of quartz at 250 °C and 15 kbar[J]. Geochim. Cosmochim. Acta, 42:173-182.

Matthews D E, Hayes J M, 1978. Isotope-ratio-monitoring gas chromatography-mass spectrometry[J]. Anal. Chem., 50:1465-1473.

Matthews A, Goldsmith J R, Clayton R N, 1983. Oxygen isotope fractionation involving pyroxenes: the calibration of mineral-pair geothermometers[J]. Geochim. Cosmochim. Acta, 47:631-644.

Mauersberger K, Erbacher B, Krankowsky D, et al., 1999. Ozone isotope enrichment: isotopomer-specific rate coefficients[J]. Science, 283:370-372.

McKibben M A, Riciputi L R, 1998. Sulfur isotopes by ion microprobe [J]//Applications of microanalytical techniques to understanding mineralizing processes. Rev. Econ. Geol., 7: 121-140.

Meheut M, Lazzari M, Balan E, 2007. Equilibrium isotopic fractionation in the kaolinite, quartz, water system: prediction from first principles calculations density-functional theory [J]. Geochim. Cosmochim. Acta, 71:3170-3181.

Melander L, 1960. Isotope effects on reaction rates[M]. New York: Ronald.

Melander L, Saunders W H, 1980. Reaction rates of isotopic molecules[M]. New York: Wiley.

Merritt D A, Hayes J M, 1994. Nitrogen isotopic analyses of individual amino acids by isotope-ratio-monitoring gas chromatography/mass spectrometry[J]. J. Am. Soc. Mass Spectrom., 5:387-397.

Miller M F, 2002. Isotopic fractionation and the quantification of ^{17}O anomalies in the oxygen three-isotope system: an appraisal and geochemical significance[J]. Geochim. Cosmochim. Acta, 66: 1881-1889.

Möller K, Schoenberg R, Pedersen R B, et al., 2012. Calibration of new certified reference materials ERM-AE633 and ERM-AE647 for copper and IRMM-3702 for zinc isotope amount ratio determinations[J]. Geostand. Geoanal. Res., 36:177-199.

Morgan J L, Skulan J L, Gordon G W, et al., 2012. Rapidly assessing changes in bone mineral balance using natural stable calcium isotopes[J]. PNAS, 109:9989-9994.

Moynier F, Fujii T, Shaw A S, et al., 2013. Heterogeneous distribution of natural zinc isotopes in mice [J]. Metallomics, 5:693-699.

Moynier F, Foriel J, Shaw A S, et al., 2017. Distribution of Zn isotopes during Alzheimer, sdisease[J]. Geochemical Persp. Lett., 3:142-150.

Nier A O, Ney E P, Inghram M G, 1947. A null method for the comparison of two ion currents in a mass spectromete[J]. Rev. Sci. Instrum., 18:294.

Nier A O, 1950. A redetermination of the relative abundances of the isotopes of carbon, nitrogen, oxygen, argon and potassium[J]. Phys. Rev., 77:789.

Northrop D A, Clayton R N, 1966. Oxygen isotope fractionations in systems containing dolomite[J]. J. Geol., 74:174-196.

O'Neil J R, 1986. Theoretical and experimental aspects of isotopic fractionation[J]//Stable isotopes in high temperature geological processes. Rev. Mineral., 16:1-40.

Oeser M, Dohmen R, Horn I, et al., 2015. Processes and time scales of magmatic evolution as revealed by Fe-Mg chemical and isotopic zoning in natural olivines[J]. Geochim. Cosmochim. Acta, 154:130-150.

Passey B J, Henkes G A, 2012. Carbonate clumped isotope bond reordering and geospeeedometry[J]. Earth Planet Sci. Lett., 351-352:223-236.

Piasecki A, Sessions A, Lawson M, et al., 2018. Position-specific ^{13}C distributions within propane from experiments and natural gas samples[J]. Geochim. Cosmochim. Acta, 220:110-124.

Polyakov V B, Kharlashina N N, 1994. Effect of pressure on equilibrium isotope fractionation[J].

Geochim. Cosmochim. Acta, 58:4739-4750.

Polyakov V B, Horita J, Cole D R, 2006. Pressure effects on the reduced partition function ratio for hydrogen isotopes in water[J]. Geochim. Cosmochim. Acta, 70:1904-1913.

Polyakov V B, Clayton R N, Horita J, et al., 2007. Equilibrium iron isotope fractionation factors of minerals: reevaluation from the data of nuclear inelastic resonant X-ray scattering and Mossbauer spectroscopy[J]. Geochim. Cosmochim. Acta, 71:3833-3846.

Quade J, Breecker D O, Daeron M, et al., 2011. The paleoaltimetry of Tibet: an isotopic perspective [J]. Am. J. Sci., 311:77-115.

Rayleigh J W S, 1896. Theoretical considerations respecting the separation of gases by diffusion and similar processes[J]. Philos. Mag., 42:493.

Richet P, Bottinga Y, Javoy M, 1977. A review of H, C, N, O, S and Cl stable isotope fractionation among gaseous molecules[J]. Ann. Rev. Earth Planet Sci., 5:65-110.

Richter F M, 2007. Isotopic fingerprints of mass transport processes[J]. Geochim. Cosmochim. Acta, 71:A839.

Richter R, Hoernes S, 1988. The application of the increment method in comparison with experimentally derived and calculated O-isotope fractionations[J]. Chem. Erde., 48:1-18.

Richter F M, Liang Y, Davis A M, 1999. Isotope fractionation by diffusion in molten oxides[J]. Geochim. Cosmochim. Acta, 63:2853-2861.

Richter F M, Davis A M, DePaolo D, et al., 2003. Isotope fractionation by chemical diffusion between molten basalt and rhyolite[J]. Geochim. Cosmochim. Acta, 67:3905-3923.

Richter F M, Dauphas N, Teng F Z, 2009. Non-traditional fractionation of non-traditional isotopes: evaporation, chemical diffusion and Soret diffusion[J]. Chem. Geol., 258:92-103.

Rustad J R, Casey W H, Yin Q Z, et al., 2010. Isotopic fractionation of Mg^{2+} (aq), Ca^{2+} (aq) and Fe^{2+} (aq) with carbonate minerals[J]. Geochim. Cosmochim. Acta, 74:6301-6323.

Saenger C, Affek H P, Felis T, et al., 2012. Carbonate clumped isotope variability in shallow water corals: temperature dependence and growth-related vital effects[J]. Geochim. Cosmochim. Acta, 99:224-242.

Schauble E A, 2004. Applying stable isotope fractionation theory to new systems[J]. Rev. Min. Geochem., 55:65-111.

Schauble E A, 2007. Role of nuclear volume in driving equilibrium stable isotope fractionation of mercury, thallium and other very heavy elements[J]. Geochim. Cosmochim. Acta, 71:2170-2189.

Schauble E A, 2011. First principles estimates of equilibrium magnesium isotope fractionation in silicate, oxide, carbonate and hexaaquamagnesium(2+) crystals[J]. Geochim. Cosmochim. Acta, 75:844-869.

Schauble E A, 2013. Modeling nuclear volume isotope effects in crystals[J]. PNAS, 110:17714-17719.

Schauble E A, Ghosh P, Eiler J M, 2006. Preferential formation of ^{13}C-^{18}O bonds in carbonate minerals, estimated using first-principles lattice dynamics[J]. Geochim. Cosmochim. Acta, 70:2510-2519.

Schauble E, Meheut M, Hill P S, 2009. Combining metal stable isotope fractionation theory with experiments[J]. Elements, 5:369-374.

Scheele N, Hoefs J, 1992. Carbon isotope fractionation between calcite, graphite and CO_2[J]. Contr.

Min. Petrol., 112:35-45.

Schütze H, 1980. Der Isotopenindex—eine Inkrementmethode zur näherungsweisen Berechnung von Isotopenaustauschgleichgewichten zwischen kristallinen Substanzen[J]. Chemie. Erde., 39:321-334.

Severinghaus J P, Brook E J, 1999. Abrupt climate change at the end of the last glacial period inferred from trapped air in polar ice[J]. Science, 286:930-934.

Severinghaus J P, Bender M L, Keeling R F, et al., 1996. Fractionation of soil gases by diffusion of water vapor, gravitational settling and thermal diffusion[J]. Geochim. Cosmochim. Acta, 60: 1005-1018.

Severinghaus J P, Sowers T, Brook E J, et al., 1998. Timing of abrupt climate change at the end of the Younger Dryas interval from thermally fractionated gases in polar ice[J]. Nature, 391:141-146.

Shahar A, Schauble E A, Caracas R, et al., 2016. Pressure-dependent isotopic composition of iron alloys [J]. Science, 352:580-582.

Sharp Z D, 1990. A laser-based microanalytical method for the insitu determination of oxygen isotope ratios of silicates and oxides[J]. Geochim. Cosmochim. Acta, 54:1353-1357.

Sharp Z D, 1995. Oxygen isotope geochemistry of the Al_2SiO_5 polymorphs[J]. Am. J. Sci., 295: 1058-1076.

Sio C K, Dauphas N, Teng F Z, et al., 2013. Discerning crystal growth from diffusion profiles in zoned olivine by in-situ Mg-Fe isotope analysis[J]. Geochim. Cosmochim. Acta, 123:302-321.

Skulan J L, Palo D, 1999. Calcium isotope fractionation between soft and mineralized tissues as a monitor of calcium use in vertebrates[J]. PNAS, 96:13709-13713.

Skulan J L, Bullen T D, Anbar A D, et al., 2007. Natural calcium isotope composition of urine as a marker of bone mineral balance[J]. Clin. Chem., 53:1155-1158.

Stern M J, Spindel W, Monse E U, 1968. Temperature dependence of isotope effects[J]. J. Chem. Phys., 48:2908.

Stolper D A, Sessions A L, Ferreira A A, et al., 2014. Combined ^{13}C-D and D-D clumping in methane: methods and preliminary results[J]. Geochim. Cosmochim. Acta, 126:169-191.

Tang J, Dietzel M, Fernandez A, 2014. Evaluation of kinetic effects on clumped isotope fractionation (Δ^{47}) during inorganic calcite precipitation[J]. Geochim. Cosmochim. Acta, 134:120-136.

Telouk P, 2015. Copper isotope effect in serum of cancer patients: a pilot study[J]. Metallomics, 7: 299-308.

Teng F Z, Dauphas N, Helz R T, et al., 2011. Diffusion-driven magnesium and iron isotope fractionation in Hawaiian olivine[J]. Earth Planet Sci. Lett., 308:317-324.

Teutsch N, von Gunten U, Hofstetter T B, et al., 2005. Adsorption as a cause for isotope fractionation in reduced groundwater[J]. Geochim. Cosmochim. Acta, 69:4175-4185.

Thiemens M H, 1999. Mass-independent isotope effects in planetary atmospheres and the early solar system[J]. Science, 283:341-345.

Thiemens M H, Heidenreich J E, 1983. The mass independent fractionation of oxygen—a novel isotope effect and its cosmochemical implications[J]. Science, 219:1073-1075.

Thiemens M H, Chakraborty S, Dominguez G, et al., 2012. The physical chemistry of mass-independent isotope effects and their observation in nature[J]. Ann. Rev. Phys. Chem., 63:155-177.

Tripati A K, Eagle R A, Thiagarajan N, et al., 2010 ^{13}C-^{18}O isotope signatures and "clumped isotope" thermometry in foraminifera and coccoliths[J]. Geochim. Cosmochim., Acta, 74:5697-5717.

Urey H C, 1947. The thermodynamic properties of isotopic substances[J]. J. Chem. Soc., 1947:562.

Valley J W, Graham C, 1993. Cryptic grain-scale heterogeneity of oxygen isotope ratios in metamorphic magnetite[J]. Science, 259:1729-1733.

Valley J, Graham C M, Harte B, et al., 1998. Ion microprobe analysis of oxygen, carbon and hydrogen isotope ratios[J]//Michael A, Shanks W, Ridley W I. Applications of microanalytical techniques to understanding mineralizing processes. Rev. Econ. Geol., 7:73-98.

Vanhaecke F, Balcaen L, Malinovsky D, 2009. Use of single-collector and multi-collector ICP-mass spectrometry for isotope analysis[J]. J. Anal. At. Spectrom, 24:863-886.

Vogl J, Pritzkow W, 2010. Isotope reference materials for present and future isotope research[J]. J. Anal. At. Spectrom, 25:923-932.

Wacker U, Fiebig J, Tödter J, et al., 2014. Emperical calibration of the clumped isotope paleothermometer using calcites of various origins[J]. Geochim. Cosmochim. Acta, 141:127-144.

Walczyk T, von Blanckenburg F, 2002. Natural iron isotope variation in human blood[J]. Science, 295:2065-2066.

Wang Z, Schauble E A, Eiler J M, 2004. Equilibrium thermodynamics of multiply substituted isotopologues of molecular gas[J]. Geochim. Cosmochim. Acta, 68:4779-4797.

Wasylenki L E, Rolfe B A, Weeks C L, et al., 2008. Experimental investigation of the effects of temperature and ionic strength on Mo isotope fractionation during adsorption to manganese oxides. Geochim. Cosmochim[J]. Acta, 72:5997-6005.

Wasylenki L E, Weeks C L, Bargar J R, et al., 2011. The molecular mechanism of Mo isotope fractionation during adsorption to birnessite[J]. Geochim. Cosmochim. Acta, 75:5019-5031.

Weiss D J, Mason T F D, Zhao F J, et al., 2005. Isotopic discrimination of zinc in higher plants[J]. New Phytol., 165:703-710.

Wiechert U, Hoefs J, 1995. An excimer laser-based microanalytical preparation technique for in-situ oxygen isotope analysis of silicate and oxide minerals [J]. Geochim. Cosmochim. Acta, 59:4093-4101.

Wiechert U, Fiebig J, Przybilla R, et al., 2002. Excimer laser isotope-ratio-monitoring mass spectrometry for in situ oxygen isotope analysis[J]. Chem. Geol., 182:179-194.

Wiederhold J G, 2015. Metal stable isotope signatures as tracers in environmental geochemistry[J]. Environ. Sci. Tech., 49:2606-2614.

Young E D, Galy A, Nagahara H, 2002. Kinetic and equilibrium mass-dependent isotope fractionation laws in nature and their geochemical and cosmochemical significance[J]. Geochim. Cosmochim. Acta, 66:1095-1104.

Young E D, Rumble D, Freedman P, et al., 2016. A large-radius high-mass-resolution multiple-collector isotope ratio mass spectrometer for analysis of rare isotopologues of O_2, N_2, CH_4 and other gases[J]. Inter. J. Mass Spectr., 401:1-10.

Zheng Y F. 1991. Calculation of oxygen isotope fractionation in metal oxides[J]. Geochim. Cosmochim. Acta, 55:2299-2307.

Zheng Y F, 1993a. Oxygen isotope fractionation in SiO_2 and Al_2SiO_5 polymorphs: effect of crystal structure[J]. Eur. J. Min., 5:651-658.

Zheng Y F, 1993b. Calculation of oxygen isotope fractionation in anhydrous silicate minerals[J]. Geochim. Cosmochim. Acta, 57:1079-1091.

Zheng Y F, 1993c. Calculation of oxygen isotope fractionation in hydroxyl-bearing minerals[J]. Earth Planet Sci. Lett., 120:247-263.

Zheng Y F, Böttcher M E, 2016. Oxygen isotope fractionation in double carbonates[J]. Isoto. Environ. Health Stud., 52:29-46.

Zhu X K, O'Nions R K, Guo Y, et al., 2000. Determination of natural Cu-isotope variations by plasma-source mass spectrometry: implications for use as geochem-ical tracers[J]. Chem. Geol., 163:139-149.

第 2 章　典型元素的同位素分馏过程

2.1　传统同位素

稳定同位素是基于 1947 年 Urey 的关于同位素物质热力学性质的经典论文和 Nier 开发的同位素比值质谱技术。在详细讨论自然界稳定同位素比值变化之前,有必要介绍几个非放射成因同位素地球化学领域共同点。

(1) 元素各同位素的质量差相对于其元素质量的比值越大,同位素分馏效应会越强。因此,对于轻元素来说,同位素分馏较大。近年来分析技术的发展使得测定微小变化的重元素同位素组成为可能。目前报道的具有自然分馏效应最强的元素是铀。

(2) 在很宽温度范围内保持稳定的固体、液体和气体化合物的所有元素的同位素组成都有可能发生变化。一般来说,重同位素富集于固体相,是因为固体相具有更紧密的化学键。重同位素还倾向富集于高氧化态以及低配位数的分子中。

(3) 质量守恒效应也可以引起同位素分馏,这是因为在化学反应过程中,物质的模态丰度会发生变化。这对于处于还原和氧化态共存的分子中的元素尤为重要。一个体系中 n 种物质质量相互转化的过程可用以下方程来描述:

$$\delta_{体系} = \sum x_i \delta_i \tag{2.1}$$

其中,x_i 表示一个体系中元素在每个 n 相中的摩尔分数。

(4) 生物系统中多数同位素变化是由动力学效应引起的。在生物反应过程中(如光合作用、细菌过程),相对于反应物来说,轻同位素通常富集于反应产物中。生物反应过程中的多数分馏发生在所谓的"定速步骤",即最慢的反应步骤中。这个反应通常在一个很大的储库中发生,而反应所需的样品量比储库小很多。

2.1.1　氢

一直到 1931 年,人们一直认为氢只有一个同位素。Urey 等(1932)发现了第二个稳定同位素,这个同位素称为氘。(除了这两个稳定同位素,还有第三个自然存在的放射性同位素 ^{3}H(氚),其半衰期约为 12.5 a。)Rosman 和 Taylor (1998) 报道了氢的两个同位素的平均丰度,如下:

$$^1H:99.9885\%$$

D：0.0115%

氢同位素地球化学是非常有意义的，主要有以下两个原因：

(1) 氢在陆地环境中无处不在，即使在地球深部也一样。氢可以以 H_2O、H_3O^+、OH^-、H_2 和 CH_4 等不同氧化态的形式存在。因此，氢在广泛的地质过程中，直接或间接地扮演着重要角色。

(2) 氢的两个稳定同位素之间具有最大的相对质量差，因此在所有元素的稳定同位素中，氢的稳定同位素组成差异最大。

图 2.1 汇总了一些重要地质储库中的氢同位素变化范围。值得注意的是地球中所有岩石样品具有相类似的同位素组成，这是氢同位素的特征，但其他元素并不是这样的。岩石的氢同位素组成相互重叠的原因，可能是这些样品中存在大量循环来自地球外壳的水。

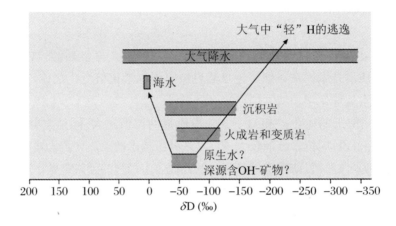

图 2.1　重要地质储库中 δD 的变化范围

1. 研究方法

水中的 D/H 比值是以 H_2 的形式测定的，有两种不同的前处理技术：

(1) 先用气态氢气与毫升级别的样品平衡，然后采用质谱测定并反算出平衡 H_2 的 D/H 比值(Horita，1988)。由于氢具有非常大的分馏系数(25℃，0.2625)，这使得质谱测试变得很困难。

(2) 通过穿过很热的金属，将水转变为氢气(铀：Bigeleisen et al.，1952；Friedman，1953；Godfrey，1962。锌：Coleman et al.，1982；铬：Gehre et al.，1996)。这依然是经典方法，并被普遍应用。

测试 D/H 比值的一个难点是，随着离子源中 H_2^+ 和 HD^+ 的形成，H_3^+ 作为离子-分子碰撞的副产物产生。因此，需要对 H_3^+ 作校正。H_3^+ 的产生量与 H_2 分子和 H^+ 离子数量成相关性。一般来说海水中氢测定出的 H_3^+ 占质量数为 3 的所有离子的 16%。Brand (2002)评估了相关的校正方法。

氢同位素的分析不确定度通常为 ±0.5‰~±3‰，这取决于样品成分、前处理技术以及实验室能力。

Burgoyne 和 Hayes (1998)以及 Sessions 等(1999)开发了单个有机物连续流测试 D/H 的技术。在高温下(>1400℃)可实现 H_2 的定量转化。在 He 气载气中准确测试 D/H 比值面临几个技术问题,丰度很高的$^4He^+$会有拖尾,对丰度小的HD^+峰,以及离子源中生成H_3^+的化学反应造成影响。但是,这些问题已经被克服了,因此仍有可能准确测定单个有机物中的D/H。

相对于质谱技术,还有另一个技术,可直接采用激光吸收光谱测定水蒸气中D/H、$^{17}O/^{16}O$和$^{18}O/^{16}O$,也称为腔衰荡光谱法(CRDS)(Kerstel et al.,2002;Brand et al.,2009a,b;Schmidt et al.,2010)。CRDS技术快速并且易于操作,同时可像传统连续流技术那样,高精度直接分析水蒸气中的氢和氧同位素组成(Brand et al.,2009a,b)。

2. 标准物质

目前有一系列氢同位素标准物质。主标准物质,即δ尺度的零点是V-SMOW,它的同位素组成与之前的SMOW基本上是一样的。Craig(1961b)首先将其确定为假想的水样标准物质。

V-SMOW的D/H比值比地球上绝大多数自然样品的要高,因此文献中报道的δD值基本上都是负值。其他的标准物质,通常是用来检验样品前处理方法和质谱的准确度的,如表2.1所列。

表2.1 氢同位素标准物质

标准物质	描述	δ值(‰)
V-SMOW	维也纳标准平均海水	0
GISP	格陵兰岛冰盖降水	-189.9
V-SLAP	维也纳标准南极洲降水	-428
NBS-30	黑云母	65

3. 分馏机制

(1) 水体分馏

地球环境中引起氢同位素变化最有效的过程是地球表面大气以及上地壳中蒸发/冷凝或者沸腾/结冰过程中发生的气态水、液态水和冰之间的转换。水的蒸气压差导致的氢同位素变化要大于凝固点差别导致的氢同位素变化。由于HDO的蒸气压比H_2O稍微小一点,蒸汽中D的浓度要比液相中的D小。Ingraham和Criss(1998)开展了一个非常简单但非常有效的实验,并监测到蒸气压对液态水和气态水之间同位素交换速率的影响,如图2.2所示。封闭环境中两个并列排放的烧杯放有不同同位素组成的水样,并监测不同温度下(这里分别是21℃和52℃)同位素交换过程。如图2.2所示,在52℃实验中水的同位素组成变换很快,仅需要27天就将近达到平衡。

Horita和Wesolowski(1994)总结了温度在0~350℃范围内液态水和气态水之间的氢同位素分馏实验数据(图2.3)。氢同位素分馏程度随着温度的增加而迅速降低,并在220~230℃范围内基本为0。在交点温度以上,气态水相比于液态水更富集氘。在温度继续升高至水的临界温度时,分馏再次接近0(图2.3)。

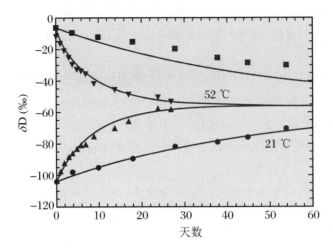

图 2.2 在封闭体系中经历了同位素交换的两个具有相同表面积和体积的烧杯中，δD 值随时间的变化

在这两个实验中(21℃和52℃)，同位素比值通过蒸汽环境交换，并趋向于一个平均值-56‰。实线为计算得出的，点为实验数据(修改自 Criss(1999))。

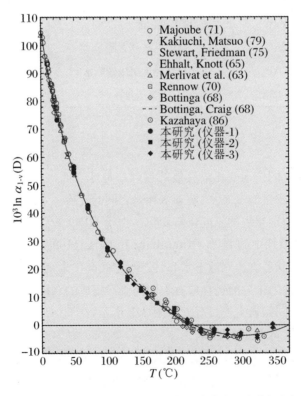

图 2.3 在 1~350℃范围内，实验测定的液态水和水蒸气之间的分馏系数(修改自 Horita 和 Wesolowski(1994))

Lehmann 和 Siegenthaler（1991）从实验中测出冰与水之间的氢同位素平衡分馏为+21.2‰。然而在自然条件下，冰的形成过程中并不一定是与水保持同位素平衡的，这主要取决于结冰速率。

在所有涉及水的蒸发和冷凝的过程中，氢同位素分馏情况与氧同位素相类似，但分馏程度不同，这是因为相应的蒸气压不同，如存在于一种情况下的 H_2O 和 HDO 以及其他情况下的 $H_2^{16}O$ 和 $H_2^{18}O$。

因此，大气降水中的氢和氧同位素分馏总是成正相关的。Craig（1961a）首次证明了这种相关关系：

$$\delta D = 8\delta^{18}O + 10$$

该公式描述了全球尺度范围内大气水中的 H 和 O 同位素之间的内相关性。

文献中所描述的这种关系，如图 2.4 所示，又称为全球大气降水线（GMWL）。

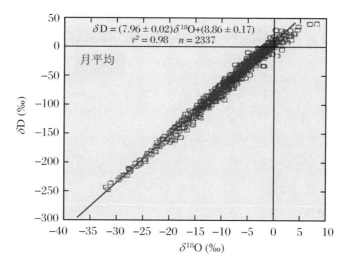

图 2.4　降水过程中的 δD 和 $\delta^{18}O$ 月平均值在全球尺度的相关性
这些数据来自于国际原子能机构全球网络数据库中所有季节的数据。线表示全球大气降水线（修改自 Rozanski 等（1993））。

不管是数值系数 8 还是被称为过剩氘的数值 10，在自然界中都不是不变的。两者的变化是由平衡分馏和动力学分馏的叠加导致的，并取决于蒸发环境、蒸汽运输与沉降，因此其可为气候环境过程提供指示。氘过量是用来反演相对湿度的非常有价值的工具。

（2）平衡反应

Bottinga（1969）和 Richet 等（1977）所计算的气体之间的 D/H 分馏非常大（图 2.5）。即使在岩浆体系中，分馏系数也足够大，可以在 H_2、H_2S 和 CH_4 去气过程中影响溶解水的 δD 值。因为较大的分馏系数，H_2 或 CH_4 向 H_2O 和 CO_2 氧化过程中也可能会对熔体中的水同位素组成有影响（图 2.5）。

对于矿物-水体系，不同实验研究获得的常见含水矿物在绝对尺度下与温度相关的D/H分馏数据有很大的差异（Suzuoki，Epstein，1976；Graham et al.，1980；Vennemann，O'Neil，1996；Saccocia et al.，2009）。Suzuoki 和 Epstein（1976）首次证明了矿物晶格八

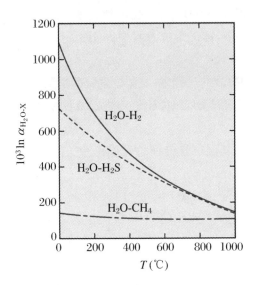

图 2.5 H_2O-H_2、H_2O-H_2S 和 H_2O-CH_4 之间的 D/H 分馏情况（来自 Richet 等（1977）计算得出的数据）

面体位置的化学组成对矿物 H 同位素的重要性。随后 Graham 等（1980，1984）开展了同位素交换实验，并证明了除八面体位置外其他位置的化学组成也可以影响到氢同位素组成。这些研究者假定了氢键距离与氢同位素分馏之间的定性关系：氢键越短，矿物中越亏损氘。

基于理论计算，Driesner（1997）提出结论：不同实验研究得出的数据之所以不同是因为实验的压力不同。因此对于氢气，在有流体参与的体系中，压力是一个必须要考虑的变量。在这之后，Horita 等（1999）提供了水镁石和水之间压力效应的实验证据。

Chacko 等（1999）开发了另一种实验测定氢同位素分馏系数的方法。不同于采用粉末矿物作为初始材料，这些研究者在交换实验中直接采用较大的单个晶体，然后采用离子探针分析交换边缘。虽然分析数据的精度比传统全岩技术差一些，但是这项技术的优势是，它可以测定实验过程中与扩散过程有关的分馏系数。

总结来说，正如 Vennemann 和 O'Neil（1996）所讨论的，各别矿物-水体系里已发表论文实验数据的差别很难解释，这也限制了矿物-水体系中利用 D/H 分馏估计共存流体 δD 值方面的应用。Méheut 等（2010）采用第一原理计算得出的数据与实验数据在 15‰ 内是可匹配的。这些研究也证明内表面和内羟基之间的内部分馏也可能很大，甚至在分馏方向（正负值）上是相反的。

（3）生物合成过程中的分馏

在自然存在的由光合作用产生的有机物中，水是氢元素的最终来源。因此有机物的 D/H 比值可保存气候的信息（见 3.11 节）。在生物合成过程中，氢元素由水的形式转变为有机物，目前已发现有大量的氢同位素分馏，其 δD 值在 $-400‰ \sim +200‰$ 上变化（Sachse et al.，2012）。

单个植物或有机物中不同组成部分的 δD 值变化是与生物合成相关的。即使化合物特异性氢同位素分析方面已经取得了重要的进展，有机物分子和水之间的同位素分馏系数仍然很难准确测定(Sessions et al., 1999; Sauer et al., 2001; Schimmelmann et al., 2006), 该技术允许测定单个生物化合物的 δD 值。进一步讨论请见 3.10.1 小节。

通过实验测定和理论技术相结合, Wang 等(2009a, b)估计了分子(如烷烃、酮、羧酸和醇类)不同氢位置的平衡分馏常数。通过总结单个氢同位素位置, 正构烷烃相对于水的平衡分馏为 $-90‰ \sim -70‰$, 异十八烷和植烷约为 $-100‰$。Wang 等(2013a, b)将其技术扩至环状化合物, 并发现典型环烷烃的总体平衡分馏为 $-100‰ \sim -65‰$, 这与直链烃相类似。然而这些数值非常不同于典型生物的合成分馏, 由于动力学同位素作用, 后者的分馏为 $-300‰ \sim -150‰$。

作为一个最常见的有机物质, 脂类的生物合成涉及复杂的酶化学反应, 这些反应通常会有氢的加入、移除或交换, 都可能会导致氢同位素分馏。相对于水来说, 具有最小 D 亏损的脂类是正烷基脂质。类异戊二烯脂质具有 $200‰ \sim 250‰$ 的亏损, 植醇和相关化合物的 D 亏损最大。

(4) 其他分馏

在盐溶液中, 同位素分馏可发生在"水合球"中的水与自由水之间(Truesdell, 1974)。溶解盐分对盐溶液中的氢同位素活度比值的影响可以通过离子与水分子反应这一过程解释, 这主要是与它们所带的电荷和离子半径有关。在所有已研究的盐溶液中, 氢同位素活度比值明显高于氢同位素组成比值。如 Horita 等(1993)研究所示, 在溶液达到同位素平衡的条件下, 水蒸气的 D/H 比值随着盐分的加入而逐渐增加。在对氢同位素影响程度上, 相同物质的量浓度下, $CaCl_2$、$MgCl_2$、$MgSO_4$、KCl-NaCl、$NaSO_4$ 逐渐降低。

这种类型的同位素效应对了解黏土矿物以及矿物表面吸附水的同位素组成具有重要作用。众所周知, 黏土和页岩倾向扮演半渗透膜的角色。这种效应又称为"超滤作用"。Coplen 和 Hanshaw(1973)推测在超滤过程中可能会发生氢同位素分馏, 由于黏土矿物优先吸附氢而非氘和相对低的扩散率, 这一过程会使得残余水富集氘。

2.1.2 碳

在地球上碳存在于很宽泛的不同物质中, 从生物圈中还原态的有机物到氧化态的无机物, 如 CO_2 和碳酸盐岩。各种低、高温地质环境中涉及的含碳物质都可基于碳同位素分馏来进行评估。

碳有 2 个稳定同位素(Rosman, Taylor, 1998):

^{12}C:98.93%　(原子质量比例的参考质量)

^{13}C:1.07%

在不考虑地外物质时, 碳同位素组成自然界的变化范围高达 120‰。文献中报道了最重的碳酸盐岩的 $\delta^{13}C$ 值高达 $+20‰$, 而最轻的甲烷可小至 $-100‰$。

1. 分析方法

$^{13}C/^{12}C$ 测试过程中采用的气体是热解产生的 CO_2 或者 CO。对于 CO_2 来说, 目前有以下准备方法:

(1) 在温度为 $20 \sim 90℃$ 范围内(取决于碳酸盐岩的类型), 碳酸盐岩与 100% 磷酸进行反应,释放出 CO_2(如同"氧气"一样)。

(2)一般来说,有机物首先在高温(850~1000 ℃)下采用氧气流或者氧化剂如 CuO 进行氧化。对于分析复杂有机混合物中的单一组分时,通常采用气相色谱-燃烧-同位素分析质谱法(GC-C-IRMS),这项技术首先由 Matthews 和 Hayes(1978)提出。这项技术可以以优于±0.5‰的精度分析纳克级混合样品中的单一成分的碳同位素组成。

由于常用的国际标准物质 PDB 已经消耗完几十年了,因此需要引入一个新的标准物质。即使现今已经有几种不同的标准物质在使用,但目前 δ 值仍然是相对于 V-PDB 标准物质来报道的(表 2.2)。

表 2.2 相对于 V-PDB NBS 参考物质的 $\delta^{13}C$ 值

标准	材质	$\delta^{13}C$(‰)
NBS-18	碳酸盐岩	-5.00
NBS-19	大理石	+1.95
NBS-20	灰石	-1.06
NBS-21	石墨	-28.10
NBS-22	油	-30.03

2. 分馏过程

两个主要的地球碳储库——有机质和沉积碳酸盐岩,具有非常不同的同位素组成,这是由于其两种不同的反应机制:① 无机碳系统大气 CO_2-溶解的碳酸氢盐-固体碳酸盐岩中的同位素平衡交换反应会导致碳酸盐岩中富集^{13}C;② 光合作用过程中的动力学同位素效应会导致合成的有机物中富集轻同位素^{12}C。

(1)碳酸盐系统

无机碳酸盐岩系统包含一系列平衡反应的多种化学物质类型:

$$CO_2(aq) + H_2O \rightleftharpoons H_2CO_3 \tag{2.2}$$

$$H_2CO_3 \rightleftharpoons H^+ + HCO_3^- \tag{2.3}$$

$$HCO_3^- \rightleftharpoons H^+ + CO_3^{2-} \tag{2.4}$$

碳酸根离子可以结合二价阳离子形成固体物质,其中最普遍的是方解石和文石:

$$Ca^{2+} + CO_3^{2-} \rightleftharpoons CaCO_3 \downarrow \tag{2.5}$$

涉及以上这些平衡反应的同位素分馏过程,不同物质的^{13}C的差异仅取决于温度,虽然这些组分的相对丰度很大程度上受控于 pH。有学者报道了溶解的无机碳(DIC)-气态 CO_2 体系中影响同位素分馏的因素(Vogel et al.,1970;Mook et al.,1974;Zhang et al.,1995)。实验测定的同位素分馏系数的主要问题是如何分离溶解的碳相(CO_2(aq),HCO_3^-,CO_3^{2-}),一般来说这些碳相可在几秒钟内达到同位素平衡。目前广泛接受的碳酸钙和溶解的碳酸氢盐之间的碳同位素平衡系数,来自于 Rubinson 和 Clayton(1969)、Emrich 等(1970)以及 Turner(1982)测定的无机沉淀数据。而目前关于方解石和文石之间的 C 同位素系统偏差的认识也仍然不足。Rubinson 和 Clayton(1969)以及 Romanek 等(1992)发现在 25℃温度下,相对于碳酸氢盐来说,方解石和文石分别具有 0.9‰和 2.7‰的^{13}C 富集。另一个复杂的问题是壳碳酸盐岩——由海洋有机物沉积而成——通常是不与周围溶解的碳酸氢盐达到同位素平衡的。这样一个所谓的"重要"影响可高达千分值之几的同位素分馏。

平衡条件下的碳同位素分馏不仅在低温下很重要,在高温下碳酸盐岩、CO_2、石墨以及 CH_4 同样重要。其中,碳酸钙-石墨分馏已成为一个有用的地质温度计(Valley,O'Neil,1981;Scheele,Hoefs,1992;Kitchen,Valley,1995)。

图 2.6 汇总了不同地质样品和气态 CO_2 之间的碳同位素分馏情况(修改自 Chacko 等(2001))。

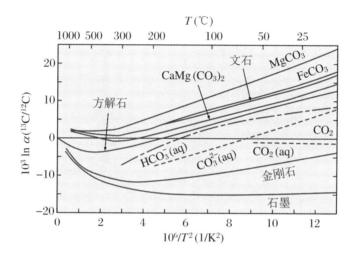

图 2.6 不同地质样品和气态 CO_2 之间的碳同位素分馏情况
(修改自 Chacko 等(2001))

(2) 有机碳系统

O'Leary(1981)和 Farquhar 等(1989)早期的综述,报道了光合作用过程中引起碳同位素分馏的生物化学机理,近期 Hayes(2001),Freeman(2001)和 Galimov(2006)做了相关补充。在生物固碳过程中主要的同位素歧视步骤为:① CO_2 的摄取和细胞内扩散;② 细胞组分的生物合成。这个两步模型首先由 Park 和 Epstein(1960)提出:

$$CO_2(外部) \rightleftharpoons CO_2(内部) \rightleftharpoons 有机分子$$

对于这个简单的模型,其中扩散过程是可逆的,而酶化学碳固定是不可逆的。两步法固碳模型清晰地表明同位素分馏取决于系统中 CO_2 的分压。当一个植物具有不限量的 CO_2 时,酶化学分馏将主要控制无机碳源与最终有机产物之间的同位素分馏程度。在这些条件下,^{13}C 分馏可在 -40‰~-17‰ 变化(O'Leary,1981)。当 CO_2 浓度是主要控制因素时,向植物扩散 CO_2 的步骤将是反应过程中最慢的步骤,植物的碳同位素分馏程度会降低。

大气中的 CO_2 首先经过气孔移动,溶解在叶子的水中,然后进入光合作用细胞叶肉细胞的外层。叶肉 CO_2 经核糖二磷酸羧化酶/加氧酶(*Rubisco*)直接转化为一个碳六分子,然后被切割为 2 分子的磷酸甘油酸酯(PGA),每个具有 3 个碳原子(因此采用这个光合成路径的植物又称

为 C_3 植物)。多数 PGA 经再循环形成核糖二磷酸,但也有一些形成碳水化合物。外部与叶肉 CO_2 的自由交换使得固碳过程的效率较低,这将导致 C_3 植物的一个明显大的 ^{13}C 亏损。

C_4 植物通过 PEP 羧化酶作用的磷酸烯醇丙酮酸(PEP)的羧化过程固定 CO_2,从而生成具有 4 个碳原子的草酰乙酸分子(因此称为 C_4)。羧化产物从叶肉细胞的外层转运到束状鞘细胞的内层,这些束状鞘细胞能够浓缩 CO_2,因此这个过程大部分的 CO_2 被固定时产生的分馏相对较小。

总体来说,植物碳同位素分馏主要受控于特定酶作用和细胞的"渗漏"。由于叶肉细胞具有渗透性,而束鞘细胞具有较低的渗透性,相对于大气 CO_2,C_3 和 C_4 植物的 ^{13}C 的亏损分别为 −18‰ 和 −4‰(图 2.7)。

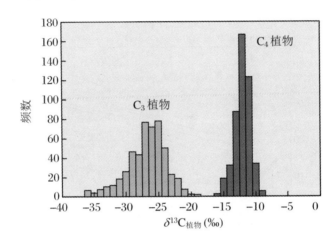

图 2.7　C_3 和 C_4 植物 $\delta^{13}C$ 值的直方图(修改自 Cerling 和 Harris(1999))

自然合成有机物的最终碳同位素组成取决于一系列复杂的参数:① 碳源区的 ^{13}C 含量;② 与碳同化过程有关的同位素效应;③ 与代谢和生物合成相关的同位素效应;④ 细胞中碳的总量变化(Hayes,1993,2001)。

水生植物的 C 同位素分馏甚至更加复杂。控制浮游植物 $\delta^{13}C$ 的因素主要包括温度、$CO_2(aq)$ 可利用性、光照强度、养分有效率、pH 以及生理因素(如细胞大小和生长速率)(Laws et al.,1995,1997;Bidigare et al.,1997;Popp et al.,1998)。特别来说,浮游植物碳同位素组成与海洋中溶解的 CO_2 浓度之间的联系具有较大的争议,而这个关系有潜力成为古 CO_2 的气压计。

自从 Park 和 Epstein(1960)以及 Abelson 和 Hoering(1961)开创性的工作以来,广泛认可的是在植物体内总有机质中 ^{13}C 并不是均匀分布的,并且在碳水化合物、蛋白质和脂质之间存在变化。相对于其他生物合成产物来说,最后一种类型的物质明显亏损 ^{13}C。虽然引起这些 ^{13}C 同位素异常的原因尚未完全了解清楚,但更有可能是动力学同位素效应导致的(De Niro,Epstein,1977;Monson,Hayes,1982),而非热力学平衡效应(Galimov,1985a,2006)。持后面这种观点的作者认为有机分子不同位置的 ^{13}C 受结构因素的控制。近似计算表明还原态的 C—H 键合位置可导致 ^{13}C 的亏损,而氧化态的 C—O 键合位置富集 ^{13}C。很多观察到的关系基本与上述理论一致。然而,很难确定一个统一的机理来表明热力学因素应该是控制一个复杂有机结构中化学平衡的主要因素。Monson 和 Hayes（1982）报道的实验证据表明动力学效应在多数生物系统中占主导作用。

高分辨率气体源质谱仪使得测定分子中一个特定原子的同位素组成成为了可能（Eiler et al.，2014；Piasecki et al.，2016a,b）。作为最简单的有机分子，丙烷可以记录特定位置碳的同位素组成，并表明同位素变化与反应前体材料的成熟度相关。

（3）碳酸盐岩碳和有机碳之间的相互作用

图 2.8 汇总了一些重要碳化合物中 ^{13}C 含量的变化情况：地球上两个最主要的碳储库——海相碳酸盐岩和生物有机质，具有不同的同位素组成。碳酸盐岩的同位素较重，平均 $\delta^{13}C$ 值为 0 左右，而有机质同位素较轻，平均 $\delta^{13}C$ 值为 -25‰ 左右。对于这两个沉积碳储库来说，同位素质量守恒一定如下公式所示：

$$\delta^{13}C_{input} = f_{org}\delta^{13}C_{org} + (1 - f_{org})\delta^{13}C_{carb} \tag{2.6}$$

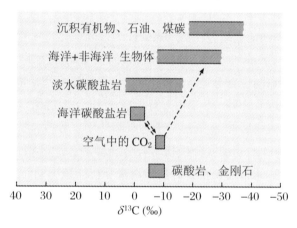

图 2.8 重要碳化合物中的 $\delta^{13}C$ 值

如果可测定一个特定的地质时间的 δ_{input}、δ_{org}、δ_{carb} 值，那么 f_{org} 就可以计算出来，这里的 f_{org} 是有机碳进入沉积物的比例。应该指出的是 f_{org} 是从全球质量守恒的角度定义的，它受控于有机物合成而不是与有机物的埋藏作用相关的生物生产力。这表明一个大的 f_{org} 值可能是由高有机质生产力或者高有机质保存率导致的。

输入碳的 $\delta^{13}C$ 值很难被准确测定，但是可以估测得到一个高可信度的值。如后面所讨论的，地幔碳具有 -5‰ 的同位素组成，因此估计的全球地壳碳平均同位素组成也应在这个范围内。假如赋予输入碳的 $\delta^{13}C$ 值为 -5‰，那么计算得出的现代 f_{org} 为 0.2 或者表示为 $C_{org}/C_{carb}=20/80$。正如后面章节所示（3.7.2 小节），f_{org} 在地球历史过程中的特定时期内是明显变化的（如 Hayes 等（1999））。伴随每个有机碳分子的埋藏，就会有一分子的氧气释放到大气中。因此了解 f_{org} 的值对重建地壳氧化还原通量是非常有意义的。

2.1.3 氮

已知在地球表面或者接近地球表面的氮超过 99% 以大气 N_2 或者溶解在海洋中 N_2 的形式存在。仅仅一小部分氮与其他元素相结合，主要是 C、O 和 H。尽管如此，这一小部分氮在生物领域起着决定性作用。由于氮可以以多种氧化态存在，并且可以以气态、溶解态以及固态（N_2、NO_3^-、NO_2^-、NH_3、NH_4^+）形式存在，因此氮是一个非常合适于探索不同同位素组成的自然变化的元素。Schoenheimer 和 Rittenberg（1939）首次报道了生物物质中的氮同位素变化情况。现今已报道的 $\delta^{15}N$ 变化范围高达 100‰，为 -50‰～+50‰。然而，Heaton（1986）、Owens（1987）、Peterson 和 Fry（1987）以及 Kendall（1998）近期对表生氮循环的综述表明，绝大多数 δ 值落在一个非常窄的 -10‰～+20‰ 的范围。

氮有两个稳定同位素：^{14}N 和 ^{15}N。Rosman 和 Taylor（1998）给出的大气氮同位素丰度如下：

^{14}N：99.63%

^{15}N：0.37%

1. 分析方法

分析 $^{15}N/^{14}N$ 同位素比值时采用的是 N_2，参考标准物质是大气 N_2。针对不同的含氮化合物，已报道了多种不同的前处理方法（Bremner，Keeney，1966；Owens，1987；Velensky et al.，1989；Kendall，Grim，1990）。在氮同位素研究早期，提取和燃烧技术涉及的一些化学前处理方法可能会导致同位素分馏。近期，简化的燃烧技术逐渐成为了常规手段，因此可实现 $\delta^{15}N$ 的测试精度达 0.1‰～0.2‰。有机含氮化合物通常在元素分析仪中燃烧为 CO_2、H_2O 和 N_2。低温纯化后的 N_2 通过分子筛吸附并用于分析。

近期报道了基于 N_2O 的同位素分析技术，测定整体的 $\delta^{15}N$ 值可给出氮循环的定性信息，但不能给出定量信息，通常需要特殊的技术用来分析样品中同时含有的硝酸盐和亚硝酸盐。Sigman 等（2001）分析了反硝化细菌由于缺乏 N_2O 还原酶产生的 N_2O。McIlvin 和 Altabet（2005）报道了一种可选择的细菌方法，硝酸盐首先由 Cd 催化剂还原为亚硝酸盐，然后经叠氮化钠处理将亚硝酸盐进一步还原为 N_2O。这个方法允许顺序分析硝酸盐和亚硝酸盐，但是叠氮化物有毒，在使用过程中应十分小心。

McClelland 和 Montoya（2002）报道了氨基酸特定组分的分析，并研究了 16 种浮游生物消费者以及它们的食物来源。一些氨基酸如谷氨酸和天冬氨酸，随着营养级的增加 ^{15}N 逐渐富集，而其他的如苯胺、丝氨酸和苏氨酸记录了生物体内各系统的 N 同位素组成。两组分不同的 ^{15}N 同位素组成可归咎于代谢路径的不同。

虽然采用了不同的前处理技术，但地幔来源的样品由于 N 含量太低依然不能用传统的技术进行分析。对于这些样品来说，起初为稀有气体分析设计的静态质谱仪被应用在了氮同位素分析中，气体在质谱仪的离子源中以静态的形式存在。作为补充，Bebout 等（2007）报道了一个连续流分析技术，可用于纳摩尔级的氮分析。

2. 生物氮同位素分馏

为了解在地质环境中引起氮同位素分布的过程，需要简要地讨论一下生物氮循环。大气氮是丰度最大的一种氮存在形式，却是反应最少的一种含氮类型。它仍然可通过细菌和海藻转化为"固定"氮，继而可以被生物群降解为简单的氮化合物，例如氨和硝酸盐。因此，微生物控制了生物氮循环的所有主要的转化过程，总体来说这些转化可分为固定、硝化和反硝化。另外的一些细菌将氮以 N_2 的形式转化到大气中。

"固定"这个词用于将非活性大气 N_2 转化为活性氮如氨气的过程,这些过程通常会涉及细菌。氮固定产生的有机物质的 $\delta^{15}N$ 值通常略低于 0,约为 $-3‰\sim1‰$(Fogel,Cifuentes,1993),这个过程往往发生在植物根部并涉及很多细菌。打开分子氮化学键需要很大的能量,这使得氮固化是个非常低效的过程,并伴随很小的 N 同位素分馏。

硝化是多步骤氧化过程,这个过程由多种自养生物介入。硝酸盐并不是唯一的硝化产物,不同的反应会产生多种含氮氧化物作为中间过程产物。硝化过程可被视为两部分氧化反应,每部分都是独立进行的:① 通过亚硝化单胞菌的氧化($NH_4 \longrightarrow NO_2^-$);② 紧接着是通过硝化细菌的氧化($NO_2 \longrightarrow NO_3$)。由于亚硝化细菌氧化为硝化细菌的过程比较快,因此,多数 N 同位素分馏发生在速度比较慢的亚硝化单胞菌铵盐氧化过程。然而正如 Casciotti(2009)所报道的,第二步从亚硝酸盐向硝酸盐的氧化过程伴随着可逆的动态同位素分馏,如随着氧化反应的进行亚硝酸盐逐渐亏损 ^{15}N。

反硝化过程(氧化态形式的氮还原为氮气形式)是一个多步骤的过程,并涉及多种氮氧化物作为中间产物,这些氮氧化物通常与生物介导的硝酸盐还原有关。反硝化过程发生在几乎不充气土壤或者还原环境水体中,特别是在海洋中低氧区域。沉积环境和海洋环境反硝化的相对贡献率还存在争议。假设反硝化过程与自然界氮固定是达到平衡的,如果没有达到平衡,大气中的氮气将在 100 百万年内被全部消耗掉。反硝化过程会使最后残余硝酸盐的 $\delta^{15}N$ 值随其硝酸盐浓度的降低而成指数增长。实验研究证明分馏系数可在 $10‰\sim30‰$ 范围内变化,最低的反应速率对应着最大的分馏系数值。在海洋中反硝化过程中的同位素分馏要大于沉积物中的同位素分馏。表 2.3 汇总了已发现的 N 同位素分馏情况。

表 2.3　微生物过程中的氮同位素分馏效应(修改自 Casciotti(2009))

反应过程	氮的变化	同位素分馏
N_2 固定	$N_2 \longrightarrow N_{org}$	$-2‰\sim2‰$
NH_4^+ 同化	$NH_4^+ \longrightarrow N_{org}$	$+14‰\sim+27‰$
NH_4^+ 氧化(硝化)	$NH_4^+ \longrightarrow NO_2^-$	$+14‰\sim38‰$
亚硝酸盐氧化(硝化)	$NO_2^- \longrightarrow NO_3^-$	$-12.8‰$
硝酸盐还原(反硝化)	$NO_3^- \longrightarrow NO_2^-$	$+13‰\sim+30‰$
亚硝酸盐还原(反硝化)	$NO_2^- \longrightarrow NO$	$+5‰\sim+10‰$
氧化亚氮还原(反硝化)	$N_2O \longrightarrow N_2$	$+4‰\sim13‰$
硝酸盐还原(硝酸盐同化)	$NO_3^- \longrightarrow NO_2^-$	$+5‰\sim+10‰$

值得注意的是在亚硝酸盐氧化过程中的反动力学分馏作用,这不同于其他的涉及 N 同位素分馏的微生物过程。Casciotti(2009)报道了这种反分馏效应与在酶化学尺度的反应有关。

在氮循环中最近的一个非常重要的进展是厌氧环境下氨的氧化,也简单地称作厌氧氨氧化,这是一个涉及氨和亚硝酸盐的歧化反应过程:

$$NH_4^+ + NO_2^- \longrightarrow N_2 + 2H_2O$$

这个反应过程首先在沉积孵化中发现(Thamdrup,Dalsgaard,2002),后来又在水体中缺氧区域的主要氮丢失过程中发现。

迄今为止,只考虑了动力学同位素效应,而在平衡交换反应中涉及的同位素分馏情况只涉及常见的无机氮组分(Letolle,1980)。在这一方面,重要的是氨的挥发过程:

$$NH_3(g) \rightleftharpoons NH_4^+(aq)$$

这个过程测定的同位素分馏系数在 1.025～1.035 范围内变化(Kirshenbaum, et al., 1947; Mariotti et al., 1981)。Nitzsche 和 Stiehl(1984)报道的实验数据表明在 250 ℃下分馏系数为 1.0143,在 350 ℃下为 1.0126。在海洋水溶解大气 N_2 的过程中,已发现一个非常小的 ^{15}N 富集,约为 0.1‰(Benson, Parker, 1961)。

3. 地球上氮同位素的分布

氮通常被视为一个挥发性元素,其化学性质与稀有气体相似。这个传统的认识限制了人们一直认为氮的主要储库是大气,这个观点在只考虑地球表面时是正确的。整体评估地球中的 N 储量时发现,氮的最大储库是地幔。地幔中的氮平均含量及其形态并不清楚。估算的平均浓度在 0.3～36 ppm 范围内变化(Busigny, Bebout, 2013)。

从 MORB 玻璃中(Marty, Humbert, 1997; Marty, Zimmermann, 1999)以及从金刚石中(Javoy et al., 1986; Cartigny et al., 1997, 2005; Cartigny, Marty, 2013)提取的地幔氮具有约 -5‰ 的平均 $\delta^{15}N$ 值,并具有不小的离散度。从橄榄岩捕虏体以及分离矿物中提取的氮同位素显示出一个很大的变化范围,金云母相对亏损 ^{15}N,而单斜辉石和橄榄石富集 ^{15}N(Yokochi et al., 2009)。一些 MORB 样品中测定的正 $\delta^{15}N$ 值可能反映了俯冲氮的信号。

在地壳沉积物变质过程中,由于经历脱挥发分,会有明显的氨损失。这个过程中伴随着氮分馏,使得残存物富集 ^{15}N(Haendel et al., 1986; Bebout, Fogel, 1992; Jia, 2006; Plessen et al., 2010)。因此高级变质岩和花岗岩相对富集 ^{15}N,通常具有 8‰～10‰ 的 $\delta^{15}N$ 值。Sadofsky 和 Bebout(2000)测定了共存云母的氮同位素分馏情况,但是并没有发现黑云母和白云母之间具有明显的差别。

总结来说,在沉积物和地壳岩石样品中,氮具有大概 6‰ 的正 $\delta^{15}N$ 值,地幔来源的岩石样品具有约 -5‰ 的 $\delta^{15}N$ 值。

图 2.9 给出了一些重要储库的氮同位素变化的汇总情况。

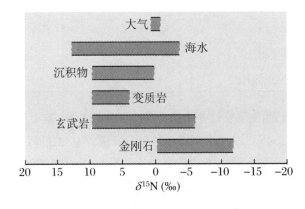

图 2.9　重要地质储库的 $\delta^{15}N$ 值

4. 海洋中的氮

氮同位素研究可以用来揭示海水氮的来源与命运。海水中的氮以不同的氧化还原态形式(硝酸盐、亚硝酸盐、铵盐)存在。水体中的生物过程可能会将一个含氮物质从一个地方携带到另一个地方,这个过程会伴随 N 同位素分馏。固氮被视为是初级产物的主要生产方式,该过程引起的 N 同位素分馏很小。因此,由这个过程导致的氮具有接近 0 的 $\delta^{15}N$ 值。然而,通过测定硝酸盐得到的平均海洋 $\delta^{15}N$ 值接近于 5‰,N 同位素富集可能是由反硝化过程导致的。在缺氧区域内发生反硝化过程优先还原 ^{14}N,因此残余的硝酸盐逐渐富集 ^{15}N。这些富集 ^{15}N 水体的上涌会生产出来更富集 ^{15}N 的浮游植物颗粒并沉入海底。因此沉积有机物的氮同位素组成可作为水体中氮反应以及营养物质循环的指标(Farrell et al.,1995)。

颗粒有机氮的氮同位素组成取决于:① 溶解硝酸盐的同位素组成;② 浮游植物摄取氮的过程中的同位素分馏。透光区的浮游植物倾向于富集 ^{14}N,这会导致相对的残余物质富集 ^{15}N。沉降有机碎屑的 N 同位素组成随着氮利用程度变化而变化:低 ^{15}N 表明相对低的利用程度,高 ^{15}N 指示高的利用程度。

相比于冰期,间冰期具有较强的反硝化过程。Ganeshram 等(2000)研究表明间冰期的 $\delta^{15}N$ 值比冰期的 $\delta^{15}N$ 值高约 2‰~3‰。这个关系被用来作为古生产力的记录。

海洋沉积物中的氮同位素组成可能反映了古海洋的营养成分循环。然后,海底的成岩反应和沉积物的加厚,有可能改变原始的氮同位素信号。尽管如此,Tesdall 等(2013)认为即使将成岩作用的影响考虑进去,成岩作用也是次要的,因此海底和海床下的沉积物全岩氮同位素记录了海洋氮循环过去的变化情况。他们报道了全球超过 2300 个沉积全岩的 $\delta^{15}N$ 数据,并证明了 $\delta^{15}N$ 值从 2.5‰ 变化到 16.6‰,均值为 6.7‰,高于海洋中硝酸盐的平均值 5‰。

很久以来,反硝化过程被认为是能将硝酸盐还原为 N_2 的唯一途径,然而正如最近所发现的,氨的厌氧氧化是另一个途径,其被称为厌氧氨氧化,细菌可通过氨盐将亚硝酸盐转换为 N_2。Brunner 等(2013)证明了在厌氧氨氧化反应过程中导致的 N 同位素分馏程度与反硝化基本一样。他们进一步表明厌氧氨氧化可能是导致缺氧区域硝酸盐和亚硝酸盐之间较大分馏的原因。

在沉积物中,随着有机物的热降解加剧,氨被释放并可以取代黏土矿物中的钾。黏土矿物和云母矿物晶格中的氮来源于有机物的分解,并反映了有机物质的氮同位素组成(Scholten,1991;Williams et al.,1995)。

5. 人为氮源

人类活动很大程度上影响了氮循环,包括农业和化石燃料燃烧,这向局部和全球尺度的环境中添加了活性氮。如 Hasting 等(2009,2013)所证明的,活性氮的氮同位素可用于追踪其来源。例如,Hastings 等(2009)分析了 100 m 长的冰芯的 N 同位素,发现 $\delta^{15}N$ 值从工业革命之前的 +11‰ 下降至现今的 −1‰。其他研究表明化肥、动物粪便或污水是大气圈硝酸盐污染的主要来源。在有利条件下,这些含氮的化合物可通过同位素与其他化合物区分开来(Heaton,1986)。人为肥料具有的 $\delta^{15}N$ 值为 −4‰~+4‰,反映了他们的大气来源。而动物粪便的 $\delta^{15}N$ 值大于 5‰。土壤来源的硝酸盐和肥料硝酸盐的 $\delta^{15}N$ 值通常是重合的。另一个例子是，Redling 等（2013）报道了植被对汽车氮氧化物的叶片吸收和施肥效果。

2.1.4 氧

氧是地球上丰度最高的元素。氧可以以气体、液体和固体形式出现，并在很宽的温度范围内是热力学稳定的。在稳定同位素地球化学研究中，氧的这些特性使其成为学者最为感兴趣的元素之一。

氧有 3 个稳定同位素（Rosman，Taylor，1998），丰度分别为

$$^{16}O:99.757\%$$
$$^{17}O:0.038\%$$
$$^{18}O:0.205\%$$

由于 ^{18}O 和 ^{16}O 有较高丰度差和较大质量差，通常情况下测定 $^{18}O/^{16}O$ 比值。该比值在自然样品中有约 10% 的变化，或绝对值从 1∶475 变化至 1∶525。随着分析技术手段的提高，精确分析 $^{17}O/^{16}O$ 比值越来越受到重视。

1. 分析方法

CO_2 通常用于质谱分析过程中的气体。在涉及有机物质高温转化和激光探针技术的样品前处理技术中，CO 和 O_2 也常被采用。文献中描述了很多关于从不同氧气载体物质中释放氧气的方法。

（1）水体

通常情况在一个固定的温度条件下，采用小量 CO_2 和剩余水的动态平衡方法来测定水中的 $^{18}O/^{16}O$ 比值。对于这种分析技术，预先知道一个给定的温度下准确的 CO_2/H_2O 平衡分馏系数是极其重要的。很多学者从实验角度测定了在 25 ℃下的分馏系数，但报道的结果不尽相同。1985 年，IAEA 专家团体会上建议 1.0412 为最佳估计值。

通过与盐酸胍反应可将水中的氧直接并定量转化为 CO_2，这种技术是可行的（Dugan et al.，1985），该技术有一个优点是在获得 $^{18}O/^{16}O$ 比值时，不用再假设 H_2O/CO_2 的同位素分馏系数。Sharp 等（2001）报道了一个技术，该技术为在 1450 ℃下，通过与玻碳反应对 H_2O 进行还原。O'Neil 和 Epstein（1996）首次报道了采用 Br_5F 对水还原的技术。随后学者通过采用 CoF_3 对测试 ^{17}O 和 ^{18}O 的精度进行了优化。

如 2.1.1 小节所提到的，另一个方法是采用腔衰荡光谱技术直接测定氧同位素比值（Brand et al.，2009a，b），该方法不同于质谱技术，可以对样品指定区域进行直接分析，在一些研究（如水文同位素研究）中具有高空间分辨率。

（2）碳酸盐

碳酸盐同位素测定的标准方法是，在 25℃下使之与磷酸完全反应，该流程首次由 McCrea（1950）报道，反应方程如下：

$$MeCO_3 + H_3PO_4 \longrightarrow MeHPO_4 + CO_2\uparrow + H_2O$$

这里的 Me 表示二价阳离子，上述反应方程式显示，碳酸盐中只有三分之二的氧最终转换为 CO_2，这种情况下通常会产生 10‰级别的同位素效应，但也会有千分之几的不同，这主要取决于阳离子类型、反应温度和前处理方法。因此必须准确知道所谓的酸分馏系数才能获得

碳酸盐的氧同位素组成。Sharma 和 Clayton（1965）首次描述了基于 BrF_5 的氟化法测定碳酸盐中的 $\delta^{18}O$ 值。

不同实验室所采用的磷酸法的实验细节相差很大。最常见的两个变量是"密闭容器"和"酸浴"方法。第二个方法中产生的 CO_2 被连续移走，而第一个方法不是这样的。Swart 等（1991）研究表明这两个技术存在 ^{18}O 同位素的系统差别，在 25～90℃温度范围内，该差别为 0.2‰～0.4‰。在这些数据中，酸浴方法的数据可能更准确些。后人对这项技术进行了改进，也就是"单独酸浴"，改进后的技术降低了来自酸输送系统的污染。Wachter 和 Hayes（1985）研究表明必须要非常关注磷酸情况。他们的实验表明采用105%的磷酸在75℃下进行反应，得出的结果最好。当通过采用不同碳酸盐反应速率来区分矿物成分不同的碳酸盐时，不能使用如此高的反应温度。

由于一些碳酸盐矿物如菱镁矿或菱铁矿，在25℃下反应很缓慢，因此需要升高反应温度来从这些矿物中提取 CO_2。反应温度的变化可达 90℃甚至 150℃（Rosenbaum，Sheppard 1986；Böttcher，1996），但是不同学者测定的分馏系数依然存在较大的不同。Crowley（2010）研究表明，对于 $CaCO_3$-$MgCO_3$ 矿物组来说，其提取的 CO_2 氧同位素组成与反应温度的倒数成线性关系。偏离这个线性关系的原因可能与结构态和化学成分不同有关。

表 2.4　25℃温度下不同碳酸盐矿物的酸分馏系数（修改自 Kim 等（2007））

矿物	α	参考文献
方解石	10.30	Kim 等（2007）
文石	10.63	Kim 等（2007）
	11.14	Gilg 等（2007）
白云石	11.75	Rosenbaum 和 Sheppard（1986）
菱镁矿	10.79（50℃）	Das Sharma 等（2002）
菱铁矿	11.63	Carothers 等（1988）
毒重石	10.57	Kim 和 O'Neil（1997）

文石和方解石之间的分馏还存在着另外一个不确定度。不同学者报道了从负到正的分馏效应。尽管如此，虽然 Grossman 和 Ku（1986）曾报道过高达 1.2‰的数值，但普遍认为文石的分馏系数比方解石高约 0.6‰（Tarutani et al.，1969；Kim，O'Neil，1997）。白云石-方解石分馏主要取决于特定的化学组成（Land，1980）。表 2.4 汇总了不同碳酸盐岩的酸分馏系数。

（3）硅酸盐

通常是在镍管路中 500～650℃下通过与 F_2、BrF_5 或者 ClF_3 进行氟化反应来释放硅酸盐和氧化物中的氧（Taylor，Epstein，1962；Clayton，Mayeda，1963；Borthwick，Harmon，1982）或者通过激光加热（Sharp，1990）。在 1000～2000℃下通过碳还原分解技术可能适用于石英和铁氧化物，但不适合所有的硅酸盐矿物（Clayton，Epstein，1958）。通过与加热的石墨或金刚石反应将氧转变为 CO_2。如果需要分析三个同位素（^{16}O、^{17}O、^{18}O），分析样品必须转化为 O_2。氟化过程中，必须注意要保证氧同位素的回收率，这对于高折射率矿物如橄榄石和石榴石来说非常重要。低回收率可能会导致异常的$^{18}O/^{16}O$比值,高回收率通常是由于真空提取管路中多余的水分导致的。

目前由 Sharp(1990)首次提出的红外激光氟化技术被广泛应用于矿物分析。另外,Wiechert 和 Hoefs(1995)和 Wiechert 等(2002)也采用过紫外激光分析。Kita 等(2009)报道了高精度 SIMS 技术可实现在 15 μm 矿物束斑尺度下 0.3‰的数据重现性。

(4) 磷酸盐

磷酸盐首先被溶解,然后共沉淀为磷酸银(Crowson et al.,1991)。首选 Ag_3PO_4 是因为它具有非吸湿性特征,并且不需要多次化学分离步骤就能快速沉淀(O'Neil et al.,1994)。然后 Ag_3PO_4 被氟化(Crowson et al.,1991),并在炉子中(O'Neil et al.,1994)或采用激光(Wenzel et al.,2000)或通过热裂解作用(Vennemann et al.,2002)与 C 反应被还原。由于在室温下 PO_4^{3-} 不会与水中的氧交换(Kolodny et al.,1983),因此 Ag_3PO_4 中的同位素组成与自然磷酸盐 PO_4^{3-} 部分的同位素是一致的。如 Vennemann 等(2002)总结,传统的氟化法是 Ag_3PO_4 精度和准确度最好的分析技术。也有研究曾尝试将激光技术应用于全岩样品(Cerling,Sharp,1996;Kohn et al.,1996;Wenzel et al.,2000)。但是由于化石成因,磷酸岩不可避免地含有成岩过程污染物,因此一般情况下将其用于分析特定组成(CO_3^{2-} 或 PO_4^{3-})。

(5) 硫酸盐

硫酸盐首先沉淀为 $BaSO_4$,然后在 1000 ℃下与碳进行还原反应,生成 CO_2 和 CO。CO 既可以直接测试也可以在铂电极之间通过放电转化为 CO_2(Longinelli,Craig,1967)。对于硫酸盐氧化物分析来说,连续流全热解技术精度更好,并且相比于离线技术耗时更少。Bao 和 Thiemens(2000)采用 CO_2-激光氟化系统从硫酸钡中释放氧。

(6) 硝酸盐

硝酸盐的氧同位素可通过与石墨一起高温燃烧的方式测试(Revesz et al.,1997)。由于这个技术工作量大,Sigman 等(2001)采用培养的反硝化细菌来还原硝酸盐。原硝酸盐中仅有六分之一的氧原子存在于待分析的 N_2O 分子中,因此必须要足够重视潜在的氧同位素分馏(Casciotti et al.,2002)。

2. 标准物质

目前采用了两个不同的 δ 参考体系:$\delta^{18}O$(V-SMOW)和 $\delta^{18}O$(V-PDB),这是因为存在两个不同类别的研究者,他们均从事传统的氧同位素研究工作。V-PDB 参考体系应用于碳酸盐岩低温研究领域。初始的 PDB 标准物质是从 Pee Dee 变质带的白垩纪箭石中制备而成,该标准物质是 20 世纪 50 年代早期芝加哥大学实验室工作标准物质,20 世纪 50 年代早期是古温度体系建立时期。最初的该标准物质早已消耗完了,因此引入了其他的标准物质(表 2.5),其同位素组成是相对于 PDB 校准的。其他氧同位素分析(水、硅酸盐、磷酸盐、硫酸盐、高温碳酸盐)参考的标准物质是 SMOW。

$\delta^{18}O$(V-PDB)和 $\delta^{18}O$(V-SMOW)转换公式如下(Coplen et al.,1983):

$$\delta^{18}O(\text{V-SMOW}) = 1.03091\delta^{18}O(\text{PDB}) + 30.91$$

$$\delta^{18}O(\text{V-PDB}) = 0.97002\delta^{18}O(\text{V-SMOW}) - 29.98$$

表 2.5 给出了常用氧同位素标准物质的两种参考体系的 $\delta^{18}O$ 值。

表 2.5　常用的氧同位素标准物质的 $\delta^{18}O$ 值（硫酸盐和硝酸盐的数据引自 Brand 等(2009a，b)）

标准物质	材料	V-PDB 参考	V-SMOW 参考
NBS-19	大理石	-2.20	
NBS-20	石灰石	-4.14	
NBS-18	碳酸盐岩	-23.00	
NBS-28	石英		9.60
NBS-30	黑云母		5.10
GISP	水		-24.75
SLAP	水		-55.50
NBS-127	Ba 硫酸盐		8.59
USGS 35	Na 硝酸盐		56.81

3. 分馏过程

自然界中存在很多可产生氧同位素分馏的过程，下面所述的是特别重要的几种。

(1) 水的分馏

液态水和水蒸气之间的氧同位素分馏对解释不同类型的水同位素组成起着关键性作用。Horita 和 Wesolowski(1994)汇总了实验室测定的温度在 0～350 ℃ 范围内的分馏系数。图 2.10 展示了这些数据。

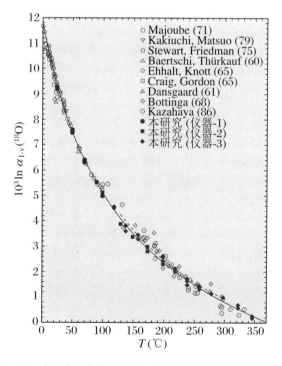

图 2.10　液态水和气态水在 0～350 ℃ 的氧同位素分馏系数

（更改自 Horita 和 Wesolowski(1994)）

水中加入盐分也会影响到同位素分馏,溶液中离子态盐分会改变溶解离子周边水分子的结构。Taube(1954)首次证明了与纯水平衡的 CO_2 的 $^{18}O/^{16}O$ 比值随着 $MgCl_2$、$AlCl_3$ 和 HCl 的加入而逐渐降低,随着 NaCl 的加入几乎不发生改变,随着 $CaCl_2$ 的加入而逐渐升高。这种变化大致与溶质的摩尔浓度线性相关(图2.11)。

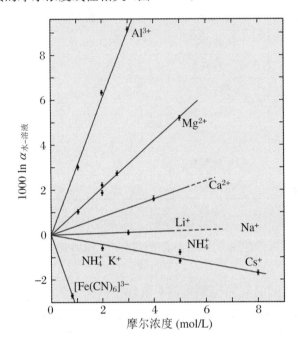

图 2.11　25 ℃下纯水和各种离子溶液之间的氧同位素分馏

(修改自 O'Neil 和 Truesdell(1991))

为解释这种不同的分馏行为,Taube(1954)假设了在阳离子水化球体中的水与剩余水之间存在同位素效应。水球具有非常高的有序性,而外层的有序性要差很多。这两层的相对大小取决于溶解离子引起的电场强度。溶解离子与水分子之间的反应强度也取决于其与离子键合的原子的原子质量。O'Neil 和 Truesdell(1991)引入了"结构-制造"和"结构-打开"溶质概念:制造结构导致相对于纯水的正同位素分馏,破坏结构产生负的同位素分馏。任何溶质,如果可以导致正同位素分馏,那么就像冰的结构一样能使得溶液的结构更加有序,作为对比,另一些溶质则导致溶液结构有序性变差,这种情况下阳离子—H_2O 键要比 H_2O—H_2O 键弱。

如 2.1.1 小节所讨论的,在同位素分馏中,离子的水化作用在热液溶液和火山气体中具有重要的作用(Driesner,Seward,2000)。这种同位素的盐效应可能会改变水和其他相之间氧同位素组成,可达千分之几。

(2) CO_2-H_2O 体系

CO_2-H_2O 体系中氧同位素分馏也具有相同的重要性,早期的研究主要集中在气态 CO_2 和水之间的氧同位素分配(Brenninkmeijer et al.,1983)。近年来,Usdowski 等(1991)、Beck 等(2005)和 Zeebe(2007)开展的研究表明,不同类型的碳酸盐岩具有不同的氧同位素组成。这与 McCrea(1950)以及 Usdowski 和 Hoefs(1993)的实验结果吻合。表 2.6 总结了温度(5~40 ℃)相关的分馏方程式(Beck et al.,2005)。

表2.6 实验测定的 CO_2-H_2O 溶液相对于水体系的氧同位素分馏系数
(Beck et al., 2005)

检测物	A	B
HCO_3^-	2.59	1.89
CO_3^{2-}	2.39	-2.70
CO_2(aq)	2.52	12.12

注：根据公式 $10^3 \ln \alpha = A(10^6/T^{-2}) + B$，实验在 5~40 ℃下进行。

25 ℃下，气态 CO_2 和水之间的氧同位素分馏（$1000 \ln \alpha$）是 41.6，当在高 pH 下，CO_3^{2-} 成为主要类型，分馏系数降至 24.7（图 2.12）。碳酸盐岩-水系统之间，与 pH 相关的氧同位素组成对氧同位素温度的获取具有重要的意义。

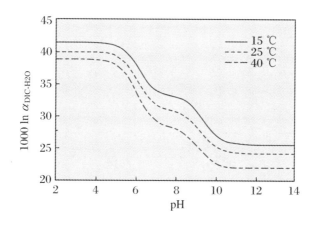

图 2.12 溶解无机碳（DIC）和水之间随 pH 和温度变化的氧同位素分馏关系（修改自 Beck 等（2005））

(3) 矿物分馏

一个岩石的氧同位素组成取决于其矿物的 ^{18}O 含量及岩石中所含矿物的比例。Garlick（1966）和 Taylor（1968）依据富集 ^{18}O 的相对能力，排列了共存矿物 ^{18}O 含量的顺序（由高到低）：石英，白云石，钾长石、钠长石，方解石，富钠斜长石，富钙斜长石，白云母、钠云母、蓝晶石、蓝闪石，斜方辉石，黑云母，单斜辉石，角闪石、石榴子石，锆石，橄榄石、钛铁矿，磁铁矿、赤铁矿。这些数据补充了 Kohn 等（1998a,b,c）发表的数据。

^{18}O 含量降低的顺序可以通过矿物结构的化合键类型和强度来解释。通过忽略矿物种类，并假设在化合键内氧具有相似的同位素行为，Garlick（1966）以及 Savin 和 Lee（1988）提出了半经验化合键类型计算公式。这个技术对估计分馏系数很有用处，其准确度主要受限于一个假设，也即同位素分馏仅仅取决于与氧键合的原子，并没有加入矿物结构的影响，严格来说这是不正确的。Kohn 和 Valley（1998a，b）经验上测定了化学组成在很宽的范围内变化的复杂矿物（如角闪石和石榴石）中阳离子取代的影响。虽然阳离子交换的同位素效应在温度 $T>500$ ℃ 时小于 1‰，但在低温下明显增加，因此使用角闪石和石榴石热温度计需要其化学组成信息。

基于自然界中发现的这种系统的^{18}O富集倾向,如果可计算出不同矿物对的校准曲线,我们可获得很有意义的高达1000℃,甚至更高的温度信息。已发表文献报道了很多种氧同位素温度计,绝大多数是实验室测定的,也有一些是基于理论计算的。

虽然在实验测定矿物-水系统中氧同位素分馏系数方面已经做了大量的工作,采用水作为氧同位素交换的媒介有几个缺点。一些矿物在与水接触过程中,特别是随着温度和压力的升高,变得不稳定,这导致其熔融、键价打破和水化反应。不一致的溶解度以及不明确的淬火产物可能会引入额外的不确定度。绝大多数水的这些缺点可通过采用方解石作为交换媒介而避免(Clayton et al.,1989;Chiba et al.,1989)。研究者测定的硅酸盐矿物对分馏系数(表2.7)提供了内部一致的地质温度计信息,总体上这些信息与其他独立手段评估的一致,如Kieffer(1982)的理论校正。

表2.7 硅酸盐矿物对的分馏系数(修改自Chiba等(1989))

矿物	Cc	Ab	An	Di	Fo	Mt
Qtz	0.38	0.94	1.99	2.75	3.67	6.29
Cc		0.56	1.61	2.37	3.29	5.91
Ab			1.05	1.81	2.73	5.35
An				0.76	1.68	4.30
Di					0.92	3.54
Fo						2.62

注:$1000 \ln \alpha_{(X-Y)} = A/T^2 \cdot 10^6$。

Chacko等(2001)报道了近期的同位素分馏情况(图2.13)。很多低温矿物和水之间的同位素分馏是通过假设已知它们的形成温度以及形成水的同位素组成(如海洋水)进而评估

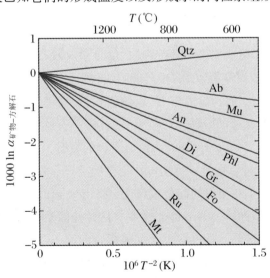

图2.13 各种矿物与方解石之间的氧同位素分馏

(修改自Chacko等(2001))

出来的。有的时候在同位素交换反应速率很慢的情况下,这是唯一可行的手段,因为这种情况下在实验室内适合的温度是不能被合成的。

4. 三氧同位素组成

测定 $^{17}O/^{16}O$ 比值有潜力扩大 $^{18}O/^{16}O$ 的应用。不能区分温度和水的组成等难点限制了 $^{18}O/^{16}O$ 的某些应用。由于自然界中 $^{17}O/^{16}O$ 的氧同位素比值跟 $^{18}O/^{16}O$ 比值的一半很接近,因此,在过去通常是假设不需要测定丰度较低的 ^{17}O。然而,随着分析仪器的改善,发现准确测定 ^{17}O 含量可能能提供更多的地球储库分馏过程的信息。在 $\delta^{17}O$ 与 $\delta^{18}O$ 值的关系表中,所有地球岩石和矿物对应的点都落在一条斜率为 $\lambda = 0.52 \times$ 系数的直线上,这条线又称为地球分馏线(TFL)。偏离这条 TFL 参考线的程度用 $\Delta^{17}O$ 表示,也就是所说的氧同位素异常。λ 对于平衡和动力学分馏过程是不同的,并且在 0.509(动力学分馏的最低下限)和 0.530(平衡分馏最高温度的上限)之间变化(Young et al.,2002)。

例如,对于水来说,三氧同位素组成的特征是液态水和水蒸气之间的平衡分馏 λ 指数为 0.529,相比而言水蒸气扩散的 λ 指数为 0.518。全球大气降水线具有 0.528 的斜率(Luz,Barkan,2010)(类似于斜率为 8 的 δD-$\delta^{18}O$ 大气降水线)。对于岩石和矿物来说斜率 λ 在 0.524~0.526 变化(Miller et al.,1999;Rumble et al.,2007),对于 SiO_2-H_2O 体系来说,这个值为 0.5305(Luz,Barkan,2010)。

随着分析技术的进一步提升,Pack 和 Herwartz(2014)证明了单一的 TFL 概念是没有意义的,并且表明地球中不同的储库具有各自的特征斜率和截距的质量分馏线。Levin 等(2014)和 Passey 等(2014)也给出了类似的结论。

5. 水-岩反应

氧同位素比值分析为研究水/岩反应提供了一个强有力的技术手段。在它们的成分没有达到平衡的情况下,水与岩或矿物之间的反应所引起的地球化学影响会导致岩石或者水的氧同位素偏离其初始值。

矿物与流体之间的氧同位素交换的动力学和机理研究表明,主要有以下三种可能的交换机制(Matthews et al.,1983a,b;Giletti,1985):

(1) 溶液-沉淀交换机制。在溶液-沉淀过程中,大的矿物颗粒生长会消耗小的矿物。小矿物会溶解并再结晶在大矿物的表面,这会降低体系整体的表面积,进而降低系统的总自由能。当溶液中有物质的时候,就会发生物质与流体的同位素交换反应。

(2) 化学反应交换机制。流体和固体的同一成分在不同相态内的化学活度差别很大,因此会发生化学反应。有限比例的原始晶体会分解并形成新矿物。新矿物的形成是发生在与流体达到或近似达到同位素平衡条件下。

(3) 扩散交换机制。在扩散过程中,同位素交换通常发生在晶体与流体反应界面,并且不会或者很少影响到反应物的矿物形态。原子在浓度或活度梯度下引起的随机热力学动能是发生扩散的推动力。

当有流体相存在时,溶解-再沉淀是比扩散更加有效率的过程。这个观点首次被 O'Neil 和 Taylor(1967)的实验证明,然后被 Cole(2000)和 Fiebig 和 Hoefs(2002)再次强调。

Sheppard 等(1971)和 Taylor(1974)首次尝试水和岩石之间同位素交换的定量化研究工

作。通过一个简单的封闭系统质量守恒公式,研究者们可以计算出累计流体/岩石的比值:

$$W/R = \frac{\delta_{rock_f} - \delta_{rock_i}}{\delta_{H_2O_i} - (\delta_{rock_f} - \Delta)} \qquad (2.7)$$

其中,$\Delta = \delta_{rock_f} \delta H_2O_f$。

这个公式需要知道系统同位素的初始态(i)和最终态(f)值,并描述了一个有限体积的岩石与水的反应。Baumgartner 和 Rumble(1988),Blattner 和 Lassey(1989),Nabelek(1991),Bowman 等(1994)以及其他学者曾质疑过这种"零维度"公式的实用性。仅在特殊条件下,这个"盒子模型"才能给出实际流向岩石的流体的量。如果岩石和渗透流体接近同位素平衡,那么计算出的流体/岩石比值会快速趋向于无穷大。因此,这个公式仅对小的流体/岩石比值有作用。不管怎么样,这个公式仍然可以限定流体的来源。更复杂的一维模型,如色谱或连续介质力学模型(例如 Baumgartner 和 Rumble(1988)),是更受欢迎的,这些模型可以描述岩石和流体的同位素组成在时间和空间上是如何变化的。数学模型是复杂的,并且是偏微分方程,这些方程必须用数学方法去求解。Nabelek 和 Labotka(1993),Bowman 等(1994)曾报道过与变质环境相关的流体-岩石反应的实例。Bickle 和 Baker(1990),Cartwright 和 Valley(1991)报道了该公式在其他完全不同的岩性方面的应用。

Criss 等(1987)和 Gregory 等(1989)报道了描述矿物与其共存流体之间氧同位素交换动力学的理论框架。图 2.14 展示了一些热液蚀变的花岗岩和辉长岩的特征模型。图 2.14 所示的 $^{18}O/^{16}O$ 平衡线以一个陡的角度跨越 45°平衡线,这是由于长石的氧同位素交换速率要比石英和辉石快得多。如果一个低 $\delta^{18}O$ 值流体(如大气降水或者海水)参与了交换过程,那么不平衡趋势线的斜率可被当作一个等时线,交换反应随时间的进行,趋势线的斜率会变

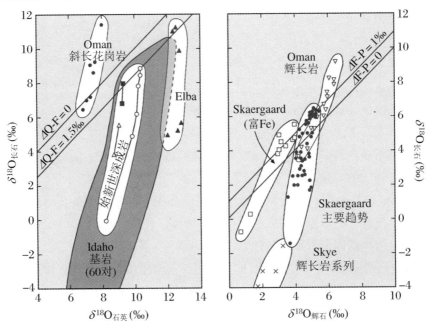

图 2.14 花岗岩和辉长岩中不平衡矿物的 $\delta^{18}O_{长石}$ 与 $\delta^{18}O_{石英}$ 和与 $\delta^{18}O_{辉石}$ 的趋势相关图
趋势线表示了一个热液流循环的开放环境(修改自 Gregory 等(1989))。

得更缓,并趋向于45°平衡线。这个时间就代表了一个特定热液事件的持续时间。

图 2.15 汇总了重要地质储库中所观察到的氧同位素变化情况。

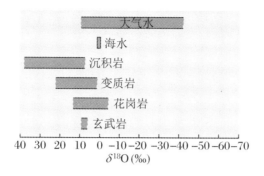

图 2.15　重要地质储库的 $\delta^{18}O$ 值

2.1.5　硫

硫有 4 个稳定同位素(De Laeter et al., 2003),丰度分别为

^{32}S:95.04%

^{33}S:0.75%

^{34}S:4.20%

^{36}S:0.01%

硫几乎存在于所有自然环境体系中,硫可作为非金属元素矿床的主要成分。通常以蒸发岩中硫酸盐形式存在。硫以次要成分出现在火成岩和变质岩中,从整个生物圈来看,硫主要以硫化物和硫酸盐形式存在于有机质、海洋水和沉积物中。硫出现在地质学家感兴趣的全部温度范围内,所以在稳定同位素地球化学中硫是具有特殊意义的一个元素。

Thoder 等(1949)和 Trofimov(1949)首先发现了硫同位素丰度有很宽的变化范围。最重的硫酸盐的 $\delta^{34}S$ 值高达 +120‰(Hoefs,未发表数据),最轻的硫化物的 $\delta^{34}S$ 值低至 −65‰,因此,硫同位素的变化范围高达 180‰。图 2.16 总结了一些自然界中主要地质储库中的硫同位素变化。Rye 和 Ohmoto(1974)、Nielsen(1979)、Ohmoto 和 Rye(1979)、Ohmoto(1986)、Ohmoto 和 Goldhaber(1997)、Seal 等(2000)、Canfield(2001a)和 Seal(2006)等均发表过硫同位素地球化学的综述。

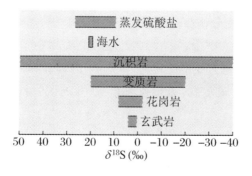

图 2.16　重要地质储库中的 $\delta^{34}S$ 值

很多年以来,标准物质硫同位素的参考主要是 Canyon Diablo 铁陨石中的陨硫铁(CDT)。Beaudoin 等(1994)曾指出原始的 CDT 不均匀,可能存在 $\delta^{34}S$ 高至 0.4‰ 的浮动。因此 IAEA 委员会在 1993 年建议维也纳-CDT(V-CDT)标准物质作为新的国际标准物质($\delta^{34}S_{V\text{-}CDT}$ 为 -0.3‰),V-CDT 为人工合成的 Ag_2S(IAEA-S-1)。

1. 研究方法

传统气体源质谱测试时所用的气体为 SO_2。在线燃烧法(Giesemann et al.,1994)的提出将多步骤线下前处理简化为一步法前处理,也称为元素分析中的燃烧法。该样品前处理方法相比于湿法提取步骤来说,前处理引起的分馏较小,并且时间较短,因此最小取样量可降低至 1 mg 以内。

Puchelt 等(1971)和 Rees(1978)首次描述了采用 SF_6 替代 SO_2 的显著优势:质谱没有记忆效应,由于 F 是单一同位素,故测定的同位素原始数据不需要校正。对比分别在传统的 SO_2 和激光 SF_6 技术下测定的 $\delta^{34}S$ 值可知,传统的 SO_2 方法中由于 O 同位素同质量数干扰对 SO_2 校正引起的数据可靠性问题很严重(Beaudoin,Taylor,1994)。因此 SF_6 技术被广泛接受(Hu et al.,2003),这也说明 SF_6 是测定 $^{33}S/^{32}S$、$^{34}S/^{32}S$ 和 $^{36}S/^{32}S$ 比值的理想气体。

微区分析技术如激光探针(Kelley,Fallick,1990;Crowe et al.,1990;Hu et al.,2003;Ono et al.,2006)以及离子探针(Chaussidon et al.,1987,1989;Eldridge et al.,1988,1993;Kozdon et al.,2010)已经成为很有前景的测定硫同位素的方法。

近年来 Bendall 等(2006)、Craddock 等(2008)和 Paris 等(2013)描述了采用 MC-ICP-MS 技术测定硫同位素的方法。Amrani 等(2009)开发了基于 MC-ICP-MS 分析单体硫有机化合物的方法。由于检出限低,样品尺度要比 SO_2 和 SF_6 小几个数量级,且 MC-ICP-MS 技术不需要化学前处理并且能实现连续同时测定 4 个不同的硫同位素。

2. 分馏机理

自然界中硫同位素变化主要是基于两个分馏机理:① 微生物过程中的动力学同位素效应。一直以来都认为微生物在进行硫代谢时可产生硫同位素分馏,特别是硫酸盐异化还原过程。该过程能产生硫循环过程中最大的分馏效应。② 硫酸盐与硫化物及不同硫化物之间的化学交换过程。

(1) 平衡反应

目前已经有很多关于受温度控制的不同共存硫化物之间硫同位素分馏的理论及实验测定等方面的研究工作。Sakai(1968)和 Bachinski(1969)开展了硫化物之间的同位素分馏理论研究,并报道了简约的配分函数比值和硫化物矿物键强,描述了这些参数和同位素分馏的关系。就像氧在硅酸盐矿物中一样,共存硫化物矿物中也存在相对富集 ^{34}S 的顺序(表2.8)。考虑到自然界中最常见的硫化物(黄铁矿、闪锌矿和方铅矿),在同位素平衡的条件下,黄铁矿总是最富集 ^{34}S 的矿物,方铅矿是最贫 ^{34}S 的矿物,而闪锌矿是中等富集 ^{34}S 的矿物。

表 2.8　不同硫化物相对于 H_2S 的平衡同位素分馏系数

矿物	化学组成	A
黄铁矿	FeS_2	0.40
闪锌矿	ZnS	0.10
磁黄铁矿	FeS	0.10
黄铜矿	$CuFeS_2$	-0.05
靛铜矿	CuS	-0.40
方铅矿	PbS	-0.63
辉铜矿	Cu_2S	-0.75
辉银矿	Ag_2S	-0.80

注：温度关系由 A/T^2 给出(Ohmoto，Rye，1979 之后)。

不同硫化物中硫同位素分馏的实验数据呈现不一致性。温度控制分馏效应研究中最合适的矿物对为闪锌矿-方铅矿。Rye(1974)论证了 Czamanske 和 Rye(1974)提出的分馏曲线在 370～125 ℃范围内与流体包裹体填充温度匹配最好。与之相比，黄铁矿-方铅矿矿物对并不适用于温度研究。因为相比于方铅矿，黄铁矿倾向于在更大的时间区间内发生沉淀，暗示着通常情况下，这两个矿物并不形成于同一时期。其他的硫化物矿物对之间的平衡同位素分馏很小，故在地质温度计中的应用很少。Ohmoto 和 Rye(1979)严格地检验了现有的实验数据并汇总了他们认为最为可靠的硫同位素分馏数据。图 2.17 汇总了这些相对于 H_2S 的硫同位素分馏数据。

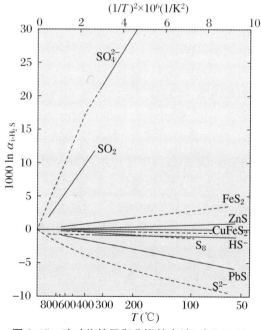

图 2.17　硫矿物的平衡分馏效应(相对于 H_2S)

实线为实验测得的，虚线为外推或理论计算值(修改自 Ohmoto，Rye(1979))。

通过硫同位素得到的矿床温度通常是有争议的,其中一个原因是通过激光探针和离子探针技术发现硫化物矿物中存在 ^{34}S 环带(McKibben,Riciputi,1998)。

(2) 硫酸盐异化还原

硫酸盐异化还原由很大一个群体的微生物控制(目前发现有超过 100 种,Canfield,2001a),这些微生物通常是通过还原硫酸盐同时氧化有机碳(或 H_2)来获取它们生长所需的能量。硫酸盐还原者广泛分布于缺氧环境中。它们可承受的温度范围为 -1.5~100 ℃,盐度可从淡水到海水。

从早期生物文化研究工作 (Harrison,Thode,1957a,b;Kaplan,Rittenberg,1964) 开始,已经清楚了解了硫酸盐还原细菌通常会产生 ^{32}S 亏损的硫化物矿物。虽然进行了几十年有关细菌还原硫酸盐过程中硫同位素分馏方面的研究,决定硫同位素分馏数量级的关键因素依然存在较大的争议。同位素分馏的大小取决于硫酸盐的还原速率,其在最低还原速率下有最大程度的元素分馏,在最高还原速率下具有最低程度的元素分馏。Kaplan 和 Rittenberg(1964)以及 Habicht 和 Canfield(1997)提出硫同位素分馏取决于特定速率(细胞$^{-1}$×时间$^{-1}$)①,并在较小程度上取决于绝对速率(体积$^{-1}$×时间$^{-1}$)②。然而,已经比较清楚的一点是硫酸盐还原的速率受控于可溶解有机化合物的利用率,而硫酸盐浓度对硫同位素分馏的影响尚未明确。例如 Boudreau 和 Westrich(1984)认为在低浓度时(小于 15% 的海水值),硫酸盐的浓度起着重要的作用,Canfield(2001b)发现自然群体中硫酸盐浓度对同位素分馏的影响是微乎其微。另一个被认为非常重要的参数是温度范围,它调节着自然群体中硫酸盐还原群体(Kaplan,Rittenberg,1964;Brüchert et al.,2001)。进一步分析发现,温度相关的同位素分馏差别与内部酶动力学控制的温度和细胞性质以及相关的硫酸盐进出细胞的交换速度相关。考虑到不同类型的硫酸盐还原细菌(包括高温),Canfield 等(2006)发现低温和高温区域均可发生较大的分馏效应,而最小的分馏效应发生在中温区域。

Goldhaber 和 Kaplan(1974)详细描述了硫酸盐厌氧还原的反应链。总体来说,速度控制步骤是第一个 S—O 键的破坏,也就是从硫酸盐还原至亚硫酸盐。早期的有关嗜常温细菌还原硫酸盐至硫化物方面的实验研究表明,该过程可导致 4‰~47‰ 程度的 ^{34}S 亏损(Harrison,Thode,1957a,b;Kaplan,Rittenberg,1964;Kemp,Thode,1968;McCready et al.,1974;McCready,1975;Bolliger et al.,2001)。在接下来的几十年里一直认为这个最大值是微生物异化还原过程中能产生的最大值(Canfield,Teske,1996)。近年来,研究者测定了自然环境中沉积物的硫同位素分馏,包括从快速新陈代谢的微生物到慢速新陈代谢的沿海沉积物(Habicht,Canfield,1997,2001;Canfield,2001a)。Sim 等(2011)发现有机电子供体的类型是控制硫酸盐还原过程中硫同位素分馏程度的重要因素,在复杂的酶作用下可以导致超过 47‰ 的硫同位素分馏。

沉积物和封闭水环境自然产出的硫化物通常亏损 ^{34}S 达 65‰ (Jørgensen et al.,2004),这覆盖了硫酸盐还原细菌的实验范围(Sim et al.,2011)。最近的研究表明在自然条件下可

---

① 特定速率指单位细胞尺度的反应速率。

② 绝对速率指单位体积的反应速率。

以发生超过 70‰ 的原位硫同位素分馏（Wortmann et al., 2001; Rudnicki et al., 2001; Canfield et al., 2010）。

另一个关于自然的硫化物硫同位素信息保存的重要因素是，硫酸盐还原过程是发生在相对于溶解硫酸盐而言的开放系统还是封闭系统。一个"开放"系统有无限的硫酸盐储库，储库里连续消除的硫酸盐不会造成明显的总体硫酸盐损失。黑海和局部的大洋深处是典型的例子。在这种情况下，H_2S 极度亏损 ^{34}S，但是对剩余硫酸盐而言 ^{34}S 的消耗和改变是微乎其微的（Neretin et al., 2003）。在一个"封闭"的系统中，储库中先丢失的轻同位素将会影响到未反应物质的同位素组成。图 2.18 模拟了剩余硫酸盐和 H_2S 中的 ^{34}S 变化。图中显示残余硫酸盐的 $\delta^{34}S$ 值随着硫酸盐的消耗而稳定增加（标准化后与对数成线性关系）。衍生 H_2S 曲线与硫酸盐曲线平行，两者的距离取决于分馏常数的量级。图 2.18 显示，当 2/3 的储库硫酸盐消耗时，H_2S 将会有相比于原始硫酸盐更重的同位素组成。"总"硫的 $\delta^{34}S$ 曲线渐进趋向原始硫酸盐的初始值。应该注意的是，封闭系统中明显的硫酸盐和硫化物 $\delta^{34}S$ 值的变化也可以从开放系统中不同硫同位素类别的差异性扩散角度来解释（Jørgensen et al., 2004）。

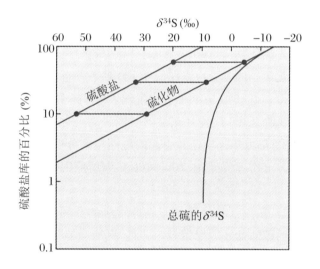

图 2.18 封闭系统内硫酸盐还原过程中硫同位素分馏的瑞利关系图

假设分馏系数为 1.025，最初硫酸盐同位素组成为 +10‰。

在海相沉积物中，通常在硫酸盐还原过程中产生的 90% 硫化物会发生再氧化（Canfield, Teske, 1996）。对于硫化物氧化的路径目前了解的比较少，包括生物和非生物氧化为硫酸盐、单质硫以及其他中间产物（Fry et al., 1988）。硫化物的再氧化的发生往往是经过中间氧化态硫（亚硫酸盐、硫代硫酸盐、元素硫、连多硫酸盐）的产物，这些产物是不积累的，而是容易直接被转移和被细菌厌氧歧化。因此，Canfield 和 Thamdrup（1994）表明通过硫化物氧化至硫介质（如元素硫和随之的歧化反应）的循环，细菌可以产生额外的 ^{34}S 亏损，这些亏损可能作用于海相沉积物的同位素组成。产物硫化物与硫酸盐之间不同的硫同位素分馏也可见于细菌歧化反应的其他中间产物如硫代硫酸盐和硫酸盐（Habicht et al., 1998）。

最后指出的是硫酸盐与两个生物地球化学同位素体系(硫和氧)有关。近年来分别从实验角度(Mizutani, Rafter 1973; Böttcher et al., 2001)和自然产出的沉积物和含水层角度(Fritz et al., 1989; Böttcher et al., 1989; Ku et al., 1999; Aharon, Fu, 2000; Wortmann et al., 2001)探究了硫和氧同位素耦合分馏作用。Böttcher 等(1998)和 Brunner 等(2005)指出不存在特定的 $\delta^{34}S$-$\delta^{18}O$ 分馏斜率，但同位素分馏的共同变化取决于细胞特有的硫酸盐还原速率和相关氧同位素在细胞水中的交换速率。尽管硫酸盐和环境水中的非生物的氧同位素交换速率很低，但硫酸盐中的 $\delta^{18}O$ 还是显然取决于与硫化物交换的水中的 $\delta^{18}O$。Böttcher 等(1998)和 Antler 等(2013)描述了硫酸盐绝对还原速率是怎么影响分馏斜率的：高的还原速率导致低的斜率意味着硫同位素比氧同位素增加得快。决定硫酸盐中氧和硫同位素变化的重要参数是硫酸盐还原速率及细胞内硫化物氧化速率的差异。此外，Böttcher 等(2001)认为硫中间产物在高生物活性沉积物中的歧化反应会导致同位素分馏并叠加在硫酸盐还原的趋势线上。

最近 Bao(2015)讨论了沉积成因的硫酸盐中的三氧同位素组成，指出硫酸盐负载了古代大气中的 O_2 和 O_3 的直接信号值。

(3) 硫酸盐的热化学还原

不同于微生物还原，硫酸盐的热化学还原是一个非生物过程，在受到热的影响而不是细菌影响下硫酸盐被还原为硫化物(Trudinger et al., 1985; Krouse et al., 1988)。主要的争议问题是硫酸盐的热化学还原是否可以在低于 100 ℃ 下发生，该温度仅仅略高于微生物还原的上限(Trudinger et al., 1985)。在自然界中发现了越来越多的证据表明在低于 100 ℃ 下，水溶态的硫酸盐可被有机物还原，并且有充足的时间进行还原过程(Krouse et al., 1988; Machel et al., 1995)。通常由热化学还原引起的硫同位素分馏要小于由细菌引起的分馏，Kiyosu 和 Krouse(1990)的实验表明在 200~100 ℃ 温度范围内能产生 10‰~20‰ 的硫同位素分馏。

总体来说，细菌导致的硫酸盐还原特征是在非常小的空间范围内发生大量且不均匀的 ^{34}S 亏损，而热化学引起的硫酸盐还原导致较小并且"更加均匀"的 ^{34}S 亏损。

(4) 四硫同位素

对于四硫同位素研究，需要区别太古代产出的硫化物和硫酸盐中较大的硫同位素非质量相关分馏(Farquhar et al., 2000)和与生物合成路径相关的相对较小的硫同位素质量相关分馏(Farquhar et al., 2003; Johnston, 2011; Johnston et al., 2005; Ono et al., 2006, 2007)。很长一段时间，由于硫同位素分馏严格遵守质量分馏法则，学者认为 $\delta^{33}S$ 和 $\delta^{36}S$ 并不会携带更多的信息。通过在高精度下研究所有的硫同位素组成，可知细菌硫酸盐还原所遵守的质量相关分馏关系与所期待的平衡分馏有细微差别。从 $\Delta^{33}S$ 和 $\delta^{34}S$ 图上可知，两个硫储库在混合时是非线性的耦合关系(Young et al., 2002)。因此具有相同 $\delta^{34}S$ 值的样品可能会有不同的 $\Delta^{33}S$ 和 $\Delta^{36}S$ 值。这项研究使得即使在相同的 $\delta^{34}S$ 分馏条件下区分不同的分馏机制和生物合成路径之间的差别成为了可能(Ono et al., 2006, 2007)。细菌硫酸盐还原引起的同位素分馏与硫歧化反应引起的同位素分馏具有细微差别。例如，1.8 Ga 前的硫酸盐多硫同位素分析暗示了最早的微生物硫歧化反应(Johnston et al., 2005)。在另外一个例子中,Canfield 等(2010)证实了瑞士的 Euxinic 湖的硫同位素系统偏向于将微生物还原作为唯一的还原路径。因此多硫同位素分析在鉴定现代环境中是否存在特定的新陈代谢方面有巨大的潜力,也可能作为地质方面特有的硫新陈代谢的指标。

太古代硫化物和硫酸盐表现出大的非质量硫同位素分馏,这也是老于 2.4 Ga 沉积岩的重要特征。普遍接受的解释是代表了太古代大气中几乎无氧且存在还原性气体(如 CH_4 和 H_2)。地质记录中的 $\Delta^{33}S$ 数据见图 2.19,该图给出了时间和非质量硫同位素分馏程度的关系,图中存在特定的时间结构:早太古代的硫化物 $\Delta^{33}S$ 具有小于或等于 4‰的异常,中太古代呈现更小的浮动,而在晚太古代呈现很大(约等于 12‰)的浮动。记录的较大的 $\Delta^{33}S$ 值浮动,在大约 2.4 Ga 时突然结束了。除了 $\Delta^{33}S$ 外,$\Delta^{36}S$ 也受到了一定程度的关注,普遍认为 $\Delta^{36}S$ 可以一直下降至 -8‰。

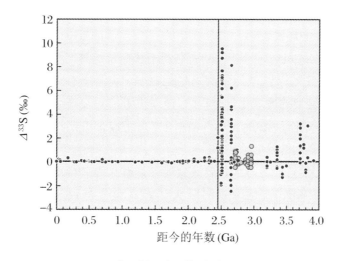

图 2.19 岩石样品中 $\Delta^{33}S$ 与年代对比图

注意在 2.45 Ga 前有大的 $\Delta^{33}S$,以垂直线表示,而在 2.45 Ga 之后 $\Delta^{33}S$ 虽小但依然可以测到。

实验已经证实了太古代较大的 $\Delta^{33}S$ 和 $\Delta^{36}S$ 值与气态 SO_2 有关(Farquhar et al.,2000;Claire et al.,2014)。导致的太古代样品异常的特定化学反应目前还不清楚,但涉及 SO_2 的气相反应是解释之一。Farquhar 和 Wing(2003)以及其他研究者证实了当大气中的 O_2 浓度很低时,SO_2 光解反应可以引起硫同位素非质量相关分馏。Farquhar 等(2007)和 Halevy 等(2010)认为这些浮动可能与火山产生的硫气体的成分和氧化态的变化有关。当把 $\Delta^{33}S$ 和 $\Delta^{36}S$ 值结合在一起时,许多太古代的硫化物会落在 $\Delta^{36}S/\Delta^{33}S$ 斜率为 -1 的线上,与产生非质量相关分馏的大气反应一致(Ono et al.,2006)。而更陡的斜率在太古代早期的 Dresser 建造中发现,可能暗示了不同的大气储库。太古代样品和实验室光解实验产物中的 $\Delta^{33}S/\Delta^{36}S$ 具有特征的分馏斜率,这也许可作为示踪指标(Farquhar et al.,2013)。

2.2 非传统同位素

2.2.1 锂

锂有 2 个稳定同位素,丰度分别为(Rosman,Taylor,1998)

^{6}Li:7.59%

^{7}Li:92.41%

锂是少数轻同位素低于重同位素丰度的元素之一。为了与其他同位素体系表示方法一致,锂同位素以 δ^7Li 的形式表示。

^{6}Li 与 ^{7}Li 之间大的相对质量差(16%)有利于其在自然界产生大的同位素分馏。Taylor 和 Urey(1938)发现当含 Li 溶液通过沸石柱的时候,Li 同位素比值可以产生 25‰的变化。因此,在涉及阳离子交换的地球化学过程中,锂同位素应可以产生同位素分馏。Li 仅以 +1 价的形式存在,所以氧化还原反应不影响锂同位素组成。近期,Burton 和 Vigier(2011)对自然界的 Li 同位素变化进行了综述。

锂同位素地球化学特征为海水和硅酸盐地球具有接近 30‰的同位素差异。其中,海水的 δ^7Li 为 +31‰,整体硅酸盐地球的 δ^7Li 为 3.2‰(Seitz et al.,2007)。在这一方面,锂的同位素地球化学与硼很相似(见 2.2.2 小节中的讨论)。地幔和海水之间的 Li 同位素组成差异,使 Li 同位素成为示踪和制约水/岩反应的有效途径(Tomaszak,2004)。图 2.20 显示了主要地质储库的 Li 同位素组成。

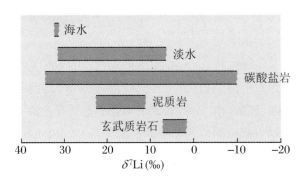

图 2.20 主要地质储库的锂同位素组成

1. 分析方法

由于质谱分析过程中,锂同位素可以产生大的分馏,因此早期锂同位素分析工作存在很大困难。研究者曾通过 TIMS(James,Palmer,2000)和离子探针技术(Kasemann et al.,2005a,b)分析锂同位素组成。Tomascak 等(1999)首次描述了 MC-ICP-MS 测试锂同位素组成的分析技术,Millot 等(2004)和 Jeffcoate 等(2004)对其进行了改进,之后,大部分学者利用 MC-ICP-MS 分析锂同位素组成。为了避免干扰和基质效应,需要将样品中的锂与其他元素进行分离纯化。而且,在分离纯化的过程中,必须保证锂具有100%的回收率,因为即使少量的锂丢失,也可能导致 δ^7Li 发生千分之几的变化。

在多数研究中 Li 同位素的数据是基于 L-SVEC 来报道的,然而 L-SVEC 已经被消耗完,并逐渐被 IRMM-016 所替代,后者具有与 L-SVEC 相同的同位素组成。不幸的是,至今仍没有国际通用的岩石或者水的锂同位素参考值。James 和 Palmer(2000)确定了从玄武岩到页岩的 9 个国际岩石标样相对于 NISTL-SVEC 的 δ^7Li 值。另外,Jeffcoate 等(2004)以及 Gao 和 Casey(2011)报道了其他参考物质的 δ^7Li 值。

2. 扩散

与其他同位素体系类似,锂同位素变化一直被解释为矿物和流体之间平衡分馏的结果,然而,自然样品的分析和实验研究的结果表明由于 ^6Li 和 ^7Li 之间扩散速率的差异,锂同位素的分馏可能受动力学过程的影响,其产生的分馏可能远远大于同位素平衡分馏的结果。学者已经报道了冷却过程中锂同位素在米/厘米尺度上发生的同位素扩散分馏过程(Lundstrom et al., 2005; Teng et al., 2006; Jeffcoate et al., 2007; Parkinson et al., 2007)。在硅酸盐矿物中,^6Li 扩散速度比 ^7Li 快 3%,与 Richter 等(2003)的实验结果一致。Dohmen 等(2010)测量了锂在橄榄石中的扩散速度,发现锂在橄榄石中具有复杂的扩散行为,Dohmen 等(2010)通过锂在八面体和间隙位置间的扩散模型给予解释。目前发表的锂同位素数据表明间隙位置的锂同位素扩散机制不可能占主导地位(Seitz et al., 2004; Jeffcoate et al., 2007)。

概括来讲,在岩浆温度条件下的扩散过程是产生大的 $^7Li/^6Li$ 比值变化的原因,也即锂同位素分馏的有效机制(Lundstrom et al., 2005; Teng et al., 2006; Rudnick, Ionov, 2007)。尽管随着时间延长,扩散剖面变缓,但是鲜明的 δ^7Li 剖面的存在仍可以证明短期内(几天到几个月)锂的扩散分馏,因此地幔矿物中的扩散剖面可以用作地质速率计(Parkinson et al., 2007)。同时,扩散过程也会抹去初始矿物的地球化学特征。

3. 岩浆岩

高温锂同位素平衡分馏已经进行了实验(Wunder et al., 2006, 2007)和理论(Kowalski, Jahn, 2011)上的研究分析。理论计算的十字石、锂辉石、云母和富水流体间的分馏系数与实验测的结果较一致。

地幔矿物的锂同位素组成表现出有争议的结果。橄榄岩全岩及矿物具有非常大的 δ^7Li 值变化,可从 $-20‰$ 变化到 $+10‰$,这可能与 Li 扩散导致的动力学分馏有关(Lundstrom et al., 2005; Jeffcoate et al., 2007; Pogge von Strandmann et al., 2011; Lai et al., 2015),同时也可能与变质熔体和流体的加入有关(Nishio et al., 2004; Aulbach et al., 2009)。由于 Li 在单斜辉石中的扩散速度大于橄榄石中的扩散速度(Dohmen et al., 2010),故单斜辉石更容易受到变质过程的影响。相比于单斜辉石,橄榄石的锂同位素更能代表原始地幔的锂同位素组成。因此,在讨论地幔源区岩石的 Li 同位素组成变化时,应该讨论次生过程的影响,如熔体和流体的加入、扩散交换导致的分馏以及假象的初始地幔组成。

虽然橄榄石和单斜辉石斑晶经常受到扩散的影响,但地幔源区玄武岩具有相对均一的

$δ^7Li$值（4‰±2‰）（Tomaszak，2004；Elliott et al.，2004），与亏损上地幔值接近（Jeffcoate et al.，2007）。由于锂同位素可作为示踪地幔循环物质的指标，因此学者对岛弧岩浆进行了较为系统的研究（Moriguti，Nakamura，1998；Tomascak et al.，2000；Leeman et al.，2004）。然而，大部分岛弧熔岩具有与MORB类似的$δ^7Li$值。另一方面，Tang等（2014）证明低的$δ^7Li$值可能是由Lesser Antilles弧岩浆源区加入了俯冲的陆生沉积物导致的。

洋壳锂同位素组成的变化反映了不同深度海水蚀变程度的不同（Chan et al.，2002；Gao et al.，2012）。在低温环境下，蚀变的火山岩具有比MORB更重的锂同位素组成，而在高温条件下深部洋壳具有与MORB类似的$δ^7Li$值。Gao等（2012）认为洋壳钻孔样品的锂同位素变化反映了水/岩比以及在不同深度下温度的变化。

在水岩反应过程中，锂作为流体活动性元素，富集于含水流体中。因此，可以预测进入蚀变洋壳富集^7Li的海水将会在俯冲带变质的过程中被释放。泥质沉积岩和蚀变洋壳连续的脱水反应将产生亏损^7Li的岩石和富集^7Li的流体。因此，俯冲板片可以将大量的^7Li带入地幔楔。为了定量研究这一过程，必须知道矿物和共存流体间的锂同位素分馏系数（Wunder et al.，2006，2007）。

海底热液系统的流体的$δ^7Li$值通常是在+3‰～+11‰之间（Chan et al.，1993；Foustoukos et al.，2004），这表明这些流体中的Li不可能全部来自于海水或者蚀变的MORB（Tomaszak et al.，2016）。

不同成因花岗岩的平均$δ^7Li$值稍低于地幔（Teng et al.，2004，2009）。I和S型花岗岩的Li同位素并没有一个系统的变化，因此Li同位素应该很大程度上继承于它们的源区岩浆岩。

考虑到在高温岩浆分异过程中锂同位素分馏程度较低（Tomaszak 2004），故理论上说，原始大陆地壳的锂同位素组成应该不会与地幔锂同位素组成相差很大。由于实际测得的Li同位素组成并不是这样的，现今大陆地壳锂同位素组成较轻，说明一定是受到了次生过程的影响，例如风化、热液蚀变和进变质过程（Teng et al.，2007a，b）。通过分析变质程度不同（从极低品相到榴辉岩）的变质岩，Romer和Meixner（2014）发现随着变质程度的增加，整体上看Li含量和$δ^7Li$值逐渐降低。Li同位素的分馏主要取决于其原岩的化学组分以及交换Li的贡献量，通常在低程度变质过程Li交换程度比较小，而在有新矿物形成时比较大。

4. 风化作用

Li主要赋存在硅酸盐矿物中，且不参与生物反应，因此Li是硅酸盐风化的良好示踪剂。天然水相对于源区岩石系统富集^7Li是锂同位素在风化过程中发生分馏的最好证据（Burton，Vigier，2011）。风化作用中，^7Li优先被风化，而^6Li则富集于风化残余物质中。初始矿物的溶解和次生矿物的形成是控制锂同位素分馏的主要因素，^6Li倾向于被固相吸收，导致流体相具有重的锂同位素组成（Wimpenny et al.，2010）。分馏的大小取决于风化的程度：在浅层风化作用中可产生大的锂同位素分馏，而稳定环境下长期的风化作用仅能产生很小的分馏（Millot et al.，2010a，b）。Rudnick等（2004）研究证明锂同位素分馏与风化强度有直接关系，导致土壤中具有非常低的$δ^7Li$值。

初始矿物的溶解过程不产生明显的锂同位素分馏。Wimpenny等（2010）研究表明玄武质玻璃和橄榄石的溶解不产生明显的锂同位素分馏。次生矿物的形成和矿物表面吸附作用被认为是导致水中具有高 δ^7Li 值的主要原因,因此河水中 δ^7Li 值有很大的变化范围(+6‰~+33‰,Huh et al.,1998,2004)。明显的同位素分馏现象已经在实例中被发现,例如,已经观察到在三水铝矿(Pistiner,Henderson,2003)和黏土矿物(Zhang et al.,1998;Millot et al.,2010a,b)表面吸附锂的过程中存在明显的锂同位素分馏。

5. 海水

锂在海水中为保守元素,居留时间大约为 1 Ma。海水中锂的主要来源为河水中溶解的锂(平均 δ^7Li 值为+23‰,Huh et al.,1998)和来自于洋中脊的热液流体,主要输出为低温下进入洋壳玄武岩和海相沉积岩的锂,通过以上过程保持海水中锂同位素的平衡(δ^7Li=31‰)。由于碳酸盐中锂的浓度很低,因此碳酸盐岩的沉积不占主导作用。这一分馏模式可以解释海水的锂同位素组成比其初始物质(大陆风化:23‰;Huh et al.,1998)和高温热液流体(6‰~10‰,Chan et al.,1993)都重的现象。

地质历史中,任何锂源区和输出的变化都会导致海水中锂同位素组成的变化。Misra 和 Froelich(2012)重建了过去 68 Ma 以来海水锂同位素组成的变化并且观察到从古新世到现在海水 δ^7Li 值升高了 9‰,这一变化需要大陆风化程度和/或低温洋壳蚀变的变化进行响应(参见 3.4.1 小节)。通过对该方法的延伸,Wanner 等(2014)提出了揭示 δ^7Li 和硅酸盐岩风化过程 CO_2 消耗量的关系的模型。

在孔隙水中,Li 同位素受控于两个完全不同的过程(Chan,Kastner,2000)。火山物质的低温蚀变会产生亏损 ^7Li 的黏土矿物并导致孔隙水富集 ^7Li,而与黏土矿物的交换反应会释放大量 ^6Li 导致孔隙水具有轻的同位素组成。

6. 大气降水

一年内每个月收集到的雨水具有非常大的 Li 同位素变化(Millot et al.,2010a,b)。值得注意的是雨水中锂的主要来源并不是海水。海水的贡献程度主要取决于离海岸线的距离,但是非海水来源(地壳的、人为的、生物有关的)可能占主导地位。雨水中锂的浓度很低,但是锂同位素组成变化很大。研究者曾将雨水中高 δ^7Li 值归因于人类使用农业肥料的污染(Millot et al.,2010a,b)。地下水可能指示雨水(具有变化的 δ^7Li 值)与 Li 同位素较轻的水(受到水/岩反应影响)的混合。

2.2.2 硼

硼有 2 个稳定同位素(Rosman,Taylor,1998),丰度分别为

$$^{10}B:19.9\%$$
$$^{11}B:80.1\%$$

^{10}B 和 ^{11}B 之间的大的相对质量差以及不同含硼化学物质类型之间较大的化学同位素效应(Bigeleisen,1965)导致硼是一个研究同位素变化的重要元素。硼作为地球化学指标主要是由于硼在高温和低温流体过程中的易流动性,表现为对硅酸盐熔体和水性流体的亲和性。

硼同位素具有以下几点明显的特征:

(1) 海水中强烈富集 ^{11}B(+39.6‰,Foster et al.,2010)。

(2) 平均大陆地壳的^{11}B(-10‰)相对原始地幔更为亏损。

在煤中发现了最低的δ^{11}B值为-70‰(Williams,Hervig,2004),而在澳大利亚和以色列(死海)的海水中发现了最富集的^{11}B储库,其δ^{11}B值高达60‰(Vengosh et al.,1991a,b)。硼地球化学的一个非常典型的特征是海水B同位素相对均一,其δ^{11}B值为39.6‰(Foster et al.,2010),这个值大概比大陆地壳平均值(-10‰±2‰)高约50‰(Chaussidon,Albarede,1992)。图2.21展示了一些地质储库的B同位素变化范围。

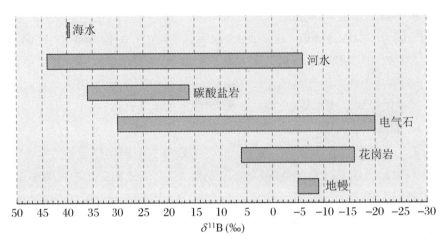

图2.21 重要地质储库B同位素变化范围

1. 分析方法

近些年来,主要有3种不同的硼同位素测定方法:

(1) 热电离质谱法(TIMS),包括正离子热电离质谱法(P-TIMS)和负离子热电离质谱法(N-TIMS)。正离子热电离质谱法采用的是$Na_2BO_2^+$(McMullen et al.,1961)。随后Spivack和Edmond(1986)通过采用$Cs_2BO_2^+$改进了这项技术(测定其质量数为308和309)。采用^{133}Cs替换^{23}Na可使分子质量数增大,并降低同位素之间的相对质量差异,这可降低由热电离导致的同位素质量相关分馏。该方法的精度约为±0.25‰,这比采用$Na_2BO_2^+$方法精确10倍。在负离子模式下(N-TIMS),硼同位素以BO_2^-形式(质量数为42和43)测定。N-TIMS的优点是不需要从样品基质中化学分离B元素。

(2) 多接收器电感耦合等离子体质谱法(MC-ICP-MS)。Lecuyer等(2002)首先描述了采用MC-ICP-MS测定水、碳酸盐、磷酸盐和硅酸盐中的B同位素,其外部重现性为±0.3‰。随后Guerrot等(2011)和Louvat等(2011)提升了分析的重现性。Le Roux等(2004)报道了在纳克级别的原位激光剥蚀ICP-MS技术。这使得分析所需样品量比P-TIMS和酸溶ICP-MS降低了2个数量级。

(3) 二次离子质谱法(SIMS)。Chaussidon和Albarede(1992)采用离子探针测定了硼同位素,其分析不确定度约为±2‰。Rollion和Erez(2010)描述了极大改善的SIMS分析技术。

近年来随着技术的不断改进,有关硼同位素方面的研究快速发展。通常来说δ^{11}B值以相对于NBS硼酸SRM 951给出,该标准物质是由Searles湖硼砂制备而成的。这个标准物

质的 $^{11}B/^{10}B$ 比值为 4.04558(Palmer,Slack,1989)。

2. 同位素分馏机理

(1) 与 pH 相关的同位素分馏

硼通常以三角形形式(如 BO_3)或四面体形式(如 $B(OH)_4^-$)的配位方式与氧或羟基结合。主导同位素分馏过程发生在水体系中,并通过硼酸($B(OH)_3$)和共存的硼酸盐阴离子($B(OH)_4^-$)之间的平衡交换发生。在 pH 低时,三角配位的 $B(OH)_3$ 为主导形式;在 pH 高时,四面体配位的 $B(OH)_4^-$ 则为主要阴离子。图2.22显示了两种硼及其相关同位素分馏的 pH 依赖性(Hemming,Hanson,1992 年之后)。在重建古海洋 pH 的方法中,碳酸盐矿物(例如有孔虫目)中的硼同位素发挥了积极作用。这是基于这样一个事实,即主要带电物质 $B(OH)_4^-$ 被结合到碳酸盐矿物中,该过程伴随极小或极不明显的分馏作用(Hemming,Hanson,1992;Sanyal et al.,2000)。然而,在珊瑚中,却观察到了珊瑚微结构中的两种配位形式(Rollion-Bard et al.,2011)。

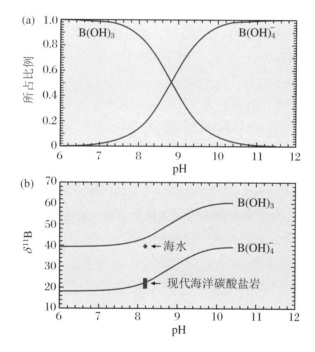

图 2.22 (a) 硼在水中的分布与 pH 之比;(b) $B(OH)_3$ 和 $B(OH)_4^-$ 中的 $\delta^{11}B$ 与 pH 的关系(由 Hemming 和 Hanson 在 1992 年之后提出)

关于硼进入碳酸盐岩的机理,一直以来都存在争议。早期的研究表明硼是以单独 $B(OH)_4^-$ 的形式进入文石和方解石,这更符合文石的特征。对于方解石来说,越来越多的证据表明硼是以两种形式($B(OH)_3$ 和 $B(OH)_4^-$)进入矿物的(Branson,2017)。海水和碳酸盐岩之间的 B 同位素分馏程度也一直有争议。现在普遍接受的 B 在海水中的分馏系数是 27.2‰(25 ℃)(Klochko et al.,2006)。与预期 B 同位素分馏的差别可能是由很多因素形成的,如 B 进入矿物过程中的动力学分馏、B 以两种形式进入晶格或者碳酸盐岩沉淀过程中的生物因素。

这种方法不仅适用于利用有孔虫目的 $\delta^{11}B$ 值间接估算海水的酸碱度,而且还可从酸碱度指标中估算出过去大气中的 CO_2 浓度(Pearson,Palmer,1999,2000;Pagani et al.,2005)。众所周知的海洋酸化,是大气中 CO_2 的增加导致海水中溶解的 CO_2 增加,进而导致海洋 pH 降低。值得注意的是,Lemarchand 等(2000)认为有孔虫目中硼同位素的变化与过去地质时期河流向海洋中硼供应的变化有或多或少的关联。事实上,河流的硼同位素组成是极其多变的(Rose et al.,2000;Lemarchand et al.,2002)。

(2) 吸附

Lemarchand 等人(2005)和其他研究者们指出,当富水的硼酸溶液吸附在固体表面时,可能会发生明显的同位素分馏。硼同位素组成受矿物/水界面的离子交换速率影响。硼同位素分馏的程度取决于硼在水溶液中的形态和表面配合物的结构。pH 低时硼同位素分馏值较高,pH 高时硼同位素分馏值较低,这是由三角配位到四面体配位的变化引起的。

3. 高温下的分馏

含水流体、熔体和矿物之间硼同位素分馏的实验研究表明,相对于矿物或熔体,^{11}B 会有倾向性地分配到流体中(Palmer et al.,1987;Williams et al.,2001;Wunder et al.,2005;Liebscher et al.,2005),从大约33‰的流体-黏土分馏(Palmer et al.,1987),到在700℃时大约6‰的流体-白云母分馏(Wunder et al.,2005),再到1000℃以上时极少量的流体-熔体分馏(Hervig et al.,2002)。其中主要的分馏效应可能是由从中性 pH 含水流体中的三角配位的硼到大多数成岩矿物中的四面体配位的硼的变化而引起的。

硼和锂类似,是俯冲带物质转移的有效示踪剂。流体和熔体会引起两种元素的迁移,并且会在脱水过程中表现出相当大的同位素分馏。地幔物质中的硼浓度较低,而沉积物和蚀变洋壳中的硼浓度较高。流体和熔体从俯冲板块向上覆地幔的任何输入都会对地幔楔的同位素组成和在那里生成的岩浆产生强烈的影响。因此,弧火山岩具有与地幔非常不一样的 B 同位素组成。如 De Hoog 和 Savov(2017)总结到,弧岩浆具有25‰变化的硼同位素组成,变化范围为 −9‰~+16‰,平均值为 +3.2‰。Palmer(2017)研究表明重硼同位素可能与蛇纹岩脱水有关。

几项研究报道了未蚀变 MORB 玻璃的硼同位素组成。Marschall 等(2017)对现有数据进行了总结,并得出这样的结论:玻璃具有相对均一的 B 同位素组成,其值为 −7.1‰。由于在地幔熔融和分离结晶过程中硼同位素的分馏很小,MORB 玻璃的平均值可能用来代表亏损地幔和硅酸盐地球的硼同位素组成(Marschall et al.,2017)。

地幔源区或者岩浆岩的 I 型花岗岩的平均硼同位素组成要比来自于沉积物的熔融的 S 型花岗岩重(Trumbull,Slack,2017),这样的差别在与花岗质岩浆相关的热液矿床中也存在。

4. 风化环境

根据 Gaillardet 和 Lemarchand(2018)的研究可知,硼同位素在风化环境中的变化可达到70‰。河流和植被富集 ^{11}B,而黏土矿物和吸附在有机物和无机物表面的硼亏损 ^{11}B。河水中溶解的硼具有非常宽的 $\delta^{11}B$ 值变化范围,平均值约为10‰(Rose et al.,2000;

Lemarchand et al.,2002；Chetelat et al.,2009a)。后面的作者估计到：70%的硼是以悬浮物形式运输的,悬浮物的平均 $\delta^{11}B$ 值与平均地壳类似,而溶解硼的 $\delta^{11}B$ 值受控于进入次生矿物相的过程(Gaillardet,Lemarchand,2018)。源自活火山区域的河流具有低的 $\delta^{11}B$ 值,这主要是由于热液的加入。

雨水的硼含量很低,但是改进后的分析技术依然可以准确测定其 B 同位素组成(Chetelat et al.,2009a；Millot et al.,2010a,b)。雨水的 $\delta^{11}B$ 值具有很大的变化范围,主要取决于样品采集地(海岸和内陆)。靠近海岸的地方能反映出海水源区的硼同位素组成,并受到不同程度的蒸发-冷凝同位素分馏影响,内陆地区主要反映的是地壳的、人为的、生物成因的 B 同位素特征。

硼广泛应用于工业界,最常见的使用形式是过硼酸钠,该化合物作为氧化漂白剂应用于清洁产品,其广泛应用使得硼在废水中积累。硼酸盐矿物和合成的硼酸盐产品具有非常窄的 $\delta^{11}B$ 值区间,并且明显不同于未污染的地下水的硼同位素组成(Vengoshet et al.,1994；Barth,1998)。因此硼同位素可能用来指示甚至量化地表水潜在的污染物。

5. 电气石

在变质岩和岩浆岩中,电气石是主要的富硼矿物。电气石在很宽的 p-T 范围内是稳定的,其一般在地壳岩石与流体或熔体相互作用的地方形成。因此,它的同位素组成记录了其结晶的流体和熔体的信息。Swihart 和 Moore(1989)、Palmer 和 Slack(1989)、Slack 等(1993)、Smith 和 Yardley(1996)以及 Jiang 和 Palmer(1998)分析了不同地质背景下的电气石,并观察到 $\delta^{11}B$ 值的大范围变化,这反映了硼的不同来源及其在流体相关过程中的高迁移率。

电气石的硼同位素组成在 -20‰~+30‰ 之间变化(Marschall,Jiang,2011)。高 $\delta^{11}B$ 值可能与海水相关,而低 $\delta^{11}B$ 值可能是由于来自非海相蒸发岩或由变质脱水过程中岩石和流体之间的相互作用产生的。大多数花岗岩和伟晶岩中的电气石的 $\delta^{11}B$ 值约为 -10‰,接近大陆地壳的平均成分(Marschall,Jiang,2011)。

由于电气石中硼同位素的体积扩散效应不明显(Nakano,Nakamura,2001),电气石环带的同位素不均一性应至少在 600 ℃ 以下都可以保存。通过使用二次离子质谱分析法(SIMS),Marschall 等(2008)证明了电气石中的硼同位素确实可以反映电气石生长的不同阶段。此外,电气石化学成分的巨大可变性可用作包括氧、氢、硅、镁和锂等许多其他同位素系统的示踪工具(Marschall,Jiang,2011)。

2.2.3 镁

天然化合物中镁的氧化态通常是单一的二价,因此可以预测到镁同位素组成的自然范围相对较小。另一方面,镁在生物碳酸钙生长过程中会被吸收作为组分,并在光合作用中发挥重要作用,这表明生物分馏可能对镁同位素行为起重要作用。

镁由 3 种同位素组成(Rosman,Taylor,1998),分别是

^{24}Mg:78.99%

^{25}Mg:10.00%

^{26}Mg:11.01%

早期对镁同位素变化的研究受限于测试时较大的不确定性(1‰~2‰),Catanzaro 和 Murphy(1966)因此认为陆地上的镁同位素变化极小。MC-ICP-MS 的引入又将精确度提高了一个数量级,并开启了对天然同位素变化的新研究(Galy et al.,2001,2002)。Teng 和 Yang(2013)总结了影响 MC-ICP-MS 测定镁同位素准确度的因素。目前报道的 δ^{25}Mg 和 δ^{26}Mg 值主要是基于标准样品 DSM-3(Galy et al.,2003;Oeser et al.,2014;Teng et al.,2014)。Teng 等(2014)报道了 24 种参考物质的镁同位素组成,δ^{25}Mg 的长期重现性为 0.05‰,δ^{26}Mg 的长期重现性为 0.07‰。

MC-ICP-MS 技术的优点之一是能够独立测量比自然变化的幅度小许多倍的 ^{25}Mg/^{24}Mg 和 ^{26}Mg/^{24}Mg 的比值。^{25}Mg/^{24}Mg 和 ^{26}Mg/^{24}Mg 比值之间的关系可以用来区分动力学分馏和平衡分馏:对于平衡过程,三同位素图上的斜率应接近于 0.521,对于动力学过程,斜率应该是 0.511(Young,Galy,2004)。

图 2.23 总结了相对于 DSM-3 的自然 δ^{26}Mg 同位素变化。近期,Teng(2017)总结了 Mg 同位素地球化学特征。

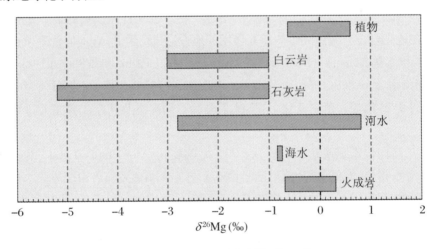

图 2.23 重要地质储库中的 δ^{26}Mg 值

1. 高温分馏

根据 Schauble(2011)的计算,硅酸盐、碳酸盐和氧化物之间产生了系统的 ^{26}Mg 同位素分馏,其富集顺序为菱镁矿、白云石、镁橄榄石、顽火辉石、透辉石、方镁石和尖晶石。分馏与配位数相关,四面体配位往往比八面体配位具有更高的 ^{26}Mg/^{24}Mg 比值。Mg 在橄榄石、斜方辉石、单斜辉石、角闪石和黑云母中的配位数是 6,因此,在这些矿物中仅发现非常小的同位素分馏。然而,镁在尖晶石中的配位数为 4,在石榴石中为 8。因此,相对于辉石和橄榄石,镁铝石榴石亏损重 Mg 同位素,而尖晶石富集重同位素。Macris 等(2013)开展了相关实验,并测定了尖晶石、镁橄榄石、菱镁矿之间的平衡同位素分馏系数,该系数确实是与设想的配位数相关。

(1) 地幔岩石

橄榄岩具有相对均一的 Mg 同位素组成,其 δ^{26}Mg 值为 -0.25‰(Teng et al.,2010;

Hu el al.，2016)。该值也通常用作地幔和地球整体的 Mg 同位素平均值。

Teng 等(2007a,b)、Wiechert 和 Haolliday(2007)、Young 等(2009)、Handler 等(2009)以及 Bourdon 等(2010)研究表明,玄武岩和橄榄岩之间镁同位素具有轻微或者没有差别。Teng 等(2007b)探究了玄武岩分异过程中的 Mg 同位素行为,样品采自 Kilauea Iki 岩浆湖。他们发现,高分异的玄武岩和富橄榄石的堆积岩具有与原始岩浆一致的 Mg 同位素组成,这表明在晶体-熔体分离过程中没有 Mg 同位素的分馏。

扩散过程是导致地幔岩石 Mg 同位素变化的重要原因。矿物内部不平衡分馏反映了地幔交代过程或 Mg-Fe 交换的固相线(Xiao et al.，2013；Hu et al.，2016)。目前在具有环带的橄榄石中发现了由扩散导致的 Mg 和 Fe 同位素耦合分馏(Teng et al.，2011；Sio et al.，2013；Oeser et al.，2014),这与内部扩散引起的 Mg 和 Fe 交换有关。轻的 Fe 同位素向橄榄石内部扩散,而轻的 Mg 同位素向外扩散。进而导致了从边到核的负相关的耦合同位素变化。

交代的橄榄岩与假定地幔值的差异表明交代过程时的岩石圈地幔产生了 Mg 同位素变化。通过分析中国华北克拉通不同岩石圈深度的基性岩捕虏体,Wang 等(2016c)证明了大陆岩石圈具有不均一的 Mg 同位素组成:中等深度、下地壳、岩石圈地幔捕虏体的 δ^{26}Mg 值为 -1.23‰~0.01‰。非常低的 δ^{26}Mg 值被解释为富碳酸盐流体的交代作用。Tian 等(2016)和 Li 等(2016a)发现中国东部的大陆玄武岩具有低的 Mg 同位素组成,这证明了沉积碳酸盐进入了上地幔。

月球和球粒陨石的镁同位素组成与地球几乎是一样的,这表明太阳系中镁同位素分布较为均一,在月球形成过程中没有镁同位素分馏(Sedaghatpour et al.，2013)。Sedaghatpour 等(2013)研究了月球玄武岩,他们发现低 Ti 玄武岩与陆生玄武岩的 Mg 同位素相类似,而高 Ti 玄武岩倾向于具有轻 Mg 同位素的组成,这表明月球岩浆海在分异过程中产生了不同的源区。

(2) 大陆地壳

大陆上地壳的 Mg 同位素组成不均一,其平均值比地幔稍微重一点(Shen et al.，2009；Li et al.，2010；Liu et al.，2010a，b；Teng et al.，2013)。首次对大陆地壳开展的 Mg 同位素研究采用的是花岗岩(Shen et al.，2009；Liu et al.，2010a)。挑选的角闪石、黑云母和全岩样品表明,在花岗岩分异过程中基本不会导致 Mg 同位素的分馏。Liu 等(2010)开展了关于上地壳详细的研究,他们分析了不同类型的花岗岩、黄土和页岩,发现了较大的 Mg 同位素变化,其平均值与地幔值相当。最大的变化范围(大于 2.5‰)出现在沉积物中(Huang et al.，2013；Li et al.，2010；Telus et al.，2012；Teng，2017),这主要是由具有轻同位素组成的碳酸盐岩与重同位素组成的硅酸盐岩混合导致的。Yang 等(2016)报道了深部大陆地壳的 Mg 同位素数据,表明其变化范围比花岗岩大。然而,大陆地壳整体上具有与地幔相类似的 Mg 同位素组成。

碎屑沉积物通常富含重镁同位素,δ^{26}Mg 值最高可达 0.92‰(Li et al.，2010)。在俯冲过程中,碎屑沉积物通常保持镁同位素组成不变(Li et al.，2014),因此碎屑沉积物的再循环将把富含重镁同位素的物质引入地幔。相反,碳酸盐非常亏损重镁同位素,华北克拉通玄武岩的轻镁同位素组成已被解释为来自大洋地壳的碳酸盐的再循环(Yang et al.，2012a,b)。

2. 风化过程中的分馏

镁同位素在风化过程中的行为相当复杂(Wimpenny et al.，2010；Huang et al.，2012)。镁在风化过程中是可溶的和可迁移的，在矿物溶解和沉淀过程中可能发生小的分馏。Wimpenny 等(2010)和 Huang 等(2012)观察到，轻镁同位素在玄武岩溶解过程中会优先释放，进而导致残留物富集重镁同位素。然而，Ryu 等(2011)报道了花岗岩溶解过程中几乎不存在分馏。镁同位素在风化过程中的不同情况也反映了矿物中镁所占晶格位置的晶体学差异。

与溶解相比，镁同位素在含镁次生矿物形成过程中的行为可能更加复杂(Huang et al.，2012)。土壤和黏土通常比其母岩具有更重的同位素组成(Tipper et al.，2006a, b, 2010；Opfergelt et al.，2012；Pogge von Strandmann et al.，2014)，重镁同位素优先被纳入黏土矿物结构或被土壤吸附。

镁在风化过程中的复杂行为会使得河水中镁同位素组成发生巨大变化。正如 Li 等(2012)总结的那样，河水中 $\delta^{26}Mg$ 值范围为 $-3.80‰\sim+0.75‰$，其反映了河流流域岩石学的差异，尤其是碳酸盐岩与硅酸盐岩的比例。另一方面，Tipper 等(2006a)观察到 ^{26}Mg 的总变化为 2.5‰，并得出结论，即流域岩石学差异的意义有限，相反，变化的主要原因是风化环境中的分馏效应。

总结来说，在风化过程中导致的不同 Mg 同位素组成，可能与矿物中镁所占晶格位置的晶体学差异有关。

3. 海水

海洋的主要镁源是通过河流输入，主要输出端元为热液流体以及在洋壳蚀变过程中白云石和低温黏土的形成。河流输入端元的平均 $\delta^{26}Mg$ 值为 $-1.09‰$(Tipper et al.，2006b)。

由于海水镁具有相对较长的平均滞留时间，因此海水镁同位素组成较为恒定，在 $-0.80‰$ 左右，其比风化过程中硅酸盐矿物提取镁之后所产生的平均河水稍重。洋壳与热液相互作用形成的蒙脱石以及在更高温度下形成的绿泥石可以将海水中的镁沉淀出来，但这些过程不会导致可测量的镁同位素分馏。然而，白云岩化作用会影响海水，并使海水变得更重。

Higgins 和 Schrag(2010)通过分析不同海洋环境中的孔隙水，证明了尽管许多深海沉积物中孔隙水的镁浓度非常相似，但 $\delta^{26}Mg$ 值的剖面却非常不同，这可以通过沉积物或下覆地壳中含镁矿物的沉淀来解释。

4. 碳酸盐

镁以高镁方解石(4%~30%)、低镁方解石(≤4%)以及少量文石(≤0.6%)的形式存在于碳酸钙($CaCO_3$)中。海洋生物产生的 $\delta^{26}Mg$ 值范围很广，从 $-5‰\sim-1‰$ 不等，这种变化取决于物种的不同(Hippler et al.，2009；Li et al.，2012)。由于碳酸钙中镁的替代程度与温度有关，镁/钙的比值也就被用作衡量海洋温度的"温度计"。然而，镁/钙比值的温度依赖性对镁同位素的影响并不大，观测到的镁同位素变化可能还是主要归咎于矿物学的差异

(Hippler et al.，2009)。碳酸盐和水之间的镁同位素分馏效应由文石、白云石、菱镁矿、方解石依次降低(Saenger，Wang，2014)。

低镁方解石生物体的生命效应对镁同位素组成的影响没有明显的温度依赖性(Wang et al.，2013a，b)。最近研究表明大多数的底栖和浮游有孔虫有几乎相同的 $\delta^{26}Mg$ 值(Pogge von Strandmann，2008)，因此它们是研究过去海水同位素变化的良好对象。Pogge von Strandmann 等(2014)测量了过去 40 Ma 的单种浮游有孔虫的镁同位素组成，并得出结论：海水 $\delta^{26}Mg$ 值已从 15 Ma 时的 0 变化到了目前的 0.83‰。

对于洞穴碳酸盐岩来说，已经在低镁方解石石笋中发现了平衡同位素分馏(Galy et al.，2002)。洞穴沉积物和相关滴水之间的镁同位素分馏具有特征差异，这可能表明接近平衡分馏。Immenhauser 等(2010)报道了一套完整的洞穴中固态和液态镁同位素组成的数据集。他们认为，镁同位素分馏依赖于溶液滞留时间、沉淀速率和吸附效应之间的复杂相互作用。

白云石是在特定环境条件下形成的主要的镁碳酸盐矿物之一。Geske 等(2015)报道了各种环境下白云石的镁同位素组成，总范围为 -2.49‰～-0.45‰，并认为镁同位素比值会受到各种因素的影响，这导致镁同位素在示踪沉积和成岩环境的应用方面存在一些问题。另一方面，正如 Azmy 等(2013)所观察到的，早期成岩作用形成的白云石会继承初始碳酸盐和成岩流体的同位素特征，而后期形成的成岩白云石可能略微富集 ^{26}Mg，这说明温度不是决定性因素，而成岩流体的镁同位素组成才是决定白云石同位素组成的因素。

5. 植物和动物

镁是植物必需的营养物质，对植物的光合作用至关重要。Black 等(2008)研究了小麦中的镁同位素分布，并观察到相对于营养液，整个植株中略微富集 ^{25}Mg 和 ^{26}Mg。Boulou-Bi 等(2010)也认可这些结论。对于大多数植物，镁主要存在于叶中，但 ^{26}Mg 富集的决定性过程发生在根部。从根到叶或芽，我们观察到了轻微的 ^{26}Mg 亏损(Boulou-Bi et al.，2010)。

镁对叶绿素的形成起着至关重要的作用，它是叶绿素的中心离子。将镁结合到叶绿素分子中相关的生物过程会诱导阐述镁同位素分馏，同位素分馏的方向和大小取决于物种和环境条件(Black et al.，2006；Ra，Kitagawa，2007；Ra，2010)。Ra(2010)观察到西北太平洋不同区域的浮游植物中的 $\delta^{26}Mg$ 存在 2.4‰的变化，并认为其与不同的生长率和浮游植物异质性有关。

Mg 同位素可用于帮助重建灭绝动物的食物网。通过分析动物骨头和牙齿的磷灰石，Martin 等(2014，2015)研究表明软组织富集重 Mg 同位素，而轻镁同位素优先进入粪便中。从食草动物到高等消费者，其 $\delta^{26}Mg$ 值逐渐增加，这可能是由于 ^{26}Mg 更倾向于富集在肌肉中，而不是骨头中。

2.2.4 钙

钙有 6 种稳定同位素(Taylor，Rosman，1998)，质量范围为 40～48，丰度分别为

^{40}Ca：96.94%

^{42}Ca：0.647%

^{43}Ca:0.135%

^{44}Ca:2.08%

^{46}Ca:0.004%

^{48}Ca:0.187%

钙在生物过程中起着重要的作用,如生物的钙化和骨骼的形成。其在自然界中的广泛分布和较大的相对质量差异表明同位素分馏较大,这可能是由质量相关分馏和放射成因增长(放射性衰变为 ^{40}K 至 ^{40}Ca,半衰期约为 1.3 Ga)引起的。因此,具有高钾钙比的长英质太古宙岩石应该显示出 ^{40}Ca 的相对富集,而且,正如 Caro 等(2010)所证明的,太古宙富钾、贫钙岩石显示出较大的 ^{44}Ca/^{40}Ca 变化。

1. 分析技术

从早期对天然钙同位素变化的研究中没有发现同位素差异或呈现模棱两可的结果。Russell 等(1978)通过使用双稀释剂 TIMS 技术和使用质量相关定律来校正仪器质量分馏,首次证明 ^{44}Ca/^{40}Ca 比值的差异在 0.5‰ 的分辨率水平上可以被清楚地分辨。Skulan 等(1997)以及 Zhu 和 MacDougall(1998)在其最近的研究中也使用了该技术,将精度提高到了 0.1‰~0.15‰。

Halicz 等(1999)和 Fietzke 等(2004)分别使用"热等离子体"和"冷等离子体"描述了 MC-ICP-MS 测试 Ca 同位素的技术。Rollion-Bard 等(2007)和 Kasemann 等(2008)开发了空间分辨率高、不确定性约为 0.3‰ 的二次离子探针技术。

在比较不同方法和多个实验室获得的数据时,使用不同的 δ 值($\delta^{44/40}$Ca 或 $\delta^{44/42}$Ca)和不同的标准可能会造成困难。通过发起实验室内部标准的相互交换,Eisenhauer 等(2004)建议使用美国国家标准技术研究所标准物质(NIST SRM 915a)作为国际标准。由于原来的 SRM 915a 已不可用,SRM 915a 已被 SRM 915b 取代,后者比前者重 0.72‰(Heuser, Eisenhauer, 2008)。以下所有数据均以 $\delta^{44/40}$Ca 值给出,如 DePaolo(2004)、Nielsen 等(2011a,b,c)以及 Fantle 和 Tipper(2014)的综述所示,$\delta^{44/40}$Ca 值的自然变化范围约为 0~5‰。图 2.24 显示了重要地质储库的天然钙同位素变化。

2. 高温分馏

钙作为亲石元素不会分配进入行星核心,因此钙同位素可能可以揭示地球和陨石之间的起源联系。根据 Simon 和 de Paolo(2010)以及 Valdes 等(2014)的研究,地球、月球、火星和分异的小行星与普通球粒陨石区别细微,顽火辉石球粒陨石稍微富含较重的钙同位素,而碳质球粒陨石则不同程度地亏损较重的钙同位素。因此,钙同位素表明普通的球粒陨石代表了形成类地行星的物质材料。

Huang 等(2010)和 Chen 等(2014)分析了一套地幔捕虏体、洋岛玄武岩、科马提岩和碳酸盐岩。其中,地幔捕虏体变化约 0.5‰,表明地幔的钙同位素组成不均一;洋岛玄武岩平均比地幔捕虏体轻 0.2‰,表明部分熔融过程中存在钙同位素分馏。在结晶分异过程中,似乎发生了非常有限的钙同位素分馏。

Huang 等(2010)测定了地幔橄榄岩中单斜辉石和斜方辉石共存时的钙同位素组成。斜方辉石的 δ^{44}Ca 值比单斜辉石重约 0.5‰。Feng 等(2014)的第一性原理计算得出了非常相

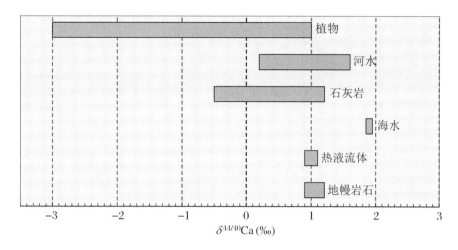

图 2.24　重要地质储库中的 $\delta^{44/40}Ca$ 值

似的结论。结合低温钙矿物的数据,Huang 等(2010)推断,矿物间的分馏受钙氧键强度控制。因此,钙氧键较短的钙矿物会有较重的 $\delta^{44}Ca$ 值。此外,这些研究者估计上地幔的平均钙同位素组成略高于玄武岩的平均值。在夏威夷拉斑玄武岩中,Huang 等(2011)观察到 $^{44}Ca/^{40}Ca$ 比值有 0.3‰ 的变化,他们认为这是碳酸盐再循环进入地幔的结果。除了矿物间平衡分馏,高温扩散过程也可能影响钙同位素分馏(Richter et al.,2003)。

3. 风化

硅酸盐岩的化学风化控制了大气中 CO_2 的长期浓度并耦合了碳和钙的循环,硅酸盐和碳酸盐的溶解不会导致强烈的钙同位素分馏(Fantle,Tipper,2014)。溶解过程中释放的钙离子可能被植物吸收,或者可能作为次生矿物沉淀,也可能被黏土、氢氧化物和腐殖酸吸收。如 Ockert 等(2013)所述,黏土矿物对 Ca^{2+} 的吸收偏向轻钙同位素。然而,风化环境中最大的钙同位素分馏是由植物吸收导致的。

河流的钙同位素分析是识别风化过程的另一种方法(Tipper et al.,2008,2010;Fantle,Tipper,2014)。根据广泛的数据汇编,Fantle 和 Tipper(2014)得出结论,碳酸盐的平均钙同位素值为 0.60‰,而平均河水的钙同位素值为 0.88‰,硅酸盐的钙同位素值为 0.94‰。由于河水中的大部分钙来源于碳酸盐的溶解,而不是硅酸盐,因此目前有关碳酸盐和河流之间的钙同位素差异的原因仍然不清楚。

4. 碳酸盐沉淀过程中的分馏

正如 Gussone 和 Diezel(2016)所总结的,很多有关碱土金属同位素分馏的沉淀实验表明固相通常亏损重同位素。同位素分馏取决于很多因素,如温度、沉淀速度、配位环境。Marriot 等(2014)报道了一个基于同位素平衡分馏的模型,但 Gussone 等(2003)支持非平衡同位素分馏。

Depaolo(2011)报道了一个表面-动力模型,在这个模型里从溶液中沉淀出的方解石不服从同位素平衡分馏。根据方解石和文石的无机沉淀实验(Marriott et al.,2004;Gussone et al.,2003),钙同位素分馏与温度相关,文石相对于方解石的偏移量约为 0.5‰。在生物沉淀过程中,贝壳的钙同位素组成取决于生物赖以生存的溶液的化学性质以及钙沉淀的过程(Griffith et al.,2008 a,b,c)。不同类型生物的钙化过程不同：有孔虫在 pH 改变的海水的液泡内沉淀碳酸盐，珊瑚通过各种组织将海水送到沉淀的地方。这些过程中的每一步都可能导致钙同位素分馏的差异。

生物成因的碳酸盐沉淀过程中钙同位素分馏的程度以及分馏机理——同位素平衡分馏或动力学效应仍然是一个有争议的问题。Nägler 等(2000)、Gussone 等(2005)和 Hippler 等(2006)的研究报告了在自然环境或培养的实验室条件下沉淀碳酸盐的钙同位素分馏，该分馏与温度相关，其斜率约为 0.02‰/℃。然而，温度相关的分馏并没有在所有分泌壳体的生物中发现(Lemarchand et al.,2004；Sime et al.,2005)。Sime 等(2005)分析了 12 种有孔虫，这 12 种有孔虫钙同位素分馏的温度相关性可以忽略不计。这些矛盾的结果表明，钙化生物对钙的吸收有复杂的生理控制作用(Eisenhauer et al.,2009)。

白云石具有不同的 Ca 同位素分馏行为(Holmden,2009)。在硅质碎屑沉积物中发现，大多数白云石相对于共存的孔隙流体亏损 ^{44}Ca 同位素(Wang et al.,2019)，而重结晶的白云石基本没有 Ca 同位素的分馏(Holmden,2009)。

蒸发的 Ca 硫酸盐具有很大变化的 ^{44}Ca/^{40}Ca 同位素比值(Blattler,Higgins 2014)，这通常用硫酸盐沉淀过程的瑞利分馏来解释。由于 ^{40}Ca 倾向进入固相中，故重 Ca 同位素在卤水中富集。

5. 地质时间因素

Zhu 和 MacDougall(1998)首次尝试研究全球钙循环。他们发现了海洋的同位素组成很均一，但不同源和汇的同位素差异明显，表明海洋并不处于稳定状态。海洋钙循环是通过洋脊系统热液流体的输入和来自大陆风化释放的溶解钙的输入，以及碳酸钙沉淀的输出而形成。其中，碳酸钙沉淀的输出是主要的钙同位素分馏因素。风化过程中硅酸盐和碳酸盐的溶解不会导致强烈的钙同位素分馏(Hindshaw et al.,2011)。溶解在河流中的钙显示出非常窄的钙同位素组成范围，接近石灰岩的平均钙同位素组成(Tipper et al.,2010)。相对于海水，输入到海洋的洋脊热液的 $\delta^{44/40}$Ca 值亏损约 1‰(Amini et al.,2008)。

继 Zhu 和 MacDougall(1998)的首次研究后，不少研究者考察了海洋钙同位素组成的长期变化：De La Rocha 和 de Paolo(2000b)、Fantle 和 de Paolo(2005)以及 Fantle(2010)针对新近纪海水做了研究；Steuber 和 Buhl(2006)研究了白垩纪海水；Farkas 等(2007 年)则针对晚中生代海水；Kasemann 等(2005a,b)针对新元古代时期。Farkas 等(2007 年)对钙循环的模型模拟研究表明，观测到的钙同位素变化可以由海洋的钙输入通量的变化产生。在 ^{44}Ca/^{40}Ca 同位素比值中，选定时间周期内测量到的最大的时间尺度上的变化约为 1‰(参见 3.8 节的海水历史部分)。

Payne 等(2010)和 Hinojosa 等(2012)报告了中国南方二叠纪-三叠纪界线的高分辨率记录，并发现有 0.3 ‰的漂移。同位素组成的变化可能是由矿物学的变化(即方解石/文石)或海洋酸碱度的变化而导致的。通过比较牙形石磷灰石与共存碳酸盐的 δ^{44}Ca 值，Hinojosa 等(2012)发现磷灰石发生了类似的变化，这反对由矿物学变化主导的同位素分馏的观点，而更支持海洋酸化的结论。

在这方面，值得注意的是，Griffith 等(2008a，b，c，2011)提出，含有约 400 ppm 钙的远洋重晶石可能是海水钙同位素组成随时间变化的其他记录,其与海水的分馏约为2‰。

6. 植物、动物和人体中的钙

植被中的钙同位素值范围最广,大于碳酸盐沉淀引起的变化。Page 等(2008)、Wiegand 等(2005)以及 Holmden 和 Belanger(2010)对高等植物的研究表明,根、茎和叶之间存在系统的钙同位素分馏:细根产生的 $\delta^{44}Ca$ 值最低,茎为中间值,叶的 $\delta^{44}Ca$ 值最高。树木自下而上 $\delta^{44}Ca$ 值的总体变化约为 0.8‰(Cenki-Tok et al.,2009;Holmden,Belanger,2010)。钙同位素分馏取决于物种和季节(Hindshaw et al.,2013)。植物对轻钙同位素的优先吸收导致土壤溶液中富集重钙同位素。因此,植被控制了土壤的钙同位素组成(Cenki-Tok et al.,2009)。

可控条件下的植物生长实验识别了 3 个不同的钙同位素分馏步骤(Cobert et al.,2011;Schmitt et al.,2013):(1) ^{40}Ca 在根中被优先吸收;(2) ^{40}Ca 在从根转移到叶的过程中在细胞壁上被优先吸附;(3) 贮藏器官中的额外 ^{40}Ca 分馏,这可能是由植物的生理学控制。

饮食、软组织和骨骼的钙同位素测量表明,骨骼的钙同位素比软组织和饮食轻得多。在单个生物体中观察到高达 4‰的 $^{44}Ca/^{40}Ca$ 比值变化(Skulan,DePaolo,1999)。动物骨磷灰石的钙同位素研究表明,随着营养水平的提高,钙同位素的组成会变得越来越轻。因此,钙同位素在脊椎动物代谢研究方面具有很大的潜力(Skulan,de Paolo,1999;Beynard et al.,2010;Heuser et al.,2011)。

人体的骨骼是持续被替换的。对于健康成年人,骨骼的生成和消融是平衡的,骨骼矿物的净平衡为零。在骨骼形成过程中,富集轻 Ca 同位素,这使得软组织亏损轻同位素,骨骼的再吸收会将轻同位素释放回软组织,导致整体没有同位素分馏(Heuser et al.,2011;Morgan et al.,2012)。尿液中的 Ca 同位素在骨骼生长过程中富集重 δ 值,而在骨骼再吸收时富集轻 δ 值。后面的观点可由卧床休息研究佐证(Heuser et al.,2012;Morgan et al.,2012)。因此钙同位素对骨骼的净丢失非常敏感,这些骨骼净丢失涉及骨质疏松、一些癌症以及长时间的太空飞行(参见 1.7.1 小节)。

2.2.5 锶

锶有 4 种稳定的同位素,其丰度分别为

^{84}Sr:0.56%

^{86}Sr:9.86%

^{87}Sr:7.00%

^{88}Sr:82.58%

在过去,锶的同位素主要被用作地质年代计。由于 ^{87}Rb 到 ^{87}Sr 的放射性衰变,样品的 $^{87}Sr/^{86}Sr$ 比值以及 Rb/Sr 浓度比值携带了地质年代学的信息。通过热电离质谱(TIMS)进行的常规 $^{87}Sr/^{86}Sr$ 测试使用 $^{88}Sr/^{86}Sr$ 比值监测仪器进行内部质量分馏校正。归一化到固定的 $^{88}Sr/^{86}Sr$ 比值的做法是假设该比值对于天然样品来说是恒定的。然而,如 Fietzke 和 Eisenhauer(2006)研究所示,情况却并非如此。MC-ICP-MS 和双稀释剂热电离质谱技术记录了地球和陨石样品中 $^{88}Sr/^{86}Sr$ 的变化(Fietzke, Eisenhauer, 2006; krabbenhft et al., 2009; Neymark et al., 2014)。图 2.25 显示了 $\delta^{88/86}Sr$ 值相对于 $SrCO_3$ 标准 SRM 987 的自然变化范围。

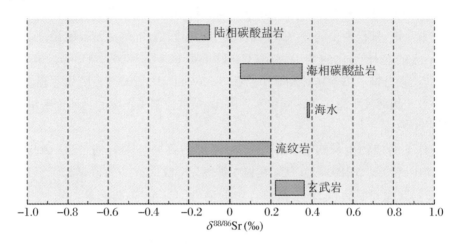

图 2.25 重要地质储库中的 $\delta^{88/86}Sr$ 值

1. 硅酸盐

地球、火星和月球上整体的锶同位素组成几乎是相同的,但一些碳质球粒陨石亏损重锶同位素(Moynier et al., 2010),地球整体的 $\delta^{88/86}Sr$ 值为 0.27‰。关于岩浆岩,Halicz 等(2008a,b)和 Charlier 等(2012)针对锶同位素的首次研究表明,玄武质岩石的同位素组成相当均一,其值为 +0.3‰,而演化程度较高的岩石(从安山岩到流纹岩)的值较低,为 -0.2‰~ +0.2‰。Charlier 等(2012)将观察到的锶同位素变化解释为分离结晶过程中同位素分馏的结果,其中 ^{88}Sr 在斜长石和钾长石中富集。

2. 碳酸盐和硫酸盐

碳酸盐沉淀过程中优先吸收较轻的锶同位素是导致锶同位素分馏的主要因素之一,该过程与 Ca 和 Mg 同位素体系发生的分馏效应相当。方解石无机沉淀过程中的锶同位素分馏主要取决于沉淀速率,较高速率会导致较大的分馏(Bhm et al., 2012)。沉淀碳酸盐的生物通常相对于海水会产生 0.1‰~0.2‰的 $^{88}Sr/^{86}Sr$ 分馏,锶同位素分馏的大小取决于物种。在浮游有孔虫中观察到较大的重同位素亏损(Bhm et al., 2012; Stevenson et al., 2014)。对于热带珊瑚,Fietzke 和 Eisenhauer(2006)以及 Rüggeburg 等(2008)研究表明珊瑚的 $^{88}Sr/^{86}Sr$ 比值与温度相关,然而,这个观点并未得到最近研究(Raddatz et al., 2013; Fruchter et al., 2016)的证明,最近的研究表明珊瑚的锶同位素比值反映了海水成分,相对于海水的同位素偏移量(分馏值)为 -0.2‰。

了解碳酸盐沉淀过程中锶同位素分馏的大小,就有可能量化海洋输出的碳酸盐通量(Krabenhft et al., 2010),但这是不可能基于 $^{87}Sr/^{86}Sr$ 比值来实现的,因为海水和碳酸盐的 $^{87}Sr/^{86}Sr$ 比值非常相似。

Vollstadt 等(2014)通过分析生物(主要是腕足动物)的碳酸盐化石得出结论,整个显生宙海水的 $\delta^{88/86}Sr$ 值变化范围为 0.25‰~0.60‰,他们认为这是由埋藏碳酸盐的数量不同而造成的。

Vigt 等(2015)探究了海相碳酸盐重结晶过程中发生的 $^{88}Sr/^{86}Sr$ 同位素分馏情况。由于 Sr 含量很高,碳酸盐岩的锶同位素没有明显的变化,但孔隙水的 $^{88}Sr/^{86}Sr$ 比值随着深度的增加而变大,这是由于重结晶的方解石优先获取 ^{86}Sr,这使得孔隙水的同位素组成变重。因此孔隙水的 Sr 同位素组成具有一定的潜力,可指示碳酸盐的重结晶。

与海相碳酸盐相比,陆相碳酸盐(即洞穴沉积物)显示 $^{88}Sr/^{86}Sr$ 比值为负值,集中在 $-0.2‰\sim-0.1‰$ 之间(Halicz et al.,2008a,b)。

重晶石的 Sr 同位素变化可达 1‰,和碳酸盐岩类似,在重晶石和水之间的同位素分馏过程中,重晶石明显亏损重的 Sr 同位素,变化范围为 $-6‰\sim0$(Widanagamage et al.,2014,2015)。这些研究者认为是动力学效应而非平衡温度控制了 Sr 同位素分馏。

3. 河流和植物

通过分析溶解在河流中的锶,学者研究了 $^{88}Sr/^{86}Sr$ 在风化过程中的行为(Krabenhft et al.,2010;de Souza et al.,2010;Wei et al.,2013;Pearce et al.,2015;Chao et al.,2015)。Krabbenhöft 等(2010)估计了河水向海洋贡献的加权 $\delta^{88/86}Sr$ 值的通量,该值为 0.32‰。他们表明在测定河水通量时,碳酸盐岩与硅酸盐岩风化的比例起着重要的作用。然而,正如 Pearce 等(2015)研究表明,比起他们的围岩来说,受过河水浸泡的硅酸盐岩具有明显重的 Sr 同位素,这表明在风化过程中会导致分馏。Shalev 等(2017)认为相对于碳酸盐岩和硅酸盐岩来说,河水富集 ^{88}Sr,这与在大陆地壳中碳酸盐岩沉淀有关。

沿着大西洋中脊的热液流体的端元组成为 0.24‰,这个值与大洋地壳的平均组成相类似。

植物的锶同位素比生长的土壤轻 0.2‰~0.5‰(De Souza et al.,2010)。相对于根和茎,叶组织(叶和花)的 $\delta^{88}Sr$ 值是亏损的,这与观察到的钙同位素趋势相反(Wiegand et al.,2005;Page et al.,2008)。

2.2.6 钡

钡由 7 种天然同位素组成,其丰度分别为

$$^{130}Ba:0.11\%$$
$$^{132}Ba:0.10\%$$
$$^{134}Ba:2.42\%$$
$$^{135}Ba:6.59\%$$
$$^{136}Ba:7.85\%$$
$$^{137}Ba:11.23\%$$
$$^{138}Ba:71.70\%$$

钡在自然界中以独立矿物的形式存在,如重晶石和毒重石($BaCO_3$),此外,钡可以替代普通矿物中的钾,特别是钾长石和碳酸盐岩中的钙。目前已报道了重晶石和不同源区的碳酸盐岩中 Ba 同位素组成差异很大(von Allmen et al.,2010)。通过采用 MC-ICP-MS 分析技术测定 $^{137}Ba/^{134}Ba$ 比值,von Allmen 等(2010)、Böttcher 等(2012)和 Pretet 等(2015)报

道了钡矿物的同位素比值变化可达 0.5‰。最近的研究表明^{138}Ba/^{134}Ba 比值已经可以测定(Horner et al.,2015,2017),可通过采用一个值为 1.33 的相关系数计算出 ^{137}Ba/^{134}Ba 的比值(Pretel et al.,2015)。

Miyazaki 等(2014)和 Nan 等(2015)采用改进的 MC-ICP-MS 分析技术进一步改善了 Ba 同位素的测定。Van Zuilen 等 (2016a,b)通过实验室间对比,报道了 12 种地质样品标准物质的 Ba 同位素。他们从实验角度证明了在海洋沉积物中是可以发生扩散驱动的 Ba 同位素分馏的。在沉淀 $BaCO_3$ 和 $BaSO_4$ 的合成实验中发现,相比于液相,固相亏损重同位素(von Allmen et al.,2010;Mavromatis et al.,2016;Böttcher et al.,2018a,b)。同位素的分馏程度对温度很敏感,至少在碳酸盐岩中发现分馏程度还与生长速度有关,快速生长具有比较小的分馏,而慢生长导致较大的分馏。

海水虽然不作为主要的营养成分,但其中溶解的 Ba 表现出营养型成分类型的行为,在浅水区的含量比较低,在深水区的含量比较高。由于钡可参与到生物和化学过程,因此海水中的钡同位素可以用作主要过程、营养物质循环、水量混合的指标。海水的坡面(Horner et al.,2015;Cao et al.,2016)指示出不同类型的水-质混合。他们得出结论,海洋深水区具有接近浅水区的 Ba 元素浓度和同位素特征,这表明海水中的有机碳、$BaSO_4$ 循环和 Ba 同位素分馏是接近耦合的。如 Bates 等(2017)研究所示,Ba 同位素结合 Ba 的含量可以用来区分包含 Ba 同位素分馏的小尺度重晶石沉淀和包含 Ba 同位素不分馏的大尺度水体混合。Bates 等(2017)通过 4 条垂直的水剖面的数据证明了这两个过程可以解释所观察到的钡同位素分馏。Hsieh 和 Henderson(2017)发现了 Ba 同位素分馏与 Ba 的含量紧密相关。对于深海大西洋来说,他们建议通过沉积物或热液活动的输入来补充 Ba 的非保守行为。

不同大洋位置采集的珊瑚表现出非常不同的 Ba 同位素变化,这也表明海水具有不均一的 Ba 同位素组成(Pretet et al.,2016)。实验中生长的珊瑚表明了重要的同位素分馏效应。

2.2.7 硅

硅有 3 种稳定的同位素(Rosman,Taylor,1998),其丰度分别为

^{28}Si:92.23%

^{29}Si:4.68%

^{30}Si:3.09%

因为硅在地球上有很高的丰度,因此它是一个可以用来研究同位素变化的非常有趣的元素。然而,由于硅总是与氧结合在一起,缺乏氧化还原反应过程,因此在自然界中,可以预见其同位素分馏相对较小。Douthitt(1982)的早期研究和 Ding(1996)的近期研究观察到 δ^{30}Si 值的总变化范围在 6‰左右。随后,整个变化范围被扩展到了 12‰,其中,δ^{30}Si 最低值为硅质水泥的-5.7‰(Basile-Doelsch et al.,2005),最高值为稻米的+6.1‰(Ding et al.,2006)。

硅同位素比值通常通过氟化法来测量(Douthitt,1982;Ding,1996)。但是由于该方法耗时且具有潜在的危险性,因此,最近引入了 MC-ICP-MS 技术来测试(Cardinal et al.,

2003；Engstrom，2006）。Chmeleff 等（2008）表明通过紫外飞秒激光剥蚀系统与 MC-ICP-MS 联用，可以非常精确地测出 $\delta^{29}Si$ 和 $\delta^{30}Si$ 值。Robert 和 Chaussidon（2006）、Heck 等（2011）已经用二次离子质谱进行了测定。无论用何种方法测定，标准样品通常都是 NBS-28 石英。图 2.26 对自然界的硅同位素变化进行了总结。

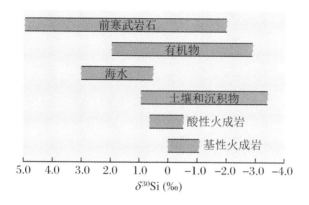

图 2.26　重要地质储库中的 $\delta^{30}Si$ 值

1. 高温分馏

许多研究都将整体硅酸盐地球的 $\delta^{30}Si$ 值估计为 0.29‰（Fitoussi et al.，2009；Savage et al.，2010，2014；Armytage et al.，2011；Zambardi et al.，2013）。这个值与月球的值相同，但同位素比所有类型的陨石都富集重同位素。地核形成期间的硅同位素分馏可以很好地解释这种差异。Shahar 等（2009）的高压高温实验表明，金属和硅酸盐熔体之间存在 2‰ 的分馏。Ziegler 等（2010）通过测量金属中的硅和顽火辉石无球粒陨石中的硅酸盐之间的硅同位素分馏，也报道了类似的发现。但是根据 Huang 等（2014）所述，硅同位素分馏随着压力的增加而减少，因此在相对低的压力下通过实验获得的硅同位素分馏可能不适用于地核形成的高压条件。

通过采用连续增生模型，Si 同位素分馏可用于限定地核中加入 Si 的量（Chakrabarti，Jacobsen，2010；Zambardi et al.，2013）。预测的百分比的变化取决于模型的假设，总体来说在 6%～12% 之间变化。

地幔矿物之间的平衡同位素分馏可以忽略不计，但在不同硅配位数的矿物之间可能有显著差异，例如镁钙钛矿的 6 配位和橄榄石的 4 配位之间。在超镁铁质岩和玄武岩之间没有观察到硅同位素组成的差异，这表明在部分熔融过程中没有同位素分馏（Savage et al.，2014）。如冰岛赫克拉火山岩石所示，岩浆分异可能导致硅同位素分馏（Savage et al.，2011）。$\delta^{30}Si$ 值随着二氧化硅含量的增加而逐渐增加。

长英质岩浆岩的硅同位素比镁铁质岩浆岩稍重，并呈现出小而系统的 ^{30}Si 变化，随着岩浆岩和矿物中硅含量的增加而变化。常见矿物的 ^{30}Si 富集的顺序与 ^{18}O 富集的顺序一致（Qin et al.，2016）。因此 S 型花岗岩的平均同位素组成要比 I 型和 A 型轻一些（Savage et al.，2012）。但是，硅同位素的相对变化比较小，对沉积物的输入不敏感。

高温热液流体的同位素组成与火成岩很接近。低温下沉淀出的无定型硅导致溶液中丢失硅的同位素轻（Geilert et al.，2015）。在冰岛的盖希尔地热区域，Geilert 等（2015）报道了在无定型硅解离时,硅同位素分馏与温度成负相关,但其本质上与沉淀速度相关。

2. 化学风化和矿物沉淀

化学风化过程中会伴随着大量的硅同位素分馏(Ziegler et al.,2005;Basil-Doelsch et al.,2005;Georg et al.,2006;Cardinal et al.,2010;Opfergelt et al.,2012;Pogge von Strandmann et al.,2014)。在原生硅酸盐矿物的溶解过程中,硅以近似的比例分配到富集同位素的溶解相中和亏损同位素的次生固体相中(Ziegler et al.,2005a,b;Georg et al.,2007)。土壤表现出相对较大的硅同位素变化,这反映出多种过程同时进行,包括主要矿物的风化、黏土矿物的沉淀以及如 Oelze 等(2014)研究所示的硅在 Fe 相和无定型 Al-氢氧化物表面上的吸附。Oelze 等(2014)表明,黏土矿物轻同位素特征主要是由 ^{28}Si 在氢氧化铝上的优先吸附导致的。因此,风化过程可以作为将硅同位素分离成同位素重的溶解相和同位素轻的残余物的主要分馏机制之一。

因此,土壤-黏土矿物的形成导致了陆表水和海水具有高的 δ^{30}Si 值。Ding 等(2004)测量到长江的 δ^{30}Si 变化范围为 0.7‰~3.4‰,而悬浮物的组成相对较为稳定,在-0.7‰~0 之间。在刚果,Cardinal 等(2010)测量到该地富含有机碳的小支流("黑水")的 δ^{30}Si 值偏低,接近于零,而大支流的 δ^{30}Si 值相对较高,接近 1‰。Frings 等(2016)总结了世界范围内河水的 δ^{30}Si 值的变化范围大概为 5‰,这是由于风化导致的同位素分馏,而不是原岩的同位素变化。

Georg 等(2009)测定了地下水中溶解硅的 δ^{30}Si 值。需要引起注意的是在沿着 100 千米的地下水流动过程中 δ^{30}Si 减少了约 2‰,从而解释了复杂的硅循环、风化和成岩反应。

如 Savage 等(2013a,b)所示,上地壳和下地壳的平均硅同位素组成与整体硅酸盐地球接近。石英岩和砂岩的硅同位素在酸性岩浆岩和变质岩范围之内,这表明它们是同源的(Andre et al.,2006)。相反,风化过程产生的硅结砾岩和黏土矿物中的微晶石英比火成矿物更倾向富集轻的 Si 同位素。页岩展示出不同的 δ^{30}Si 值,变化范围为-0.82‰~0,这反映出不同程度的物理和化学风化、成岩程度和岩石来源。

3. 海水中的分馏

硅酸是海洋中重要的营养物质,也是硅藻和放射虫生长所必需的物质。硅进入硅质生物体过程中会发生硅同位素分馏,这是因为当生物体形成生物硅时,^{28}Si 会被优先利用(de la Rocha et al.,1998,2006;de la Rocha et al.,2003;Reynolds et al.,2006;Hendry et al.,2010;Egan et al.,2012;Hendry,Brzezinski,2014)。野外研究和实验室培养实验均表明硅藻以一个相对稳定的同位素分馏系数(-1.1‰)富集轻 Si 同位素(de la Rocha et al.,1997,1998;Varela et al.,2004)。Demarest 等(2009)开展的培养实验证明,在生物源二氧化硅溶解过程中会发生硅同位素分馏,这个过程中,轻同位素被优先释放到海水里,产生大概 0.55‰的同位素分馏。因此,溶解作用与生产相反,并大大降低了硅的净分馏。

海洋中溶解硅具有一个相对来说比较大的 δ^{30}Si 变化范围(0.5‰~4.4‰)(Poitrasson,2017)。热带海洋的表层水特别富集重的 Si 同位素,这是由于硅藻生长繁盛,消耗了溶解硅。硅藻蛋白石形成的增加导致 δ^{30}Si 值为正,其减少导致 δ^{30}Si 值为负。可通过硅藻中 ^{30}Si 含量的变化得出海洋硅循环变化的信息(De la Rocha et al.,1998)。这使得沉积物中的

δ^{30}Si 值成为指示过去硅浓度的重要指标。记录的最后一次冰期循环的沉积物 δ^{30}Si 值表明,冰期的值在 0.5‰~1.0‰ 之间,这要比间冰期的值低,可通过古生产力的概念来解释(Frings et al.,2016)。

硅藻作为地表生物只能给出地表水信号。然而,海绵动物却是存在于整个水层中的生物。因此,海绵的 δ^{30}Si 值是量化海洋硅浓度变化的潜在指标(Hendry et al.,2010;Wille et al.,2010)。正如以上研究者所指出的那样,海绵生物矿化过程中的 ^{30}Si 分馏取决于海水中的二氧化硅浓度,随着二氧化硅浓度的增加,^{30}Si 的亏损更大。因此,化石硅化海绵的 δ^{30}Si 值可以作为过去硅浓度重建的代用指标(Hendry et al.,2010;Wille et al.,2010)。

4. 燧石

现代的燧石是由生物沉积硅质有机物形成的,而前寒武的燧石是通过无机沉积而形成的。燧石中的硅同位素被用来反演海水的 Si 同位素组成,但是还不清楚,沉积燧石的硅同位素组成反映的是不是原始的沉积环境。这是由于燧石形成于成岩溶解—再沉积的过程,这意味着晶体相相对于无定型相的增加,将会导致硅同位素分馏(Tatzel et al.,2015)。

前寒武纪燧石的 δ^{30}Si 值范围很广,从 -0.8‰ 到 +5.0‰(Robert,Chaussidon,2006),比显生宙燧石的变化范围大得多。这些研究者还观察到 δ^{18}O 与 δ^{30}Si 值成正相关,他们将此解释为反映了海洋温度从 3.5 Ga 的大约 70 ℃ 到 0.8 Ga 的大约 20 ℃ 的变化。与此形成对比的是,BIFs 中燧石的 δ^{30}Si 值则更负,在 -2.5‰~-0.5‰ 之间,这反映了硅的不同来源(Andre et al.,2006;van den Boorn et al.,2010;Steinhöfel et al.,2010)。这些研究者认为,热液和海水的混合是对 δ^{30}Si 值变化的最佳解释。单个燧石层内高达 2.2‰ 的层尺度硅同位素不均一性也许是对热液系统动力学的反映。

5. 植物

硅是维管植物生长的重要元素。硅被陆生植物从土壤溶液中吸收后,运输到木质部,并以水合无定形二氧化硅的形式沉积,进而形成植硅体,植硅体再通过植物材料的分解恢复到土壤中。Douthitt(1982)提出植物对硅的吸收可以产生硅同位素分馏。植物会优先结合轻硅同位素,硅浓度和 δ^{30}Si 值从土壤和根到茎和叶逐渐增加。植物 δ^{30}Si 值范围为 1.3‰~6.1‰(Ding et al.,2005,2008),其在根部呈现低值,而在叶片和玉米呈现高值,高低值之间有 3.5‰ 的大的层间分离。植物在土壤中腐败的过程中,植石会保存下来,并可用作重建古环境的指标(Prentice,Webb,2016),但是在将其使用为环境指标之前,次生作用导致的同位素分馏程度必须先考虑。

元素周期表中的第 17 族共有 5 个元素:氟、氯、溴、碘、砹,具有相类似的化学性质。卤素元素组成了一个地球化学相似的元素组,并表现出阴离子性质。对于研究稳定同位素变化来说,只有氯和溴是可行的,其他的三个均为单同位素元素。氯和溴通常存在于海水中。水体蒸发过程中形成的盐是丰度最大的固体物质。另外一个重要的组是有机卤素,主要是氯化碳氢化合物,这类物质广泛存在于环境中。

2.2.8 氯

氯有 2 种稳定同位素(Coplen et al.,2002),其丰度分别为

$$^{35}Cl: 75.78\%$$
$$^{37}Cl: 24.22\%$$

氯同位素比值的自然变化可能是由 ^{35}Cl 和 ^{37}Cl 之间的质量差异以及气相、水相和固相中氯的配位数变化造成的。Schauble 等(2003)计算了一些地球化学重要物种的平衡分馏系数。结果表明,分馏的大小随着氯的氧化态的变化而系统地变化,但也取决于氯所结合的元素的氧化态,如 2 价阳离子的分馏比 1 价阳离子的分馏大。

1. 测量方法

氯同位素丰度可以用不同的技术测量。Hoering 和 Parker(1961)的第一次测量使用的是氯化氢形式的气态氯。测量的 81 个样品相对于标准海洋氯化物没有显著变化。在 20 世纪 80 年代初期,Kaufmann 等(1984)开发了一种新技术,即使用甲基氯(CH_3Cl)的形式测量。含氯化物的样品以氯化银的形式沉淀,与过量的甲基碘反应,并通过气相色谱分离,分析的精度大约在 -0.1‰~+0.1‰之间浮动(Long et al.,1993;Eggenkamp,1994;Sharp et al.,2007)。该技术需要用到相对大量的氯(>1 mg),这就无法对低浓度含氯物质进行分析。Magenheim 等(1994)描述了一种涉及 Cs_2Cl^+ 的热电离的方法,如 Sharp 等(2007)所述,该方法对分析假象非常敏感,因此可能导致错误的结果。无论如何,这两种方法都比较费力,并且依赖于离线化学转化反应。最近也有新的测量方法,如 Shouakar-Stash 等(2005)尝试使用连续流动质谱;van Acker 等(2006)使用 MC-ICP-MS 技术。SIMS 技术也被尝试应用于玻璃样品中,如 Layne 等(2004)、Godon 等(2004)以及近期的 Manzini 等(2017)。

δ 值通常相对于标准物质海水氯化物给出,称为标准平均海洋氯化物(SMOC)。Egginkamp(2014)在其最新发表的一本书中总结了氯同位素及地球化学的知识。图 2.27 总结了天然样品中氯同位素的变化。Ransom 等(1995)给出的氯同位素组成的自然变化范围约为 15‰,其中俯冲带孔隙水中的 $\delta^{37}Cl$ 值低至 -8‰,而氯取代羟基的矿物中的 $\delta^{37}Cl$ 值高达 7‰。

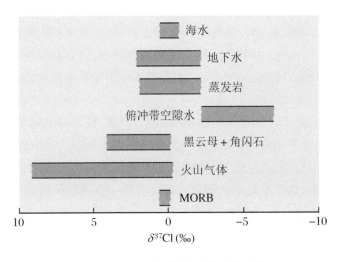

图 2.27　重要地质储库中的 $\delta^{37}Cl$ 值

2. 水圈

氯离子(Cl^-)是地表和地幔流体中的主要阴离子。它是海水和热液中最丰富的阴离子,也是成矿环境中主要的金属络合剂(Banks et al.,2000)。尽管氯在自然水体中的出现情况各不相同,但氯同位素的变化通常很小,并且接近海洋的氯同位素组成。对于来自热液矿物中流体包裹体的氯也是如此,不同类型的矿床之间没有显著差异,例如密西西比河流域和斑岩铜型矿床(Eastoe et al.,1989;Eastoe,Gilbert,1992)。在一些孔隙水中检测到的^{37}Cl亏损是由离子过滤、蚀变和脱水反应以及黏土矿物形成等过程造成的(Long et al.,1993;Eggenkamp,1994;Eastoe et al.,2001;Hesse et al.,2006)。Hesse 等(2006)发现孔隙水中有 4‰的^{37}Cl显著下降。在来自俯冲带环境的孔隙水中,$\delta^{37}Cl$值更低(Ransom et al.,1995;Spivack et al.,2002)。浅海水与一种来源不明的低^{37}Cl深层流体混合在一起或许是造成这种递减趋势的原因。Barnes 和 Sharp(2017)提出了一种伴随有机氯化物形成过程中的动力学分馏机制,该机制可用来解释非常轻的$\delta^{37}Cl$值。

在流速较慢的地下水中同位素呈现了相对较大的差异,这种情况下氯同位素分馏归因于扩散过程(Kaufmann et al.,1984;Desaulniers et al.,1986;Kaufmann et al.,1986)。例如,Desaulniers 等(1986)研究了氯化物从盐水向上扩散到淡水沉积物中的地下水系统,结果显示^{35}Cl的移动速度比^{37}Cl快约 1.2 ‰。沉积盆地的一些深含水层可能会独立保存长达百万年(Holland et al.,2013)。正如 Giunta 等(2017)研究所示,在某些含水层,发生了Cl^-和Br^-的关联同位素分馏,这可能与其受到地球重力的影响有关。

Eggenkamp 等(1995,2016)、Eastoe 等(1999,2007)测定了盐矿物和盐水之间的氯同位素分馏。Eggenkamp 等(2016)研究表明氯和溴在过饱和盐溶液沉淀过程中发生的同位素分馏,取决于各自沉淀的阳离子类型。食盐(氯化钠)相对卤水富集 0.3‰,而氯化钾、氯化镁相对卤水几乎没有分馏。

3. 幔源岩石

关于地幔岩石中氯同位素的结果存在争议。根据 Magenheim 等(1995)的研究,洋中脊玄武岩(MORB)玻璃的$\delta^{37}Cl$值显示出惊人的大的变化范围。但 Sharp 等(2007)对 Magenheim 等(1995)的发现提出了质疑,他们认为地幔和地壳具有非常相似的同位素组成。他们之间的这种明显差异,可能与热电离质谱技术的分析假象有关(Sharp et al.,2007)。Bonifacie 等(2008)也仅在地幔来源的岩石中观察到小的氯同位素变化。他们证明了$\delta^{37}Cl$值与氯浓度相关:贫氯玄武岩的$\delta^{37}Cl$值较低,反映了未受污染的地幔岩浆的组成;而富氯玄武岩富含$\delta^{37}Cl$,表明存在海水污染。与 MORB 相反,John 等(2010)用二次离子质谱分析法观察到洋岛玄武岩玻璃中存在较大的$\delta^{37}Cl$变化,他们认为这是因为俯冲沉积物通过排出^{37}Cl贫化的孔隙流体而演化出了较高的$\delta^{37}Cl$值。

Barnes 等(2009)研究了大洋岩石圈中的蛇纹石化过程,并认为氯同位素数据反映了多种流体事件的记录。略微正的$\delta^{37}Cl$值代表低温条件下典型的海水水化条件,负的$\delta^{37}Cl$值则是与来自上覆沉积物的孔隙流体相互作用的结果。

火山气体和相关热液流体的$\delta^{37}Cl$值变化很大,为 -2‰ ~ +12‰(Barnes et al.,2006)。为了评估火山系统中的氯同位素分馏,Sharp 等(2006)进行了氯化氢液体-蒸汽实验,发现了100℃下稀氯化氢有大的同位素分馏。火山喷气孔中^{37}Cl的富集似乎是由于水溶液中氯离子与氯化氢气体之间的同位素分馏。

已报道了月球玄武岩、玻璃和磷灰石存在异常高的氯同位素值(Sharp et al.,2010; Boyce et al.,2015)。Sharp等(2010)将高δ^{37}Cl值归因为大量的贫氢玄武岩与气圈的Cl$^-$去气作用。Boyce等(2015)认为高δ^{37}Cl值是因为月球早期的岩浆海的去气作用。

4. 环境应用

氯同位素研究已被用来了解人造有机化合物中的环境化学,如氯化有机溶剂或联苯。此类研究的主要目标是确定和量化环境中物质的来源和生物降解过程。为了成功地做到这一点,不同化合物和不同制造商之间的氯同位素值应该不同,实际上,目前发现的δ^{37}Cl值的范围是-5‰~+6‰,不同的供应商有不同的氯同位素特征(van Warmerdam et al., 1995;Jendrzewski et al.,2001)。

高氯酸盐是另一种人造化合物,其可能会对地表水和地下水造成污染。高氯酸盐在环境中的广泛存在使得有必要区分合成的和天然的高氯酸盐来源(Böhlke et al.,2005)。天然的高氯酸盐仅出现在极端干燥的环境中,如阿塔卡马沙漠。合成高氯酸盐是由电解质氧化反应产生的,而天然高氯酸盐是由大气臭氧的光化学反应形成的。Böhlke等(2005)研究表明,天然高氯酸盐有地球上最低的δ^{37}Cl值,而合成高氯酸盐的δ^{37}Cl值更"正常"。在微生物还原高氯酸盐的过程中,Sturchio等(2003)和Ader等(2008)观察到了大的动力学同位素效应,这归为原位生物降解。

2.2.9 溴

溴有2种稳定同位素(Berglund,Wieser,2011),其丰度几乎相等,分别为

^{79}Br:50.69%

^{81}Br:49.31%

溴最常见的天然形式是溴阴离子(Br$^-$)。尽管自然界中存在较高的溴氧化态,但人们对溴的含氧阴离子的溴同位素组成却知之甚少。

Eggenkamp和Coleman(2000)测量了气态形式CH$_3$Br的溴同位素值。Xiao等(1993)使用正热电离质谱法测量Cs$_2$Br$^+$。有机化合物中的溴已用MC-ICP-MS技术进行了分析(Hitzfeld et al.,2011;Holmstrand et al.,2010),使用的标准是平均海洋溴标准(SMOB)。

大多数地质环境中的溴化物浓度对于精确的同位素测量来说太低,而沉积建造水是一个明显的例外。虽然还没有对盐矿物进行直接的溴同位素测试,但来自孔隙水的间接证据表明,蒸发岩的δ^{81}Br值在0.5‰~1.0‰之间(Eggenkamp,2014)。

特别令人感兴趣的是,来自古老的结晶地盾的高盐度深层地下水中,溴的浓度很高。Shouakar-Stash等(2007)和Stotler等(2010)观察到很大的溴同位素变化,其从-0.80‰变化到+3.35‰,这表明并不只是简单的海洋来源,同位素的变化更可能是复杂的水/岩石相互作用导致的。

溴同位素地球化学中另一点值得注意的是,在平流层中的所有溴化有机化合物中,甲基

溴是平流层臭氧消耗的最重要因素。CH_3Br 可能来自自然,也可能来自人为。Horst 等(2013)在瑞典的两个地点测定了甲基溴的溴同位素组成,瑞典北部的亚北极样本相较于斯德哥尔摩地区的样品同位素值更低。斯德哥尔摩地区的 CH_3Br 浓度比瑞典北部的高 2~3 倍,这可能表明斯德哥尔摩地区存在工业污染。相对于工厂中的溴,工厂排出的 CH_3Br 亏损约 2‰的 ^{81}Br(Horst et al.,2014)。

2.2.10 钾

钾有 2 个稳定同位素,其丰度分别为

$$^{39}K:93.26\%$$
$$^{41}K:6.73\%$$

钾还有 1 个自然界存在的放射性同位素 ^{40}K(0.12%),该放射性同位素会逐渐衰变为稳定的 ^{40}Ca 和 ^{40}Ar。钾仅有 1 个氧化态(+1)。由于其广泛存在于地壳中,并且在生物圈中扮演着重要的角色,因此测定 K 稳定同位素的变化具有重要的地球化学意义。Taylor 和 Urey(1938)发现,当 K 溶液在沸石离子交换树脂上过滤时,$^{41}K/^{39}K$ 比值的变化可达 10%,^{39}K 更容易从柱子上洗脱下来。

Wang 和 Jacobsen(2016a)以及 Li 等(2016c)报道了一个基于 MC-ICP-MS 技术的精确分析方法,该方法消除了氩-氢化合物的干扰以及 Ar 等离子体的高 ^{40}Ar 的影响。他们报道了 $^{41}K/^{39}K$ 比值的变化可达 1.4‰,海水和钾盐富集 ^{41}K 而植物亏损 ^{41}K。Li 等(2017)探究了在 25℃下,水溶液和钾盐中的 K 同位素分馏的控制因素。他们的研究表明,随着 K 原子和相邻负电荷原子的距离增加,K 同位素分馏程度逐渐降低。但是,海水和钾盐之间的钾同位素分馏很小。Ramos 和 Higgins(2015)提出在浅层空隙流体中扩散导致的 K 同位素分馏,可能是海水富集 ^{41}K 的部分原因。

已发现海水和玄武岩之间的钾同位素具有明显的差别(0.6‰)(Wang,Jacobsen,2016a)。大洋地壳中加入海水钾会产生 $^{41}K/^{39}K$ 比值富集的热液蚀变的洋壳物质,这种现象已经被 Parendo 等(2017)发现。潜在地说,钾同位素可用于洋壳向地幔循环的指标。

月球的挥发分元素是亏损的,并且相对于地球来说(Wang,Jacobsen,2016a),富集 ^{41}K,这支持了月球形成的大碰撞事件。

2.2.11 钛

虽然钛是地球上的一个主量元素,但在同位素地球化学中,仅受到很小的关注,这主要有两个原因:(1) 没有高精度、高准确度的测试方法;(2) 钛的行为在风化过程中相对稳定,高温下形成的残余矿物只有非常小的同位素分馏。近期,Millet 和 Dauphas(2014)报道了一个基于双稀释剂的高精度测试 $^{49}Ti/^{47}Ti$ 比值的技术。

钛有 5 种稳定同位素,其丰度分别为

$$^{46}Ti:8.01\%$$
$$^{47}Ti:7.33\%$$
$$^{48}Ti:73.81\%$$

^{49}Ti:5.50%

^{51}Ti:5.35%

Millet(2016)和Greber等(2017a)研究了陨石、陆生和月球的火成岩的Ti同位素组成。陨石具有均一的Ti同位素组成,并且与预估的整体硅酸盐地球值相当。陆生样品的$\delta^{49/47}$Ti变化为0.6‰,月球玄武岩的变化更小。原始MORB、岛弧、板内玄武岩以及地幔源区的岩石的钛同位素在分析精度内一致,而分异的岩浆是有变化的,并且基本与SiO_2呈正相关的关系,这可以假设在岩浆分离结晶过程中Fe-Ti氧化物是重Ti同位素亏损的(Millet et al.,2016)。Greber等(2017b)论证了自从35亿年以来,页岩的$\delta^{49/47}$Ti值基本保持恒定,该值比玄武岩重0.6‰,这可能反映了一个酸性地壳,并指示板块运动在3.5亿年前就已经开始了。

2.2.12 钒

钒有2种稳定的同位素,其丰度分别为

^{50}V:0.24%

^{51}V:99.76%

由于钒以4种价态(2+、3+、4+、5+)形式存在,所以它对氧化还原反应十分敏感,这些氧化还原反应可能会引起同位素分馏。采用第一性原理计算,Wu等(2015)计算了水中不同价态V(Ⅲ)、V(Ⅳ)、V(Ⅴ)的V同位素的平衡分馏系数。在25℃下,重同位素^{51}V的富集可达6.4‰,富集程度由V(Ⅲ)、V(Ⅳ)、V(Ⅴ)依次减弱。不同+5价V化合物计算得出的分馏系数为1.5‰,这取决于其不同的键长和配位数。进一步计算表明,轻V同位素优先吸附于针铁矿。

Nielsen等(2011a,b,c)和Prytulak等(2011)描述了一种精确的MC-ICP-MS技术,并报道了各种标准参考样品的δ^{51}V同位素变化为1.2‰。近年来,Schuth等(2017)报道了一个基于飞秒激光MC-ICP-MS原位微区分析V同位素的技术,并发现不同的V(Ⅳ)和V(Ⅴ)矿物之间的分馏可达1.8‰。

Nielsen等(2014)证明,相对于碳质和普通球粒陨石,硅酸盐地球中的钒富集了0.8‰。尽管富集的原因未知,Nielsen等(2014)发现整体地球的矾同位素组成无法通过混合不同比例的球粒陨石来重建。Prytulak等(2013)观察到镁铁质和超镁铁质岩石有1‰的变化。由于次生蚀变反应几乎不会引起钒同位素分馏,因此,钒同位素有指示古地幔的氧化状态的潜力。Prytulak等(2017)报道了在岩浆分异过程中有2‰的变化。他们认为是不同矿物和熔体的配位数的不同导致了同位素分馏变化。

钒富含在有机物,特别是在原油中。Ventura等(2015)报道了原油具有一个较大变化的V同位素组成,这反映出岩石源区的同位素组成不同。通过对比V含量和同位素比值,得出了不同的原油的分布区域,这些原油来源于陆生/湖相或者海相/碳酸盐岩源区的岩石。

2.2.13 铬

铬有4种稳定同位素(Rosman,Taylor,1998),其丰度分别为

^{50}Cr:4.35%

^{52}Cr:83.79%

^{53}Cr:9.50%

^{54}Cr:2.36%

对于 Cr 同位素早期的研究主要集中在 ^{53}Mn-^{53}Cr 时间计的应用方面,该时间计可对太阳系早期时间进行定年(Lugmair,Shukolyukov,1998)。^{53}Cr 是灭绝核素 ^{53}Mn 的子体,半衰期为 3.7 Ma。

不同于陨石,地球上的 Cr 同位素分馏主要是质量相关同位素分馏。铬以两种氧化态存在:三价铬的阳离子(Cr^{3+})以及六价铬的氧阴离子(CrO_4^{2-} 或 $HCrO_4^-$)。两者具有不同的化学行为:在还原条件下,Cr^{3+} 是大多数矿物和水中的主要形式,而铬(Ⅵ)在氧化条件下是稳定的。铬酸盐中的铬(Ⅵ)是高度可溶的、可迁移的和有毒的,而以阳离子形式存在的三价铬在很大程度上是不可溶的和不可迁移的。这些性质使得铬同位素研究非常适合于检测和量化不同地球化学储库中的氧化还原变化。Qin 和 Wang(2017)报道了一篇最近的综述文章。

铬同位素组成通常是通过 TIMS(Ellis et al.,2002)和 MC-ICP-MS 测量的(Halicz et al.,2008 a,b;Schoenberg et al.,2008),$\delta^{53/52}$Cr 值是基于美国国家标准技术研究院(NIST SRM 979)标准给出。图 2.28 总结了重要储库中的平均铬同位素组成。

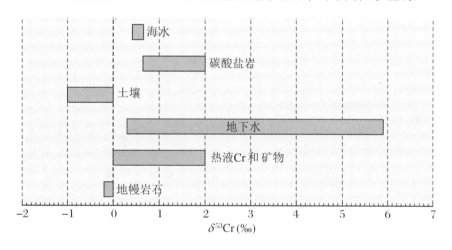

图 2.28 重要地质储库中的 δ^{53}Cr 值

Schauble 等(2004)估计了铬(Ⅵ)和铬(Ⅲ)之间的平衡同位素分数,他们预测不同氧化态的铬物种之间的铬同位素分馏大于 1‰。在 0 ℃时,通过计算可得 CrO_4^{2-} 和 $Cr(H_2O)_6^{3+}$ 络合物之间的铬同位素分馏系数可达 7‰,且铬酸盐富含 ^{53}Cr。然而,由于低温下铬(Ⅵ)和铬(Ⅲ)之间的同位素平衡缓慢(Zink et al.,2010),因此不同价态铬之间的同位素不平衡是常见的,天然铬同位素分馏可能受动力学控制。

1. 地幔岩

铬是一种相容的元素、中度亲铁元素,这使得铬富集于地幔中。正如 Schoenberg 等(2008)首次表明的那样,地幔捕虏体和超镁铁质堆积体的 δ^{53}Cr 值为 -0.12‰,并且变化相对很小。Farkas 等(2013)观察到橄榄岩中的铬铁矿平均 δ^{53}Cr 值为 0.08‰,比地幔捕虏体稍重。正如 Wang 等(2016b)研究所示,玄武岩和其变质产物具有非常相似的 Cr 同位素组成,这支持了 Schoenberg 等(2008)的观点,高温下 Cr 同位素发生的分馏程度非常有限。近期,Xia 等(2017)发现采自蒙古的地幔捕房体的 δ^3Cr 值具有较大的变化($-1.36‰\sim0.75‰$),他们解释道,这可能主要反映了在熔体抽取过程中发生的动力学同位素分馏。在校正部分熔融和变质作用对同位素分馏的影响后,Xia 等(2017)估计原始的、未受影响的上地幔的 δ^{53}Cr 值为 $-0.14‰$,这与 Schoenberg 等(2008)估计的整体硅酸盐地球的值相当。不管如何,正如 Xia 等(2017)所证实的那样,大尺度的 Cr 同位素不均一是存在于地幔之中的。在超镁铁质岩石的蛇纹石化过程中,^{53}Cr 将更加富集(Farkas et al.,2013;Wang et al.,2016a,b,c)。因此,超镁铁质岩石的氧化次生水蚀变使原生的地幔成分向更重的 ^{53}Cr 值移动。

Moynier 等(2011b)发表了不同球粒陨石的 δ^{53}Cr 值数据,这些数据比整体硅酸盐地球轻 0.3‰。Moynier 等(2012)认为是地核形成导致的 Cr 同位素分馏差异。然而,Qin 等(2015)、Bonnand 等(2016)和 Schoenberg 等(2016)确实没有发现球粒陨石的 Cr 同位素组成与硅酸盐地球有差别,这表明在地核形成过程中,没有 Cr 同位素的分馏。

2. 低温分馏

在风化过程中,铬(Ⅲ)的氧化导致 ^{53}Cr 在生成的铬(Ⅵ)中富集,留下 ^{53}Cr 亏损的土壤。因此,相对于地幔和地壳岩石,河流和海水富集重铬同位素(Bonnand et al.,2013;Frei et al.,2014)。河水具有变化比较大的 δ^{53}Cr 值,来自蛇纹石化的超镁铁岩表现出重的 Cr 同位素分馏(Farkas et al.,2013;D'Arcy et al.,2016)。

海水也具有一个相对变化较大的 Cr 同位素组成,可从 0.4‰变化到 1.6‰(Bonnand et al.,2013;Scheiderich et al.,2015;Pereira et al.,2016)。如 Scheiderich 等(2015)报道的,海水的 Cr 同位素与 Cr 浓度有强相关性。相对于深层水,地表水具有重的 Cr 同位素组成,深层水具有相对均一的组成(0.5‰~0.6‰)。

氧化沉积物的 Cr 同位素与平均上地壳相接近,而缺氧沉积物可能反映了深海水的 Cr 同位素组成(Gueguen et al.,2016)。如 Reinhard 等(2014)所示,来自 Cariaco 盆地的缺氧海洋沉积物的 Cr 同位素值在过去 14500 年中都没有变化,这表明在这期间,Cr 循环基本上是稳定的。

碳酸盐的铬同位素组成覆盖了海水中的范围(Bonnand et al.,2013)。因此,海洋碳酸盐中的铬同位素可能是大陆地壳风化以及热液输入变化的敏感示踪剂(Frei et al.,2011)。在碳酸盐岩无机沉淀过程中,Cr(Ⅵ)会逐渐富集约 0.3‰(Rodler et al.,2015)。然而,碳酸盐岩在海洋沉积及生物过程,正如珊瑚所示,Cr 同位素的分馏变化为 $-0.5‰\sim+0.3‰$,该变化取决于碳酸盐岩种类(Pereira et al.,2016)。Wang 等(2017a,b)将浮游有孔虫作为海水 δ^{53}Cr 指标进行了研究。他们发现了甚至单个种类的 δ^{53}Cr 值都有很大的变化,这质疑了使用 Cr 同位素作为反演海水指标的可行性。

在出现氧化光合作用之前,岩石中的 Cr 主要是以 Cr(Ⅲ)形式存在的;随着自由氧的出现,风化过程中 Cr(Ⅲ)被氧化为了可溶性的 Cr(Ⅵ),这会以氧阴离子的形式被运送到海洋里。这个关系可以作为 Cr 同位素氧化还原指标,因此 Frei 等(2009)、Frei 和 Polat(2013)、

Crowe 等(2013)、Planavsky 等(2014)以及 Cole 等(2016)应用 Cr 同位素反演地球水圈和大气圈的氧化历史。这些研究表明,氧化风化环境在 30 亿年之前就已出现了,大氧化事件并没有导致单向的氧增加,反而表现为大气氧浓度的小范围细微波动。

3. 环境中的人为铬

六价铬酸盐在工业中的广泛应用导致了大量的土壤和地下水的铬污染。六价铬向三价铬的还原反应可以通过多种非生物和微生物过程进行。所有还原机制都会导致铬同位素分馏并使产物中富含较轻的 Cr 同位素(Dossing et al., 2011; Sikora et al., 2008)。Kitchen 等(2012)通过实验确定了铬还原过程中的同位素分馏系数,其通过溶解铁(Ⅱ)将铬还原,测得分馏系数可达 4.2‰。

由于铬(Ⅵ)还原过程中的同位素分馏几乎不受吸附作用的影响(Ellis et al., 2004),土壤和地下水中的 $^{53}Cr/^{52}Cr$ 比值可用作判断铬(Ⅵ)还原和污染的指标。地下水的 $\delta^{53}Cr$ 值范围为 0.3‰~5.9‰(Ellis et al., 2002, 2004; Berna et al., 2010; Zink et al., 2010; Izbicki et al., 2012)。这些研究者观察到,在铬酸盐还原过程中,$^{53}Cr/^{52}Cr$ 比值最高增加了 6‰。在希瓦氏菌属(*Shewanella*)实验中,Sikora 等(2008)观察到异化还原过程中铬同位素分馏约为 4‰。在铬(Ⅵ)还原过程中,厌氧和需氧细菌的其他属也产生可观的同位素分馏(Han et al., 2012)。这些发现可用于量化正在进行修复的位点中的铬(Ⅵ)的还原量。

2.2.14 铁

铁有 4 种稳定同位素(Beard, Johnson, 1999),其丰度分别为

$$^{54}Fe: 5.84\%$$
$$^{56}Fe: 91.76\%$$
$$^{57}Fe: 2.12\%$$
$$^{58}Fe: 0.28\%$$

铁是地球上第三丰富的元素,在低温和高温环境中,铁广泛参与生物和非生物控制的氧化还原过程。铁可和多种重要的成键离子和配体一起形成硫化物、氧化物和硅酸盐矿物以及含水复合物。众所周知,细菌的异化和同化氧化还原过程中均会涉及铁。由于铁的丰度高,且在高温和低温过程中起着重要的作用,铁的同位素研究一直是过渡元素研究的热点。自从 Beard 和 Johnson(1999)首次对铁同位素变化进行研究以来,对铁同位素变化的研究数量成指数增长。Anbar(2004a,b)、Beard 和 Johnson(2004)、Johnson 和 Beard(1999)、Dauphas 和 Rouxel(2006)以及 Anbar 和 Rouxel(2007)对铁同位素地球化学进行了综述。图 2.29 总结了重要地质储库中铁同位素的变化。

1. 分析方法

Johnson 和 Beard(1999)利用双稀释剂 TIMS 技术描述了一种具有非常高精度的分析方法。尽管如此,随着 MC-ICP-MS 技术的引入及其在几乎没有漂移的情况下测量铁同位素比值的能力,大多数研究人员已经将注意力集中在 MC-ICP-MS 上(Weyer, Schwieters, 2003; Arnold et al., 2004a, b; Schoenberg, von Blanckenburg, 2005; Dauphas et al., 2009; Craddock, Dauphas, 2010; Millet et al., 2012)。Sio 等(2013)报道了原位 SIMS 技

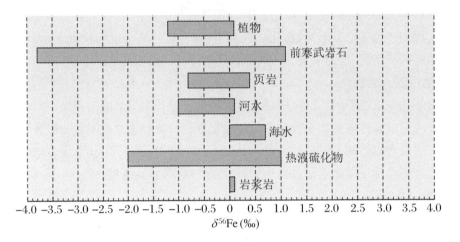

图 2.29 重要地质储库中的 δ^{56}Fe 值

术。Horn 等(2006)和 Oeser 等(2014)开发了基于飞秒激光 MC-ICP-MS 的原位微区分析技术。

由于质量分别为 54、56 和 57 的 $^{40}Ar^{14}N^+$、$^{40}Ar^{16}O$ 和 $^{40}Ar^{16}OH^+$ 的干扰,铁同位素分析极具挑战性。然而,目前常规测量可以得到精度为 ±0.05‰ 或更高的 δ 值(Craddock,Dauphas,2010)。

文献数据以 $^{57}Fe/^{54}Fe$ 或 $^{56}Fe/^{54}Fe$ 比值的形式给出。以下所有数据均以 δ^{56}Fe 值给出。因为仅有质量相关分馏存在,δ^{57}Fe 值比 δ^{56}Fe 值大 1.5 倍。铁同位素比值通常相对于欧标 IRMM-14(一种超纯合成铁金属)进行报告,或者相对各种岩石类型的平均成分来报道(Beard et al.,2003;Craddock,Dauphas,2010;He et al.,2015)。相对于 IRMM-14,火成岩的平均成分 δ^{56}Fe 值为 0.09‰。δ^{56}Fe 值的最大范围大于 5‰,沉积黄铁矿的值较低,条带状铁建造的铁氧化物的值较高。

2. 同位素平衡研究

前人通过以下 3 种不同的方法来确定矿物-矿物和矿物-流体系统的铁同位素平衡分馏:

(1) 基于密度泛函理论的 β 因子计算(Schauble et al.,2001;Anbar et al.,2005;Blanchard et al.,2009;Rustad,Dixon,2009;Rustad et al.,2010)。

(2) 基于穆斯堡尔谱和非弹性核共振 X 射线散射测量的计算(Polyakov,2007;Polyakov,Soultanov,2011;Dauphas et al.,2012)。

(3) 同位素交换实验(Skulan et al.,2002;Welch et al.,2003;Shahar et al.,2008;Beard et al.,2010;Saunier et al.,2011;Wu et al.,2011;Frierdich et al.,2014;Sossi,O'Neill,2017)。

从密度泛函理论(Blanchard et al.,2009)和穆斯堡尔谱或非弹性核共振 X 射线散射光谱数据(Polyakov et al.,2007;Polyakov,Soultanov,2011)获得的铁同位素分馏系数显示出显著的差异。计算的和实验确定的分馏系数之间也存在很大的差异,特别是对于矿物-流体系统而言。Rustad 等(2010)同时考虑铁溶解络合物的第二水合壳层的影响后取得了更为一致的结果。在 Fe^{2+}(aq)磁铁矿系统的多方向三同位素实验方法中,Frierdich 等

(2014)获得的同位素分馏与 Rustad 等(2010 年)计算的结果基本一致。

Schüßler 等(2007)进行了岩浆温度条件下的实验,研究了铁的硫化物(磁黄铁矿)和硅酸盐熔体之间的平衡同位素分馏,Shahar 等(2008)对铁橄榄石和磁铁矿的研究表明,在岩浆温度下铁同位素的分馏相对较大,因此可被用作地质温度计。在平衡条件下,常见的火成岩和变质的含铁矿物应表现出从赤铁矿到磁铁矿到橄榄石/辉石到钛铁矿的 ^{56}Fe 的亏损顺序。例如,在 800 ℃时,磁铁矿与钛铁矿之间的铁同位素分馏应在 0.5‰左右,并随温度的降低而增大。因此,磁铁矿-钛铁矿矿物对有被用作地质温度计的潜力。

Sossi 和 O'Neill(2017)开展的高温高压实验表明,配位环境和铁的氧化态控制了 Fe 同位素的分馏。对于 Fe^{2+} 赋存的矿物,δ^{56}Fe 分馏随着 4 配位数向 8 配位数的转变而减弱,随着 $Fe^{2+}/Fe_{总}$ 比值的增加而增加。

3. 陨石

陨石中的铁同位素已被用于研究与地核形成有关的过程。铁陨石被认为是分异的星球的金属核心的残余。地核形成是否存在铁同位素的分馏还有待商榷。Poitrasson 等(2009)和 Hin 等(2012)通过实验确定,在高达 2000 ℃的温度下,铁镍合金和硅酸盐熔体之间没有铁同位素分馏。

碳质球粒陨石和普通球粒陨石具有接近于 0 的均一的整体铁同位素组成(Craddock, Dauphas, 2010; Wang et al., 2013),而陨石中的单个铁组分的同位素是可变的,不同球粒之间的差异最大,金属和硫化物的差异相对较小(Needham et al., 2009)。如 Williams 等(2006)所示,金属和陨硫铁之间的铁同位素差异在 0.5‰的范围内——金属相比硫化物相陨硫铁重,这可能反映了平衡分馏。

陆生玄武岩的平均 δ^{56}Fe 值要比球粒陨石富集 0.1‰,而火星和灶神星玄武岩的同位素组成与球粒陨石是一致的。陆生玄武岩的非球粒陨石特征被解释为月球大碰撞过程向宇宙蒸发的结果(Poitrasson et al., 2004),或在地核形成过程中引起的同位素分馏(Elardo, Shahar, 2017),或地幔产生地壳过程中部分熔融导致的同位素分馏(Weyer, Ionov, 2007; Dauphas et al., 2014)。

对于月球,整体的铁同位素组成目前尚不清楚。如 Weyer 等(2005)和 Liu 等(2010a, b)所报道的,低钛玄武岩的 δ^{56}Fe 值比高钛玄武岩低 0.1‰,这可能反映了地幔源区的差异。月球没有板块运动,很明显可以保存残存下来的不均一的月球地幔。

4. 火成岩

早期的研究表明,所有的陆相火成岩都具有均一的铁同位素组成(Beard, Johnson, 1999, 2004)。后来的研究表明,部分熔融和结晶分异等岩浆过程可能导致可测量的铁同位素变化。玄武岩普遍具有 0.1‰的 δ^{56}Fe 值,在某些区域,如 Samoa,玄武岩的 δ^{56}Fe 值可高达 0.3‰(Konter et al., 2017)。

Weyer 等(2005)以及 Weyer 和 Ionov(2007)发现,地幔橄榄岩中铁同位素组成比玄武岩轻约 0.1‰。地幔捕房体的 Fe 同位素在同一个样品不同矿物之间以及不同样品之间均有变化,这指示不均一的岩石圈地幔(Macris et al., 2015)。尖晶石、橄榄石和可能的斜方辉石表明 Fe 同位素达到了平衡,而单斜辉石受到了后期变质作用的影响(Williams et al.,

2015；Weyer，Ionov，2007；Dziony et al.，2014；Macris et al.，2015）。

Teng 等(2013)报道了洋中脊玄武岩和洋岛玄武岩之间存在小的铁同位素变化，这可以用洋岛玄武岩的分异结晶来解释。Teng 等(2008)证明了岩浆分异过程中铁同位素在全岩和晶体尺度上都存在分馏。他们观察到，随着更多橄榄石结晶，玄武岩中的铁同位素变得更重，这意味着铁的氧化还原状态的差异起着决定性的作用。含环带的橄榄石晶体产有高达 1.6‰的 ^{56}Fe 同位素分馏，他们将其解释为橄榄石和不断演化的熔体之间的扩散(Teng et al.，2011；Sio et al.，2013；Oester et al.，2015)。

因为在部分熔融期间 Fe^{3+} 比 Fe^{2+} 更不相容，并且考虑到 Fe^{3+} 具有比 Fe^{2+} 更高的 $\delta^{56}Fe$ 值，熔体应该相对于残余固体变得更富集。Dauphas 等(2009)提出了一个定量模型，将玄武岩的铁同位素组成与部分熔融程度联系起来。Williams 和 Bizimis(2014)报道了 MORB 和 OIB 相对于未变质的地幔橄榄岩富集 0.1‰~0.2‰，他们解释道，这种同位素分馏是由在部分熔融过程中 Fe^{3+} 不相容特征导致的，同位素富集的辉石比同位素轻的橄榄石更易熔融。正如 Williams 和 Bizimis(2014)所证明的，部分熔融模型——假设更大程度的地幔熔融——是不能解释这么大的 OIB $\delta^{56}Fe$ 值变化的。他们认为，不均一的地幔源区包含轻和重 ^{57}Fe 端元能更好地解释 MORB 和 OIB 的变化。

在花岗质岩石中，$\delta^{56}Fe$ 值通常与二氧化硅含量成正相关(Poitrasson，Freydier，2005；Heimann et al.，2008)。这些研究者认为，流体的出溶作用移除了轻铁同位素，导致富含二氧化硅的花岗质岩石富集。Telus 等(2012)认为，仅仅依靠出溶不能解释所有花岗岩类中的高 $\delta^{56}Fe$ 值，相反，分离结晶似乎是 ^{56}Fe 富集的主要原因。

通过研究Ⅰ型花岗岩分离出的单矿物，Wu 等(2017)发现 ^{56}Fe 富集顺序：长石(含有 1000 ppm 以上的 Fe)＞黄铁矿＞磁铁矿＞黑云母≈角闪石。矿物内的 Fe 同位素分馏变化受矿物组成成分的控制。斜长石-磁铁矿和碱性长石-磁铁矿分馏分别受钠长石和正长石含量控制，这可通过不同 Fe^{3+} 含量导致的 Fe—O 键强度不同来解释。

5. 沉积物

在风化过程中，铁被配体和/或细菌溶解。铁同位素分馏可能发生在通过铁还原或配体促进的溶解而导致的铁的迁移过程中，或者发生在铁氧/氢氧化物的固定(沉淀)过程中(Fantle，de Paolo，2005；Yesavage et al.，2012)。随着风化程度的加深，整体的铁和盐酸可提取铁的 $\delta^{56}Fe$ 值变得更小；可交换铁比氢氧化铁中的铁更亏损 ^{56}Fe。

理论计算和实验测定均表明相比于 Fe(Ⅱ)矿物相，含 Fe(Ⅲ)矿物相倾向于富集重 Fe 同位素。最大的 Fe 同位素分馏是由氧化还原效应导致的(Johnson et al.，2008)。例如，在 25 ℃ Fe(Ⅱ)和 Fe(Ⅲ)类型之间的 Fe 同位素分馏研究表明，^{54}Fe 在 Fe(Ⅱ)类型中亏损 2.5‰~3.0‰。正如 Crosby 等(2005)所讨论的，Fe 同位素分馏是在氧化物表面 Fe(Ⅱ)和 Fe(Ⅲ)之间的同位素交换的结果，这解释了为什么 Fe 同位素与微生物异化 Fe(Ⅲ)还原非常相似、非生物系统中的微生物 Fe(Ⅱ)氧化以及可溶性 Fe(Ⅱ)和 Fe(Ⅲ)之间的平衡。这限制了 Fe 同位素作为生物指标的应用。

海洋沉积物反映了大陆地壳的平均铁同位素组成，偏离平均值的现象是由沉积物中的生物地球化学过程导致的。观察到的约 5‰的天然铁同位素变化是由许多过程造成的，这些过程可分为无机反应和微生物引发的过程。控制无机 Fe 同位素分馏的机制包括：含铁矿物的沉淀(Skulan et al.，2002；Butler et al.，2005)、不同配体类型的同位素交换(Hill, Schauble，2008；Dideriksen et al.，2008；Wiederhold et al.，2006)以及表面吸附的可溶性 Fe(Ⅱ)向 Fe(Ⅲ)的转变(Icopinni et al.，2004；Crosby et al.，2007；Jang et al.，2008)。不同键合对象和/或配位数也对同位素分馏有影响(Hill et al.，2009，2010)，这意味着 Fe 同位素组成可用来同时反映还原态和溶液化学组成。

含铁矿物(氧化物、碳酸盐、硫化物)的沉淀可导致高达 1‰ 的分馏(Anbar，Rouxel，2007)。更大的铁同位素分馏发生在生物地球化学氧化还原过程中，包括异化铁(Ⅲ价)还原(Beard et al.，1999；Icopini et al.，2004；Crosby et al.，2007)、厌氧的光合作用导致的铁(Ⅱ)氧化(Croal et al.，2004)、非生物铁(Ⅱ)氧化(Bullen et al.，2001)以及溶液中铁(Ⅱ)在铁(Ⅲ)氢氧化物上的吸附(Balci et al.，2006)。对于观察到的铁同位素变化是否受动力学、平衡因素、非生物学、微生物分馏控制，目前仍然存在争议。这使得利用铁同位素来识别岩石记录中的微生物过程变得复杂(Balci et al.，2006)。正如 Johnson 等(2008)所主张的，微生物还原 Fe^{3+} 比非生物过程可以产生更多的铁，且具有明显不同的 $\delta^{56}Fe$ 值。因此，许多研究认为沉积物中 $\delta^{56}Fe$ 值呈现负值反映了异化铁的还原过程(DIR)(Bergquist, Boyle，2006；Severmann et al.，2006，2008，2010；Teutsch et al.，2009)。黄铁矿中的铁和硫同位素间的耦合变化已被用作反映微生物异化铁(Ⅲ)和硫酸盐还原的指标(Archer, Vance，2006)。

总之，沉积岩中的负 $\delta^{56}Fe$ 值可能反映了古代异化铁还原(DIR)(Yamaguchi et al.，2005；Johnson et al.，2008)，然而，其他研究倾向于认为是非生物过程导致的负铁同位素值(Rouxel et al.，2005；Anbar，Rouxel，2007；Guilbaud et al.，2011)。在元古代和太古代条带状铁建造和页岩中发现了特别大的铁同位素分馏(Rouxel et al.，2005；Yamaguchet al.，2005)。在元古代，条带状铁建造被用来重建太古代海洋中铁的循环和大气中氧气含量的上升过程(见 3.8.4 小节和图 3.30)。图 3.30 所示的模式区分了铁同位素演化的三个阶段，这可能反映了铁循环中的氧化还原状态的变化(Rouxel et al.，2005)。铁循环与碳和硫记录的相互作用可能反映了地球历史上微生物代谢的变化(Johnson et al.，2008)。

6. 海水和河水

水中溶解的和微粒状的铁不仅以两种氧化态存在，而且以多种化学形态存在，这些化学形态通过吸附/解吸附、沉淀/溶解过程相互作用。所有这些过程都可能分馏铁同位素，从而改变水的铁同位素组成。

海洋中的铁是一种重要的微量营养素，低铁浓度往往会限制浮游植物的生长。海洋的铁输入源有大气灰尘、热液输入、大陆边缘沉积物的输入以及有氧海底沉积物。例如在北大西洋，Fe 同位素的数据指示 Saharan 气溶胶灰尘是主要的 Fe 源(Mead et al.，2013)。相对于玄武岩来说，热液的 Fe 是亏损重 Fe 同位素的(Sharma et al.，2001；Severmann et al.，2004；Bennett et al.，2009)，这可通过含重铁同位素的矿物(如角闪石、黄铁矿)沉淀来解释(Rouxel et al.，2004，2016)。

由于其浓度很低，海水的铁同位素组成不易测定。Radic 等（2011）以及 John 和 Adkins（2012）是第一批在太平洋和大西洋深度剖面中展示溶解的和颗粒的铁同位素研究的人。以正 δ^{56}Fe 值为特征的水剖面主要反映了在水柱中有轻微变化的大陆输入的贡献。John 和 Adkins（2012）证明，1500 米以上溶解的铁是均一的，δ^{56}Fe 值在 0.30‰～0.45‰之间，而在较深的海洋中，δ^{56}Fe 值增加到 0.70‰。在南大洋，Abadie 等（2017）证明了中等深度的水体具有亏损的 δ^{56}Fe 值，这与深水区具有富集的 δ^{56}Fe 值不同。海水的铁循环取决于大陆侵蚀、溶解/颗粒相互作用和深水的输入。

Bergquist 和 Boyle（2016）、Ingri 等（2006）、Poitrasson 等（2014）、Pinheiro 等（2014）以及其他学者报道了河水的铁同位素数据包括颗粒物、溶解和胶体的 Fe，数据显示了一个很大的变化范围。富含悬浮碎屑物质的河流，如亚马孙的白色水域，其铁同位素组成接近于大陆地壳（Poitrasson et al.，2014）。富含有机物质的河流含有很大一部分溶解的铁，其亏损重铁同位素，并且年度差异很大（Pinheiro et al.，2014）。

成岩系统中的流体在铁同位素组成上是可变的，一般亏损 ^{56}Fe（Severmann et al.，2006），这反映了细菌铁和硫酸盐还原过程中 Fe^{3+} 与 Fe^{2+} 的相互作用。硫酸盐还原占主导地位的过程会导致孔隙水有高 δ^{56}Fe 值，而当异化铁还原是主要途径时，情况正好相反（Severmann et al.，2006）。孔隙流体的铁同位素组成可能反映了早期成岩作用期间铁再循环的程度（Homoky et al.，2011）。孔隙水中由细菌主导的三价铁还原形成的二价铁可能在沉积物悬浮过程中被再氧化。由此产生的细粒的富集轻同位素的羟基氧化铁（FeOOH）可能被输送回深海，这一过程被称为"海底铁梭"（Severmann et al.，2008）。

7. 植物

尽管铁的充足供应对所有生物来说是必不可少的，但铁是最具限制性的营养物之一，因为土壤中的铁主要以几乎不溶的铁（Ⅲ）形式存在。因此，高等植物会以更高级的方式来获得铁。来自 Guelke 和 von Blanckenburg（2007）的证据表明，植物中的铁同位素特征反映了植物为吸收土壤中的铁而发展的两种不同策略。第一组植物在根际诱导化学反应并还原铁，随后在吸收过程中优先吸收轻同位素，并在运输到叶子和种子的过程中进一步导致铁同位素亏损。第二类植物通过特定的膜运输系统将铁（Ⅲ）复合物运输到植物根部，相对于土壤中的铁，膜运输系统不产生铁同位素分馏（Guelke et al.，2010；Guelke-Stelling，von Blanckenburg，2012）。如 Kiczka 等（2010）所述，在铁从旧的植物组织向新的植物组织转移的过程中可能会发生铁同位素分馏，这可能会引起一个季节内叶子和花的铁同位素组成的不同。

2.2.15　镍

镍可以以+4 到 0 价的氧化态存在，但+2 价态本质上是其唯一的自然氧化态。因此，氧化还原控制的反应对同位素分馏并不发挥重要作用，相反，化学沉淀、水体系中的吸附和岩浆体系中镍硫化物的结晶可能诱发同位素分馏。Fujii 等（2011a）分别从理论和实验角度，探究了无机 Ni 类型和有机配体之间的 Ni 同位素分馏，并发现由有机配体控制的 Ni 同位素分馏可达 2.5‰。由于镍是一种生物必需的微量元素，在酶中起着至关重要的作用，其生物过程也可能会发生同位素分馏。

镍有5种稳定的同位素,其丰度分别为

^{58}Ni:68.08%

^{60}Ni:26.22%

^{61}Ni:1.14%

^{62}Ni:3.63%

^{64}Ni:0.93%

最初关于Ni同位素地球化学的研究兴趣主要是发现太阳系早期存在的灭绝核素^{60}Fe,该同位素体系具有非常短的半衰期(2.62 Ma)。因此可以通过陨石中存在的^{60}Ni同位素验证早期存在的^{60}Fe(Elliott, Steele, 2017)。

镍同位素通常被报道为相对于NIST SRM 986标准物质的$\delta^{60/58}$Ni值。Gueguen等(2013)描述了一种镍同位素测定的分析程序,并确定了各种地质标准样品的镍同位素比值。目前所发现的Ni同位素变化在3.5‰以内。最轻的Ni同位素比值被发现于岩浆硫化物中,而最重的同位素比值被发现于富集C的沉积物和Fe/Mn结核(Estrade et al., 2015)中(图2.30)。

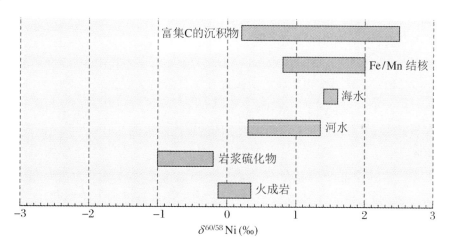

图2.30 重要地质储库中的$\delta^{60/58}$Ni值

1. 地幔岩石和陨石

Cameron等(2009)的首次测量表明,地幔和大陆地壳中的镍同位素变化可以忽略不计。最近,Gueguen等(2013)和Hofmann等(2014)报告称,科马提岩和相关的镍硫化物矿物中的镍同位素分馏高达1‰,后者亏损重镍同位素。Gall等(2017)报道了不同地幔矿物的Ni同位素变化,表明相对于单斜辉石,橄榄石和斜方辉石略微亏损重镍同位素,这导致Ni同位素的变化受控于模型丰度的不同。根据地幔捕虏体和科马提岩的同位素分馏情况,Gall等(2017)得出结论,整体硅酸盐地球的$\delta^{60/58}$Ni值为0.23‰,这也是球粒陨石的同位素组成。

为了研究地核和地幔之间潜在的镍同位素分馏,Lazar等(2012)测定了镍金属和镍滑石硅酸盐之间的镍同位素分馏。由于发现金属相富含轻镍同位素,他们认为在核幔分异期间可能发生了镍同位素分馏。另一方面,Gall等(2017)得出结论为:地核的形成不会产生可测量的 Ni 同位素分馏。

在矿物尺度，Ni 同位素结合 Fe 同位素被用来解释金属相富集陨石的冷却和结晶历史 (Cook et al.，2007；Weyrauch et al.，2017；Chernonozhkin et al.，2017)。高空间分辨率的剖面数据显示，轻 Fe 同位素在铁纹石（富铁相）中富集，而在镍纹石（富镍相）中亏损，Ni 同位素与 Fe 同位素恰好相反：重的 Ni 同位素在铁纹石（富铁相）中富集，而在镍纹石（富镍相）中亏损。金属相内部的 Ni 和 Fe 同位素组成表明由镍纹石置换形成铁纹石的形成过程中存在扩散驱动的同位素分馏。

2．水

河流中溶解的镍化合物变化约为 1‰(Cameron，Vance，2014)，总体比平均大陆岩石重。为了补偿这种富集，风化过程中产生的 Ni 同位素分馏可能会导致大陆地壳成为一个轻 Ni 同位素的储库。这也被 Ratie 等(2015)开展的研究证实，他们的数据表明黏土和铁氧化物是亏损重 Ni 同位素的。Wasylenki 等(2015)从实验方面证明了轻 Ni 同位素优先富集于水铁矿中，约为 0.3‰。通过研究一条红土风化坡面，Spivak，Birndorf 等(2018)发现 Ni 可以吸附 Fe 的羟基氧化物，并以较小程度与蒙脱石共沉淀，这可以用来解释河水为什么富集重 Ni 同位素。

溶解在海洋中的镍的平均 $\delta^{60}Ni$ 值为 1.44‰(Cameron，Vance，2014)，比河流中的镍重。没有观察到表层海水和深海海水之间的镍同位素存在差异。

通过研究黑海的水柱和沉积物，Vance 等(2017)证明了轻的 Ni 同位素在颗粒物和沉积硫化物封存过程中被提取。沉积物岩心的深度剖面显示出大的镍同位素分馏，这可能表明海水成分的变化。在另一个例子中，Porter 等(2014)报道称，富含有机碳的沉积物中的镍同位素变化在 0.15‰~2.5‰之间。他们认为不同的镍同位素值是由海洋源区的差异控制的。

3．植物

镍是高等植物一个必要的微量营养素。一小组植物可被归类为超富集 Ni 的植物 (Deng et al.，2014)。根部对 Ni 的摄取是控制 Ni 同位素分馏的主要因素，该过程可导致植物比土壤更富集重同位素(Estrade et al.，2015)。Deng 等(2014)将植物体内的 Ni 同位素分馏与镍摄取和迁移机制相关联。

镍在产甲烷菌的代谢中起着重要作用，产甲烷菌生长过程中的生物吸收会产生巨大的镍同位素分馏，形成同位素轻的细胞和重残留培养基(Cameron et al.，2009)。正如这些结论提出者假设的那样，镍的生物分馏可作为阐明早期生命的本质的一种示踪剂。

2.2.16 铜

铜以 Cu(Ⅰ)和 Cu(Ⅱ)两种氧化态存在，很少以铜元素的形式存在。主要的含铜矿物是硫化物（黄铜矿、斑铜矿、黄铜矿等），在氧化条件下，还存在氧化物和碳酸盐形式的次生富铜矿物。铜(Ⅰ)是硫化物矿物的常见形式，而在水溶液中铜(Ⅱ)占优势。尽管铜对所有水生光合微生物有毒，但铜仍然是一种营养元素。铜可以形成具有各种不同配位数的络合物，如正方形、三角形和四边形配位的络合物。上述这些性质是可以产生相对较大同位素分馏的理想先决条件。

铜有2种稳定的同位素，其丰度分别为

^{63}Cu:69.1%

^{65}Cu:30.9%

Shields 等（1965）使用热电离质谱技术做的早期工作表明铜同位素的总变化为12‰，其中低温次生矿物的变化最大。后来，Maréchal 等（1999）、Maréchal 和 Albarede（2002）、Zhu 等（2002）、Ruiz 等（2002）利用 MC-ICP-MS 进行的研究发现，铜同位素的变化接近10‰，这大于铁同位素的变化范围。然而，迄今为止分析的大多数样品的 δ^{65}Cu 值在 -2‰～+2‰ 上变化（图2.31）。常用的铜的标准物质 NIST SRM 976 已不再提供，新的标准物质是 ERM-AE633 和 ERM-AE647（Möller et al.，2012）。近期，Moynier 等（2017）对铜同位素地球化学做了综述。

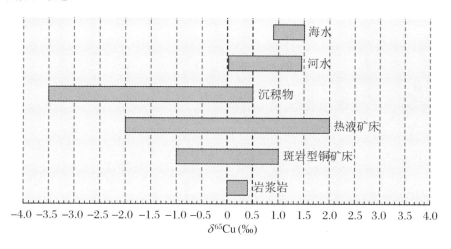

图2.31 重要地质储库中的 δ^{65}Cu 值

1. 低温分馏

铜同位素变化主要是在低温下发生的，主要过程有：(1) 氧化还原条件的变化；(2) 矿物表面和有机物的吸附（Pokrovsky et al.，2008；Balistrieri et al.，2008）；(3) 无机和有机配体的络合（Pokrovsky et al.，2008）；(4) 植物和微生物的生物分馏（Weinstein et al.，2011；Coutaud et al.，2017）。

水中无机 Cu 类型的 Cu 同位素分馏已经通过"从头开始"的方法进行了计算。实验研究表明，铜（Ⅰ）和铜（Ⅱ）物质之间的氧化还原反应是铜同位素分馏的主要过程（Ehrlich et al.，2004；Zhu et al.，2002）。在没有氧化还原状态变化的铜沉淀过程中，较重的铜同位素会被优先吸收，而在铜（Ⅱ）还原过程中，析出的铜（Ⅰ）比溶解的铜（Ⅱ）种类轻3‰～5‰。Pokrovsky 等（2008）通过实验观察到，在从水溶液吸附的过程中，铜同位素分馏的方向会发生改变，这取决于有机或无机表面的种类：在生物细胞表面，观察到了^{65}Cu 的亏损；而在氢氧化物表面，观察到了^{65}Cu 的富集。与非生物反应相反，无论实验条件如何，细菌都会优先将较轻的铜同位素结合到它们的细胞中（Navarette et al.，2011）。但这被 Coutaud 等（2017）质疑过，他们证明了生物膜和水溶液之间的 Cu 同位素分馏是从短时间内富集到长时间亏损的变化。

2. 岩浆岩

早期测试表明岩浆温度下的铜同位素分馏基本可以忽略不计。通过分析橄榄岩中的天然铜颗粒和全岩铜,Ikehata 和 Hirata(2012)报道这些铜同位素分馏值接近 0,且铜金属颗粒和全岩铜之间没有差异;因此,可以认为地幔和地壳的铜同位素组成接近于 0(Li et al.,2009a,b)。

Savage 等(2015)假设地幔的 Cu 同位素相对地球整体是分馏的,这是由核幔分异过程中硫化物熔体抽取导致的。类似的发现被 Ripley 等(2015)和 Zhao 等(2017a)报道过,他们证明了基性和超基性侵入体的硫化物抽取导致了显著的 Cu 同位素分馏。Ni-Cu 矿床的硫化物的同位素分馏变化可达 2‰,这很可能是由硫化物和岩浆的氧化还原反应导致的。

通过研究大量的橄榄岩、玄武岩以及与俯冲有关的安山岩和英安岩,Liu 等(2015)证明了 MORB、OIB 和未交代的橄榄岩具有均一的 Cu 同位素组成,这表明部分熔融过程不会导致明显的 Cu 同位素分馏。如 Huang 等(2016a)研究所示,硅酸盐的分离结晶也不会导致可测量的 Cu 同位素分馏;另一方面,如 Huang 等(2016b)所示,高温下热液风化的玄武质洋壳可能导致明显的 Cu 同位素分馏。

3. 矿床

Larson 等(2003)、Rouxel 等(2004a,b)、Mathur 等(2005,2010)、Markl 等(2006 a,b)和 Li 等(2010)已经调查了各种类型的铜矿床的铜同位素组成。早期研究表明,高温下铜同位素的变化非常有限,但后来 Maher 和 Larson(2007)以及 Li 等(2010)的研究表明,斑岩铜矿床中可能出现高达 4‰的变化。单个矿床显示出特征性的铜同位素分馏,这可能是由铜沉淀过程中硫化物、盐卤水和蒸气之间的分馏引起的。

铜的硫化物中同位素分馏的大小会随着次生蚀变和改造过程而增加(Markl et al.,2006 a,b)。因此,铜同位素比值可用于解析自然氧化还原过程的细节,但很难用作铜来源的可靠示踪剂,因为单一矿床内氧化还原过程引起的变化通常比矿床间变化大得多。

Maher 等(2011)的实验表明,铜同位素分馏的大小取决于成矿流体的酸碱度以及铜在蒸气和液体之间的分配行为。斑岩铜矿床中的深成和表生 Cu 矿物的 Cu 同位素组成具有非常大的差别,这可用作探矿的指标(Mathur et al.,2009)。

4. 河流和海水

硫化物氧化风化是陆生和海洋环境中释放 Cu 的主要过程。在风化过程中,^{65}Cu 在可溶态中变得富集,在残余态中变得亏损。河水具有大范围变化的 Cu 同位素组成(Vance et al.,2008)。不溶微粒态铜同位素比溶解的铜更轻。海水中溶解的铜的同位素组成比输入河流水的同位素组成要重,这可能是由于轻同位素进入到了微粒状的物质中,尤其是铁锰氧化物(Vance et al.,2008;Little et al.,2014a,b)。

在受矿山酸性排水污染的场地上,Borrok 等(2008)和 Kimball 等(2009)展示了矿石矿物和溪流水之间存在系统的铜同位素分馏,这个特征对矿产勘查有一定的意义。

5. 植物

铜是植物生长所必需的微量营养素。铜同位素可以用来阐明铜的吸收过程。Weinstein 等(2011)、Jouvin 等(2012)和 Ryan 等(2013)的研究表明,吸收策略不同也会导致植物中铜同位素分馏不同。在可控的溶液培养条件下生长的番茄和燕麦产生的铜同位素分馏支持了先前针对植物对铁的吸收实验发现的策略1和策略2吸收过程(Ryan et al., 2013)。番茄优先吸收轻的^{63}Cu,产生的分馏约为1‰,这是由于铜的还原,而燕麦显示出很小的铜分馏,这表明铜的吸收和运输对氧化还原状态没有选择性。

2.2.17 锌

锌有质量数为64、66、67、68和70的5种稳定同位素,其丰度分别为

^{64}Zn:48.63%

^{66}Zn:27.90%

^{67}Zn:4.10%

^{68}Zn:18.75%

^{70}Zn:0.62%

大多数的Zn同位素是通过MC-ICP-MS技术获取的,该技术首次由Marechal等(1999)报道,近期,Moynier等(2017)做了总结。标准物质JMC-Lyon在过去一直被视为常用的锌同位素标准,但现在已经不再适用。Möller等(2012)将欧洲标准IRMM-3702校准为新的锌同位素标准,其δ^{66}Zn值相对于JMC-Lyon为0.29‰。图2.32总结了以^{66}Zn/^{64}Zn比值给出的天然锌同位素变化。

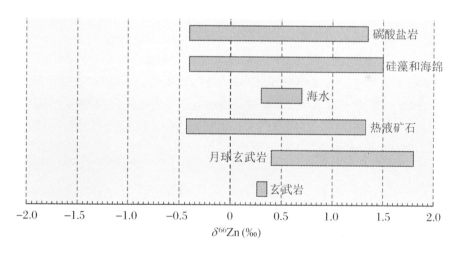

图2.32 重要地质储库中的δ^{66}Zn值

产生锌同位素分馏的主要过程是:

(1) 蒸发—冷凝过程。在该过程中,相对于固相而言,气相中亏损重同位素。

(2) 吸附过程(Cloquet et al., 2008)。Juillot等(2008)确定了铁的氢氧化物吸附过程中存在锌同位素分馏,Jouvin等(2009)研究了有机物质上的锌吸附过程的同位素分馏。Little等(2014a,b)和Bryan等(2015)定量了Mn氢氧化物吸附过程的Zn同位素分馏,并表明重Zn同位素优先富集在铁锰结核。同位素分馏的大小取决于固体表面锌络合物的结构。

在水中,锌同位素分馏取决于存在的配体种类,尤其是溶解的磷酸盐和碳酸盐。Black

等(2011)和Fujii等(2011)对含水硫化物、氯化物和碳酸盐之间的锌同位素分馏进行的初步计算表明,相对于Zn^{2+}和氯化锌,硫化锌络合物亏损重同位素,而碳酸盐比氯化物富集重同位素。

1. 蒸发过程中的分馏

蒸发—冷凝过程可能是导致陨石中出现较大同位素分馏的原因(Luck et al., 2005; Wombacher et al., 2008; Moynier et al., 2011a)。例如,极度亏损挥发性元素的钛铁矿显示明显的重同位素富集,这可能是由蒸发过程中动力学分馏导致的(Moynier et al., 2009)。月球样品具有很大的^{66}Zn富集,这可能暗示了月球整体范围的挥发(Paniello et al., 2012)或者岩浆海分异过程中的挥发(Day, Moynier, 2014; Kato et al., 2015a, b),后者指示了可能在月球内部存在孤立的挥发富集区域。

火山排气可能会释放出大量的锌。默拉皮火山的富气和冷凝物的锌同位素组成范围相对较大。气态锌样品富含较轻的锌同位素,而冷凝物富含较重的同位素(Toutain et al., 2008)。

2. 在地幔衍生岩石中的变化

通过研究位于夏威夷和冰岛的两组化学成分不同的火山岩,Chen等(2013a, b)得出地球地幔的锌同位素组成是均一的,整体硅酸盐地球的$\delta^{66}Zn$值为0.28‰。基拉韦厄玄武岩则表现出较小但随着分异程度的增加而富集的锌同位素特征。另一方面,Doucet等(2016)和Wang等(2017a, b)得出结论:地幔的Zn同位素组成是不均匀的,并认为高程度部分熔融会导致Zn同位素分馏。

Wang等(2017a, b)开展了文献调研,并表明玄武岩的重Zn同位素要比未交代橄榄岩富集0.1‰。不同矿物之间的Zn同位素分馏接近0,除了尖晶石,该矿物相对于橄榄石来说富集Zn同位素。交代的橄榄岩的Zn同位素组成明显是变化的,这可能是与碳酸盐或者富硅熔体反应有关。中国东部的大陆玄武岩具有比较大的Zn同位素富集,这可以通过碳酸盐化橄榄岩的部分熔融来解释。

3. 矿床

通过分析矿床中的闪锌矿,Mason等(2005)、Wilkinson等(2005)、Kelley等(2009)、Gagnevin等(2012)和Zhou等(2014)观察到锌同位素变化约为1.5‰。这些研究表明,早期沉淀的闪锌矿比晚期沉淀的闪锌矿具有更高的^{64}Zn值。这些变化与闪锌矿快速沉淀过程中的动力学分馏有关。Gagnevin等(2012)通过将热液流体与含有细菌硫化物的冷盐水混合,解释了毫米级尺度的相对较大的锌同位素变化。John等(2008)报道了喷流热液中相对较大的锌同位素分馏。低温流体的$\delta^{66}Zn$值会高于高温流体。喷流热液的冷却导致与动力学同位素分馏有关的富集轻同位素的闪锌矿的沉淀,并使流体富集重同位素。

4. 海洋中的变化

锌是浮游植物必需的微量元素,其浓度受浮游植物吸收和再矿化的控制。轻锌同位素优先被吸收进入浮游植物的有机物中,导致残余表层水中富集重锌同位素(John et al., 2007; Andersen et al., 2011; Hendry, Andersen, 2013)。Zn从表层水分离主要是通过两个过程发生的:(1) 有机物吸附Zn,这个过程不会导致Zn同位素分馏;(2) 浮游生物的新陈代谢会将轻 Zn 同位素带入细胞中,使得表层水富集重 Zn 同位素(Zhao et al.,2016)。在太平洋海水上层 400 米的深度剖面中,Bermin 等(2006)观察到了小的同位素变化,他们将此解释为生物再循环的结果。1000 米以下海洋中溶解锌的整体同位素组成约为 0.5‰,比河水的输入重(Little et al.,2014;Balistrieri et al.,2008;Chen et al.,2008;Borrok et al.,2009)。在 Zn 输入方面,为了平衡海洋中溶解 Zn 的重 Zn 同位素组成,需要一个轻 Zn 同位素的储库。如 Little 等(2016)所证明的,有机物富集的大陆边缘沉积物可能是潜在的轻 Zn 同位素储库。进一步,如 Vance 等(2016)所示,黑海的静海沉积物是富集轻 Zn 同位素的。

海洋碳酸盐中锌同位素的变化则可以反映可用养分的变化(Pichat et al.,2003;Kunzmann et al.,2013)。

5. 人为污染

人类活动对锌的使用导致许多环境系统受到了污染。Cloquet 等(2008)、Sonke 等(2008)、Chen 等(2008)和 Weiss 等(2007)证明了利用锌同位素追踪锌污染和大气迁移的潜力。污染较轻的水比污染较重的水具有更高的 $\delta^{66}Zn$ 值。Chen 等(2008)沿塞纳河的一个断面测量了锌同位素变化。沿河流横断面的变化表明锌的浓度逐渐升高,在巴黎地区达到最高值。

John 等(2007)测量了各种人造锌产品的锌同位素组成。结果表明,工业产品的 $\delta^{66}Zn$ 值范围小于锌矿石的 $\delta^{66}Zn$ 值范围,表明加工和矿石提纯过程中会发生锌同位素均一化。

在 Zn 矿冶炼过程中,Sonke 等(2008)、Juillot 等(2011)和 Yin 等(2016a)研究表明矿渣残余态富集重 Zn 同位素,而释放的细小灰尘倾向于轻同位素。通过分析泥煤剖面,Weiss 等(2007)认为锌同位素可用来辨别大气的锌来源,如来自采矿和冶炼的锌。Bigalke 等(2010)测量出冶炼厂附近高度污染土壤具有轻 Zn 同位素组成。他们指出轻的 Zn 同位素也可能是由植物摄取轻 Zn 同位素导致的。

6. 植物和动物

锌是大多数生物的生命元素,在各种生化过程中起着重要作用。在陆地植物中发现了最大的锌同位素变化(Viers et al.,2007;Weiss et al.,2005)。正如 Moynier 等(2008)和 Viers 等(2007)所指出的,锌同位素在锌进入根部和在植物内部运输的过程中会发生分馏。分馏的大小取决于物种种类(Viers et al.,2007),并与植物的高度息息相关。锌同位素分馏的机制尚不清楚,但表面吸收、溶液形态和膜控制的吸收都可能影响到其分馏过程。

Jaouen 等(2013)报道了植物相比于食草动物的骨头系统富集 ^{66}Zn。对于 $\delta^{66}Zn$ 值为 0.2‰ 的饮食,山羊的 $\delta^{66}Zn$ 值可从肺部的 −0.5‰ 变化到骨头、肌肉和尿液的 +0.5‰(Balter et al.,2010)。Jaouen 等(2016)证明了 Zn 同位素可被用成饮食的指标。他们表明骨头和釉质的 Zn 同位素可以明显地区分开食草动物和食肉动物。

2.2.18 镓

镓主要以三价的形式存在,普遍认为镓的化学性质与 Al 类似。不像主量元素 Al,微量

Ga 的行为不同,Ga/Al 比值被用于调查风化过程和海洋中发生的搬运情况。Ga 在生物反应过程中起着非常重要的作用,但其详细的作用需要进一步调查。由于高科技的普及和其在医学中的应用,Ga 可能会造成环境问题。

Ga 有 2 个稳定同位素,其丰度分别为

$$^{69}Ga:60.10\%$$
$$^{71}Ga:39.90\%$$

Yuan 等(2016)、Zhang 等(2016)和 Kato 等(2017)报道了基于 MC-ICP-MS 技术准确分析 Ga 同位素的方法。据报道,球粒陨石和地球之间的 Ga 同位素存在显著差异。核幔分异过程的同位素分馏也可用于解释这个系统的变化(Kato,2015a,b)。在岩浆演化过程中,似乎没有发生 Ga 同位素分馏(Kato et al.,2015a,b)。

2.2.19 锗

由于 Ge 与 Si 的离子半径极为相近,故 Ge 可能替代硅酸盐矿物中的 Si,因此它会表现出与硅相似的同位素分馏行为。但是 Ge 通常与硫化物关系密切并会替代黄铁矿中的 Zn 和 Cu,且其含量高达 1000 ppm,而地壳中 Ge 的平均丰度却仅有 1 ppm。

自然界中存在 5 种 Ge 的稳定同位素(Rosman,Taylor,1998),其丰度分别为

$$^{70}Ge:20.84\%$$
$$^{72}Ge:27.54\%$$
$$^{73}Ge:7.73\%$$
$$^{74}Ge:36.28\%$$
$$^{76}Ge:7.61\%$$

在早期研究中,TIMS 同位素测试方法的不确定度达千分之几。在过去几十年内,MC-ICP-MS 测试技术已经得到了发展和改进,使得长期的外部重现性优于 0.2‰~0.4‰ (Rouxel et al.,2006;Siebert et al.,2006a)。Luais(2012)和 Escoube 等(2012)甚至得到了更高的重现性。$\delta^{74}Ge$ 值通常是以 $^{74}Ge/^{70}Ge$ 比值形式相对于 NIST SRM 3120a 标准物质给出。目前报道的地球样品和陨石样品的变化范围为 -4.0‰~+4.7‰(EI Korh et al.,2017;Rouxel,Luais,2017)(图 2.33)。

Li 等(2009a,b)以及 Li 和 Liu(2010)研究了含 Ge 相中影响同位素分馏的因素,并认为硫化物相对于 Ge 氧化物会发生重 Ge 同位素的亏损。在向针铁矿吸附的过程中,Poktrosky 等(2014)从实验角度证明了针铁矿相对于水溶液会亏损 1.7‰的重 Ge 同位素。因此吸附现象会影响到海水的 Ge 同位素组成。

地幔源区岩石具有窄的 Ge 同位素变化范围,平均值为 0.53‰。已报道玄武岩的 $\delta^{74}Ge$ 变化范围为 0.37‰~0.62‰,这可能揭示了地幔的同位素变化(Escombe et al.,2012;Luais,2012)。在海退晚期,水/岩反应可能会导致中 Ge 同位素的富集(EI Korh et al.,2017)。

1. 矿床

虽然矿床中的 Ge 含量非常低,但它们仍然可在闪锌矿中赋存达到千分之几。在 25 ℃

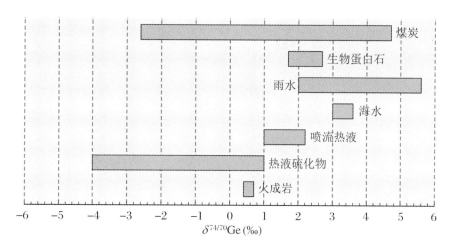

图 2.33 地质储库中的 $\delta^{74/70}\text{Ge}$ 变化值

时,闪锌矿类型的硫化物和流体之间计算得出的分馏系数为 11.5‰~12.2‰,这使得相对于流体而言,闪锌矿的 Ge 同位素非常轻(Li et al., 2009)。因此,不同热液矿床的硫化物的范围为 -5‰~2‰(Belissont et al., 2014; Meng et al., 2015)。不同的沉淀温度和储库效应的影响是引起如此大 $\delta^{74}\text{Ge}$ 值变化范围的主要原因。

据报道,煤层中的含 Ge 量较高。Qi 等(2011)发现煤和其燃烧物的 $\delta^{74}\text{Ge}$ 变化超过 7‰。他们发现煤燃烧会导致 Ge 同位素的分馏,煤烟比煤渣亏损 ^{74}Ge。

2. 水圈

河流的 $\delta^{74}\text{Ge}$ 值具有很大的变化范围(2.0‰~5.6‰),这明显高于地壳和地幔。Baronas 等(2017)解释道,这种富集可能与轻 Ge 同位素优先进入次生风化矿物有关。

Guillermic 等(2017)首次报道了海水的 Ge 同位素数据。深水具有相对均一的 $\delta^{74/70}\text{Ge}$ 值,该值为 3.14‰±0.38‰。南部海洋的垂直剖面只是表层水中富集重 Ge 同位素,在最大再矿化深度的水中具有最小的 $\delta^{74/70}\text{Ge}$ 值。Guillermic 等(2017)提出了采用结合两个过程来解释 Ge 同位素的分布:(1)硅质浮游生物形成过程的 Ge 同位素分馏;(2)不同水的混合。值得注意的是,相比于共存的海水,深海海绵的 ^{74}Ge 大约亏损 0.9‰。

通过分析低温和高温喷流热液,Escoube 等(2015)发现喷流热液的 Ge 同位素要比海洋的轻约 1.5‰。喷流热液相比于海水亏损 ^{74}Ge,主要是与 Fe 的氢氧化物沉淀吸附有关。

总结来说,Ge 同位素地球化学的特征是热液硫化物亏损 ^{74}Ge,而海水和海洋沉积物富集 ^{74}Ge。

硒和碲与硫属于同一族,它们表现出相类似的地球化学特征。它们是亲硫微量元素,并具有多种氧化态。

2.2.20 硒

硒是动物和人体必需的微量元素之一,在缺硒与硒中毒之间存在一个很狭窄的安全范围(Schilling et al., 2011)。它具有 4 个不同的价态,且每个硒价态具有各自不同的毒理学行为。在化学性质上,Se 与同族元素 S 相似,因此我们可以推测出,自然界中硒同位素应该

存在相对较大的元素分馏。已发现 6 种硒的稳定同位素（Coplen et al., 2002），其丰度分别为

$$^{74}Se: 0.89\%$$
$$^{76}Se: 9.37\%$$
$$^{77}Se: 7.63\%$$
$$^{78}Se: 23.77\%$$
$$^{80}Se: 49.61\%$$
$$^{82}Se: 8.73\%$$

由于 ^{76}Se 与 ^{82}Se 存在 7% 的质量差异，且存在众多微生物硒和无机硒的氧化还原转化，因此近年来人们对硒同位素研究的兴趣不断增长。在 Krouse 和 Thode(1962) 的一项早期研究中，利用 SeF_6 气体进样方式分析了硒的同位素组成，但因需要样品质量较大而限制了其在该研究领域的应用。Johnson 等(1999)建立了一种双稀释剂固体进样技术，克服了样品前处理和质谱测试中的元素分馏影响，得到的总体重现性优于 ±0.2‰。这项技术将硒同位素分析所需样品质量减少至亚微克级别。以市售硒溶液为标准时，MC-ICP-MS 分析技术甚至将所需样品量减少至 10 ng(Rouxel et al., 2002)。$^{82}Se/^{78}Se$ 比值可通过乘以系数 1.5 转变为 $^{82}Se/^{76}Se$。$\delta^{82}Se$ 分馏值通常是相对于 NIST SRM 3149 国际标准物质给出的。图 2.34 汇总了特定储库中硒同位素的分布差异。Stuken(2017)综述了 Se 同位素地球化学。

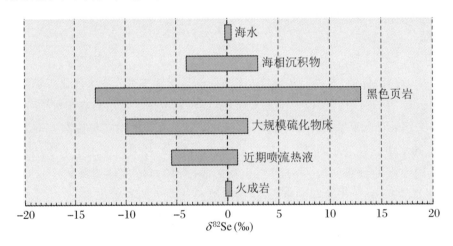

图 2.34　几个重要地质储库中的 $\delta^{82}Se$ 分布值

1. 分馏过程

如 Li 和 Liu(2011)计算所示，理论上同位素平衡交换反应可导致较大的 Se 同位素分馏。由于在 Se 循环过程中，生物还原过程是由动力学分馏主导的，故在自然环境中，平衡条件下的同位素分馏是不太重要的。硒氧化物可被特定的微生物还原。还原步骤可分为 3 步，且 Se(Ⅳ) 和 Se(0) 是反应过程中的两个稳定中间产物(Johnson, 2004)。Herbel 等(2000)的同位素分馏实验表明，硒酸盐被还原为亚硒酸盐时可产生 5‰ 的分馏效应。

Johnson 和 Bullen(2003)研究了羟基硫酸铁(绿锈)还原无机硒酸盐过程中发生的硒同位素分馏效应，发现其最大分馏值可达 7.4‰，大于细菌还原硒酸盐过程中的分馏值。这一

现象表明硒同位素的分馏大小取决于特定的反应机理。Mitchell 等(2013)研究了铁氧化物和铁硫化物吸附硒的过程中同位素的分馏:前者分馏一般极小,而后者则较大。

2. 自然变化

幔源岩石的 δ^{82}Se 值接近 0。Rouxel 等(2002)测定了几种火成岩和几个铁陨石,发现其 δ^{82}Se 值均落在 NIST-SRM 3149 标准的 0.6‰ 以内。硒可能富集在近期深海热液喷发的硫化物中,这部分硒通常来自火成岩和富硒有机沉积物的淋滤。Layton-Matthews 等(2013)报道称,在古老的海底热液矿床中 δ^{82}Se 具有一个广泛的范围,极负的同位素分馏值可能是由热液活动中碳质页岩硒流失导致的。

3. 海洋

尽管 Se 和 S 具有相似的地球化学性质,但在海洋环境中 Se 却表现出与 S 不同的行为,即硒能以硒酸根、亚硒酸根以及尤为重要的可溶性有机硒形态存在。Mitchell 等(2012)研究认为在低有机碳含量的海相页岩中 δ^{82}Se 变化范围很小,而在高硒含量的黑色页岩中会产生较大的硒同位素分馏(Wen,Carigman,2011)。在一个极富硒的碳质页岩剖面上,Zhu 等(2014)分析得到 $\delta^{82/76}$Se 值变化范围为 -14.2‰ $\sim +11.4$‰,暗示着硒同位素氧化还原的多重循环过程的存在。

Se 同位素可用于反演地质历史时期中大气和海洋的氧化还原条件的变化(Wen et al.,2014,Pogge von Strandmann et al.,2015,Stueken et al.,2015a,b,c)。如 Stueken 等(2015a)所建议的,海洋沉积物中的 Se 同位素可用于反映古海水的生产力和氧化还原环境。正的 Se 同位素值应该反映的是高生物生产力和/或缺氧环境,而负值反映的是氧化环境和低生产力。为了尝试重建 Se 的生物地球化学循环,Stueken 等(2015a)解释了元古代的正 Se 同位素值转变为古生代的负值,并表明这与元古代晚期 Se(Ⅳ)被氧化为 Se(Ⅵ)有关。25 亿年前澳大利亚的 Mount Mc Rae 页岩的 Se 同位素数据可能指示在大氧化事件之前存在氧化光合作用事件(Stueken et al.,2015c)。在大气氧化事件过程中,正 Se 同位素数据指示在浅层低氧海水中发生了 Se 部分含氧阴离子的还原反应。

2.2.21 碲

在地球上 Te 是非常稀有的元素,但是可以像 Au、Ag 和 Cu-Ni-PGE 那样在矿化过程中富集。碲在自然界中以 4 种氧化态形式存在,包括两种含氧阴离子,即碲酸盐和亚碲酸盐,以及天然碲和金属碲化物两种还原态。作为亲硫元素,碲与硫可能表现出类似的同位素分馏行为。

碲有 8 种稳定同位素,其丰度分别为

^{120}Te:0.10%

^{122}Te:2.60%

^{123}Te:0.91%

^{124}Te:4.82%

^{125}Te:7.14%

^{126}Te:19.0%

^{128}Te：31.6%

^{130}Te：33.7%

通过测量气态碲的 $\delta^{130/122}$Te 值，Smithers 和 Krouse(1968)首次证明了无机和微生物作用的将亚碲酸盐还原为单质碲的过程会导致同位素分馏，这会使反应产物中亏损重同位素。由于相当大的记忆效应和其他化学缺点，该方法已被放弃。Fehr 等(2004)介绍了一种碲的 MC-ICP-MS 分析方法。他们发现陨石和地球上碲化物的同位素组成没有差异。通过使用改进的 MC-ICP-MS 分析技术测量^{130}Te/^{125}Te 的比值，Fornadel 等(2014)发现矿床中的碲化物和天然碲显示出高达 1.64‰的同位素差异，而单个矿床内的差异也十分显著。

与 S 和 Se 类似，氧化态的 Te 化合物比还原态的富集重 Te 同位素。Fornadel 等(2017)开展了热力学第一性原理计算，表明在 100 ℃下，Te(Ⅳ)和 Te(Ⅱ)或者 Te(0)物质之间的 Te 同位素分馏可高达 4‰，而在 Te(Ⅰ)或者 Te(Ⅱ)矿物之间的同位素分馏比较小。

2.2.22　钼

钼在氧化条件下是相对稳定的，这使得它成为海洋中丰度最大的过渡金属元素，即使在地壳中它的含量非常低。在缺氧-硫化环境下，Mo 可从海水中脱离出来，这使得沉积物具有富集 Mo 的特征。从生物角度来看，Mo 是几乎所有有机物中酶的必要元素。

Mo 由 7 个稳定的同位素组成，其丰度分别为

^{92}Mo：15.86%

^{94}Mo：9.12%

^{95}Mo：15.70%

^{96}Mo：16.50%

^{97}Mo：9.45%

^{98}Mo：23.75%

^{100}Mo：9.62%

文献报道了^{97}Mo/^{95}Mo 和^{98}Mo/^{95}Mo 比值两种形式。因此，在比较钼同位素值时必须谨慎。在低温地球化学中，Mo 的同位素数据是以 δ^{98}Mo 值给出的，通常是相对于海水校正的实验室内部标准(平均海水钼值(MOMo))(Barling et al.，2001；Siebert et al.，2003)给出的。在 Mo 的高温地球化学中，通常采用相对于 NIST SRM 3134 的 δ^{98}Mo 值(Burhardt et al.，2011；Willbold，Elliott，2017)。最近，Nägler 等(2014)提出，NIST SRM 3134 应该采纳为国际标准，相对于 MOMo，其 δ^{98}Mo 值为 +0.25‰。

Kendall 等(2017)总结了 Mo 的同位素地球化学。钼的特别之处在于，它可以示踪和重建海洋和大气氧化还原历史(Barling et al.，2001；Siebert et al.，2003；Wille et al.，2007；Dahl et al.，2010a，b；Herrrmann et al.，2012；Scott，Lyons，2012)。图 2.35 总结了自然界中 Mo 同位素组成的变化。

1. 岩浆岩

陨石的 Mo 同位素数据通常被用来查明陨石和类地行星的内在联系(Burkhardt et al.，

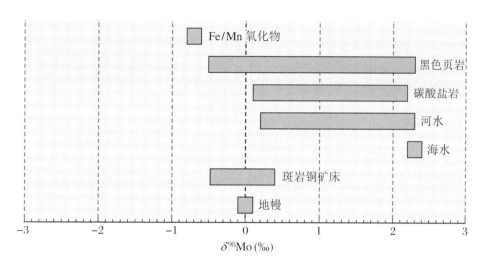

图 2.35 重要地质储库中的 $\delta^{98/95}$Mo 值

2011，2014）。在行星分异过程中，Mo 优先进入地核中，因此在地幔中亏损。如 Burkhardt 等（2014）研究所示，相比于球粒陨石和铁陨石，已分异的行星体的硅酸盐岩的 Mo 同位素偏重。这个发现与金属相和硅酸盐相 Mo 同位素分馏的实验证据一致（Hin et al.，2013）。

通过研究科马提岩的 Mo 同位素组成，Greber 等（2015）发现地幔的平均 Mo 同位素组成为 0.04‰，该值比平均大陆地壳（0.3‰）低一些（Voegelin et al.，2014）。

火成岩的 Mo 同位素变化可超过 1‰（Burkhardt et al.，2014；Freymuth et al.，2015；Greber et al.，2014，2015；Bezard et al.，2016；Willbold et al.，2017）。Bezard 等报道了 MORB 的 Mo 同位素变化为 0.4‰，他们解释道，这可能反映了地幔的不均一性。富集地幔源区具有高的 δ^{98}Mo 值，这指示再循环地壳物质的同位素组成要比亏损地幔重。另一方面，Liang 等（2017）报道了 MORB 的 Mo 同位素组成是不变的，而洋岛玄武岩的同位素组成变化较大，即使是在同一地区。Freymuth 等（2015）、Konig 等（2016）、Willbold 和 Elliott 等（2017）报道了弧岩浆的 Mo 同位素有明显的变化。流体主导的样品具有较重的值，俯冲的沉积物和沉积物熔融体具有较轻的值。

Voegelin 等（2014）和 Yang 等（2015）研究了岩浆分异过程中的 Mo 同位素行为。虽然 Voegelin 等（2014）发现从玄武岩到英安岩的演化会导致 0.3‰的同位素分馏。但是 Yang 等（2015）发现冰岛 Hekla 火山的岩浆分异并没有引起 Mo 同位素分馏。Voegelin 等（2014）发现从酸性熔体中结晶出的角闪石和黑云母大约亏损 0.5‰的重 Mo 同位素。

I、S 和 A 型花岗岩记录了变化为 1‰的 δ^{98}Mo 值，并且不同类型的花岗岩有很明显的重叠（Yang et al.，2017）。因此 Mo 同位素组成可能不能有效地区分花岗岩源区。同位素的变化主要与源区不均一和热液改造有关。

2. 辉钼矿

在许多岩浆岩中的一种副矿物辉钼矿（MoS_2）中发现了较大的同位素组成变化（Hannah et al.，2007；Mathur et al.，2010a，b）。总体的变化大约为 4‰（Breillat et al.，2016）。根据 Mathur 等（2010a，b）的报道，Mo 同位素组成的变化取决于矿床的类型，斑岩型铜矿中辉钼矿组成较其他矿床具有轻的钼同位素组成。Grebe 等(2011)在单个辉钼矿床中观测到 1.35‰的同位素组成变化,这大于火成岩中 Mo 同位素组成的整体变化。Greber 等(2014)通过对新墨西哥州著名的 Questa 斑岩型铜矿床中辉钼矿的分析,将钼同位素分馏过程划分为三个阶段,每个阶段均导致辉钼矿的同位素组成比岩浆源区重。这意味着辉钼矿的钼同位素组成并不一定代表火成岩的平均同位素组成。

3. 沉积物

海洋沉积物的同位素组成存在较大的差异(Siebert et al., 2006a, b; Poulson et al., 2006)。海水和沉积物之间的 Mo 同位素分馏程度与沉积环境的氧化还原状态相关联。氧化态环境具有大的 Mo 同位素分馏(3‰)特征,最强还原态环境的 Mo 同位素与海水接近。中间还原态的环境具有变化的 Mo 同位素组成。

Poulsen Brucker 等(2009)总结了沉积物中 Mo 的 3 个不同来源:

(1) Archer 和 Vance(2008)以及 Neubert 等(2011)研究了河流输入 Mo 的同位素组成。他们发现 δ^{98}Mo 值变化范围很大,从 0.2‰到 2.3‰,平均为 0.8‰,其要比平均大陆地壳重。河流的主要来源似乎是硫化物矿物的氧化风化。沿河流上下游没有观察到钼同位素特征的明显改变((Neubert et al., 2011)。因此,流域内的岩性可能控制着 Mo 向海洋的输送。低温热液系统的 Mo 同位素贡献是次要的。

(2) 与海底生物物质有关的钼。有机质与 Mo 之间的关系是复杂的,因为 Mo 不仅被细胞吸收,还被水体中的有机物吸收(Poulson Brucker et al., 2009; Kowalski et al., 2013)。正如 Kowalski 等(2013)所证明的,北海潮汐环境中 Mo 同位素的分馏是由生物活动引起的。Zerkle 等(2011)报道了 Mo 的蓝藻同化作用,该作用可产生与沉积有机物相当的同位素分馏。

(3) 在氧化条件下被铁锰氧化物吸收的 Mo 和在缺氧条件下与硫化物络合的 Mo。被吸收的钼同位素组成较轻(δ^{98}Mo 值约为 -0.7‰),相对于海水亏损 3‰(Barling et al., 2001; Siebert et al., 2003, Anbar, 2004b; Anbar, Rouxel, 2007)。在静海水体中,即黑海 400 米以下,钼酸盐被转化为 MoS_4^{2-},而 MoS_4^{2-} 被全部移到沉积物中,从而形成了与海水类似的沉积物同位素特征(Neubert et al., 2008; Nägler et al., 2011)。黑色页岩一般形成于缺氧环境中,其 Mo 同位素组成与海水几乎相同(Barling et al., 2001; Arnold et al., 2004a, b; Nägler et al., 2005)。在次氧化和弱静海水体中,Mo 的转化不是定量的,会导致同位素的分馏,这些分馏被"微粒清扫作用"叠加,产生的 Mo 同位素值介于铁锰结核和静海黑色页岩之间(McManus et al., 2002, 2006; Nägler et al., 2005; Poulson et al., 2006; Siebert et al., 2003, 2006b)。因此,黑色页岩的 Mo 同位素组成只有在达到临界硫化度时才反映海水的组成(Neubert et al., 2018)。

4. 古氧化还原条件的指标

因为钼在海水中滞留时间长,所以它在海水中具有均一的同位素组成,δ^{98}Mo 值为 2.3‰(Anbar, 2004b; Anbar, Rouxel, 2007)。假设富有机碳的沉积物是在静海环境中积累的,那么可以从黑色页岩中推断出古代海洋的 Mo 同位素组成(Gordon et al., 2009)。然而,并不是所有的黑色页岩都代表着静海环境。在最近的黑海沉积物中,海水中 Mo 的不完全移除可能导致缺氧沉积物亏损^{98}Mo(Neubert et al., 2008)。因此,在重建古环境时,区分静海和非静海的黑色页岩十分重要。在特定的历史时期,最富集 δ^{98}Mo 值的黑色页岩可提供最理想的海水 δ^{98}Mo 值。

黑色页岩中 Mo 同位素组成的变化已被用作古氧化还原条件的指标,显示了地球历史上各个时期海洋环境还原条件的变化(Arnold et al., 2004a, b; Siebert et al., 2005; Wille et al., 2007; Pearce et al., 2008; Gordon et al., 2009; Dahl et al., 2010a, b, 2011)。Dahl 等(2010a,b)在黑色页岩 Mo 同位素值的汇编中假设了全球海洋氧化的两个阶段:埃迪卡拉动物群的出现在 550 Ma 左右,维管植物的多样性在 400 Ma 左右。然而,Gordon 等(2009)指出,从富含有机物的页岩中重建古代海洋的 Mo 同位素组成需要有局部静海环境的独立证据。

Mo 同位素被用来搜寻太古代大气自由 O_2 的证据。如 Anbar 等(2017)、Lyons 等(2014)以及其他人的研究所示,太古代岩石的 Mo 同位素指示大气中的 O_2 水平片段式地增长(whiffs of oxygen)(Kurzweil et al., 2015)。在年轻的岩石样品中,Mo 同位素可能指示全球海洋还原事件导致的变化(Dickson et al., 2016; Goldberg et al., 2016)。例如,对于早侏罗纪时期的 Toarcian 海洋缺氧事件,Dikson 等(2017)发现大范围全球海底的静海环境变化将近期的海水 δ^{98}Mo 值从 2.3‰降低到了 1.4‰。

5. 碳酸盐岩

由于页岩并不是记录地球事件的唯一研究对象,碳酸盐岩可被视为重建过去海洋化学的另一种岩性。Voegelin 等(2009,2010)观察到了生物碳酸盐具有大范围的 δ^{98}Mo 值,将这归因于生命作用的影响。但是无机碳酸盐岩接近现代海洋 Mo 同位素值。如 Romaniello 等(2016)研究所示,浅水碳酸盐岩的 Mo 同位素值要比海水的轻,但是在强还原的条件下,会非常接近海水的 Mo 同位素组成。因此,要想重建海水的 Mo 同位素组成,是需要了解关于孔隙水早期的成岩环境的知识的,这使得碳酸盐岩的应用仅局限在 C 和 S 富集的沉积物范围内。

2.2.23 银

银有 2 个稳定同位素,其丰度分别为

$$^{107}Ag:48.6\%$$
$$^{109}Ag:51.4\%$$

研究者对调查银同位素组成是非常感兴趣的,这是因为灭绝的核素^{107}Pd 会衰变为^{107}Ag,其半衰期为 6.5 Ma。在地球历史早期,这种衰变导致了陨石具有很大的 Ag 同位素变化,如 Chen 和 Wasserburg(2013)和其他研究者所报道的。

近期,随着 MC-ICP-MS 技术的改善(Woodland et al., 2005; Schonbachler et al., 2007; Luo et al., 2010),在含银矿物和全岩样品中测得 Ag 同位素质量分馏变化为 1‰(Tessalina, 2015)。不同类型矿床的含银矿物的^{109}Ag/^{107}Ag 同位素比值的变化被用作鉴定罗马(Albarede, 2016)和中世纪银币(Desaulty et al., 2011; Desaulty, Albarede, 2013)的依据,两者的 Ag 同位素组成随时间略有不同。

银同位素的另一个重要的应用是调查环境中的 Ag 纳米颗粒,由于其抗菌特性,被广泛应用于纳米材料中。虽然通常认为 Ag 纳米颗粒是来源于人类活动,它也可来自自然中,通过以溶解有机物和太阳光作媒介还原水中的 Ag^+。Lu 等(2016)报道了 Ag 纳米颗粒的形成和溶解可能会导致明显的 Ag 同位素分馏。他们进一步证明人为的纳米颗粒在溶解过程中表现的同位素分馏行为不同于自然形成的纳米颗粒。

2.2.24 镉

镉有 8 种稳定的同位素,其丰度分别为

^{106}Cd:1.25%
^{108}Cd:0.89%
^{110}Cd:12.49%
^{111}Cd:12.80%
^{112}Cd:24.13%
^{113}Cd:12.22%
^{114}Cd:28.73%
^{116}Cd:7.49%

文献中的数据是以 ^{114}Cd/^{110}Cd 或 ^{112}Cd/^{110}Cd 比值的形式报道,采用的分析技术有 MC-ICP-MS 或双稀释剂热电离质谱技术(Schmitt et al.,2009)。因为不存在普遍认可的标准,所以比较不同实验室的数据集是困难的。不同的实验室使用了不同的商用溶液作为标准。最近,Rehkmper 等(2011)和 Abouchami 等(2013)建议将 NIST SRM 3108 作为标准物质。此处报道的 δ 值是相对于 SRM 3108 标准中的 $δ^{114/110}$Cd 值(图 2.36)。关于镉同位素变化的最新综述可以参考 Rehkamper 等(2011)。

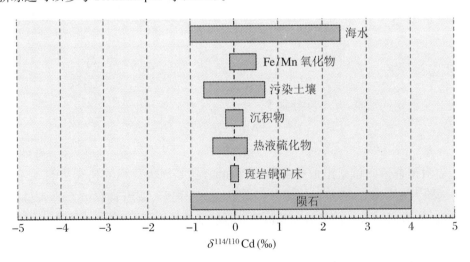

图 2.36 重要地质储库中的 $δ^{114/110}$Cd 值

镉同位素变化主要由两个分馏过程产生:(1) 行星物体和矿石矿物提炼过程中的部分蒸发/冷凝过程;(2) 海洋水柱中镉的生物利用。如 Yang 等(2015b)所示,已经计算出了热液中不同的 Cd 络合物的 Cd 同位素分馏情况。量子化学计算表明 Cd 同位素的富集顺序由大到小为：氢氧化物、氮化物、氢化物、氯化物、硫氢化物。

岩石和矿物显示出恒定的镉同位素组成(Wombacher et al., 2003, 2008)。Schmitt 等(2009)发现在玄武岩和黄土中存在非常小的差异，表明地幔和地壳岩石中的镉同位素差异很小。

1. 地球以外的物质

地球以外的物质中的镉同位素变化可能是由蒸发/冷凝过程中的动力学分馏引起的。碳质球粒陨石具有相对恒定的镉同位素组成(Rehkamper et al., 2011)。相比之下，普通球粒陨石和许多顽辉石球粒陨石显示出非常大的镉同位素变化，δ^{114}Cd 值范围为 8‰～+16‰(Wombacher et al., 2008)。普通球粒陨石中镉同位素大的变化范围显然是由蒸发/冷凝过程造成的，真空蒸发镉的实验证实了这一点(Wombacher et al., 2004)。月球与地球具有近乎相同的镉同位素组成。月球土壤富集重镉同位素，暗示土壤存在动力学控制的镉丢失。

2. 海洋环境

河流被认为是海洋中镉最重要的来源。Lambelet 等(2013)通过分析西伯利亚河流，报道了靠近大陆地壳的镉同位素组成，并认为风化不会产生可测量的镉同位素分馏。

海洋中的镉是一种微量营养素，其分布类似于磷酸盐。Cd 同位素分布主要受表层水的生物摄取和在深水区的再生控制。在海洋表层水中已观察到很大的镉同位素变化，最富集 ^{114}Cd 的区域同位素值高达 4‰，这些区域的水中镉浓度反而最低。对于水深低于 1000 米的水域，已发表的 δ^{114}Cd 值相当一致，为 0.3‰(Lacan et al., 2006；Rippberger et al., 2007；Horner et al., 2010；Abouchami et al., 2011；Yang et al., 2012a, b；Gault-Ringold et al., 2012；Xue et al., 2013；Conway, John, 2015；Xie et al., 2017)。

表层水中的浮游植物一般优先结合轻镉同位素，这会使表层海洋的同位素组成变重。另一方面，Yang 等(2012a, b)并没有观察到浮游植物和海水之间的净生物分馏，并认为不同水体的混合可能是一个重要的过程。Abouchami 等(2011)在南大洋水体中观察到不同的镉同位素边界，并以此示踪表层海洋环流状况。

富集有机碳的页岩的 Cd 同位素组成与海洋有机碳有关。Georgiev 等(2015)得出结论：沉积物中的 Cd 同位素记录了在沉积时期海洋表面营养物的利用程度。

从海水中沉淀的碳酸盐显示出很少的镉同位素分馏，因此碳酸盐能被用作古海洋镉同位素组成的示踪剂(Horner et al., 2011)。Schmitt 等(2009)和 Horner 等(2010)报道了铁锰结核的镉同位素，并发现几乎所有样品的同位素组成都无法与海洋深水区的值区分开来。因此，铁锰结核可能被用作重建古海洋深水的镉同位素组成的替代物(Wasylenki et al., 2014)。

3. 污染指标

在矿石提炼厂附近取样的土壤可能富含镉并显示特征 δ 值(Cloquet et al., 2006)。由于在蒸发过程中镉同位素会发生分馏，因此在燃煤、硫化物冶炼和精炼过程中应该存在可测量的镉同位素分馏，事实上，Shiel 等(2010)在锌和铅矿石冶炼过程中观察到 δ^{114}Cd 值有

1‰的分馏。因此，镉同位素比值可以用来确定污染的源头。

2.2.25 锡

锡有 10 种稳定同位素，比其他任何元素都多，质量范围为 112～124，其丰度分别为

^{112}Sn：0.97%
^{114}Sn：0.66%
^{115}Sn：0.34%
^{116}Sn：14.54%
^{117}Sn：7.68%
^{118}Sn：24.22%
^{119}Sn：8.59%
^{120}Sn：32.58%
^{122}Sn：4.63%
^{124}Sn：5.79%

锡是一个亲铜并有高度挥发性的元素。锡主要有 2 种氧化态：锡（Ⅱ）和锡（Ⅳ）。Polyakov 等（2015）通过同步辐射加速实验发现不同氧化态的 Sn 化合物具有大的 Sn 同位素分馏。

锡石（二氧化锡）是主要的锡矿物，但锡也存在于复杂的硫化物矿物中。有机锡化合物常用于工业，最突出的是在聚氯乙烯生产中用作热和光稳定剂。由于其在工业上的广泛使用，大量有机锡化合物最终进入了环境中。在研究甲基化反应过程中的 Sn 同位素分馏过程中，Malinovskiy 等（2009）证明了在 UV 光的辐射下，合成和分解甲基锡都会伴随着 Sn 同位素的质量分馏和非质量分馏。

由于锡的高电离电势，早期使用热电离质谱技术不能检测可测量的锡同位素分馏。然而，随着 MC-ICP-MS 的引入，精确的锡同位素测量成为可能（Clayton et al.，2002；Haustein et al.，2010；Yamazaki et al.，2013；Creech et al.，2017a，b，c；Brugmann et al.，2017；Schulze et al.，2017）。Haustein 等（2010）将锡石中的锡同位素特征用于示踪古老锡的来源。来自欧洲和亚洲矿床的锡石显示出相对较大的锡同位素变化。通过分析青铜时代塞尔维亚和罗马尼亚的文物，Mason 等（2016）发现 Sn 同位素可用来溯源两个不同的 Sn 矿床。

Creech 等（2017b）报道了高精度双稀释剂 MC-ICP-MS 分析技术，并报道了四个地质标准物质的 $\delta^{122/118}$Sn 值。已报道的值变化超过 0.2‰，这指示在岩浆分异过程中存在同位素分馏。Badullovich 等（2017）研究了 Kilauea 岩浆湖玄武岩的 Sn 同位素组成，发现在硅酸盐结晶过程中没有 Sn 同位素分馏，但在钛铁矿沉淀时，Sn 同位素值变小。这可能与熔体和钛铁矿配位情况改变有关。科马提岩的 Sn 同位素组成与夏威夷玄武岩相同（Badullovich et al.，2017）。

2.2.26 锑

锑有 2 种高丰度的稳定同位素,其丰度分别为

$$^{121}Sb:57.21\%$$
$$^{123}Sb:42.79\%$$

在自然界中,锑主要以硫化物的形式存在,特别是辉锑矿(Sb_2S_3)。锑的氧化物不太常见,尽管工业中锑最主要的应用是 Sb_2O_3。锑具有中等挥发性,以两种氧化态存在,锑(Ⅴ)和锑(Ⅲ)。

关于锑同位素变化最广泛的研究是由 Rouxel 等(2003)利用 MC-ICP-MS 技术进行的。最近,Tanimizu 等(2011)和 Lobo 等(2013)发表了改进的 MC-ICP-MS 分析技术。

通过分析水样和一套沉积岩与岩浆岩样品,包括深海喷口的热液硫化物,Rouxel 等(2003)观察到 $^{123}Sb/^{121}Sb$ 比值的总变化为 1.6‰,其中热液硫化物的变化最大。锑可以在喷流热液中被还原,在海水中被氧化,这些氧化还原状态的变化可能导致锑的分馏,这已经在五价锑还原成三价锑的实验过程中得到了证实。

Resongles 等(2015)发现法国的两条河流具有不同的 Sb 同位素组成,其同位素组成与围岩和进入河流的矿山污染物有关。

锑同位素地球化学中值得我们研究的是它对古代前罗马和罗马玻璃的潜在示踪应用。加入锑是为了使玻璃呈现不同的颜色和不透明度。Lobo 等(2013)证明,在罗马时代,玻璃生产使用了不同来源的锑。

2.2.27 铈

不同于其他多数稀土元素(以三价形式存在),稀土元素铈具有独特的性质,它可在氧化环境下形成四价阳离子。这个对还原条件敏感的性质,使其被用来估计古气候的还原环境。铈有 4 个稳定同位素,分别为

$$^{136}Ce:0.19\%$$
$$^{138}Ce:0.25\%$$
$$^{140}Ce:88.48\%$$
$$^{142}Ce:11.08\%$$

Ohno 和 Hirata(2013)以及 Laycock 等(2016)报道了基于 MC-ICP-MS 技术准确测定 $^{142}Ce/^{140}Ce$ 比值的方法。

Nakada 等(2013a,2016,2017)开展的吸附和沉淀实验表明,相比于共存的流体,土壤(Fe 和 Mn 氧化物)具有可测量的亏损重 Ce 同位素的特征。如 Nakada 等(2013b)研究所示,在吸附过程中 Ce 的同位素分馏与 Nd 和 Sm 同位素分馏相反,对于 Nd 和 Sm 来说土壤中富集重同位素。

2.2.28 铼

铼是一种稀有金属,但是可在辉钼矿中富集,也可一定程度上富集在硫化铜矿物中。铼

的氧化态可从 -1 到 +7 价,最常见的是 +4 和 +7 价。铼是一个对还原环境敏感的元素,这与 Mo 和 U 相似。因此它也富集于黑色页岩中。

铼有 2 个稳定同位素,其丰度分别为

$$^{185}Re:37.4\%$$
$$^{187}Re:62.6\%$$

^{185}Re 会衰变为 ^{185}Os,其半衰期非常长,大约为 40 Ga。

Miller 等(2009)报道了基于 MC-ICP-MS 技术标准测定 Re 同位素组成的分析方法。最近 Miller 等(2015)首次开展了利用平衡第一性原理计算质量分馏-核体积效应对 Re(Ⅶ)和 Re(Ⅳ)物质的影响。他们预测在低温或中温下会有可测量的 Re 同位素变化。并且确实发现,New Albany 页岩的风化坡面的 Re 同位素变化约为 0.3‰。

铼是亲铁元素,在行星演化过程中优先富集于金属相。在不同类型陨石的金属相中,Liu 等(2017)发现 Re 同位素差别可达 0.14‰。

虽然 Re 的含量非常低,但在研究地球早期古氧化还原历史方面,Re 同位素可能有用处。

2.2.29 钨

钨有 5 个自然稳定的同位素,其丰度分别为

$$^{180}W:0.12\%$$
$$^{182}W:26.50\%$$
$$^{183}W:14.31\%$$
$$^{184}W:30.64\%$$
$$^{186}W:28.43\%$$

目前有关钨同位素的研究主要集中在 ^{182}Hf 到 ^{182}W 衰变体系,其半衰期约为 6 Ma。因此,W 同位素被用来陨石定年和小行星、类地行星的分异(Lee,Halliday,1996;Kleine et al.,2009)。由于 W 具有高度难挥发和中等亲铁元素的特征,因此 W 优先进入共存的金属核中。在部分熔融过程中,W 表现出不相容性,这会使得地壳比地幔富集 W。

虽然 W 可以 -2 价(WC_2)到 +6 价(WO_3)各种氧化态形式存在,但最常见的氧化态是 +6 价。因此可测量的与质量相关的稳定同位素分馏是可期待的,事实上,Breton 和 Quitte(2014)、Abraham 等(2015)和 Krabbe 等(2017)采用双稀释剂 MC-ICP-MS 技术证明了钨同位素是有细微变化的。Kurzweil 等(2018)报道了一个改进的 MC-ICP-MS 技术,基于这个技术他们发现常见的岩石标准物质具有总体 0.155‰的变化。

球粒陨石、铁陨石和陆生样品具有非常小的 W 同位素变化,这可能是因为地球地核形成过程中不能导致可测量同位素分馏。Krabbe 等(2017)发现酸性岩石的 W 同位素要比基性岩轻,这支持了在岩浆演化过程中微小的 W 同位素分馏。Kashiwabara 等(2017)研究了 Fe 氧化/氢氧化物和 Mn 氧化物吸附过程中的 W 同位素分馏情况。相比于海水,轻 W 同位素优先富集于水铁矿和 MnO_2 中,这表明海水的 W 同位素比输入水的 W 同位素重。如 Kurzweil(2018)报道的,大西洋和太平洋的锰结核具有不同的 W 同位素比值,这表明现在

海水的 W 同位素分布是不均匀的。

铂族（PGE）元素包括锇、铱、钌、铂、铑、钯。它们具有强烈的亲金属相特征。在没有金属相时，亲硫化物相。这些元素是研究行星形成和分异过程的强有力工具。在研究行星形成方面，PGE 的排序是以纯金属熔融温度定的。在研究地球地幔熔融时，PGE 是以相对相容性排序的，顺序由高到低为：Pb、Pt、Rh（单同位素元素）、Rh、Ir、Os。

2.2.30 钯

钯有 6 个稳定同位素，其丰度分别为

$$^{102}Pd:1.02\%$$
$$^{104}Pd:11.14\%$$
$$^{105}Pd:22.33\%$$
$$^{106}Pd:27.33\%$$
$$^{108}Pd:26.46\%$$
$$^{110}Pd:11.72\%$$

在所有的 PGE 元素中，钯的密度和熔点最低，这使得它和铂（性质最接近）有细微地球化学行为差异。钯优先进入地核中，导致它在硅酸盐地球中极度亏损。钯可以以多种氧化态形式存在，但主要以 Pd(0) 和 Pd(Ⅱ) 形式存在。

相比于其他 PGE 元素，钯的氧化态和亲铁性质有所差异，这使得在行星分异过程中会导致同位素分馏。Creech 等（2017）报道了基于 MC-ICP-MS 技术测定 $^{106}Pd/^{105}Pd$ 比值的方法，并报道了一系列陆生和地外样品的 $^{106}Pd/^{105}Pd$ 比值。所研究样品的 $^{106}Pd/^{105}Pd$ 比值变化范围在分析不确定度以内，即使如此，钯仍然是一个有趣的元素，并可能会有细微且有意义的同位素变化。

2.2.31 铂

铂作为一个高度亲铁元素，富集于地核中。铂有 6 个稳定同位素（Creech et al.，2013），其丰度分别为

$$^{190}Pt:0.01\%$$
$$^{192}Pt:0.79\%$$
$$^{194}Pt:32.81\%$$
$$^{195}Pt:33.79\%$$
$$^{196}Pt:25.29\%$$
$$^{198}Pt:7.31\%$$

^{190}Pt 是放射性同位素，其半衰期非常长，约为 100 Ga。

铂可以以不同的氧化态形式存在，最常见的是 Pb、Pt^{2+} 和 Pt^{4+}。因此氧化还原反应可能会导致 Pt 同位素的分馏。Creech 等（2013，2014）报道了基于 MC-ICP-MS 技术，相对于 IRMM 010 标准物质的 $^{198}Pt/^{194}Pt$ 比值。包括地幔、火成岩和矿物在内的 11 个样品的整体变化范围是 0.4‰。如 Creech 等（2017a,b,c）研究所示，球粒陨石、非球粒陨石、铁陨石和地

幔岩石的 $\delta^{198}Pt$ 值变化范围超过 0.5‰。球粒陨石的同位素组成与地幔岩石相似,但原始非球粒陨石相对富集重同位素,这表明在金属-硅酸盐之间存在分馏。因此在地核形成过程中,重 Pt 同位素应该保留在地幔中,而轻同位素会富集在地核中。太古代之后的地幔岩石相对于太古代岩石的同位素组成亏损,Creech 等(2017a,b,c)对这一现象做出了解释,这表明了晚期薄层增生物质的加入。

铂在沉积环境中的行为现在还不是很清楚;海洋中最大的 Pt 储库是 Fe-Mn 氢氧化物,在吸附过程中可能会导致 Pt 同位素分馏。Pt 同位素有作为海洋环境的氧化还原状态指标的潜力。

2.2.32　钌

钌有 7 个稳定同位素,其丰度分别为

$$^{96}Ru:5.54\%$$
$$^{98}Ru:1.87\%$$
$$^{99}Ru:12.76\%$$
$$^{100}Ru:12.60\%$$
$$^{101}Ru:17.06\%$$
$$^{102}Ru:31.55\%$$
$$^{104}Ru:18.62\%$$

钌通常以金属相或者以其他铂族元素合金的形式存在,但也发现存在于大火成复合岩(如 Buchveld)中的二硫化物和铬铁矿中。钌可以以不同的氧化态形式存在($-2 \sim +8$),但也可以以 $Ru(0)$ 存在于金属、以 Ru^{4+} 存在于硫化物相中。Hopp 等(2016)开发了基于 MC-ICP-MS 技术准确测定 $^{102}Ru/^{99}Ru$ 比值的方法。除了商业的 Ru 标准溶液,他们还开发了 3 个不同地方的铬铁矿。铬铁矿的 $\delta^{102/99}Ru$ 值变化可达 1‰。钌同位素有可能会成为研究类地行星金属核分离和结晶以及矿床形成的新同位素指标。

目前已经发现陨石中存在 Ru 同位素的非质量分馏。Hopp 等(2018)报道了岩浆铁陨石的 Ru 同位素组成,这些数据可能与行星地核结晶过程中的同位素分馏有关。此外,Ru 同位素可能指示,陨石不能代表输送到地球上的晚期薄层增生的物质(Fischer-Gödde et al., 2015)。

2.2.33　铱

铱有 2 个稳定同位素,其丰度分别为

$$^{191}Ir:37.22$$
$$^{193}Ir:62.78$$

铱是通过其"铱异常"被大家所熟知的:在黏土薄层中发现了异常高含量的铱,这指示在 65 Ma 前发生了大碰撞事件。迄今为止,还没有人报道过天然样品的铱同位素变化情况。在最近一篇文章中,Zhu 等(2017)采用 MC-ICP-MS 测定了 Ir 的绝对比值。

2.2.34 锇

除了 2 个放射性同位素(^{186}Os、^{187}Os)以外,锇还有 5 个稳定同位素,其丰度分别为

^{184}Os:0.02%

^{188}Os:13.21%

^{189}Os:16.11%

^{190}Os:26.21%

^{192}Os:40.74%

锇是一个难熔、高度亲铁和亲硫的元素。锇同位素适用于研究行星分异和地核形成。由于 Os 富集于硫化物中,在地幔演化过程中,锇表现为相容性,硫化物是源区的残余相。Nanne 等(2017)报道了基于 ^{188}Os/^{190}Os 双稀释剂的高精度 MC-ICP-MS 和 N-TIMS 技术。测量到的一小部分陆生和地外物质的 ^{190}Os/^{188}Os 值的变化在分析不确定性范围内。铬铁矿的微小同位素变化可能是由于与热液改造过程中 Os 活化有关。

2.2.35 汞

汞有 7 种稳定同位素(Rosman,Taylor,1998),其丰度分别为

^{196}Hg:0.15%

^{198}Hg:9.97%

^{199}Hg:16.87%

^{200}Hg:23.10%

^{201}Hg:13.18%

^{202}Hg:29.86%

^{204}Hg:6.87%

由于质量范围为 ^{198}Hg~^{204}Hg 的同位素丰度相对均匀,因此存在几种测量汞同位素比值的可能性;在大多数研究中,δ 值以 ^{202}Hg/^{198}Hg 比值的形式给出。自第一次描述精确的 MC-ICP-MS 分析技术以来(Lauretta et al.,2001),汞同位素研究的数量呈指数级增长。Bergquist 和 Blum(2009)、Yin 等(2010)、Blum(2011)和 Blum 等(2014)先后发表了关于汞同位素的综述。人们对汞同位素的浓厚兴趣取决于 2 个因素:(1) 由于汞能够在大气中长距离迁移,因此汞是一种全球污染物;(2) 除了质量相关同位素分馏之外,前人还观察到了大的非质量相关同位素分馏(Bergquist,Blum,2007;Sonke,2011)。

汞的生物地球化学循环是复杂的,包括不同的氧化还原状态和影响其迁移性和毒性的各种化学形态。Hg 有 2 个常见的氧化态:Hg(0)主要以气体形式存在;Hg(Ⅱ)以高颗粒反应活性的气态、液态和固态形式存在。溶解的 Hg(Ⅱ)与硫化物和有机质有亲和性。

汞可以以稳定的 HgS(朱砂)和汞硫络合物的形式、甲基化形式(甲基汞)以及在大气中的气相和气溶胶相中存在。大气中的汞排放以人为活动(煤燃烧)为主,但火山和热液排放的贡献也很大。大气中的汞会被细菌转化为甲基汞,这些汞可能会在水生食物网中积累,从而可能导致严重的健康问题。

在天然样品中已经观察到大的 $\delta^{202/198}$Hg 同位素分馏(Bergquist, Blum 2009),分馏程度远远大于预期。天然汞同位素变化范围相对于 NIST 3133 为 7‰, δ^{202}Hg 从 -4.5‰变化到 +2.5‰(Zambardi et al., 2009)。

Bucharenko(2001) 和 Schauble(2007) 证明了同位素的变化是由核体积和磁偏移同位素效应控制的,对于轻元素来说,这些效应可以忽略不计。

1. 质量相关分馏和非质量相关分馏过程

整体来说,化学和生物过程都会导致含汞化合物的同位素质量相关分馏。也有少数的过程,如 Hg(Ⅱ)的光化学还原、甲基汞的光化学降解,会导致偶数 Hg 同位素的非质量相关分馏。如 Blum 和 Johnson(2017)所总结的,有 4 种不同的汞同位素分馏过程:

(1) 质量相关分馏。以 δ^{202}Hg 值报道,几乎可发生在所有生物和非生物自然反应过程中,并伴随非质量分馏。汞的大多数平衡和动力学过程都是质量相关分馏,如发生在生物地球化学过程和微生物转型中(Kritee et al., 2007, 2009);至于其他元素,质量相关分馏取决于生物类型、温度、生长速率等。

(2) 与光化学还原相关的奇数-非质量相关分馏。以 Δ^{199}Hg/Δ^{201}Hg 比值(1.2~1.3)报道,可能与磁同位素效应有关,通常发生在水中的 Hg(Ⅱ)和甲基汞与有机配体的动力学光化学还原过程(Bergquist, Blum, 2009; Bergquist, Johnson, 2009)。

(3) 与核体积效应相关的奇数-非质量相关分馏。Δ^{199}Hg/Δ^{201}Hg 比值为 +1.6,可能是由 Hg(0)蒸发和有机物暗度降低过程中的核体积效应所引起的。如 Bucharenko 等(2004)和 Schauble(2007)预测的,以及 Zheng 和 Hintelmann(2010)在实验中证实的那样,汞的液相-气相转变过程的核体积效应已经被发现(Estrade et al., 2009; Ghosh et al., 2013)。Δ^{199}Hg/Δ^{201}Hg 的比值似乎可以用来鉴别非质量相关分馏(Bergquist, Blum, 2009)。

(4) 偶数-非质量相关分馏。以 Δ^{200}Hg/Δ^{204}Hg 比值报道(在 -0.6~-0.5 之间),可能与上层大气圈的 Hg(0)的光化学氧化有关(Chen et al., 2012; Rolison et al., 2013)。该效应可能同时影响到奇数和偶数同位素,但主要是偶数非质量分馏,因为这种效应明显发生于偶数同位素中(Blum, Johnson, 2017)。然而,同位素非质量相关分馏的机制仍然不太明晰。

对于奇数和偶数同位素非质量相关分馏值的计算,Blum 和 Bergquist(2007)给出了以下定义:

$$\Delta^{199}Hg = \delta^{199}Hg - (\delta^{202}Hg \times 0.2520)$$

$$\Delta^{200}Hg = \delta^{200}Hg - (\delta^{202}Hg \times 0.5024)$$

$$\Delta^{201}Hg = \delta^{201}Hg - (\delta^{202}Hg \times 0.7520)$$

$$\Delta^{204}Hg = \delta^{204}Hg - (\delta^{202}Hg \times 1.4930)$$

图 2.37 总结了重要储库中汞同位素质量相关分馏和非质量相关分馏的变化(根据 Bergquist 和 Blum (2009)的数据修改)。

2. 岩石中的变化

Hg 同位素可用来研究海洋沉积物中的 Hg 来源。沉积物中的 Hg 主要来自于空气中颗粒的沉降,具有正的 Δ^{199}Hg 值和轻微负的 δ^{202}Hg 值,因此,沉积物的 Hg 如果来自于**地表径流**将会有负的 Δ^{199}Hg 值和正的 δ^{202}Hg 值(Thibodeau, Berquist, 2017)。

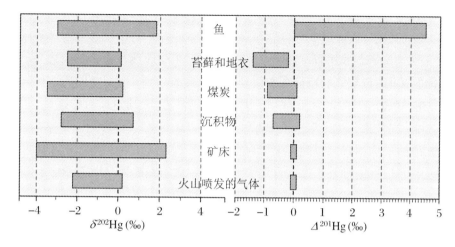

图 2.37 重要地质储库中的 δ^{202}Hg 和 Δ^{201}Hg 值

常见岩浆岩中汞的同位素变化很小。汞矿床和热液泉中确实存在更大的同位素变化范围(Smith et al., 2008)。Smith 等(2008)假设热液流体的沸腾和含汞蒸气相的分离是观测到的同位素变化的原因。Sherman 等(2009)调查了瓜伊马斯和黄石热液系统,发现存在可观的同位素分馏,在古亚马斯系统中同位素分馏仅仅是质量相关的,而在黄石公园中存在非质量相关的分馏,这可能是由于光的存在促进了光化学反应的发生。

Hg 是热液矿床中常见的次量元素,特别富集于闪锌矿中。采自中国超过 100 个 Zn 矿床的闪锌矿的 δ^{202}Hg 值具有很大的变化,其范围为 $-1.9‰ \sim +0.7‰$,Δ^{199}Hg 值的变化范围为 $-0.24‰ \sim 0.18‰$,这表明 Hg 的非质量相关分馏在地壳物质循环过程中可被运输到地球地壳深部(Yin et al., 2016)。

腐泥——在高的初级生产力时期沉积的沉积物,可以通过有机物对汞的定量封存来记录海洋的汞同位素组成。地中海的腐泥的 δ^{202}Hg 值为 $0.6‰ \sim 1.0‰$(Gehrke et al., 2009)。

3. 环境污染物

汞的地球化学循环的特征是长距离大气迁移。汞以 3 种形式存在于大气中:① 单质汞(Hg),在大气中的滞留时间约为 1 年;② 二价活性气态 Hg^{2+};③ 结合在颗粒上的汞。这些物质通过大量的氧化和还原过程联系在一起。单质 Hg 占大气汞总量的 90%以上,相对稳定,因此可发生大范围的混合,而其他两种汞的反应性更强,更容易沉积。

除了火山和热液排放的自然输入外,人为来源在汞排放中占主导地位,其中燃煤是最大的贡献者。由于单质汞极易挥发,汞很容易在水和空气之间以及陆地和空气之间交换,从而导致在全球扩散。

苔藓、泥炭、煤和土壤中汞同位素的质量相关分馏和非质量相关分馏的特征表明,很大一部分汞的地表储库受到了人为活动的影响,这为使用汞同位素作为示踪剂(Sonke, 2011),并量化当地、区域和全球来源的汞沉积的相对贡献提供了可能。正如 Kritee 等(2007,2009)所建议的那样,汞同位素可以根据同位素分馏的大小来区分不同的汞排放源。Sonke 等(2010)调查了来自两个欧洲金属精炼厂的汞污染,并表明重汞同位素会优先保留在矿渣中。Ma 等(2013)调查了马尼托巴一家重金属冶炼厂的汞排放。在沉积物岩芯中观察到的汞同位素变化可以通过混合自然端元(δ^{202}Hg 值为 $-2.4‰$)和冶炼厂排放的人为端元(δ^{202}Hg 值为 $-0.9‰$)来解释。距离冶炼厂 5 千米和 73 千米的沉积物岩芯显示出汞浓度随距离的下降和汞同位素值的特征性变化。即使距离 73 千米,沉积物中还是有 70%的汞来自冶炼厂。在类似研究中,Stetson 等(2009)和 Yin 等(2013)通过调查银矿、金矿和汞矿附近的汞污染和汞同位素分馏也得出了类似结论。

在全球范围内,人为排放以燃煤电厂为主。Biswas 等(2008)证明美国、中国和哈萨克斯坦的煤矿具有特征性的汞同位素值,可用于区分汞来源。煤中 δ^{202}Hg 值变化 $4.7‰$,Δ^{199}Hg 值变化 $1.0‰$。将这两个变量结合起来,可能会产生一个可示踪煤矿的特征性指标。

苔藓和地衣是大气颗粒物的被动过滤器,可以监测大气中的汞排放。Carignan 等(2009)发现它们以发生非质量相关分馏为主要特点。雪样本也可被视为大气汞微粒的良好收集器(Sherman et al.,2010)。

有关调查环境中的 Hg 同位素变化的其他应用还有很多,如溯源日本水俣湾区的鱼中的 Hg 来源(熟知的水俣病)(Balogh et al.,2015),或者测定珠江河流河口(Yin et al.,2015)和 Great Lakes(Lepak et al.,2015)的 Hg 来源。后面的那项研究表明对于 Lakes Huron、Superior 和密歇根湖沉积物来说,大气是主要的 Hg 来源,而对于 Lakes Eris 和 Ontraio 沉积物来说,工业污染是主要来源。

2.2.36 铊

铊的地球化学行为在很大程度上受其大离子半径的控制,这使得其在岩浆过程中高度不相容。铊以 Tl(Ⅰ)和 Tl(Ⅲ)两种价态存在。由于其高氧化还原电势,氧化态在自然环境中不常见,但似乎在吸附过程中发挥重要作用。此外,Tl 是一种高挥发性元素,去气过程中会发生动力学分馏。

铊有 2 种稳定的同位素,质量分别为 203 和 205,其丰度为

$$^{203}\text{Tl}:29.52\%$$
$$^{205}\text{Tl}:70.48\%$$

两种铊同位素之间的相对质量差很小,预示着 Tl 同位素分馏可能很小。然而,观察到的铊同位素变化大于 $3‰$(Rehkamper et al.,2002;Nielsen et al.,2006)。海洋环境中发现了大的同位素变化:蚀变的玄武岩具有轻的 δ^{205}Tl 值,铁锰结核具有重的 δ^{205}Tl 值。海水和铁锰氢氧化物之间的铊同位素分馏以及洋壳低温蚀变过程中的分馏是造成这种巨大变化的原因。如 Schauble(2007)所讨论的,核场位移效应可能是导致 Tl 同位素分馏的原因。

通常使用的标准物质是 NIST 997 铊金属。需要注意的是,铊同位素比值通常用 ε 符号表示(每 10000 份中的变化),然而,以下铊同位素比值以 δ 值给出。Nielsen 和 Rehkamper(2011)最近发表了一篇关于铊同位素地球化学的综述。图 2.38 总结了天然铊同位素变化。

1. 火成岩

在岩浆过程中(结晶分异、地壳同化等)铊同位素的分馏很小(Prytulak et al.,2017b)。通过分析不同盆地的 MORB 玻璃,Nielsen 等(2006)得出结论:上地幔具有均一的 Tl 同位

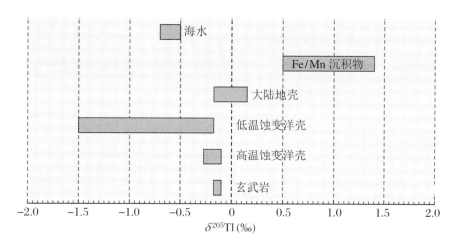

图 2.38　重要地质储库中的 δ^{205}Tl 值

素组成。Nielsen 等(2005，2006，2007)证明了大陆地壳与地幔之间的铊同位素组成没有区别。通过分析斑岩铜矿床附近的火成岩，Baker 等(2010)发现热液蚀变过程导致铊同位素的变化范围约为 0.6‰。

由于除铁锰海洋沉积物和低温海水蚀变玄武岩之外的大多数地球化学储库的铊同位素组成基本是不变的，因此少量铁锰沉积物或低温蚀变洋壳混入地幔会导致来自地幔的岩石中发生小的铊同位素分馏。如 Nielsen 等(2006，2007)研究所示，夏威夷 OIB 样品的 Tl 同位素证据表明夏威夷地幔存在再循环的 Fe/Mn 沉积物。Mariana 岛弧(Prytulak et al.，2013b)和 Aleutian 岛弧(Nielsen et al.，2016)并没有显示出与俯冲相关的 Tl 同位素证据。然而，对于 St. Helena 的火山岩，Blusztain 等(2018)发现了 Tl 同位素证据，表明存在再循环的蚀变洋壳部分。

由于铊是一种挥发性微量元素，所以其富含在火山冷凝物中。如 Baker 等(2009)所示，气态火山排放物的铊同位素组成比火成岩变化更大，但其平均值与估计的地幔组成基本一致。地幔去气过程中的部分蒸发可能导致更大的同位素变化。如晚期岩浆/热液脉中所示，Hettmann 等(2014)发现去气过程中释放的流体富含 ^{205}Tl。

2. 海洋中的分馏

风化过程中没有明显的铊同位素分馏。河水中的溶解成分和颗粒成分与大陆地壳的成分没有区别(Nielsen et al.，2005)。然而，与大陆地壳相比，海洋亏损 ^{203}Tl。Rehkamper 等(2002)观察到富含 ^{205}Tl 的铁锰结核与海水之间存在 2‰ 的系统性差异，这似乎是由于铊吸附在铁锰颗粒表面的过程中的分馏效应(Rehkamper et al.，2004)。

海水中铊浓度和同位素组成随时间的变化可能取决于不同的铊移除速率，即通过铁锰氧化物的移除和在洋壳低温蚀变过程中的吸收(Nielsen et al.，2009，2011a,b,c)。Nielsen 等(2009)观察到，太平洋两个铁锰结核的生长层显示出铊同位素组成随年龄的系统性变化，他们用海水中铊同位素组成随时间的变化来解释这种变化。在 55～45 Ma 之间的低铊同位素比值可以用铁锰氧化物沉淀量比现在多四倍来解释。

Nielsen 等(2011a,b,c)展示了使用铊同位素作为古氧化还原指标的潜力。沉积在氧化水柱中的早期成岩作用的黄铁矿显示出比海水重的铊同位素比值,而在静海条件(缺氧环境)下沉积的黄铁矿具有接近海水的铊同位素组成,这是由于硫化水柱中铁锰氧化物沉淀的减少。Ostrander 等(2017)基于 Tl 同位素证据,认为氧化埋藏量的变化可能限定了海洋脱氧的速率。

2.2.37 铀

天然铀主要由 2 种长周期的放射性同位素组成,其丰度分别为

$$^{235}U:0.72\%$$
$$^{238}U:99.27\%$$

过去铀同位素通常广泛应用于地质年代测定。目前,^{235}U 和 ^{238}U 之间的同位素分馏被认为是微不足道的。$^{238}U/^{235}U$ 比值常被假定是一个常数,为 137.88。然而,Hiess 等(2012)对铀-铅地质年代学常用的一套含铀矿物(如锆石)的精确测量显示,同位素变化用 $\delta^{238}U$ 值表示时大于 5‰。

铀以两种不同溶解度的氧化态存在。在氧化条件下,铀通常以可溶性六价铀酰离子(UO_2^{2+})的形式存在,而在还原条件下,铀呈四价,形成相对不溶的络合物。这些性质有利于同位素的自然变化。由于原子核大小和形状的差异,与质量无关的核体积效应会产生同位素分馏(Schauble,2007;Abe et al.,2008)。Schauble(2007)发现随氧化态的变化,$\delta^{238}U$ 值在还原物质中更高,这与一般观察到的分馏作用相反。

Stirling 等(2007)、Weyer 等(2008)、Bopp 等(2009)和 Montoya-Pino 等(2010)使用 MC-ICP-MS 技术,报道了各种岩石类型中 $\delta^{238}U$ 值变化超过 1‰(图 2.39)。

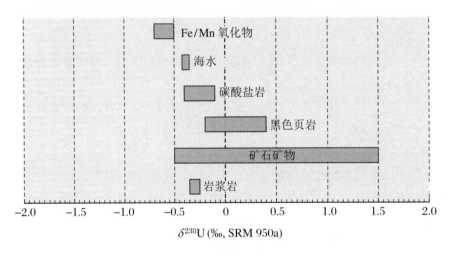

图 2.39 重要地质储库中的 $\delta^{238}U$ 值

1. 分馏过程

最近 Andersen 等(2017)发表的关于 U 同位素分馏的综述,主要与六价铀因生物或非生物还原为四价铀有关。在 25 ℃时,理论计算和实验测定的溶解 U(Ⅳ)和 U(Ⅵ)之间同位素平衡分馏为 1.6‰,相比于 U(Ⅵ)而言,U(Ⅳ)富集 ^{238}U(Fujii et al.,2006;Wang et al.,2015a)。类似的变化范围发现于低 pH 条件下,通过溶解氧将四价 U 氧化的过程。U 还原

导致的同位素分馏与硝酸盐、硫酸盐和铬酸盐还原过程中发现的分馏方向相反：^{238}U 优先进入四价铀的物质中，^{235}U 富集于六价铀中。因此，由于黑色页岩包含了还原态的铀，因此具有重 δ^{238}U 值，铁锰氧化物具有轻的同位素值。

各种微生物把六价铀还原成四价铀。通过实验测定了微生物作用的铀(Ⅵ)还原过程中有高达 1‰ 的铀同位素分馏(Basu et al.，2014；Stirling et al.，2015；Stylo et al.，2015)。

吸附过程也可导致海水和铁锰氧化物之间较大的铀同位素分馏。由于铀的氧化还原状态在吸附过程中不变，溶解态和吸附态铀之间配位环境的差异可能是导致同位素分馏的原因(Brennacka et al.，2011)。

2. 幔源岩石

假设在矿石中的 U 含量可忽略不计，地球整体的 U 同位素组成可用地幔和大陆地壳的平均值估计出来，相对于 CRM-112a，地球整体的 δ^{238}U 值为 $-0.34‰$(Andersen et al.，2017)。MORB、OIB、岛弧玄武岩(IAB)的 U 同位素组成均有差异，MORB 的 δ^{238}U 值要比 OIB 和 IAB 的 δ^{238}U 值略大(Andersen et al.，2015)。由于部分熔融和交代作用不会导致 U 同位素分馏，地幔不同的 U 同位素组成可能反映了地幔源区的特征。如 Weyer 等(2008)、Telus 等(2012)以及 Tissot 和 Dauphas(2015)报道的，地壳整体的 U 同位素组成和地幔是一致的。

3. 矿床

在低温和高温下形成的铀矿石之间观察到接近 2‰ 的差异(Bopp et al.，2009；Uvarova et al.，2015；Murphy et al.，2014)：岩浆矿石从 $-0.7‰$ 到 $-0.3‰$ 不等，而砂岩型低温矿石的 δ^{238}U 值约为 $+0.4‰$。铀源区的同位素组成和铀还原效率似乎是造成同位素变化的原因。Murphy 等(2014)在铀矿化沉积物-地下水系统中观察到了高达 5‰ 的分馏。^{238}U 会倾向于富集在沉积物中进而导致地下水亏损重铀同位素。

4. 河流和海洋

Stiriling 等(2007)、Tissot 和 Dauphas(2015)、Noordmann 等(2016)以及 Andersen 等(2016)研究了河流的 U 同位素组成。不同的河口同位素组成变化较大，可从 $-0.7‰$ 变到 0.06‰，这反映了流域岩石的组成成分。Andersen 等(2016)估计世界河流的平均值为 $-0.34‰$，这与大陆地壳是一样的。

由于滞留时间很长，现代海水具有均一的 U 同位素组成，其 δ^{238}U 值为 $-0.39‰$ (Andersen et al.，2014)。海洋中的铀主要以可溶的六价铀形式存在，在缺氧条件下，沉积物富集 ^{238}U，使海水的铀同位素值变轻。

海水的 U 同位素特征反映了全球 ^{238}U 亏损的氧化环境和 ^{238}U 富集的还原环境的 U 通量的变化，这揭示了氧化和还原环境中 U 移除的相对百分比(Dahl et al.，2014)。通过研究磷灰石，Kolodny 等(2017)探究了同一样品中 U(Ⅳ)和 U(Ⅵ)的 U 同位素组成。四价 U 占据了样品总 U 的 80%，并具有比 δ^{235}U 高的 δ^{238}U 值，这支持了 ^{235}U 和 ^{238}U 的分馏是与氧化还原环境相关的。

5. 古还原指标

通过分析黑色页岩和碳酸盐岩，表明铀同位素可作为古氧化还原示踪剂(Montoya-Pino

et al.,2010；Brennecka et al.,2011；Kendall et al.,2013；Noordmann et al.,2015；Lau et al.,2011)。为了反演页岩中的 U 同位素,需了解页岩和海水之间的 U 同位素分馏情况。海洋还原条件下,可使还原沉积物从海水中获取更多的 U,并优先获取 ^{238}U,这使得海水的 ^{238}U/^{235}U 比值降低。Montoya-Pino 等(2010)首次发现黑色页岩中的铀同位素变化可用于量化海洋缺氧的程度。白垩纪的黑色页岩(海洋缺氧事件 2)中的 ^{238}U 比现代的黑海页岩更轻,其表明相对于现在的海洋,海洋缺氧状态增加了 3 倍。

如 Brennecka 等(2011)和 Lau 等(2016)所示,U 含量和同位素比值在二叠纪末生物大灭绝时期,先急剧降低,然后再慢慢回升到之前的水平。这个现象被用来解释为指示了海底的缺氧性升高了 100 倍。Stylo 等(2015)认为岩石中的 U 同位素可用作特殊的"古生物氧化还原"示踪剂,而不是一般的氧化还原示踪剂。Wang 等(2016a)表明在过去 70 Ma 里,存在一个特别稳定的还原态的海洋。

对于碳酸盐岩,一般假设可直接记录古海水的 U 同位素组成。Stirling 等(2007)和 Weyer 等(2008)以及其他研究者证明了在 U 同位素进入方解石的过程中,几乎不发生 U 同位素分馏。海水的 U 形态可能控制无机碳酸盐岩的 U 同位素组成(Chen et al.,2016)。另一方面,如 Romaniello 等(2013)所述,古碳酸盐的 ^{238}U 值受成岩作用的影响可能会因缺氧孔隙水条件下的铀积累而富集 ^{238}U。Hood 等(2016)发现了类似的情况,他们发现在单个样品中不同的碳酸盐组分中的 U 同位素组成存在较大差异,因而细心的矿物学鉴定是非常必要的。因此采用碳酸盐岩作为古还原示踪剂需加倍小心。

参 考 文 献

Abadie C, Lacan F, Radic A, et al., 2017. Iron isotopes reveal distinct dissolved iron sources and pathways in the intermediate versus deep Southern Ocean[J]. PNAS, 114:858-863.

Abe M, Suzuki T, Fujii Y, et al., 2008. An ab initio molecular orbital study of the nuclear volume effects in uranium isotope fractionations[J]. J. Chem. Phys., 129:164309.

Abelson P H, Hoering T C, 1961. Carbon isotope fractionation in formation of amino acids by photosynthetic organisms[J]. PNAS, 47:623.

Abouchami W, Galer S, 2013. A common reference material for cadmium isotope studies— NIST SRM 3108[J]. Geostand. Geoanal. Res., 37:5-17.

Abouchami W, Galer S, de Baar H, et al., 2011. Modulation of the southern ocean cadmium isotope signature by ocean circulation and primary productivity[J]. Earth Planet Sci. Lett., 305:83-91.

Abraham K, Barling J, Siebert C, et al., 2015. Determination of mass-dependent variations in tungsten stable isotope compositions of geological reference materials by double-spike and MC-ICPMS[J]. J. Anal. At. Spectrom., 30:2334-2343.

Ader M, Chaudhuri S, Coates J D, et al., 2008. Microbial perchlorate reduction: a precise laboratory determination of the chlorine isotope fractionation and its possible biochemical basis[J]. Earth Planet

Sci. Lett., 269:604-612.

Adler M, Thomazo C, Sansjovre P, et al., 2016. Interpretation of the nitrogen isotopic composition of Precambrian sedimentary rocks: assumptions and perspectives[J]. Chem. Geol., 429:93-110.

Aharon P, Fu B, 2000. Microbial sulfate reduction rates and sulfur and oxygen isotope fractionation at oil and gas seeps in deepwater Gulf of Mexico[J]. Geochim. Cosmochim. Acta, 64:233-246.

Albarede F, Blichert-Toft J, Rivoal M, et al., 2016. A glimpse into the Roman finances of the Second Punic War through silver isotopes[J]. Geochem. Persp. Lett., 2:128-133.

Amini M, Eisenhauer A, Böhm F, et al., 2008. Calcium isotope ($\delta^{44/40}$Ca) fractionation along hydrothermal pathways, Logatchev field (Mid-Atlantic Ridge, 14°45′N)[J]. Geochim. Cosmochim. Acta, 72:4107-4122.

Amrani A, Sessions A L, Adkins J F, 2009. Compound-specific δ^{34}S analysis of volatile organics by coupled GC/multicollector-ICPMS[J]. Anal. Chem., 81:9027-9034.

Anbar A D, 2004a. Iron stable isotopes: beyond biosignatures[J]. Earth Planet Sci. Lett., 217:223-236; Anbar A D, 2004b. Molybdenum stable isotopes: observations, interpretations and directions[J]. Rev. Mineral. Geochem., 55:429-454.

Anbar A D, Jarzecki A A, Spiro T G, 2005. Theoretical investigation of iron isotope fractionation between Fe(H_2O)$^{3+}$ and Fe(HO)$^{2+}$: implications for iron stable isotope geochemistry[J]. Geochim. Cosmochim. Acta, 69:825-837.

Anbar A D, Rouxel O, 2007. Metal stable isotopes in paleoceanography[J]. Ann. Rev. Earth Planet Sci., 35:717-746.

Andersen M B, Vance D, Archer C, et al., 2011. The Zn abundance and isotopic composition of diatom frustules, a proxy for Zn availability in ocean surface seawater[J]. Earth Planet Sci. Lett., 301:137-145.

Andersen M B, Romaniello S, Vance D, et al., 2014. A modern framework for the interpretation of ^{238}U/^{235}U in studies of ancient ocean redox[J]. Earth Planet Sci. Lett., 400:184-194.

Andersen M B, Elliott T, Freymuth H, et al., 2015. The terrestrial uranium cycle. Nature, 517:356-359.

Andersen M B, Stirling C H, Weyer S, 2017. Uranium isotope fractionation[J]. Rev. Mineral. Geochem., 82:799-850.

Andre L, Cardinal D, Alleman L Y, et al., 2006. Silicon isotopes in 3.8 Ga west Greenland rocks as clues to the Eoarchaean supracrustal Si cycle[J]. Earth Planet Sci. Lett., 245:162-173.

Antler G, Turchyn A V, Rennie V, et al., 2013. Coupled sulphur and oxygen isotope insight into bacterial sulphate reduction in the natural environment[J]. Geochim. Cosmochim. Acta, 118:98-117.

Archer C, Vance D, 2006. Coupled Fe and S isotope evidence for Archean microbial Fe(Ⅲ) and sulphate reduction[J]. Geology, 34:153-156.

Archer C, Vance D, 2008. The isotopic signature of the global riverine molybdenum flux and anoxia in the ancient oceans[J]. Nat. Geosci., 1:597-600.

Arnold G L, Anbar A D, Barling J, et al., 2004a. Molybdenum isotope evidence for widespread anoxia in Mid-Proterozoic oceans[J]. Science, 304:87-90.

Arnold G L, Weyer S, Anbar A D, 2004b. Fe isotope variations in natural materials measured using high mass resolution multiple collector ICPMS[J]. Anal. Chem., 76:322-327.

Azmy K, Lavoie D, Wang Z, et al., 2013. Magnesium-isotope and REE compositions of Lower Ordovician carbonates from eastern Laurentia: implications for the origin of dolomites and limestones [J]. Chem. Geol., 356:64-75.

Bachinski D J, 1969. Bond strength and sulfur isotope fractionation in coexisting sulfides[J]. Econ. Geol., 64:56-65.

Badullovich N, Moynier F, Creech J, et al., 2017. Tin isotopic fractionation during igneous differentiation and Earth's mantle composition[J]. Geochem. Persp. Lett., 5:24-28.

Baker L, Franchi I A, Maynard J, et al., 2002. A technique for the determination of $^{18}O/^{16}O$ and $^{17}O/^{16}O$ isotopic ratios in water from small liquid and solid samples[J]. Anal. Chem., 74:1665-1673.

Baker R G, Rehkämper M, Hinkley T K, et al., 2009. Investigation of thallium fluxes from subaerial volcanism—implications for the present and past mass balance of thallium in the oceans[J]. Geochim. Cosmochim. Acta, 73:6340-6359.

Baker R G, Rehkämper M, Ihlenfeld C, et al., 2010. Thallium isotope variations in an ore-bearing continental igneous setting: Collahuasi formation, northern Chile[J]. Geochim. Cosmochim. Acta, 74:4405-4416.

Balci N, Bullen T D, Witte-Lien K, et al., 2006. Iron isotope fractionation during microbially simulated Fe(II) oxidation and Fe(III) precipitation[J]. Geochim. Cosmochim. Acta, 70:622-639.

Balistrieri L, Borrok D M, Wanty R B, et al., 2008. Fractionation of Cu and Zn isotopes during adsorption onto amorphous Fe(III) oxyhydroxide: experimental mixing of acid rock drainage and ambient river water[J]. Geochim. Cosmochim. Acta, 72:311-328.

Balogh S J, Tsui M T, Blum J D, et al., 2015. Tracking the fate of mercury in the fish and bottom sediments of Minamata Bay, Japan, using stable mercury isotopes[J]. Environ. Sci. Technol., 49:5399-5406.

Balter V, Zazzo A, Moloney A, et al., 2010. Bodily variability of zinc natural isotope abundances in sheep[J]. Rapid Commun. Mass Spectr., 24:605-612.

Banks D A, Green R, Cliff R A, et al., 2000. Chlorine isotopes in fluid inclusions: determination of the origins of salinity in magmatic fluids[J]. Geochim. Cosmochim. Acta, 64:1785-1789.

Bao H, 2015. Sulfate: a time capsule for Earth's O_2, O_3 and H_2O[J]. Chem. Geol., 395:108-118.

Bao H, Thiemens M H, 2000. Generation of O_2 from $BaSO_4$ using a CO_2-laser fluorination system for simultaneous $\delta^{18}O$ and $\delta^{17}O$ analysis[J]. Anal. Chem., 72:4029-4032.

Barkan E, Luz B, 2005. High precision measurements of $^{17}O/^{16}O$ and $^{18}O/^{16}O$ ratios in H_2O. Rapid Commun[J]. Mass Spectr., 19:3737-3742.

Barling J, Arnold G L, Anbar A D, 2001. Natural mass-dependent variations in the isotopic composition of molybdenum[J]. Earth Planet Sci. Lett., 193:447-457.

Barnes J D, Paulick H, Sharp Z D, et al., 2009. Stable isotope ($\delta^{18}O$, δD, $\delta^{37}Cl$) evidence for multiple fluid histories in Mid-Atlantic abyssal peridotites (ODP Leg 209)[J]. Lithos, 110:83-94.

Barnes J D, Sharp Z D, 2017. Chlorine isotope geochemistry[J]. Rev. Miner. Geochem., 82:345-378.

Baronas J J, Hammond D E, McManus J, et al., 2017. A global Ge isotope budget[J]. Geochim.

Cosmochim. Acta, 203:265-283.

Barth S, 1998. Application of boron isotopes for tracing source of anthropogenic contamination in groundwater[J]. Water Res., 32:685-690.

Basile-Doelsch I, Meunier J D, Parron C, 2005. Another continental pool in the terrestrial silicon cycle [J]. Nature, 433:399-402.

Basu A, Sanford R A, Johnson T M, et al., 2014. Uranium isotopic fractionation factors during U(Ⅵ) reduction by bacterial isolates[J]. Geochim. Cosmochim. Acta, 136:100-113.

Bates S L, Hendry K R, Pryer H V, et al., 2017. Barium isotopes reveal role of ocean circulation on barium cycling in the Atlantic[J]. Geochim. Cosmochim. Acta, 204:286-299.

Baumgartner L P, Rumble D, 1988. Transport of stable isotopes. I. Development of a kinetic continuum theory for stable isotope transport[J]. Contr. Mineral. Petrol., 98:417-430.

Beard B L, Johnson C M, 1999. High-precision iron isotope measurements of terrestrial and lunar materials[J]. Geochim. Cosmochim. Acta, 63:1653-1660.

Beard B L, Johnson C M, 2004. Fe isotope variations in the modern and ancient Earth and other planetary bodies[J]. Rev. Mineral. Geoch., 55:319-357.

Beard B L, Johnson C M, Cox L, et al., 1999. Iron isotope biosphere[J]. Science, 285:1889-1892.

Beard B L, Johnson C M, Skulan J L, et al., 2003. Application of Fe isotopes to tracing the geochemical and biological cycling of Fe[J]. Chem. Geol., 195:87-117.

Beard B L, Handler R M, Scherer M M, et al., 2010. Iron isotope fractionation between aqueous ferrous iron and goethite[J]. Earth Planet Sci. Lett., 295:241-250.

Beaudoin G, Taylor B E, 1994. High precision and spatial resolution sulfur-isotope analysis using MILES laser microprobe[J]. Geochim. Cosmochim. Acta, 58:5055-5063.

Beaudoin G, Taylor B E, Rumble D, et al., 1994. Variations in the sulfur isotope composition of troilite from the Canyon Diablo iron meteorite[J]. Geochim. Cosmochim. Acta, 58:4253-4255.

Bebout G E, Fogel M L, 1992. Nitrogen isotope compositions of metasedimentary rocks in the Catalina Schist, California: implications for metamorphic devolatilization history[J]. Geochim. Cosmochim. Acta, 56:2839-2849.

Bebout G E, Idleman B D, Li L, et al., 2007. Isotope-ratio-monitoring gas chromatography methods for high-precision isotopic analysis of nanomole quantities of silicate nitrogen[J]. Chem. Geol., 240:1-10.

Beck W C, Grossman E L, Morse J W, 2005. Experimental studies of oxygen isotope fractionation in the carbonic acid system at 15 ℃, 25 ℃ and 40 ℃[J]. Geochim. Cosmochim. Acta, 69:3493-3503.

Belissont R, Boiron M C, Luais B, et al., 2014. LA-ICP-MS analyses of minor and trace elements and bulk Ge isotopes in zoned Ge-rich sphalerites from the Noailhac-Saint-Salvy deposit (France): insights into incorporation mechanisms and ore deposition processes[J]. Geochim. Cosmochim. Acta, 126:518-540.

Belshaw N, Zhu X, Guo Y, et al., 2000. High precision measurement of iron isotopes by plasma source mass spectrometry[J]. Inter. J. Mass Spectrom., 197:191-195.

Bendall C, Lahaye Y, Fiebig J, et al., 2006. In-situ sulfur isotope analysis by laser-ablation MC-ICP-MS [J]. Appl. Geochem., 21:782-787.

Bennett S A, Rouxel O, Schmidt K, et al., 2009. Iron isotope fractionation in a buyant hydrothermal plume, 5°S Mid-Atlantic Ridge[J]. Geochim. Cosmochim. Acta, 73:5619-5634.

Benson B B, Parker P D M, 1961. Nitrogen/argon and nitrogen isotope ratios in aerobic sea water[J]. Deep Sea Res., 7:237-253.

Berglund M, Wieser M E, 2011. Isotopic compositions of the elements 2009 (IUPAC technical report) [J]. Pure Appl. Chem., 83:397-410.

Bergquist B A, Blum J D, 2007. Mass-dependent and independent fractionations of Hg isotopes by photoreduction in aquatic systems[J]. Science, 318:417-420.

Bergquist B A, Blum J D, 2009. The odds and evens of mercury isotopes: applications of mass-dependent and mass-independent isotope fractionation[J]. Elements, 5:353-357.

Bergquist B A, Boyle E A, 2006. Iron isotopes in the Amazon River system: weathering and transport signatures[J]. Earth Planet Sci. Lett., 248:54-68.

Bermin J, Vance D, Archer C, et al., 2006. The determination of the isotopic composition of Cu and Zn in seawater[J]. Chem. Geol., 226:280-297.

Berna E C, Johnson T M, Makdisi R S, et al., 2010. Cr stable isotopes as indicators of Cr (VI) reduction in groundwater: a detailed time-series study of a point-source plume[J]. Environ. Sci. Technol., 44: 1043-1048.

Bezard R, Fischer-Gödde M, Hamelin C, et al., 2016. The effects of magmatic processes and crustal recycling on the molybdenum stable isotope composition of Mid-Ocean Ridge Basalts[J]. Earth Planet Sci. Lett., 453:171-181.

Bickle M J, Baker J, 1990. Migration of reaction and isotopic fronts in infiltration zones: assessments of fluid flux in metamorphic terrains[J]. Earth Planet Sci. Lett., 98:1-13.

Bidigare R R, 1997. Consistent fractionation of ^{13}C in nature and in the laboratory: growth-rate effects in some haptophyte algae[J]. Global Biogeochem. Cycles, 11:279-292.

Bigalke M, Weyer S, Kobza J, et al., 2010. Stable Cu and Zn isotope ratios as tracers of sources and transport of Cu and Zn in contaminated soil[J]. Geochim. Cosmochim. Acta, 74:6801-6813.

Bigeleisen J, 1965. Chemistry of isotopes[J]. Science, 147:463-471.

Bigeleisen J, 1996. Nuclear size and shape effects in chemical reactions. Isotope chemistry of heavy elements[J]. J. Am. Chem. Soc., 118:3676-3680.

Bigeleisen J, Perlman M L, Prosser H C, 1952. Conversion of hydrogenic materials for isotopic analysis [J]. Anal. Chem., 24:1356.

Biswas A, Blum J D, Bergquist B A, et al., 2008. Natural mercury isotope variation in coal deposits and organic soils[J]. Environ. Sci. Technol., 42:8303-8309.

Black J R, Epstein E, Rains W D, et al., 2008. Magnesium isotope fractionation during plant growth[J]. Environ. Sci. Technol., 42:7831-7836.

Black J R, Kavner A, Schauble E A, 2011. Calculation of equilibrium stable isotope partition function ratios for aqueous zinc complexes and metallic zinc[J]. Geochim. Copsmochim. Acta, 75:769-783.

Blättler C L, Higgins J A, 2014. Calcium isotopes in evaporates record variations in Phanerozoic seawater SO_4 and Ca[J]. Geology., 42:711-714.

Blanchard M, Poitrasson F, Meheut M, et al., 2009. Iron isotope fractionation between pyrite (FeS_2), hematite (Fe_2O_3) and siderite ($FeCO_3$): a first-principles density functional theory study[J]. Geochim. Cosmochim. Acta, 73:6565-6578.

Blattner P, Lassey K R, 1989. Stable isotope exchange fronts, Damköhler numbers and fluid to rock ratios[J]. Chem. Geol., 78:381-392.

Blum J D, 2011. Applications of stable mercury isotopes to biogeochemistry[M]// Baskaran M, Handbook of environmental isotope geochemistry. New York: Springer.

Blum J D, Johnson M W, 2017. Recent developments in mercury stable isotope analysis[J]. Rev. Mineral. Geochem., 82:733-757.

Blum J D, Sherman L S, Johnson M W, 2014. Mercury isotopes in earth and environmental sciences[J]. Ann. Rev. Earth Planet Sci., 42:249-269.

Blusztajn J, Nielsen S G, Marschall H R, et al., 2017. Thallium isotope systematics in volcanic rocks from St. Helena: constraints on the origin of the HIMU reservoir[J]. Chem. Geol., 476:292-301.

Bolliger C, Schroth M H, Bernasconi S M, et al., 2001. Sulfur isotope fractionation during microbial reduction by toluene-degrading bacteria[J]. Geochim. Cosmochim. Acta, 65:3289-3299.

Bonifacie M, Jendrzejewski N, Agrinier P, et al., 2008. The chlorine isotope composition of the Earth's mantle[J]. Science, 319:1518-1520.

Bonnand P, James R H, Parkinson I J, et al., 2013. The chromium isotopic composition of seawater and marine carbonates[J]. Earth Planet Sci. Lett., 382:10-20.

Bonnand P, Williams H M, Parkinson L J, et al., 2016. Stable chromium isotopic composition of meteorites and metal-silicate experiments: implications for fractionation during core formation[J]. Earth Planet Sci. Lett., 435:14-21.

Bopp C J, Lundstrom C C, Johnson T M, et al., 2009. Variations in $^{238}U/^{235}U$ in uranium ore deposits: isotopic signatures of the U reduction process?[J]. Geology, 37:611-614.

Borrok D M, Nimick D A, Wanty R B, et al., 2008. Isotope variations of dissolved copper and zinc in stream water affected by historical mining[J]. Geochim. Cosmochim. Acta, 72:329-344.

Borrok D M, Wanty R B, Ridley W I, et al., 2009. Application of iron and zinc isotopes to track the sources and mechanisms of metal loading in a mountain watershed[J]. Appl. Geochem., 24:1270-1277.

Borthwick J, Harmon R S, 1982. A note regarding ClF_3 as an alternative to BrF_5 for oxygen isotope analysis[J]. Geochim. Cosmochim. Acta, 46:1665-1668.

Bottinga Y, 1969. Calculated fractionation factors for carbon and hydrogen isotope exchange in the system calcite-carbon dioxide-graphite-methane-hydrogen-water-vapor[J]. Geochim. Cos-mochim. Acta, 33:49-64.

Boulou E B, Poszwa A, Leyval C, et al., 2010. Experimental determination of magnesium isotope fractionation during higher plant growth[J]. Geochim. Cosmochim. Acta, 74:2523-2537.

Bourdon B, Tipper E T, Fitoussi C, et al., 2010. Chondritic Mg isotope composition of the Earth[J]. Geochim. Cosmochim. Acta, 74:5069-5083.

Bowman J R, Willett S D, Cook S J, 1994. Oxygen isotope transport and exchange during fluid flow[J]. Am. J. Sci., 294:1-55.

Boyce J W, Treiman A H, Guan Y, et al., 2015. The chlorine isotope fingerprint of the lunar magma ocean[J]. Sci. Adv., 1(8): e1500380.

Böhlke J K, Sturchio N C, Gu B, et al., 2005. Perchlorate isotope forensics[J]. Anal. Chem., 77: 7838-7842.

Böhm F, Eisenhauer A, Tang J, et al., 2012. Strontium isotope fractionation of planktic foraminifera and inorganic calcite[J]. Geochim. Cosmochim. Acta, 93: 300-314.

Böttcher M E, 1996. $^{18}O/^{16}O$ and $^{13}C/^{12}C$ fractionation during the reaction of carbonates with phosphoric acid: effects of cationic substitution and reaction temperature[J]. Isotopes Environ. Health Stud., 32: 299-305.

Böttcher M E, Brumsack H J, Lange G J, 1998. Sulfate reduction and related stable isotope (^{34}S, ^{18}O) variations in interstitial waters from the eastern Mediterranean[J]. Proc. Ocean Drill. Progr., 160: 365-373.

Böttcher M E, Thamdrup B, Vennemann T W, 2001. Oxygen and sulfur isotope fractionation during anaerobic bacterial disproportionation of elemental sulfur[J]. Geochim. Cosmochim. Acta, 65: 1601-1609.

Böttcher M E, Geprägs P, Neubert N, et al., 2012. Barium isotope fractionation during experimental formation of the double carbonate BaMn$(CO_3)_2$ at ambient temperature[J]. Isot. Environ. Health Stud., 48(1-4): 457-463.

Böttcher M E, Neubert N, Escher P, et al., 2018a. Multi-isotope (Ba, C, O) partitioning during experimental carbonatization of a hyper-alkaline solution[J]. Chemie. Erde., 78(2).

Böttcher M E, Neubert N, von Allmen K, et al., 2018b. Barium isotope fractionation during the experimental transformation of aragonite to witherite and of gypsum to barite, and the effect of ion (de)solvation[J]. Isot. Environ. Health Stud., 54(1-3): 324-335.

Brand W, 2002. Mass spectrometer hardware for analyzing stable isotope ratios[M]//de Groot P, Handbook of stable isotope analytical techniques. New York: Elsevier.

Brand W, Coplen T B, 2009a. Comprehensive inter-laboratory calibration of reference materials for $\delta^{18}O$ versus VSMOW using various on-line high-temperature conversion techniques[J]. Rapid Comm. Mass Spectrom., 23: 999-1019.

Brand W, Geilmann H, Crosson E R, et al., 2009b. Cavity ring-down spectroscopy versus high-temperature conversion isotope ratio mass spectrometry: a case study on δ^2H and $\delta^{18}O$ of pure water samples and alcohol/water mixtures[J]. Rapid Comm. Mass Spectrom., 23: 1879-1884.

Branson O, 2017. Boron incorporation into marine $CaCO_3$[M]//Marschall H, Advances of boron isotope geochemistry. New York: Springer.

Breillat N, Guerrot C, Marcoux E, et al., 2016. A new global database of $\delta^{98}Mo$ in molybdenites: a literature review and new data[J]. Rapid Comm. Mass Spectrom., 161: 1-15.

Bremner J M, Keeney D R, 1966. Determination and isotope ratio analysis of different forms of nitrogen in soils, Ⅲ[J]. Soil. Sci. Soc. Am. Proc., 30: 577-582.

Brennecka G A, Borg L E, Hutcheon I D, et al., 2010. Natural variations in uranium isotope ratios of uranium ore concentrates: understanding the $^{238}U/^{235}U$ fractionation mechanism[J]. Earth Planet Sci. Lett., 291: 228-233.

Brennecka G A, Wasylenki L E, Bargar J R, et al., 2011. Uranium isotope fractionation during adsorption to Mn-oxyhydroxides[J]. Environ. Sci. Technol., 45:1370-1375.

Brennikmeijer C A M, Kraft M P, Mook W G, 1983. Oxygen isotope fractionation between CO_2 and H_2O[J]. Isotope Geosci., 1:181-190.

Breton T, Quitté G, 2014. High-precision measurements of tungsten stable isotopes and application to earth sciences[J]. J. Anal. At. Spectrom., 29:2284-2293.

Brooker R, Blundy J, James R, 2004. Trace element and Li isotope systematics in zabargad peridotites: evidence of ancient subduction processes in the Red Sea mantle[J]. Chem. Geol., 212:179-204.

Brunner B, Bernasconi S M, Kleikemper J, et al., 2005. A model of oxygen and sulfur isotope fractionation in sulfate during bacterial sulfate reduction[J]. Geochim. Cosmochim. Acta, 69:4773-4785.

Brunner B, Contreras S, 2013. Nitrogen isotope effects induced by anammox bacteria[J]. PNAS, 110:18994-18999.

Bryan A L, Dong S, Wilkes E B, et al., 2015. Zinc isotope fractionation during adsorption onto Mn oxyhydroxide at low and high ionic strength[J]. Geochim. Cosmochim. Acta, 157:182-197.

Brüchert V, Knoblauch C, Jörgensen B B, 2001. Controls on stable sulfur isotope fractionation during bacterial sulfate reduction in Arctic sediments[J]. Geochim. Cosmochim. Acta, 65:763-776.

Brügmann G, Berger D, Pernicka E, 2017. Determination of the tin stable isotopic composition in tin-bearing metals and minerals by MC-ICP-MS[J]. Geostan. Geoanal. Res., 41:437-448.

Bucharenko A I, 2001. Magnetic isotope effect: nuclear spin control of chemical reactions[J]. J. Phys. Chem. A, 105:9995-10011.

Buhl D, Immenhauser A, Smeulders G, et al., 2007. Time series δ^{26}Mg analysis in speleothem calcite: kinetic versus equilibrium fractionation, comparison with other proxies and implications for palaeoclimate research[J]. Chem. Geol., 244:715-729.

Burgoyne T W, Hayes J M, 1998. Quantitative production of H_2 by pyrolysis of gas chromato-graphic effluents[J]. Anal. Chem., 70:5136-5141.

Burton K W, Vigier N, 2011. Lithium isotopes as tracers in marine and terrestrial environments[M]//Baskaran M, Handbook environment isotope geochemistry. New York: Springer: 41-59.

Busigny V, Bebout G E, 2013. Nitrogen in the silicate earth: speciation and isotopic behavior during mineral-fluid interactions[J]. Elements, 9:353-358.

Butler I B, Archer C, Vance D, et al., 2005. Fe isotope fractionation on FeS formation in ambient aqueous solution[J]. Earth Planet Sci. Lett., 236:430-442.

Burkhardt C, Kleine T, Oberli F, et al., 2011. Molybdenum isotope anomalies in meteorites: constraints on solar nebula evolution and origin of the Earth[J]. Earth Planet Sci. Lett., 312:390-400.

Burkhardt C, Hin R C, Kleine T, et al., 2014. Evidence for Mo isotope fractionation in the solar nebula and during planetary differentiation[J]. Earth Planet Sci. Lett., 391:201-211.

Cameron V, Vance D, 2014. Heavy nickel isotope compositions in rivers and oceans[J]. Geochim. Cosmochim. Acta, 128:195-211.

Cameron V, Vance D, Archer C, et al., 2009. A biomarker based on the stable isotopes of nickel[J]. PNAS, 106:10944-10948.

Canfield D E, 2001a. Biogeochemistry of sulfur isotopes[J]. Rev. Miner., 43:607-636.

Canfield D E, 2001b. Isotope fractionation by natural populations of sulfate-reducing bacteria[J]. Geochim. Cosmochim. Acta, 65:1117-1124.

Canfield D E, Teske A, 1996. Late Proterozoic rise in atmospheric oxygen concentration inferred from phylogenetic and sulphur-isotope studies[J]. Nature, 382:127-132.

Canfield D E, Thamdrup B, 1994. The production of ^{34}S depleted sulfide during bacterial disproportion to elemental sulfur[J]. Science, 266:1973-1975.

Canfield D E, Olsen C A, Cox R P, 2006. Temperature and its control of isotope fractionation by a sulfate reducing bacterium. Geochim[J]. Cosmochim. Acta, 70:548-561.

Canfield D E, Farquhar J, Zerkle A L, 2010. High isotope fractionations during sulfate reduction in a low-sulfate euxinic ocean analog[J]. Geology, 38:415-418.

Cao Z, Siebert C, Hathorne E C, et al., 2016. Constraining the oceanic barium cycle with stable barium isotopes[J]. Earth Planet Sci. Lett., 434:1-9.

Cardinal D, Gaillardet J, Hughes H J, et al., 2010. Contrasting silicon isotope signatures in rivers from the Congo Basin and the specific behaviour of organic-rich waters[J]. Geophys. Res. Lett., 37:L12403.

Carignan J, Wen H, 2007. Scaling NIST SRM 3149 for Se isotope analysis and isotopic variations of natural samples[J]. Chem. Geol., 242:347-350.

Carignan J, Estrade N, Sonke J, et al., 2009. Odd isotope deficit in atmospheric Hg measured in lichens [J]. Environ. Sci. Technol., 43:5660-5664.

Caro G, Papanastassiou D A, Wasserburg G J, 2010. $^{40}K/^{40}Ca$ isotopic constraints on the oceanic calcium cycle[J]. Earth Planet Sci. Lett., 296:124-132.

Cartigny P, 2005. Stable isotopes and the origin of diamond[J]. Elements, 1:79-84.

Cartigny P, Boyd S R, Harris J W, et al., 1997. Nitrogen isotopes in peridotitic diamonds from Fuxian, China: the mantle signature[J]. Terra. Nova., 9:175-179.

Cartigny P, Marty B, 2013. Nitrogen isotopes and mantle geodynamics: the emergence of life and the atmosphere-crust-mantle connection[J]. Elements, 9:359-366.

Cartwright I, Valley J W, 1991. Steep oxygen isotope gradients at marble-metagranite contacts in the NW Adirondacks Mountains, N.Y[J]. Earth Planet Sci. Lett., 107:148-163.

Casciotti K L, 2009. Inverse kinetic isotope fractionation during bacterial nitrite oxidation[J]. Geochim. Cosmochim. Acta, 73:2061-2076.

Casciotti K L, 2016. Nitrogen and oxygen isotopic studies of the marine nitrogen cycle[J]. Ann. Rev. Mar. Sci., 8:379-407.

Casciotti K L, Sigman D M, Galanter H M, et al., 2002. Measurement of the oxygen isotopic composition of nitrate in seawater and freshwater using the denitrifier method[J]. Anal. Chem., 74:4905-4912.

Catanzaro E J, Murphy T J, 1966. Magnesium isotope ratios in natural samples[J]. J. Geophys. Res., 71:1271.

Cenki-Tok B, Chabaux F, Lemarchand D, et al., 2009. The impact of water-rock interaction and vegetation on calcium isotope fractionation in soil and stream waters of a small, forested catchment (the Strengbach case)[J]. Geochim. Cosmochim. Acta, 73:2215-2228.

Cerling T E, Sharp Z D, 1996. Stable carbon and oxygen isotope analyses of fossil tooth enamel using laser ablation[J]. Palaeoge. Palaeocli. Palaeoeco., 126:173-186.

Cerling T E, Harris J M, 1999. Carbon isotope fractionation between diet and bioapatite in ungulate mammals and implications for ecological and paleocogical studies[J]. Oecologia., 120:347-363.

Chacko T, Cole D R, Horita J, 2001. Equilibrium oxygen, hydrogen and carbon fractionation factors applicable to geologic systems[J]. Rev. Miner. Geochem., 43:1-81.

Chacko T, Riciputi L R, Cole D R, et al., 1999. A new technique for determining equilibrium hydrogen isotope fractionation factors using the ion microprobe: application to the epidote-water system[J]. Geochim. Cosmochim. Acta, 63:1-10.

Chakrabarti B, Jacobsen S, 2010. Silicon isotopes in the inner solar system: implications for core formation, solar nebula processes and partial melting [J]. Geochim. Cosmochim. Acta, 74: 6921-6933.

Chan L H, Kastner M, 2000. Lithium isotopic compositions of pore fluids and sediments in the Costa Rica subduction zone: implications for fluid processes and sediment contribution to the arc volcanoes[J]. Earth Planet Sci. Lett., 183:275-290.

Chan L H, Alt J C, Teagle D A H, 2002. Lithium and lithium isotope profiles through the upper oceanic crust: a study of seawater-basalt exchange at ODP Sites 504B and 896A[J]. Earth Planet Sci. Lett., 201:187-201.

Chan L H, Edmond J M, Thompson G, 1993. A lithium isotope study of hot-springs and metabasalts from midocean ridge hydrothermal systems[J]. J. Geophys. Res., 98:9653-9659.

Chao H C, You C F, Liu H C, et al., 2015. Evidence for stable Sr isotope fractionation by silicate weathering in a small sedimentary watershed in southwestern Taiwan[J]. Geochim. Cosmochim. Acta, 165:324-341.

Charlier B L, Nowell G M, Parkinson I J, et al., 2012. High temperature strontium stable isotope behaviour in the early solar system and planetary bodies[J]. Earth Planet Sci. Lett., 330:31-40.

Chaussidon M, Albarede F, 1992. Secular boron isotope variations in the continental crust: an ion microprobe study[J]. Earth Planet Sci. Lett., 108:229-241.

Chaussidon M, Albarede F, Sheppard S M F, 1987. Sulphur isotope heterogeneity in the mantle from ion microprobe measurements of sulphide inclusions in diamonds[J]. Nature, 330:242-244.

Chaussidon M, Albarede F, Sheppard S M F, 1989. Sulphur isotope variations in the mantle from ion microprobe analysis of microsulphide inclusions[J]. Earth Planet Sci. Lett., 92:144-156.

Chaussidon M, Marty B, 1995. Primitive boron isotope composition of the mantle[J]. Science, 269:383-386.

Chen J H, Wasserburg G J, 1983. The isotopic composition of silver and lead in two iron meteorites: Cape York and Grant[J]. Geochim. Cosmochim. Acta, 47:1725-1737.

Chen J B, Gaillardet J, Louvat P, 2008. Zinc isotopes in the Seine river waters, France: a probe of anthropogenic contamination[J]. Environ. Sci. Technol., 42:6494-6501.

Chen J B, Hintelmann H, Feng X B, et al., 2012. Unusual fractionation of both odd and even mercury isotopes in precipitation from Peterborough, ON, Canada[J]. Geochim. Cosmochim. Acta, 90: 33-46.

Chen H, Savage P S, Teng F Z, et al., 2013. Zinc isotopic fractionation during magmatic differentiation and the isotopic composition of bulk Earth[J]. Earth Planet Sci. Lett., 370:34-42.

Chen X, Romaniello J, Herrmann A D, et al., 2016. Uranium isotope fractionation during coprecipitation with aragonite and calcite[J]. Geochim. Cosmochim. Acta, 188:189-207.

Chernnozhkin S M, Weyrauch M, Goderis S, et al., 2017. Thermal equilibration of iron meteorite and pallasite parent bodies recorded at the mineral scale by Fe and Ni isotope systematics[J]. Geochim. Cosmochim. Acta, 217:95-111.

Chetelat B, Liu C Q, Gaillardet J, et al., 2009a. Boron isotopes geochemistry of the Changjiang basin rivers[J]. Geochim. Cosmochim. Acta, 73:6084-6097.

Chetelat B, Gaillardet J, Freydier F, 2009b. Use of B isotopes as a tracer of anthropogenic emissions in the atmosphere of Paris, France[J]. Appl. Geochem., 24:810-820.

Chiba H, Chacko T, Clayton R N, et al., 1989. Oxygen isotope fractionations involving diopside, forsterite, magnetite and calcite: application to geothermometry[J]. Geochim. Cosmochim. Acta, 53:2985-2995.

Chmeleff J, Horn I, Steinhöfel G, et al., 2008. In situ determination of precise stable Si isotope ratios by UV-femtosecond laser ablation high-resolution multi-collector ICP-MS[J]. Chem. Geol., 249:155-160.

Claire M W, Kasting J F, Domagal-Goldman S D, et al., 2014. Modeling the signature of sulphur mass-independent fractionation produced in the Archean atmosphere[J]. Geochim. Cosmochim. Acta, 141:365-380.

Clayton R N, Anderson P, Gale N H, et al., 2002. Precise determination of the isotopic composition of Sn using MC-ICP-MS[J]. J. Anal. At. Spectrom., 17:1248-1256.

Clayton R N, Epstein S, 1958. The relationship between $^{18}O/^{16}O$ ratios in coexisting quartz, carbonate and iron oxides from various geological deposits[J]. J. Geol., 66:352-373.

Clayton R N, Goldsmith J R, Mayeda T K, 1989. Oxygen isotope fractionation in quartz, albite, anorthite and calcite[J]. Geochim. Cosmochim. Acta, 53:725-733.

Clayton R N, Mayeda T K, 1963. The use of bromine pentafluoride in the extraction of oxygen from oxides and silicates for isotopic analysis[J]. Geochim. Cosmochim. Acta, 27:43-52.

Cloquet C, Carignan J, Lehmann M F, et al., 2008. Variation in the isotopic composition of zinc in the natural environment and the use of zinc isotopes in biogeosciences: a review[J]. Anal. Bio. Anal. Chem., 390:451-463.

Cloquet C, Carignan J, Libourel G, et al., 2006. Tracing source pollution in soils using cadmium and lead isotopes[J]. Environ. Sci. Technol., 40:2525-2530.

Cobert F, Schmitt A D, Bourgeade P, et al., 2011. Experimental identification of Ca isotopic fractionations in higher plants[J]. Geochim. Cosmochim. Acta, 75:5467-5482.

Cole D R, 2000. Isotopic exchange in mineral-fluid systems IV: the crystal chemical controls on oxygen isotope exchange rates in carbonate-H_2O and layer silicate-H_2O systems[J]. Geochim. Cosmochim. Acta, 64:921-933.

Cole D B, Reinhard C T, Wang X, et al., 2016. A shale-hosted Cr isotope record of low atmospheric oxygen during the Proterozoic[J]. Geology, 44:555-558.

Coleman M L, Sheppard T J, Durham J J, et al., 1982. Reduction of water with zinc for hydrogen isotope analysis[J]. Anal. Chem., 54:993-995.

Conway T M, John S G, 2015. Biogeochemical cycling of cadmium isotopes along a high-resolution section through the North Atlantic Ocean[J]. Geochim. Cosmochim. Acta, 148:269-283.

Cook D L, Wadhwa M, Clayton R N, et al., 2007. Mass-dependent fractionation of nickel isotopes in meteoritic metal[J]. Meteori. t Planet Sci., 42:2067-2077.

Coplen T B, Hanshaw B B, 1973. Ultrafiltration by a compacted clay membrane. I. Oxygen and hydrogen isotopic fractionation[J]. Geochim. Cosmochim. Acta, 37:2295-2310.

Coplen T B, 2002. Isotope abundance variations of selected elements[J]. Pure. Appl. Chem., 74:1987-2017.

Coplen T B, Kendall C, Hopple J, 1983. Comparison of stable isotope reference samples[J]. Nature, 302:236-238.

Coutaud M, Meheut M, Glatzel P, et al., 2017. Small changes in Cu redox state and speciation generate large isotope fractionation during adsorption and incorporation of Cu by a phototrophic biofilm[J]. Geochim. Cosmochim. Acta, 220:1-18.

Craddock P R, Dauphas N, 2010. Iron isotopic compositions of geological reference materials and chondrites[J]. Geostand. Geoanal. Res., 35:101-123.

Craddock P R, Rouxel O J, Ball L A, et al., 2008. Sulfur isotope measurement of sulfate and sulfide by high-resolution MC-ICP-MS[J]. Chem. Geol., 253:102-113.

Craig H, 1961a. Isotopic variations in meteoric waters[J]. Science, 133:1702-1703.

Craig H, 1961b. Standard for reporting concentrations of deuterium and oxygen-18 in natural waters[J]. Science, 133:1833-1834.

Creech J, Baker J, Handler M, et al., 2013. Platinum stable isotope ratio measurements by double-spike multiple collector ICPMS[J]. JAAS, 28:853-865.

Creech J, Baker J, Handler M, et al., 2014. Platinum stable isotope analysis of geological standard reference materials by double-spike MC-ICPMS[J]. Chem. Geol., 363:293-300.

Creech J, Baker J, Handler M, et al., 2017a. Late accretion history of the terrestrial planets inferred from platinum stable isotopes[J]. Geoch. Perspect. Lett., 3:94-104.

Creech J B, Moynier F, Badullovich N, 2017b. Tin stable isotope analysis of geological materials by double-spike MC-ICPMS[J]. Chem. Geol., 457:61-67.

Creech J B, Moynier F, Bizarro M, 2017c. Tracing metal silicate segregation and late veneer in the Earth and the ureilite parent body with palladium stable isotopes[J]. Geochim. Cosmochim. Acta, 216:28-41.

Criss R E, Gregory R T, Taylor H P, 1987. Kinetic theory of oxygen isotopic exchange between minerals and water[J]. Geochim. Cosmochim. Acta, 51:1099-1108.

Criss R E, 1999. Principles of stable isotope distribution[M]. Oxford: Oxford University Press.

Croal L R, Johnson C M, Beard B L, et al., 2004. Iron isotope fractionation by Fe(II)-oxidizing photoautotrophic bacteria[J]. Geochim. Cosmochim. Acta, 68:1227-1242.

Crosby H A, Johnson C M, Roden E E, et al., 2005. Fe(II)-Fe(III) electron/atom exchange as a mechanism for Fe isotope fractionation during dissimilatory iron oxide reduction[J]. Environ. Sci.

Tech., 39:6698-6704.

Crosby H A, Roden E E, Johnson C E, et al., 2007. The mechanisms of iron isotope fractionation produced during dissimilatory Fe(Ⅲ) reduction by Shewanella putrefaciens and Geobacter sulfurreducens[J]. Geobiology, 5:169-189.

Crowe D E, Valley J W, Baker K L, 1990. Micro-analysis of sulfur isotope ratios and zonation by laser microprobe[J]. Geochim. Cosmochim. Acta, 54:2075-2092.

Crowe S A, Dossing L N, Beukes N J, et al., 2013. Atmospheric oxygenation three billion years ago[J]. Nature, 501:535-538.

Crowley S F, 2010. Effect of temperature on the oxygen isotope composition of carbon dioxide prepared from carbonate minerals by reaction with polyphosphoric acid: an example of the rhombohedral $CaCO_3$-$MgCO_3$ group minerals[J]. Geochim. Cosmochim. Acta, 74:6406-6421.

Crowson R A, Showers W J, Wright E K, et al., 1991. Preparation of phosphate samples for oxygen isotope analysis[J]. Anal. Chem., 63:2397-2400.

Czamanske G K, Rye R O, 1974. Experimentally determined sulfur isotope fractionations between sphalerite and galena in the temperature range 600 ℃ to 275 ℃[J]. Econ. Geol., 69:17-25.

D'Arcy J, Babechuk M G, Dossing L N, et al., 2016. Processes controlling the chromium isotopic composition of river water: constrains from basaltic river catchments[J]. Geochim. Cosmochim. Acta, 186:296-315.

Dahl T W, Anbar A D, Gordon G W, et al., 2010a. The behavior of molybdenum and its isotopes across the chemocline and in the sediments of sulfidic Lake Cadagno, Switzerland[J]. Geochim. Cosmochim. Acta, 74:144-163.

Dahl T W, Hammarlund E U, 2010b. Devonian rise in atmospheric oxygen correlated to the radiations of terrestrial plants and large predatory fish[J]. PNAS, 107:17911-17915.

Dahl T W, Canfield D E, Rosing M T, et al., 2011. Molybdenum evidence for expansive sulfidic water masses in 750 Ma oceans[J]. Earth Planet Sci. Lett., 311:264-274.

Dahl T W, Boyle R A, Canfield D E, et al., 2014. Uranium isotopes distinguish two geochemically distinct stages during the later Cam-brian SPICE event[J]. Earth Planet Sci. Lett., 401:313-326.

Dauphas N, Craddock P R, Asimov P D, et al., 2009a. Iron isotopes may reveal the redox conditions of mantle melting from Archean to Present. Earth Planet Sci. Lett., 288:255-267.

Dauphas N, Pourmand A, Teng F Z, 2009b. Routine isotopic analysis of iron by HR-MC-ICPMS: how precise and how accurate?[J]. Chem. Geol., 267:175-184.

Dauphas N, Roskosz M, 2012. A general moment NRIXS approach to the determination of equilibrium Fe isotope fractionation factors: application to goethite and jarosite[J]. Geochim. Cosmochim. Acta, 94:254-275.

Dauphas N, Rouxel O, 2006. Mass spectrometry and natural variations in iron isotopes[J]. Mass Spectrom. Rev., 25:515-550.

Dauphas N, John S G, Rouxel O, 2017. Iron isotope systematics[J]. Rev. Miner. Geochem., 82:415-510.

De L, J R, Böhlke J K, De Bièvre P, et al., 2003. Atomic weights of the elements: review 2000 (IUPAC technical report)[J]. Pure. Appl. Chem., 75:683-2000.

De L, Rocha C, 2003. Silicon isotope fractionation by marine sponges and the reconstruction of the silicon isotope composition of ancient deep water[J]. Geology, 31:423-426.

De L, Rocha C L, Brzezinski M A, et al., 1997. Fractionation of silicon isotopes by marine diatoms during biogenic silica formation[J]. Geochim. Cosmochim. Acta, 61:5051-5056.

De L, Rocha C L, Brzezinski M A, et al., 1998. Silicon-isotope composition of diatoms as an indicator of past oceanic change[J]. Nature, 395:680-683.

De L, Rocha C L, De P D J, 2000. Isotopic evidence for variations in the marine calcium cycle over the Cenozoic[J]. Science, 289:1176-1178.

De S G F, Reynolds B, Kiczka M, et al., 2010. Evidence for mass-dependent isotopic fractionation of strontium in a glaciated granitic watershed[J]. Geochim. Cosmochim. Acta, 74:2596-2614.

Dellinger M, Gaillardet J, Bouchez J, et al., 2016. Riverine Li isotope fractionation in the Amazon River basin controlled by the weathering reactions[J]. Geochim. Cosmochim. Acta, 164:71-93.

Deniro M J, Epstein S, 1977. Mechanism of carbon isotope fractionation associated with lipid synthesis [J]. Science, 197:261-263.

Depaolo D, 2004. Calcium isotope variations produced by biological, kinetic, radiogenic and nucleosynthetic processes[J]. Rev. Miner. Geochem., 55:255-288.

Depaolo D, 2011. Surface kinetic model for isotopic and trace element fractionation during precipitation of calcite from aqueous solution[J]. Geochim. Cosmochim. Acta, 75:1039-1056.

Demarest M S, Brzezinski M A, Beucher C P, 2009. Fractionation of silicon isotopes during biogenic silica dissolution[J]. Geochim. Cosmochim. Acta, 73:5572-5583.

Deng T H, Cloquet C, Tang Y T, et al., 2014. Nickel and zinc isotope fractionation in hyperaccumulating and nonaccumulating plants[J]. Environ. Sci. Tech., 48:11926-11933.

Desaulniers D E, Kaufmann R S, Cherry J O, et al., 1986. ^{37}Cl-^{35}Cl variations in a diffusion-controlled groundwater system[J]. Geochim. Cosmochim. Acta, 50:1757-1764.

Desaulty A M, Albarede F, 2013. Copper, lead and silver isotopes solve a major economic conumdrum of Tudor and early Stuart Europe[J]. Geology, 41:135-138.

Desaulty A M, Telouk P, Albalat E, et al., 2011. Isotopic Ag-Cu-Pb record of silver circulation through 16th-18th century Spain. PNAS, 108:9002-9007.

Dickson A J, Jenkyns H C, Porcelli D, et al., 2016. Basin-scale controls on the molybdenum isotope composition of seawater during Oceanic anoxic event 2 (late Cretaceous) [J]. Geochim. Cosmochim. Acta, 178:291-306.

Dickson A J, Gill B C, Ruhl M, et al., 2017. Molybdenum-isotope chemostratigraphy and paleoceanography of the Toarcian Oceanic Anoxic Event (Early Jurassic) [J]. Paleoceanography 32: 813-829.

Dideriksen K, Baker J A, Stipp S L S, 2008. Equilibrium Fe isotope fractionation between inorganic aqueous Fe(III) and the siderophore complex, Fe(Ⅲ)-desferrioxamine B[J]. Earth Planet Sci. Lett., 269:280-290.

Ding T, Ma G R, Shui M X, et al., 2005. Silicon isotope study on rice plants from the Zhejiang province, China[J]. Chem. Geol. 218:41-50.

Ding T, Wan D, Wang C, et al., 2004. Silicon isotope compositions of dissolved silicon and suspended matter in the Yangtze River, China[J]. Geochim. Cosmochim. Acta, 68:205-216.

Ding T P, Zhou J X, Wan D F, et al., 2008. Silicon isotope fractionation in bamboo and ist significance to the biogeochemical cycle of silicon[J]. Geochim. Cosmochim. Acta, 72:1381-1395.

Ding T, 1996. Silicon isotope geochemistry[M]. Beijing: Geological Publishing House.

Dohmen R, Kasemann S A, Coogan L, et al., 2010. Diffusion of Li in olivine. Part 1: Experimental observations and a multi species diffusion model[J]. Geochim. Cosmochim. Acta, 74:274-292.

Dossing L N, Dideriksen K, Stipp S L, et al., 2011. Reduction of hexavalent chromium by ferrous iron: a process of chromium isotope fractionation and its relevance to natural environments[J]. Chem. Geol., 285:157-166.

Doucet L S, Mattielli N, Ionov D A, et al., 2016. Zn isotopic heterogeneity in the mantle: a melting control?[J]. Earth Planet Sci. Lett., 451:232-240.

Douthitt C B, 1982. The geochemistry of the stable isotopes of silicon[J]. Geochim. Cosmochim. Acta, 46:1449-1458.

Driesner T, 1997. The effect of pressure on deuterium-hydrogen fractionation in high-temperature water [J]. Science, 277:791-794.

Driesner T, Seward T M, 2000. Experimental and simulation study of salt effects and pressure/density effects on oxygen and hydrogen stable isotope liquid-vapor fractionation for 4-5 molal aqueous NaCl and KCl solutions to 400 ℃[J]. Geochim. Cosmochim. Acta, 64:1773-1784.

Duan J, Tang J, Li Y, et al., 2016. Copper isotopic signature of the Tiegelangnan high-sulfidation copper deposit, Tibet: implications for its origin and mineral exploration[J]. Miner. Deposita., 51:591-602.

Dugan J P, Borthwick J, Harmon R S, et al., 1985. Guadinine hydrochloride method for determination of water oxygen isotope ratios and the oxygen-18 fractionation between carbon dioxide and water at 25 ℃ [J]. Anal. Chem., 57:1734-1736.

Dziony W, Horn I, Lattard D, et al., 2014. In-situ Fe isotope ratio determination in Fe-Ti oxides and sulphides from drilled gabbros and basalt fromthe IODP Hole 1256D in the eastern equatorial Pacific [J]. Chem. Geol., 363:101-113.

Eastoe C J, Guilbert J M, 1992. Stable chlorine isotopes in hydrothermal processes[J]. Geochim. Cosmochim. Acta, 56:4247-4255.

Eastoe C J, Gilbert J M, Kaufmann R S, 1989. Preliminary evidence for fractionation of stable chlorine isotopes in ore-forming hydrothermal deposits[J]. Geology, 17:285-288.

Eastoe C J, Long A, Knauth L P, 1999. Stable chlorine isotopes in the Palo Duro basin, Texas: evidence for preservation of Permian evaporate brines[J]. Geochim. Cosmochim. Acta, 63:1375-1382.

Eastoe C J, Long A, Land L S, et al., 2001. Stable chlorine isotopes in halite and brine from the Gulf Coast Basin: brine genesis and evolution[J]. Chem. Geol., 176:343-360.

Eastoe C J, Peryt T M, Petrychenko O Y, et al., 2007. Stable chlorine isotopes in Phanerozoic evaporates[J]. Appl. Geochem., 22:575-588.

Egan K E, Rickaby R E, Leng H, et al., 2012. Diatom silicon isotopes as a proxy for silicic acid utilisation: a southern ocean core top calibration[J]. Geochim. Cosmochim. Acta, 96:174-192.

Eggenkamp H G M, Coleman M, 2000. Rediscovery of classical methods and their application to the measurement of stable bromine isotopes in natural samples[J]. Chem. Geol., 167:393-402.

Eggenkamp H G M, Kreulen R, 1995. Chlorine stable isotope fractionationin evaporates[J]. Geochim. Cosmochim. Acta, 59:5169-5175.

Eggenkamp H G M, 2014. The geochemistry of stable chlorine and bromine isotopes[M]. New York: Springer.

Eggenkamp H G M, Bonifacie M, Ader M, et al., 2016. Experimental determination of stable chlorine and bromine isotope fractionation during precipitation of salt from a saturated solution[J]. Chem. Geol., 433:46-56.

Ehrlich S, Butler I, Halicz L, et al., 2004. Experimental study of the copper isotope fractionation between aqueous Cu(Ⅱ) and covellite, CuS[J]. Chem. Geol., 209:259-269.

Eiler J M, 2014. Frontiers of stable isotope geoscience[J]. Chem. Geol., 372:119-143.

Eisenhauer A, 2004. Proposal for an international agreement on Ca notation as result of the discussion from the workshops on stable isotope measurements in Davos (Goldschmidt 2002) and Nice (EUG 2003)[J]. Geostand. Geoanal. Res., 28:149-151.

Eisenhauer A, Kisakürek B, Böhm F, 2009. Marine calcification: an alkali earth metal isotope perspective[J]. Elements, 5:365-368.

Elardo S M, Shahar A, 2017. Non-chondritic iron isotope composition in planetary mantles as a result of core formation[J]. Nat. Geosci., 10:317-321.

Eldridge C S, Compston W, Williams I S, et al., 1988. Sulfur isotope variability in sediment hosted massive sulfide deposits as determined using the ion microprobe SHRIMP. Ⅰ. An example from the Rammelsberg ore body[J]. Econ. Geol., 83:443-449.

Eldridge C S, Williams I S, Walshe J L, 1993. Sulfur isotope variability in sediment hosted massive sulfide deposits as determined using the ion microprobe SHRIMP. Ⅱ. A study of the H. Y. C. deposit at McArthur River, Northern Territory, Australia[J]. Econ Geol., 88:1-26.

El KorhA E, Luais B, Boiron M C, et al., 2017. Investigation of Ge and Ga exchange behavior and Ge isotope fractionation during subduction zone behavior[J]. Chem. Geol., 449:165-181.

Elliott T, Jeffcoate A B, Bouman C, 2004. The terrestrial Li isotope cycle: light-weight constraints on mantle[J]. Earth Planet Sci. Lett., 220:231-245.

Elliott T, Steele R C, 2017. The isotope geochemistry of Ni[J]. Rev. Miner. Geochem., 82:511-542.

Ellis A S, Johnson T M, Bullen T D, 2002. Chromium isotopes and the fate of hexavalent chromium in the environment[J]. Science, 295:2060-2062.

Ellis A S, Johnson T M, Bullen T D, 2004. Using chromium stable isotope ratios to quantify Cr(Ⅵ) reduction: lack of sorption effects[J]. Environ. Sci. Technol., 38:3604-3607.

Emrich K, Ehhalt D H, Vogel J C, 1970. Carbon isotope fractionation during the precipitation of calcium carbonate[J]. Earth Planet Sci. Lett., 8:363-371.

Engstrom E, Rodushkin I, Baxter D C, et al., 2006. Chromatographic purification for the determination of dissolved silicon isotopic compositions in natural waters by high-resolution multicollector inductively coupled mass spectrometry[J]. Anal. Chem., 78:250-257.

Escoube R, Rouxel O J, Luais B, et al., 2012. An intercomparison study of the germanium isotope composition of geological reference materials[J]. Geostand. Geoanal. Res., 36:149-159.

Escoube R, Rouxel O J, Edwards K, et al., 2015. Coupled Ge/Si and Ge isotope ratios as geochemical tracers of seafloor hydrothermal systems: case studies at Loihi Seamount and East Pacific Rise 9°50′ N [J]. Geochim. Cosmochim. Acta, 167:93-112.

Estrade N, Carignan J, Sonke J E, et al., 2009. Mercury isotope fractionation during liquid-vapor evaporation experiments[J]. Geochim. Cosmochim. Acta, 73:2693-2711.

Estrade N, Cloquet C, Echevarria G, et al., 2015. Weathering and vegetation controls on nickel isotope fractionation in surface ultramafic environments (Albania) [J]. Earth Planet Sci. Lett., 423:24-35.

Fantle M S, 2010. Evaluating the Ca isotope proxy[J]. Am. J. Sci., 310:194-210.

Fantle M S, de Paolo D J, 2005. Variations in the marine Ca cycle over the past 20 million years[J]. Earth Planet Sci. Lett., 237:102-117.

Fantle M S, Tipper E T, 2014. Calcium isotopes in the global biogeochemical Ca cycle: implications for development of a Ca isotope proxy[J]. Earth Sci. Rev., 129:148-177.

Farkas J, Buhl D, Blenkinsop J, et al., 2007. Evolution of the oceanic calcium cycle during the late Mesozoic: evidence from $\delta^{44/40}$Ca of marine skeletal carbonates[J]. Earth Planet Sci. Lett., 253:96-111.

Farkas J, Chrastny V, Novak M, et al., 2013. Chromium isotope variations ($\delta^{53/52}$Cr) in mantle-derived sources and their weathering products: implications for environmental studies and the evolution of $\delta^{53/52}$Cr in the Earth's mantle over geologic time[J]. Geochim. Cosmochim. Acta, 123:74-92.

Farquhar J, Bao H, Thiemens M, 2000. Atmospheric influence of Earth's earliest sulfur cycle[J]. Science, 289:756-759.

Farquhar J, Day J M, Hauri E H, 2013. Anomaleous sulphur isotopes in plume lavas reveal deep mantle storage of Archaean crust[J]. Nature, 496:490-493.

Farquhar G D, Ehleringer J R, Hubick K T, 1989. Carbon isotope discrimination and photosyn-thesis [J]. Ann. Rev. Plant Physiol. Plant Mol. Biol., 40:503-537.

Farquhar J, Johnston D T, Wing B A, et al., 2003. Multiple sulphur isotope interpretations for biosynthetic pathways: implications for biological signatures in the sulphur isotope record[J]. Geobiology, 1:27-36.

Farquhar J, Kim S T, Masterson A, 2007. Implications from sulfur isotopes of the Nakhla meteorite for the origin of sulfate on Mars[J]. Earth Planet Sci. Lett., 264:1-8.

Farrell J W, Pedersen T F, Calvert S E, et al., 1995. Glacial-interglacial changes in nutrient utilization in the equatorial Pacific Ocean[J]. Nature, 377:514-517.

Fehr M A, Rehkämper M, Halliday A N, 2004. Application of MC-ICP-MS to the precise determination of tellurium isotope compositions in chondrites, iron meteorites and sulphides[J]. Inter. J. Mass Spectr., 232:83-94.

Feng C, Qin T, Huang S, et al., 2014. First principles investigations of equilibrium calcium isotope fractionation between clinopyroxene and Ca-doped orthopyroxene[J]. Geochim. Cosmochim. Acta, 143:132-142.

Fiebig J, Hoefs J, 2002. Hydrothermal alteration of biotite and plagioclase as inferred from intragranular oxygen isotope and cation-distribution patterns[J]. Eur. J. Miner., 14:49-60.

Fietzke J, Eisenhauer A, 2004. Direct measurement of ^{44}Ca/^{40}Ca ratios by MC-ICP-MS using the cool plasma technique[J]. Chem. Geol., 206:11-20.

Fietzke J, Eisenhauer A, 2006. Determination of temperature-dependent stable strontium isotope ($^{88}Sr/^{86}Sr$) fractionation via bracketing standard MC-ICP-MS[J]. Geochem. Geophys. Geosys., 7(8).

Fischer-Gödde M, Burkhardt C, Kruijer T S, et al., 2015. Ru isotope heterogeneity in the solar protoplanetary disk. Geochim[J]. Cosmochim. Acta, 168:151-171.

Fogel M L, Cifuentes L A, 1993. Isotope fractionation during primary production[M]//Engel MH, Macko S A, Organic geochemistry, New York: Plenum Press, 73-98.

Fornadel A P, Spry G P, Jackson S E, et al., 2014. Methods for the determination of stable Te isotopes of minerals in the system Au-Ag-Te by MC-ICP-MS[J]. J. Anal. At. Spectrom., 29:623-637.

Fornadel A P, Spry P G, Haghnegahdar M A, et al., 2017. Stable Te isotope fractionation in tellurium-bearing minerals from precious metal hydrothermal ore deposits[J]. Geochim. Cosmochim. Acta, 202:215-230.

Foster G L, Strandmann P, Rae J, 2013. Boron and magnesium isotopic compositions of seawater[J]. Geochem. Geophys. Geosys., 11(8).

Foster G L, Rae J W, 2016. Reconstructing ocean pH with boron isotopes in foraminifera[J]. Ann. Rev. Earth Planet Sci., 44:207-237.

Foustoukos D I, James R H, Berndt M E, et al., 2004. Lithium isotopic systematics of hydrothermal vent fluids at Main Endeavour Field, Northern Juan de Fuca Ridge[J]. Chem. Geol., 212:17-26.

Freeman K H, 2001. Isotopic biogeochemistry of marine organic carbon[J]. Rev. Miner. Geochem., 43:579-605.

Frei R, Polat A, 2013. Chromium isotope fractionation during oxidative weathering—implications from the study of a paleoproterozoic (ca. 1.9 Ga) paleosol, Schreiber Beach, Ontario, Canada[J]. Precam. Res., 224:434-453.

Frei R, Gaucher C, Poulton S W, et al., 2009. Fluctuations in Precambrian atmospheric oxygenation recorded by chromium isotopes. Nature, 461:250-253.

Frei R, Gaucher C, Dossing L N, et al., 2011. Chromium isotopes in carbonates—a tracer for climate change and for reconstructing the redox state of ancient seawater[J]. Earth Planet Sci. Lett., 312:114-125.

Frei R, Poiret D, Frei K M, 2014. Weathering on land and transport of chromium to the ocean in a subtropical region (Misiones, NW Argentina): a chromium stable isotope perspective[J]. Chem. Geol., 381:110-124.

Freymuth H, Vils F, Willbold M, et al., 2015. Molybdenum mobility and isotopic fractionation during subduction at the Mariana arc[J]. Earth Planet Sci. Lett., 432:176-186.

Friedman I, 1953. Deuterium content of natural waters and other substances. Geochim. Cosmochim. Acta, 4:89-103.

Friedrich A J, Beard B L, Scherer M M, et al., 2014. Determination of the Fe(II) aq-magnetite equilibrium iron isotope fractionation factor using the three-isotope method and a multi-direction approach to equilibrium[J]. Earth Planet Sci. Lett., 391:77-86.

Frings P J, Clymans W, Fontorbe G, et al., 2016. The continental Si cycle and its impact on the ocean Si isotope budget[J]. Chem. Geol., 425:12-36.

Fritz P, Basharmel G M, Drimmie R J, et al., 1989. Oxygen isotope exchange between sulphate and water during bacterial reduction of sulphate. Chem. Geol., 79:99-105.

Fruchter N, Eisenhauer A, Dietzel M, et al., 2016. $^{88}Sr/^{86}Sr$ fractionation in inorganic aragonite and corals[J]. Geochim. Cosmochim. Acta, 178:268-280.

Fry B, Ruf W, Gest H, et al., 1988. Sulphur isotope effects associated with oxidation of sulfide by O_2 in aqueous solution[J]. Chem. Geol., 73:205-210.

Fujii Y, Higuchi N, Haruno Y, et al., 2006. Temperature dependence of isotope effects in uranium chemical exchange reactions[J]. J. Nucl. Sci. Technol., 43:400-406.

Fujii T, Moynier F, Dauphas N, et al., 2011a. Theoretical and experimental investigation of nickel isotope fractionation in species relevant to modern and ancient oceans[J]. Geochim. Cosmochim. Acta, 75:469-482.

Fujii T, Moynier F, Pons M L, et al., 2011b. The origin of Zn isotope fractionation in sulfides[J]. Geochim. Cosmochim. Acta, 75:7632-7643.

Fujii T, Moynier F, Abe M, et al., 2013. Copper isotope fractionation between aqueous compounds relevant to low temperature geochemistry and biology[J]. Geochim. Cosmochim. Acta, 110:29-44.

Fujii T, Moynier F, Blichert-Toft J, et al., 2014. Density functional theory estimation of isotope fractionation of Fe, Ni, Cu and Zn among species relevant to geochemical and biological environments[J]. Geochim. Cosmochim. Acta, 140:553-576.

Gagnevin D, Boyce A J, Barrie C D, et al., 2012. Zn, Fe, and S isotope fractionation in a large hydrothermal system[J]. Geochim. Cosmochim. Acta, 88:183-198.

Gaillardet J, Lemarchand D, 2018. Boron in the weathering environment[M]//Marschall H, Foster G, Boron isotopes. New York: Springer, 163-188.

Galimov E M, 1985. The biological fractionation of isotopes. Academic Press Inc, Orlando Galimov E M, 2006. Isotope organic geochemistry[J]. Org. Geochem., 37:1200-1262.

Gall L, Williams H M, Siebert C, et al., 2013. Nickel isotopic compositions of ferromanganese crusts and the constancy of deep ocean inputs and continental weathering effects[J]. Earth Planet Sci. Lett., 375:148-155.

Gall L, Williams H M, Halliday A N, et al., 2017. Nickel isotope composition of the mantle[J]. Geochim. Cosmochim. Acta, 199:196-209.

Galy A, 2003. Magnesium isotope heterogeneity of the isotopic standard SRM980 and new reference materials for magnesium-isotope-ratio measurements[J]. J. Anal. At. Spectr., 18:1352-1356.

Galy A, Bar-Matthews M, Halicz L, et al., 2002. Mg isotopic composition of carbonate: insight from speleothem formation[J]. Earth Planet Sci. Lett., 201:105-115.

Galy A, Belshaw N S, Halicz L, et al., 2001. High-precision measurement of magnesium isotopes by multiple-collector inductively coupled plasma mass spectrometry[J]. Inter. J. Mass Spectr., 208:89-98.

Ganeshram R S, Pedersen T F, Calvert S E, et al., 2000. Glacial-interglacial variability in denitrification in the world's oceans: causes and consequences[J]. Paleoceanography, 15:361-376.

Gao Y, Casey J F, 2011. Lithium isotope composition of ultramafic geological reference materials JP-1 and DTS-2[J]. Geostand. Geoanal. Res., 36:75-81.

Garlick G D, 1966. Oxygen isotope fractionation in igneous rocks. Earth Planet Sci. Lett., 1:361-368.

Gault-Ringold M, Adu T, Stirling C, et al., 2012. Anomalous biogeochemical behaviour of cadmium in subantarctic surface waters: mechanistic constraints from cadmium isotopes[J]. Earth Planet Sci. Lett., 341-344:94-103.

Gehre M, Hoefling R, Kowski P, et al., 1996. Sample preparation device for quantitative hydrogen isotope analysis using chromium metal[J]. Anal. Chem., 68:4414-4417.

Gehrke G E, Blum J D, Meyers P A, 2009. The geochemical behaviour and isotope composition of Hg in a Mid-Pleistocene western Mediterranean sapropel[J]. Geochim. Cosmochim. Acta, 73:1651-1665.

Geilert S, Vroon P Z, Keller N S, et al., 2015. Silicon isotope fractionation during silica precipitation from hot-spring waters: evidence from the Geysir geothermal field, Iceland [J]. Geochim. Cosmochim. Acta, 164:403-427.

Gelabert A, Pokrovsky O S, Viers J, et al., 2006. Interaction between zinc and marine diatom species: surface complexation and Zn isotope fractionation[J]. Geochim. Cosmochim. Acta, 70:839-857.

Georg R B, Halliday A N, Schauble E A, et al., 2007. Silicon in the Earth's core. Nature, 447: 1102-1106.

Georg R B, Reynolds B C, Frank M, et al., 2006. Mechanisms controlling the silicon isotopic compositions of river water[J]. Earth Planet Sci. Lett., 249:290-306.

Georg R B, Zhu C, Reynolds B C, et al., 2009. Stable silicon isotopes of groundwater, feldspars and clay coating in the Navajo sandstone aquifer, Black Mesa, Arizona, USA[J]. Geochim. Cosmochim. Acta, 73:2229-2241.

Georgiev S V, Horner T J, Stein H, et al., 2015. Cadmium-isotopic evidence for increasing primary productivity during the late Permian anoxic event[J]. Earth Planet Sci. Lett., 410:84-96.

Geske A, Goldstein R H, Mavromatis V, et al., 2015. The magnesium isotope (δ^{26}Mg) signature of dolomites[J]. Geochim. Cosmochim. Acta, 149:131-151.

Ghosh S, Schauble E A, Lacrampe C G, et al., 2013. Estimation of nuclear volume dependent fractionation of mercury isotopes in equilibrium liquid-vapor evaporation experiment[J]. Chem. Geol., 366:5-12.

Giesemann A, Jäger H A, Norman A L, et al., 1994. On-line sulphur isotope determination using an elemental analyzer coupled to a mass spectrometer[J]. Anal. Chem., 66:2816-2819.

Giletti B J, 1985. The nature of oxygen transport within minerals in the presence of hydrothermal water and the role of diffusion[J]. Chem. Geol., 53:197-206.

Giunta T, Devauchelle O, Ader M, et al., 2017. The gravitas of gravitational isotope fractionation revealed in isolated aquifer[J]. Geochem. Persp. Lett., 4:53-58.

Godfrey J D, 1962. The deuterium content of hydrous minerals from the East Central Sierra Nevada and Yosemite National Park[J]. Geochim. Cosmochim. Acta, 26:1215-1245.

Godon A, Webster J D, Layne G D, et al., 2004. Secondary ion mass spectrometry for the determination of δ^{37}Cl. Part II: intercalibration of SIMS and IRMSfor alumino-silicate glasses[J]. Chem. Geol., 207:291-303.

Goldberg T, Poulton S W, Wagner T, et al., 2016. Molybdenum drawdown during Cretaceous oceanic anoxic event 2[J]. Earth Planet Sci. Lett., 440:81-91.

Gordon G W, Lyons T W, Arnold G L, et al., 2009. When do black shales tell molybdenum isotope tales? [J]. Geology, 37:535-538.

Graham C M, Sheppard S M F, Heaton T H E, 1980. Experimental hydrogen isotope studies. Ⅰ. Systematics of hydrogen isotope fractionation in the systems epidote-H_2O, zoisite-H_2O and AlO(OH)-H_2O[J]. Geochim. Cosmochim. Acta, 44:353-364.

Graham C M, Harmon R S, Sheppard S M F, 1984. Experimental hydrogen isotope studies: hydrogen isotope exchange between amphibole and water[J]. Am. Miner., 69:128-138.

Greber N D, Hofmann B D, Voegelin A R, et al., 2011. Mo isotope compositions in Mo-rich high-und low-T hydrothermal systems from the Swiss Alps[J]. Geochim. Cosmochim. Acta, 75:6600-6609.

Greber N D, Pettke T, Nägler T F, 2014. Magmatic-hydrothermal molybdenum isotope fraction-ation and its relevance to the igneous crustal signature[J]. Lithos, 190-191:104-110.

Greber N D, Puchtel I S, Nägler T F, et al., 2015. Komatiites constrain molybdenum isotope composition of the Earth's mantle[J]. Earth Planet Sci. Lett., 421:129-138.

Greber N D, Dauphas N, Puchtel I S, et al., 2017a. Titanium stable isotopic variations in chondrites, achondrites and lunar rocks[J]. Geochim. Cosmochim. Acta, 213:534-552.

Greber N D, Dauphas N, Bekker A, et al., 2017b. Titanium isotopic evidence for felsic crust and plate tectonics 3.5 billion years ago[J]. Science, 357:1271-1274.

Gregory R T, Criss R E, Taylor H P, 1989. Oxygen isotope exchange kinetics of mineral pairs in closed and open systems: applications to problems of hydrothermal alteration of igneous rocks and Precambrian iron formations[J]. Chem. Geol., 75:1-42.

Griffith E M, Paytan A, Eisenhauer A, et al., 2011. Seawater calcium isotope ratios across the Eocene-Oligocene transition[J]. Geology, 39:683-686.

Griffith E M, Paytan A, Kozdon R, et al., 2008a. Influences on the fractionation of calcium isotopes in planktonic foraminifera[J]. Earth Planet Sci. Lett., 268:124-136.

Griffith E M, Payton A, Caldeira K, et al., 2008b. A dynamic marine calcium cycle during the past 28 million years[J]. Science, 322:1671-1674.

Griffith E M, Schauble E A, Bullen T D, et al., 2008c. Characterization of calcium isotopes in natural and synthetic barite[J]. Geochim. Cosmochim. Acta, 72:5641-5658.

Grossman E L, Ku T L, 1986. Oxygen and carbon isotope fractionation in biogenic aragonite: temperature effects[J]. Chem. Geol., 59:59-74.

Grotheer H, Greenwood P F, McCulloch M T, et al., 2017. $\delta^{34}S$ character of organosulfur compounds in kerogen and bitumen fractions of sedimentary rocks[J]. Org. Geochem., 110:60-64.

Gueguen B, Rouxel O, Ponzevera E, et al., 2013. Nickel isotope variations in terrestrial silicate rocks and geological reference materials measured by MC-ICP-MS[J]. Geostand. Geoanal. Res., 37:297-317.

Gueguen B, Reinhard C T, Algeo T J, et al., 2016. The chromium isotope composition of reducing and oxic marine sediments[J]. Geochim. Cosmochim. Acta, 184:1-19.

Guelke M, von Blanckenburg F, 2007. Fractionation of stable iron isotopes in higher plants[J]. Environ. Sci. Technol., 41:1896-1901.

Guelke M, von Blanckenburg F, Schoenberg R, et al., 2010. Determining the stable Fe isotope signature of plant-available iron in soils[J]. Chem. Geol., 277:269-280.

Guelke-Stelling M, von Blanckenburg F, 2012. Fe isotope fractionation caused by translocation of iron during growth of bean and oat as models of strategy Ⅰ and Ⅱ plants[J]. Plant Soil., 352:217-231.

Guerrot C, Millot R, Robert M, et al., 2011. Accurate and high-precision determination of boron isotopic ratios at low concentration by MC-ICP-MS (Neptune)[J]. Geostand. Geoanal. Res., 35: 275-284.

Guilbaud R, Butler I B, Ellam R M, 2011. Abiotic pyrite formation produces a large Fe isotope fractionation[J]. Science, 332:1548-1551.

Gussone N, Eisenhauer A, Heuser A, et al., 2003. Model for kinetic effects on calcium isotope fractionations (δ^{44}Ca) in inorganic aragonite and cultured planktonic foraminifera[J]. Geochim. Cosmochim. Acta, 67:1375-1382.

Gussone N, Böhm F, Eisenhauer A, et al., 2005. Calcium isotope fractionation in calcite and aragonite [J]. Geochim. Cosmochim. Acta, 69:4485-4494.

Gussone N, Schmitt A D, Heuser A, et al., 2016. Calcium stable isotope geochemistry[M]. Heidelberg: Springer.

Guillermic M, Lalonde S V, Hendry K V, et al., 2017. The isotopic composition of inorganic germanium in seawater and deep sea sponges[J]. Geochim. Cosmochim. Acta, 212:99-118.

Habicht K S, Canfield D E, 1997. Sulfur isotope fractionation during bacterial sulfate reduction in organic-rich sediments[J]. Geochim. Cosmochim. Acta, 61:5351-5361.

Habicht K S, Canfield D E, Rethmeier J C, 1998. Sulfur isotope fractionation during bacterial reduction and disproportionation of thiosulfate and sulfite[J]. Geochim. Cosmochim. Acta, 62:2585-2595.

Habicht K S, Canfield D E, 2001. Isotope fractionation by sulfate-reducing natural populations and the isotopic composition of sulfide in marine sediments[J]. Geology, 29:555-558.

Haendel D, Mühle K, Nitzsche H I M, et al., 1986. Isotopic variations of the fixed nitrogen in metamorphic rocks[J]. Geochim. Cosmochim. Acta, 50:749-758.

Halevy I, Johnston D T, Schrag D P, 2010. Explaining the structure of the Archean mass-independent sulfur isotope record[J]. Science, 329:204-207.

Halicz L, Galy A, Belshaw N, et al., 1999. High-precision measurement of calcium isotopes in carbonates and related materials by multiple collector inductively coupled plasma mass spectrometry (MC-ICP-MS)[J]. J. Anal. At. Spectr., 14:1835-1838.

Halicz L, Segal I, Fruchter N, et al., 2008a. Strontium stable isotopes fractionate in the soil environment?[J]. Earth Planet Sci. Lett., 272:405-411.

Halicz L, Yang L, Teplyakov N, et al., 2008b. High precision determination of chromium isotope ratios in geological samples by MC-ICP-MS[J]. J. Anal. At. Spectrom., 23:1622-1627.

Han R, Qin L, Brown S T, et al., 2012. Differential isotopic fractionation during Cr(Ⅵ) reduction by an aquifer-derived bacterium under aerobic versus denitrifying conditions[J]. Appl. Environ. Microbiol., 78:2462-2464.

Handler M R, Baker J A, Schiller M, et al., 2009. Magnesium stable isotope composition of Earth's upper mantle[J]. Earth Planet Sci. Lett., 282:306-313.

Hanlon C, Stotler R, Frape S, et al., 2017. Comparison of δ^{81}Br and δ^{37}Cl composition of volatiles, salt precipitates and associated water in terrestrial evaporative saline lake systems[J]. Isot. Environ.

Health Stud., 53:446-465.

Hannah J L, Stein H J, Wieser M E, et al., 2007. Molybdenum isotope variations in molybdenite: vapor transport and Rayleigh fractionation of Mo[J]. Geology, 35:703-706.

Harouaka K, Eisenhauer A, Fantle M S, 2014. Experimental investigation of Ca isotopic fractionation during abiotic gypsum precipitation[J]. Geochim. Cosmochim. Acta, 129:157-176.

Harrison A G, Thode H G, 1957a. Kinetic isotope effect in chemical reduction of sulphate[J]. Faraday Soc. Trans., 53:1648-1651.

Harrison A G, Thode H G, 1957b. Mechanism of the bacterial reduction of sulphate from isotope fractionation studies[J]. Faraday Soc. Trans., 54:84-92.

Hastings M G, Jarvis J C, Steig E J, 2009. Anthropogenic impacts on nitrogen isotopes of ice-core nitrate [J]. Science, 324:1238.

Hastings M G, Casciotti K L, Elliott E M, 2013. Stable isotopes as tracers of anthropogenic nitrogen sources, deposition, and impacts[J]. Elements, 9:339-344.

Hauri E H, Papineau D, Wang J, et al., 2016. High-precision analysis of multiple sulfur isotope using NanoSIMS[J]. Chem. Geol., 420:148-161.

Haustein M, Gillis C, Pernicka E, 2010. Tin isotopy—a new method for solving old questions[J]. Archaeometry, 52:816-832.

Hayes J M, 1993. Factors controlling ^{13}C contents of sedimentary organic compounds: principle and evidence[J]. Mar. Geol., 113:111-125.

Hayes J M, 2001. Fractionation of carbon and hydrogen isotopes in biosynthetic processes[J]//Valley J W, Cole D R, Stable isotope geochemistry. Rev. Miner. Geochem., 43:225-277.

Hayes J M, Strauss H, Kaufman A J, 1999. The abundance of ^{13}C in marine organic matter and isotopic fractionation in the global biogeochemical cycle of carbon during the past 800 Ma[J]. Chem. Geol., 161:103-125.

He Y, Ke S, Teng F Z, et al., 2015. High precision iron isotope analysis of geological standards by high resolution MC-ICPMS[J]. Geostand. Geoanal. Res., 39:341-356.

Heaton T H E, 1986. Isotopic studies of nitrogen pollution in the hydrosphere and atmosphere: a review [J]. Chem. Geol., 59:87-102.

Heck P R, Huberty J M, Kita N T, et al., 2011. SIMS analysis of silicon and oxygen isotope ratios for quartz from Archean and Paleoproterozoic banded iron formations[J]. Geochim. Cosmochim. Acta, 75:5879-5891.

Heimann A, Beard B L, Johnson C M, 2008. The role of volatile exsolution and sub-solidus fluid/rock interactions in producing high $^{56}Fe/^{54}Fe$ ratios in siliceous igneous rocks[J]. Geochim. Cosmochim. Acta, 72:4379-4396.

Hemming N G, Hanson G N, 1992. Boron isotopic composition in modern marine carbonates[J]. Geochim. Cosmochim. Acta, 56:537-543.

Henehan M J, 2013. Calibration of the boron isotope proxy in the planktonic foraminifera Globigerinoides ruber for use in palaeo-CO_2 reconstruction[J]. Earth Planet Sci. Lett., 364:111-122.

Hendry K R, Andersen M B, 2013. The zinc isotopic composition of siliceous marine sponges: investigating nature's sediment traps[J]. Chem. Geol., 354:33-41.

Hendry K R, Georg R B, Rickaby R, et al., 2010. Deep ocean nutrients during the last glacial maximum deduced from sponge silicon isotopic compositions[J]. Earth Planet Sci. Lett., 292:290-300.

Hendry K R, Brzezinski M A, 2014. Using silicon isotopes to understand the role of the Southern Ocean in modern and ancient biogeochemistry and climate[J]. Quat. Sci. Rev., 89:13-26.

Herbel M J, Johnson T M, Oremland R S, et al., 2000. Fractionation of selenium isotopes during bacterial respiratory reduction of selenium oxyanions[J]. Geochim. Cosmochim. Acta, 64: 3701-3710.

Herrmann A D, Kendall B, Algeo T J, et al., 2012. Anomalous molybdenum isotope trends in Upper Pennsylvanian euxinic facies: significance for the use of δ^{98}Mo as a global marine redox proxys[J]. Chem. Geol., 325:87-98.

Hervig R L, Moore G M, Williams L B, et al., 2002. Isotopic and elemental partitioning of boron between hydrous fluid and silicate melt[J]. Am. Miner., 87:769-774.

Hesse R, Egeberg P K, Frape S K, 2006. Chlorine stable isotope ratios as tracer for pore-water advection rates in a submarine gas-hydrate field: implication for hydrate concentration[J]. Geofluids, 6:1-7.

Hettmann K, Marks M A, Kreissig K, et al., 2014. The geochemistry of Tl and its isotopes during magmatic and hydrothermal processes: the peralkaline Ilimaussaq complex, southwest Greenland Geofluids[J]. Chem. Geol. 366:1-13.

Heuser A, Eisenhauer A, 2008. The calcium isotope composition ($\delta^{44/40}$Ca) of NIST SRM 915a and NIST SRM 1486[J]. Geostand. Newslett. J. Geostand. Geoanal., 32:311-315.

Heuser A, Tütken T, Gussone N, et al., 2011. Calcium isotopes in fossil bones and teeth— diagenetic versus biogenic origin[J]. Geochim. Cosmochim. Acta, 75:3419-3433.

Hiess J, Condon D J, McLean N, et al., 2012. ^{238}U/^{235}U systematics in terrestrial uranium-bearing minerals[J]. Science, 335:1610-1614.

Higgins J A, Schrag D P, 2010. Constraining magnesium cycling in marine sediments using magnesium isotopes[J]. Geochim. Cosmochim. Acta, 74:5039-5053.

Hill P, Schauble E, 2008. Modeling the effects of bond environment on equilibrium iron isotope fractionation in ferric aquo-chloro complexes[J]. Geochim. Cosmochim. Acta, 72:1939-1958.

Hill P, Schauble E, Shahar A, et al., 2009. Experimental studies of equilibrium iron isotope fractionation in ferric aquo-chloro complexes[J]. Geochim. Cosmochim. Acta, 73: 2366-2381.

Hill P, Schauble E, Young E D, 2010. Effects of changing solution chemistry on Fe^{3+}/Fe^{2+} isotope fractionation in aqueous Fe-Cl solution[J]. Geochim. Cosmochim. Acta, 74:6669-6705.

Hin R C, Schmidt M W, Bourdon B, 2012. Experimental evidence for the absence of iron isotope fractionation between metal and silicate liquids at 1 GPA and 1250-1300 ℃ and its cosmochemical consequences[J]. Geochim. Cosmochim. Acta, 93:164-181.

Hin R C, Burkhardt C, Schmidt M W, et al., 2013. Experimental evidence for Mo isotope fractionation between metal and silicate liquids[J]. Earth Planet Sci. Lett., 379:38-48.

Hindshaw R S, Reynolds B C, Wiederhold J G, et al., 2013. Calcium isotope fractionation in alpine plants[J]. Biogeochemistry, 112:373-388.

Hindshaw R S, Reynolds B C, Wiederhold J G, et al., 2011. Calcium isotopes in a proglacial weathering environment: Damma glacier, Switzerland[J]. Geochim. Cosmochim. Acta, 75:106-118.

Hinojosa J L, Brown S T, Chen J, et al., 2012. Evidence for end-Permian ocean acidification from calcium isotopes in biogenic apatite[J]. Geology, 40:743-746.

Hippler D, Buhl D, Witbaard R, et al., 2009. Towards a better understanding of magnesium-isotope ratios from marine skeletal carbonates[J]. Geochim. Cosmochim. Acta, 73:6134-6146.

Hippler D, Eisenhauer A, Nägler T F, 2006. Tropical Atlantic SST history inferred from Ca isotope thermometry over the last 140 ka[J]. Geochim. Cosmochim. Acta, 70:90-100.

Hitzfeld K L, Gehre M, Richnow H H, 2011. A novel online approach to the determination of isotope ratios for organically bound chlorine, bromine and sulphur[J]. Rapid Commun. Mass Spectr., 25: 3114-3122.

Hoering T, Parker P L, 1961. The geochemistry of the stable isotopes of chlorine[J]. Geochim. Cosmochim. Acta, 23:186-199.

Hofmann A, Bekker A, Dirks P, et al., 2014. Comparing orthomagmatic and hydrothermal mineralization models for komatiite-hosted nickel deposits in Zimbabwe using multiple-sulfur, iron and nickel isotope data[J]. Miner. Deposita, 49:75-100.

Holland G, Sherwood-Lollar B, Li L, et al., 2013. Deep fracture fluids isolated in the crust since the Precambrian era[J]. Nature, 497:357-360.

Holmden C, 2009. Ca isotope study of Ordovician dolomite, limestone, and anhydrite in the Williston basin: implications for subsurface dolomitization and local Ca cycling[J]. Chem. Geol., 268: 180-188.

Holmden C, Belanger N, 2010. Ca isotope cycling in a forested ecosystem[J]. Geochim. Cosmochim. Acta, 74:995-1015.

Holmstrand H, Unger M, Carrizo D, et al., 2010. Compound specific bromine isotope analysis of brominated diphenyl ethers using GC-ICP-MC-MS[J]. Rapid Commun. Mass Spectr., 24:2135-2142.

Homoky W B, Severmann S, Mills R A, et al., 2011. Pore-fluid Fe isotopes reflect the extent of benthic Fe redox recycling: evidence from continental shelf and deep-sea sediments[J]. Geology, 37:751-754.

Hood A S, Planavsky N J, Wallace M W, et al., 2016. Integrated geochemical-petrographic insights from component-selective δ^{238}U of Cryogenian marine carbonates[J]. Geology, 44:935-938.

Hopp T, Fischer-Gödde M, Kleine T, 2016. Ruthenium stable isotope measurements by double spike MC-ICP-MS[J]. JAAS, 31:1515-1526.

Hopp T, Fischer-Gödde M, Kleine T, 2018. Ruthenium isotope fractionation in protoplanetary cores[J]. Geochim. Cosmochim. Acta, 223:75-89.

Horita J, 1988. Hydrogen isotope analysis of natural waters using an H^2-water equilibration method: a special implication to brines[J]. Chem. Geol., 72:89-94.

Horita J, Driesner T, Cole D R, 1999. Pressure effect on hydrogen isotope fractionation between brucite and water at elevated temperatures[J]. Science, 286:1545-1547.

Horita J, Wesolowski D J, 1994. Liquid-vapor fractionation of oxygen and hydrogen isotopes of water from the freezing to the critical temperature[J]. Geochim. Cosmochim. Acta, 58:3425-3437.

Horita J, Wesolowski D J, Cole D R, 1993. The activity-composition relationship of oxygen and hydrogen isotopes in aqueous salt solutions. Ⅰ. Vapor-liquid water equilibration of single salt solutions from 50 to 100 ℃[J]. Geochim. Cosmochim. Acta, 57:2797-2817.

Horn I, von Blanckenburg F, Schoenberg R, et al., 2006. In situ iron isotope ratio determination using UV-femtosecond laser ablation with application to hydrothermal ore formation processes[J]. Geochim. Cosmochim. Acta, 70:3677-3688.

Horner T J, Schönbächler M, Rehkämper M, et al., 2010. Ferromanganese crusts as archives of deep water Cd isotope composition[J]. Geochem. Geophys. Geosyst., 11:Q04001.

Horner T, Rickaby R, Henderson G, 2011. Isotopic fractionation of cadmium into calcite[J]. Earth Planet Sci. Lett., 312:243-253.

Horner T J, Kinsley C W, Nielsen S C, 2015. Barium isotopic fractionation in seawater mediated by barite cycling and oceanic circulation[J]. Earth Planet Sci. Lett., 430:511-522.

Horner T J, Pryer H V, Nielsen S G, et al., 2017. Pelagic barite precipitation at micromolar ambient sulfate[J]. Nat. Comm., 8:1342.

Horst A, Andersson P, Thornton B J, et al., 2014. Stable bromine isotope composition of methyl bromide released from plant matter[J]. Geochim. Cosmochim. Acta, 125:186-195.

Horst A, Thornton B J, Holmstrand H, et al., 2013. Stable bromine isotopic composition of atmospheric CH_3Br[J]. Tellus Ser. B Chem. Phys. Meteor., 65:21040.

Hsieh Y T, Henderson G M, 2017. Barium stable isotopes in the global ocean: tracer of Ba inputs and utilization[J]. Earth Planet Sci. Lett., 473:269-278.

Hu G X, Rumble D, Wang P L, 2003. An ultraviolet laser microprobe for the in-situ analysis of multisulfur isotopes and its use in measuring Archean sulphur isotope mass-independent anomalies[J]. Geochim. Cosmochim. Acta, 67:3101-3118.

Hu Y, Teng F Z, Zhang H F, et al., 2016. Metasomatism-induced mantle magnesium isotopic heterogeneity: evidence from pyroxenites[J]. Geochim. Cosmochim. Acta, 185:88-111.

Huang S, Farkas J, Jacobsen S B, 2010. Calcium isotopic fractionation between clinopyroxene and orthopyroxene from mantle peridotites[J]. Earth Planet Sci. Lett., 292:337-344.

Huang S, Farkas J, Jacobsen S, 2011. Stable calcium isotopic compositions of Hawaiian shield lavas: evidence for recycling of ancient marine carbonates into the mantle[J]. Geochim. Cosmochim. Acta, 75:4987-4997.

Huang K J, Teng F Z, Wei G J, et al., 2012. Adsorption- and desorption-controlled magnesium isotope fractionation during extreme weathering of basalt in Hainan Island, China[J]. Earth Planet Sci. Lett., 360:73-83.

Huang K J, Teng F Z, Elsenouy A, et al., 2013. Magnesium isotope variations in loess: origins and implications[J]. Earth Planet Sci. Lett., 374:60-70.

Huang F, Wu Z, Huang S, et al., 2014. First-principles calculations of equilibrium silicon isotope fractionation among mantle minerals[J]. Geochim. Cosmochim. Acta, 140:509-520.

Huang J, Liu S A, Wörner G, et al., 2016a. Copper isotope behavior during extreme magma differentiation and degassing: a case study on Laacher See phonolite tephra (East Eifel, Germany)[J]. Contr. Miner. Petrol., 171:76.

Huang J, Liu S A, Gao Y, et al., 2016b. Copper and zinc isotope systematics of altered oceanic crust at IODP Site 1256 in the eastern equatorial Pacific[J]. J. Geophy. Res. Solid Earth, 121:7086-7100.

Huh Y, Chan L H, Zhang L, et al., 1998. Lithium and its isotopes in major world rivers: implications for weathering and the oceanic budget[J]. Geochim. Cosmochim. Acta, 62:2039-2051.

Icopini G A, Anbar A D, Ruebush S S, et al., 2004. Iron isotope fractionation during microbial reduction of iron: the importance of adsorption[J]. Geology, 32:205-208.

Ikehata K, Hirata T, 2012. Copper isotope characteristics of copper-rich minerals from the Horoman peridotite complex, Hokkaido, Northern Japan[J]. Econ. Geol., 107:1489-1497.

Immenhauser A, Buhl D, Richter D, et al., 2010. Magnesium isotope fractionation during low-Mg calcite precipitation in a limestone cave—field study and experiments[J]. Geochim. Cosmochim. Acta, 74:4346-4364.

Ingraham N L, Criss R E, 1998. The effect of vapor pressure on the rate of isotopic exchange between water and vapour[J]. Chem. Geol., 150:287-292.

Ingri J, Malinovsky D, Rodushkin I, et al., 2006. Iron isotope fractionation in river colloidal matter[J]. Earth Planet Sci. Lett., 245:792-798.

Izbicki J A, Bullen T D, Martin P, et al., 2012. Delta chromium-53/52 isotopic composition of native and contaminated groundwater, Mojave Desert, USA[J]. Appl. Geochem., 27:841-853.

James R H, Palmer M R, 2000. The lithium isotope composition of international rock standards[J]. Chem. Geol., 166:319-326.

Jang J H, Mathur R, LiermannL J, et al., 2008. An iron isotope signature related to electron transfer between aqueous ferrous iron and goethite[J]. Chem. Geol., 250:40-48.

Jaouen K, Pons M L, Balter V, 2013. Iron, copper and zinc isotopic fractionation up mammal trophic chains[J]. Earth Planet Sci. Lett., 374:164-172.

Jaouen K, Beasley M, Schoeninger M, et al., 2016. Zinc isotope ratios of bones and teeth as new dietary indicators: results from a modern food web (Koobi Fory, Kenya) [J]. Sci. Reports, 6:26281.

Javoy M, Pineau F, Delorme H, 1986. Carbon and nitrogen isotopes in the mantle[J]. Chem. Geol., 57:41-62.

Jeffcoate A B, Elliott T, Kasemann S A, et al., 2007. Li isotope fractionation in peridotites and mafic melts[J]. Geochim. Cosmochim. Acta, 71:202-218.

Jeffcoate A B, Elliott T, Thomas A, et al., 2004. Precise, small sample size determination of lithium isotope isotopic compositions of geological reference materials and moders seawater by MC-ICP-MS [J]. Geostand. Geoanal. Res., 28:161-172.

Jendrzejewski N, Eggenkamp H G M, Coleman M L, 2001. Characterisation of chlorinated hydrocarbons from chlorine and carbon isotopic compositions: scope of application to environmental problems[J]. Appl. Geochem., 16:1021-1031.

Jia Y, 2006. Nitrogen isotope fractionations during progressive metamorphism: a case study from the Paleozoic Cooma metasedimentary complex, southeastern Australia[J]. Geochim. Cosmochim. Acta, 70:5201-5214.

Jiang S Y, Palmer M R, 1998. Boron isotope systematics of tourmaline from granites and tourmalines: a synthesis[J]. Eur. J. Mineral., 10:1253-1265.

John S G, Geis R W, Saito M A, et al., 2007a. Zinc isotope fractionation during high-affinity and low-affinity zinc transport by the marine diatom Thalassiosira oceanica [J]. Limnol Oceanogr 52:2710-2714.

John S G, Park J G, Zhang Z, et al., 2007b. The isotopic composition of some common forms of anthropogenic zinc[J]. Chem. Geol., 245:61-69.

John S G, Rouxel O J, Craddock P R, et al., 2008. Zinc stable isotopes in seafloor hydrothermal vent fluids and chimneys[J]. Earth Planet Sci. Lett., 269:17-28.

John S G, Adkins J, 2012. The vertical distribution of iron stable isotopes in the North Atlantic near Bermuda[J]. Global Biogeochem. Cycles, 26:GB2034.

John T, Layne G D, Haase K M, et al., 2010. Chlorine isotope evidence for crustal recycling into the Earth's mantle[J]. Earth Planet Sci. Lett., 298(1-2):175-182.

Johnson T M, 2004. A review of mass-dependent fractionation of selenium isotopes and implications for other heavy stable isotopes[J]. Chem. Geol., 204:201-214.

Johnson C M, Beard B L, 1999. Correction of instrumentally produced mass fractionation during isotopic analysis of Fe by thermal ionization mass spectrometry[J]. Int. J. Mass Spectr., 193:87-99.

Johnson C M, Beard B L, Roden E E, 2008. The iron isotope fingerprints of redox and biogeochemical cycling in modern and ancient Earth[J]. Ann. Rev. Earth Planet Sci., 36:457-493.

Johnson T M, Bullen T D, 2003. Selenium isotope fractionation during reduction by Fe(II)-Fe(III) hydroxide-sulfate (green rust) [J]. Geochim. Cosmochim. Acta, 67:413-419.

Johnson T M, Herbel M J, Bullen T D, et al., 1999. Selenium isotope ratios as indicators of selenium sources and oxyanion reduction[J]. Geochim. Cosmochim. Acta, 63:2775-2783.

Johnston D T, 2011. Multiple sulphur isotopes and the evolution of the Earth's sulphur cycle[J]. Earth Sci. Rev., 106:161-183.

Johnston D T, Farquhar J, Wing B A, et al., 2005. Multiple sulphur isotope fractionations in biological systems: a case study with sulphate reducers and sulphur disproportionators[J]. Am. J. Sci., 305: 645-660.

Jouvin D, Louvat P, Juillot F, et al., 2009. Zinc isotopic fractionation: why organic matters[J]. Environ. Sci. Tech., 43:5747-5754.

Jouvin D, Weiss D J, Mason T F, et al., 2012. Stable isotopes of Cu and Zn in higher plants: evidence for Cu reduction at the root surface and two conceptional models for isotopic fractionation processes [J]. Environ. Sci. Technol., 46:2652-2660.

Juillot F, Marechal C, Ponthieu M, et al., 2008. Zn isotopic fractionation caused by sorption on goethite and 2-Lines ferrihydrite[J]. Geochim. Cosmochim. Acta, 72:4886-4900.

JØrgensen B B, Böttcher M A, Lüschen H, et al., 2004. Anaerobic methane oxidation and a deep H_2S sink generate isotopically heavy sulfides in Black Sea sediments[J]. Geochim. Cosmochim. Acta, 68: 2095-2118.

Kaplan I R, Rittenberg S C, 1964. Microbiological fractionation of sulphur isotopes[J]. J. Gen. Microbiol., 34:195-212.

Kang J T, Zhu H L, Liu Y F, et al., 2016. Calcium isotopic composition of mantle xenoliths and minerals from Eastern China[J]. Geochim. Cosmochim. Acta, 174:335-334.

Kang J T, Ionov D A, Liu F, et al., 2017. Calcium isotopic fractionation in mantle peridotites by melting and metasomatism and Ca isotope composition of the bulk silicate earth[J]. Earth Planet Sci. Lett., 474:128-137.

Kasemann S A, Jeffcoate A B, Elliott T, 2005a. Lithium isotope composition of basalt glass reference material[J]. Ann. Chem., 77:5251-5257.

Kasemann S A, Hawkesworth C J, Prave A R, et al., 2005b. Boron and calcium isotope composition in Neproterozoic carbonate rocks from Namibia: evidence for extreme environmental change[J]. Earth Planet Sci. Lett., 231:73-86.

Kasemann S, Schmidt D, Pearson P, et al., 2008. Biological and ecological insights into Ca isotopes in planktic foraminifera as a paleotemperature proxy[J]. Earth Planet Sci. Lett., 271:292-302.

Kasemann S A, Schmidt D N, Bijma J, et al., 2009. In situ boron isotope analysis in marine carbonates and its application for foraminifera and palaeo-pH[J]. Chem. Geol., 260:138-147.

Kashiwabara T, Kubo S, Tanaka M, et al., 2017. Stableisotope fractionation of tungsten during adsorption on Fe and Mn (oxyhydr)oxides[J]. Geochim. Cosmochim. Acta, 204:52-67.

Kato C, Moynier F, Valdes M C, et al., 2015. Extensive volatile loss during formation and differentiation of the Moon[J]. Nat. Commun., 6: 7617.

Kato C, Moynier F, Foriel J, et al., 2017. The gallium isotopic composition of the bulk silicate earth[J]. Chem. Geol., 448:164-172.

Kaufmann R S, Long A, Bentley H, et al., 1986. Chlorine isotope distribution of formation water in Texas and Louisiana[J]. Bull. Am. Assoc. Petrol. Geol., 72:839-844.

Kaufmann R S, Long A, Bentley H, et al., 1984. Natural chlorine isotope variations[J]. Nature, 309: 338-340.

Kelley S P, Fallick A E, 1990. High precision spatially resolved analysis of $\delta^{34}S$ in sulphides using a laser extraction technique[J]. Geochim. Cosmochim. Acta, 54:883-888.

Kelley K D, Wilkinson J J, Chapman J B, et al., 2009. Zinc isotopes in sphalerite from base metal deposits in the Red Dog district, northern Alaska[J]. Econ. Geol., 104:767-773.

Kemp A L W, Thode H G, 1968. The mechanism of the bacterial reduction of sulphate and of sulphite from isotopic fractionation studies[J]. Geochim. Cosmochim. Acta, 32:71-91.

Kendall B, Brennecka G A, Weyer S, et al., 2013. Uranium isotope fractionation suggests oxidative uranium mobilization at 2.50 Ga[J]. Chem. Geol., 362:105-114.

Kendall B, Dahl T W, Anbar A D, 2017. The stable isotope geochemistry of molybdenum[J]. Rev. Miner. Geochem., 82:683-732.

Kendall C, Grim E, 1990. Combustion tube method for measurement of nitrogen isotope ratios using calcium oxide for total removal of carbon dioxide and water[J]. Anal. Chem., 62:526-529.

Kerstel E R, Gagliardi G, Gianfrani L, et al., 2002. Determination of the $^2H/^1H$, $^{17}O/^{16}O$ and $^{18}O/^{16}O$ isotope ratios in water by means of tunable diode laser spectroscopy at 1.39 m[J]. Spectrochim. Acta A, 58:2389-2396.

Kiczka M, Wiederhold J G, Kraemer S M, et al., 2010. Iron isotope fractionation during Fe uptake and translocation in Alpine plants[J]. Environ. Sci. Techn., 44:6144-6150.

Kieffer S W, 1982. Thermodynamic and lattice vibrations of minerals: 5. Application to phase equilibria, isotopic fractionation and high-pressure thermodynamic properties[J]. Rev. Geophys. Space Phys., 20:827-849.

Kim S T, Mucci A, Taylor B E, 2007. Phosphoric acid fractionation factors for calcite and aragonite between 25 and 75 ℃[J]. Chem. Geol., 246:135-146.

Kim S T, O'Neil J R, 1997. Equilibrium and nonequilibrium oxygen isotope effects in synthetic carbonates [J]. Geochim. Cosmochim. Acta, 61:3461-3475.

Kimball B E, Mathur R, Dohnalkova A C, et al., 2009. Copper isotope fractionation in acid mine drainage[J]. Geochim. Cosmochim. Acta, 73:1247-1263.

Kipp M A, Stüeken E E, Bekker A, et al., 2017. Selenium isotopes record expensive marine suboxia during the Great Oxidation Event[J]. PNAS, 114:875-880.

Kirshenbaum I, Smith J S, Crowell T, et al., 1947. Separation of the nitrogen isotopes by the exchange reaction between ammonia and solutions of ammonium nitrate[J]. J. Chem. Phys., 15:440-446.

Kita N T, Ushikubo T, Fu B, et al., 2009. High precision SIMS oxygen isotope analysis and the effect of sample topography. Chem. Geol., 264:43-57.

Kitchen J W, Johnson T M, Bullen T D, et al., 2012. Chromium isotope fractionation factors for reduction of Cr(Ⅵ) by aqueous Fe(Ⅱ) and organic molecules[J]. Geochim. Cosmochim. Acta, 89:190-201.

Kitchen N E, Valley J W, 1995. Carbon isotope thermometry in marbles of the Adirondack Mountains, New York[J]. J. Metamorph. Geol., 13:577-594.

Kiyosu Y, Krouse H R, 1990. The role of organic acid in the abiogenic reduction of sulfate and the sulfur isotope effect[J]. Geochem. J., 24:21-27.

Kleine T, Touboul M, Bourdon B, et al., 2009. Hf-W chronology of the accretion and early evolution of asteroids and terrestrial planets[J]. Geochim. Cosmochim. Acta, 73:5150-5188.

Klochko K, Kaufman A J, Yao W, et al., 2006. Experimental measurement of boron isotope fractionation in seawater[J]. Earth Planet Sci. Lett., 248:276-285.

Kohn M J, Schoeninger M J, Valley J W, 1996. Herbivore tooth oxygen isotope compositions: effects of diet and physiology[J]. Geochim. Cosmochim. Acta, 60:3889-3896.

Kohn M J, Valley J W, 1998a. Oxygen isotope geochemistry of amphiboles: isotope effects of cation substitutions in minerals[J]. Geochim. Cosmochim. Acta, 62:1947-1958.

Kohn M J, Valley J W, 1998b. Effects of cation substitutions in garnet and pyroxene on equilibrium oxygen isotope fractionations[J]. J. Metam. Geol., 16:625-639.

Kohn M J, Valley J W, 1998c. Obtaining equilibrium oxygen isotope fractionations from rocks: theory and examples[J]. Contr. Miner. Petrol., 132:209-224.

Kolodny Y, Luz B, Navon O, 1983. Oxygen isotope variations in phosphate of biogenic apatites, I. Fish bone apatite—rechecking the rules of the game[J]. Earth Planet Sci. Lett., 64:393-404.

Kolodny Y, Torfstein A, Weiss-Sarusi K, et al., 2017. ^{238}U-^{235}U-^{234}U fractionation between tetravalent and hexavalent uranium in seafloor phosphorites[J]. Chem. Geol., 451:1-8.

Konhauser K O, Lalonde S V, 2011. Aerobic bacterial pyrite oxidation and acid rock drainage during the great oxidation event[J]. Nature, 478:369-374.

Konter J G, Pietruszka A J, Hanan B B, et al., 2017. Unusual δ^{56}Fe values in Samoan rejuvenated lavas generated in the mantle[J]. Earth Planet Sci. Lett., 450:221-232.

König S, Wille M, Voegelin A, et al., 2016. Molybdenum isotope systematics in subduction zones[J]. Earth Planet Sci. Lett., 447:95-102.

Kowalski P M, Jahn S, 2011. Prediction of equilibrium Li isotope fractionation between minerals and aqueous solutions at high p and T: an efficient ab initio approach[J]. Geochim. Cosmochim. Acta, 75:6112-6123.

Kowalski N, Dellwig O, 2013a. Pelagic molybdenum concentration anomalies and the impact of sediment resuspension on the molybdenum budget in two tidal systems of the North Sea[J]. Geochim. Cosmochim. Acta, 119:198-211.

Kowalski P M, Wunder B, Jahn S, 2013b. Ab initio prediction of equilibrium boron isotope fractionation between minerals and aqueous fluids at high p and T[J]. Geochim. Cosmochim. Acta, 101:285-301.

Kozdon R, Kita R N, Huberty J M, et al., 2010. In situ sulfur isotope analysis of sulfide minerals by SIMS: precision and accuracy with application to thermometry of similar to 3.5 Ga Pilbara cherts[J]. Chem. Geol., 275:243-253.

Krabbe N, Kruijer T S, Kleine T, 2017. Tungsten stable isotope compositions of terrestrial samples and meteorites determined by double spike MC-ICPMS[J]. Chem. Geol., 450:135-144.

Krabbenhöft A, Eisenhauer A, 2010. Constraining the marine strontium budget with natural isotope fractionations ($^{87}Sr/^{86}Sr$, $\delta^{88/86}Sr$) of carbonates, hydrothermal solutions and river waters[J]. Geochim. Cosmochim. Acta, 74:4097-4109.

Krabbenhöft A, Fietzke J, Eisenhauer A, et al., 2009. Determination of radiogenic and stable strontium isotope ratios ($^{87}Sr/^{86}Sr$; $\delta^{88/86}Sr$) by thermal ionization mass spectrometry applying an $^{87}Sr/^{84}Sr$ double spike[J]. J. Anal. At. Spectr., 24:1267-1271.

Kritee K, Barkay T, Blum J D, 2009. Mass-dependent stable isotope fractionation of mercury during mer mediated microbial degradation of monoethylmercury[J]. Geochim. Cosmochim. Acta, 73:1285-1296.

Kritee K, Blum J D, Johnson M W, et al., 2007. Mercury stable isotope fractionation during reduction of Hg(II) to Hg(0) by mercury resistant microorganisms[J]. Environ. Sci. Techn.,ol 41:1889-1895.

Krouse H R, Thode H G, 1962. Thermodynamicproperties and geochemistry of isotopic compounds of selenium[J]. Can. J. Chem., 40:367-375.

Krouse H R, Viau C A, Eliuk L S, et al., 1988. Chemical and isotopic evidence of thermochemical sulfate reduction by light hydrocarbon gases in deep carbonate reservoirs[J]. Nature, 333:415-419.

Ku T C W, Walter L M, Coleman M L, et al., 1999. Coupling between sulfur recycling and syndepositional carbonate dissolution: evidence from oxygen and sulfur isotope composition of pore water sulfate, South Florida Platform, USA[J]. Geochim. Cosmochim. Acta, 63:2529-2546.

Kunzmann M, Halverson G P, Sossi P A, et al., 2013. Zn isotope evidence for immediate resumption of primary productivity after snowball Earth[J]. Geology, 41:27-30.

Kurzweil F, Wille M, Schoenberg R, et al., 2015. Continuously increasing $\delta^{98}Mo$ values in Neoarchean black shales and iron formations from the Hamersley Basin[J]. Geochim. Cosmochim. Acta, 164:523-542.

Kurzweil F, Münker C, Tusch J, et al., 2018. Accurate stable tungsten isotope measurements of natural samples using a ^{180}W-^{183}W double spike[J]. Chem. Geol., 476:407-417.

Lacan F, Francois R, Ji Y, et al., 2006. Cadmium isotopic composition in the ocean[J]. Geochim. Cosmochim. Acta, 70:5104-5118.

Lambelet M, Rehkämper M, van de Flierdt T, et al., 2013. Isotopic analysis of Cd in the mixing zone of Siberian rivers with the Arctic Ocean—new constraints on marine Cd cycling and the isotopic composition of riverine Cd[J]. Earth Planet Sci. Lett., 361:64-73.

Land L S, 1980. The isotopic and trace element geochemistry of dolomite: the state of the art[J]// Concepts and models of dolomitization. Soc. Econ. Paleontol. Min. Spec. Publ., 28:87-110.

Larson P B, Maher K, Ramos F C, et al., 2003. Copper isotope ratios in magmatic and hydrothermal ore-forming processes[J]. Chem. Geol., 201:337-350.

Lau K V, Maher K, Altiner D, et al., 2016. Marine anoxia delayed Earth system recovery after the end-Permian extinction[J]. PNAS, 113:2360-2365.

Lauretta D S, Klaue B, Blum J D, et al., 2001. Mercury abundances and isotopic compositions in the Murchison (CM) and Allende (CV) carbonaceous chondrites[J]. Geochim. Cosmochim. Acta, 65: 2807-2816.

Laws E A, Bidigare R R, Popp B N, 1997. Effect of growth rate and CO_2 concentration on carbon isotope fractionation by the marine diatom Phaeodactylum tricornutum[J]. Limnol. Oceanogr., 42: 1552-1560.

Laws E A, Popp B N, Bidigare R R, et al., 1995. Dependence of phytoplankton carbon isotopic composition on growth rate and CO_2(aq): theoretical consider- ations and experimental results[J]. Geochim. Cosmochim. Acta, 59:1131-1138.

Laycock A, Coles B, Kreissig K, et al., 2016. High precision $^{142}Ce/^{140}Ce$ stable isotope measurements of purified materials with a focus on CeO_2 nanoparticles[J]. J. Anal. At. Spectr., 31:297-302.

Layne G, Godon A, Webster J, et al., 2004. Secondary ion mass spectrometry for the determination of $\delta^{37}Cl$. Part I: ion microprobe analyses of glasses and fluids[J]. Chem. Geol., 207:277-289.

Layton-Matthews D, Leybourne M, Peter J M, et al., 2013. Multiple sources of selenium in ancient seafloor hydrothermal systems: compositional and Se, S and Pb isotopic evidence from volcanic-hosted and volcanic-sediment hosted massive sulphide deposits of the Finlayson Lake district, Yukon, Canada [J]. Geochim. Cosmochim. Acta, 117:313-331.

Lazar C, Young E D, Manning C E, 2012. Experimental determination of equilibrium nickel isotope fractionation between metal and silicate from 500 ℃ to 950 ℃[J]. Geochim. Cosmochim. Acta, 86: 276-295.

Le Roux P J, Shirey S B, Benton L, et al., 2004. In situ, multiple-multiplier, laser ablation ICP-MS measurement of boron isotopic composition ($\delta^{11}B$) at the nanogram level[J]. Chem. Geol., 203:123-138.

Lee D C, Halliday A N, 1996. Hf-W isotopic evidence for rapid accretion and differentiation in the Early Solar System[J]. Science, 274:1876-1879.

Leeman W P, Tonarini S, Chan L H, et al., 2004. Boron and lithium isotopic variations in a hot subduction zone—the southern Washington Cascades[J]. Chem. Geol., 212:101-124.

Lehmann M, Siegenthaler U, 1991. Equilibrium oxygen and hydrogen isotope fractionation between ice and water[J]. J. Glaciol., 37:23-26.

Lemarchand D, Gaillardet J, Lewin E, et al., 2000. The influence of rivers on marine boron isotopes and implications for reconstructing past ocean pH[J]. Nature, 408:951-954.

Lemarchand D, Gaillardet J, Lewin E, et al., 2002. Boron isotope systematics in large rivers: implications for the marine boron budget and paleo-pH reconstruction over the Cenozoic[J]. Chem. Geol., 190:123-140.

Lemarchand E, Schott J, Gaillardet J, 2005. Boron isotopic fractionation related to boron sorption on humic acid and the structure of surface complexes formed[J]. Geochim. Cosmochim. Acta, 69:3519-3533.

Lemarchand E, Schott J, Gaillardet J, 2007. How surface complexes impact boron isotopic fractionation: evidence from Fe and Mn oxides sorption experiments[J]. Earth Planet Sci. Lett., 260:277-296.

Lemarchand D, Wasserburg G J, Papanastassiou D A, 2004. Rate-controlled calcium isotope fractionation in synthetic calcite[J]. Geochim. Cosmochim. Acta, 68:4665-4678.

Lepak R, Yin R, Krabbenhoft D P, et al., 2015. Use of stable isotope signatures to determine mercury sources in the Great Lakes[J]. Environ. Sci. Technol., 2:335-341.

Letolle R, 1980. Nitrogen-15 in the natural environment[M]//Fritz P, Fontes J C, Handbook of environmental isotope geochemistry. Amsterdam: Elsevier: 407-433.

Levin N E, Raub T D, Dauphas N, et al., 2014. Triple-oxygen-isotope variations in sedimentary rocks[J]. Geochim. Cosmochim. Acta, 139:173-189.

Li S G, Wei Y, 2016a. Deep carbon cycles constrained by a large-scale mantle Mg isotope anomaly in eastern China[J]. Nat. Sci. Rev., 1:111-120.

Li S Z, Zhu X K, Wu L H, et al., 2016b. Cu isotope compositions in Elsholtzia splendens: influence of soil condition and growth period on Cu isotopic fractionation in plant tissue[J]. Chem. Geol., 444:49-58.

Li W, Beard B L, Li S, 2016c. Precise measurement of stable potassium isotope ratios using a single focusing collision cell multi-collector ICP-MS[J]. JAAS, 31:1023-1029.

Li W, Chakraborty S, Beard B L, et al., 2012. Magnesium isotope fractionation during precipitation of inorganic calcite under laboratory conditions. Earth Planet Sci. Lett., 314:304-316.

Li W, Jackson S E, Pearson N J, et al., 2009a. The Cu isotope signature of granites from the Lachlan Fold Belt, SE Australia[J]. Chem. Geol., 258:38-49.

Li X, Zhao H, Tang M, et al., 2009b. Theoretical prediction for several important equilibrium Ge isotope fractionation factors and geological implications[J]. Earth Planet Sci. Lett., 287:1-11.

Li W, Kwon K D, Li S, et al., 2017. Potassium isotope fractionation between K-salts and saturated aqueous solutions at room temperature: laboratory experiments and theoretical calculations[J]. Geochim. Cosmochim. Acta, 214:1-13.

Li W Y, Teng F Z, Ke S, et al., 2010. Heterogeneous magnesium isotopic composition of the upper continental crust[J]. Geochim. Cosmochim. Acta, 74:6867-6884.

Li W Y, Teng F Z, Wing B A, et al., 2014. Limited magnesium isotope fractionation during metamorphic dehydration in metapelites from the Onawa contact aureole, Maine[J]. Geochem. Geophys. Geosys., 15(10).

Li X, Liu Y, 2010. First principles study of Ge isotopic fractionation during adsorption onto Fe(Ⅲ)-oxyhydroxidessurfaces[J]. Chem. Geol., 278:15-22.

Li X, Liu Y, 2011. Equilibrium Se isotope fractionation parameters: a first principle study[J]. Earth

Planet Sci. Lett., 304:113-120.

Liang Y H, Halliday A N, Siebert C, et al., 2017. Molybdenum isotope fractionation in the mantle[J]. Geochim. Cosmochim. Acta, 199:91-111.

Liebscher A, Meixner A, Romer R, et al., 2005. Liquid-vapor fractionation of boron and boron isotopes: experimental calibration at 400 ℃/23 MPa to 450 ℃/42 MPa[J]. Geochim. Cosmochim. Acta, 69:5693-5704.

Little S H, Vance D, Walker-Brown C, et al., 2014a. The oceanic mass balance of copper and zinc isotopes, investigated by analysis of their inputs, and outputs to ferromanganese oxide sediments[J]. Geochim. Cosmochim. Acta, 125:653-672.

Little S H, Sherman D M, Vance D, et al., 2014b. Molecular controls on Cu and Zn isotopic fractionation in Fe-Mn crusts[J]. Earth Planet Sci. Lett., 396:213-222.

Little S H, Vance D, McManus J, et al., 2016. Key role of continental margin sediments in the oceanic mass balance of Zn and Zn isotopes[J]. Geology, 44:207-210.

Liu R, Hu L, Humayun M, 2017. Natural variations in the rhenium isotopic composition of meteorites[J]. Meteorit. Planet Sci., 52:479-492.

Liu Y, Spicuzza M J, Craddock P R, et al., 2010a. Oxygen and iron isotope constraints on near-surface fractionation effects and the composition of lunar mare basalt source regions[J]. Geochim. Cosmochim. Acta, 74:6249-6262.

Liu S A, Teng F Z, He Y, Ke S, et al., 2010b. Investigation of magnesium isotope fractionation during granite differentiation: implication for Mg isotopic composition of the continental crust[J]. Earth Planet Sci. Lett., 297:646-654.

Liu S A, Teng F Z, Yang W, et al., 2011. High-temperature inter-mineral magnesium isotope fractionation in mantle xenoliths from the North China craton[J]. Earth Planet Sci. Lett., 308:131-140.

Liu S A, Huang J, Liu J, et al., 2015. Copper isotope composition of the silicate Earth[J]. Earth Planet Sci. Lett., 427:95-103.

Liu S A, Wang Z Z, Li S G, et al., 2016. Zinc isotopic evidence for a large-scale carbonated mantle beneath eastern China[J]. Earth Planet Sci. Lett., 444:169-178.

Lobo L, Degryse P, Shortland A, et al., 2013. Isotopic analysis of antimony using multi-collector ICP-mass spectrometry for provenance determination of Roman glass[J]. J. Anal. At. Spectrom., 28:1213-1219.

Long A, Eastoe C J, Kaufmann R S, et al., 1993. High precision measurement of chlorine stable isotope ratios[J]. Geochim. Cosmochim. Acta, 57:2907-2912.

Longinelli A, Craig H, 1967. Oxygen-18 variations in sulfate ions in sea-water and saline lakes[J]. Science, 156:56-59.

Louvat P, Bouchez J, Paris G, 2011. MC-ICP-MS isotope measurements with direct injection nebulisation (d-DIHEN): optimisation and application to boron in seawater and carbonate samples[J]. Geostand. Geoanal. Res., 35:75-88.

Lu D, Liu Q, Zhang T, et al., 2016. Stable silver isotope fractionation in the natural transformation process of silver nanoparticles[J]. Nat. Nanotechnol., 11:682-687.

Luais B, 2012. Germanium chemistry and MC-ICPMS isotopic measurements of Fe-Ni, Zn alloys and silicate matrices: insights into deep Earth processes[J]. Chem. Geol., 334:295-311.

Luck J M, Ben Othman D, Albarede F, 2005. Zn and Cu isotopic variations in chondrites and iron meteorites: early solar nebula reservoirs and parent-body processes[J]. Geochim. Cosmochim. Acta, 69:5351-5363.

Lugmair G W, Shukolyukov A, 1998. Early solar system timescales according to ^{53}Mn-^{53}Cr systematics [J]. Geochim. Cosmochim. Acta, 62:2863-2886.

Lundstrom C C, Chaussidon M, Hsui A T, et al., 2005. Observations of Li isotope variations in the Trinity ophiolite: evidence for isotope fractionation by diffusion during mantle melting[J]. Geochim. Cosmochim. Acta, 69:735-751.

Luo Y, Dabek-Zlotorzynska E, Celo V, et al., 2010. Accurate and precise determination of silver isotope fractionation in environmental samples by multicollector-ICPMS[J]. Anal. Chem., 82:3922-3928.

Luz B, Barkan E, 2010. Variations of $^{17}O/^{16}O$ and $^{18}O/^{16}O$ in meteoric waters [J]. Geochim. Cosmochim. Acta, 74:6276-6286.

Lyons T W, Reinhard C T, Planavsky N J, 2014. The rise of oxygen in Earth's early ocean and atmosphere[J]. Nature, 506:307-315.

Lécuyer C, Grandjean P, Reynard B, et al., 2002. $^{11}B/^{10}B$ analysis of geological materials by ICP-MS Plasma 54: application to bron fractionation between brachiopod calcite and seawater[J]. Chem. Geol., 186:45-55.

Ma J, Hintelmann H, Kirk J L, et al., 2013. Mercury concentrations and mercury isotope composition in lake sediment cores[J]. Chem. Geol., 336:96-102.

Machel H G, Krouse H R, Sassen P, 1995. Products and distinguishing criteria of bacterial and thermochemical sulfate reduction[J]. Appl. Geochem., 10:373-389.

Macris C A, Young E D, Manning C E, 2013. Experimental determination of equilibrium magnesium isotope fractionation between spinel, forsterite and magnesite from 600 ℃ to 800 ℃[J]. Geochim. Cosmochim. Acta, 118:18-32.

Macris C A, Manning C E, Young E D, 2015. Crystal chemical constraints on inter-mineral Fe isotope fractionation and implications for Fe isotope disequilibrium in San Carlos mantle xenoliths[J]. Geochim. Cosmochim. Acta, 154:168-185.

Magenheim A J, Spivack A J, Volpe C, et al., 1994. Precise determination of stable chlorine isotope ratios in low-concentration natural samples[J]. Geochim. Cosmochim. Acta, 58:3117-3121.

Magenheim A J, Spivack A J, Michael P J, et al., 1995. Chlorine stable isotope composition of the oceanic crust: implications for earth's distribution of chlorine[J]. Earth Planet Sci. Lett., 131:427-432.

Maher K, Larson P, 2007. Variation in copper isotope ratios and controls on fractionation in hypogene skarn mineralization at Coroccohuayco and Tintaya, Peru[J]. Econ. Geol., 102:225-237.

Maher K, Jackson S, Mountain B, 2011. Experimental evaluation of the fluid-mineral fractionation of Cu isotopes at 250 ℃ and 300 ℃[J]. Chem. Geol., 286:229-239.

Malinovskiy D, Moens L, Vanhaecke F, 2009. Isotopic fractionation of Sn during methylation and demethylation in aqueous solution[J]. Environ. Sci. Technol., 43:4399-4404.

Manzini M, Bouvier A S, 2017. SIMS chlorine isotope analyses in melt inclusions from arc settings[J]. Chem. Geol., 449:112-122.

Marechal C N, Telouk P, Albarede F, 2009. Precise analysis of copper and zinc isotopic compositions by plasma-source mass spectrometry[J]. Chem. Geol., 156:251-273.

Marin-Carbonne J, Robert F, Chaussidon M, 2014. The silicon and oxygen isotope compositions of Precambrian cherts: a record of oceanic paleo-temperatures? [J]. Precambrian Res., 247:223-234.

Mariotti A, Germon J C, Hubert P, et al., 1981. Experimental determination of nitrogen kinetic isotope fractionation: some principles, illustration for the denitrification and nitrification processes[J]. Plant Soil., 62:413-430.

Markl G, von Blanckenburg F, Wagner T, 2006a. Iron isotope fractionation during hydrothermal ore deposition and alteration[J]. Geochim. Cosmochim. Acta, 70:3011-3030.

Markl G, Lahaye Y, Schwinn G, 2006b. Copper isotopes as monitors of redox processes in hydrothermal mineralization[J]. Geochim. Cosmochim. Acta, 70:4215-4228.

Marriott C S, Henderson G M, Belshaw N S, et al., 2004. Temperature dependence of δ^7Li, δ^{44}Ca and Li/Ca during growth of calcium carbonate[J]. Earth Planet Sci. Lett., 222:615-624.

Marschall H R, Altherr R, Kalt A, et al., 2008. Detrital, metamorphic and metasomatic tourmaline in high-pressure metasediments from Syros (Greece): intra-grain boron isotope patterns determined by secondary-ion mass spectrometry[J]. Contr. Miner. Petrol., 155:703-717.

Marschall H R, Jiang S Y, 2011. Tourmaline isotopes: no element left behind[J]. Elements, 7:313-319.

Marschall H R, Wanless V D, Shimizu N, et al., 2017. The boron and lithium isotopic composition of mid-ocean ridge basalts and the mantle[J]. Geochim. Cosmochim. Acta, 207:102-138.

Martin J E, Vance D, Balter V, 2014. Natural variation of magnesium isotopes in mammal bones and teeth from two South African trophic chains[J]. Geochim. Cosmochim. Acta, 130:12-20.

Martin J E, Vance D, Balter V, 2015. Magnesium stable isotope ecology using mammal tooth enamel[J]. PNAS, 112:430-435.

Marty B, Humbert F, 1997. Nitrogen and argon isotopes in oceanic basalts[J]. Earth Planet Sci. Lett., 152:101-112.

Marty B, Zimmermann L, 1999. Volatiles (He, C, N, Ar) in mid-ocean ridge basalts: assessment of shallow-level fractionation and characterization of source composition[J]. Geochim. Cos-mochim. Acta, 63:3619-3633.

Maréchal C N, Albarede F, 2002. Ion-exchange fractionation of copper and zinc isotopes[J]. Geochim. Cosmochim. Acta, 66:1499-1509.

Maréchal C N, Télouk P, Albarède F, 1999. Precise analysis of copper and zinc isotopic compositions by plasma-source mass spectrometry[J]. Chem. Geol., 156:251-273.

Maréchal C N, Nicolas E, Douchet C, et al., 2000. Abundance of zinc isotopes as a marine biogeochemical tracer[J]. Geochem. Geophys. Geosys., 1:1999GC000029.

Mason T F D, 2005. Zn and Cu isotopic variability in the Alexandrinka volcanic-hosted massive sulphide (VHMS) ore deposit, Urals, Russia[J]. Chem. Geol., 221:170-187.

Mason A H, Powell W G, Bankoff H A, et al., 2016. Tin isotope characterization of bronze artefacts of the central Balkans[J]. J. Archaeolog. Sci., 69:110-117.

Mathur R, Titley S, Barra F, et al., 2009. Exploration potential of Cu isotope fractionation in porphyry copper deposits[J]. J. Geochem. Explor., 102:1-6.

Mathur R, Brantley S, Anbar A, et al., 2010a. Variations of Mo isotopes from molybdenite in high temperature hydrothermal ore deposits[J]. Miner. Deposita., 45:43-50.

Mathur R, Dendas M, Titley S, et al., 2010b. Patterns in the copper isotope composition of minerals in porphyry copper deposits in southwestern United States[J]. Econ. Geol., 105:1457-1467.

Mathur R, Jin L, Prush V, et al., 2012. Cu isotopes and concentrations during weathering of black shale of the Marcellus Formation, Huntington County, Pennsylvania (USA) [J]. Chem. Geol., 305: 175-184.

Mathur R, Ruiz J, Titley S, et al., 2005. Cu isotopic fractionation in the supergene environment with and without bacteria[J]. Geochim. Cosmochim. Acta, 69:5233-5246.

Matthews A, Goldsmith J R, Clayton R N, 1983a. Oxygen isotope fractionation between zoisite and water[J]. Geochim. Cosmochim. Acta, 47:645-654.

Matthews A, Goldsmith J R, Clayton R N, 1983b. On the mechanics and kinetics of oxygen isotope exchange in quartz and feldspars at elevated temperatures and pressures[J]. Geol. Soc. Am. Bull., 94:396-412.

Matthews D E, Hayes J M, 1978. Isotope-ratio-monitoring gas chromatography-mass spectrometry[J]. Anal. Chem., 50:1465-1473.

Mavromatis V, van Zuilen K, Purgstaller B, et al., 2016. Barium isotope fractionation during witherite ($BaCO_3$) dissolution, precipitation and at equilibrium[J]. Geochim. Cosmochim. Acta, 190:72-78.

McClelland J W, Montoya J P, 2002. Trophic relationships and the nitrogen isotope composition of amino acids in plankton[J]. Ecology, 83:2173-2180.

McCrea J M, 1950. On the isotopic chemistry of carbonates and a paleotemperature scale[J]. J. Chem. Phys., 18:849-857.

McCready R G L, 1975. Sulphur isotope fractionation by Desulfovibrio and Desulfotomaculum species[J]. Geochim. Cosmochim. Acta, 39:1395-1401.

McCready R G L, Kaplan I R, Din G A, 1974. Fractionation of sulfur isotopes by the yeast Saccharomyces cerevisiae[J]. Geochim. Cosmochim. Acta, 38:1239-1253.

McIlivin M R, Altabet M A, 2005. Chemical conversion of nitrate and nitrite to nitrous oxide for nitrogen and oxygen isotopic analysis in freshwater and seawater[J]. Anal. Chem., 77:5589-5595.

McKibben M A, Riciputi L R, 1998. Sulfur isotopes by ion microprobe [J]//Applications of microanalytical techniques to understanding mineralizing processes. Rev. Econ. Geol., 7:121-140.

McManus J, 2006. Molybdenum and uranium geochemistry in continental margin sediments: palaeoproxy potential[J]. Geochim. Cosmochim. Acta, 70:4643-4662.

McManus J, Nägler T, Siebert C, et al., 2002. Oceanic molybdenum isotope fractionation: diagenesis and hydrothermal ridge flank alteration[J]. Geochem. Geophys. Geosyst., 3:1078.

McMullen C C, Cragg C G, Thode H G, 1961. Absolute ratio of $^{11}B/^{10}B$ in Searles Lake borax[J]. Geochim. Cosmochim. Acta, 23:147.

Mead C, Herckes P, Majestic B J, et al., 2013. Source apportionment of aerosol iron in the marine environment using iron isotope analysis[J]. Geophys. Res. Lett., 40:5722-5727.

Méheut M, Lazzeri M, Balan E, et al., 2010. First-principles calculation of H/D isotopic fractionation between hydrous minerals and water[J]. Geochim. Cosmochim. Acta, 74:3874-3882.

Meng Y M, Qi H W, Hu R Z, 2015. Determination of germanium isotopic compositions of sulfides by hydride generation MC-ICP-MS and its application to the Pb-Zn deposits in SW China[J]. Ore. Geol. Rev., 65:1095-1109.

Miller M F, Franchi I A, Sexton A S, et al., 1999. High precision $\delta^{17}O$ isotope measurements of oxygen from silicates and other oxides: method and applications[J]. Rapid Commun. Mass Spect., 13:1211-1217.

Miller C A, Peucker-Ehrenbrink B, Ball L, 2009. Precise determination of rhenium isotope composition by multi-collector inductively-coupled plasma mass spectrometry[J]. JAAS, 24:1069-1078.

Miller C A, Peucker-Ehrenbrink B, Schauble E A, 2015. Theoretical modeling of rhenium isotope fractionation, natural variations across a black shale weathering profile, and potential as a paleoredox proxy[J]. Earth Planet Sci. Lett., 430:339-348.

Millet M A, Baker J A, Payne C E, 2012. Ultra-precise stable Fe isotope measurements by high resolution multi-collector inductively coupled mass spectrometry with a ^{57}Fe-^{58}Fe double spike[J]. Chem. Geol., 305:18-25.

Millet M A, Dauphas N, 2014. Ultra-precise titanium stable isotope measurements by double-spike high resolution MC-ICP-MS[J]. JAAS, 29:1444-1458.

Millet M A, Dauphas N, Greber N D, et al., 2016. Titanium stable isotope investigation of magmatic processes on the Earth and Moon[J]. Earth Planet Sci. Lett., 449:197-205.

Millot R, Guerrot C, Vigier N, 2004. Accurate and high-precision measurement of lithium isotopes in two reference materials by MC-ICP-MS[J]. Geostand. Geoanal. Res., 28:153-159.

Millot R, Vigier N, Gaillardet J, 2010a. Behaviour of lithium and its isotopes during weathering in the Mackenzie Basin, Canada[J]. Geochim. Cosmochim. Acta, 74:3897-3912.

Millot R, Petelet-Giraud E, Guerrot C, et al., 2010b. Multi-isotopic composition (δ^7Li-δ^{11}B-δD-δ^{18}O) of rainwaters in France: origin and spatio-temporal characterization[J]. Appl. Geochem., 25:1510-1524.

Misra S, Froelich P N, 2012. Lithium isotope history of Cenozoic seawater: changes in silicate weathering and reverse weathering[J]. Science, 335:818-823.

Mitchell K, Couture R M, Johnson T M, et al., 2013. Selenium sorption and isotope fractionation: iron (III) oxides versus iron(II) sulfides. Chem. Geol., 342:21-28.

Mitchell K, Mason P, Van Cappellen P, et al., 2012. Selenium as paleo-oceanographic proxy: a first assessment[J]. Geochim. Cosmochim. Acta, 89:302-317.

Miyazaki T, Kimura J I, Chang Q, 2014. Analysis of stable isotope ratios of Ba by double-spike standard-sample bracketing using multiple-collector inductively coupled plasma mass spec- trometry[J]. J. Anal. At. Spectrom., 29:483-490.

Mizutani Y, Rafter T A, 1973. Isotopic behavior of sulfate oxygen in the bacterial reduction of sulfate[J]. Geochem. J., 6:183-191.

Möller K, Schoenberg R, Pedersen R B, et al., 2012. Calibration of the new certified reference materials ERM-AE633 and ERM-AE647 for copper and IRMM-3702 for zinc isotope amount ratio determinations[J]. Geostand. Geoanal. Res., 36:177-199.

Monson K D, Hayes J M, 1982. Carbon isotopic fractionation in the biosynthesis of bacterial fatty acids. Ozonolysis of unsaturated fatty acids as a means of determining the intramolecular distribution of carbon isotopes[J]. Geochim. Cosmochim. Acta, 46:139-149.

Montoya-Pino C, Weyer S, Anbar A D, et al., 2010. Global enhancement of ocean anoxia during Oceanic Anoxic Event 2: a quantitative approach using U isotopes[J]. Geology, 38:315-318.

Mook W G, Bommerson J C, Stavermann W H, 1974. Carbon isotope fractionation between dissolved bicarbonate and gaseous carbon dioxide[J]. Earth Planet Sci. Lett., 22:169-174.

Morgan J L, Skulan J L, Gordon G W, et al., 2012. Rapidly assessing changes in bone mineral balance using stable calcium isotopes. PNAS, 109:9989-9994.

Moriguti T, Nakamura E, 1998. Across-arc variation of Li-isotopes in lavas and implications for crust/mantle recycling at subduction zones[J]. Earth Planet Sci. Lett., 163:167-174.

Moynier F, Beck P, Jourdan F, et al., 2009. Isotopic fractionation of Zn in tektites[J]. Earth Planet Sci. Lett., 277:482-489.

Moynier F, Agranier A, Hezel D C, et al., 2010. Sr stable isotope composition of Earth, the Moon, Mars, Vesta and meteorites[J]. Earth Planet Sci. Lett., 300:359-366.

Moynier F, Paniello R C, Gounelle M, et al., 2011a. Nature of volatile depletion and genetic relationships in enstatite chondrites and aubrites inferred from Zn isotopes [J]. Geochim. Cosmochim. Acta, 75:297-307.

Moynier F, Yin Q Z, Schauble E, 2011b. Isotopic evidence of Cr partitioning into Earth's core[J]. Science, 331:1417-1420.

Moynier F, Pichat S, Pons M L, et al., 2008. Isotope fractionation and transport mechanisms of Zn in plants[J]. Chem. Geol., 267:125-130.

Moynier F, Vance D, Fujii T, et al., 2017. The isotope geochemistry of zinc and copper[J]. Rev. Miner. Geochem., 82:543-600.

Murphy M J, Stirling C H, Kaltenbach A, et al., 2014. Fractionation of $^{238}U/^{235}U$ by reduction during low temperature uranium mineralization processes[J]. Earth Planet Sci. Lett., 388:306-317.

Nabelek P I, Labotka T C, 1993. Implications of geochemical fronts in the Notch Peak contact-metamorphic aureole, Utah, USA[J]. Earth Planet Sci. Lett., 119:539-559.

Nabelek P I, 1991. Stable isotope monitors[J]//Kerrick D M, Contact metamorphism. Rev. Miner., 26: 395-435.

Nägler T F, 2014. Proposal for an international molybdenum isotope reference standard and data representation[J]. Geostand. Geoanal. Res., 38:149-151.

Nägler T F, Eisenhauer A, Müller A, et al., 2000. The δ^{44}Ca-temperature calibration on fossil and cultured Globigerinoides sacculifer: new tool for reconstruction of past sea surface temperatures[J]. Geochem. Geophys. Geosyst., 1(2000GC000091).

Nägler T F, Siebert C, Lüschen H, et al., 2005. Sedimentary Mo isotope records across the Holocene fresh-brackish water transition of the Black Sea[J]. Chem. Geol., 219:283-295.

Nägler T F, Neubert N, Böttcher M E, et al., 2011. Molybedenum isotope fractionation in pelagic euxinia: evidence from the modern Black and Baltic Seas[J]. Chem. Geol., 289:1-11.

Nakada R, Takahashi Y, Tanimizu M, 2013a. Isotopic and speciation study of cerium during its solid-water distribution with implication for Ce stable isotope as a paleo-redox proxy[J]. Geochim. Cosmochim. Acta, 103:49-62.

Nakada R, Tanimizu M, Takahashi Y, 2013b. Difference in the stable isotopic fractionations of Ce, Nd and Sm during adsorption on iron and manganese oxides and its interpretation based on their local structures[J]. Geochim. Cosmochim. Acta, 121:105-119.

Nakada R, Takahashi Y, Tanimizu M, 2016. Cerium stable isotope ratios in ferromanganese deposits and their potential as a paleo-redox proxy[J]. Geochim. Cosmochim. Acta, 181:89-100.

Nakada R, Tanaka M, Tanimizu M, et al., 2017. Aqueous speciation is likely to control stable isotope fractionation of cerium at varying pH[J]. Geochim. Cosmochim. Acta, 218:273-290.

Nakano T, Nakamura E, 2001. Boron isotope geochemistry of metasedimentary rocks and tourmalines in a subduction zone metamorphic suite[J]. Phys. Earth Planet Inter., 127:233-252.

Nan X, Wu F, Zhang Z, et al., 2015. High-precision barium isotope measurements by MC-ICP-MS[J]. JAAS, 30:2307-2315.

Nanne J A, Millet M A, Burton K W, et al., 2017. High precision osmium stable isotope measurements by double spike MC-ICP-MS and N-TIMS[J]. JAAS, 32:749-765.

Navarette J U, Borrok D M, Viveros M, et al., 2011. Copper isotope fractionation during surface adsorption and intracellular incorporation by bacteria[J]. Geochim. Cosmochim. Acta, 75:784-799.

Needham A W, Porcelli D, Russell S S, 2009. An Fe isotope study of ordinary chondrites[J]. Geochim. Cosmochim. Acta, 73:7399-7413.

Neretin L N, Böttcher M E, Grinenko V A, 2003. Sulfur isotope geochemistry of the Black Sea water column[J]. Chem. Geol., 200:59-69.

Neubert N, Heri A R, Voegelin A R, et al., 2011. The molybdenum isotopic composition in river water: constraints from small catchments[J]. Earth Planet Sci. Lett., 304:180-190.

Neubert N, Nägler T F, Böttcher M E, 2008. Sulfidity controls molybdenum isotope fractionation into euxinic sediments: evidence from the modern Black Sea[J]. Geology, 36:775-778.

Neymark L A, Premo W R, Mel'nikov N N, et al., 2014. Precise determination of δ^{88}Sr in rocks, minerals and waters by double-spike TIMS: a powerful tool in the study of geological, hydrological and biological processes[J]. J. Anal. At. Spectr., 29:65-75.

Nielsen S G, Rehkämper M, 2011. Thallium isotopes and their application to problems in earth and environmental science[M]//Baskaran M, Handbook of environmental isotope geochemistry. New York: Springer, 247-269.

Nielsen S G, 2005. Thallium isotope composition of the upper continental crust and rivers— an investigation of the continental sources of dissolved marine thallium[J]. Geochim. Cosmochim. Acta, 69:2007-2019.

Nielsen S G, Rehkämper M, Norman M D, et al., 2006. Thallium isotopic evidence for ferromanganese sediments in the mantle source of Hawaiian basalts[J]. Nature, 439:314-317.

Nielsen S G, Rehkämper M, Brandon A D, et al., 2007. Thallium isotopes in Iceland and Azores lavas—implications for the role of altered crust and mantle geochemistry[J]. Earth Planet Sci. Lett., 264:332-345.

Nielsen S G, Mar-Gerrison S, Gannoun A, et al., 2009. Thallium isotope evidence for a permanent increase in marine organic carbon export in the early Eocene[J]. Earth Planet Sci. Lett., 278: 297-307.

Nielsen S G, Goff M, Hesselbo S P, et al., 2011a. Thallium isotopes in early diagentic pyrite—a paleoredox proxy?[J]. Geochim. Cosmochim. Acta, 75:6690-6704.

Nielsen S G, Prytulak J, Halliday A N, 2011b. Determination of precise and accurate $^{51}V/^{50}V$ isotope ratios by MC-ICP-MS, Part 1: chemical separation of vanadium and mass spectrometric protocols[J]. Geostand. Geoanal. Res., 35:293-306.

Nielsen L C, Druhan J L, Yang W, et al., 2011c. CHandbook of environmental isotope geochemistry. New York: Springer, 105-124.

Nielsen S G, Prytulak J, Wood B J, et al., 2014. Vanadium isotopic difference between the silicate Earth and meteorites[J]. Earth Planet Sci. Lett., 389:167-175.

Nielsen S G, Yogodzinski G M, Prytulak J, et al., 2016. Tracking along-arc sediment inputs to the Aleutian arc using thallium isotopes[J]. Geochim. Cosmochim. Acta, 181:217-237.

Nielsen S G, Rehkämper M, Prytulak J, 2017. Investigation and application of thallium isotope fractionation[J]. Rev. Miner. Petrol., 82:759-798.

Nishio Y, Nakai S, Yamamoto J, et al., 2004. Lithium isotope systematics of the mantle derived ultramafic xenoliths: implications for EM1 origin[J]. Earth Planet Sci. Lett., 217:245-261.

Nitzsche H M, Stiehl G, 1984. Untersuchungen zur Isotopenfraktionierung des Stickstoffs in den Systemen Ammonium/Ammoniak und Nitrid/Stickstoff[J]. ZFI. Mitt., 84:283-291.

Noordmann J, Weyer S, Montoya-Pino C, et al., 2015. Uranium and molybdenum isotope systematics in modern euxinic basins: case studies from the central Baltic Sea and the Kyllaren fjord (Norway)[J]. Chem. Geol., 396:182-195.

Noordmann J, Weyer S, Georg R B, et al., 2016. $^{238}U/^{235}U$ isotope ratios of crustal material, rivers and products of hydrothermal alteration: new insights on the oceanic U isotopemass balance[J]. Isot. Environ. Health Stud., 52:141-163.

Ockert C, Gussone N, Kaufhold S, et al., 2013. Isotope fractionation during Ca exchange on clay minerals in a marine environment[J]. Geochim. Cosmochim. Acta, 112:374-388.

Oelze M, von Blanckenburg F, Hoellen D, et al., 2014. Si stable isotope fractionation during adsorption and the competition between kinetic and equilibrium isotope fractionation: implications for weathering systems[J]. Chem. Geol., 380:161-171.

Oeser M, Weyer S, Horn I, et al., 2014. High-precision Fe and Mg isotope ratios of silicate reference glasses determined in situ by femtosecond LA-MC-ICP-MS and by solution nebulisation MC-ICP-MS [J]. Geostand. Geoanal. Res., 38:311-328.

Oeser M, Dohmen R, Horn I, et al., 2015. Processes and time scales of magmatic evolution as revealed by Fe-Mg chemical and isotopic zoning in natural olivines[J]. Geochim. Cosmochim. Acta, 154:130-150.

Ohmoto H, 1986. Stable isotope geochemistry of ore deposits[J]. Rev. Miner., 16:491-559.

Ohno T, Hirata T, 2013. Determination of mass-dependent isotopic fractionation of cerium and neodymium in geochemical samples by MC-ICPMS[J]. Anal. Sci., 29:47-53.

Ono S, Shanks W C, Rouxel O J, et al., 2007. S-33 constraints on the seawater sulphate contribution in modern seafloor hydrothermal vent sulfides[J]. Geochim. Cosmochim. Acta, 71:1170-1182.

Ono S, Wing B A, Johnston D, et al., 2006. Mass-dependent fractionation of quadruple sulphur isotope system as a new tracer of sulphur biogeochemical cycles[J]. Geochim. Cosmochim. Acta, 70: 2238-2252.

Opfergelt S, Georg R B, Delvaux B, et al., 2012. Mechanism of magnesium isotope fractionation in volcanicsoil weathering sequences, Guadeloupe[J]. Earth Planet Sci. Lett., 344:176-185.

Ostrander C M, Owens J D, Nielsen S G, 2017. Constraining the rate of oceanic deoxygenation leading up to a Cretaceous Oceanic Anoxic Event (OAE-2; 94 Ma)[J]. Sci. Adv., 3:e1701020.

Owens N J P, 1987. Natural variations in 15N in the marine environment[J]. Adv. Mar. Biol., 24:390-451.

Owens J D, Nielsen S G, Horner T J, et al., 2017. Thallium-isotopic compositions of euxinic sediments as a proxy for global manganese-oxide burial[J]. Geochem. Cosmochim. Acta, 213:291-307.

O'Leary M H, 1981. Carbon isotope fractionation in plants[J]. Phytochemistry. 20:553-567.

O'Neil J R, Epstein S, 1966. A method for oxygen isotope analysis of milligram quantities of water and some of its applications[J]. J. Geophys. Res., 71:4955-4961.

O'Neil J R, Roe L J, Reinhard E, et al., 1994. A rapid and precise method of oxygen isotope analysis of biogenic phosphate[J]. Isr. J. Earth Sci., 43:203-212.

O'Neil J R, Taylor H P, 1967. The oxygen isotope and cation exchange chemistry of feldspars[J]. Am. Miner., 52:1414-1437.

O'Neil J R, Truesdell A H, 1991. Oxygen isotope fractionation studies of solute-water interactions[J]// Stable isotope geochemistry: a tribute to Samuel Epstein. Geochem. Soc. Spec. Publ., 3:17-25.

Pack A, Herwartz D, 2014. The triple oxygen isotope composition of the Earth mantle and understanding $D^{17}O$ variations in terrestrial rocks and minerals[J]. Earth Planet Sci. Lett., 390:138-145.

Pagani M, Lemarchand D, Spivack A, et al., 2005. A critical evaluation of the boron isotope-pH proxy: the accuracy of ancient ocean pH estimates[J]. Geochim. Cosmochim. Acta, 69:953-961.

Page B, Bullen T, Mitchell M, 2008. Influences of calcium availability and tree species on Ca isotope fractionation in soil and vegetation[J]. Biogeochemistry, 88:1-13.

Palmer M R, 2017. Boron cycling in subduction zones[J]. Elements, 13:237-242.

Palmer M R, Slack J F, 1989. Boron isotopic composition of tourmaline from massive sulfide deposits and tourmalinites[J]. Contr. Miner. Petrol., 103:434-451.

Palmer M R, Spivack A J, Edmond J M, 1987. Temperature and pH controls over isotopic fractionation during the absorption of boron on marine clays[J]. Geochim. Cosmochim. Acta, 51:2319-2323.

Paniello R C, Day J M, Moynier F, 2012. Zinc isotopic evidence for the origin of the Moon[J]. Nature, 490:376-379.

Parendo C A, Jacobsen S B, Wang K, 2017. K isotopes as a tracer of seafloor hydrothermal alteration [J]. PNAS, 114:1827-1831.

Paris G, Sessions A, Subhas A V, et al., 2013. MC-ICP-MS measurement of $\delta^{34}S$ and $\delta^{33}S$ in small amounts of dissolved sulphate[J]. Chem. Geol., 345:50-61.

Park R, Epstein S, 1960. Carbon isotope fractionation during photosynthesis[J]. Geochim. Cosmochim.

Acta, 21:110-126.

Parkinson I J, Hammond S J, James R H, et al., 2007. High-temperature lithium isotope fractionation: insights from lithium isotope diffusion in magmatic systems[J]. Earth Planet Sci. Lett., 257:609-621.

Passey B H, Hu H, Ji H, et al., 2014. Triple oxygen isotopes in biogenic and sedimentary carbonates[J]. Geochim. Cosmochim. Acta, 141:1-25.

Payne J L, Turchyn A V, Paytan A, et al., 2010. Calcium isotope constraints on the end-Permian mass exttinction[J]. PNAS, 107:8543-8548.

Pearce C R, Cohen A S, Coe A L, et al., 2008. Molybdenum isotope evidence for global ocean anoxia coupled with perturbationsto the carbon cycle during the Early Jurassic[J]. Geology, 36:231-234.

Pearce C R, Burton K W, Pogge von Strandmann P A, et al., 2010. Molybdenum isotope behaviour accompanying weathering and riverine transport in a basaltic terrain[J]. Earth Planet Sci. Lett., 295:104-114.

Pearce C R, Parkinson I J, Gaillardet J, et al., 2015. Reassessing the stable ($\delta^{88/86}$Sr) and radiogenic (^{87}Sr/^{86}Sr) strontium isotopic composition of marine inputs[J]. Geochim. Cosmochim. Acta, 157:125-146.

Pearson P N, Palmer M R, 1999. Middle Eocene seawater pH and atmospheric carbon dioxide[J]. Science, 284:1824-1826.

Pearson P N, Palmer M R, 2000. Atmospheric carbon dioxide concentrations over the past 60 million years[J]. Nature, 406:695-699.

Penniston-Dorland S, Liu X M, Rudnick R L, 2017. Lithium isotope geochemistry[J]. Rev. Miner. Geochem., 82:165-217.

Pereira N S, Voegelin A R, Paulukat C, et al., 2016. Chromium-isotope signatures in scleractinian corals from the Rocas Atoll, Tropical South Atlantic[J]. Geobiology, 14:54-67.

Peterson B J, Fry B, 1987. Stable isotopes in ecosystem studies[J]. Ann Rev Ecol Syst 18:293-320.

Pistiner J S, Henderson G M, 2003. Lithium-isotope fractionation during continental weathering processes[J]. Earth Planet Sci. Lett., 214:327-339.

Pichat S, Douchet C, Albarede F, 2003. Zinc isotope variations in deep-sea carbonates from the eastern equatorial Pacific over the last 175 ka[J]. Earth Planet Sci. Lett., 210:167-178.

Piasecki A, Sessions A, Lawson M, et al., 2016a. Analysis of the site-specific carbon isotope composition of propane by gas source isotope ratio mass spectrometry[J]. Geochim. Cosmochim. Acta, 188:58-72.

Piasecki A, Sessions A, Lawson M, et al., 2016b. Analysis of the site-specific carbon isotope composition of propane by gas source isotope ratio mass spectrometry[J]. Geochim. Cosmochim. Acta, 188:58-72.

Piasecki A, Sessions A, Lawson M, et al., 2018a. Position-specific ^{13}C distributions within propane from experiments and natural gas samples[J]. Geochim. Cosmochim. Acta, 220:110-124.

Piasecki A, Sessions A, Lawson M, et al., 2018b. Position-specific ^{13}C distributions within propane from experiments and natural gas samples[J]. Geochim. Cosmochim. Acta, 220:110-124.

Planavsky N J, Reinhard C T, Wang X, et al., 2014. Low Mid-Proterozoic atmospheric oxygen levels and the delayed rise of animals[J]. Science, 346:635-638.

Plessen B, Harlov D E, Henry D, et al., 2010. Ammonium loss and nitrogen isotopic fractionation in biotite as a function of metamorphic grade in metapelites from western Main, USA[J]. Geochim. Cosmochim. Acta, 74:4759-4771.

Pogge von Strandmann P A, Burton K W, et al., 2008. The influence of weathering processes on riverine magnesium isotopes in a basaltic terrain[J]. Earth Planet Sci. Lett., 276:187-197.

Pogge von Strandmann P A, Elliott T, Marschall H R, et al., 2011. Variations of Li and Mg isotope ratios in bulk chondrites and mantle xenoliths[J]. Geochim. Cosmochim. Acta, 75:5247-5268.

Pogge von Strandmann P A, Forshaw J, Schmidt D N, 2014. Modern and Cenozoic records of magnesium behaviour from foraminiferal Mg isotopes[J]. Biogeosci. Discuss., 11:7451-7464.

Pogge von Strandmann P A, Stüeken E E, Elliott T, et al., 2015. Selenium isotope evidence for progressive oxidation of the Neoproterozoic biosphere[J]. Nat. Commun., 6:10157.

Poitrasson F, 2017. Silicon isotope geochemistry[J]. Rev. Miner. Geochem., 82:289-344.

Poitrasson F, Cruz Vieira L, 2014. Iron isotope composition of the bulk waters and sediments from the Amazon River basin[J]. Chem. Geol., 377:1-11.

Poitrasson F, Freydier R, 2005. Heavy iron isotope composition of granites determined by high resolution MC-ICP-MS[J]. Chem. Geol., 222:132-147.

Poitrasson F, Roskosz M, Corgne A, 2009. No iron isotope fractionation between molten alloys and silicate melt to 2000 ℃ and 7.7 GPa: experimental evidence and implications for planery differentiation and accretion[J]. Earth Planet Sci. Lett., 278:376-385.

Poitrasson F, Halliday A N, Lee D C, et al., 2004. Iron isotope differences between Earth, Moon, Mars and Vesta as possible records of contrasted accretion mechanisms[J]. Earth Planet Sci. Lett., 223:253-266.

Pokrovsky O S, Viers J, Emnova E E, et al., 2008. Copper isotope fractionation during its interaction with soil and aquatic microorganisms and metal oxy(hydr)oxides: possible structural control[J]. Geochim. Cosmochim. Acta, 72:1742-1757.

Pokrovsky O S, Galy A, Schott J, et al., 2014. Germanium isotope fractionation during Ge adsorption on goethite and its coprecipitation with Feoxy(hydr)oxides[J]. Geochim. Cosmochim. Acta, 131:138-149.

Polyakov V B, Mineev S D, Clayton R N, et al., 2005. Determination of tin equilibrium fractionation factors from synchrotron radiation experiments[J]. Geochim Cos-mochim Acta, 69:5531-5536.

Polyakov V B, Clayton R N, Horita J, et al., 2007. Equilibrium iron isotope fractionation factors of minerals: reevaluation from the data of nuclear inelastic resonant X-ray scattering and Mossbauer spectroscopy[J]. Geochim. Cosmochim. Acta, 71:3833-3846.

Polyakov V B, Soultanov D M, 2011. New data on equilibrium iron isotope fractionation among sulfides: constraints on mechanisms of sulfide formation in hydrothermal and igneous systems[J]. Geochim. Cosmochim. Acta, 75:1957-1974.

Popp B N, Laws E A, Bidigare R R, et al., 1998. Effect of phytoplankton cell geometry on carbon isotope fractionation[J]. Geochim. Cosmochim. Acta, 62:69-77.

Porter S, Selby D, Cameron V, 2014. Characterising the nickel isotopic composition of organic-rich marine sediments[J]. Chem. Geol., 387:12-21.

Poulson R L, Siebert C, McManus J, et al., 2006. Authigenic molybdenum isotope signatures in marine sediments[J]. Geology, 34:617-620.

Poulson-Brucker R L, McManus J, Severmann S, et al., 2009. Molybdenum behaviour during early diagenesis: insights from Mo isotopes[J]. Geochem. Geophys. Geosys., 10(Q06010):1-25.

Prentice A J, Webb E A, 2016. The effect of progressive dissolution on the oxygen and silicon isotope composition of opal-A phytoliths: implications for palaeoenvironmental reconstruction [J]. Palaeogeogr. Palaeoclimatol. Palaeoecol., 453:42-51.

Pretet C, van Zuilen K, Nägler T F, et al., 2015. Constraints on barium isotope fractionation during aragonite precipitation by corals[J]. Depositional. Rec., 1:118-129.

Prytulak J, Nielsen R G, Halliday A N, 2011. Determination of precise and accurate $^{51}V/^{50}V$ isotope ratios by multi-collector ICP-MS, Part 2: isotope composition of six reference materials plus the Allende chondrite and verification tests[J]. Geostand. Geoanal. Res., 35:307-318.

Prytulak J, Nielsen S G, 2013a. The stable vanadium isotope composition of the mantle and mafic lavas [J]. Earth Planet Sci. Lett., 365:177-189.

Prytulak J, Nielsen S G, Plank T, et al., 2013b. Assessing the utility of thallium and thallium isotopes for tracing subduction zone inputs to the Mariana arc[J]. Chem. Geol., 345:139-149.

Prytulak J, Sossi P A, Halliday A N, et al., 2017a. Stable vanadium isotopes as a redox proxy in magmatic systems? [J]. Geochem. Perspect. Lett., 3:75-84.

Prytulak J, Brett A, Webb M, et al., 2017b. Thallium elemental behavior and stable isotope fractionation during magmatic processes[J]. Chem. Geol., 448:71-83.

Puchelt H, Sabels B R, Hoering T C, 1971. Preparation of sulfur hexafluoride for isotope geochemical analysis[J]. Geochim. Cosmochim. Acta, 35:625-628.

Qi H W, Rouxel O, Hu R Z, et al., 2011. Germanium isotopic systematics in Ge-rich coal from the Lincang Ge deposit, Yunnan, Southwestern China[J]. Chem. Geol., 286:252-265.

Qin L, Wang X, 2017. Chromium isotope geochemistry[J]. Rev. Miner. Geochem., 82:379-414.

Qin T, Wu F, Wu Z, et al., 2016. First-principles calculations of equilibrium fractionation of O and Si isotopes in quartz, albite, anorthite, and zircon[J]. Contr. Miner. Petrol., 171:91.

Ra K, 2010. Determination of Mg isotopes in chlorophyll a for marine bulk phytoplankton from the northwestern Pacific ocean[J]. Geochem. Geophys. Geosys., 11(12): Q12011.

Ra K, Kitagawa H, 2007. Magnesium isotope analysis of different chlorophyll forms in marine phytoplankton using multi-collector ICP-MS[J]. J. Anal. At. Spectrom., 22:817-821.

Raddatz J, Liebetrau V, 2013. Stable Sr-isotope, Sr/Ca, Mg/Ca, Li/Ca and Mg/Li ratios in the scleractinian cold-water coral Lophelia pertusa[J]. Chem. Geol., 352:143-152.

Radic A, Lacan F, Murray J W, 2011. Iron isotopes in the seawater of the equatorial Pacific Ocean: new constraints for the oceanic iron cycle[J]. Earth Planet Sci. Lett., 306:1-10.

Ransom B, Spivack A J, Kastner M, 1995. Stable Cl isotopes in subduction-zone pore waters: implications for fluid-rock reactions and the cycling of chlorine[J]. Geology, 23:715-718.

Rasbury E T, Hemming N G, 2017. Boron isotopes: a "Paleo-pH meter" for tracking ancient atmospheric CO_2[J]. Elements, 13:243-248.

Ratié G, Jouvin D, 2015. Nickel isotope fractionation during tropical weathering of ultramafic rocks[J].

Chem. Geol., 402:68-76.

Redling K, Elliott E, Bain D, et al., 2013. Highway contributions to reactive nitrogen deposition: tracing the fate of vehicular NOx using stable isotopes and plant biomonitors[J]. Biogeochemistry, 116:261-274.

Rees C E, 1978. Sulphur isotope measurements using SO_2 and SF_6[J]. Geochim. Cosmochim. Acta, 42:383-389.

Rehkämper M, Frank M, Hein J R, et al., 2002. Thallium isotope variations in seawater and hydrogenetic, diagenetic and hydrothermal ferromanganese deposits[J]. Earth Planet Sci. Lett., 197:65-81.

Rehkämper M, Frank M, Hein J R, et al., 2004. Cenozoic marine geochemistry of thallium deduced from isotopic studies of ferromanganese crusts and pelagic sediments[J]. Earth Planet Sci. Lett., 219:77-91.

Rehkämper M, Wombacher F, Horner T J, et al., 2011. Natural and anthropogenic Cd isotope variations[M]//Baskaran M, Handbook of environmental isotope geochemistry. New York: Springer, 125-154.

Resongles E, Freydier R, Casiot C, et al., 2015. Antimony isotopic composition in river waters affected by ancient mining activity[J]. Talanta, 144:851-861.

Revesz K, Böhlke J K, Yoshinari T, 1997. Determination of ^{18}O and ^{15}N in nitrate[J]. Anal. Chem., 69:4375-4380.

Reinhard C T, Planavsky N J, Wang X, et al., 2014. The isotopic composition of authigenic chromium in anoxic sediments: a case study from the Cariaco[J]. Basin. Earth Planet Sci. Lett., 407:9-18.

Ripley E M, Dong S F, Li C S, et al., 2015. Cu isotope variations between conduit and sheet-style Ni-Cu-PGE sulfide mineralization in the Midcontinent Rift system, North America[J]. Chem. Geol. 414:59-68.

Rippberger S, Rehkämper V M, Porcelli D, et al., 2007. Cadmium isotope fractionation in seawater: a signature of biological activity[J]. Earth Planet Sci. Lett., 261:670-684.

Robert F, Chaussidon M, 2006. A paleotemperature curve for the Precambrian oceans based on silicon isotopes in cherts[J]. Nature, 443:969-972.

Rodler A, Sanchez-Pastor N, Fernandez-Diaz L, et al., 2015. Fractionation behavior of chromium isotopes during coprecipitation with calcium carbonate: implications for their use as paleoclimatic proxy[J]. Geochim. Cosmochim. Acta, 164:221-235.

Rolison J M, Landing W M, Luke W, et al., 2013. Isotopic composition of species-specific atmospheric Hg in a coastal environment[J]. Chem. Geol., 336:37-49.

Rollion-Bard C, Blamart D, Trebosc J, et al., 2011. Boron isotopes as pH proxy: a new look at boron speciation in deep-sea corals using ^{11}B MAS NMR and EELS[J]. Geochim. Cosmochim. Acta, 75:1003-1012.

Rollion-Bard C, Erez J, 2010. Intra-shell boron isotope ratios in the symbiont-bearing benthic foraminifera Amphistegina lobifera: implications for $\delta^{11}B$ vital effects and paleo-pH reconstructions[J]. Geochim. Cosmochim. Acta, 74:1530-1536.

Rollion-Bard C, Vigier N, Spezzaferri S, 2007. In-situ measurements of calcium isotopes by ion microprobe in carbonates and application to foraminifera[J]. Chem. Geol., 244:679-690.

Romanek C S, Grossman E L, Morse J W, 1992. Carbon isotope fractionation in synthetic aragonite and calcite: effects of temperature and precipitation rate[J]. Geochim. Cosmochim. Acta, 56:419-430.

Romaniello S J, Herrmann A D, Anbar A D, 2013. Uranium concentrations and $^{238}U/^{235}U$ isotope ratios in modern carbonates from the Bahamas: assessing a novel paleoredox proxy[J]. Chem. Geol., 362:305-316.

Romaniello S J, Herrmann A D, Anbar A D, 2016. Syndepositional diagenetic control of molybdenum isotope variations in carbonate sediments from the Bahamas[J]. Chem. Geol., 438:84-90.

Romer R L, Meixner A, 2014. Lithium and boron isotopic fractionation in sedimentary rocks during metamorphism:the role of rock composition and protolith mineralogy[J]. Geochim. Cosmochim. Acta, 128:158-177.

Rose E F, Chaussidon M, France-Lanord C, 2000. Fractionation of boron isotopes during erosion processes: the example of Himalayan rivers[J]. Geochim. Cosmochim. Acta, 64:397-408.

Rosenbaum J, Sheppard S M F, 1986. An isotopic study of siderites, dolomites and ankerites at high temperatures[J]. Geochim. Cosmochim. Acta, 50:1147-1150.

Rosman J R, Taylor P D, 1998. Isotopic compositions of the elements (technical report): commission on atomic weights and isotopic abundances[J]. Pure. Appl. Chem., 70:217-235.

Rouxel O, Ludden J, Carignan J, et al., 2002. Natural variations in Se isotopic composition determined by hydride generation multiple collector inductively coupled plasma mass spectrometry[J]. Geochim. Cosmochim. Acta, 66:3191-3199.

Rouxel O, Ludden J, Fouquet Y, 2003. Antimony isotope variations in natural systems and implications for their use as geochemical tracers[J]. Chem. Geol., 200:25-40.

Rouxel O, Fouquet Y, Ludden J N, 2004a. Copper isotope systematics of the Lucky Strike, Rainbow and Logatschev seafloor hydrothermal fields on the Mi-Atlantic Ridge[J]. Econ. Geol., 99:585-600.

Rouxel O, Fouquet Y, Ludden J N, 2004b. Subsurface processes at the Lucky Strike hydrothermal field, Mid-Atlantic Ridge: evidence from sulfur, selenium and iron isotopes[J]. Geochim. Cosmochim. Acta, 68:2295-2311.

Rouxel O, Bekker A, Edwards K J, 2005. Iron isotope constraints on the Archean and Proterozoic ocean redox state[J]. Science, 307:1088-1091.

Rouxel O, Galy A, Elderfield H, 2006. Germanium isotope variations in igneous rocks and marine sediments[J]. Geochim. Cosmochim. Acta, 70:3387-3400.

Rouxel O, Toner B, Manganini S, et al., 2016. Geochemistry and iron isotope systematics of hydrothermal plume fall-out at EPR 9°50, N[J]. Chem. Geol., 441:212-234.

Rouxel O, Luais B, 2017. Germanium isotope geochemistry[J]. Rev. Miner. Geochem., 82:601-656.

Rozanski K, Araguas-Araguas L, Gonfiantini R, 1993. Isotopic patterns in modern global precipitation [J]//Climate change in continental isotopic records. Geophys. Monogr., 78:1-36.

Rubinson M, Clayton R N, 1969. Carbon-13 fractionation between aragonite and calcite[J]. Geochim. Cosmochim. Acta, 33:997-1002.

Rudnick R L, Ionov D A, 2007. Lithium elemental and isotopic disequilibrium in minerals from peridotite xenoliths from far-east Russia: product of recent melt/fluid-rock interaction[J]. Earth Planet Sci.

Lett., 256:278-293.

Rudnicki M D, Elderfield H, Spiro B, 2001. Fractionation of sulfur isotopes during bacterial sulfate reduction in deep ocean sediments at elevated temperatures[J]. Geochim. Cosmochim. Acta, 65:777-789.

Rudnick R L, Tomascak P B, Njo H B, et al., 2004. Extreme lithium isotopic fractionation during continental weathering revealed in saprolites from South Carolina[J]. Chem. Geol., 212:45-57.

Ruiz J, Mathur R, Young S, et al., 2002. Controls of copper isotope fractionation. Geochim[J]. Cosmochim. Acta Spec. Suppl., 66:A654.

Rumble D, Miller M F, Franchi I A, et al., 2007. Oxygen three-isotope fractionation lines in terrestrial silicate minerals: an inter-laboratory comparison of hydrothermal quartz and eclogitic garnet[J]. Geochim. Cosmochim. Acta, 71:3592-3600.

Russell W A, Papanastassiou D A, Tombrello T A, 1978. Ca isotope fractionation on the Earth and other solar system materials[J]. Geochim. Cosmochim. Acta, 42:1075-1090.

Rustad J R, Casey W H, Yin Q Z, et al., 2010. Isotopic fractionation of Mg^{2+} (aq), Ca^{2+} (aq) and Fe^{2+} (aq) with carbonate minerals[J]. Geochim. Cosmochim. Acta, 74:6301-6323.

Rustad J R, Dixon D A, 2009. Prediction of iron-isotope fractionation between nematite (α-Fe^2O^3) and ferric and ferrous iron in aqueous solution from density functional theory[J]. J. Phys. Chem., 113:12249-12255.

Ryan B M, Kirby J K, Degryse F, et al., 2013. Copper speciation and isotopic fractionation in plants: uptake and translocation mechanism[J]. New Phytol., 199:367-378.

Rye R O, 1974. A comparison of sphalerite-galena sulfur isotope temperatures with filling-temperatures of fluid inclusions[J]. Econ. Geol., 69:26-32.

Ryu J S, Jacobson A D, Holmden C, et al., 2011. The major ion, $\delta^{44/40}$Ca, $\delta^{44/42}$Ca, and $\delta^{26/24}$Mg geochemistry of granite weathering at pH = 1 and T = 25 ℃: power-law processes and the relative reactivity of minerals[J]. Geochim. Cosmochim. Acta, 75:6004-6026.

Rüggeburg A, Fietzke J, Liebetrau V, et al., 2008. Stable strontium isotopes ($\delta^{88/86}$Sr) in cold-water corals: a new proxy for reconstruction of intermediate ocean water temperatures[J]. Earth Planet Sci. Lett., 269:570-575.

Saccocia P J, Seewald J S, Shanks W C, 2009. Oxygen and hydrogen isotope fractionation in serpentine-water and talc-water systems from 250 to 450 ℃, 50 MPa[J]. Geochim. Cosmochim. Acta, 73:6789-6804.

Sachse D, Billault I, 2012. Molecular paleohydrology: interpreting the hydrogen-isotopic composition of lipid biomarkers from photosynthesizing organisms[J]. Ann. Rev. Earth Planet Sci., 40:221-249.

Sadofsky S J, Bebout G E, 2000. Ammonium partitioning and nitrogen isotope fractionation among coexisting micas during high-temperature fluid-rock interaction. Examples from the New England Appalachians[J]. Geochim. Cosmochim. Acta, 64:2835-2849.

Saenger C, Wang Z, 2014. Magnesium isotope fractionation in biogenic and abiogenic carbonates: implications for paleoenvironmental proxies[J]. Quart. Sci. Rev., 90:1-21.

Sakai H, 1968. Isotopic properties of sulfur compounds in hydrothermal processes[J]. Geochem. J. 2:29-49.

Sanyal A, Nugent M, Reeder R J, et al., 2000. Seawater pH control on the boron isotopic composition of calcite: evidence from inorganic calcite precipitation experiments[J]. Geochim. Cosmochim. Acta, 64:1551-1555.

Sauer P E, Eglinton T I, Hayes J M, et al., 2001. Compound-specific D/H ratios of lipid biomarkers from sediments as a proxy for environmental and climatic conditions[J]. Geochim. Cosmochim. Acta, 65:213-222.

Saunier G, Pokrovski G S, Poitrasson F, 2011. First experimental determination of iron isotope fractionation between hematite and aqueous solution at hydrothermal conditions[J]. Geochim. Cosmochim. Acta, 75:6629-6654.

Savage P S, Georg R B, Williams H M, et al., 2011. Silicon isotope fractionation during magmatic differentiation[J]. Geochim. Cosmochim. Acta, 75:6124-6139.

Savage P S, Georg R B, Williams H M, et al., 2012. The silicon isotope composition of granites[J]. Geochim. Cosmochim. Acta, 92:184-202.

Savage P S, Georg R B, Williams H M, et al., 2013a. The silicon isotope composition of the upper continental crust[J]. Geochim. Cosmochim. Acta, 109:384-399.

Savage P S, Georg R B, Williams H M, et al., 2013b. Silicon isotopes in granulite xenoliths: insights into isotopic fractionation during igneous processes and the composition of the deep continental crust[J]. Earth Planet Sci. Lett., 365:221-231.

Savage P S, Armytage R, Georg R B, et al., 2014. High temperature silicon isotope geochemistry[J]. Lithos, 191:500-519.

Savage P S, Moynier F, Chen H, et al., 2015. Copper isotope evidence for large-scale sulphide fractionation during Earth's differentiation[J]. Geochem. Perspect. Lett., 1:53-64.

Savin S M, Lee M, 1988. Isotopic studies of phyllosilicates[J]. Rev. Miner., 19:189-223.

Schauble E A, 2007. Role of nuclear volume in driving equilibrium stable isotope fractionation of mercury, thallium and other very heavy elements[J]. Geochim. Cosmochim. Acta, 71:2170-2189.

Schauble E A, 2011. First principles estimates of equilibrium magnesium isotope fractionation in silicate, oxide, carbonate and hexaaquamagnesium (2+) crystals[J]. Geochim. Cosmochim. Acta, 75:844-869.

Schauble E A, Rossman G R, Taylor H P, 2001. Theoretical estimates of equilibrium Fe isotope fractionations from vibrational spectroscopy[J]. Geochim. Cosmochim. Acta, 65:2487-2498.

Schauble E S, Rossman G R, Taylor H P, 2003. Theoretical estimates of equilibrium chlorine-isotope fractionations[J]. Geochim. Cosmochim. Acta, 67:3267-3281.

Schauble E A, Rossman G R, Taylor H P, 2004. Theoretical estimates of equilibrium chromium isotope fractionations[J]. Chem. Geol. 205:99-114.

Scheele N, Hoefs J, 1992. Carbon isotope fractionation between calcite, graphite and CO_2[J]. Contr. Miner. Petrol., 112:35-45.

Scheiderich K, Amini M, Holmden C, et al., 2015. Global variability of chromium isotopes in seawater demonstrated by Pacific, Atlantic and Arctic Ocean samples[J]. Earth Planet Sci. Lett., 423:87-97.

Schilling K, Johnson T M, Wilcke W, 2011. isotope fractionation of selenium during fungal biomethylation by Alternaria alternata[J]. Environ. Sci. Technol., 45:2670-2676.

Schimmelmann A, Sessions A L, Mastalerz M, 2006. Hydrogen isotopic (D/H) composition of organic matter during diagenesis and thermal maturation[J]. Ann. Rev. Earth Planet Sci., 34:501-533.

Schmidt M, Maseyk K, Lett C, et al., 2010. Concentration effects on laser based $\delta^{18}O$ and $\delta^{2}H$ measurements and implications for the calibration of vapour measurements with liquid standards[J]. Rapid Comm. Mass Spectrom., 24:3553-3561.

Schmitt A D, Galer S J, Abouchami W, 2009. Mass-dependent cadmium isotopic variations in nature with emphasis on the marine environment[J]. Earth Planet Sci. Lett., 277:262-272.

Schmitt A D, Cobert F, Bourgeade P, et al., 2013. Calcium isotope fractionation during plant growth under a limited nutrient supply[J]. Geochim. Cosmochim. Acta, 110:70-83.

Schoenberg R, von Blanckenburg F, 2005. An assessment of the accuracy of stable Fe isotope ratio measurements on samples with organic and inorganic matrices by high-resolution multicollector ICP-MS[J]. Int. J. Mass Spectr., 242:257-272.

Schoenberg R, Zink S, Staubwasser M, et al., 2008. The stable Cr isotope inventory of solid Earth reservoirs determined by double-spike MC-ICP-MS[J]. Chem. Geol. 249:294-306.

Schoenberg R, Merdian A, Holmden C, et al., 2016. The stable Cr isotope compositions of chondrites and silicate planetary reservoirs[J]. Geochim. Cosmochim. Acta, 183:14-30.

Schoenheimer R, Rittenberg D, 1939. Studies in protein metabolism: I. General considerations in the application of isotopes to the study of protein metabolism. The normal abundance of nitrogen isotopes in amino acids[J]. J. Biol. Chem., 127:285-290.

Schönbächler M, Carlson R W, Horan M F, et al., 2007. High precision Ag isotope measurements in geologic materials by multiple-collector ICPMS: an evaluation of dry versus wet plasma[J]. Inter .J. Mass Spectrom., 261:183-191.

Schulze M, Ziegerick M, Horn I, et al., 2017. Determination of tin isotope ratios in cassiterite by femtosecond laser ablation multicollector inductively coupled mass spectrometry[J]. Spectrochimica. Acta Part B, 130:26-34.

Schüßler J A, Schoenberg R, Behrens H, et al., 2007. The experimental calibration of iron isotope fractionation factor between pyrrhotite and peralkaline rhyolitic melt[J]. Geochim. Cosmochim. Acta, 71:417-433.

Schuth S, Horn I, Brüske A, et al., 2017. First vanadium isotope analyses of V-rich minerals by femtosecond laser ablation and solution-nebulization MC-ICP-MS [J]. Ore. Geol. Rev., 81:1271-1286.

Scott C, Lyons T W, 2012. Contrasting molybdenum cycling and isotopic properties in euxinix versus non-euxinic sediments and sedimentary rocks: refining the paleoproxies[J]. Chem. Geol., 325:19-27.

Seal R R, 2006. Sulfur isotope geochemistry of sulfide minerals[J]. Rev. Miner. Geochem., 61:633-677.

Seal R R, Alpers C N, Rye R O, 2000. Stable isotope systematics of sulfate minerals[J]. Rev. Miner., 40:541-602.

Sedaghatpour F, Teng F Z, Liu Y, et al., 2013. Magnesium isotope composition of the Moon[J]. Geochim. Cosmochim. Acta, 120:1-16.

Seitz H M, Brey G P, Lahaye Y, et al., 2004. Lithium isotope signatures of peridotite xenoliths and isotope fractionation at high temperature between olivine and pyroxene[J]. Chem. Geol., 212:

163-177.

Seitz H M, Brey G P, Zipfel J, et al., 2007. Lithium isotope composition of ordinary and carbonaceous chondrites and differentiated planetary bodies: bulk solar system and solar reservoirs[J]. Earth Planet Sci. Lett., 260:582-596.

Sessions A L, Burgoyne T W, Schimmelmann A, et al., 1999. Fractionation of hydrogen isotopes in lipid biosynthesis[J]. Org. Geochem., 30:1193-1200.

Severmann S, Johnson C M, Beard B L, et al., 2004. The effect of plume processes on the Fe isotope composition of hydrothermally derived Fe in the deep ocean as inferred from the Rainbow vent site, Mid-Atlantic Ridge, 36°14′ N[J]. Earth Planet Sci. Lett., 225:63-76.

Severmann S, Johnson C M, Beard B L, et al., 2006. The effect of early diagenesis on the Fe isotope composition of porewaters and authigenic minerals in continental margin sediments[J]. Geochim. Cosmochim. Acta, 70:2006-2022.

Severmann S, Lyons T W, Anbar A, et al., 2008. Modern iron isotope perspective on the benthic iron shuttle and the redox evolution of ancient oceans[J]. Geology, 36:487-490.

Severmann S, McManus J, Berelson W M, et al., 2010. The continental shelf benthic flux and its isotope composition[J]. Geochim. Cosmochim. Acta, 74:3984-4004.

Shahar A, Young E D, Manning C E, 2008. Equilibrium high-temperature Fe isotope fractionation between fayalite and magnetite: an experimental calibration[J]. Earth Planet Sci. Lett., 268:330-338.

Shahar A, Ziegler K, Young E D, et al., 2009. Experimentally determined Si isotope fractionation between silicate and Fe metal and implications for the Earth's core formation[J]. Earth Planet Sci. Lett., 288:228-234.

Shalev N, Gavrieli I, Halicz L, et al., 2017. Enrichment of ^{88}Sr in continental waters due to calcium carbonate precipitation[J]. Earth Planet Sci. Lett., 459:381-393.

Sharma T, Clayton R N, 1965. Measurement of $^{18}O/^{16}O$ ratios of total oxygen of carbonates[J]. Geochim. Cosmochim. Acta, 29:1347-1353.

Sharma M, Polizzotto M, Anbar A D, 2001. Iron isotopes in hot springs along the Juan de Fuca Ridge [J]. Earth Planet Sci. Lett., 194:39-51.

Sharp Z D, 1990. A laser-based microanalytical method for the in situ determination of oxygen isotope ratios of silicates and oxides[J]. Geochim. Cosmochim. Acta, 54:1353-1357.

Sharp Z D, Atudorei V, Durakiewicz T, 2001. A rapid method for determination of hydrogen and oxygen isotope ratios from water and hydrous minerals[J]. Chem. Geol., 178:197-210.

Sharp Z D, Barnes J D, Brearley A J, et al., 2007. Chlorine isotope homogeneity of the mantle, crust and carbonaceous chondrites[J]. Nature, 446:1062-1065.

Sharp Z D, Shearer C K, McKeegan K D, et al., 2010. The chlorine isotope composition of the Moon and implications for an anhydrous mantle[J]. Science, 239:1050-1053.

Sharp Z D, Gibbons J A, Maltsev O, et al., 2016. A calibration of the triple oxygen isotope fractionation in the SiO_2-H_2O system and applications to natural samples[J]. Geochim. Cosmochim. Acta, 186:105-119.

Shen B, Jacobson B, Lee C T, et al., 2009. The Mg isotopic systematics of granitoids in continental arcs and implications for the role of chemical weathering in crust formation[J]. PNAS, 106:20652-20657.

Sheppard S M F, Nielsen R L, Taylor H P, 1971. Hydrogen and oxygen isotope ratios in minerals from porphyry copper deposits[J]. Econ. Geol., 66:515-542.

Sherman D M, 2013. Equilibrium isotope fractionation of copper during oxidation/reduction, aqueous complexation and ore-forming processes: prediction from hybrid density functional theory[J]. Geochim. Cosmochim. Acta, 118:85-97.

Sherman L S, Blum J D, Nordstrom D K, et al., 2009. Mercury isotope composition of hydrothermal systems in the Yellowstone Plateau volcanic field and Guaymas Basin sea-floor rift[J]. Earth Planet Sci. Lett., 279:86-96.

Sherman L S, Blum J D, Johnson K P, et al., 2010. Mass-independent fractionation of mercury isotopes in Arctic snow driven by sunlight[J]. Nat. Geosci., 3:173-177.

Shiel A E, Weis D, Orians K J, 2010. Evaluation of zinc, cadmium and lead isotope fractionation during smelting and refining[J]. Sci. Tot. Environ., 408:2357-2368.

Shields W R, Goldich S S, Garner E I, et al., 1965. Natural variations in the abundance ratio and the atomic weight of copper[J]. J. Geophys. Res., 70:479-491.

Shouakar-Stash O, Alexeev S V, Frape S K, et al., 2007. Geochemistry and stable isotope signatures including chlorine and bromine isotopes of the deep groundwaters of the Siberian Platform, Russia[J]. Appl. Geochem., 22:589-605.

Shouakar-Stash O, Drimmie R J, Frape S K, 2005. Determination of inorganic chlorine stable isotopes by continuous flow isotope mass spectrometry[J]. Rapid Commun. Mass Spectr., 19:121-127.

Siebert C, Kramers J D, Meisel T, et al., 2005. PGE, Re-Os and Mo isotope systematics in Archean and early Proterozoic sedimentary systems as proxies for redox conditions of the early Earth[J]. Geochim. Cosmochim. Acta, 69:1787-1801.

Siebert C, Nägler T F, von Blanckenburg F, et al., 2003. Molybdenum isotope records as potential proxy for paleoceanography[J]. Earth Planet Sci. Lett., 211:159-171.

Siebert C, McManus J, Bice A, et al., 2006a. Molybdenum isotope signatures in continental margin sediments[J]. Earth Planet Sci. Lett., 241:723-733.

Siebert C, Ross A, McManus J, 2006b. Germanium isotope measurements of high-temperature geothermal fluids using double-spike hydride generation MC-ICP-MS[J]. Geochim. Cosmochim. Acta, 70:3986-3995.

Sigman D M, Casciotti K L, Andreani M, et al., 2001. A bacterial method for the nitrogen isotopic analysis of nitrate in seawater and freshwater[J]. Anal. Chem., 73:4145-4153.

Sikora E R, Johnson T M, Bullen T D, 2008. Microbial mass-dependent fractionation of chromium isotopes[J]. Geochim. Cosmochim. Acta, 72:3631-3641.

Sim M S, Bosak T, Ono S, 2011. Large sulfur isotope fractionation does not require disproportionation [J]. Science, 333:74-77.

Sime N G, De la Rocha C, Galy A, 2005. Negligible temperature dependence of calcium isotope fractionation in 12 species of planktonic foraminifera[J]. Earth Planet Sci. Lett., 232:51-66.

Simon J I, dePaolo D J, 2010. Stable calcium isotopic composition of meteorites and rocky planets[J]. Earth Planet Sci. Lett., 289:457-466.

Sio C K, Dauphas N, Teng N Z, et al., 2013. Discerning crystal growth from diffusion profiles in zoned olivine by in-situ Mg-Fe isotopic analyses[J]. Geochim. Cosmochim. Acta, 123:302-321.

Skulan J L, DePaolo D J, Owens T L, 1997. Biological control of calcium isotopic abundances in the global calcium cycle[J]. Geochim. Cosmochim. Acta, 61:2505-2510.

Skulan J L, Beard B L, Johnson C M, 2002. Kinetic and equilibrium isotope fractionation between aqueous Fe(III) and hematite[J]. Geochim. Cosmochim. Acta, 66:2505-2510.

Skulan J L DePaolo D J, 1999. Calcium isotope fractionation between soft and mineralised tissues as a monitor of calcium use in vertebrates[J]. PNAS, 96:13709-13713.

Slack J F, Palmer M R, Stevens B P J, et al., 1993. Origin and significance of tourmaline-rich rocks in the Broken Hill district, Australia[J]. Econ. Geol., 88:505-541.

Smith C N, Kesler S E, Blum J D, et al., 2008. Isotope geochemistry of mercury in source rocks, mineral deposits and spring deposits of the California Coast Ranges, USA[J]. Earth Planet Sci. Lett., 269:398-406.

Smith M P, Yardley B W D, 1996. The boron isotopic composition of tourmaline as a guide to fluid processes in the southwestern England orefield: an ion microprobe study[J]. Geochim. Cosmochim. Acta, 60:1415-1427.

Smithers R M, Krouse H R, 1968. Tellurium isotope fractionation study[J]. Can. J. Chem., 46:583-591.

Sonke J E, 2011. A global model of mass independent mercury stable isotope fractionation[J]. Geochim. Cosmochim. Acta, 75:4577-4590.

Sonke J E, Blum J D, 2013. Advances in mercury stable isotope geochemistry[J]. Chem. Geol., 366:1-4.

Sonke J E, Schäfer J, 2010. Sedimentary mercury stable isotope records of atmospheric and riverine pollution from two major European heavy metal refineries[J]. Chem. Geol., 279:90-100.

Sonke J E, Sivry Y, 2008. Historical variations in the isotopic composition of atmospheric zinc deposition from a zinc smelter[J]. Chem. Geol. 252:145-157.

Sossi P, O'Neill H S, 2017. The effect of bonding environment on iron isotope fractionation between minerals at high temperature[J]. Geochim. Cosmochim. Acta, 196:121-143.

Spivack A J, Edmond J M, 1986. Determination of boron isotope ratios by thermal ionization mass spectrometry of the dicesium metaborate cation[J]. Anal. Chem., 58:31-35.

Spivack A J, Kastner M, Ransom B, 2002. Elemental and isotopic chloride geochemistry in the Nankai trough[J]. Geophys. Res. Lett., 29:1661.

Stefurak E J, Fischer W W, Lowe D R, 2015. Texture-specific Si isotope variations in Barberton Greenstone Belts cherts record low temperature fractionations in early Archean seawater[J]. Geochim. Cosmochim. Acta, 150:26-52.

Stetson S J, Gray J E, Wanty R B, et al., 2009. Isotope variability of mercury in ore, mine-waste calcine, and leachates of mine-waste calcine from areas mined for mercury[J]. Environ. Sci. Technol., 43:7331-7336.

Steuber T, Buhl D, 2006. Calcium-isotope fractionation in selected modern and ancient marine carbonates [J]. Geochim. Cosmochim. Acta, 70:5507-5521.

Stevenson E I, Hermoso M, Rickaby R E, et al., 2014. Controls on stable strontium isotope fractionation in coccolithophores with implications for the marine Sr cycle[J]. Geochim. Cosmochim. Acta, 128: 225-235.

Stirling C H, Andersen M B, Potter E K, et al., 2007. Low-temperature isotopic fractionation of uranium[J]. Earth Planet Sci. Lett., 264:208-225.

Stirling C H, Andersen M B, Warthmann R, et al., 2015. Isotope fractionation of ^{238}U and ^{235}U during biologically-mediated uranium reduction[J]. Geochim. Cosmochim. Acta, 163:200-218.

Stotler R L, Frape S K, Shouakar-Stash O, 2010. An isotopic survey of δ^{81}Br and δ^{37}Cl of dissolved halides in the Canadian and Fennoscandian shields[J]. Chem. Geol., 274:38-55.

Stüeken E E, 2017. Selenium isotopes as a biogeochemical proxy in deep time[J]. Rev. Miner. Petrol., 82:657-682.

Stüeken E E, Foriel J, Nelson Bs K, et al., 2013. Selenium isotope analysis of organic-rich shales: advances in sample preparation and isobaric interference correction[J]. J. Anal. Atom. Spectr., 28: 1734-1749.

Stüeken E E, Foriel J, Buick R, et al., 2015a. Selenium isotope ratios, redox changes and biological productivity across the end-Permian mass extinction[J]. Chem. Geol., 410:28-39.

Stüeken E E, Buick R, 2015b. The evolution of the global selenium cycle: secular trends in Se isotopes and abundances[J]. Geochim. Cosmochim. Acta, 162:109-125.

Stüeken E E, Buick R, Anbar A D, 2015c. Selenium isotopes support free O_2 in the latest Archean[J]. Geology, 43:259-262.

Sturchio N C, Hatzinger P B, Atkins M D, et al., 2003. Chlorine isotope fractionation during microbial reduction of perchlorate[J]. Environ. Sci. Technol., 37:3859-3863.

Stylo M, Neubert N, Wang Y, et al., 2015. Uranium isotopes fingerprint biotic reduction[J]. PNAS, 112:5619-5624.

Sun R, Sonke J E, Liu G, 2016. Biogeochemical controls on mercury stable isotope compositions of world coal deposits: a review[J]. Earth Sci. Rev., 152:1-13.

Sutton J N, Varela D E, Brzezinski M A, et al., 2013. Species-dependent silicon isotope fractionation by marine diatoms[J]. Geochim. Cosmochim. Acta, 104:300-309.

Suzuoki T, Epstein S, 1976. Hydrogen isotope fractionation between OH-bearing minerals and water[J]. Geochim. Cosmochim. Acta, 40:1229-1240.

Swart P K, Burns S J, Leder J J, 1991. Fractionation of the stable isotopes of oxygen and carbon in carbon dioxide during the reaction of calcite with phosphoric acid as a function of temperature and technique[J]. Chem. Geol., 86:89-96.

Swihart G H, Moore P B, 1989. A reconnaissance of the boron isotopic composition of tourmaline[J]. Geochim. Cosmochim. Acta, 53:911-916.

Tanimizu M, Araki Y, Asaoka S, et al., 2011. Determination of natural isotopic variation in antimony using inductively coupled plasma mass spectrometry for an uncertainty estimation of the standard atomic weight of antimony[J]. Geochem. J., 45:27-32.

Tang M, Rudnick R L, Chauvel C, 2014. Sedimentary input to the source of Lesser Antilles lavas: a Li perspective[J]. Geochim. Cosmochim. Acta, 144:43-58.

Tarutani T, Clayton R N, Mayeda T K, 1969. The effect of polymorphism and magnesium substitution on oxygen isotope fractionation between calcium carbonate and water[J]. Geochim. Cosmochim. Acta, 33:987-996.

Tatzel M, von Blanckenburg F, Oelze M, et al., 2015. The silicon isotope record of early silica diagenesis [J]. Earth Planet Sci. Lett., 428:293-303.

Taube H, 1954. Use of oxygen isotope effects in the study of hydration ions[J]. J. Phys. Chem., 58:523.

Taylor H P, 1968. The oxygen isotope geochemistry of igneous rocks[J]. Contr. Miner. Petrol., 19:1-71.

Taylor H P, 1974. The application of oxygen and hydrogen isotope studies to problems of hydrothermal alteration and ore deposition[J]. Econ. Geol., 69:843-883.

Taylor H P, Epstein S, 1962. Relation between $^{18}O/^{16}O$ ratios in coexisting minerals of igneous and metamorphic rocks. I Principles and experimental results[J]. Geol. Soc. Am. Bull., 73:461-480.

Taylor T I, Urey H C, 1938. Fractionation of the lithium and potassium isotopes by chemical exchange with zeolites[J]. J. Chem. Phys., 6:429-438.

Telus M, Dauphas N, Moynier F, et al., 2012. Iron, zinc, magnesium and uranium isotopic fractionation during continental crust differen-tiation: the tale from migmatites, granitoids and pegmatites[J]. Geochim. Cosmochim. Acta, 97:247-265.

Teng F Z, 2017. Magnesium isotope geochemistry[J]. Rev. Miner. Geochem., 82:219-287.

Teng F Z, Yang W, 2013. Comparison of factors affecting the accuracy of high-precision magnesium isotope analysis by multi-collector inductively coupled plasma mass spectrometry[J]. Rapid Commun. Mass Spectrom., 28:19-24.

Teng F Z, 2004. Lithium isotope composition and concentration of the upper continental crust[J]. Geochim. Cosmochim. Acta, 68:4167-4178.

Teng F Z, Dauphas N, Huang S, et al., 2013. Iron isotope systematics of oceanic basalts[J]. Geochim. Cosmochim. Acta, 107:12-26.

Teng F Z, McDonough W F, Rudnick R L, et al., 2006. Diffusion-driven extreme lithium isotopic fractionation in country rocks of the Tin Mountain pegmatite[J]. Earth Planet Sci. Lett., 243:701-710.

Teng F Z, McDonough W F, Rudnick R L, et al., 2007a. Limited lithium isotopic fractionation during progressive metamorphic dehydration in metapelites: a case study from the Onawa contact aureole, Maine[J]. Chem. Geol., 239:1-12.

Teng F Z, Wadhwa M, Helz R T, 2007b. Investigation of magnesium isotope fractionation during basalt differentiation: implications for a chondritic composition of the terrestrial mantle[J]. Earth Planet Sci. Lett., 261:84-92.

Teng F Z, Dauphas N, Helz R, 2008. Iron isotope fractionation during magmatic differentiation in Kilauea Iki lava lake[J]. Science, 320:1620-1622.

Teng F Z, Rudnick R L, McDonough W F, et al., 2009. Lithium isotope systematics of A-type granites and their mafic enclaves: further constraints on the Li isotopic composition of the continental crust [J]. Chem. Geol., 262:415-424.

Teng F Z, Dauphas N, Helz R T, et al., 2011. Diffusion-driven magnesium and iron isotope fractionation in Hawaiian olivine[J]. Earth Planet Sci. Lett., 308:317-324.

Teng F Z, 2015a. Magnesium isotopic compositions of international geological reference materials[J]. Geostand. Geoanal. Res., 39:329-339.

Teng F Z, 2015b. Interlaboratory comparison of magnesium isotope composition of 12 felsic to ultramafic igneous rock standards analyzed by MC-ICPMS[J]. Geochem. Geophys. Geosyst., 16:3197-3209.

Tesdal J E, Galbraith E D, Kienast M, 2013. Nitrogen isotopes in bulk marine sediments: linking seafloor observations with subseafloor records[J]. Biogeosciences, 10:101-118.

Teutsch N, Schmid M, Muller B, et al., 2009. Large iron isotope fractionation at the oxic-anoxic boundary in lake Nyos[J]. Earth Planet Sci. Lett., 285:52-60.

Thamdrup B, Dalsgaard T, 2002. Production of N_2 through anaerobic ammonium oxidation coupled to nitrate reduction in marine sediments[J]. Appl. Environ. Microbiol., 68:1312-1318.

Thibodeau A M, Berqquist B A, 2017. Do mercury isotopes record the signature of massive volcanism in marine sedimentary records? [J]. Geology, 45:95-96.

Thode H G, Macnamara J, Collins C B, 1949. Natural variations in the isotopic content of sulphur and their significance[J]. Can. J. Res., 27B:361.

Tian H, Yang W, Li S G, et al., 2016. Origin of low δ^{26}Mg basalts with EM-1 component: evidence for interaction between enriched lithosphere and carbonate astheno-sphere[J]. Geochim. Cosmochim. Acta, 188:93-105.

Tipper E T, Galy A, Bickle M J, 2006a. Riverine evidence for a fractionated reservoir of Ca and Mg on the continents: implications for the oceanic Ca cycle[J]. Earth Planet Sci. Lett., 247:267-279.

Tipper E T, Galy A, Gaillardet J, et al., 2006b. The magnesium isotope budget of the modern ocean: constraints from riverine magnesium isotope ratios[J]. Earth Planet Sci. Lett., 250:241-253.

Tipper E T, Galy A, Bickle M J, 2008. Calcium and magnesium isotope systematics in rivers draining the Himalaya-Tibetan-Plateau region: lithological or fractionation control? [J]. Geochim. Cosmochim. Acta, 72:1057-1075.

Tipper E T, Gaillardet J, Galy A, et al., 2010. Calcium isotope ratios in the world's largest rivers: a constraint on the maximum imbalance of oceanic calcium fluxes[J]. Global Biogeochem. Cycles, 24 (3).

Tissot F L, Dauphas N, 2015. Uranium isotopic composition of the crust and ocean: age corrections, U budget and global extent of modern anoxia[J]. Geochim. Cosmochim. Acta, 167:113-143.

Tomascak P B, Tera F, Helz R T, et al., 1999. The absence of lithium isotope fractionation during basalt differentiation: new measurements by multicollector sector ICP-MS[J]. Geochim. Cosmochim. Acta, 63:907-910.

Tomascak P B, Ryan J G, Defant M J, 2000. Lithium isotope evidence for light element decoupling in the Panama subarc mantle[J]. Geology, 28:507-510.

Tomascak P B, Widom E, Benton L D, et al., 2002. The control of lithium budgets in island arcs[J]. Earth Planet Sci. Lett., 196:227-238.

Tomascak P B, 2004. Lithium isotopes in earth and planetary sciences[J]. Rev. Miner. Geochem., 55: 153-195.

Tomascak P B, Magna T, Dohmen R, 2016. Advances in lithium isotope geochemistry[M]. Berlin: Springer.

Tonarini S, Leeman W P, Leat P T, 2011. Subduction erosion of forearc mantle wedge implicated in the genesis of the South Sandwich Island (SSI) arc: evidence from boron isotop systematics[J]. Earth Planet Sci. Lett., 301:275-284.

Tostevin R, Turchyn A V, Farquhar J, et al., 2014. Multiple sulfur isotope constraints on the modern sulfur cycle[J]. Earth Planet Sci. Lett., 396:14-21.

Toutain J P, Sonke J, 2008. Evidence for Zn isotopic fractionation at Merapi volcano. Chem. Geol., 253:74-82.

Trofimov A, 1949. Isotopic constitution of sulfur in meteorites and in terrestrial objects. Dokl. Akad. Nauk. SSSR, 66:181.

Trudinger P A, Chambers L A, Smith J W, 1985. Low temperature sulphate reduction: biological versus abiological[J]. Can. J. Earth Sci., 22:1910-1918.

Trumbull R B, Slack J F, 2017. Boron isotopes in the continental crust: granites, pegmatites, felsic volcanic rocks, and related ore deposits[M]//Baskaran M, Advances in isotope geochemistry. New York: Springer.

Truesdell A H, 1974. Oxygen isotope activities and concentrations in aqueous salt solution at elevated temperatures: Consequences for isotope geochemistry[J]. Earth Planet Sci. Lett., 23:387-396.

Turner J V, 1982. Kinetic fractionation of carbon-13 during calcium carbonate precipitation[J]. Geochim. Cosmochim. Acta, 46:1183-1192.

Urey H C, Brickwedde F G, Murphy G M, et al., 1932. A hydrogen isotope of mass 2 and its concentration[J]. Phys. Rev., 40:1.

Usdowski E, Hoefs J, 1993. Oxygen isotope exchange between carbonic acid, bicarbonate, carbonate, and water: a re-examination of the data of McCrea (1950) and an expression for the overall partitioning of oxygen isotopes between the carbonate species and water[J]. Geochim. Cosmochim. Acta, 57:3815-3818.

Usdowski E, Michaelis J, Böttcher M B, et al., 1991. Factors for the oxygen isotope equilibrium fractionation between aqueous CO_2, carbonic acid, bicarbonate, carbonate, and water[J]. Z. Phys. Chem., 170:237-249.

Uvarova Y A, Kyser T K, Geagea M L, et al., 2014. Variations in the uranium isotopic composition of uranium ores from different types of uranium deposits[J]. Geochim. Cosmochim. Acta, 146:1-17.

Valdes M C, Moreira M, Foriel J, et al., 2014. The nature of Earth's building blocks as revealed by calcium isotopes[J]. Earth Planet Sci. Lett., 394:135-145.

Valley J W, O'Neil J R, 1981. $^{13}C/^{12}C$ exchange between calcite and graphite: a possible thermometer in Greville marbles[J]. Geochim. Cosmochim. Acta, 45:411-419.

Van Acker M, Shahar A, Young E D, et al., 2006. GC/Multiple collector-ICPMS method for chlorine stable isotope analysis of chlorinated aliphatic hydrocarbons[J]. Anal. Chem., 78:4663-4667.

Van den Boorn S H, van Bergen M J, Vroon P Z, et al., 2010. Silicon isotope and trace element constraints on the origin of 3.5 Ga cherts: implications for Early Archaean marine environments[J]. Geochim. Cosmochim. Acta, 74:1077-1103.

Van Warmerdam E M, Frape S K, et al., 1995. Stable chlorine and carbon isotope measurements of selected chlorinated organic solvents[J]. Appl. Geochem., 10:547-552.

Van Zuilen K, Müller T, Nägler T F, et al., 2016a. Experimental determination of barium isotope fractionation during diffusion and adsorption processes at low temperatures [J]. Geochim. Cosmochim. Acta, 186:226-241.

Van Zuilen K, Nägler T F, Bullen T D, 2016b. Barium isotopic compositions of geological reference materials[J]. Geostand. Geoanal. Res., 40:543-558.

Vance D, Archer C, Bermin J, et al., 2008. The copper isotope geochemistry of rivers and oceans[J]. Earth Planet Sci. Lett., 274:204-213.

Vance D, Little S H, Archer C, et al., 2016. The oceanic budgets of nickel and zinc isotopes: the importance of sulfidic environments as illustrated by the Black Sea[J]. Phil. Trans. R. Soc. A, 374: 20150294.

Velinsky D J, Pennock J R, Sharp J H, et al., 1989. Determination of the isotopic composition of ammonium-nitrogen at the natural abundance level from estuarine waters[J]. Mar. Chem., 26: 351-361.

Vengosh A, Chivas A R, McCulloch M, et al., 1991a. Boron isotope geochemistry of Australian salt lakes[J]. Geochim. Cosmochim. Acta, 55:2591-2606.

Vengosh A, Starinsky A, Kolodny Y, et al., 1991b. Boron isotope geochemistry as a tracer for the evolution of brines and associated hot springs from the Dead Sea, Israel[J]. Geochim. Cosmochim. Acta, 55:1689-1695.

Vengosh A, Heumann K G, Juraske S, et al., 1994. Boron isotope application for tracing sources of contamination in groundwater[J]. Environ. Sci. Technol., 28:1968-1974..

Vennemann T, O'Neil J R, 1996. Hydrogen isotope exchange reactions between hydrous minerals and hydrogen: I. A new approach for the determination of hydrogen isotope fractionation at moderate temperatures[J]. Geochim. Cosmochim. Acta, 60:2437-2451.

Vennemann T W, Fricke H C, Blake R E, et al., 2002. Oxygen isotope analysis of phosphates: a comparison of techniques for analysis of Ag_3PO_4[J]. Chem. Geol. 185:321-336.

Ventura G T, Gall L, Siebert C, et al., 2015. The stable isotope composition of vanadium, nickel and molybdenum in crude oils[J]. Appl. Geochem., 59:104-117.

Viers J, 2007. Evidence of Zn isotope fractionation in a soil-plant system of a pristine tropical watershed (Nsimi, Cameroon) [J]. Chem. Geol., 239:124-137.

Voegelin A R, Nägler T F, Samankassou E, et al., 2009. Molybdenum isotopic composition of modern and Carboniferous carbonates[J]. Chem. Geol., 265:488-498.

Voegelin A R, Nägler T F, Beukes N J, et al., 2010. Molybdenum isotopes in late Archean carbonate rocks: implications for early Earth oxygenation[J]. Precambr. Res., 182:70-82.

Voegelin A R, Pettke T, Greber N D, et al., 2014. Magma differentiation fractionates Mo isotope ratios: Evidence from the Kos Plateau Tuff (Aegean Arc) [J]. Lithos, 191:440-448.

Vogel J C, Grootes P M, Mook W G, 1970. Isotopic fractionation between gaseous and dissolved carbon dioxide[J]. Z. Physik., 230:225-238.

Voigt J, Frank M, Vollstaedt H, Eisenhauer A, et al., 2015. Variability of carbonate diagenesis in equatorial Pacific sediments deduced from radiogenic and stable Sr isotopes[J]. Geochim. Cosmochim. Acta, 148:360-377.

Vollstädt H, Eisenhauer A, 2014. The Phanerozoic $\delta^{88/86}$Sr record of seawater: new constraints on past changes in oceanic carbonate fluxes[J]. Geochim. Cosmochim. Acta, 128:249-265.

Von Allmen K, Böttcher M E, Samankassou E, et al., 2010. Barium isotope fractionation in the global barium cycle: first evidence from barium minerals and precipitation experiments[J]. Chem. Geol., 277:70-77.

Wacey D, Noffke N, Cliff J, et al., 2015. Micro-scale quadruple sulfur isotope analysis of pyrite from the 3480 Ma Dresser formation: new insights into sulfur cycling on the early Earth[J]. Precambrian Res., 258:24-35.

Wachter E A, Hayes J M, 1985. Exchange of oxygen isotopes in carbon dioxide-phosphoric acid systems[J]. Chem. Geol., 52:365-374.

Wang K, Jacobsen S B, 2016a. An estimate of the bulk silicate earth potassium isotopic composition based on MC-ICP-MS measurements of basalts[J]. Geochim. Cosmochim. Acta, 178:223-232.

Wang K, Jacobsen, 2016b. Potassium isotopic evidence for a high-energy giant impact origin of the Moon[J]. Nature, 538:487-489.

Wang Y, Sessions A L, Nielsen J R, et al., 2009a. Equilibrium $^2H/^1H$ fractionations in organic molecules. Ⅰ. Calibration of ab initio calculations[J]. Geochim. Cosmochim. Acta, 73:7060-7075.

Wang Y, Sessions A L, Nielsen R J, et al., 2009b. Equilibrium $^2H/^1H$ fractionations in organic molecules. Ⅱ: linear alkanes, alkenes, ketones, carboxylic acids, esters, alcohols and ethers[J]. Geochim. Cosmochim. Acta, 73:7076-7086.

Wang Z, Hu P, Gaetani G, et al., 2013a. Experimental calibration of Mg isotope fractionation between aragonite and seawater[J]. Geochim. Cosmochim. Acta, 102:113-123.

Wang Y, Sessions A L, Nielsen R J, et al., 2013b. Equilibrium $^2H/^1H$ fractionation in organic molecules. Ⅲ Cyclic ketones and hydrocarbons[J]. Geochim. Cosmochim. Acta, 107:82-95.

Wang X, Johnson T M, Lundstrom C C, 2014. Isotope fractionation during oxidation of tetravalent uranium by dissolved oxygen[J]. Geochim. Cosmochim. Acta, 150:160-170.

Wang X, Johnson T M, Lundstrom C C, 2015a. Low temperature equilibrium isotope fractionation and isotope exchange kinetics between U(Ⅳ) and U(Ⅵ)[J]. Geochim. Cosmochim. Acta, 158:262-275.

Wang Z, Ma J, Li J, et al., 2015b. Chemical weathering controls on variations in the molybdenum isotopic composition of river water: evidence from large rivers in China[J]. Chem. Geol., 410:201-212.

Wang X, Planavsky N J, Reinhard C T, et al., 2016a. A Cenozoic seawater redox record derived from $^{238}U/^{235}U$ in ferromanganese crusts[J]. Am. J. Sci., 316:64-83.

Wang X, Planavsky N J, Reinhard C T, et al., 2016b. Chromium isotope fractionation during subduction-related metamorphism, black shale weathering and hydrothermal alteration[J]. Chem. Geol., 423:19-33.

Wang Z Z, Liu S A, Ke S, et al., 2016c. Magnesium isotope heterogeneity across the cratonic lithosphere in eastern China and its origin[J]. Earth Planet Sci. Lett., 451:77-88.

Wang X L, Planavsky N J, Hull P M, et al., 2017a. Chromium isotopic composition of core-top planktonic foraminifera[J]. Geobiology, 15:51-64.

Wang Z Z, Liu S A, Liu J, et al., 2017b. Zinc isotope fractionation during mantle melting and constraints on the Zn isotope composition of Earth's upper mantle[J]. Geochim. Cosmochim. Acta, 198:151-167.

Wanner C, Sonnenthal E L, Liu X M, 2014. Seawater d^{7}Li: a direct proxy for global CO_2 consumption by continental silicate weathering? [J]. Chem. Geol., 381:154-167.

Wasylenki L E, Swihart J W, Romaniello S J, 2014. Cadmium isotope fractionation during adsorption to Mn oxyhydroxide at low and high ionic strength[J]. Geochim. Cosmochim. Acta, 140:212-226.

Wasylenki L E, Howe H D, Spivak-Birndorf L J, et al., 2015. Ni isotope fractionation during sorption to ferrihydrite: implications for Ni in banded iron formations[J]. Chem. Geol., 400:56-64.

Weinstein C, Moynier F, Wang K, et al., 2011. Isotopic fractionation of Cu in plants[J]. Chem. Geol., 286:266-271.

Weiss D J, Mason T F D, Zhao F J, et al., 2005. Isotopic discrimination of zinc in higher plants[J]. New Phytol., 165:703-710.

Weiss D J, Rausch N, Mason T F D, et al., 2007. Atmospheric deposition and isotope biogeochemistry of zinc in ombrotrophic peat[J]. Geochim. Cosmochim. Acta, 71:3498-3517.

Welch S A, Beard B L, Johnson C M, et al., 2003. Kinetic and equilibrium Fe isotope fractionation between aqueous Fe(Ⅱ) and Fe(Ⅲ)[J]. Geochim. Cosmochim. Acta, 67:4231-4250.

Wen H, Carignan J, 2011. Selenium isotopes trace the source and redox processes in the black shale-hosted Se-rich deposits in China[J]. Geochim. Cosmochim. Acta, 75:1411-1427.

Wen H, Carignan J, Chu X, et al., 2014. Selenium isotopes trace anoxic and ferruginous seawater conditions in the Early Cambrian[J]. Chem. Geol., 390:164-172.

Wen H, Zhang Y, Cloquet C, et al., 2015. Tracing sources of pollution in soils from the Jinding Pb-Zn mining district in China using cadmium and lead isotopes[J]. Appl. Geochem., 52:147-154.

Wenzel B, Lecuyer C, Joachimski M M, 2000. Comparing oxygen isotope records of Silurian calcite and phosphate—$\delta^{18}O$ composition of brachiopods and conodonts[J]. Geochim. Cos-mochim. Acta, 69:1859-1872.

Westermann S, Vance D, Cameron V, et al., 2014. Heterogeneous oxygenation states in the Atlantic and Tethys oceans during Oceanic Anoxic Event 2[J]. Earth Planet Sci. Lett., 404:178-189.

Weyer S, Anbar A D, Brey G P, et al., 2005. Iron isotope fractionation during planetary differentiation [J]. Earth Planet Sci. Lett., 240:251-264.

Weyer S, Anbar A D, Gerdes A, et al., 2008. Natural fractionation of $^{238}U/^{235}U$[J]. Geochim. Cosmochim. Acta, 72:345-3359.

Weyer S, Ionov D, 2007. Partial melting and melt percolation in the mantle: the message from Fe isotopes[J]. Earth Planet Sci. Lett., 259:119-133.

Weyer S, Schwieters J B, 2003. High precision Fe isotope measurements with high mass resolution MC-ICPMS[J]. Inter. J. Mass Spectr., 226:355-368.

Weyrauch M, Oeser M, Brüske A, et al., 2017. In situ high-precision Ni isotope analysis of metals by femtosecond-LA-MC-ICP-MS[J]. JAAS, 32:1312-1319.

Widanagamage I H, Schauble E A, Scher H D, et al., 2014. Stable strontium isotope fractionation in synthetic barite[J]. Geochim. Cosmochim. Acta, 147:58-75.

Widanagamage I H, Griffith E M, Singer D M, et al., 2015. Controls on stable Sr-isotope fractionation in continental barite[J]. Chem. Geol., 411:215-227.

Wiechert U, Fiebig J, Przybilla R, et al., 2002. Excimer laser isotope-ratio-monitoring mass spectrometry for in situ oxygen isotope analysis[J]. Chem. Geol., 182:179-194.

Wiechert U, Halliday A N, 2007. Non-chondritic magnesium and the origin of the inner terrestrial planets [J]. Earth Planet Sci. Lett., 256:360-371.

Wiechert U, Hoefs J, 1995. An excimer laser-based microanalytical preparation technique for in-situ oxygen isotope analysis of silicate and oxide minerals [J]. Geochim. Cosmochim. Acta, 59: 4093-4101.

Wiederhold J G, Kraemer S M, Teutsch N, et al., 2006. Iron isotope fractionation during proton-promoted, ligand-controlled and reductive dissolution of goethite[J]. Environ. Sci. Technol., 40: 3787-3793.

Wiegand B A, Chadwick O A, Vitousek P M, et al., 2005. Ca cycling and isotopic fluxes in forested ecosystems in Hawaii[J]. Geophys. Res. Lett., 32: L11404.

Wilkinson J J, Weiss D J, Mason T F, et al., 2005. Zinc isotope variation in hydrothermal systems: preliminary evidence from the Irish Midlands ore field[J]. Econ. Geol., 100:583-590.

Willbold M, Elliott T, 2017. Molybdenum isotope variations in magmatic rocks[J]. Chem. Geol., 449: 253-268.

Wille M, Kramers J D, Nägler T F, et al., 2007. Evidence for a gradual rise of oxygen between 2.6 and 2.5 Ga from Mo isotopes and Re-PGE signatures in shales[J]. Geochim. Cosmochim. Acta, 71:2417-2435.

Wille M, Sutton J, Ellwood M J, et al., 2010. Silicon isotopic fractionation in marine sponges: a new model for understanding silicon isotope variations in sponges[J]. Earth Planet Sci. Lett., 292: 281-289.

Williams L B, Hervig R L, 2004. Boron isotopic composition of coals: a potential tracer of organic contaminated fluids[J]. Appl. Geochem., 19:1625-1636.

Williams L B, Ferrell R E, Hutcheon I, et al., 1995. Nitrogen isotope geochemistry of organic matter and minerals during diagenesis and hydrocarbon migration[J]. Geochim. Cosmochim. Acta, 59: 765-779.

Williams L B, Hervig R L, Holloway J R, et al., 2001. Boron isotope geochemistry during diagenesis. Part I. Experimental determination of fractionation during illitization of smectite[J]. Geochim. Cosmochim. Acta, 65:1769-1782.

Williams H M, Markowski A, Quitte G, et al., 2006. Fe isotope fractionations in iron meteorites: new insight into metal-sulphide segregation and planetary accretion[J]. Earth Planet Sci. Lett., 250: 486-500.

Williams H M, Peslier A H, McCammon C, et al., 2005. Systematic iron isotope variations in mantle rocks and minerals: the effects of partial melting and oxygen fugacity[J]. Earth Planet Sci. Lett., 235:435-452.

Williams H M, Bizimis M, 2014. Iron isotope tracing of mantle heterogeneity within the source regions of oceanic basalts[J]. Earth Planet Sci. Lett., 404:396-407.

Wimpenny J, Gislason S R, James R H, et al., 2010. The behavior of Li and Mg isotopes during primary phase dissolution and secondary mineral formation in basalt[J]. Geochim. Cosmochim. Acta, 74: 5259-5279.

Wombacher F, Rehkämper M, Mezger K, et al., 2003. Stable isotope composition of cadmium in geological materials and meteorites determined by multiple-collector ICPMS[J]. Geochim. Cosmochim. Acta, 67:4639-4654.

Wombacher F, Rehkämper M, Mezger K, 2004. Dependence of the mass-dependence in cadmium isotope fractionation during evaporation[J]. Geochim. Cosmochim. Acta, 68:2349-2357.

Wombacher F, Rehkämper M, Mezger K, 2008. Cadmium stable isotope cosmochemistry[J]. Geochim. Cosmochim. Acta, 72:646-667.

Woodland S J, Rehkämper M, Halliday A N, et al., 2005. Accurate measurement of silver isotopic compositions in geological materials including low Pd/Ag meteorites[J]. Geochim. Cosmochim. Acta, 69:2153-2163.

Wortmann U G, Bernasconi S M, Böttcher M E, 2001. Hypersulfidic deep biosphere indicates extreme sulfur isotope fractionation during single-step microbial sulfate reduction[J]. Geology, 29:647-650.

Wu L, Beard B L, Roden E E, et al., 2011. Stable iron isotope fractionation between aqueous Fe(II) and hydrous ferric oxide[J]. Environ. Sci. Technol., 45:1845-1852.

Wu F, Qin T, Li X, et al., 2015. First-principles investigation of vanadium isotope fractionation in solution and during adsorption[J]. Earth Planet Sci. Lett., 426:216-224.

Wu H, He Y, Bao L, et al., 2017. Mineral composition control on inter-mineral iron isotopic fractionation in granitoids[J]. Geochim. Cosmochim. Acta, 198:208-217.

Wunder B, Meixner A, Romer R, et al., 2005. The geochemical cycle of boron: constraints from boron isotope partitioning experiments between mica and fluid[J]. Lithos, 84:206-216.

Wunder B, Meixner A, Romer R, et al., 2006. Tempearature-dependent isotopic fractionation of lithium between clinopyroxene and high-pressure hydrous fluids[J]. Contr. Miner. Petrol., 151:112-120.

Wunder B, Meixner A, Romer R L, et al., 2007. Lithium isotope fractionation between Li-bearing staurolite, Li-mica and aqueous fluids: an experimental study[J]. Chem. Geol., 238:277-290.

Xia J, Qin L, Shen J, et al., 2017. Chromium isotope heterogeneity in the mantle[J]. Earth Planet Sci. Lett., 464:103-115.

Xiao Y K, Liu W G, Qi H P, et al., 1993. A new method for the high-precision isotopic measurement of bromine by thermal ionization mass spectrometry[J]. Int. J. Mass Spectrom. Ion. Proc., 123: 117-123.

Xiao Y, Teng F Z, Zhang H F, et al., 2013. Large magnesium isotope fractionation in peridotite xenoliths from eastern North China craton: product of melt-rock interaction[J]. Geochim. Cosmochim. Acta, 115:241-261.

Xie R C, Galer S J, Abouchami W, et al., 2017. Non-Rayleigh control of upper-ocean Cd isotope fractionation in the western South Atlantic[J]. Earth Planet Sci. Lett., 417:94-103.

Xue Z, Rehkämper M, Horner T J, et al., 2013. Cadmium isotope variations in the Southern Ocean[J]. Earth Planet Sci. Lett., 382:161-172.

Yamaguchi K E, Johnson C M, Beard B L, et al., 2005. Biogeochemical cycling of iron in the Archean-Paleoproterozoic Earth: constraints from iron isotope variations in sedimentary rocks from the Kapvaal and Pilbara cratons[J]. Chem. Geol., 218:135-169.

Yamazaki E, Nakai S, Yokoyama T, et al., 2013. Tin isotopic analysis of cassiterites from southeastern and eastern Asia[J]. Geochem. J., 47:21-35.

Yang J, Siebert C, Barling J, et al., 2015a. Absence of molybdenum isotope fractionation during magmatic differentiation at Hekla volcano, Iceland[J]. Geochim. Cosmochim. Acta, 162:126-136.

Yang J, Li Y, Liu S, et al., 2015b. Theoretical calculations of Cd isotope fractionation in hydrothermal fluids[J]. Chem. Geol., 391:74-82.

Yang J, Barling J, Siebert C, et al., 2017. The molybedenum isotopic compositions of I-, S- and A-type granitic suites[J]. Geochim. Cosmochim. Acta, 205:168-186.

Yang W, Teng F Z, Zhang H F, 2009. Chondritic magnesium isotopic composition of the terrestrial mantle: a case study of peridotite xenoliths from the North China craton[J]. Earth Planet Sci. Lett., 288:475-482.

Yang S C, Lee D C, Ho L Y, 2012a. The isotopic composition of cadmium in the water column of the South China Sea[J]. Geochim. Cosmochim. Acta, 98:66-77.

Yang W, Teng F Z, Zhang H F, et al., 2012b. Magnesium isotopic systematics of continental basalts from the North China craton: implications for tracing subducted carbonate in the mantle[J]. Chem. Geol., 328:185-194.

Yang W, Teng F Z, Li W Y, et al., 2016. Magnesium isotope composition of the deep continental crust[J]. Am. Miner., 101:243-252.

Yesavage T, Fantle M S, Vervoort J, et al., 2012. Fe cycling in the Shale Hills Critical Zone Observatory, Pennsylvania: an analysis of biogeochemical weathering and Fe isotope fractionation[J]. Geochim. Cosmochim. Acta, 99:18-38.

Yin N H, Sivry Y, Benedetti M F, et al., 2016a. Application of Zn isotopes in environmental impact assessment of Zn-Pb metallurgical industries: a mini review[J]. Appl. Geochem., 64:128-135.

Yin R, Feng X, Shi W, 2010. Application of the stable isotope system to the study of sources and fate of Hg in the environment: a review[J]. Appl. Geochem., 25:1467-1477.

Yin R, Feng X, Wang J, et al., 2013. Mercury speciation and mercury isotope fractionation during ore roasting process and their implication to source identification of downstream sediment in the Wanshan mercury mining area, SW China[J]. Chem. Geol., 366:39-46.

Yin R, Feng X, Chen B, et al., 2015. Identifying the sources and processes of mercury in subtropical estuarine and ocean sediments using Hg isotopic composition[J]. Environ. Sci. Technol., 49:1347-1355.

Yokochi R, Marty B, Chazot G, et al., 2009. Nitrogen in perigotite xenoliths: lithophile behaviour and magmatic isotope fractionation[J]. Geochim. Cosmochim. Acta, 73:4843-4861.

Young E D, Galy A, 2004. The isotope geochemistry and cosmochemistry of magnesium[J]. Rev. Miner. Geochem., 55:197-230.

Young E D, Galy A, Nagahara H, 2002. Kinetic and equilibrium mass-dependent isotope fractionation laws in nature and their geochemical and cosmochemical significance[J]. Geochim. Cosmochim.

Acta, 66:1095-1104.

Young E D, Manning C E, Schauble E A, et al., 2015. High-temperature equilibrium isotope fractionation of non-traditional isotopes: experiments, theory and applications[J]. Chem. Geol., 395:176-195.

Young M B, McLaughlin K, Kendall C, et al., 2009. Characterizing the oxygen isotopic composition of phosphate sources to aquatic ecosystems[J]. Environ. Sci. Techn., 43:5190-5196.

Yuan W, Chen J B, Birck J L, et al., 2016. Precise analysis of gallium isotopic composition by MC-ICP-MS[J]. Anal. Chem., 88:9606-9613.

Zambardi T, Poitrasson F, Corgne A, et al., 2013. Silicon isotope variations in the inner solar system: implications for planetary formation, differentiation and composition[J]. Geochim. Cosmochim. Acta, 121:67-83.

Zambardi T, Sonke J E, Toutain J P, et al., 2009. Mercury emissions and stable isotope compositions at Vulcano Island (Italy) [J]. Earth Planet, Sci. lett., 277:236-243.

Zeebe R E, 2007. An expression for the overall oxygen isotope fractionation between the sum of dissolved inorganic carbon and water[J]. Geochem. Geophys. Geosys., 8(9).

Zerkle A L, Schneiderich K, Maresca J A, et al., 2011. Molybdenum isotope fractionation by cyanobacterial assimilation during nitrate utilization and N_2 fixation[J]. Geobiology, 9:94-106.

Zhang J, Quay P D, Wilbur D O, 1995. Carbon isotope fractionation during gas-water exchange and dissolution of CO_2[J]. Geochim. Cosmochim. Acta, 59:107-114.

Zhang L, Chan L H, Gieskes J M, 1998. Lithium isotope geochemistry of pore waters from Ocean Drilling Program Sites 918 and 919, Irminger Basin[J]. Geochim. Cosmochim. Acta, 62:2437-2450.

Zhao Y, Vance D, Abouchami W, et al., 2014. Biogeochemical cycling of zinc and its isotopes in the Southern Ocean[J]. Geochim. Cosmochim. Acta, 125:653-672.

Zhao Y, Xue C, Liu S A, et al., 2017a. Copper isotope fractionation during sulfide-magma differentiation in the Tulaergen magmatic Ni-Cu deposit, NW China[J]. Lithos, 87:206-215.

Zhao X, Zhang Z F, Huang S, et al., 2017b. Coupled extremely light Ca and Fe isotopes in peridotites [J]. Geochim. Cosmochim. Acta, 208:368-380.

Zheng W, Hintelmann H, 2010. Nuclear field shift effects in isotope fractionation of mercury during abiotic reduction in the absence of light[J]. J. Phys. Chem. A, 114:4238-4245.

Zhou J X, Huang Z L, Zhou M F, et al., 2014. Zinc, sulphur and lead isotopic variations in carbonate-hosted Pb-Zn sulfide deposits, southwest China[J]. Ore. Geol. Rev., 58:41-54.

Zhu X K, 2002. Mass fractionation processes of transition metal isotopes[J]. Earth Planet Sci. Lett., 200:47-62.

Zhu J M, Johnson T M, Clark S K, et al., 2014. Selenium redox cycling during weathering of Se-rich shales: a selenium isotope study[J]. Geochim. Cosmochim. Acta, 126:228-249.

Zhu P, MacDougall J D, 1998. Calcium isotopes in the marine environment and the oceanic calcium cycle [J]. Geochim. Cosmochim. Acta, 62:1691-1698.

Zhu Z, Meija J, Zheng A, et al., 2017. Determination of the isotopic composition of iridium using Multicollector-ICPMS[J]. Anal. Chem., 7b02206.

Ziegler K, Chadwick O A, Brzezinski M A, et al., 2005a. Natural variations of δ^{30} Si ratios during progressive basalt weathering[J]. Geochim. Cosmochim. Acta, 69:4597-4610.

Ziegler K, Chadwick O A, White A F, et al., 2005b. δ^{30}Si systematics in a granitic saprolite, Puerto Rico[J]. Geology, 33:817-820.

Ziegler K, Young E D, Schauble E, et al., 2010. Metal-silicate silicon isotope fractionation in enstatite meteorites and constraints on Earth's core formation[J]. Earth Planet Sci. Lett., 295:487-496.

Zink S, Schoenberg R, Staubwasser M, 2010. Isotopic fractionation and reaction kinetics between Cr(Ⅲ) and Cr(Ⅵ) in aqueous media[J]. Geochim. Cosmochim. Acta, 74:5729-5745.

第 3 章 自然界中稳定同位素比值的变化

3.1 地外物质

地外物质由来自月球、火星以及小行星和彗星等多种较小天体的样品组成。这些行星样本已经被用来推断我们太阳系的演化。地外物质和地球物质之间的一个主要区别是早期太阳系中存在原始同位素的不均一性。这些不均一性在地球上观测不到,因为它们在地质时期的高温过程中被均一化了。尽管如此,同位素已被用作探究陨石和地球之间的成因联系的工具(Clayton,2004)。地球和陨石群之间同位素组成的微小差异可以确定早期地球的前体物质的陨石类型(Simon,de Paolo,2010;Valdes et al.,2014)。

同位素组成的不均一性表明不同的前太阳系物质在太阳系形成过程中的不完全混合。从陨石矿物的微观环带到小行星整体,几乎所有尺度上都记录了这种同位素异常的现象。然而,最极端的例子是从原始陨石中提取的极小的太阳系前颗粒并用离子微探针进行了测量后发现的。陨石中的前太阳系颗粒的丰度达到百万分之十的水平;陨石的整体同位素组成没有受到影响。这些碳化硅、石墨、金刚石等高温颗粒是在冷却气体中冷凝形成的,其同位素变化可达几个数量级,无法用化学或物理分馏来解释,这可能是由核反应造成的。它们在太阳系形成之前就已经获得了同位素特征。Zinner(1998)、Hoppe 和 Zinner(2000)、Clayton 和 Nittler(2004)总结了这些变化对恒星形成模型的影响。

3.1.1 球粒陨石

球粒组成的原始陨石是指石质未分异的天体,它们是在太阳系形成过程中由原始太阳物质形成的。根据陨石的挥发性物质含量和铁在硅酸盐相和金属相中的分配情况,可以将陨石分为不同的类型。大多数球粒陨石经历了一个复杂的历史过程,包括热变质作用和含水蚀变作用等的原始形成过程和次生过程。从同位素组成上区分原生和次生过程的影响通常是非常困难的。

1. 氧

人们普遍认为,太阳系内氧同位素组成的变化是由两个不同储库的混合造成的,分别为相对于地球的富^{16}O的储库和富^{17}O、^{18}O的储库。Clayton 等(1973a)首次清楚地证明了太阳系早期的同位素不均一性。先前人们认为在$^{17}O/^{16}O$与$^{18}O/^{16}O$的对比图中，所有物理和化学过程都应该产生质量相关的O同位素分馏，从而产生一条斜率为0.52的直线。这条线被称为地球分馏线。图3.1显示，来自地球和月球样品的O同位素数据沿着预测的质量分馏曲线下降。陨石全岩、月球和火星位于地球分馏线上下千分之几以内。然而，碳质球粒陨石中的无水高温矿物，并不沿着质量分馏曲线下降，而是形成了斜率为1的另一个趋势线。首次发现氧同位素异常是在Allende碳质球粒陨石中的富含Ca-Al的难熔包体(CAI)样品中，其主要成分为黄长石、辉石和尖晶石。

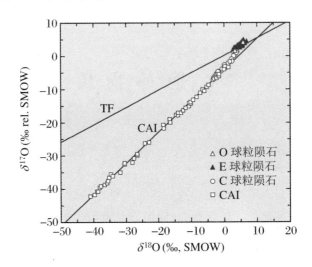

图3.1　球粒陨石中富含Ca-Al的包体(CAI)的^{17}O和^{18}O同位素组成(Clayton，1993)

在所有陨石群中，碳质球粒陨石的氧同位素组成变化范围最广(Clayton，Mayeda，1999)。这些陨石的演化可以解释为太阳星云中尘埃和气体成分之间的相互作用，以及后期母体内部固体-流体之间的相互作用。Young等(1999)研究表明，碳质球粒陨石母体内部的岩石和水之间的反应可能产生了具有不同次生矿物共生关系的不同碳质球粒陨石类型群。层状硅酸盐、碳酸盐等的同位素组成为水蚀变发生的条件提供了依据。20~70℃团簇同位素温度能重建碳质球粒陨石中的富水流体蚀变作用(Guo，Eiler，2007)。

Yurimoto等(2008)总结了球粒陨石组分(难熔包体、球粒和基质)的氧同位素组成，并得出结论：球粒陨石内部的氧同位素变化通常大于球粒陨石全岩之间的氧同位素变化。至于同位素异常最初是在什么地方、什么时候和怎样产生的，目前仍不清楚(Thiemens，1988)。即使没有充分了解陨石中同位素变化的原因，氧同位素在对陨石进行分类以及将陨石与其前体小行星和行星联系起来方面也非常有用(Clayton，2004)。氧同位素特征已经证实了，钙长辉长无球粒陨石、古铜无球粒陨石、古铜钙长无球粒陨石和中陨铁可能来自一个名为"4号小行星Vesta"的母体，而辉熔长石无球粒陨石、辉橄无球粒陨石和纯橄无球粒陨石石来自另一个母体(Clayton，Mayeda，1996)。石铁陨石群的主体是来自一个破碎小行星核部-幔部的混合物质，目前还不知该小行星的详细情况(Greenwood et al.，2006)。

过去人们认为太阳的氧同位素组成与地球相同。随着Clayton(2002)提出的太阳和太阳系的初始成分富含^{16}O，这一观点发生了变化。通过假设太阳风的 O 同位素组成能反映太阳的 O 同位素组成。McKeegan 等(2011)测量了"创世纪发现"任务期间收集的太阳风，这些太阳风确实高度富含^{16}O，他们证明，太阳系内部的岩石存在非质量分馏过程，这使得^{17}O 和^{18}O 相对于^{16}O 富集了约 70‰。根据这个模型，由于太阳系中最丰富的含氧分子 CO 对紫外光的自屏蔽作用，使得太阳系岩石的^{16}O 含量变少。紫外光解离 CO 释放出的氧随后与太阳系中具有非质量相关氧同位素组成的固体矿物的其他成分形成在一起了。

与氧同位素一样，陨石的挥发元素（H、C、N、S）的同位素组成具有非常大的变化范围。近年来的研究主要集中在单个陨石组分的分析方面，而不是分析陨石全岩。

2. 氢

太阳系的水储库具有非常不同的 D/H 同位素组成，因此 D/H 同位素组成可用作判别行星体中水起源的指标(Saal et al., 2013；Sarafian et al., 2014)。氢同位素组成表明，整个太阳系存在着一个梯度，并与太阳的距离成函数关系：原始太阳星云中的 D 非常贫乏，而太阳系外部的冰的 D 非常富集。碳质球粒陨石、地球、火星和月球之间的 D/H 比值范围相似，这表明这些行星体内的水有一个共同的来源区域。Alexander 等(2012)比较了球粒陨石与彗星中的 D 同位素比值，并表明它们彼此不同，相对于球粒陨石而言，彗星高度富集 D 同位素。由于各种类型的球粒陨石的 D 含量与地球相似，因此可推断，地球上挥发物的主要来源应该是小行星(Sarafian et al., 2014)。

在地外物质中，氢主要与水合矿物和有机质相结合。因此，氢同位素不仅可以溯源行星物质中水的起源 (Robert, 2001；Alexander et al., 2012；Marty, 2012；Saal et al., 2013)，还可以溯源有机分子的起源 (Deloule, Robert, 1995；Deloule et al., 1998)。

陨石全岩的 D/H 比值相对均一，其平均 δD 值为 $-100‰$(Robert et al., 2000)。这种相对均一的全岩同位素组成，掩盖了其各个组成成分具有非常不均一同位素组成的特征。为了测定不同组分的 D/H 比值，前人开展了大量的工作(Robert et al., 1978；Kolodny et al., 1980；Robert, Epstein, 1982；Becker, Epstein, 1982；Yang, Epstein, 1984；Kerridge, 1983；Kerridge et al., 1987；Halbout et al., 1990；Krishnamurthy et al., 1992)。Eiler 和 Kitchen(2004)通过分步加热的方法，分析了从富水物质分离出的极少量水，评估了富水碳质球粒陨石的氢同位素组成。他们观察到，随着水蚀变程度的增加，δD 逐渐下降，即从 0（最小蚀变，最富含挥发分）下降到 $-200‰$（最大蚀变，最亏损挥发分）。

有机质中的氢的 δD 值在 $-500‰$ 到 $+6000‰$ 之间变化，而硅酸盐岩中的水的 δD 值可从 $-400‰$ 变化至 $3700‰$(Deloule, Robert, 1995；Deloule et al., 1998)。目前已提出了两种机制来解释氘的富集：(1) 对于有机分子，高 D/H 比值可以通过星际空间中的离子分子反应来解释；(2) 对于层状硅酸盐来说，氘的富集可以通过水和氢之间的同位素交换来产生(Robert et al., 2000)。

Alexander 等(2010)曾报道，某些不溶性有机材料中，D 富集程度可达到 $+12000‰$。这些研究者认为，在低于 200 ℃时，铁的氧化释放了同位素非常亏损的氢气，进而在陨石母体中产生了如此大的富集。

3. 碳

除全岩碳同位素组成外,碳质球粒陨石中的各种碳相(干酪根、碳酸盐岩、石墨、金刚石、碳化硅)也得到了单独分析。如图3.2所示,陨石中总碳的$\delta^{13}C$值分布范围较窄,而单个陨石中不同含碳化合物的$\delta^{13}C$值显示出极大的变化。

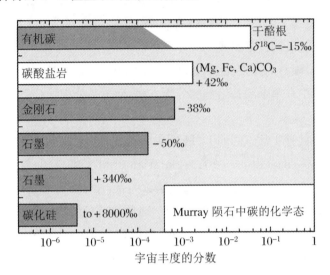

图 3.2 原始陨石中的碳化合物组成

根据碳同位素组成进行分类,星际样品是有颜色的。只有一小部分有机碳是来自星际的(Ming et al., 1989)。

最令人感兴趣的是原始碳质球粒陨石中的碳化硅和石墨的微小颗粒,它们明显带有前太阳系环境的化学特征(Ott, 1993)。含量仅有百万分之几的SiC颗粒的硅和碳同位素组成变化范围很大,同时氮同位素组成也有很大变化。$^{12}C/^{13}C$比值介于2到2500之间,而整体地球的$^{12}C/^{13}C$比值为89。根据Ott(1993)的推断,这些SiC颗粒可视为"星尘",很可能来自早于太阳系的碳星。Amari等(1993)报道了Murchison陨石中单个微米尺寸石墨颗粒的离子探针数据,这些数据也偏离太阳系的值。研究者解释道,同位素组成的变化表明太阳系可能至少有3种不同类型的恒星的来源。

对陨石有机质的分析,有可能揭示太阳系早期生命起源之前的有机质起源信息。碳质球粒陨石含有溶剂不溶形式的有机碳(约70%)和溶剂可溶形式的有机化合物的混合物(约30%)。有机碳基本上富含^{13}C和^{15}N,表明该物质不是地球污染物。

关于有机质形成机制的争论,主要有2种假说:(1) 由矿物颗粒催化推动的Fischer-Tropsch反应(由一氧化碳和氢合成烃)而形成;(2) 在与水相接触的大气中,经(Miller-Urey)反应(通过辐射或放电产生有机化合物)而形成。然而,碳质球粒陨石中挥发元素在不同相中表现出的同位素变化并不支持非生物合成观点。因此,要么存在这些反应的复杂变体,要么需要考虑完全不同类型的反应。Murchison陨石中氨基酸的$\delta^{13}C$值在+23‰和+44‰之间变化(Epstein et al., 1987)。Engel等(1990)分析了Murchison陨石中的单个氨基酸,也证实了强烈的^{13}C富集。特别重要的是发现了D-丙氨酸和L-丙氨酸之间$\delta^{13}C$的显著差异,这表明在早期太阳系中存在光学活性物质。

羧酸是碳质球粒陨石中最丰富的一类可溶性有机化合物,其化合物 C 和 D 同位素组成显示出很大范围的 $\delta^{13}C$ 值(-31‰～+32‰)和正的 δD 值,这证明了这些物质不是地球污染物(Huang et al., 2005)。

在不溶性大分子有机物中,Alexander 等(2007)观察到球粒陨石类内和类间的巨大变化。研究者不认同 Fischer-Tropsch 反应是引起该变化的原因,而是认为母体内部的过程可能导致了 δD 差异,如不同程度的热蚀变。

4. 氮

太阳系中的 $^{15}N/^{14}N$ 比值具有非常大的变化。在"创世纪"任务期间收集的太阳风中,其 ^{15}N 含量相对于地球大气大约亏损 400‰(Marty et al., 2011)。而内行星、小行星、彗星富集 ^{15}N。碳质球粒陨石有机物中的 $\delta^{15}N$ 值可高达+5000‰(Chakraborty et al., 2014)。相对于原太阳气体,陨石全岩很大程度上富集 ^{15}N,并不能用行星环境中的同位素分馏过程来解释,而是需要存在一种特别能富集 ^{15}N 的反应。Chakraborty 等(2014)发现 N_2 在真空紫外光解离过程中存在非常高的 N 同位素分馏。

5. 硫

陨石中有许多硫成分,它们能以所有可能的价态(-2～+6)存在。陨硫铁是铁陨石中硫化合物含量最丰富的一种,具有相对恒定的 S 同位素组成(在这里提醒一下,来自 Canyon Diablo 铁陨石的陨硫铁是国际硫标准)。碳质球粒陨石含有的硫以硫酸盐、硫化物、单质硫和复杂有机含硫分子的形式存在。Monster 等(1965)、Kaplan 和 Hulston(1966)以及 Gao 和 Thiemens(1993a,b)分离了各种硫组分,并证明硫化物具有最高的 $\delta^{34}S$ 值,而硫酸盐具有最低的 $\delta^{34}S$ 值,这与地球样品中观察到的现象恰恰相反。这是不支持任何微生物活动的有力证据,而倾向于支持硫-水反应中的动力学同位素分馏(Monster et al., 1965)。在 Orgueil 碳质球粒陨石中发现了最大的内部同位素分馏(7‰)(Gao, Thiemens, 1993a)。不同的 Orgueil 和 Murchison 标本的同位素组成不同,这可能表明陨石母体中存在硫同位素不均一性。

以类似于氧同位素的测量方式,对硫同位素进行测量可能有助于确定陨石之间的成因关系。Hulston 和 Thode(1965)、Kaplan 和 Hulston(1966)以及 Gao 和 Thiemens(1993a,b)的早期测量没有发现任何同位素异常。然而,Rai 等(2005)最近对无球粒陨石的测量以及 Rai 和 Thiemens(2007)对球粒陨石的研究发现存在非质量硫同位素分馏,这表明早期太阳星云中存在气态硫的光化学反应。

Antonelli 等(2014)发现在分异的铁陨石中存在异常的 ^{33}S 亏损,并在其他几组中伴有 ^{33}S 富集。这种互补的正负 ^{33}S 同位素组成可能与太阳星云中气态 H_2S 光解作用有关。光化学预测的 ^{33}S 亏损表明太阳系内部的初始材料是球粒陨石质的。

6. 金属同位素

陨石中金属同位素质量分馏可能与初始的不均一性、冷凝和行星吸积期间的分馏过程以及行星形成后的分馏过程有关。陨石的金属同位素研究已被用来表征行星吸积的条件,包括核部形成和挥发物的损失。已发现陨石中的同位素变化,例如 Fe(Weyer et al., 2005;Williams et al., 2006;Schoenberg, von Blanckenburg, 2006)、Zn 和 Cu(Luck et al.,

2005；Moynier et al.，2007）。原则上说，不同地外天体中的 Mg、Si 和 Fe 同位素质量分馏可能是由行星物质通过汽化流失到空间或流失到行星核心造成的。

令人特别感兴趣的是铁陨石，一般认为它是行星核部的类似物。如 Williams 等（2006）所示，金属和黄铁矿之间的 Fe 同位素差异在 0.5‰ 范围内，金属相比硫化物相黄铁矿重，这一现象可以用平衡分馏来解释。另一方面，金属硫化物的铜同位素分馏变化很大，比铁同位素的分馏大一个数量级，因此不能代表平衡分馏条件（Williams，Archer，2011）。铁陨石的 δ^{66}Zn 值与硅酸盐地球是一致的（Bridgestock et al.，2014）。

由于高丰度和可变的氧化态，铁是太阳系中被研究最多的金属元素。球粒陨石、铁陨石和陆地玄武岩之间的 Fe 同位素组成差异可能表明，在行星天体分离成金属核和硅酸盐地幔期间，金属和二价 Fe 之间存在同位素分馏（Poitrasson et al.，2005；Weyer et al.，2005；Schoenberg，von Blanckenburg，2006；Williams et al.，2012；Craddock et al.，2013）。长期以来人们认为，地核分离所需的 1000 ℃ 以上的温度，是无法造成任何可检测出的同位素分馏的。然而，对 Fe、Mg 和 Si 的同位素研究表明，情况并非如此（Georg et al.，2007；Weyer，Ionov，2007；Wiechert，Halliday，2007；Fitoussi et al.，2009；Ziegler et al.，2010）。核幔分异作用是否导致地球上的 Fe 同位素分馏仍然存在争议。在 1750～2000 ℃ 的温度下，Poitrasson 等（2009）没有观察到 Fe/Ni 合金和超镁铁质熔体之间的 Fe 同位素分馏。

由于其高挥发性，Zn 同位素可能被用来探索行星撞击历史的变化。由于撞击引起挥发，气相中的轻同位素优先损失，因此可以解释 δ^{66}Zn 值的大幅变化（超过 6‰）（Moynier et al.，2007；Chen et al.，2013）。铁陨石的 δ^{66}Zn 值与硅酸盐地球是一致的（Bridgestock et al.，2014）。而对于镍来说，测量其同位素组成主要是为了寻找灭绝核素 ^{60}Fe（Moynier et al.，2007；Steele et al.，2011）。

钙是一种纯的亲石元素，它不进入行星地核，也不受蒸发的影响。因此，Ca 同位素可能指示地球和不同类别陨石之间的成因联系。地球、月球、火星和分异的小行星的 Ca 同位素组成与原始普通球粒陨石是一致的（Simon，de Paolo，2010；Valdes et al.，2014）。相反，顽火辉石球粒陨石的重 Ca 同位素略有富集，而碳质球粒陨石中重 Ca 同位素略显亏损，这说明普通球粒陨石可能是地球的成分来源。

金属同位素也可用于研究球粒陨石和钙铝包体（CAI）的形成机理。球粒陨石的 Mg 和 Si 同位素组成与太阳系的大多数成分一致，但 CAI 的 Mg 和 Si 同位素组成一般较高。CAI 富集重同位素的现象可以被解释为低压下熔融 CAI 的蒸发（Shahar，Young，2007；Rumble et al.，2011）。这些研究者认为熔融是在短暂的加热间隔内发生的，可能是冲击波的结果。至于为什么球粒陨石在熔融过程中没有分异，这仍然是一个悬而未决的问题。

球粒陨石的铁同位素组成差异很大，而来自月球和火星样品的铁同位素比值几乎是一致的（Craddock，Dauphas，2010）。

3.1.2 月球

1. 氧

自"阿波罗"早期任务以来,众所周知,常见的月球火成岩矿物的氧同位素组成非常均一,从一个取样地点到另一个取样地点变化很小(Onuma et al.,1970;Clayton et al.,1973b)。低钛玄武岩和高钛玄武岩之间的微小 $\delta^{18}O$ 差异,明显是由模态矿物学差异造成的(Spicuzza et al.,2007;Liu et al.,2010)。这种均一性的现象表明月球内部的 $\delta^{18}O$ 值应为5.5‰左右,与陆地地幔岩石基本相同。在共存矿物之间观察到的同位素分馏现象表明结晶温度约为1000℃或更高,与在地球玄武岩中观察到的数值相似(Onuma et al.,1970)。与其他地球上的岩石相比,所观察到的月球样品 $\delta^{18}O$ 值变化范围很窄。例如,地球上斜长石的氧同位素变化比所有月球岩石的氧同位素变化至少大十倍(Taylor,1968)。这种差异可能归因于低温过程在地壳演化中的作用,以及地球上高含量水的作用。

至今,月球仍被普遍认为是早期地球和一颗火星大小的行星碰撞后的产物。测量月球玄武岩氧同位素的新兴趣主要是源于对理论猜测的验证,即形成月球的物质可能主要来自撞击体,而不是来自原生地球。这意味着即使撞击体和地球之间 ^{17}O 和 ^{18}O 含量有非常微小的差异,也应该可以在月球岩石中探测到这种差异。然而,Wiechert等(2001)、Liu等(2010)以及Hallis等(2010)精确的 ^{17}O 和 ^{18}O 同位素测量数据显示地球和月球之间没有差异。最近,Herwarth等(2014)发现地球和月球之间存在非常小的差异,但这并没有被Young等(2016)所证实。另一方面,地球地幔和月球的Si和Fe同位素组成非常匹配,这表明这两个天体的Si和Fe同位素组成非常相似(Armytage et al.,2012;Liu et al.,2010)。

2. 氢

多年来,人们一直认为月球是非常干燥的,因此挥发物含量很低。早期对月球样品(土壤和角砾岩)的研究报道了不同的 H_2O 含量和 δD 组成,这被解释为由于与太阳风的相互作用,氢被注入月球表面。而玄武岩中提取的水被解释为地球水的污染。

随着SIMS分析技术的发展,这种情况发生了变化。SIMS技术已经可以用于测定火山玻璃、橄榄石熔体包裹体和磷灰石中低含量的羟基浓度。Hauri等(2011)论证了月球的某些部分所含的水和地球上地幔一样多。月球的氢同位素组成比较复杂,这是因为水可能来自月球地幔,也能来自太阳风质子,或者来自彗星。Greenwood等(2011)和Barnes等(2013)报道,磷灰石中的 δD 值在+600‰到+1100‰之间,并推测很大一部分水来自彗星。另一方面,Saal等(2013)和Safarian等(2014)得出结论,认为月球水与碳质球粒陨石全岩水是一样的,并与地球水相似,这意味着地球和月球的物质来源都是小行星。Hui等(2017)通过总结现有的数据得出结论,月球岩浆海的初始 δD 值大概为-280‰,在还原条件下通过 H_2 的去气作用,月球丢失了超过95%的初始氢含量,δD 值增加到了+310‰。

由于硫很易挥发,故硫同位素可能为早期地球-月球系统事件提供新的见解。Wing和Farquhar(2015)发现月球玄武岩中硫同位素组成非常均一,这表明在月球形成的大碰撞事件之后,只损失了1%~10%的月球硫。

月球玄武岩的另一个特征是,中度挥发元素(S、Cl、K、Zn)的同位素富集,这可由月球形成大碰撞事件之后存在大规模蒸发得到很好的解释。通过分析氯同位素，Sharp等（2010）在玄武岩和玻璃中观察到非常大的$\delta^{37}Cl$分布范围，他们解释道，金属氯化物的挥发只有在非常低的氢浓度下才是稳定的，这意味着月球内部是无水的。

月球微粒表面的重同位素富集很可能与太阳风的影响有关。由于缺乏对太阳风同位素组成的了解以及捕获机制的不确定性，很难详细解释它们的同位素变化。Kerridge（1983）论证了捕获在月表岩石中的氮至少由两部分组成，这两部分主要由实验加热过程中的释放特性以及同位素组成的不同加以区分：低温组分与太阳风的氮一致，而高温组分则由太阳高能粒子组成。

3.1.3 火星

在20世纪70年代末和80年代初，人们认识到被称为SNC（Shergotites、Nakhlites、Chassignites）群的分化陨石是来自火星的样品（McSween et al.，1979；Bogard，Johnson，1983）。这一结论是基于与其他陨石相比的较年轻的结晶年龄，并且其捕获挥发物的组成与火星大气相匹配。

1. 氧

SNC陨石的平均$\delta^{18}O$值为4.3‰，明显低于地月系统的5.5‰（Clayton，Mayeda，1996；Franchi et al.，1999）。不同SNC陨石之间微小的$\delta^{18}O$值变化主要是由矿物的丰度不同造成的。在三同位素图上，火星和地球之间的$\delta^{17}O$值相差为0.3‰（图3.3）。在这方面，值得注意的是，所谓的HED（古铜钙长无球粒陨石，钙长辉长无粒陨石和古铜无球陨石）陨石可能反映了小行星Vesta的物质，其氧同位素组成为3.3‰（Clayton，Mayeda，1996）。$\delta^{17}O$对地球的偏移约为-0.3‰（图3.3）。类地行星之间氧同位素组成的差异与这些行星形成的原始物质的差异有关。

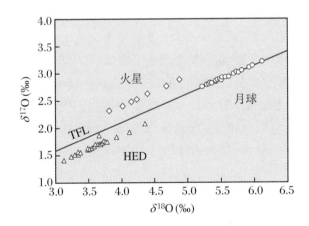

图3.3　推测来自Vesta碎片的月球、火星岩石和HED陨石的
三氧同位素图（Wiechert et al.，2001）

2. 氢

火星上的挥发物，尤其是水，对于揭示行星的地质和地球化学演化具有特殊的意义。火星的氢同位素组成可能有两个来源：当今火星大气的组成（Webster et al.，2013）和火星陨

石中的含氢化合物(Usui et al.,2012)。

D/H 比值表现出非常强的富集,并表现出大的纬度梯度。近极地区域的 δD 值大概为 3000‰,在近赤道区域,δD 值大概为 6000‰。这种富集被认为是随着时间的推移,H 相对于 D 从火星大气中逐渐损失造成的(Owen et al.,1988)。Watson 等(1994)对 SNC 陨石中角闪石、黑云母和磷灰石的离子探针研究,以及 Leshin 等(1996)的逐步加热实验探究,均报道了较大的 δD 值变化。这些研究者观察到,样品中的水有两个来源:一个主要是在低温下释放的地球污染物,另一个是在高温下表现出极端 D 富集的地外成分。Boctor 等(2003)、Greenwood 等(2008)、Hu 等(2014)、Usui 等(2012,2015)和 Mane 等(2016)发现氢同位素组成具有很大的变化范围,为 -111‰~6034‰。通过研究橄榄石赋存的熔体包体,Usui 等(2012)和 Mane 等(2016)认为最亏损的 δD 值可能代表了原始火星地幔。因此,火星和地球地幔具有相似的氢同位素组成,这表明两者具有相类似的同位素来源。

3. 碳

正如氢的情况一样,火星陨石中的碳同位素特征为不同的碳储层提供了证据。Wright 等(1990)和 Romanek 等(1994)区分了三种碳化合物:第一种在温度低于 500 ℃时释放,主要来自地球污染;第二种在 400 ℃至 700 ℃之间加热实验中释放或通过与酸的反应释放,主要来自碳酸盐的分解,$\delta^{13}C$ 值高达 40‰;第三种在温度高于 700 ℃时释放,$\delta^{13}C$ 值为 -30‰~-20‰,反映了火星岩浆碳的同位素组成。

因有一个这样的假说:火星陨石中的碳酸盐可能指示火星存在过生命,因此前人对其进行了特别深入的研究(McKay et al.,1996)。因此,理解碳酸盐的成岩条件对整个研究至关重要。尽管进行了大量的化学和矿物学研究,碳酸盐的形成环境仍然不清楚。碳酸盐的 $\delta^{18}O$ 值变化很大,为 5‰~25‰,这是因不同的研究人员和不同的碳酸盐样品导致的(Romanek et al.,1994;Valley et al.,1997;Leshin et al.,1998)。Niles 等(2005)开展了原位 C 同位素分析,并报道了明显环带的 $\delta^{13}C$ 值,可从 30‰变化到 +60‰,这与来自火星大气的结果相一致,因此暗示了非生物成因。

Farquhar 等(1998)以及 Farquhar 和 Thiemens(2000)提出了火星碳酸盐是非生物成因的进一步证据。Farquhar 等(1998)通过测量 $\delta^{17}O$ 和 $\delta^{18}O$ 值,在碳酸盐中观察到相对于硅酸盐的 ^{17}O 异常现象,他们解释这是由臭氧的光化学分解导致的,就像在地球平流层中一样。

McKay 等(1996)根据形态学进一步提出碳酸盐中的微小硫化物颗粒可能是由硫酸盐还原菌形成的。然而硫化物的 $\delta^{34}S$ 值介于 2.0‰~7.3‰(Greenwood et al.,1997),这与地球玄武岩的值相似,因此可能指示并不是细菌还原硫酸盐的结果。

目前同位素研究结果并不支持火星上存在过微生物活动,但对这个激动人心的话题的讨论肯定还会继续下去。

最后,应当提及的是,最近从 Curiosity Rover 火星探测器对火星大气进行的原位同位素测量表明,二氧化碳的碳和氧同位素明显富集,这反映火星可能存在过大量的大气流失(Webster et al.,2013;Mahaffy et al.,2013)。

4. 硫

火星似乎富含硫(King,McLennan,2009)。在火星表面附近,硫是以原生火成岩硫化物形式存在的,更为重要的是其多以次生硫酸盐的形式存在。在硫化物和硫酸盐中都发现了非质量相关的^{33}S异常现象(Farquhar et al., 2007; Franz et al., 2014),这显然是由火星大气中的光化学反应导致的,并支持火星存在至少35亿年的表面硫循环。目前观测到Δ^{33}S有变化,而Δ^{36}S没有变化,表明非质量相关分馏的产生途径与地球上不同。

3.1.4　金星

1978年"先驱者"任务上的质谱仪测量了涉及CO_2的大气成分,CO_2通常是大气的主要组分。发现$^{13}C/^{12}C$和$^{18}O/^{16}O$比值接近地球值,而$^{15}N/^{14}N$比值在地球值的20%以内(Hoffman et al., 1979)。金星起源和演化有关的一个主要问题是金星"水的丢失"的问题。金星表面没有液态水,大气中的水汽含量很可能不超过220 ppm(Hoffman et al., 1979)。这意味着要么金星是由非常贫水的物质形成的,要么可能是氢逃逸到太空中了,使得原本以任何形式存在的水都消失了。事实上,Donahue等(1982)测得氘相对于地球的富集100倍,这与气体逃逸过程是一致的。然而,这一过程的规模是难以探究的。

3.2　地球上地幔的同位素组成

积累的大量地球化学和同位素证据,支持了地幔的许多部分经历了部分熔融、熔体侵位、结晶、重结晶、变形和交代作用的复杂过程这一观点。这种复杂过程的结果使得地幔具有化学和同位素不均一性,并具有复杂的亏损和富集特征。地幔同位素地球化学的一个主要目标是研究不同的地幔储库及其演化过程。

稳定同位素的不均一性很难检测,因为稳定同位素比值很容易受到部分熔融—结晶分异过程的影响,而这些过程受残存晶体与部分熔体之间以及累积晶体与残存液体之间与温度相关的分馏系数的控制。与放射性同位素不同,稳定同位素也可以通过低温表面过程发生分馏。因此,它们提供了一个潜在的重要手段,通过它可以将再循环地壳物质与地幔内部分馏过程区分开来。

地幔源岩的O、H、C、S和N同位素组成在高温下由于小的分馏作用而比预期的变化要大得多。这可能导致地幔中同位素比值变化的最合理的过程是俯冲的洋壳以及较少出现的大陆地壳输入到地幔的某些区域。由于俯冲板块不同部位的同位素组成不同,释放的流体在O、H、C、N、S同位素组成上也可能存在差异。在此背景下,地幔交代作用过程具有特殊意义。富含Fe^{3+}、Ti、K、LREE、P等其他LIL(大离子亲石)元素的交代流体倾向于与橄榄岩地幔反应,形成次生云母、闪石等副矿物。交代流体的来源可能是来自上升岩浆的出溶流体或来自俯冲的、热液蚀变的地壳及其上覆沉积物的流体或熔体。

关于部分熔融过程中挥发分的行为,应该注意到,挥发分将在熔体中富集,而在残余相中逐步亏损。在熔体上升期间,挥发物将优先去气,这种去气过程将伴随同位素分馏(见3.3.8小节中的讨论)。

有关岩石圈地幔上部同位素组成的信息,来自于对爆炸性喷发的火山口中迅速带到地表的未蚀变超镁铁质捕虏体的直接分析。由于快速迁移,这些橄榄岩包体在许多情况下是化学新鲜的,被大多数工作人员认为是地幔中现有的最佳样品。另一个主要的信息来源是玄武岩,它代表了地幔部分熔融的熔体。玄武岩的问题在于,它们不一定代表地幔成分,因为部分熔融过程可能引起了相对于前体物质的同位素分馏。橄榄岩的部分熔融将导致富Ca-Al 矿物的优先熔融,留下以橄榄石和斜方辉石为主的难熔残留物,其同位素组成可能与原始物质略有不同。此外,由于岩浆在到达地球表面的途中穿过岩石圈,玄武岩熔体可能与地壳岩石圈相互作用。下一小节将重点讨论超镁铁质捕虏体,玄武岩的同位素特征会在 3.3 节中进行讨论。

3.2.1 氧

根据月球玄武岩和整体球粒陨石的成分来推测,地球整体的 $\delta^{18}O$ 值接近 6‰。对大陆岩石圈地幔详细的氧同位素组成的研究,大多来自于对碱性玄武岩和金伯利岩中夹带的橄榄岩捕虏体的分析。Kyser 等(1981,1982)首次对这类超镁铁质包体进行了氧同位素研究,引起了许多争论(Gregory,Taylor,1986;Kyser et al.,1986)。Kyser 等人的研究结果表明,单斜辉石和斜方辉石的 $\delta^{18}O$ 值基本相同,在 5.5‰左右,而橄榄石的 $\delta^{18}O$ 值变化较大,在 4.5‰~7.2‰之间。单斜辉石和橄榄石(Δ_{cpx-ol})之间的氧同位素分馏在 -1.4‰到 +1.2‰之间,表明在地幔温度下这两相并不处于同位素平衡状态。Gregory 和 Taylor(1986)提出,Kyser 等(1981,1982)分析的橄榄捕虏体中的分馏作用可能与岩石中的分馏作用有关,通过在开放体系内与氧同位素组成可变的流体的交换作用而产生,且橄榄石交换 ^{18}O 的速度比辉石快。

然而,应该认识到橄榄石是一种非常难熔的矿物,因此,当用常规氟化技术分析时,通常不能获得定量的反应产率。Mattey 等(1994)用激光氟化技术分析了 76 个橄榄石样品,这些样品来自尖晶石相、石榴石相和金刚石相橄榄岩,观察到几乎不变的 O 同位素组成,约为 5.2‰。假定橄榄石、斜方辉石和单斜辉石的模态丰度为 50:40:10,计算出的整体地幔 $\delta^{18}O$ 值将为 5.5‰。根据熔融温度和部分熔融程度,这种地幔源可以产生熔体,其氧同位素比值与 MORB 和许多海洋岛玄武岩的氧同位素比值相同。

虽然 Mattey 等(1994)的结果已得到 Chazot 等(1997)的证实,但还是值得注意,大多数经 $\delta^{18}O$ 分析的地幔橄榄岩来自大陆岩石圈地幔,而不是整个地幔。最近,有几个迹象表明,来自某些外来环境的地幔捕虏体的 O 同位素组成可能比 Mattey 等(1994)和 Chazot 等(1997)所指出的更加多变。Zhang 等(2000)以及 Deines 和 Haggerty(2000)记录了橄榄岩矿物和晶体内部同位素分带之间复杂的不平衡特征,这可能是交代流体-岩石相互作用的结果。

含金刚石的金伯利岩中的榴辉岩捕虏体是一套重要的捕虏体,因为它们可能代表大陆岩石圈地幔最深处的样品。榴辉岩捕虏体的 $\delta^{18}O$ 值变化范围最大,为 2.2‰~7.9‰(McGregor,Manton,1986;Ongley et al.,1987)。这种大范围的 $\delta^{18}O$ 变化表明,大陆岩石圈的氧同位素组成变化很大,至少在榴辉岩存在的任何区域都是如此,这是一些包体代表热液蚀变洋壳的变质等同物的最有力证据。

3.2.2 氢

地球上水的起源是一个有争议的话题,有非常不同的思想流派。一种观点假定水是从彗星和/或陨石等外来来源输送到地球的,另一种观点则认为地球的水有一个本地来源(Drake,Righter,2002)。可以根据彗星和陨石的 D/H 比值来评估它们的水输送情况,结果表明彗星不可能是地球上水的主要来源,相反,其占的比例应该低于 10%(Marty,2012)。我们对整体地球的 D/H 比值的估计是不确定的,因为来自幔源岩石的挥发物可能在岩浆去气过程中已经发生了丢失和分馏。

在这一点上,必须引入"初生水"(juvenile water)的概念,这一概念影响了火成岩岩石学和矿石成因的各个领域的思维。初生水被定义为源自地幔去气而从未成为地表水文循环的这部分水。对含羟基矿物(如深部成因的云母和角闪石)的分析已被认为是初生水的信息来源(Sheppard,Epstein,1970)。由于有关分馏系数的知识有限,矿物与水之间最终同位素平衡的温度也不知道,因此计算地幔平衡时水的氢同位素组成相当粗略。

图 3.4 给出了金云母和角闪石的 δD 数据,表明地幔水的氢同位素组成一般应在 $-80‰\sim-50‰$,这一范围首先由 Sheppard 和 Epstein(1970)提出,随后得到其他几位研究者的支持。图 3.4 也表明相当数量的金云母和角闪石,其 δD 值高于 $-50‰$。这些高的 δD 值可能表明来自俯冲洋壳的水在这些矿物的成因中起了作用。对马里亚纳弧海底玄武岩水的分析(Poreda,1985)和对 Bonin Island 玻安岩原始 δD 值组成的估计(Dobson,O'Neil,1987)也得出了类似的结论。

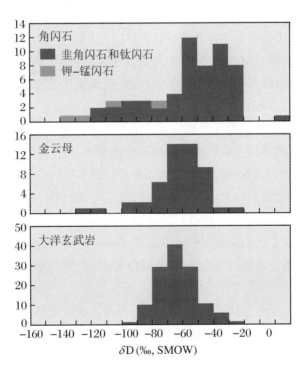

图 3.4 幔源矿物和岩石的氢同位素变化(Bell,Ihinger,2000)

地幔中的水以不同的状态存在:作为流体,通常在俯冲带附近;作为含水相;在名义上无水矿物中作为羟基点缺陷存在。Bell 和 Ihinger(2000)分析了含有微量羟基的名义上无水的地幔矿物(石榴石、辉石),得到了 -110‰~-90‰ 之间的 δD 值。地幔捕虏体中名义上无水矿物是所有地幔物质中 D 亏损最严重的,其 δD 值比 MORB 低 50‰(O'Leary et al.,2005)。这种差异可能意味着这些矿物代表了同位素不同的地幔储层,也可能意味着所分析的样品在地幔上升过程中或之后发生了氢的交换(与大气降水相互作用)。通过分析 Baffin 岛的苦橄岩中的熔体包裹体,Hallis 等(2015)测定得到的 δD 值可低至 -218‰,他们将这解释为该部分是继承于太阳星云的 δD 值。

水在俯冲带被带入地幔。据估计,洋壳的平均 δD 值为 -50‰(Agrinier et al.,1995;Shaw et al.,2008)。实验测定的水和含水矿物之间的分馏系数表明,板块在俯冲过程中释放的流体是富 D 的。通过分析来自俯冲带环境下的橄榄石内部的熔体包裹体,Shaw 等(2008)确定的 δD 值范围为 -55‰~-12‰。富 D 流体的持续损失导致剩余含水相的亏损。因此,随着富 D 水向地幔楔释放,板片的结合水将演化到逐渐降低的 δD 值。Shaw 等(2012)报道了 Manus 弧后玄武岩玻璃的氢同位素数据,这些数据具有很大范围的 δD 值,可从 -33‰ 变化至 -126‰。这些研究者得出结论,D 富集可能与板片的含水矿物脱水作用导致的同位素分馏有关,而 D 亏损可能反映的是脱水的俯冲岩石圈。他们进一步认为低的 δD 值可能保存在地幔中,并且在很长的一段时间后没有被完全扩散平衡掉。

3.2.3 碳

上地幔中碳的存在已得到了充分的证实:二氧化碳是与玄武岩喷发有关的火山气体中的一个重要成分,其主要通量位于洋中脊。碳酸岩和金伯利岩的喷发进一步证明了 CO_2 在上地幔中的存在。此外,金伯利岩、橄榄岩和榴辉岩捕虏体中金刚石和石墨的存在反映了宽泛的地幔氧化还原环境,表明碳与地幔中的许多不同过程有关。

地幔碳同位素组成变化在 30‰ 以上(图 3.5)。这一变化范围在多大程度上是地幔分馏过程的结果、地球不均一性增生的残余,还是地壳碳再循环的产物,仍然没有答案。1953 年,Craig 注意到金刚石的 $δ^{13}C$ 值在 -5‰ 左右。随后对碳酸岩(Deines,1989)和金伯利岩(Deines,Gold,1973)的研究表明了类似的 $δ^{13}C$ 值,这导致了这样的概念,即地幔碳的碳同位素组成相对恒定,$δ^{13}C$ 值在 -7‰ 和 -5‰ 之间。在一个碳酸岩岩浆的形成过程中,碳在熔体中富集,并且几乎定量地从其源储库中提取。由于地幔的碳含量较低,碳酸盐熔体的高碳浓度要求其提取的储库的体积比碳酸盐岩浆的体积高 10000 倍(Deines,1989)。因此,碳酸岩岩浆的平均 $δ^{13}C$ 值应代表相对较大体积的地幔的平均碳同位素组成。

金刚石的碳同位素分布与碳酸盐岩的碳同位素分布相反。随着可获得的金刚石数据越来越多(目前有 4000 多个碳同位素数据)(Deines et al.,1984;Galimov,1985b;Cartigny,2005;Cartigny et al.,2014),碳同位素变化范围扩大到 40‰ 以上(-41‰~+5‰)(Galimov,1991;Kirkley et al.,1991;Cartigny,2005;Stachel et al.,2009;Shirey et al.,2013)。超过 70% 的数据变化范围较窄,从 -8‰ 到 -2‰,平均值为 -5‰,与其他地幔源岩中碳的变化范围类似。^{13}C 的巨大变化不是随机的,而是局限于某些成因类别:常见的

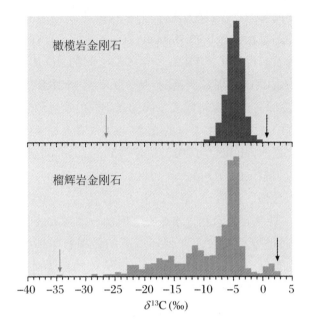

图 3.5　金刚石的碳同位素变化

箭头表示碳同位素的最高和最低值(Cartigny, 2005)。

"橄榄岩金刚石"(与橄榄岩捕房体伴生的金刚石)的碳同位素组成变化范围比"榴辉岩金刚石"小,后者涵盖了 $^{13}C/^{12}C$ 变化的整个范围(图 3.5)(Cartigny, 2005)。在超高压俯冲的变质岩中形成的金刚石的 $\delta^{13}C$ 值为 $-30‰ \sim -3‰$,而黑金刚石(一种独特类型的多晶金刚石)的碳同位素值约为 $-25‰$(Cartigny, 2010)。目前的争论集中在,更极端的值是地幔源区的特征还是与金刚石形成有关的同位素分馏过程造成的。尽管如此,显而易见的是:观察到的范围不能归因于单一过程或碳源的变化(Stachel et al., 2009),需要结合多种过程和多种碳源。

Harte 和 Otter(1992)首次描述,后来由其他人描述的用 SIMS 对单个金刚石进行高空间分辨率的分析,Hauri 等(2002)对此进行了总结。后者的研究表明,$\delta^{13}C$ 的变化约为 10‰,$\delta^{15}N$ 的变化超过 20‰,这些变化与阴极发光成像的生长带有关。虽然这些巨大变化的来源尚不清楚,但它们表明了金刚石的复杂成长历史。

3.2.4　氮

地球总氮的很大一部分存在于地幔中,要么是原始氮,要么是再循环的地壳氮。在硅酸盐中,氮以 NH_4^+ 的形式替代 K^+,在熔体和流体中,氮的形态取决于氧化还原条件。Marty 和 Humbert(1997)以及 Marty 和 Zimmermann(1999)对 MORB 和 OIB 玻璃中捕获的氮进行了分析(图 3.6)。通过分析橄榄岩捕房体中的单个矿物,Yokochi 等(2009)观察到大量的氮同位素不平衡现象。测得金云母的 $\delta^{15}N$ 值低至 $-17.3‰$,而单斜辉石和橄榄石的 $\delta^{15}N$ 值为正值。在地幔柱所获取的深部地幔物质中也发现了约 3‰ 的正 δ 值,这可能表明洋壳的再循环是深部地幔中重氮的原因(Dauphas, Marty, 1999)。

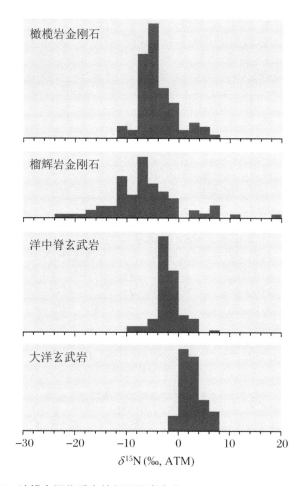

图 3.6 地幔来源物质中的氮同位素变化(Marty, Zimmermann, 1999)

氮是金刚石中主要的微量成分。前人测定了 700 多个金刚石样品的氮同位素组成，$\delta^{15}N$ 值的范围为 $-23‰ \sim +13‰$。尽管分布范围很广，但大多数在 $-5‰$ 左右(Javoy et al., 1986; Boyd et al., 1992; Boyd, Pilinger, 1994; Hauri et al., 2002; Cartigny, 2005; Cartigny et al., 1997, 1998, 2014)。因此，相对于大气氮($\delta^{15}N$ 值为 0)和富集 ^{15}N 沉积氮相比，金刚石中的氮是亏损 ^{15}N 的(Cartigny, Marty, 2013)。金刚石中的负 δ 值清楚地表明地幔中含有非大气氮。

3.2.5 硫

硫以多种形式存在于地幔中，硫的主要相为 Fe、Ni 和 Cu 之间的单硫化物固溶体。前人对来自碱性玄武岩和金伯利岩的巨晶和辉石岩捕房体以及钻石中的硫化物包裹体进行了离子探针测量，得出的 $\delta^{34}S$ 值为 $-11‰ \sim 14‰$ (Chaussidon et al., 1987, 1989; Eldridge et al., 1991)。

在比较高硫的橄榄岩构造岩和低硫的橄榄岩捕房体时，观察到硫同位素组成存在有趣的差异(图 3.7)。Pyrenees 构造岩主要具有 $-5‰$ 左右的负 $\delta^{34}S$ 值，而来自蒙古的低硫捕房体大部分具有 7‰ 左右的正 $\delta^{34}S$ 值。Ionov 等(1992)测定了西伯利亚南部和蒙古 6 个地区约 90 个石榴石和尖晶石二辉橄榄岩的硫含量和同位素组成,发现其 $\delta^{34}S$ 在 -7‰ 至 7‰ 之间变化。Ionov 等(1992)得出结论,全球大陆岩石圈地幔中的硫浓度较低(<50 ppm),且大部分为正的 $\delta^{34}S$ 值。

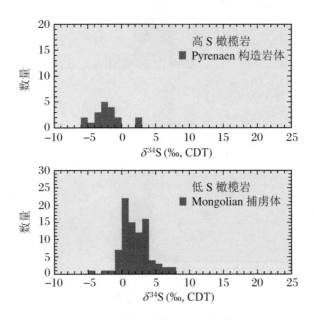

图 3.7　高硫和低硫橄榄岩的硫同位素组成

金刚石中硫同位素的变化表现出与前面描述的碳相同的特征,即榴辉岩金刚石比橄榄岩金刚石的变化要大得多。此外,在榴辉岩金刚石中的一些硫化物包裹体中保留了非质量相关的硫同位素分馏(Farquhar et al.,2002; Thomassot et al.,2009),这意味着硫化物包裹体中含有太古代沉积成分。

3.2.6　镁和铁

由于它们的地球化学行为,镁和铁常会被联系起来,它们在常见的地幔矿物中可相互替换。地幔岩石呈现出系统的 Mg 和 Fe 同位素分馏,橄榄石和斜方辉石似乎指示同位素平衡,而单斜辉石可能会被后期的交代作用影响(Weyer, Ionov, 2007; Macris et al.,2015; An et al.,2017)。

Mg 和 Fe 同位素在地幔岩石中的行为的主要不同点是,在上地幔中,Mg 只有一种价态,而 Fe 有两种价态。MORB、OIB 以及橄榄岩的 Mg 同位素组成相似,这表明在橄榄岩部分熔融和玄武质岩浆演化过程中,不会导致明显的 Mg 同位素分馏。与之对比,由于在部分熔融过程中,Fe^{3+} 比 Fe^{2+} 更不相容,所以玄武岩比橄榄岩富集重 Fe 同位素。

幔源岩石的 Mg 同位素相对均一,而 Fe 同位素表现出明显的变化(Liu et al.,2011; Williams, Bizimis,2014; An et al.,2017)。Williams 和 Bizimis(2014)开发了 Fe 同位素作为地幔橄榄源区和辉石源区的示踪剂。他们发现辉石岩比橄榄岩富集 $\delta^{56}Fe$,这与部分熔融过程中 Fe 同位素组成的变化规律一致,即重 Fe 同位素会从熔体相中抽取出来,并留下亏损 $\delta^{56}Fe$ 的橄榄石。这个关系表明了不均一的地幔包含不同比例的轻和重 $\delta^{56}Fe$。

如 Zhao 等（2011）和 Poitrasson 等（2013）所证明的，部分熔融导致地幔发生微小 Fe 同位素分馏只发生在地幔中。引起 Fe 同位素不均一的主要原因是熔体和流体的交代作用，这似乎也适用于 Mg 同位素的变化（Hu et al., 2016）。Zhao 等（2017）发现橄榄岩和硅酸盐熔体的反应产物具有较大的 Fe 同位素变化，这表明该过程是不平衡分馏。Fe 和 Mg 同位素的负相关变化可用动力学分馏来解释，这与熔体-岩石反应过程中 Mg 和 Fe 的相互扩散有关。化学扩散可能会导致 Fe 和 Mg 同位素分馏程度超过平衡分馏一个数量级（Dauphas et al., 2010; Sio et al., 2013; Zhao et al., 2017）。

3.2.7 锂和硼

由于锂和硼同位素分馏主要发生在低温过程中，因此锂和硼同位素可为再循环到地幔的地表物质提供强有力的示踪剂（Elliott et al., 2004）。俯冲洋壳和陆壳在地幔中的不均匀分布将导致 Li 和 B 同位素比值的变化。此外，俯冲带的脱水作用对地幔不同部位的 Li 和 B 同位素组成的控制起着至关重要的作用。对于整个上地幔，Jeffcoate 等（2007）给出的平均 δ^7Li 值为 3.5‰。

Seitz 等（2004）、Magna 等（2006）和 Jeffcoate 等（2007）报道了地幔矿物间显著的 Li 同位素分馏。橄榄石比共存的斜方辉石轻 1.5‰ 左右，单斜辉石和金云母则变化较大，这可能表明同位素分馏的不平衡性。原位 SIMS 分析表明橄榄岩矿物的 Li 同位素具有分带性。Jeffcoate 等（2007）报道，来自 San Carlos 的单个斜方辉石晶体中存在 40‰ 的差异，这归因于上升和冷却过程中的扩散分馏。流体或熔体的交代作用是另一可能会导致地幔橄榄岩 δ^7Li 值变化的原因。

在探究俯冲带流体作用时，Li 和 B 已经被很好地研究了。在板片脱水过程中，优先丢失重 ^{7}Li 和 ^{11}B 同位素，这使得随着板片的深度加深，δ^7Li 和 δ^{11}B 值逐渐降低。来自俯冲板块的流体和熔体加入到地幔后，会对弧岩石的同位素组成有很大的影响。

由于地幔矿物中硼的含量极低，因此地幔矿物的硼同位素分析受到很大限制。Chaussidon 和 Marty（1995）根据地幔和地壳之间的硼平衡得出原始地幔的 δ^{11}B 值为 −10‰±2‰。Marschall 等（2017）得出结论，MORB 玻璃具有均一的 B 同位素组成，其值为 −7.1‰。由于在地幔熔融和结晶分异过程中 B 同位素分馏很小，所以 MORB 玻璃的平均值可代表亏损地幔和硅酸盐地球整体的 B 同位素组成（Marschall et al., 2017）。

3.2.8 地核的稳定同位素组成

虽然地核的成分在很大程度上仍不得而知，但宇宙化学和地球物理方面的证据表明，地核一定含有除 Fe 和 Ni 以外的较轻元素。一个可能的元素是硅，因为在地核的相关 p、T 条件下，液态铁与硅酸盐反应会形成铁硅合金。如 Shahar 等（2016）证明的，在讨论地核的同位素组成时，压力效应是不能忽略的。

因为两相的化学键环境不同，因此相对于合金相，硅酸盐中的硅应该富集 ^{28}Si（Schauble, 2004; Georg et al., 2007）。如 Shahar 等（2009, 2011）实验所示，在 1800～2200℃ 的温度下，相对于金属而言，硅酸盐明显富集 ^{28}Si。在更高的地核温度下，可以预测地核中金属相相对于地幔中硅酸盐的硅同位素约亏损 1.2‰。后来，Hin 等(2014)测定到了稍小的 Si 同位素分馏。

就铁同位素而言，金属相相对于铁氧化物会更富集重铁同位素(Young et al.，2015)。然而，关于金属和硅酸盐之间的铁同位素分布的实验结果表明，两相之间并没有铁同位素分馏(Poitrasson et al.，2009；Hin et al.，2012)。为了更好地模拟自然条件，Shahar 等(2014)在他们的实验中添加了硫，并确实观察到金属和铁氧化物之间有 0.4‰的分馏。Elardo 和 Shahar(2017)发现在地核形成过程中，Ni 对控制 Fe 同位素分馏起着很重要的作用。他们的实验表明随着 Ni 含量的增加，相对于硅酸盐，金属中的重铁同位素会更加富集。另一方面，Liu 等(2017)却认为在地核形成过程中不可能导致明显的 Si 和 Fe 同位素分馏。

3.3 岩 浆 岩

由于岩浆岩的形成温度较高，因此可以预期它们在同位素组成上表现出相对较小的差异。然而，由于次生蚀变过程以及岩浆可能有地壳和地幔来源的事实，在岩浆岩中观察到的同位素组成变化实际上可能是相当大的。

如果火成岩没有受到亚固相同位素交换或热液蚀变的影响，其同位素组成将由以下几个方面决定：

(1) 产生岩浆的源区的同位素组成。
(2) 岩浆生成和结晶的温度。
(3) 岩石的矿物学成分。
(4) 岩浆的演化历史，包括同位素交换，围岩混染，岩浆混合等过程。

第 2 章已经就特定的元素简要讨论了岩浆岩金属同位素的变化。本章后续的各小节将集中讨论 $^{18}O/^{16}O$ 的测量，其中一些要点将得到更详细的讨论(Taylor，1986a，b；Taylor，Sheppard，1986)。

3.3.1 分异结晶

由于在岩浆温度下，熔体和固体之间的分馏系数很小，因此分离结晶作用预计在影响岩浆岩氧同位素组成方面只起很小的作用。例如，Matsuhisa(1979)报道，在日本的一个熔岩序列中，从玄武岩到英安岩，$\delta^{18}O$ 值增加了大约 1‰。Muehlenbachs 和 Byerly(1982)分析了 Galapagos 扩张中心的一套极度分异的火山岩，表明 90%的分异作用仅使残余熔体富集约 1.2‰。在 Ascension 岛上，Sheppard 和 Harris(1985)在从玄武岩到黑曜岩的一套火山中测量到了将近 1‰的差异。此外，如果要模拟封闭体系结晶分异，可以预测 SiO_2 含量每增加 10%，^{18}O 约富集 0.4‰。

分离结晶会影响 Si 同位素组成：$\delta^{30}Si$ 值随着 SiO_2 的增加而逐渐增大(Douthitt，1982；Savage et al.，2011)。在几个金属同位素体系中，分离结晶都会引起可测量的同位素分馏变化,特别适应于 Fe 同位素,这是因为潜在的氧化还原条件变化(Poitrasson, Freydier, 2005; Teng et al.,2008; Schuessler et al.,2009)。

3.3.2 火山岩与深成岩的区别

在成分相同的细粒的快速冷却的火山岩和粗粒深成岩之间已经观察到 O 同位素组成的系统差异(Taylor,1968; Anderson et al.,1971)。深成镁铁质岩石中矿物间的分馏作用约为在对应的喷发镁铁质岩石中观察到的相应分馏作用的两倍。这种差异可能是矿物之间的退化交换或深成岩结晶后与流体相的交换反应造成的。这一解释得到了后续支持,研究发现月球表面的玄武岩和辉长岩产生的"同位素温度"与其结晶的初始温度相同。由于月球上的水浓度很低,退变质交换非常有限。

3.3.3 低温蚀变过程

火山岩玻璃含量高、粒度细,极易受低温水化和风化作用的影响,其特点是蚀变岩中具有大的 ^{18}O 富集效应。

一般来说,第三纪及更古老的火山岩可能表现出从原始状态被改造后变为更高 $^{18}O/^{16}O$ 比值的 O 同位素组成特征(Taylor,1968; Muehlenbachs, Clayton,1972; Cerling et al.,1985; Harmon et al.,1987)。虽然没有办法逐个样本地确定这些 ^{18}O 富集的程度,但可以通过确定水(和二氧化碳)含量并"校正"到被认为是该次分析的整套岩石的初始值的方法来粗略估计(Taylor et al.,1984; Harmon et al.,1987)。岩浆的原始水含量很难估计,但一般认为原生玄武质岩浆不应含有超过1%的水。因此,任何含水量大于1%的样品都可能是次生成因的,在将这些样品的 $\delta^{18}O$ 测量用于原生岩浆解释之前,应该对这些样品的 $\delta^{18}O$ 值进行校正。

3.3.4 地壳岩石混染

由于不同的地表和地壳环境具有不同的且独特的同位素组成特征,稳定同位素为区分地幔和地壳在岩浆成因中的相对作用提供了有力的工具。当稳定同位素与放射成因同位素一起考虑时,效果会更加明显。因为这些独立的同位素系统内的变化可能是由不相关的地质原因引起的。例如,受上地壳内混染过程影响的地幔熔体将显示 $^{18}O/^{16}O$ 和 $^{87}Sr/^{86}Sr$ 比值增加,这与 SiO_2 的增加和 Sr 含量的减少相关。相反,仅通过分异而不伴随与地壳物质的相互作用而演化的地幔熔体,其 O 同位素组成主要反映其源区的 O 同位素组成,而不受化学组成变化的影响。在后一种情况下,稳定同位素和放射成因同位素的相关变化将表明源区地壳混染程度的变化(即地壳物质通过俯冲被再循环到地幔中)。

Taylor(1980)和 James(1981)的模拟表明,可以区分源区混染和地壳混染的影响。岩浆混合和源区混染是服从双组分双曲混合关系的双组分混合过程,而地壳污染是一个三组分混合过程,涉及岩浆、地壳污染物和堆积体,在氧-放射成因同位素图上导致更复杂的混合轨迹。最后,必须提到的是,与放射成因同位素相比,氧是岩石中的主要成分,这意味着将氧同位素 $\delta^{18}O$ 值改变千分之零点几就需要吸收体积非常大的沉积物,这可能会引起空间问题。

3.3.5 来自不同构造背景的玻璃

1. 氧

早期火成岩氧同位素研究依赖于通过与氟化合物的经典反应分析获取的全岩数据。相对较大的氧同位素变化可归因于次生蚀变效应。为了校正这些低温效应，Harmon 和 Hoefs(1995)建立了一个由 2855 个全球新近纪火山岩氧同位素分析组成的数据库。他们观察到新鲜玄武岩和玻璃的 $\delta^{18}O$ 值有 5‰的变化，这被认为是玄武岩地幔源区氧同位素显著不均一的证据。这在图 3.8 中被记录下来，该图绘出了 $\delta^{18}O$ 值与镁数之间的关系(Harmon，Hoefs，1995)。

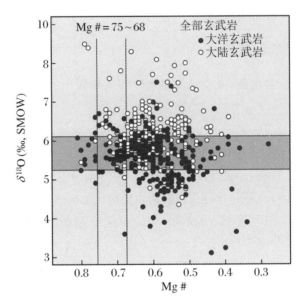

图 3.8　大洋玄武岩(实心圆)和大陆玄武岩(空心圆)的 $\delta^{18}O$ 值与镁数的关系图

阴影区域表示 MORB 平均值的范围为 5.7‰±2σ。清晰的垂直区域表示与橄榄岩源平衡的原始玄武岩部分熔体的范围(Harmon，Hoefs，1995)。

然而，全岩数据的使用也有其模棱两可之处。通过分析岩石中未蚀变的斑晶，特别是橄榄石和锆石等难熔斑晶，可以最好地估算原始岩浆的 $\delta^{18}O$ 值。基于激光的提取方法对少量分离矿物相的分析记录了不同类型玄武岩熔岩之间细微但可分辨的差异(Eiler et al.，1996，2000，2011；Dorendorf et al.，2000；Cooper et al.，2004；Bindeman et al.，2004，2005，2008)。

MORB 的 O 同位素组成在所有类型的玄武岩中都比较均一(5.5‰±0.2‰)，可作为其他构造环境中喷发的玄武岩的对比参考物质。通过对来自北大西洋的 MORB 玻璃进行高精度激光同位素分析，Cooper 等(2004)观测到的 $\delta^{18}O$ 的变化范围约为 0.5‰，比 Harmon 和 Hoefs(1995)最初认为的要大。^{18}O 的变化与高 $^{87}Sr/^{86}Sr$ 和低 $^{143}Nd/^{144}Nd$ 等指示地幔富集的地球化学参数有关。根据 Cooper 等(2004)的说法，富集物质反映了俯冲的蚀变脱水洋壳。

在与俯冲有关的玄武岩中发现了氧同位素组成的最大变化范围。Bindeman 等(2005)观察到橄榄石斑晶的 $\delta^{18}O$ 范围为 4.9‰～6.8‰。假设俯冲组分的 $\delta^{18}O$ 值已知,与弧有关的熔岩中氧同位素的变化可以限制俯冲沉积物和流体对弧下地幔的贡献(Eiler et al.,2000;Dorendorf et al.,2000)。这些作者证明,地壳混染或海洋沉积物的贡献是微不足道的(1%～2%)。相反,观察到的橄榄石和单斜辉石中的 ^{18}O 富集可能是与来自俯冲的蚀变洋壳的高 ^{18}O 流体交换的结果。

相对于大洋玄武岩,大陆玄武岩倾向于富集 ^{18}O,并且在 O 同位素组成上表现出更大的变化范围,这一特征归因于岩浆上升期间与富集 ^{18}O 的大陆地壳的相互作用(Harmon,Hoefs,1995;Baker et al.,2000)。

2. 氢

水在硅酸盐熔体和玻璃中至少以两种截然不同的形式溶解:水分子和羟基。由于这两种物质的比例随总水含量、温度和熔体的化学成分而变化,氢同位素在蒸汽和熔体之间的整体分配是这些变量的复杂函数。Dobson 等(1989)测定了在 530～850 ℃温度范围内水蒸气和溶解于长英质玻璃中的水之间的分馏。在这些条件下,玻璃的总溶解水含量低于 0.2%,所有水以羟基形式存在。测得的氢分馏系数在 1.035～1.051 之间变化,比大多数含水矿物-水体系所观察到的氢的分馏系数大,这可能反映了玻璃中羟基的强氢键作用。

Kyser 和 O'Neil(1984)、Poreda(1985)和 Poreda(1986)等测定了 MORB、OIB 和 BAB 玻璃的氢同位素和水含量数据。MORB 玻璃的 δD 值范围为 -90‰～-40‰,与金伯利岩和橄榄岩中的金云母和角闪石的 δD 值难以区分(图 3.4)。

新鲜海底玄武岩玻璃中的 D/H 比值和含水量可以通过以下几个因素来改变:(1) 去气;(2) 在岩浆温度下加入海水;(3) 低温水化。Clog 等(2013)对潜在的污染过程进行了再研究,认为先前对 MORB 玻璃的测试可能受到了分析假象的影响,并得出结论:上亏损地幔的 δD 值为 -60‰。

流纹质岩浆的去气过程是目前认识最清楚的,其中富水岩浆(约含水 2%)的 δD 值为 -50‰。在很晚的喷发阶段,剩余水含量约为 0.1%,其 δD 值约为 -120‰(Taylor et al.,1983;Taylor,1986a,b)。对于这一过程,决定性的参数是蒸汽和熔体之间的同位素分馏,其值在 15‰～35‰之间(Taylor,1986a,b),另一个参数是从系统中损失的水量(Rayleigh 分馏)。去气过程产生了与大气水热液蚀变相反的趋势,表现为 δD 值随含水量的增加而降低。De Hoog 等(2009)模拟了去气过程中氢同位素的分馏,考虑了水种类随含水量和温度的变化。在熔体去气过程中,随着 OH/H_2O 比值的逐渐增加,H 分馏系数也随之增加。

3. 碳

许多研究者估计熔体中 CO_2 和溶解碳之间的同位素分馏在 2‰到 4‰之间变化(Holloway,Blank,1994),相对于熔体,蒸汽富含 ^{13}C。这种分馏可以用来解释火山气体中玻璃和 CO_2 的碳同位素组成,并估计未去气玄武岩熔体的初始碳浓度。

目前报道的玄武岩玻璃的 $\delta^{13}C$ 值从 -30‰到 -3‰不等,这些变化代表在不同温度下通过逐步加热提取的碳同位素组成不同(Pineau et al.,1976;Pineau,Javoy,1983;Des

Marais，Moore，1984；Mattey et al.，1984)。碳的"低温"组分在600 ℃以下可被提取,而碳的"高温"组分在600 ℃以上可被释放。关于这两种不同类型碳的来源,有两种不同的解释。首先,Pineau 等(1976)以及 Pineau 和 Javoy(1983)认为,观察到的碳同位素变化的整个范围代表原生溶解碳,在 CO_2 的多级去气过程中,原生溶解碳(^{13}C)亏损越来越多。然而,Des Marais 和 Moore(1984)以及 Mattey 等(1984)提出的"低温"碳来源于表面污染。对于 MORB 玻璃,"高温"碳具有典型的地幔的同位素组成。岛弧玻璃具有较小的 $\delta^{13}C$ 值,这可能是由于源区混合了两种不同的碳化合物:一种类似 MORB 的碳和一种来自俯冲的远洋沉积物的有机碳组分(Mattey et al.，1984)。

4. 氮

玄武岩玻璃中氮的同位素含量较低,这使得氮对大气污染和地表来源的物质如有机质的加入十分敏感,因此测定玄武岩玻璃中的氮同位素十分复杂。玄武岩玻璃中的氮已被 Exley 等(1987)、Marty 和 Humbert(1997)以及 Marty 和 Zimmermann(1999)测定。Marty 和他的同事们报道称,MORB 和 OIB 玻璃中的氮的平均 $\delta^{15}N$ 值约为 $-4‰±1‰$(图3.6)。影响其同位素组成的主要因素似乎是岩浆去气作用和地表物质的混染作用。

5. 硫

硫在岩浆系统中的行为特别复杂,硫可以以硫酸盐和硫化物的形式存在,有四种不同的形式:溶解在熔体中、不混溶的硫化物熔体中、单独的气相中以及各种硫化物和硫酸盐矿物中。确定岩浆岩中硫的来源需要了解复杂的参数如氧逸度、熔体中溶解硫的形态以及最重要的是要了解去气历史。Mandeville 等(2009)已经证明岩浆去气可以改变初始硫同位素组成高达 14‰,另一方面,de Moor 等(2010)表明,岩浆体的去气仅导致轻微的 ^{34}S 富集。

早期对 MORB 玻璃和夏威夷海底玄武岩的测量表明硫同位素组成的范围非常窄,$\delta^{34}S$ 值聚集在 0 附近(Sakai et al.，1982，1984)。Labidi 等(2012)的最新测量结果表明,已公布的 MORB 数据受到分析萃取过程中硫回收不完全的影响。Labidi 等(2012,2014)认为,亏损地幔的硫同位素组成比之前认为的更负,$\delta^{34}S$ 值为 $-1.4‰$。地幔负的 $\delta^{34}S$ 值可能是由于低 ^{34}S 洋壳在 MORB 地幔源区中的再循环过程(Cabral et al.，2013),也可能是由于在核-幔分异过程中硫同位素分馏导致核中 ^{34}S 富集、地幔中 ^{34}S 亏损(Labidi et al.，2013)。在年轻的洋岛玄武岩中发现非质量相关的硫同位素分馏表明,太古代洋壳可能在地幔中生存(Cabral et al.，2013)。

在近地表玄武岩中 $\delta^{34}S$ 值的变化较大,一般向更正的方向偏移。这种较大变化的原因之一是在岩浆去气过程中一个含硫相的损失。伴随去气而来的同位素变化取决于温度和形态,后者与氧逸度密切相关(Sakai et al.，1982),并取决于开放体系条件(从岩浆中立即移除)或封闭体系条件(排出的蒸汽与岩浆保持平衡)(Taylor，1986a，b)。

3.3.6 海水-玄武岩地壳相互作用

有关洋壳 O 同位素特征的信息来自 DSDP/ODP 钻探地点和对蛇绿岩杂岩的研究,这些杂岩可能代表古代洋壳的碎片。原生未蚀变洋壳的 $\delta^{18}O$ 值接近 MORB($\delta^{18}O$ 值为 5.7‰)。大洋岩石圈内的蚀变可分为两种类型:低温下风化作用可使玄武岩基质显著富集

^{18}O,但不影响斑晶,这种低温蚀变的程度与含水量有关:含水量越高,δ^{18}O 值越大(Alt et al.,1986)。当温度超过 300 ℃时,洋中脊之下的热液环流导致高温的水/岩相互作用,在这种相互作用中,洋壳较深的部分的^{18}O 亏损 1‰~2‰。在蛇绿岩杂岩中也有类似的发现,最常引用的例子是阿曼的蛇绿岩杂岩(Gregory,Taylor,1981)。^{18}O 含量最大值出现在枕状熔岩序列的最上部,并通过席状岩墙群而降低。在岩墙杂岩基底下至 Moho 面,δ^{18}O 值比典型地幔低 1‰~2‰。

因此,由于在不同温度下与海水的反应,不同层的大洋地壳相对于"正常"地幔值,分别呈现富集和亏损^{18}O 的特征。Muehlenbachs 和 Clayton(1976)以及 Gregory 和 Taylor (1981)得出结论:^{18}O 的富集与^{18}O 的亏损相平衡,^{18}O 的亏损对海水的氧同位素组成起着缓冲作用。

Gao 等(2006)评估了现有的数据基础,并得出结论,现代和古老洋壳剖面存在明显的质量加权的δ^{18}O 值差异,这种差异取决于其扩张速率的差异。形成于快速扩张洋脊之下的洋壳通常具有亏损或平衡的δ^{18}O 值,而形成于慢速扩张洋脊之下的洋壳则具有富集的δ^{18}O 值。这种差异可能是由快速扩张洋脊和缓慢扩张洋脊的海水渗透深度不同所致。

在洋壳中具有特殊意义的是由富含橄榄石的超镁铁质岩石水化形成的蛇纹石,因为它们在水和其他挥发物从地表循环到岩石圈深部并通过地幔楔和弧岩浆返回地表方面发挥着重要作用(Evans et al.,2013)。因此,蛇纹石化可以在一系列温度和各种地质环境中发生。实验确定的氢同位素分馏系数(Saccocia et al.,2009)可以用来约束流体来源。例如,来自大洋中脊环境的蛇纹石是与热的海水相互作用形成的。

3.3.7 花岗质岩石

根据^{18}O/^{16}O 比值,Taylor(1977,1978)将花岗质岩石分为 3 类:(1)^{18}O 值介于 6‰~10‰之间的正常花岗质岩石;(2)^{18}O 值大于 10‰的高^{18}O 花岗质岩石;(3)^{18}O 值小于 6‰的低^{18}O 花岗质岩石。虽然这是一个有点武断的分组,但它却是一个有用的地球化学分类。

世界上许多花岗质深成岩中的^{18}O 含量比较均一,其δ^{18}O 值在 6‰~10‰之间。正常组低^{18}O 端的花岗质岩石已在没有大陆地壳存在的大洋岛弧地区进行了描述(Chivas et al.,1982)。这种深成岩体被认为完全是地幔成因的。正常^{18}O 组高^{18}O 端的花岗岩可能是由同时包含沉积组分和岩浆组分的地壳部分熔融形成的。值得注意的是,许多正常的^{18}O 花岗岩都是前寒武纪的,而这个时期的变质沉积物的δ^{18}O 值往往低于 10‰(Longstaffe, Schwarcz,1977)。

δ^{18}O 值大于 10‰的花岗质岩石可能来源于某些类型的富含^{18}O 的沉积的或变沉积的原岩。例如,在西欧的许多海西期花岗岩(Hoefs,Emmermann,1983)、非洲的达玛兰期花岗岩(Haack et al.,1982)和中亚喜马拉雅山的花岗岩(Blattner et al.,1983)中都观察到这样高的δ^{18}O 值。所有这些花岗岩都很容易归因于一个不均一的地壳源区内的深熔作用,其中含有大量的变质沉积成分。

δ^{18}O 值低于 6‰的花岗质岩石不可能由玄武岩浆的任何已知分异过程衍生而来。除了那些在亚固相线条件下与^{18}O 贫化的大气降水热液交换的低^{18}O 花岗岩外,已观察到少数原生低^{18}O花岗岩(Taylor，1987a，b)。在冷却和结晶之前，这些花岗岩在以液态为主时就明显地继承了^{18}O的亏损。这种低^{18}O岩浆可能是由热液蚀变的围岩重熔形成的，也可能是由裂谷带构造环境中这种物质的大规模混染形成的。

硅同位素也被用来区分不同类型的花岗岩(Savage et al.，2012)。由于风化作用导致亏损^{30}Si的黏土矿物的形成，来源于沉积岩的花岗岩(S型花岗岩)比I型和A型花岗岩同位素变化更大，平均值也更小。然而，相对较小的变化表明Si同位素的敏感性低于O同位素。

在锆石中放射成因同位素和稳定同位素的原位测量相结合方面取得的最新进展，有助于更好地理解花岗岩的岩石成因和大陆地壳的演化(Hawkesworth, Kemp, 2006)。非蜕晶质锆石由于其耐火性和坚固性，从结晶时起就保持其δ^{18}O值(Valley, 2003)。因此，锆石的δ^{18}O值可以用来追踪幔源地壳和由先存的火成的或沉积(变质)的地壳再活化而成的新地壳的相对贡献。与地幔平衡的岩浆结晶的锆石的δ^{18}O值范围较窄，为5.3‰±0.3‰。深成洋壳中锆石的δ^{18}O平均值为5.2‰±0.5‰，这表明斜长花岗岩和分异辉长岩没有明显的海水特征(Grimes et al.，2011)。

如果母岩浆中吸收高^{18}O物质(通过熔融或同化表壳岩)，则会导致向更高δ^{18}O值的变化。δ^{18}O值低于5.3‰的锆石，表明低^{18}O岩浆来源于大气水/岩石相互作用。

对已经定年的锆石的氧同位素组成进行分析，可以提供地壳生长和成熟历史的记录。Valley等(2005)分析了代表整个地质年龄谱的1200个定年锆石。在地球历史上的前半期都发现了均一的较低的δ^{18}O值，但在较年轻的岩石中观察到了变化更大的值。与太古代不同，δ^{18}O值在元古代逐渐增加，这可能表明地壳已经成熟(图3.9)。1.5 Ga之后，8‰以上的高δ^{18}O值反映了沉积物成分的逐渐变化，以及表层物质再循环到岩浆中的速度和方式(Valley et al.，2005)。

3.3.8 岩浆体系中的挥发分

可以通过对火山气体和热泉进行分析来反演出岩浆挥发分的同位素组成及相应的同位素分馏过程。挥发分的同位素分馏主要通过去气作用。这样的研究还可以得到气体丢失之前熔体初始成分的信息。此外，岩浆在与俯冲板块、洋壳和大陆地壳的相互作用过程中也留下其挥发分的印记(Hahm et al.，2012)。岩浆体系中的挥发分的最终来源——无论简单地认为其来源于原始地幔的去气过程，还是来源于在板块俯冲过程中的循环——都很难评定，但在某些情况下可以被反演出来。

由于地表岩石的同位素组成相对于地幔变化更大，因此研究挥发分的一个重要方面是评估有多大比例的挥发分从地表储库转移到了地幔。弧形火山系统和热液体系内的挥发物可能含有大量的来源于地表的物质，这为挥发物在俯冲带内循环的观点提供了强有力的证据(Hauri，2002a; Snyder et al.，2001; Fischer et al.，2002)。

火山气体的化学组成是变化的，在样品采集、储存和处理过程中也可能发生很大改变。大气造成的污染很容易被识别，校正起来也很简单，然而识别近地表环境内自然过程所造成的污染却很困难。因此，辨别气体是否真正源于地幔(除氦气外)依然非常困难。除被同化、污染外，去气过程也能使岩浆挥发物的同位素组成发生极大变化。

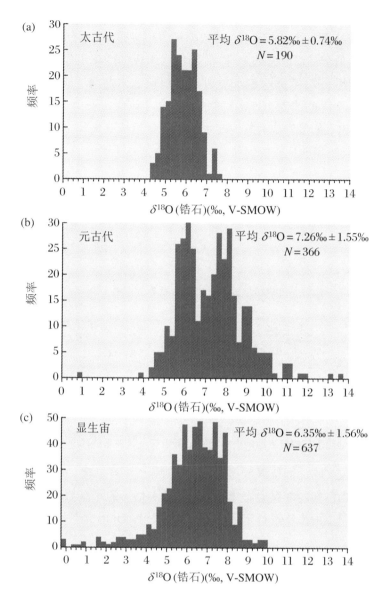

图 3.9 不同时期的火成锆石 $\delta^{18}O$ 值柱状图

(a) 太古代,(b) 元古代,(c) 古生代(Valley et al., 2005)。

1. 水

火山喷发和地热系统内的水来自何处？这是在地球化学研究领域中一个困扰人们已久的难题。多少比例的水来自岩浆本身？多少比例的水来自大气降水循环？在对火山热液系统内流体做出稳定同位素研究后得出的结论中，最主要并且十分明确的一个结论是，地热水大部分来源于当地大气降水(Craig et al., 1956; Clayton et al., 1968; Clayton, Steiner, 1975; Truesdell, Hulston, 1980)。

大多数地热水内的氘含量与本地降水内的氘含量相近，但由于在高温下与围岩发生同位素交换，地热水内的^{18}O含量通常较高。氧同位素变化的程度取决于水和岩石的初始氧同位素组成、岩石的矿物属性、温度、水/岩石占比以及相互作用时长。

然而,火山系统内的岩浆水组分不能被排除在外,这一观点不断被证实。随着越来越多的全世界各地火山(特别是高海拔火山)的数据被人们获取,Giggenbach(1992)证明"横向的"^{18}O 变化实际上是个例而非普遍规律;氧同位素组成的变化也伴随着氘含量的变化(图3.10)。Giggenbach(1992)声称这些水类似于本地地表水与另一种同位素成分十分均一(δ^{18}O 值约为 10‰,δD 值约为 -20‰)的水的混合。他假定安山岩火山中普遍存在一种δD 值为 -20‰(这比人们普遍认为的地幔水的同位素组成要高得多)的岩浆组分。该岩浆组分最可能的来源是被俯冲板块带到弧岩浆产生区域的循环性海水。

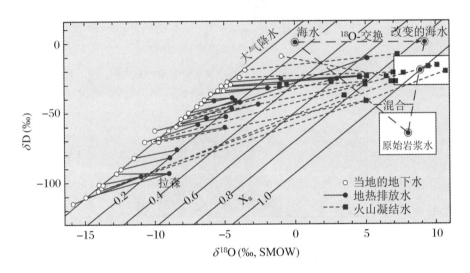

图 3.10 地热水与相应当地地表水的同位素组成及其关系线(Giggenbach,1992)

在解释火山去气产物的同位素数据时,沸腾作用经常被忽略。地热流体的蒸发会导致同位素分馏。可以用已知的随温度而变的分馏系数和估算的蒸汽与水的接触时长来对沸腾作用对水的同位素组成的影响进行定量评估(Truesdell,Hulston,1980)。

2. 碳

二氧化碳是岩浆系统中含量第二的气体。Barnes 等(1978)在对全球各地构造活动区排出的二氧化碳的调查中,认为地幔的 δ^{13}C 值在 -8‰～-4‰ 之间。然而,这是有问题的,因为平均的地壳和地幔同位素组成大致一致但有大量能导致二氧化碳同位素组成变更的地表因素。更有可能成功的方法是对直接取自高温状态下的岩浆内的二氧化碳的 ^{13}C 含量进行分析。

对夏威夷的基拉韦厄火山的气体进行收集和分析的研究时间最长,其数据库跨越的时间大约是 1960 年到 1985 年(Gerlach,Thomas 1986;Gerlach,Taylor,1990)。Gerlach 和 Taylor(1990)认为基拉韦厄火山的总火山气体排放量的 δ^{13}C 最佳平均估值为 -3.4‰ ± 0.05‰。他们制作了一个分为两个阶段的去气模型来解释该值:(1)火山口岩浆房的上升和压力平衡;(2)火山口所储存的岩浆在上升和喷发过程中的快速、近地表减压。他们的研究表明,火山气体直接显示出母岩浆 C 同位素比值(δ^{13}C = -3.4‰),而在东部裂谷带喷发期间排出的气体的 δ^{13}C 值为 -7.8‰,这与浅层岩浆系统中受去气影响的岩浆一致。

大量文件证明 MORB 囊泡内的二氧化碳来自于上层地幔。在岛弧和俯冲火山作用中产生的碳可能主要来自灰岩和有机碳。Sano 和 Marty(1995)证明 $CO_2/^3He$ 比值与 $\delta^{13}C$ 的值组合在一起可以用来区分沉积有机碳、灰岩和 MORB 碳。Nishio 等(1998)和 Fischer 等(1998)通过使用这种方法推断俯冲地带三分之二的碳来自碳酸盐,三分之一的碳来自有机碳。Shaw 等(2003)甚至发现在中美洲岛弧的火山内来自海底碳酸盐的碳占的比例竟高达80%。Mason 等(2017)汇总了全球火山弧的 C 和 He 同位素数据并得出结论,弧火山释放的 CO_2 明显比来自 MORB 的 CO_2 的同位素重,这表明灰岩是弧岩浆的重要 CO_2 来源。

除二氧化碳外,科学家们发现高温热液喷发的液体中还存在甲烷(Welhan,1988;Ishibashi et al.,1995)。科学家们尚不清楚这些甲烷的来源,甚至也不确定其是否来源于 ^3He 异常的体系。有的科学家推测这些甲烷来自于非生物成因岩浆作用(Welhan,1988),有的科学家则推测冲绳海槽内的甲烷来自地热(Ishibashi et al.,1995)。

近年来,越来越多的证据证实甲烷可以无需生物作用仅通过费托合成产生(在催化剂作用下,氢气将一氧化碳或二氧化碳还原)(Sherwood-Lollar et al.,2006;McCollom,Seewald,2006)。在非生物热液条件下合成的碳氢化合物($C_1 \sim C_4$)比二氧化碳更亏损 ^{13}C。^{13}C 亏损的程度与生物作用下碳同位素分馏程度相似,因此科学家们无法确定还原态的碳是生物作用导致的还是非生物作用导致的。这一发现对人们关于地球最初生物圈的讨论具有重要的启示。Sherwood-Lollar 等(2002)观察发现非生物条件下有个趋势,即随着碳数($C_1 \sim C_4$ 的数量)增加 ^{13}C 含量降低,而这与生物作用所产生气体的情况刚好相反。然而 Fu 等(2007)的实验无法证实 Sherwood-Lollar 等(2002)所发现的这一趋势。

3. 氮

由于 MORB($\delta^{15}N$ 值为 -5‰)、大气($\delta^{15}N$ 值为 0)和沉积物($\delta^{15}N$ 值为 6‰~7‰)的氮同位素组成有明显的区别,氮是地表和地幔之间挥发物循环的良好的示踪剂。Zimmer 等(2004)、Clor 等(2005)、Elkins 等(2006)证明,氮非常适用于追踪俯冲带内有机质的命运。这几位学者证实了沿哥斯达黎加、尼加拉瓜和印度尼西亚岛弧一带对产生有机质的氮的不同贡献。例如,Elkins 等(2006)估计尼加拉瓜火山前沿内的火山气体和地热气体有 70%是来自沉积物。

4. 硫

除二氧化硫外,火山系统内还存在大量硫化氢、硫酸盐和单质硫,这使得要说明火山系统内硫的来源变得更困难。整体硫同位素组成必须通过质量平衡限制来计算。在低压高温环境下能与玄武质岩浆形成平衡的主要硫成分是二氧化硫。随着温度降低和/或水逸度增加,硫化氢变得更稳定。在极高温下取得的二氧化硫的 $\delta^{34}S$ 值是岩浆 ^{34}S 含量的最佳估值(Taylor,1986a,b)。Sakai 等(1982)的报告指出基拉韦厄火山内硫质气体的 $\delta^{34}S$ 值为 0.7‰~1‰,与 Allard(1983)、Liotta 等(2012)测得的埃特纳火山内气体的 $\delta^{34}S$ 值(0.9‰~2.6‰)相当。De Moor 等(2013)对相对还原的火山系统(埃塞俄比亚的埃塔·艾尔山)和相对氧化的火山系统(尼加拉瓜的马萨亚火山)内的气体和岩石的硫同位素系统进行了研究。埃塔·艾尔火山内的 $\delta^{34}S$ 值($\delta^{34}S_{气} = -0.5‰$,$\delta^{34}S_{岩} = +0.9‰$)与马萨亚火山的 $\delta^{34}S$ 值($\delta^{34}S_{气} = +4.8‰$,$\delta^{34}S_{岩} = +7.4‰$)相比更为亏损。马萨亚火山的 $\delta^{34}S$ 值如此之高,明显反映了俯冲硫酸盐的循环效应。图 3.11 为高压和低压、高氧逸度和低氧逸度状态下硫的同位素去气情况。

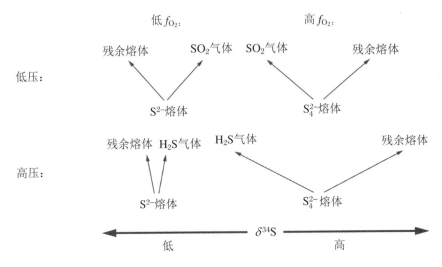

图3.11　高压和低压、高氧逸度和低氧逸度状态下硫的同位素去气情况

人们需要对火山进行监测,火山内的硫化合物在监测火山方面起到了重要作用,因为二氧化硫可能会转化为可以将大气冷却几个月或几年的硫酸盐气溶胶亚微米颗粒。火山爆发时会将大量火山内的二氧化硫注入平流层,这将会对全球气候产生重大影响。Bindeman 等(2007)、Martin 和 Bindeman(2009)对火山灰内的硫酸盐进行了硫和氧的同位素组成分析。他们发现其 $\delta^{34}S$、$\delta^{18}O$、$\Delta^{33}S$、$\Delta^{17}O$ 值波动范围较大。非质量相关硫同位素分馏的存在证明生成非质量相关分馏所需的化学过程存在于部分现代富氧大气层内。上层大气中的二氧化硫在与非质量相关的臭氧相互作用过程中被氧化,并产生了氧的非质量相关分馏。

总之,通过对火山气体和地热水进行的稳定同位素(H、C、S)分析可以对地幔的同位素组成进行估计。然而,必须牢记污染、同化混染以及气态同位素分馏的极大可能性(尤其是在地表环境中),使得该推论的不确定性变大。如果能"识破"这些次级效应,火山气体和地热水的 H、C、N 和 S 同位素组成的细微差异可能是不同大地构造环境的标志性特征。

3.3.9　地热系统中的同位素地质温度计

尽管在地热流体中一直有许多同位素交换过程在发生,并且许多同位素交换过程都可能为地质温度计提供信息,但由于只有合适的交换速率才能达到同位素平衡,因此只有少数同位素交换过程被应用(Hulston,1977;Truesdell,Hulston,1980;Giggenbach,1992)。温度是根据 Richet 等(1977)所计算出的分馏系数来确定的。C-O-H-S 系统的地质温度计误差总体上是由于同位素交换速率的不同,交换速率从大到小依次为:CO_2-H_2O(氧气)、H_2O-H_2(氢气)、SO_2-H_2S(硫)、CO_2-CH_4(碳)。特别需要指出的是 CO_2-CH_4 温度计的误差,其测出的温度经常高于实际温度。然而,对希腊尼西罗斯火山的研究表明,即使在温度低至 320 ℃时,CO_2 和 CH_4 也能保持化学平衡及同位素平衡(Fiebig et al.,2004)。

3.4 变 质 岩

除了交换温度外,变质岩的同位素组成主要取决于三个因素:变质前原岩的组成;温度升高时的挥发效应;与渗透流体或熔体的交换。以上三个因素的相对重要性因地区和岩石类型而异。要对变质岩中同位素变化的原因进行准确解释,就需要了解各变质岩的变质反应历史。

(1) 原岩(即沉积岩或岩浆岩)的同位素组成通常很难估算。只有在相对干燥、不含挥发物的原岩中,变质岩石才能得以保留其原始组成。

(2) 沉积物的进变质作用导致挥发物被释放,这可以用两个端元过程来进行描述(Valley,1986):批式挥发,所有流体在能够逸出之前就已经完全形成并积累;瑞利挥发,这要求流体一旦产生就立即从岩石中逸出。自然过程似乎介于这两个过程之间,无论如何,这些端元过程描述了有用的界线信息。因为CO_2以及损失的H_2O(大多数情况下)通常比整体岩石富集^{18}O,因此变质挥发反应通常会使岩石的$\delta^{18}O$值降低。^{18}O亏损的程度可以通过考虑各种温度下的氧同位素分馏来进行估算。在大多数情况下,变质挥发反应对$\delta^{18}O$值的影响应该很小(约1‰),因为释放出的氧与岩石中剩余的氧相比很小,且在高温下的同位素分馏很少,并且有时会产生相反的影响。

(3) 是否存在外源流体的渗透仍有争议,但近年来很多学者都支持有外源流体存在的观点。许多研究已经证明,流体相比以前设想的要活跃得多,尽管人们常常不清楚同位素变化是由变质作用导致的还是成岩作用导致的(Kohn,Valley,1994)。

一个关键问题是变质岩的同位素组成在多大程度上被流体改变。挥发反应导致的同位素特征与流体/岩石相互作用(同时伴随有矿物-流体反应)所导致的同位素特征大不相同。同位素改变5‰~10‰就明确表明发生的变质事件是流体/岩石相互作用而不是挥发反应。在许多包含碳酸盐岩的变质系统中都可以观察到耦合的氧/碳同位素亏损。图3.12对28个以主体在接触变质环境中形成的大理岩为研究对象的研究结果进行了总结。在图3.12所示的每个区域中,O-C趋势的斜率都为正,在性质上与去挥发分效应类似。但是,在每个区域中下降的程度都太大,这不可能是由封闭系统的去挥发分过程导致的,但表明是由流体渗透并与^{18}O及^{13}C同位素较低的流体发生同位素交换导致的(Valley,1986;Baumgartner,Valley,2001)。

共存矿物会在以下两种情况下在流体/岩石相互作用下改变其同位素组成(Kohn,Valley,1994):

(1) 渗透的流体在岩石内移动且不受结构、岩性控制,这使岩石变质之前的同位素组成差异被均一化。

(2) 通道式的流体会使单个地层或单元局部平衡,但不会使所有岩石或单元的同位素被均一化。通道式的流动在化学上的不均一性,使一些岩石不受影响。尽管自然界中这两

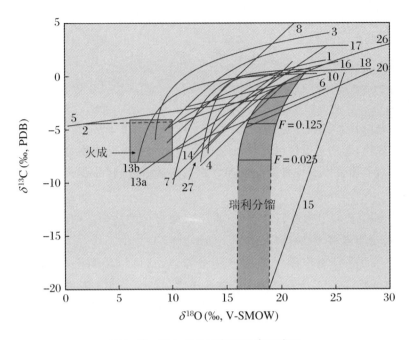

图 3.12　耦合 C-O 趋势同位素组成图

随着接触变质地区变质程度的增加，$\delta^{13}C$ 和 $\delta^{18}O$ 的值会降低（Baumgartner，Valley，2001）。

种流体流动方式都存在，但后一种类型似乎更常见。

通过矿物间同位素交换的数值模型可详细了解流体在变质过程中的流动方式。当流体渗入与流体同位素组成不平衡的岩石时，就会形成与色谱前缘类似的"稳定同位素前缘"。稳定同位素前缘同位素比值的急剧增大或减小取决于岩石和渗透流体的初始比例。例如，Taylor 和 Bucher(1986)发现在与 Bergell 花岗岩相接触的地脉附近的方解石的同位素组成存在大的梯度变化，在方解石内部几毫米的距离内 $\delta^{18}O$ 存在 17‰的梯度，$\delta^{13}C$ 存在 7‰的梯度。在其他交代区域中也发现了类似的陡峭梯度，但由于没有需要精确到毫米尺度的样品，所以未被承认。

通过意义明确的稳定同位素数据可知晓有关流体通量的定量信息，例如流体流动的方向和流体渗透事件的持续时间（Baumgartner，Rumble，1988；Bickle，Baker，1990；Cartwright，Valley，1991；Dipple，Ferry，1992；Baumgartner，Valley，2001）。在受到诸多限制的情况下，通过流体流动模型估算出流体通量比通过零维模型计算出的流体/岩石比例更切合实际。

新的微区分析技术（激光采样和离子微探针技术）的发明使对单个矿物晶粒内的小尺度同位素梯度进行测量成为了可能。氧同位素环带可以在多种尺度下形成（从露头尺度到晶粒尺度）。许多过程都能反映在氧同位素环带模型上，如扩散性氧同位素交换过程和外部流体的渗透过程。人们对石榴石在几种情况下从核心到边缘增加或减少的分带现象进行了观察（Kohn et al.，1993；Young，Rumble，1993；Xiao et al.，2002；Errico et al.，2012；Russell et al.，2013）。通过整个晶粒的同位素梯度形状可以对晶粒受开放系统流体迁移过程控制或是受封闭系统扩散过程的控制进行区分。

在一个详细的离子微探针研究中，Ferry 等(2014)观察到大量不同矿物中存在较大的晶间和晶内^{18}O 变化。区域变质岩的^{18}O 变化范围比接触变质岩更大。Ferry 等(2014)认为^{18}O 变化范围存在差异是因为区域变质的持续时间更长、反应速度更慢，与温度差异无关。

3.4.1 接触变质

由于火成岩的同位素组成与沉积岩的同位素组成完全不同，因此对侵入性接触带附近的同位素变化进行研究使得对冷却的侵入体周围的会与岩石相互作用的流体所起的作用进行探讨成为了可能。有两种类型的接触带(Nabelek，1991)："封闭式"接触带，其流体来自于深层岩体或围岩；"开放式"接触带，至少一部分变质历史是外部流体的渗透过程。某些接触带的流体主要以岩浆流体或变质流体为主，而另一些接触带的流体以来自地表的流体为主。Taylor 和他的同事们对许多侵入杂岩体周围的大气降水-热液系统进行了记录。对来自地表的流体可渗透的深度仍有争议，但是大多数大气降水-水液系统的渗透深度都不足 6 km(Criss，Taylor，1986)。但是，Wickham 和 Taylor(1985)在比利牛斯山的 Trois Seigneur 断层中发现海水渗入深度达到 12 km。

对许多接触带的岩石学和同位素综合研究表明，接触带内流体主要来自本地。对许多接触带的钙质硅酸盐氧同位素组成的研究表明，钙质硅酸盐角页岩的^{18}O 含量与其侵入体的^{18}O 含量接近。在结合特征性氢和碳同位素比值研究后，许多研究者都得出结论，即接触变质过程中岩浆流体起主要作用，而大气降水仅在其随后的冷却过程中起重要作用(Taylor，O'Neil，1977；Nabelek et al.，1984；Bowman et al.，1985；Valley，1986)。为对犹他州 Notch Peak 接触带上的流体-岩石相互作用进行模拟，Ferry 和 Dipple(1992)建立了不同的模型。他们的首选模型假设流体沿温度升高的方向流动，因此与岩浆流体模型不一样，他们认为接触变质过程中起主要作用的是来自挥发反应的流体。Nabelek(1991)对模型内 δ^{18}O 剖面进行了计算并认为 δ^{18}O 值剖面应是"低温方向"和"高温方向"共同流动导致的。他证明了通过复杂同位素剖面可知晓流体通量。Gerdes 等(1995)对南阿尔卑斯山 Adamello 接触带一个岩墙附近的大理岩薄层中米级尺度上的^{13}C 和^{18}O 传输进行了研究。他们观察到，在岩墙附近 1 m 的范围内的大理岩内存在系统的稳定同位素变化，其 δ^{13}C 值在 -7‰~0、δ^{18}O 值在 12.5‰~22.5‰范围内变化。以上学者将同位素剖面与对流-弥散同位素传输的一维和二维模型进行了比较。二维模型与实际最一致，该模型需指定一个供流体流动的高渗透性区域以及远离岩墙的大理岩为低渗透性区域。

3.4.2 区域变质

科学家们普遍观察到，低级变泥质岩的 δ^{18}O 值在 15‰~18‰之间，而高等级变质的片麻岩的 δ^{18}O 值在 6‰~10‰之间(Garlick，Epstein，1967；Shieh，Schwarcz，1974；Longstaffe，Schwarcz，1977；Longstaffe，Schwarcz，1977；Longstaffe，Schwarcz，1977；Rye et al.，1976；Wickham，Taylor，1985；Peters，Wickham，1995)。在没有液体渗透、加热约 150 ℃的情况下，典型角闪岩或下麻粒岩相变泥质岩、变玄武岩内同位素净转移反应

引起的改变约为1‰或更低(Kohn et al.，1993；Young，1993)。因此,造成^{18}O降低的过程一定是地壳中的大规模流体迁移过程。

流体迁移受几个因素影响。一个是变质序列的岩性。大理岩在变质过程中相对来说不易渗透(Nabelek et al.，1984),因此可能会阻碍流体的流动,最终限制均一化尺度,并引导通道式的流体优先穿过硅酸盐层。大理岩可视作区域^{18}O较高的储层,甚至可能增加邻近岩石的^{18}O含量(Peters，Wickham，1995)。因此,即使变质程度最高的块状大理岩也通常能保留其沉积同位素特征(Valley et al.，1990)。最初经历过低级变质的沉积序列可能包含丰富的原生孔隙流体,这些流体的^{18}O含量极低,还能充当对同位素进行均一化的媒介。另一个重要的流体来源是在高等级变质作用下所发生的变质脱水反应(Ferry，1992)。对某些地区的岩石学和稳定同位素研究表明,变质流体成分普遍在内部被去挥发分反应缓冲,因此在区域变质过程中大量流体并未与岩石产生相互作用(Valley et al.，1990)。在一个高级多重变质地层中,因为之前的变质过程会引起大量的脱水,后期的变质过程中流体来源很可能大部分是岩浆流体,所以限制了潜在的流体源区(Peters，Wickham，1995)。对希腊纳克索斯岛的泥质岩、角闪岩和大理岩的氧同位素组成进行的详细研究表明,其目前同位素组成至少是三个过程的结果:两次流体流动事件和预先存在的同位素梯度(Baker，Matthews，1995)。

剪切带是可用于对地壳内各个深度流体流动进行研究的特别好的环境(Kerrich et al.，1984；Kerrich，Rehrig，1987；McCaig et al.，1990；Fricke et al.，1992)。在退变质过程中,富水流体与已脱水的岩石发生反应,流体活动集中在相对狭窄的区域内。在对内华达州的石英岩糜棱岩进行分析后,Fricke(1992)证明,在糜棱岩化过程中,一定有大量的大气降水渗透到至少5~10 km深处的剪切带。同样,McCaig等(1990)指出,比利牛斯山脉的剪切带有地层水参与且糜棱岩化过程发生在约10 km的深度。

科学家们发现中国大别山和苏鲁超高压岩石的δ^{18}O值异常低(低至-10‰~-5‰)(Rumble，Yui，1998；Zheng et al.，1998；Xiao et al.，2006)。超高压岩石的典型特征是榴辉岩和其他地壳岩石中含有柯石英和微金刚石,这有力地证明了相当大一部分古老的大陆地壳在俯冲作用下到达了地幔的深度。δ^{18}O值极低是超高压岩石变质之前与大气降水的相互作用导致的。出人意料的是,超高压岩石极低的δ^{18}O值得以保留,这表明超高压岩石仅在地幔短暂停留,随后便迅速抬升。石英-石榴石的氧同位素温度在700~900 ℃范围内,这与在超高压条件下实现晶粒尺度的氧同位素平衡实验所得出的氧同位素温度一致(Rumble，Yui，1998；Xiao et al.，2006)。

大别山-苏鲁是世界上最大的超高压岩石带,大别山面积为5000 km^2、苏鲁的面积为10000 km^2。使^{18}O亏损所需的大量大气降水可能源于新元古代雪球地球的冰消作用。

最近,甚至报道了亏损更大的氧同位素(δ^{18}O值可低至-27.3‰),这些数据是报道于俄罗斯Karelia的(2.3~2.4) Ga古老岩石。具有非常低δ^{18}O的热液蚀变岩石被发现于沿着Baltic Shied的500 km的区域,这可能与古生代雪球地球冰期事件有关(Bindermann，Serebryakov，2011；Herwart et al.，2015，Zakharov et al.，2017)。

3.4.3 下地壳岩石

麻粒岩是下地壳的主要岩石类型。在地球表面可以发现两种不同的麻粒岩体:一种是暴露在高级区域变质带中的麻粒岩体,另一种是在玄武岩岩管中的小捕虏体。这两种类型的麻粒岩都表明下地壳的组成多样,都有镁铁质和长英质。

对麻粒岩地体的稳定同位素研究(Fiorentini et al.,1990;Jiang et al.,1988;Hoernes,Van Reenen,1992;Venneman,Smith,1992)表明,麻粒岩地体的同位素不均一,在其 $\delta^{18}O$ 值范围内,"与地幔类似"的值为最小值,典型变质沉积岩的值(10‰以上)为最大值。在对角闪石/麻粒岩转变进行研究时,很少有证据显示渗透流体通量是麻粒岩相变质过程中的主要影响因素(Valley et al.,1990;Cartwright,Valley,1991;Todd,Evans,1993)。

对下地壳麻粒岩捕虏体的研究也得到类似结果,其 $\delta^{18}O$ 值范围差异也很大,在5.4‰~13.5‰之间(Mengel,Hoefs,1990;Kempton,Harmon,1992)。镁铁质麻粒岩的典型特征是 $\delta^{18}O$ 值最低、^{18}O 含量变化范围最小。相比之下,硅质的变火成和变沉积的麻粒岩特别富集^{18}O,平均 $\delta^{18}O$ 值约为10‰。8‰的总差异突显了下地壳氧同位素的不均一性,证明了渗透性深部地壳流体流动的存在,并且证明了同位素均一化不是主要过程。

3.4.4 测温法

测温法被广泛用于对变质岩的温度进行测定。同位素测温法一直以来的主要关注点是冷却过程中的峰值变质温度是否保留。人们早就察觉到氧同位素测温法通常会在缓慢冷却的变质岩中记录不一致的温度。图 3.13 对文献数据进行了汇总(Kohn,1999),显示了石英-磁铁矿和白云母-黑云母矿的 $\delta^{18}O$ 值和计算温度范围。白云母-黑云母由变质条件从绿片岩到麻粒岩相逐次升高的岩石可以给出大约 300 ℃ 的表观温度,而石英-磁铁矿组合的表观温度在 540 ℃ 左右。这些数据表明存在大量的扩散重置,这与冷却期间相对较高的水逸度一致(Kohn,1999)。

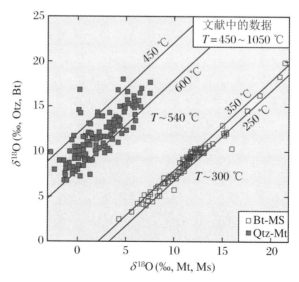

图 3.13 石英-磁铁矿(Qtz-Mt)(实心方块)和黑云母-白云母(Bt-Ms)(空心方块)的 $\delta^{18}O$ 值

其峰值变质条件从绿片岩到花岗石相逐次升高(Kohn,1999)。

假设岩石是一个封闭系统,由石英、长石和角闪石三种矿物组合组成,那么角闪石是扩散最慢的相,长石是扩散最快的相。Giletti(1986)利用 Dodson(1973)的封闭温度公式和一组给定参数(扩散常数、冷却速率和晶粒尺寸),计算出了由三种矿物按照不同比例混合而成的岩石在所有同位素交换停止时的表观温度。在 Giletti 的模型中,石英-角闪石的表观温度仅取决于石英/长石的比例,并且与岩石中的角闪石含量无关(由于角闪石最快达到其闭合温度)。然而,Eiler 等(1992,1993)证明慢扩散相(例如角闪石)的含量会影响表观平衡温度,因为该相的晶界与快速扩散相之间的晶界会持续进行交换。因此,逆向扩散导致的氧同位素交换使得对峰值变质温度进行计算变得不可能,但可以通过这种氧同位素交换对冷却速率进行估算。

另一方面,如果难熔副矿物出现在主要由一种易交换的矿物构成的岩石中,那么利用扩散模型还可通过这些副矿物预测准确的温度(Valley,2001)。这种方法的依据是,副矿物扩散缓慢,通过结晶作用保留其同位素组成;而主导矿物由于没有其他足够的可交换相,通过质量平衡保留其同位素组成。

已有多种难熔矿物被用于温度的确定,包括富含石英的岩石中的铝硅酸盐、磁铁矿、石榴石和金红石,以及大理岩中的磁铁矿、钛矿或透辉石。难熔矿物是根据其相对于总岩石基质的相对扩散速率来定义的。因此通过斜长石-磁铁矿或斜长石-金红石可以很好地确定角闪岩或榴辉岩相基岩的温度,但不能确定麻粒岩相基岩的温度。

其他适合保存峰值变质温度的相是 Al_2SiO_5 的同质异构体:蓝晶石和硅线石。它们氧扩散速率都较慢。Sharp(1995)通过对多种岩石中不同温度历史的铝硅酸盐同质异构体进行分析,得出了蓝晶石和硅线石的经验平衡分馏系数。某些岩石中氧同位素温度远高于区域变质温度,这可能是早期高温接触变质作用导致的(这种作用只保留在最难熔相中)。

尽管在水缓冲条件下会发生广泛的扩散重置,但一些岩石仍明显保留了在冷却过程中不被扩散重置的氧同位素分馏记录。Farquhar 等(1996)对位于加拿大西北部和南极洲的两个麻粒岩地体进行了研究。1000 ℃左右的石英-石榴石温度与各种独立的温度估算值十分吻合。石英-辉石的温度要低得多,而石英-磁铁矿的温度甚至更低,约为 670 ℃,这要归因于氧在石英和磁铁矿中较快的扩散速率以及后期变形过程中的重结晶。麻粒岩的"干燥"特性对高温记录的保存至关重要。温度较低、含水较多的岩石似乎不太可能保留峰值温度记录。

方解石含量高,碳扩散速率较快;石墨含量低,碳扩散速率非常慢,因此方解石和石墨之间的碳同位素分馏是对大理岩峰期变质温度进行记录的另一个良好的温度指标。图 3.14 显示随着变质等级的增加,方解石和石墨的分馏(Δ)减少。麻粒岩相岩石有关的石墨较窄的 δ 值范围表明高温下碳酸盐和石墨的同位素呈平衡状态。图 3.14 还表明,由于在麻粒岩相条件下碳酸盐和还原碳会发生同位素交换,其原始碳同位素组成已消失。

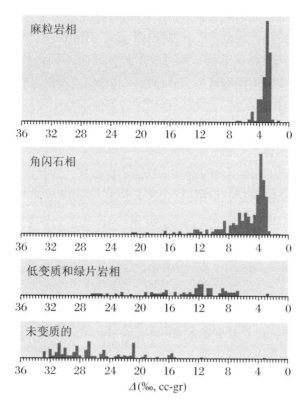

图 3.14 随着变质等级的增加,方解石-石墨(cc-gr)分馏(Δ)的频率分布(根据 Des Marais(2001)的研究)

3.5 矿床和热液系统

对稳定同位素的研究已成为矿床研究中不可或缺的一部分。对 H、C、O 和 S 等轻同位素的测定可以方便人们了解成矿流体的多种来源、矿化温度及矿物沉积的物理化学条件。与先前人们认为几乎所有金属矿床都起源于岩浆的观点截然不同的是,稳定同位素的研究已经确切地证明在近地表环境中通过流体、金属、硫和碳的循环过程也可以形成矿床。Ohmoto(1986)、Taylor(1987a,b,1997)对稳定同位素用于矿床成因的研究作了综述。

由于水是成矿流体的主要成分,对水的起源的认知是任何矿床成因理论的基础。主要有两种方法可以用来测定成矿流体的 δD 和 $\delta^{18}O$ 值:对热液矿物内流体包裹体的直接测量,或者对含羟基的矿物的分析以及对已知的温度相关的矿物-水分馏系数来计算流体的同位素组成,当然这是在假定矿物是从流体中沉淀时是同位素平衡的。

有两种可以从岩石中提取出流体和气体的方法:真空加热进行热爆裂以及真空破碎和碾压。两种方法最终分析起来可能都十分困难。热爆裂的最主要缺点是,尽管所释放的气体量比破碎法多,但热爆裂时的高温可能会导致流体包裹体内的化合物之间发生同位素交换,其与寄主矿物也会发生同位素交换。真空破碎法在很大程度上避免了同位素发生交换的情况。然而,在破碎时会产生面积大的新表面,这些新表面可能会吸附一些被释放的气体,因此可能会反过来产生分馏效应。两种技术都无法将不同世代的流体包裹体分开,因此,其得出的结果只能代表不同世代的流体包裹体的平均同位素组成。

在许多研究中都使用所提取的水的 δD 值来推断热液流体的来源。然而,如果不清楚石英内部氢的分布,这种推论就可能是错误的(Simon, 2001)。石英中的氢主要出现在两种储库内:捕获的流体包裹体中以及小簇状分布的结构上键合的分子水中。由于热液流体和键合水之间的氢同位素分馏作用,从石英内提取的氢并不一定能反映其最初氢同位素组成。这一发现可以为为什么流体包裹体的 δD 值经常比相应矿物的 δD 值低提供解释(Simon, 2001)。

含氧矿物在矿化作用的多个阶段中都能结晶,而大多数矿床内含氢矿物的分布都受局限。含羟基矿物包括高温下的黑云母、闪石(在斑岩铜矿床中),约 300 ℃ 的绿泥石以及约 200 ℃ 的高岭石。

矿物明矾石及其含铁的对应物黄钾铁矾是特例。明矾石($KAl_3(SO_4)_2(OH)_6$)有四个位置都包含适合作稳定同位素研究的元素,其硫酸根及羟基阴离子都可以用来限定其流体来源与形成条件。

明矾石是在高酸性氧化条件下形成的,明矾石 + 高岭石 + 石英 + 黄铁矿的组合是其特征。明矾石的稳定同位素数据与其相关的硫化物和高岭石一起,为人们知晓其形成环境和温度提供了可能(Rye et al., 1992)。

对成矿流体的同位素组成进行推导的间接方法经常被使用,这是因为其技术难度更低。但这种方法有多种不确定因素:沉积温度的不确定以及同位素分馏系数的不确定。对矿物-水分馏系数的流体化学效应(盐效应)不够精确的认识是可能导致错误的另一个原因。

多项研究(Berndt et al., 1996; Driesner, Seward, 2000; Horita et al., 1995; Shmulovich et al., 1999)证明使用矿物-水分馏系数来推断水的来源的方法是错误的。水溶液的同位素分馏不仅取决于温度和流体成分,也取决于是否存在相分离(沸腾)。相分离过程是可能导致同位素分馏的重要过程。对氢的同位素研究(Berndt et al., 1996; Shmulovich et al., 1999)表明高温相分离能导致蒸汽中的 δD 值增加而共轭流体的 δD 值亏损。因为沸腾作用可能使母流体的来源变得模糊,如果流体系统沸腾所固有的分馏效应被忽视,就很容易对热液矿物的同位素组成得出错误的结论。此外,在氢同位素分馏过程中,压力对矿物-水分馏过程有一定的控制作用(Driesner, 1997; Horita et al., 1999)。

3.5.1 成矿流体的来源

成矿流体有多种来源。其主要来源有以下三种:

(1) 海水。现代海水的氧同位素组成大致恒定,其 δ 值接近 0。然而,目前对古代海洋水的同位素成分却了解不多(参见第 3.7 节),但与 0 相差不超过 1‰ 或 2‰。许多火山成因的块状硫化物矿床形成于海水被加热的海底环境中。这一概念最近得到洋脊热液系统的观测的支持,观测发现洋脊热液流体的同位素组成相比 0 只有微小偏差。海水与洋壳的相互作用可以用来更好地解释喷发流体的 $\delta^{18}O$ 值和 δD 值(Shanks,2001)。

Bowers 和 Taylor(1985)建立了演化的海水热液系统的同位素组成模型。低温下流体的 $\delta^{18}O$ 值比海水低是因为洋壳中的蚀变产物富含 ^{18}O。在约 250 ℃时,流体回到其初始海水同位素组成。350 ℃时与玄武岩的进一步反应会使改造后的海水的 $\delta^{18}O$ 值升高至 2‰。在所有温度下流体的 δD 值仅会略微上升,这是由于矿物-水的分馏系数总体上小于 0。350 ℃时流体的 δD 值为 2.5‰。关于海水在矿石沉淀过程的作用最有代表性的例子是 Kuroko 型矿床(参见 Ohmoto 和 Skinner1983 年发表的论著)。

(2) 大气降水。被加热的大气降水是许多矿床中成矿流体的主要成分,并且在成矿的最后阶段是主要流体成分。这在许多斑岩矽卡岩型矿床中已经得到证实。通过对几个北美洲第三纪的矿床的研究,发现其同位素变化随纬度及对应的古代大气降水成分呈系统性变化(Sheppard et al.,1971)。成矿流体的氧同位素在水-岩相互作用下会从最初的大气降水 $\delta^{18}O$ 值变高。大气降水可能为浅成热液金矿床及其他脉型矿床、交代矿床的主要成矿流体。

(3) 初生水(juvenile water)。初生水的概念对有关矿石成因的早期讨论产生了极大的影响。"初生水"和"岩浆水"被用作同义词,但两者又有所不同。初生水源于地幔的去气过程且不会成为地表水。岩浆水的定义无关其起源,只表示与岩浆产生平衡的水。

很难证实人们是否取过真正的初生水的水样。寻找初生水的一种方法是对源自地幔的含羟基矿物进行分析(Sheppard,Epstein,1970)。这种方法获取的初生水的估算同位素构成为:δD 值为 $-60‰ \pm 20‰$ 以及 $\delta^{18}O$ 值为 $+6‰ \pm 1‰$(Ohmoto,1986)。

以上来源的同位素组成都被严格界定。其他种类的成矿流体(如地层水、变质水及岩浆水)可被视作以上三种参照水源(其中一种或多种)的循环衍生物或混合物(图 3.15)。

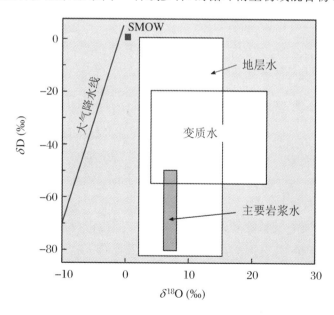

图 3.15　不同来源的水的 δD 值与 $\delta^{18}O$ 值对比图

1. 岩浆水

尽管岩浆水与许多矿床都有紧密联系,但关于成矿流体中水和金属有多大比例源自岩浆还有很大争论。关于热液矿物的稳定同位素组成的早期研究表明大气降水占主导地位(Taylor,1974),最新研究显示岩浆流体虽然普遍存在于成矿流体中,但其同位素组成可能被例如大气降水流入等后期事件掩盖或抹去(Rye,1993)。

岩浆水的 δD 值在去气过程中逐步改变,这使得 δD 值与岩浆岩内残留水的含量成正相关。因此,后期形成的含羟基矿物代表的是已去气熔岩而不是岩浆水最初的同位素成分。大部分长英质熔体中出溶的大部分水的 δD 值都在 $-60‰ \sim -30‰$ 之间,而对应的岩浆岩严重亏损 δD 值。

计算得出的岩浆水的同位素组成的 $\delta^{18}O$ 值通常在 $6‰ \sim 10‰$ 之间,δD 值通常在 $-80‰ \sim -50‰$ 之间。在冷却过程中,岩浆流体会与围岩发生同位素交换并与围岩内携带的流体发生混合,这将可能导致其同位素组成发生改变。因此,成矿过程中是否有岩浆水分的参与基本上很难被检测出来。

2. 变质水

变质水为变质过程中与变质岩相关联的水。因此,它是一个描述性的与起源无关的术语并且可以包含起源不同的多种类型的水。狭义上讲,变质水是指变质过程中矿物脱水产生的流体。变质水的同位素构成极易改变,这取决于相应岩石类型和水岩相互作用历史。相应地,变质水的 $\delta^{18}O$ 值和 δD 值变化范围较大,$\delta^{18}O$ 值在 $5‰ \sim 25‰$ 之间,δD 值在 $-70‰ \sim -20‰$ 范围(Taylor,1974)。

3. 地层水

孔隙流体中 D 含量和 ^{18}O 含量的改变取决于初始流体的来源(海洋水、大气水)、温度和与流体相关联的岩石特征。总体上说,温度、盐度最低的地层水的 δD 值和 $\delta^{18}O$ 值最低(与大气降水的 δD 值和 $\delta^{18}O$ 值接近)。盐度最高的卤水的同位素组成受限程度更高。大气降水是否是卤水的唯一来源至今还是一个悬而未决的问题。卤水的最终同位素组成是由大气降水和沉积物之间的反应或被捕获在沉积物中的古海水与大气降水的混合所产生的。

3.5.2 围岩蚀变

与矿床成因有关的信息也可以通过对围岩的蚀变产物所作的分析来获取。热液系统周边围岩内的氢和氧同位素分带可以被用来确定热液系统的规模和流体管道。古管道是水通量较大的区域,这经常会导致岩石发生较大的蚀变并且能导致 $\delta^{18}O$ 值降低。因此,古热液管道可以表述成 ^{18}O 亏损的区域。对不显示特征性蚀变矿物组合的岩石类型,以及特征性蚀变矿物组合被后续变质过程抹除的岩石类型来说,氧同位素数据特别重要(Beaty,Taylor,1982;Green et al.,1983)。Criss 等(1985,1991)发现硅质岩石中低 $\delta^{18}O$ 值和经济矿化之间存在极大的空间关联性。科学家们在矿床中的碳酸盐岩内也发现了类似的分带(Vazquez et al.,1998)。人们可以将 ^{18}O 含量异常低的区域作为勘探热液矿床时的有用指导。

3.5.3 古热液系统

经过 H.P.Taylor 及其同事等人的研究,人们普遍认为许多浅层火成岩侵入体与来自大气降水的地下水发生了大规模的相互作用。这些相互作用以及穿过热的火成岩的大量的大气降水使火成岩亏损^{18}O，亏损程度可达10‰~15‰，同时也相应地改变了大气降水的^{18}O含量。迄今为止，人们已经对大约60个这样的系统进行了观测(Criss，Taylor，1986)。它们大小不一，从较小的侵入体($<100km^2$)到较大的深成杂岩体($>1000km^2$)变化。最有据可查的例子是格陵兰的Skaergaard侵入体、苏格兰赫布里底群岛的第三纪侵入体、美国西北部和加拿大不列颠哥伦比亚省南部的第三纪浅层侵入体，这些侵入体表面5%都被大气降水热液蚀变(Criss et al.，1991)。

有关辉长岩热液系统研究最为充分的例子是Skaergaard侵入体(Taylor，Forester，1979；Norton，Taylor，1979)。1979年Norton和Taylor对Skaergaard热液系统进行了计算机模拟，发现计算出的δ^{18}O值和实测的δ^{18}O值非常匹配。他们进一步证明，大多数的亚固相热液交换发生在极高温环境中(400~800℃)，这也解释了为什么极高温下矿物组合内普遍不存在水化蚀变产物而存在单斜辉石。

花岗岩热液系统的蚀变温度低得多，这是由侵入体温度相差较大导致的。最显著的岩相改变是铁镁质矿物(特别是黑云母)的绿泥石化，以及显著增加的长石浑浊度。另一个显著特征是较大的非平衡的石英-长石之间的分馏。δ^{18}O(长石)与δ^{18}O(石英)图中的陡峭线性轨迹(图2.17)是这类经受热液蚀变的岩石的显著特征。出现这种轨迹的原因是长石与热液流体交换^{18}O的速度比共存石英与热液流体交换^{18}O的速度要快得多，并且进入岩石系统的流体具有与内部矿物组合不平衡的δ^{18}O值。蚀变过程很少达到完全蚀变，因此蚀变最终的矿物组合是同位素不平衡的，这是热液作用最明显的特征。

Taylor(1988)根据水/岩比、温度和水/岩相互作用时长的不同将古热液系统分为三类：

(1) 全岩^{18}O含量差异较大且其共生矿物氧同位素极端不平衡的浅层系统。这类系统的温度通常在200~600℃之间，存在周期$<10^6$ a。

(2) 深层以及存在周期更长的系统。全岩的^{18}O/^{16}O比值变化范围也较大，但其共生矿物的^{18}O/^{16}O比值处于平衡状态。温度为400~600℃，存在周期$>10^6$ a。

(3) 所有岩石氧同位素组成处于平衡状态的平衡系统。这类系统内的水/岩比较大，温度为500~600℃，存在周期在5×10^6 a左右。

以上三种类型的古热液系统并不是互不兼容的，例如，第三种古热液系统可能会在热液作用的早期阶段，经历第一种系统或第二种系统对应的条件。

3.5.4 热液碳酸盐

可以按照上文讨论过的对氧和氢同位素组成进行估算的方法，用测得的碳酸盐的δ^{13}C值和δ^{18}O值对流体内的碳和氧同位素组成进行估算。在同位素平衡状态下，从流体中沉淀下来的碳酸盐的碳和氧的同位素组成，取决于流体的碳和氧同位素组成、形成温度以及溶于流体内的碳的种类(CO_2、H_2CO_3、HCO_3^-、CO_3^{2-})的相对比例。为确定碳酸盐的形成过程，必须知道pH以及温度。然而，在温度超过100℃的大多数流体中，相比CO_2和H_2CO_3，HCO_3^-和CO_3^{2-}的含量可忽略不计。

实验研究表明，碳酸盐的溶解度随着温度的降低而升高。因此，封闭系统内的冷却作用无法使碳酸盐在流体中沉淀。与之相反的是,碳酸盐的沉淀需要开放的系统,在这个系统内 CO_2 去气、流体/岩石相互作用或流体混合等过程可以导致碳酸盐的沉淀。正如可以在自然界以及 Zheng 和 Hoefs(1993)的理论模型中观察到的,上述过程会导致热液碳酸盐的 $\delta^{13}C$ 值和 $\delta^{18}O$ 值存在明显相关性。

图 3.16 显示了德国巴特格伦德铅锌矿床和劳滕塔尔铅锌矿床热液碳酸盐的 $\delta^{13}C$ 值和 $\delta^{18}O$ 值。$^{13}C/^{12}C$ 比和 $^{18}O/^{16}O$ 比成正相关主要有以下两种原因:两种浓度不同的氯化钠流体混合导致流体内的方解石沉淀;或者是温度效应与二氧化碳去气或流体/岩石相互作用的共同影响而导致主要成分为 H_2CO_3 的流体内的方解石沉淀。

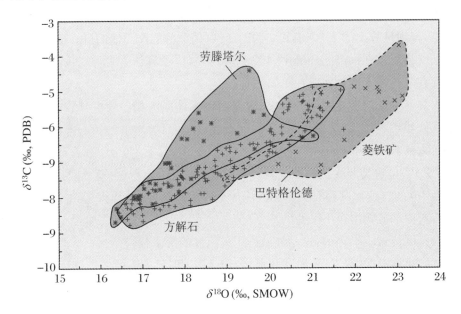

图 3.16 Bad Grund 和 Lautenthal 矿床内方解石和菱铁矿的碳和氧同位素组成(根据 Zheng 和 Hoefs 1993 年的研究)

3.5.5 矿床硫同位素的组成

关于热液矿床中硫同位素的组成有大量文献。在早期版本中已对其中一些信息进行了讨论,此处不再赘述。在有关该主题的大量论文中值得读者参考的是 Ohmoto 和 Rye (1979)、Ohmoto(1986)、Taylor(1987a,b)以及 Ohmoto 和 Goldhaber(1997)的综述。Sakai(1968)阐明了对硫化物矿石的 $\delta^{34}S$ 值进行解释的基本原理,随后 Ohmoto(1972)对该原理进行了扩展论述。

热液硫化物的同位素组成取决于许多因素,例如,热液流体(热液硫化物在其内部沉淀)的同位素组成、沉淀温度、矿化时流体中溶解元素的化学组成(包括 pH 和 f_{O_2})以及流体中所沉淀的矿物占流体物质的相对量。第一个参数与硫化物来源有关,其他三个参数与沉淀环境有关。

1. f_{O_2} 和 pH 的重要性

首先,对酸性流体与含碳酸盐岩石的反应导致 pH 升高的影响进行分析。pH = 5 时,几乎所有被溶解的硫化物都是不游离的硫化氢,而 pH = 9 时所有被溶解的硫化物都是游离的。相比被溶解的硫化物离子,硫化氢会聚集更多的 ^{34}S,因此 pH 的升高会直接导致沉淀硫化物的 $\delta^{34}S$ 值升高。

硫酸盐和硫化物存在较大的同位素分馏,因此相比 pH,氧逸度对 $\delta^{34}S$ 值变化的影响更大。图 3.17 为在温度为 250 ℃、$\delta^{34}S_{\sum S} = 0$ 条件下封闭系统内 pH 和 f_{O_2} 值变化对闪锌矿和重晶石的硫同位素组成的影响的图示。曲线为 $\delta^{34}S$ 值等值线,显示了与溶液呈平衡状态的矿物的硫同位素组成。随着 pH 和 f_{O_2} 值在从地质学角度来说合理的范围内变化,闪锌矿的 $\delta^{34}S$ 值变化范围为 $-24‰ \sim +5.8‰$,重晶石的 $\delta^{34}S$ 值变化范围为 $0 \sim 24.2‰$。在 pH 和 f_{O_2} 值较低的情况下,硫化物的 $\delta^{34}S$ 值与 $\delta^{34}S_{\sum S}$ 接近,且受 pH 和 f_{O_2} 值变化影响较小。在 f_{O_2} 值较高(硫酸盐含量较高)的情况下,硫化物的 $\delta^{34}S$ 值与 $\delta^{34}S_{\sum S}$ 值相差较大,pH 和 f_{O_2} 值的微小改变都可能极大地改变硫酸盐和硫化物的硫同位素组成。这种改变必须通过硫酸盐与硫化物占比的显著改变来进行平衡。

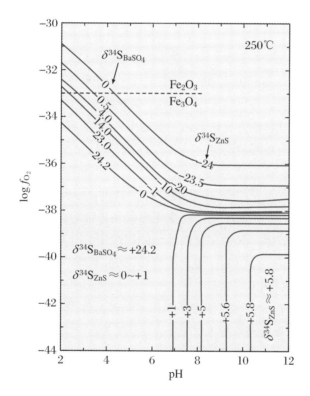

图 3.17 在 250 ℃ 和 $\delta^{34}S_{\sum S} = 0$ 的条件下,f_{O_2} 和 pH 对闪锌矿和重晶石的硫同位素组成的影响(在 1972 年 Ohmoto 的研究基础上所做的改进)

总之,对 $\delta^{34}S$ 值分布的解释需要对硫元素的来源和矿物共生次序有所了解,后者可以限制环境温度、E_h 值、pH。如果流体的氧化态低于硫酸盐/H_2S 的边界,硫化物的 $^{34}S/^{32}S$ 比值受氧化还原状态改变的影响就较小。

以下将针对不同种类的矿床进行讨论。

2. 岩浆矿床

岩浆矿床的特点是硫化物的沉淀来源是镁铁质硅酸盐熔岩而不是热液流体。岩浆沉积物可分为贫硫的岩浆硫化物系统（铂族元素矿床）和富硫的岩浆硫化物系统（Ni-Cu矿床）（Ripley，Li，2003）。大部分岩浆矿床赋存于沉积岩围岩中，这些围岩内的硫在岩浆侵入过程中会被吸收或挥发。典型的例子是Duluth、Still-water、Bushveld、Sudbury和Norils'k矿床。科学家们观察到这些矿床的$\delta^{34}S$值与人们假定的接近0的地幔熔体的$\delta^{34}S$值存在较大偏差，这表明岩浆在与围岩的相互作用过程中受到了污染。在围岩的硫同位素组成与岩浆的硫同位素组成存在较大差异的前提下，$\delta^{34}S$值的较大变化范围大多是由岩浆同化了围岩中的硫导致的。

3. 岩浆热液矿床

这类矿床在时间和空间上与岩浆在浅层的侵入存在紧密关联。它们是热液系统内的岩浆在冷却过程中产生的（例如斑岩型矿床和矽卡岩）。根据测出的δD值和$\delta^{18}O$值，可以推断斑岩铜矿床的产生最可能与岩浆水有关（Taylor，1974），在成矿的最后阶段通常有不等量的大气降水的参与。

硫化物的$\delta^{34}S$值大多在-3‰～1‰之间，硫酸盐的$\delta^{34}S$值大多在8‰～15‰之间（Field，Gustafson，1976；Shelton，Rye，1982；Rye，2005）。硫酸盐-硫化物的同位素数据表明接近于同位素平衡状态，计算出的硫酸盐-硫化物达到完全的同位素平衡的温度通常为450～600℃，这与通过其他方法估算出的温度非常吻合。因此，硫同位素数据及温度的测定为斑岩矿床内硫来源于岩浆的说法提供了支持。

4. 浅成热液矿床

浅成热液矿床是在浅地壳内形成的热液矿床。其包含多种性质不同的矿床。典型矿化温度在150～350℃之间，矿化温度随盐度变化而变化。针对个别矿床的研究，表明单个矿床的成矿过程涉及多种流体。其中一种流体可能起源于大气降水。在许多矿床中，不同的流体被交替排入脉体系统并促使某种特定矿物质沉淀，例如一种流体使硫化物沉淀而另一种流体使碳酸盐沉淀（Ohmoto，1986）。

与斑岩型铜矿床相比，由于成矿温度较低以及热液流体中存在大量的硫化物和硫酸盐，浅成热液矿床的$\delta^{34}S$值变化范围更大。

5. 洋中脊处近代和古老硫化物矿床

科学家们在东太平洋洋脊、Juan de Fuca洋脊、探险家洋脊和大西洋中脊上的海底发现了大量硫化物矿床（Shanks，2001）。这些矿床来源于循环的热的海水与洋壳相互作用导致的热液流体。硫化物主要有两个来源：从火成围岩和沉积围岩中滤出，或者在硫酸盐与二价铁的硅酸盐以及氧化物、有机物相互作用过程中被热化学还原。

硫在这些喷出口中所发挥的作用很复杂且经常因为其多种氧化还原状态以及平衡程度的不稳定性而变得不清晰。Styrt（1981）、Arnold和Sheppard（1981）、Skirrow和Coleman（1982）、Kerridge等（1983）、Zierenberg等（1984）以及其他一些人的研究表明与来源于地幔的矿床相比，这类矿床内的硫的$\delta^{34}S$值较富集（标准$\delta^{34}S$值在1‰～5‰之间），这表示来自海水的硫化物只占少部分。

除此之外,沉积物覆盖的热液系统中的硫化物可能还会通过细菌还原作用产生。只凭 $\delta^{34}S$ 值可能无法区分硫的不同来源,但是对 $\delta^{33}S$ 值、$\delta^{34}S$ 值以及 $\delta^{36}S$ 值的高精度测量可以将生物作用导致的同位素分馏同非生物作用导致的同位素分馏区分开来(Ono et al., 2007;Rouxel et al., 2008 a, b)。生物作用产生的硫化物的 $\Delta^{33}S$ 值与热液化合物的 $\Delta^{33}S$ 值相比较高。Ono 等(2007)对东太平洋洋脊和大西洋中脊处的硫化物进行了分析,他们发现这些地方的硫化物呈现比生物作用产生的硫化物低的 $\Delta^{33}S$ 值,这表明这些地方的硫化物不是生物作用导致的。然而,Rouxel 等(2008 a, b)在 ODP 801 站点的蚀变海洋玄武岩中发现了次生生物成因黄铁矿。据研究者们估计有 17% 的黄铁矿硫是通过细菌还原产生的。

Ohmoto 等(1983)探讨了一种古老海底硫化物矿床的另一种成因模型,其中,沉淀的硬石膏对硫化氢及其他硫化物起了缓冲作用,而 $\delta^{34}S$ 值则反映了 SO_4^{2-} 和 H_2S 之间与温度相关的平衡分馏关系。

古老的海底热液矿床属于火山相关的块状硫化物矿床的范畴。来自海底火山岩的块状 Cu-Pb-Zn-Fe 硫化物矿床是其典型代表。它们似乎是在 150～350 ℃ 的海底热泉作用下的海底附近形成的。块状硫化物矿床的 $\delta^{34}S$ 值一般在 0 和同时期海洋硫酸盐的 δ 值之间,而其同时期海洋硫酸盐的 $\delta^{34}S$ 值相当于或高于同时期海水的 $\delta^{34}S$ 值。根据 Ohmoto 等(1983)的研究,成矿流体是演化的海水,其先被固定为浸染状的硬石膏,再被岩石中的亚铁和有机碳还原。

还有一种属于这种类型的矿床是沉淀-喷流(sedex)块状硫化物矿床。与火山成因块状硫化物矿床一样,这种类型的矿床形成于海底或未固结的海洋沉积物中。这种类型的矿床与火山成因块状硫化物矿床不同的是,其寄主岩石岩为海相页岩和碳酸盐岩,而岩浆作用的贡献很小或可忽略不计,且相比大多数火山成因矿床大于 2000 m 的水深,其深度要小得多。总体的 $\delta^{34}S$ 值也比观测到的火山成因块状硫化物矿床的 $\delta^{34}S$ 值变化范围要大。

硫化物颗粒较细,结构复杂,包含多代矿物。可以设想硫有两种不同来源:生物来源和水、热液来源。矿物分离手段不能确保待分离的矿物中仅包含一种类型的硫。因此,常规方法无法回答以下问题:大部分的硫都是通过海水细菌还原作用产生的吗?还是无机获取、与金属一起在热液系统内生成的?原位离子微探针技术可对同位素进行精确到 20 μm 的分析。Eldridge 等(1988,1993)的研究发现距离为毫米级的碱金属硫化物和增生黄铁矿的同位素总体呈不平衡状态,且变化较大。因此,通过这类矿床的 $\delta^{34}S$ 值并不能确定其来源,但是通过对 $\Delta^{33}S$ 值的额外测量可能有助于区分硫的不同来源。

与硫一样,研究显示铁的同位素组成也较复杂(Severmann et al., 2004;Rouxel et al., 2004 a, b, 2008 a, b;Bennett et al., 2009)。与原岩相比,高温喷出流体内的 ^{56}Fe 较亏损。洋中脊火山口内共同沉淀的白铁矿和黄铁矿的同位素比黄铜矿轻。喷出流体流入富氧海水会导致多金属硫化物和氢氧化铁沉淀并产生 0.6‰ 的同位素分馏,使硫化物亏损 ^{56}Fe (Bennett et al., 2009)。

6. 密西西比河谷型(MVT)矿床

密西西比河谷型矿床是后生 Zn-Pb 矿床,主要存在于大陆环境的碳酸盐岩中(Ohmoto,

1986)。

MVT 矿床的典型特征是温度通常低于 200 ℃，其一般来自外部衍生流体的沉淀，例如盆地盐卤水。MVT 矿床的硫同位素值显示其主要有两个储库：一个在 -5‰～+15‰ 之间，另一个大于 +20‰(Seal，2006)。两个硫化物储库都与经过了多种硫分馏过程的海水硫酸盐相关。硫酸盐的还原要么通过细菌作用，要么通过非生物热化学作用。$\delta^{34}S$ 值越高表示海水硫酸盐热化学还原导致的同位素分馏越小(Jones et al.，1996)。

7. 生物成因矿床

通过 $\delta^{34}S$ 值对矿床内的细菌硫酸盐还原和硫酸盐热还原进行区分十分复杂。硫化物内部 δ 值的分布是区分这两种类型的最佳标准。如果间距仅为几毫米的独立硫化物粒子的 $\delta^{34}S$ 值呈现较大且非系统的差异，则可推测这种硫化物是通过细菌还原产生的。$\delta^{34}S$ 值的不规则变化是由细菌在独立有机质颗粒周围的还原微环境中生长所导致的，而硫酸盐的热还原需要外部流体提供更高的温度，这与细菌还原所需的封闭系统环境不一致。

科罗拉多高原的"砂岩型"铀矿床(Warren，1972)以及中欧的 Kupferschiefer 矿床(Marowsky，1969)是两种生物成因矿床，其内部硫同位素变化符合生物还原的预期变化，并且已有其他地质观测证明其生物成因，尽管 Kupferschiefer 矿床的底部可能存在硫酸盐的热还原过程(Bechtel et al.，2001)。

8. 变质矿床

科学家们普遍认为变质作用减少了硫化物矿床中的同位素变化。重结晶、硫在液态和气态下被释放(例如将黄铁矿分解为磁黄铁矿和硫)以及高温下扩散都能减少硫化物初始的同位素不均一性。

然而，对区域变质的硫化物矿床的研究(Seccombe et al.，1985；Skauli et al.，1992)表明，变质过程对矿床产生的均一化作用非常有限。由于特殊的局部环境，受流动方式、构造等不同的流体影响，矿床的某些特定区域可能发生重大变化。因此，变质作用导致的同位素均一化程度非常有限(Cook，Hoefs，1997)。变质过程导致均一化作用的程度的识别还受到了硫化物同位素的原始分布和分带特征的影响。

3.5.6 金属同位素

矿床成因中一个最重要的问题是金属来自何处。近些年，分析方法的进步为对金属同位素(Fe、Cu、Zn、Mo)分析提供了一种新工具。由于整体硅酸盐地球(地壳+地幔)所显示出的金属同位素组成比较均一，同位素组成不同的不同金属储层很难被识别出来。因此查明不同矿床类型内金属同位素的范围以及使同位素产生分馏的机制十分重要。金属同位素比值的变化取决于多种参数，例如，成矿过程中的温度、非生物或生物过程、氧化还原状态，这使得对矿床内金属同位素比值的解释变得十分困难。

与硫一样，还原金属和氧化金属之间的质量平衡控制着金属硫化物的同位素组成(Asael et al.，2009)。迄今为止，在将金属稳定同位素理论应用于矿床研究方面，铁和铜的研究获得了最多的关注(Li et al.，2010 a，b)。目前已经探究了各种类型矿床的 Fe 同位素，包括条带状铁建造(Johnson et al.，2003，2008)、现代海底热液矿床(Rouxel et al.，

2004a,b,2008 a,b)以及岩浆热液矿床(Horn et al.,2006;Markl et al.,2006 a,b;Wawryck,Foden,2015)。热液矿化中的铁可能会有很大的同位素变化,并且可发生于非常小的空间尺度和时间尺度。特别值得注意的是还原过程。持续的Fe(Ⅱ)矿物沉淀,会亏损重Fe同位素,重同位素会富集于流体,而持续的Fe(Ⅲ)矿物沉淀,会富集重Fe同位素,使得流体亏损轻同位素。因此,已发现δ^{56}Fe值的变化为2.5‰,这可以通过混合模型来解释,其要么通过与产生亏损^{56}Fe的赤铁矿的富氧地表水混合,要么通过与导致同位素亏损的菱铁矿的富CO_2流体的混合来实现(Markl et al.,2006b)。

科学家们已在各种矿床中开展了铜同位素研究,如黑烟囱矿床(Zhu et al.,2000 a,b;Rouxel et al.,2004 a,b)、块状硫化物矿床(Mason et al.,2005;Ikehate et al.,2011)、斑岩矿床(Graham et al.,2004;Mathur et al.,2010;Li et al.,2010a)、矽卡岩矿床(Maher,Larson,2007)及其他热液矿床(Markl et al.,2006a,b)。这些研究发现一个共同规律,即在低温氧化还原作用下的铜矿化过程表现出比在高温铜矿化过程更大的同位素组成变化。

铁对氧化还原过程也很敏感,因此可以推测特定矿床中的铜和铁同位素变化是耦合的,但事实并非如此。解耦可能是因为Cu^{2+}/Cu^{+}的氧化还原电位远低于Fe^{3+}/Fe^{2+},使得Cu同位素对氧化还原过程更加敏感。

Markl等(2006a)发现在氧化还原过程相关的不同种类的溶解态铜之间以及含铜矿物的沉淀过程中都会发生同位素分馏,且δ^{65}Cu的变化范围大于5‰。因此,对热液矿床的低温蚀变过程的研究是一个重要的研究领域。其中,针对Fe、Cu和Mo同位素可能导致显著的同位素分馏的生物和非生物氧化还原过程,已经通过2.13节、2.14节和2.18节予以证明。

3.6 水 圈

首先,针对不同来源的水做出一些定义。"大气降水(meteoric)"一词适用于作为气象圈的一部分,并参与其多种过程(如蒸发、冷凝和降水)的水源。所有大陆地表水,例如河流、湖泊和冰川都属于这一类。大气降水可能会渗入下层岩石圈中,因此在岩石圈内的各种深度都会发现大气降水,它是所有类型大陆地下水的主要来源。尽管海洋(ocean)不断接收属于大气降水的大陆径流以及降水,但它在本质上并不被认为是属于大气降水的。原生水(connate water)是指在埋藏过程中被困在沉积物中的水。地层水(formation water)存在于沉积岩中,对于沉积岩中起源和年龄都未知的水来说,地层水是一个有效的非成因术语。

3.6.1 大气降水

当水从海洋表面蒸发时,水蒸气中的H和^{16}O含量较高,$H_2^{16}O$的蒸气压高于HDO和

$H_2^{18}O$(表 1.1)。在 25 ℃ 的平衡条件下,蒸发水的分馏系数为 $\alpha^{16}O = 1.0092$, $\alpha D = 1.074$ (Craig, Gordon, 1965)。但是,在自然条件下,由于动力学作用,水的实际同位素组成小于预测的平衡值(Craig, Gordon, 1965)。离开海洋表面的蒸气在上升过程中冷却,达到露点时便形成雨水。雨水离开潮湿的空气团后,由于脱离系统的雨水富含 ^{18}O 和 D,剩余蒸气的重同位素不断地被消耗。空气团在向地球两极移动的过程中被冷却,再次形成的雨水的 $\delta^{18}O$ 值相比最初的雨水的 $\delta^{18}O$ 值将更低。图 3.18 为该关系的图示。全球大气降水的平均同位素组成估值为 $\delta D = -22‰$ 和 $\delta^{18}O = -4‰$(Craig, Gordon, 1965)。

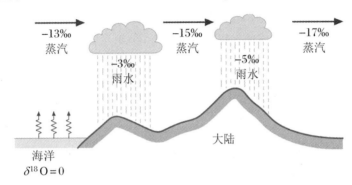

图 3.18 大气降水中的氧同位素分馏示意图(修改自 Siegenthaler(1979))

大气降水中同位素变化的理论解释是从"孤立的空气团"模型演化而来的,该模型基于 Rayleigh 冷凝模型,即在降雨过程中降水会立即脱离云团,而一部分冷凝水会残留在云团中。对单个降雨事件的同位素研究表明,单个降雨事件的连续性可能有很大不同(Rindsberger et al., 1990)。"V 形"是常见的形状,即 δ 值在降雨刚开始时急剧下降,而在降雨过程中的某一点出现最小值。通常降雨最强的时候同位素亏损最大,在这种情况下单个雨滴的蒸发很少。科学家们还观察到,流云产生的降雨的 δ 值比层状云高。因此,特定降雨过程中降水的同位素组成取决于产生降水的气团的气象史以及降水来源云团的类型。由于雨滴在下降到地表过程中会蒸发并与大气中的水蒸气发生同位素交换,液态降水(雨)和固态降水(雪、冰雹)的同位素组成可能有所不同。通过冰雹可以知晓云层的内部构造,因此通过对冰雹进行分析,可以研究离散的气象事件。Jouzel 等(1975)推断冰雹是在云层中做一系列上下运动的过程时逐渐长大的。

50 多年来国际原子能机构(IAEA)都在对全球的月度降水同位素组成进行观测。自 1961 年以来,IAEA 通过一系列观察站监测着全球降水中的 D 和 ^{18}O 分布(Yurtsever, 1975)。通过使用这个浩大的数据库,可以对地理和气象因素(降雨、温度、湿度)影响降水的同位素组成的方式进行推断。

Dansgaard(1964)是对决定降水同位素组成的平衡和非平衡系数进行详细评估的第一人。他证明观察到的同位素组成的地理分布与给定采样点的多个表征环境参数有关,例如纬度、海拔高度、到海岸的距离、降水量、地表气温等。其中,有两个因素特别重要:温度和降水量。如图 3.19 所示,靠近两极的陆地降水同位素组成与温度相关性最好,而热带地区降水同位素组成与降水量相关性最好(Lawrence, White, 1991)。研究者们对局部地表气温与降水同位素组成之间的联系特别感兴趣,这是因为稳定同位素有作为古气候指标的可能性。降雨量效应归因于云层下方的空气逐渐饱和,从而减少了降水过程中由于蒸发而导致的 $\delta^{18}O$ 值变高的可能性(Fricke,O'Neil,1999)。

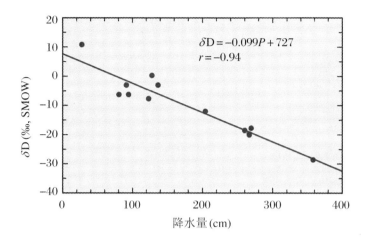

图 3.19　洋岛年降水量的平均 δD 值

所观测的岛屿远离大陆,南北维度 30°以内且海拔小于 120 m
(根据 Lawrence 和 White 1991 年的研究)。

针对全世界所有山区降水带的研究显示,降水的同位素组成变化与海拔变化一致,呈线性关系(Poage,Chamberlain,2001)。除喜马拉雅山脉和海拔高于 5000 m 的地区以外,世界上大部分地区降水的同位素组成随海拔的增加而线性降低的比率约为 0.28‰/100 m。

1. δD-$\delta^{18}O$ 关系与 D 过剩

在涉及蒸发和冷凝的所有过程中,氢同位素分馏与氧同位素分馏是成比例的,H_2O 和 HDO 的蒸气压差与 $H_2^{16}O$ 和 $H_2^{18}O$ 的蒸气压差一致。因此,大气中的氢同位素分布和氧同位素分布是相关的。针对该关系,Craig(1961a)首先用以下公式进行了定义:

$$\delta D = 8\delta^{18}O + 10$$

这就是通常所说的"全球大气降水线"。

Dansgaard(1964)引入了"氘过剩"的概念,d 定义为 $d = \Delta d - 8\delta^{18}O$。数值系数"8"和氘过量"$d$"都不绝对恒定,两者都取决于局部气候。IAEA 全球监测网分析出的长期算术平均值(Rozanski et al.,1993)为

$$\delta D = (8.17 \pm 0.06)\delta^{18}O + (10.35 \pm 0.65), \quad r^2 = 0.99, \quad n = 206$$

单个气象站的月度降水数据与以上方程存在较大偏差(表 3.1)。甚至在以圣海伦娜站为代表的极端情况下,δD 和 $\delta^{18}O$ 的关联性很低。在圣海伦娜站,似乎所有降水均来自附近源区,这些降水代表了降雨过程的第一阶段。海洋气象站数据显示的 δD 值和 $\delta^{18}O$ 值总体相关性较低的情况(表 3.1)可能是因为云团的来源较多、降雨量较低。

表 3.1　IAEA 全球气象网选定气象台的降水量数值常数和氘过量的
变化(Rozanski et al., 1993)

气象台	降水量数值常数	氘过量	r^2
维也纳	7.07	−1.38	0.961
渥太华	7.44	+5.01	0.973
阿迪斯阿贝巴	6.95	+11.51	0.918
Bet Dagan(以色列)	5.48	+6.87	0.695
Izobamba(厄瓜多尔)	8.01	+10.09	0.984
东京	6.87	+4.70	0.835
沿海气象台 E(北大西洋)	5.96	+2.99	0.738
沿海气象台 E(北太平洋)	5.51	−1.10	0.737
圣海伦娜气象台(南大西洋)	2.80	+6.61	0.158
Diego Garcia 岛气象台(印度洋)	6.93	+4.66	0.880
中途岛气象台(北太平洋)	6.80	+6.15	0.840
Truk 岛气象台(北太平洋)	7.07	+5.05	0.940

其他沿海气象台和大陆气象台监测到的降水量值也显示受到当地环境的影响。表 3.1 中的示例表明,在具有不同同位素特征、气团轨迹、云层底部蒸发过程及同位素交换过程的不同来源的蒸汽的多种影响下,当地降水的 δD 值和 $\delta^{18}O$ 值的关联性可能比全球"大气降水线"方程式所显示的区域规模或大陆规模的降水的 δD 值和 $\delta^{18}O$ 值的关联性更复杂。

如果对局部气象站的单次降雨过程进行分析,则会获取更多有关降水同位素变化的信息。特别是在中纬度天气条件下,降水同位素短期变化是由热带、极地、海洋和大陆气团不同比例的贡献导致的。

海洋水蒸气中的氘过剩值取决于蒸发条件(如地表温度、相对湿度、风速)(Merlivat, Jouzel, 1979)。海洋上空的湿度降低时氘过剩会增加。因此,南极冰芯中氘过剩值减少意味着南极降水源头的海洋区域相对湿度升高(Jouzel et al., 1982)。后来 Johnsen 等(1989) 以及其他学者的研究发现,除湿度外降水来源地区的温度也对氘过剩值有影响。

格陵兰岛和南极冰芯的氘过剩值剖面显示,气候变化与 $\delta^{18}O$ 值成负相关。结合 $\delta^{18}O$ 值与氘过剩值,可以对降水区域以及降水源区的温度进行估算(Masson-Delmotte et al., 2005)。

2. $\delta^{17}O$-$\delta^{18}O$ 关系与 ^{17}O 过剩

多年以来,科学家们普遍认为大气降水中 ^{17}O 含量的指征意义与 ^{18}O 含量的一样。尽管目前并未发现水中存在非质量相关分馏,但 $H_2^{17}O$ 是一种有用的水循环示踪剂(Angert et al., 2004)。如前所述,水的同位素组成取决于以下两个与质量相关的过程:因为 $H_2^{17}O$ 和 $H_2^{18}O$ 蒸气压不同导致的平衡分馏,以及因为 $H_2^{17}O$ 和 $H_2^{18}O$ 在被空气运输过程中扩散速率不同导致的动力学分馏。Angert 等(2004)证明,对于空气中的动态水传输,$\delta^{17}O$-$\delta^{18}O$ 图中的斜率是 0.511,而平衡状态下 $\delta^{17}O$-$\delta^{18}O$ 的斜率是 0.526。Barkan 和 Luz(2007)的研究

所显示的 $\delta^{17}O$-$\delta^{18}O$ 值差异也与此相似。

分析技术的进步使得对 $\delta^{17}O$ 值和 $\delta^{18}O$ 值的测量可以精确到 0.01‰，这可以对 $\Delta^{17}O$ 值进行精确计算，从而可以检测到非常小的 $\delta^{17}O$ 值变化。

与氘过剩相似，实际值与预期的 $^{17}O/^{16}O$-$^{18}O/^{16}O$ 关系的偏差量被定义为 ^{17}O 过量 (Barkan，Luz，2007)。

$$^{17}O 过剩 = \ln(\delta^{17}O + 1) - 0.528\ln(\delta^{18}O + 1)$$

对海洋上方收集到的大气水蒸气进行分析，结果显示其中存在少量 ^{17}O 过剩，并且 ^{17}O 过剩与相对湿度成负相关。^{17}O 过剩是因为海水被蒸发到水蒸气不饱和的海洋空气中以及蒸气被转移到液态水或雪的过程中(Luz，Barkan，2010)。

因此，^{17}O 过剩是独特的同位素指标，与氘过剩不一样的是，它与温度无关，并且指示与湿度有关的信息。南极冰芯的冰期-间冰期的 ^{17}O 数据(Landais et al.，2008；Uemura et al.，2010)显示了 ^{17}O 过剩的微小变化，冰期过剩值较低，间冰期过剩值较高。根据 Schoenemann 等(2014)的研究，雪形成过程中的分馏控制着南极降水的 ^{17}O 过剩。水分源区相对湿度的变化对 ^{17}O 过剩的变化影响比较小。

最后重要的一点是，应注意氘过剩和 ^{17}O 过剩的定义方式不同：氘过剩是线性定义，而 ^{17}O 过剩则是对数定义。

3. 古代大气降水

假设古代海洋水的氢同位素、氧同位素的组成和温度与现代的值相当，那么古代大气降水的同位素组成应适用于现代大气降水同位素组成的变化规律。然而，鉴于局部环境的复杂性，应谨慎将现代规律用于古代。但是迄今为止，没有令人信服的证据表明古代大气降水的整体特征与现代大气降水有很大不同(Sheppard，1986)。如果海水的同位素组成随时间变化的同时全球大气循环的模式始终不变，那么特定时期的"大气降水线"会与现代的"大气降水线"平行，即斜率将一直为 8，但截距会有所不同。

降水中稳定同位素随着海拔高度的变化而变化的系统性行为可用来对古海拔进行估算。为重建古海拔，必须对降水和海拔之间的同位素关系形成量化认识或推测。在这种方法中，古代大气降水的同位素是通过对产自当地的矿物进行分析来确定的(Chamberlain，Poage，2000；Blisnink，Stern，2005)。地势对降水同位素组成影响最明确的是温带中纬度地区以及地势、气候单一的环境(每1km变化为2‰~5‰)。古海拔也可以用团簇同位素温度计来重建(Huntington et al.，2010；Quade et al.，2011)。

3.6.2 冰芯

极地和高海拔山区积雪和积冰的同位素组成主要取决于温度。夏季积雪的 $\delta^{18}O$ 值和 δD 值比冬季积雪的 $\delta^{18}O$ 值和 δD 值高。Deutsch 等(1966)以奥地利冰川为例对这种季节变化进行了研究，他们观察到奥地利冰川冬季积雪和夏季积雪的 δD 值平均相差 -14‰。这种季节性周期现象已被用来确定冰川内部的地层年份，并提供了短期内的气候记录。然而，季节性融水对冰雪产生的蚀变会导致冰的同位素组成发生变化，从而使历史气候记录产生偏差。系统性同位素研究也被用于对冰川的流型研究。深层冰川的同位素比值应比近地表冰川低，这是因为深层冰可能源自冰芯位置的上游，那里的温度更低。

在过去的几十年中，科学家们在格陵兰和南极洲钻取了几个深度超过1000 m的冰芯。通常只在这些冰芯的最上层发现季节性变化。超过一定深度后，由于积累速率的原因，季节变化会完全消失，而深层同位素变化反映的是长期的气候变化。无论从冰芯上切下来的样品有多薄，其同位素组成代表的都是多年积雪的平均值。

最近钻取且被大量研究人员详细研究的冰芯是来自南极东部的Vostok冰芯(Lorius et al.，1985；Jouzel et al.，1987)及格陵兰的GRIP冰芯和GISP 2冰芯(Dansgaard et al.，1993；Grootes et al.，1993)。由于南极积雪的堆积率较低，使得Vostok冰芯的年积层非常薄，这意味着要对一个世纪或更短气候变化进行解析很难。最新的格陵兰GRIP冰芯和GISP 2冰芯是在格陵兰冰盖中心附近积雪量高的区域钻取的。通过对这些冰芯进行研究，可以解析几十年或更短时间内的气候变化，即便这些气候变化发生在十万年前。GRIP冰芯和GISP 2冰芯的研究数据表明，我们现在所处的气候与上一个间冰期的气候之间存在巨大差异。尽管我们目前所在的间冰期在过去10000年中似乎气候非常稳定，上一个间冰期的早期和晚期（分别距今约135000年和115000年）的显著特征是温度的急剧波动要么比现在温度高，要么比现在温度低很多。只需要十年或二十年就可能发生上述这些截然不同的气候类型转换。

图3.20比较了南极洲和格陵兰岛的$\delta^{18}O$数据。相比在格陵兰冰芯中所观察到的$\delta^{18}O$值的剧烈变化，Vostok冰芯的$\delta^{18}O$值变化不太明显，这可能是因为格陵兰岛的$\delta^{18}O$值变化与北大西洋的海洋/大气环流的急剧变化有关(详见3.12.1小节)。

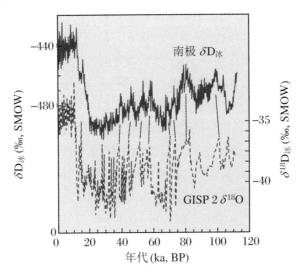

图3.20 格陵兰(GISP 2)和南极(Vostok)冰芯的δD值和$\delta^{18}O$值的相关性(关于上一纪冰期—间冰期循环)

3.6.3 地下水

在温暖和潮湿的气候中，地下水的同位素组成与补给区降水的同位素组成相似(Gat,

1971)。这是大气降水直接对地下蓄水层进行补水的有力证据。在地底被运输和被储存的过程中，所有大气降水的季节性变化大大减弱。季节性变化减弱的程度取决于深度、地面特征和基岩的地质特征，但一般而言，深层地下水的 δD 值和 $\delta^{18}O$ 值没有季节性变化，并且其同位素组成接近于降水量加权平均的年度降水同位素值。

降水的特征性同位素组成为识别潜在的地下水补给区以及地下水流径提供了有效的手段。例如，在接近于高海拔山区的河流的周边地区，地下水是本地降水和高海拔低 ^{18}O 水的混合。在适当的情况下，可以对地下水中低 ^{18}O 河水的比例进行定量估计，并与河流的距离联系起来。

可能导致降水和补给地下水的同位素产生差异的主要机制是（Gat，1971）：

（1）从部分蒸发的地表水体中获得补给。

（2）补给发生在过去不同的气候条件下，当时的降水同位素组成不同于现在。

（3）水在土壤或含水层中的差异流动或地质构造中的动力学作用或交换反应而引起的同位素分馏过程。

在半干旱或干旱地区，补给之前和补给过程中的蒸发损失使地下水的同位素组成变得更高。此外，植物叶片对浅层地下水的蒸腾作用也可能是重要的蒸发过程。对土壤水分蒸发的详细研究表明，土壤剖面的上部蒸发损失和同位素富集程度最大，这在无植被的土壤中最为明显（Welhan，1987）。在某些干旱地区，地下水可归类为古代水，这类水在与现在不同的气象条件下被补给，可能包含年代相差几千年的水。Gat 和 Issar（1974）已证明，这种古代水的同位素组成可以与最近接受补给的地下水区分开来，因为后者已经经历了一些蒸发过程。

总而言之，将稳定同位素应用于地下水的研究是基于低温下水的同位素组成表现比较保守，相比矿物-水同位素交换反应的动力学过程，水-岩接触时间较短。

3.6.4 蒸发过程中的同位素分馏

在蒸发环境中，人们可能会推测重同位素 D 和 ^{18}O 极度富集。但是，通常情况下并非如此。图 3.21 以死海为蒸发系统的典型例子，显示其 $\delta^{18}O$ 值的富集程度仅为中等，δD 值的富集程度甚至更低（Gat，1984）。蒸发过程伴随的同位素分馏过程非常复杂，可以通过将蒸发过程细分为几个步骤来对其进行描述（Craig，Gordon，1965）：

（1）在水/大气界面处存在饱和的水蒸气亚层，该亚层亏损重同位素。

（2）蒸气从边界层迁移出去，且由于蒸气的扩散速率不同，蒸气会进一步亏损重同位素。

（3）蒸气到达紊流区域，与来源不同的其他蒸气混合。

（4）紊流区的蒸气冷凝并与水表面发生反作用。

该模型定性地解释了同位素组成偏离"大气降水线"的原因，即分子扩散导致了非平衡分馏，有限的同位素富集是因为与大气蒸气产生了分子交换。因此，湿度是控制同位素富集程度的主要因素。只有在非常干旱的条件下的小型水体中才能观察到 D 和 ^{18}O 大程度富集的现象。例如，Gonfiantini（1986）在西撒哈拉的一个浅水的小湖内发现其 $\delta^{18}O$ 值为

+31.3‰，δD 值为 +129‰。

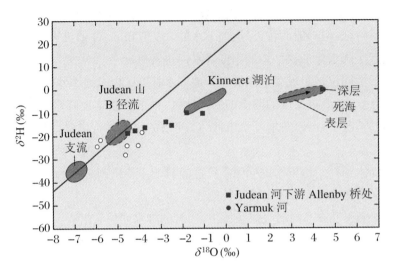

图 3.21　作为蒸发环境示例的死海及其水源的 **δD 值**与 **δ¹⁸O 值**(Gat，1984)

3.6.5　海水

Craig 和 Gordon(1965)、Broecker(1974)对海水同位素组成进行了详细的讨论。海水同位素组成受蒸发过程和海冰形成过程中的分馏作用，以及进入海洋的降水和径流的同位素组成的影响。

盐度为 3.5% 的海水的同位素组成变化范围非常小。但是，海水的同位素组成与盐度有很强的相关性，这是因为导致盐度增加的蒸发过程也会聚集 ^{18}O 和 D。与由于淡水、融水稀释导致盐度较低对应的是较低的 δD 值和 $\delta^{18}O$ 值。结果，现代海水有两种趋势，这两种趋势在盐度为 3.55%、$\delta^{18}O$ 值为 0.5‰ 的拐点处相交(图 3.22)。

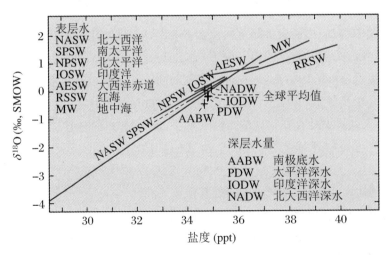

图 3.22　现代海洋表层和深水中盐度与 $\delta^{18}O$ 值的关系(Railsback，1989)

高盐度趋势代表的是蒸发量超过降水量的区域，其斜率由局部降水及蒸发水蒸气的量和同位素组成决定。然而,由于大气水分与蒸发流体会发生反向交换,蒸发导致的同位素富集会受到一定程度的限制。从低盐度趋势(图 3.22)的斜率可以推断流入的淡水的 $\delta^{18}O$ 值约为 -21‰(盐度为 0),体现了高纬度降水和冰川融水的流入。这个 δ 值很可能不是非冰川期流入的淡水的 δ 值的典型值。因此,低盐度趋势的斜率可能随着地质年代的不同而不同。

Delaygue 等(2000)建立了现代大西洋和太平洋内部的 ^{18}O 分布及其与盐度的关系的模型(图 3.23)。他们的研究表明,使用海洋环流模型模拟出的 $\delta^{18}O$ 值与观测到的 $\delta^{18}O$ 值非常一致。如图 3.23 所示,大西洋的同位素富集度比太平洋高 0.5‰,但两大洋的洋底盆地都表现总体一样的趋势,即亚热带地区的洋底盆地的 $\delta^{18}O$ 值较高,而高纬度的 $\delta^{18}O$ 值较低。

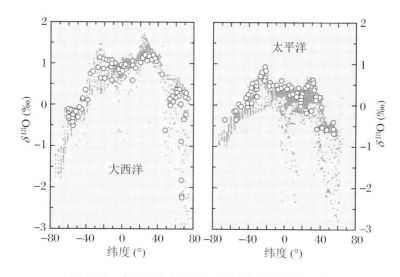

图 3.23 表层海洋水的 $\delta^{18}O$ 实测值与模拟值的比较

其特征是:热带值最大,低、高纬度地区值最低,大西洋的 $\delta^{18}O$ 值比太平洋的高(根据 Delaygue 等人 2000 年的研究)。

另一个关于海水同位素组成的重要问题是其在整个地质历史中是否恒定。这在稳定同位素地球化学领域仍然是一个有争议的问题(见 3.8 节)。海水同位素组成的短期波动可能在冰川期间产生。如果现在全世界所有冰盖融化,海洋的 $\delta^{18}O$ 值将降低约 1‰。与此形成对照的是,Fairbanks(1989)计算出末次盛冰期期间海水的 $\delta^{18}O$ 值增加了 1.25‰。

3.6.6 孔隙水

海洋环境中孔隙水的氧和氢同位素组成可能与海水一样,也可能受到沉积物或下覆基底的成岩反应的影响。得益于深海钻探项目,人们对沉积孔隙水的化学成分有了更多的认识。在众多钻探现场,都发现孔隙水同位素组成与深度有关的趋势。

对氧同位素来说,这意味着深度为 200 m 时,$\delta^{18}O$ 从接近 0 的初始 δ 值(海水的 δ 值)下降到约为 -2‰(Perry et al., 1976; Lawrence, Gieskes, 1981; Brumsack et al., 1992)。Matsumoto(1992)在约 400 m 的深度观测到的 $\delta^{18}O$ 值甚至更低,约为 -4‰。$\delta^{18}O$ 值的下降主要是因为在玄武质物质和火山灰的蚀变作用下产生了富 ^{18}O 的自生黏土矿物,如

蒙脱石。其他成岩反应包括生物碳酸盐的重结晶、自生碳酸盐的沉淀以及在生物硅由蛋白石 A 经蛋白石 CT 转化为石英的过程。但是,后一过程会导致水的 $\delta^{18}O$ 值升高。Matsumoto(1992)所做的物质平衡计算表明,$\delta^{18}O$ 向负 δ 值的转变主要受到基底玄武岩的低温蚀变作用限制,这一过程会由一小部分被生物硅向石英的转化的过程所产生的变化抵消。

D/H 比值也可以用作蚀变反应的示踪剂。玄武质材料和火山灰的蚀变反应会增加孔隙水的 δD 值,因为黏土矿物中的羟基含有比水更轻的氢同位素组成。然而,测出的孔隙水通常从岩芯顶部的海水 δD 值(0)降低约 15‰~25‰,且 δD 和 $\delta^{18}O$ 之间的相关性很强。这种相关性说明在 DSDP/ODP 钻探过程中发现许多岩芯的孔隙水亏损 D 和 ^{18}O 的原因是由同一个过程导致的。Lawrence 和 Taviani(1988)推测孔隙水的 δD 值随深度下降是由于另一个原因,他们推测这是由本地有机物被氧化或生物甲烷、地幔甲烷被氧化导致的。Lawrence 和 Taviani(1988)更加偏向地幔甲烷甚至是氢的氧化,他们指出模型需要非常多的有机物被氧化,而来源于本地的有机化合物数量上不足以导致 δD 值的巨大亏损。总之,针对孔隙水中亏损 D 的原因尚无定论。

通过分析 Fe、Ca 和 Mg 同位素组成可获得孔隙水同位素组成变化的额外信息。为了解释孔隙水的剖面数据,有必要了解在沉淀、溶解和阳离子交换过程中的同位素分馏信息(Teichert et al.,2009;Ockert et al.,2013)。

孔隙水通常具有比较轻的 $\delta^{56}Fe$ 值(Severmann et al.,2006,2010),这是由于在生物分解有机质过程中发生的 Fe 歧化还原反应。大陆地壳的孔隙流体的 $\delta^{56}Fe$ 值要比深海沉积物亏损重铁同位素(Homoky et al.,2009),这可能与有机碳和 Fe 的不同来源有关。

碳酸盐岩孔隙水的 $\delta^{44/40}Ca$ 值可在数十米内达到平衡(Fantle,Paole,2007),在硅质碎屑、有机质富集的沉积物中,可在更深的区域达到平衡,这是由于碳酸盐岩溶解率降低了(Turchyn,de Paolo,2011)。孔隙水的 Mg 同位素具有很大的变化范围,并且随着深度的增加呈现不同的趋势,这取决于形成的矿物(Higgins,Schrag,2012;Geske et al.,2015a,b)。在一些 ODP 站点,Mg 同位素随着深度的增加而增加,这是由于白云石的沉淀;而在另一些 ODP 站点,Mg 同位素随着深度的增加而降低,这是由于 Mg 进入到了黏土矿物中。

3.6.7 地层水

地层水是含盐的水,成分上反映了从海水到稠密的 Ca-Na-Cl 盐水的变化。沉积物沉积后盐水会发生一系列变化,这些变化使得人们更难知晓地层水在产生过程中涉及的地质过程,因此它的起源和演化过程仍存在争议。

氧同位素和氢同位素是对地层水来源进行研究的有力工具。在使用同位素对地层水源进行研究之前,人们普遍认为海底沉积岩中的大部分地层水是原生海水。这个看法受到了Clayton 等(1966)的反驳,他们证明了几个沉积盆地中的水主要来自当地的大气降水。

尽管地层水的同位素组成变化范围很大,沉积盆地内的水的同位素组成通常非常独特。与地表大气降水一样,同位素组成随着纬度的升高而降低(图 3.24)。其 δD 值和 $\delta^{18}O$ 值与"大气降水线(MWL)"的偏差通常与盐度有关:盐分最少的水通常最亏损 D 和 ^{18}O,而盐分最高的水往往与 MWL 的偏差最大。

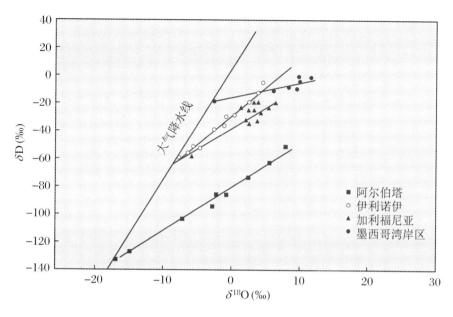

图 3.24　美国大陆中部地区地层水的 δD 值与 $\delta^{18}O$ 值(Taylor,1974)

得益于后续的大量研究(Hitchon,Friedman,1969;Kharaka et al.,1974;Banner et al.,1989;Connolly et al.,1990;Stueber,Walter,1991),很明显盆地地层水来源复杂,通常情况下是多种来源的水的混合物。Knauth 和 Beeunas(1986)以及 Knauth(1988)推测,沉积盆地中的地层水可能并没有被大气降水完全冲刷,而可能是大气降水和残留原生水的混合物。

在地层水中观察到 $\delta^{18}O$ 的改变可能是由于地层水与富集 ^{18}O 的沉积矿物(尤其是碳酸盐)发生了同位素交换。相比之下,人们对 δD 值的变化知之甚少,导致 D 富集的可能机制有膜过滤过程中的分馏,以及与 H_2S、碳氢化合物和含水矿物发生了交换。

众所周知,页岩和压实的黏土可以起到半透膜的作用,阻止溶液中的离子通过同时允许水通过(超滤作用)。Coplen 和 Hanshaw(1973)通过实验证明超滤作用可能伴随着氢同位素和氧同位素分馏。但是,人们对导致同位素分馏的机制知之甚少。Phillips 和 Bentley(1987)推测,分馏可能是因为膜溶液中重同位素的活性增强所致(因为高阳离子浓度会使水合球的分馏效应增强)。

自然环境下 H_2S 和水会发生氢同位素交换,但这种交换的量较小。由于 H_2S 和 H_2O 的分馏系数很大,这个过程在局部区域可能比较重要。与甲烷或更高级的碳氢化合物所产生的同位素交换可能并不重要,因为在沉积温度条件下同位素交换速率极低。

人们在前寒武纪结晶岩以及深部钻孔中的高盐度深层水中观察到了一些异常的同位素组成,这些同位素组成在"大气降水线"的左上方(Frape et al.,1984;Kelly et al.,1986;Frape,Fritz,1987)。关于这些富含钙的盐水的来源有两种说法:

(1) 这些盐水是受改造的古生代海水或古生代盆地盐水(Kelly et al.,1986);
(2) 这些盐水是由结晶岩石中盐卤水包裹体的沥滤或强烈的水-岩相互作用导致的

(Frape, Fritz, 1987)。

自此以后, 大量研究表明, 这种异常的同位素组成在渗透性低的破碎岩石(水流动缓慢且温度不太高)中比较普遍。Kloppman 等(2002)对数据库内现有的 1300 个针对结晶岩氧同位素和氢同位素所做的分析进行了总结, 推测氧同位素和氢同位素向"大气降水线"左侧移动可能是由破碎矿物被海水溶解并沉淀, 然后被大气降水稀释导致的。Bottomley 等(1999)则认为盐水中氯化物和溴化物的浓度极高, 因此这种高盐度盐水不太可能来自结晶主岩。通过对这类盐水的锂同位素进行测量, 这些学者推测结晶岩内的盐水都来自海水。

3.6.8 水合盐类矿物中的水

许多盐类矿物的晶体结构中都有结晶水。这种水合水可显示矿物沉淀时的同位素组成以及盐水的温度。为了对矿物沉淀时的同位素组成进行解释, 有必要知道水合水和使矿物质沉淀的溶液之间的分馏系数。科学家们已经通过一些实验研究确定了上述分馏系数 (Matsuo et al., 1972; Matsubaya, Sakai, 1973; Stewart, 1974; Horita, 1989)。由于大多数含盐矿物只与高盐度溶液形成平衡, 这时溶液内水的同位素活性和同位素浓度比并不相同(Sofer, Gat, 1972)。大多数研究都对原溶液的同位素浓度比进行了确定, 且正如 Horita(1989)所证明的, 当应用到自然环境时, 这些分馏系数需用"盐效应"系数来校正(表 3.2)。

表 3.2 通过实验确定的盐类矿物的分馏系数及通过"盐效应"系数对其进行的修正(修改自 Horita(1989))

矿物	化学式	$T(^\circ C)$	αD	αD_{corr}	$\alpha^{18}O$	$\alpha^{18}O_{corr}$
硼砂	$Na_2B_4O_7 \cdot 10H_2O$	25	1.005	1.005		
泻利盐	$MgSO_4 \cdot 7H_2O$	25	0.999	0.982		
单斜钠钙石	$Na_2CO_3 \cdot CaCO_3 \cdot 5H_2O$	25	0.987	0.966		
石膏	$CaSO_4 \cdot 2H_2O$	25	0.980	0.980	1.0041	1.0041
芒硝	$Na_2SO_4 \cdot 10H_2O$	25	1.017	1.018	1.0014	1.0014
泡碱	$Na_2CO_3 \cdot 10H_2O$	10	1.017	1.012		
天然碱	$Na_2CO_3 \cdot NaHCO_3 \cdot 2H_2O$	25	0.921	0.905		

对于水-石膏体系, Gazquez 等(2017)重新测定了分馏系数。氢的分馏系数基本与之前估计的相同, 但对于氧, 他们发现要低一些, 大概为 1.0035。另外测定的 $\delta^{17}O$ 值, 结合氘过剩数据, 可能为在石膏形成时湿度和温度变化相对影响提供信息。

3.7 海水和淡水中溶解化合物、微粒化合物的同位素组成

以下章节将针对海水和淡水中的溶解化合物及微粒化合物的碳、氮、氧和硫同位素组成进行讨论。近年来在科学家们针对非传统同位素系统的研究中发现,化学风化作用是一种可能导致大范围同位素分馏的复杂过程。硅酸盐岩的风化作用很少导致原始矿物的溶解,而同位素组成与硅酸盐不同的次生矿物会大量形成。水中所溶解的不同来源的成分的同位素组成取决于相对应的过程、被风化矿物的同位素组成、沉淀过程是无机作用还是有机作用导致的,以及与大气内气体所产生的同位素交换都能影响溶解成分的同位素组成。其中最重要的是生物作用所导致的沉淀过程,这种过程主要在地表水中发生,通过生物作用导致地表水中的某些元素(如碳、氮和硅)被消耗,被消耗的碳、氮和硅等元素随后在深部通过氧化作用和溶解过程重新释放进入水中。

3.7.1 水中的碳化合物

1. 海水中的碳酸氢盐

除有机碳外,天然水中还存在另外四种碳化合物:溶解的 CO_2、H_2CO_3、HCO_3^- 和 CO_3^{2-}。它们之间的平衡关系随温度和 pH 而变化。HCO_3^- 是海水中最多的碳化合物种类。Kroopnick 等(1972)、Kroopnick(1985)在进行地球化学海洋剖面研究(GEOSECS)时,首次对全球的溶解无机碳(DIC)$\delta^{13}C$ 值进行了测量。他们测得的全球平均 $\delta^{13}C$ 值为 1.5‰,$\delta^{13}C$ 值浮动范围为 ±0.8‰;赤道地区变化最小,高纬度地区变化更大。

$\delta^{13}C$ 值随水深的分布主要由生物过程导致:CO_2 向有机物的转化移除了 ^{12}C 并导致残留溶解无机碳(DIC)内的 ^{13}C 富集。反过来,有机物被氧化时 ^{12}C 富集的碳被释放回无机储层,从而导致碳同位素分布随深度而变化。图 3.25 是一个典型的例子。

北大西洋深层水(NADW)(其初始 $\delta^{13}C$ 值为 1.0‰~1.5‰)在向南流动并与南极底部海水(其平均 $\delta^{13}C$ 值为 0.3‰)混合的过程中逐渐亏损 ^{13}C(Kroopnick,1985)。在北大西洋深层水流向太平洋的过程中,由于水柱中有机物的不断涌入和持续氧化,其 $^{13}C/^{12}C$ 比进一步下降了 0.5‰。这是利用 $\delta^{13}C$ 值来示踪深海循环中古海洋变化的基础(Curry et al.,1988)。

海洋对人类活动所产生的二氧化碳的吸收是碳循环的重要一环,其改变了溶解的海洋碳酸氢盐的 $\delta^{13}C$ 值(Quay et al.,1992;Bacastow et al.,1996;Gruber,1998;Gruber et al.,1999;Sonnerup et al.,1999)。Quay 等在 1992 年首次证明了太平洋表层水中所溶解的碳酸氢盐的 $\delta^{13}C$ 值在 1970~1990 年下降了约 0.4‰。如果这个数字适用于所有大洋,则可以估算出海洋所吸收的人为活动所产生的二氧化碳净含量。据最近的研究估计,海洋吸收了大约 50% 的工业革命期间所排放的二氧化碳(Mikaloff-Fletcher et al.,2006)。

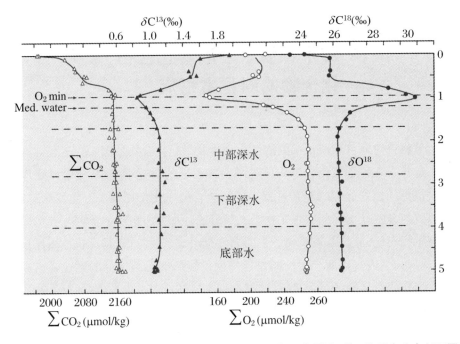

图 3.25　北大西洋中溶解的 CO_2 含量及 $\delta^{13}C$ 值、溶解的 O_2 含量及 $\delta^{18}O$ 值垂直分布剖面图
（Kroopnick et al.，1972）

2. 颗粒有机物（POM）

海洋中的颗粒有机物主要来自透光区域内的浮游生物，标志着活的浮游生物种群的存在。在 40°N 和 40°S 之间的颗粒有机物的 $\delta^{13}C$ 值为 -22‰～-18.5‰。极寒北极水域中的颗粒有机物的 $\delta^{13}C$ 平均值为 -23.4‰，南半球高纬度海洋中的颗粒有机物的 $\delta^{13}C$ 值甚至更低，为 -36‰～-24‰（Goericke，Fry，1994）。随着颗粒有机物的下沉，生物改造作用会改变其化学成分，改造程度取决于其在水柱中的滞留时间。文献资料显示，大多数表层颗粒有机物的同位素值都与活的浮游生物表面的同位素相当，而 $\delta^{13}C$ 值随着深度的下降而逐渐降低。Jeffrey 等（1983）解释这是因为在生物改造作用下颗粒有机物损失了不稳定的、富含 ^{13}C 的氨基酸和糖类，而留下了难以改造的、同位素轻的脂质成分。

在氨基酸被最先丢失的同时，颗粒有机物的碳/氮同位素比值随着水柱深度的增加而变大。这表示在颗粒有机物降解过程中，氮损失得比碳更快，这也是 $\delta^{15}N$ 值比 $\delta^{13}C$ 值变化更大的原因（Saino，Hattori，1980；Altabet，McCarthy，1985）。

3. 孔隙水的碳同位素组成

处在沉积物/水界面的孔隙水的 $\delta^{13}C$ 值最初与海水接近。沉积物中的有机质在分解过程中会消耗氧气，并将同位素轻的 CO_2 释放进孔隙水中，而孔隙水中的碳酸钙在溶解过程中也会使同位素重的二氧化碳含量增加。特定位置、深度的孔隙水的碳同位素组成受以上两个过程的共同影响。这两个过程的最终结果是使孔隙水的同位素比其上覆底层水的同位素轻（Grossman，1984）。McCorkle 等（1985）、McCorkle 和 Emerson（1988）的研究发现，在沉积物/水界面以下几厘米范围内的孔隙水的 $\delta^{13}C$ 值的变化趋势比较明显。在有机物落向海底的过程中，目前观察到的 $\delta^{13}C$ 值剖面呈系统性变化，碳沉淀速度越高，其同位素 $\delta^{13}C$ 值越低(图 3.26)。

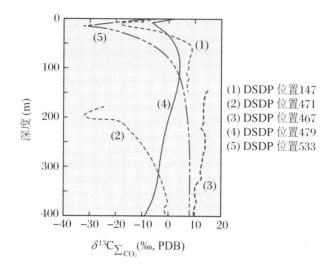

图 3.26　从多个深海钻探计划中获取的缺氧沉积物孔隙水总溶解碳的 $\delta^{13}C$ 记录值(根据 Anderson 和 Arthus 1983 年的研究)

人们可能会推测孔隙水的 $^{13}C/^{12}C$ 比值不比有机质低。然而,由于细菌的甲烷生成作用,实际上情况更复杂。在缺氧的富碳沉积物中,细菌的甲烷生成作用通常伴随着硫酸盐的还原反应,除了富基质区域外,这两种微生物环境截然不同。由于细菌生成的甲烷富含 ^{12}C,残留孔隙水内的 ^{13}C 含量会显著变高(如图 3.26 的某些剖面所示)。

4. 淡水中的碳

化学风化作用通过两种途径吸收大气中的二氧化碳:大气中的 CO_2 溶解在雨水和地表水中,并与成岩矿物发生反应生成 HCO_3^-;大气中的 CO_2 被转化为植物有机物,然后以土壤 CO_2 的形式被释放。通过两种方式所产生不同含碳物质的混合比例决定了淡水的同位素组成,并导致了淡水的同位素组成变化极大,这是因为通过风化作用所产生的碳酸盐和土壤生物作用所产生的 CO_2 的同位素极为不同(Hitchon,Krouse,1972;Longinelli,Edmond,1983;Pawellek,Veizer,1994;Cameron et al.,1995)。

尽管河流中的 CO_2 分压变化很大,科学家们在对主要河流做研究时通常发现,河流水的 CO_2 浓度比人们推测的与大气平衡时的河流内 CO_2 的浓度约高 10~15 倍。因此可以推断河流会将大量的 CO_2 排入大气并影响自然界的碳循环。这也是科学家们对河流系统碳同位素组成分析研究越来越感兴趣的原因。尽管碳酸盐矿物和土壤 CO_2 的碳同位素组成差异明显,但溶解无机碳的 $\delta^{13}C$ 值变化是由碳酸盐矿物还是土壤 CO_2 导致的通常不易被解释,这是由于河流吸收了大气中的 CO_2 并与之发生交换。图 3.27 举出了一些能清楚分辨出河流中碳的来源的例子。在亚马孙河中,溶解的 CO_2 来源于有机质的分解过程(Longinelli,Edmond,1983),而在圣劳伦斯河水系中,CO_2 来源于溶解的碳酸盐以及河流中 CO_2 为与大气形成平衡而产生交换的过程(Yang et al.,1996)。莱茵河内的 CO_2 来源于以上两种方式(Buhl et al.,1991)。

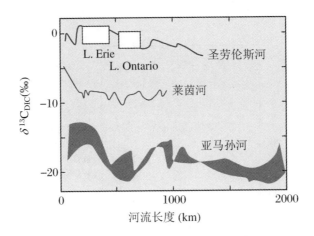

图3.27 大型河流水系中溶解的所有碳的同位素组成
数据来源：亚马孙河(Longinelli，Edmond，1983)、莱茵河
(Buhl et al.，1991)、圣劳伦斯河(Yang et al.，1996)。

在河流水系中，下游比上游更加富集^{13}C，这是由增强的河流与大气中CO_2同位素交换以及原位光合作用导致的(Telmer，Veizer，1999)。河流内碳同位素的季节性变化是由流域内土壤有机质被氧化(亏损^{13}C)的速率变化导致的。大型湖泊的河流——如罗纳河和圣劳伦斯河——其源头的^{13}C值很高(Ancour et al.，1999；Yang et al.，1996)。由于溶解碳在湖泊中较长的滞留时间，湖泊中碳酸氢盐与大气中的CO_2接近平衡。

3.7.2 硅

海水中的硅同位素变化是海水中的硅被硅藻等硅质生物吸收所导致的。硅的同位素变化与碳的同位素变化类似。硅藻在生成生物硅的时候会优先吸收^{28}Si，因此表层水的δ^{30}Si值高的同时硅浓度低，且硅的同位素变化与表层水生物硅的生产力有关。海水深度越深，下沉的硅颗粒溶解越多，从而使硅浓度越高且δ^{30}Si值越低。因此，海水中存在明显的δ^{30}Si值随深度渐变的现象(Georg et al.，2006；Beucher et al.，2008)。表层水的同位素变化范围为+2.2‰～+4.4‰(Grasse et al.，2013)。另一方面，深层水团的^{30}Si亏损程度更大，其区域变化为不同水团混合所致(Ehlert et al.，2013)。

科学家们发现海水内的硅同位素既存在垂直渐变，也存在水平渐变，尤其是对于南半球海洋，其相对于北半球海洋具有更高的硅含量(Beucher et al.，2008；de Souza et al.，2012a，b；Fripiat et al.，2012)。北大西洋深海内所溶解的二氧化硅的δ^{30}Si值比南半球海洋深海内所溶解的二氧化硅的δ^{30}Si值高0.5‰，这表明南半球海洋表层水内的硅会向北大西洋流动(de Souza et al.，2012a)。

3.7.3 氮

氮是海水中含量有限的营养元素。硝酸盐的形成速度如此之慢，海洋反硝化如此之快，以致硝酸盐供应不足。溶解的氮在微生物作用以及被生物吸收过程中会发生同位素分馏。溶解在深层海水中的硝酸盐的δ^{15}N值为6‰～8‰(Cline，Kaplan，1975；Wada，Hattori，

1976)。海水的反硝化作用似乎是使海水中氮的 $\delta^{15}N$ 值总是比大气中氮的 $\delta^{15}N$ 值高的主要机制。

科学家们起先认为颗粒物质的 $\delta^{15}N$ 值是由海洋有机物和陆地有机物的相对含量决定的。然而，颗粒物质的 ^{15}N 含量随着时间的变化范围极大且导致区分陆地有机物和海洋有机物的氮同位素差异变得模糊。Altabet 和 Deuser(1985)发现下沉到海底的颗粒存在季节性变化，并建议通过下沉颗粒的 $\delta^{15}N$ 值来对透光层内的硝酸盐流量进行监测。因此，海水的垂直氮循环可以通过自然的 ^{15}N 变化体现出来。

Saino 和 Hattori(1980)首次发现悬浮颗粒物的 ^{15}N 含量存在明显的垂直变化，并指出与这些颗粒的成岩作用有关。科学家们都观察到透光层底部更富集 ^{15}N (Altabet, McCarthy, 1985; Saino, Hattori, 1987; Altabet, 1988)。这些发现表明，有机物的垂直运输主要是通过颗粒物的快速下沉进行的，并且有机物的分解过程大部分发生在透光层底部的浅层海水中。

3.7.4 氧

早在 1951 年，Rakestraw 等人就已经证实与大气中的氧气相比，海水中所溶解的氧气富集 ^{18}O。海水中所溶解氧的浓度及 $\delta^{18}O$ 值受到三个过程的影响：空气/水的气体交换、呼吸作用和光合作用。如果气体交换比光合作用和呼吸作用影响更大（例如在浅层海水中），那么所溶解的氧将接近饱和，而由于气体在溶解过程中会发生 0.7‰ 的平衡分馏，溶解的氧气的 $\delta^{18}O$ 值约为 24.2‰ (Quay et al., 1993)。

深海氧气最少的区域的 $\delta^{18}O$ 值会高达 14‰ (Kroopnick, Craig, 1972)，这是由于深海海水中的细菌会优先消耗 ^{16}O，显示了深海新陈代谢的作用(图 3.22)。

对海水中溶解氧 ^{17}O 含量的精确测量可以显示少量的 ^{17}O 异常，从而可以对海水中通过光合作用所产生的氧气总含量进行估计(Luz, Barkan, 2000, 2005; Juranek, Quay, 2010)。

Quay 等(1995)对亚马孙盆地河流和湖泊中所溶解氧的 $^{18}O/^{16}O$ 比值进行了测量。他们发现其 $\delta^{18}O$ 值范围为 15‰～30‰。当淡水所吸收的氧气超过光合作用所产生的氧气时，溶解的 O_2 将会欠饱和，$\delta^{18}O$ 值将大于 24.2‰；当光合作用所产生的氧气超过所吸收的氧气时，溶解的 O_2 将会过饱和，$\delta^{18}O$ 值将小于 24.2‰。

3.7.5 硫酸盐

现代海水中硫酸盐的 $\delta^{34}S$ 值恒定为 21‰ (Rees et al., 1978)。最近，Tostevin 等(2014)将这个值精确为 21.24‰。$\delta^{34}S$ 值取决于河水的输入，认为该值为 5‰～15‰，同时质量分数和硫同位素与黄铁矿埋藏有关。另外一个对 S 同位素限定的因素是生物还原，该过程可由丰度小的硫同位素 ^{33}S 和 ^{36}S 来确定(Farquhar et al., 2003; Johnston, 2011)。

海水中硫酸盐的 $\delta^{18}O$ 值为 9.3‰ (Lloyd, 1967, 1968; Longinelli, Craig, 1967)。根据 Urey(1947)的理论计算，很明显溶解的硫酸盐的 $\delta^{18}O$ 值与海水的 $\delta^{18}O$ 值不平衡，这是由于表层海水中的硫酸盐与周围海水的氧同位素交换非常慢(Chiba, Sakai, 1985)。通过

量子化学计算法，Zeebe(2010)估算在 25 ℃时海水所溶解的硫酸盐和海水之间的平衡分馏为 23‰。

Lloyd(1967,1968)提出了生物作用改造海底硫酸盐并影响所溶解硫酸盐的氧同位素组成的模型。Böttcher 等(2001)、Aharon 和 Fu(2000,2003)以及其他人证实硫酸盐的 $\delta^{18}O$ 值不仅受微生物硫酸盐还原过程的影响，还受到被还原态的硫化合物歧化及再氧化过程的影响。科学家们观察到海洋孔隙水的 ^{18}O 非常富集，高达 30‰，^{34}S 也很富集。在绘制 $\delta^{18}O(SO_4^{2-})$ 值与 $\delta^{34}S(SO_4^{2-})$ 值的协变图时，可以发现存在两种不同的斜率：在某些情况下，$\delta^{18}O$ 值与残留硫酸盐的 $\delta^{34}S$ 值一起线性升高(斜率为 1)；但是在大多数情况下，$\delta^{18}O$ 值开始时会升高，升高到一个恒定值后不会再升高，而 $\delta^{34}S$ 则会一直升高(斜率为 2)。Böttcher 等(1998)、Brunner 等(2005)和 Antler 等(2013)讨论了可以用来解释 $\delta^{18}O$-$\delta^{34}S$ 图中不同斜率的模型：假定不同硫还原步骤导致的动力学氧同位素分馏占主导地位的模型，假定细胞内含硫化合物和周围海水氧同位素交换占主导地位的模型(Brunner et al.，2005；Wortmann et al.，2007)。

淡水环境中所溶解的硫酸盐的硫同位素组成和氧同位素组成差异更大，而同位素比值可用来确认硫酸盐的来源：沉积硫化物和岩浆硫化物的氧化、蒸发岩的溶解、大气气溶胶、人为输入。然而，这种方法确认硫酸盐的来源只有在不同来源具有完全不同的同位素组成时才可行。如图 3.28 所证明的，不同河流、湖泊所溶解硫酸盐的 $\delta^{34}S$ 值差异很大。Hitchon 和 Krouse(1972)从麦肯齐河排水系统所取的水样的 $\delta^{34}S$ 值差异很大，这是因为麦肯齐河内的硫酸盐有海水蒸发岩和页岩两种不同来源。Calmels 等(2007)不同意这种说法，他们认为麦肯齐河中的硫酸盐约 85% 来自氧化的黄铁矿，而不是沉积的硫酸盐。Longinelli 和 Edmond(1983)发现亚马孙河的 $\delta^{34}S$ 值差异较小，他们解释道，这是由于来自安第斯山脉二叠纪蒸发岩的硫酸盐在亚马孙河内占主导地位，而硫化物仅占少数比例。Rabinovich 和

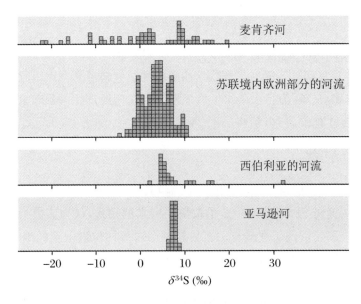

图 3.28　河流内硫酸盐的 $\delta^{34}S$ 值的频率分布

Grinenko(1979)公布了对俄罗斯内部较大的欧洲、亚洲河流的硫酸盐时间序列测量的结果。欧洲河流系统中的硫多来源于人类活动,其总体的 $\delta^{34}S$ 值范围为 2‰～6‰。Burke 等(2013)估算人类活动所产生的硫的平均 $\delta^{34}S$ 值为 4.3‰;将污染最严重的河流排除在外后,俄罗斯欧洲河域内硫的 $\delta^{34}S$ 平均值变为 5.4‰。

开采金属硫化矿和褐煤时所排放出来的酸性硫酸盐水是一个特例。硫和氧的同位素数据可以反映出黄铁矿的氧化环境和过程,例如是否有溶解氧的存在和硫氧化细菌的作用(Taylor,Wheeler,1994)。

淡水内硫酸盐的氧同位素组成差异也很大。Cortecci 和 Longinelli(1970)以及 Longinelli 和 Bartelloni(1978)观察到其在意大利取的雨水样品的 $\delta^{18}O$ 值范围为 5‰～19‰,因此推测大部分的硫酸盐不是来源于海洋,而是产生于化石燃烧时硫的氧化过程。将还原态的硫氧化为硫酸盐的过程是一个复杂的过程,这个过程既有化学作用也有微生物作用。人们推测一般有两种氧化过程:被分子氧氧化以及在三价铁和地表水的共同作用下被氧化。

3.7.6 磷酸盐

众所周知,磷对于所有生物都是必不可少的。磷只有一个稳定同位素,因此不能像探索碳、氮和硫的来源那样将稳定磷同位素比用来探索环境中磷的来源。但是由于磷与氧形成很强的化学键,可以通过研究氧同位素组成来探索磷的来源。

在完全非生物环境中所发生的磷酸盐和水的氧同位素交换可忽略不计(Tudge,1960;Blake et al.,1997),而在生物作用下氧同位素交换很快(Luz,Kolodny,1985;Blake et al.,1997,2005)。对微生物培养菌及酶的实验表明,氧的同位素分馏取决于生长环境、磷酸盐浓度和来源(Blake et al.,2005)。因此通过淡水和海水的 $\delta^{18}O$ 值可以确定磷的来源和产生磷的生物作用。

大西洋和太平洋海水中磷酸盐的深度剖面研究发现 ^{18}O 含量与水接近平衡(Colman et al.,2005),而沿海浅水中的磷酸盐却与水处于同位素不平衡状态(McLaughlin et al.,2006)。在对蒙特雷湾 2 年的时间序列研究实验中,上述学者观察到 ^{18}O 含量呈 6‰的季节性变化。在偶尔发生的海水上涌事件中,磷元素在生物群落中广泛循环,这时同位素接近平衡,同时科学家们观察到磷没有被生物群落广泛吸收时,^{18}O 值会较低。科学家们发现孔隙水的 ^{18}O 含量变化更大(Goldhammer et al.,2011)。

磷酸盐来源的鉴定对减少环境中人类活动造成的磷的排放非常重要。Young 等(2009a,b)对不同来源的磷酸盐(如化肥、清洁剂、动物粪便)的 $\delta^{18}O$ 值进行了测量,发现 $\delta^{18}O$ 值的差异范围为 8‰～25‰。尽管不同来源的磷酸盐的 $\delta^{18}O$ 值会重合,但 Young 等(2009a,b)推断在合适的情况下某些来源的磷酸盐的 $\delta^{18}O$ 值很独特,因而可以被区分出来。

3.7.7 金属同位素

由于海水中金属元素的含量非常低,故测定海水中的金属同位素组成是非常有必要的。难点是怎么从大体积海水中提取和纯化金属。海水中的金属元素可根据它们的平均滞留时间来进行分类,这个时间是相对于水分子的平均保存时间的。具有比海水混合时间长(大约1000年)的保存时间的金属,在所有海水深度范围内具有均一的同位素组成,例如 Li、Mg、Mo、Sr、Tl 和 U。具有短保存时间的金属的同位素随着海水深度的变化而变化,并在深水区具有均一的同位素组成,而且随表层水营养物质的变化而变化。例如,主要营养元素 C、P、N、Si 以及微量金属营养元素会呈现出营养元素的深度剖面:表层水的元素含量低,并且同位素组成变化较大;而深层水的元素含量高,同位素组成相对均一。如 Fe、Zn、Cd 和 Ba。

通过结合金属含量数据和金属同位素数据,可对海洋源区和储库进行限定。其中,非常重要的元素是 Zn、Cd 和 Fe。Zn 同位素可指示重要的 Zn 移除和摄取事件(Little et al.,2014;Zhao et al.,2014)。Cd 同位素数据可提供 Cd 的生物和物理循环信息(Rippberger et al.,2017)。浮游生物优先富集轻的 Zn 和 Cd 同位素,而有机质优先吸附重的 Zn 和 Cd 同位素。因此生物摄取的 Zn 和 Cd 会导致表层水富集同位素,而移除 Zn 具有相反的效果。

除此之外,另一个非常重要同位素是 Fe(Dauphas et al.,2017)。由于海水中的 Fe 含量低,并且滞留时间短,不同海洋区域会有不同的 Fe 同位素组成,这可以为 Fe 的主要摄入源提供以下信息:

(1) 氧化和还原的沉积物。从氧化沉积物中释放出来的 Fe 的同位素与大陆地壳物质相似(Homoky et al.,2013)。从还原沉积物中释放出来的 Fe 的同位素要比其他 Fe 源区的轻。不溶性的 Fe(Ⅲ)还原为可溶性的 Fe(Ⅱ)会导致较大的 Fe 同位素分馏(Anbar,Rouxel,2007)。

(2) 热液的输入。热液喷口可以代表一个重要的 Fe 来源。即使大多数 Fe 会在矿脉附近沉淀,还是会有一小部分的热液 Fe 被运移到较远的地方。如 Conway 和 Jhon(2014)研究所示,北大西洋的 Fe 同位素值可从 −0.1‰ 变化至 −1.35‰,这指示了热液喷口可能是轻 Fe 同位素的源区。

(3) 空气中的颗粒。全球 Fe 含量的分布是可以反映出大气灰尘的重要性的。北大西洋的高 Fe 含量可能与撒哈拉输入有关,甚至是单独的风暴事件。自然的气溶胶的 $\delta^{56}Fe$ 值与大陆地壳相似,然而,北大西洋表层水却显示出输入灰尘的 Fe 比总灰尘的 Fe 同位素重 0.6‰(Conway,Jhon,2014)。

河流中可溶性金属同位素组成变化很大,这反映出流域岩石的同位素变化和风化过程的不同。悬浮颗粒同位素变化要比可溶性金属小。

3.8 地质历史时期海洋的同位素组成

人们对"全球变化"的关注与日俱增,因此越来越有必要对海水的地质历史进行记录和理解。根据古生态学研究可以推断出海水的化学成分变化不大,因为海洋生物只能忍受海洋环境较小的化学变化。地球历史上矿物以及某种程度上沉积岩内古生物学的相似性进一步证实了海水化学成分没有发生很大变化的推论。这也是多年来科学家们的普遍看法。然而,最近对蒸发岩矿物内流体包裹体的研究表明,海水中主要离子(如 Ca^{2+}、Mg^{2+} 和 SO_4^{2-})的化学浓度在显生代发生了显著变化(Horita et al.,2002a,b)。因此,地球历史上导致海水的化学成分呈稳态条件的输入通量和输出通量并不总一样。海水化学成分发生这些改变的速率取决于海水中离子的滞留时间。

从海水中沉淀出来的化学沉积物的同位素组成是记录古海水成分的最灵敏的示踪物之一。以下小节将对氧、碳和硫的稳定同位素组成进行集中讨论。最近,科学家们还对其他同位素系统进行了研究,例如钙(De La Rocha,DePaolo,2000b;Schmitt et al.,2003;Fantle,DePaolo,2005;Farkas et al.,2007)、硼(Lemarch et al.,2000,2002;Joachimski et al.,2005)和锂(Hoefs,Sywall,1997;Misra,Froelich,2012;Wanner et al.,2014)。所有这些方法都会涉及的一个基本问题是:哪种样品提供了必要的信息?即它代表了沉积物形成时共存海水的成分,且之后没有被成岩反应改变。此外,由于大多数化学沉积物都沉积在大陆边缘附近的海域内,样品的成分不一定代表整个海洋的成分。

3.8.1 氧

科学家们普遍认为大陆冰川作用、冰消作用会使海水的 $\delta^{18}O$ 值发生短期变化。然而,关于海水的 $\delta^{18}O$ 值长期变化的原因,仍然存在很多争论。

与地壳和地幔储库中的总 ^{18}O 含量相比,当前海洋的 ^{18}O 含量至少低 6‰。Muehlenbachs 和 Clayton(1976)提出了一个模型,认为海水的同位素组成在两个不同的过程作用下保持恒定:洋壳的低温风化作用使海水亏损 ^{18}O,因为风化产物会优先吸收 ^{18}O;以及洋脊玄武岩在高温下产生水热蚀变使海水富集 ^{18}O,因为在洋壳热液蚀变过程中固态产物会优先吸收 ^{16}O。如果海底扩张停止或扩张速率下降,那么在大陆风化和海底风化的持续作用下海水的 $\delta^{18}O$ 值会逐渐降低。Gregory 和 Taylor(1981)进一步证实了岩石/水体系的缓冲作用,并且认为只要海底的扩张速率不低于现代大洋海底扩张速率的 50%,海水的 $\delta^{18}O$ 值变化范围会在 ±1‰ 以内。

但是,沉积的 ^{18}O 记录显示与上述氧同位素组成恒定的模型不符。一般来说,碳酸盐、燧石和磷酸盐的样品所属年代越老,其 $\delta^{18}O$ 值就越低(Veizer,Hoefs,1976;Knauth,Lowe,1978;Shemesh et al.,1983)。发现这种趋势后科学家们的一个主要的问题是:这些样品是原生的还是次生的(沉积后所产生的矿物)。Veizer 等(1997,1999)提供了强有力的证据并证实这些样品是(至少部分是)原生的。基于精心挑选的显生宙低镁方解石壳体(主要是腕足类动物),他们发现从第四纪到寒武纪 ^{18}O 含量下降了 5‰。由于这些壳体保存了完好的结构,以及微量元素含量可与现代低镁方解石质壳体相当,Veizer 及其同事认为这些壳体保留了原始的氧同位素组成并且可以用来推断古海水的成分。Prokoph 等(2008)对整个地球历史上的 39000 个 $\delta^{18}O$ 和 $\delta^{13}C$ 同位素数据进行了汇编,并证实了 Veizer 及其同事早期的观察结果。

Jaffrés 等(2007)重新审视了关于化学风化和热液循环速率的潜在影响的模型。他们认为 34 亿年间海水表面温度在 10~33 ℃ 之间波动,而其 $\delta^{18}O$ 值则从 -13.3‰ 升至 -0.3‰ (图 3.29)。海水的 $\delta^{18}O$ 值的长期上升趋势最有可能的解释是,高温流体/岩石相互作用与低温流体/岩石相互作用比例的逐渐上升。

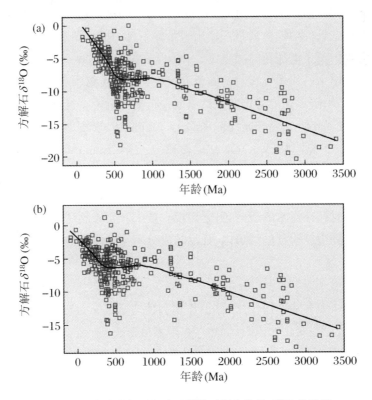

图 3.29 全岩方解石和腕足类随时间变化的 $\delta^{18}O$ 值数据
(a)为测量值，(b)为变化值(所有全岩数据都上升了 2‰(Jaffres et al.，2007))。

据推测，全球海底扩张速率的变化将影响海水的 $\delta^{18}O$ 值，尽管其影响较小。Wallman (2001)对地质水循环做模型计算后认为不同时期海水的 $\delta^{18}O$ 值不是恒定的，而是从更亏损 ^{18}O 的 δ 值演变为目前的 δ 值。Pope 等(2012)采用了另外一种不同的方法，他们测定了格陵兰岛(Isua)蛇纹石的 O 和 H 同位素组成，并用来反演太古代海洋的同位素组成。他们得出结论，其氧同位素组成和现代相当，而氢同位素组成要亏损大约 25‰。

对于这个未解答的"地质历史时期氧同位素是恒定的还是变化的"问题，测定团簇同位素提供了一种新见解(Cummins et al.，2014)。如这些研究者证实的，团簇同位素可鉴别出高温下的成岩蚀变，这是因为在高温下碳酸盐岩的重结晶会反应在升高的团簇同位素温度上。因此，团簇同位素提供了一个比 ^{18}O 或微量元素更灵敏的成岩重结晶的指标。Cummins 等(2014)测量了采自哥特兰、瑞典保存很好的志留纪腕足类和珊瑚的团簇同位素组成，并证明在大批样品中仅有非常小的一组保存了初始的氧同位素组成。这些结果联合 Dennins 等(2013)的研究结果表明，自显生宙以来，海水的氧同位素基本保持恒定。

3.8.2 碳

海相碳酸盐的 ^{13}C 含量与溶解的海相碳酸氢盐(碳酸盐沉淀物来源)的含量密切相关。长期以来科学家们都认为古海洋的 $\delta^{13}C$ 值基本恒定，约为 0。直到 20 世纪 80 年代，科学家们才第一次意识到他们观察到的古海洋的$\delta^{13}C$值浮动是一种长期的规律性变化。海相碳酸盐碳同位素的变化可能是由有机碳埋藏含量变化导致的。有机碳埋藏含量的升高表示^{12}C会优先从海水中沉淀并导致海水的碳同位素更重。相应地,$\delta^{13}C$值的下降可能表明有机碳埋藏的速率下降以及曾被埋藏的有机物的氧化风化作用增强。

至少从35亿年前起,灰岩的$\delta^{13}C$值变化最多在$0\pm3‰$(Veizer,Hoefs,1976)。碳酸盐的长期碳同位素变化会因短期的突然变化(碳同位素事件)中断,这种碳同位素事件具有典型特征,所以被用作碳酸盐所属地层的时间标志。典型的碳同位素事件有古新世—始新世气候最暖期(Cohen et al.,2007)、侏罗纪-白垩纪海洋缺氧事件(Jenkyns,2010)以及二叠纪-三叠纪灭绝事件(Payne,Kump,2007)。

特别值得注意的是,(2.2~2.0) Ga时代的古碳酸盐的$\delta^{13}C$值极高(达10‰),元古代末期碳酸盐的$\delta^{13}C$值甚至更高,表示这两个时期有机碳埋藏含量都有增加(Knoll et al.,1986;Baker,Fallick,1989;Derry et al.,1992)。通过对元古代的数据库进行汇编,Shields和Veizer(2002)(图3.30)证实^{13}C至少增加了15‰,这与当时大面积的冰川作用相吻合(另请参阅 Chemical Geology 特刊2007年第237期)。^{13}C富集的时期与间冰期有关,^{13}C的富集似乎是由有机碳被异常多地埋藏导致的。另一方面,Hayes和Waldbauer(2006)认为异常的^{13}C富集是由沉积物中产生甲烷的细菌引起的。

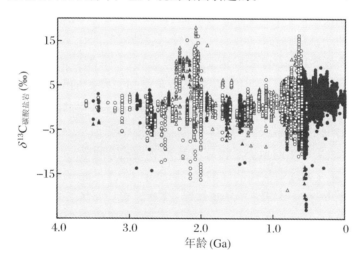

图3.30 随时间变化的海相碳酸盐的$\delta^{13}C$值

注意最近600 Ma期间$\delta^{13}C$值恒定为0~3‰,而0.6~0.8 Ga和2.0~2.3 Ga全球大冰期期间$\delta^{13}C$值变化异常大(Shields,Veizer,2002)。

$\delta^{13}C$值下降的时期通常与冰川作用时期有关(Kaufmann,Knoll,1995)。科学家们发现覆盖于冰川序列的大规模碳酸盐(帽碳酸盐)的$\delta^{13}C$值最低,并且其碳同位素差异在地球上变化最大。$\delta^{13}C$值从高变低是因为在全球大冰期的几百万年间生物生产力的崩塌(Hoffmann et al.,1998),这是"雪球地球"假说的核心论点。地表火山喷发排出大量气体,使大气中的CO_2含量上升到非常高的水平,同时碳酸盐的$\delta^{13}C$值升高到约-5‰,并导致冰期突然中止。

鉴于碳酸盐和有机碳之间的关系,应该能观察到两种碳储库的同位素组成的平行改变。然而,通常情况下碳酸盐-碳和有机碳不会被放在一起研究。Hayes 等(1999)将有关两种碳储库的现有数据进行了汇编。与科学家们的过往猜测不一样的是,长时间分馏是恒定的,其平均值接近 30‰而不是 25‰。两种碳储库的分馏差异原则上可以代表大气中 p_{CO_2} 的差异(Kump,Arthur,1999)。通过使用一个简单模型,模型受持续时间约为 500000 年的不同扰动的影响,Kump 和 Arthur(1999)证明了有机碳埋藏量的增加会导致大气中 p_{CO_2} 的下降,以及碳酸盐和有机碳的 $\delta^{13}C$ 值的上升。最近,科学家们认为 $\delta^{13}C$ 值的变化是由周围大气的 O_2/CO_2 比例变化导致的(Strauß,Peters-Kottig,2003)。

3.8.3 硫

因为海水中溶解硫酸盐和石膏/硬石膏之间的同位素分馏很小(Raab,Spiro,1991),所以蒸发岩中的硫酸盐应能反映各个时期的海相硫酸盐的同位素组成。Nielsen 和 Ricke(1964)、Thode 和 Monster(1964)发表了第一条硫同位素"年龄曲线"。自此以后,该曲线在更多的分析研究中被不断更新(Holser,Kaplan,1966;Holser,1977;Claypool et al.,1980)。硫同位素曲线从古生代早期的最大值 $\delta^{34}S = +30‰$ 变为二叠纪的最小值 +10‰。科学家们认为,这种改变反映了海洋硫酸盐的细菌还原过程中产生的轻硫同位素进入到沉积物中的还原态硫化物中的净流量,这个过程会导致残余海洋硫酸盐储库更加富集 ^{34}S。相反,在化学风化作用下或者增强的热液硫化物输入会使轻硫同位素重返海洋,从而导致海相硫酸盐的 $\delta^{34}S$ 值降低。Kump(1989)建立的模型表明,古生代早期的大部分时间内黄铁矿的埋藏量是现代黄铁矿埋藏量的两倍,随后在石炭纪和二叠纪期间黄铁矿的埋藏量降为现代值的一半,最近180 Ma 的黄铁矿埋藏量几乎恒定(Kump,1989)。

由于不同地质年代蒸发岩的硫同位素组成差异很大,且时间上存在一定的空白,科学家们使用以下两种方法来对不同地质年代海水的 $\delta^{34}S$ 值进行重建:

(1)海相碳酸盐内被结构替代的硫酸盐(Burdett et al.,1989,Kampschulte,Strauss,2004)。这种方法避免了蒸发岩记录的明显缺点(蒸发岩记录不连续,代表大陆边缘建造的时间分辨率不高,且易受到附近大陆的影响)。因此,从结构硫酸盐内获取的记录能够更加精确地分辨出地质年代。

(2)深海沉积物中的海相重晶石。Paytan 等(1998,2004)给出了一条新生代和白垩纪的海水硫曲线,时间分辨率约为 100 万年。重晶石优于其他两种硫酸盐,这是因为只要有孔隙水的存在,它就能免受成岩作用的影响而被溶解(图 3.31)。由于深海沉积物只有现代海洋才有,因此只有最近 1.5 亿年才有重晶石的记录。

海生重晶石的氧同位素组成可能是一种有效的古硫酸盐循环示踪剂。Turchin 和 Schrag(2004,2006)观察到过去的 1000 万年中 $\delta^{18}O$ 值变化了 5‰。氧在硫化物氧化过程中被硫酸盐吸收,在硫酸盐还原过程中被释放。Turchin 和 Schrag(2004)推测,海平面的波动使大陆架的面积减少并且增加了硫化物的风化作用,这可能是导致 $\delta^{18}O$ 值变化的原因。

推测沉积硫化物"年龄曲线"应与硫酸盐的"年龄曲线"平行。然而,观察到的硫化物的硫同位素数据差异很大,且似乎在很大程度上取决于还原系统的"开放"程度以及沉积速率,因此其随年龄而变化的趋势很模糊(Strauß,1997,1999)。人们根据硫化物和共生硫酸盐之间的最大同位素分馏值的变化来推测复杂硫循环的变化(Canfield,Teske,1996)。年龄相当的地层内 $\delta^{34}S_{硫化物}$ 值的极大差异可能是由逐渐成岩过程中不同时间段黄铁矿形成的步骤不同导致的。

考虑到现代沉积环境中细菌成因的硫化物与海洋硫酸盐之间的 $\delta^{34}S$ 值相差约 40‰~60‰,如果古代沉积岩也存在类似的分馏,则可以视作硫酸盐还原菌活动的证据。因此,通过确定沉积岩中类似的硫同位素分馏的存在可以推断出硫酸盐还原菌的出现时间。太古代早期,沉积岩中的大多数硫化物和稀有硫酸盐的 $\delta^{34}S$ 值都接近 0(Monster et al.,1979;Cameron,1982)。科学家们最初将太古代硫酸盐和硫化物之间同位素分馏很少的原因归结为细菌还原作用的缺失,但也可能是因为硫酸盐已被完全还原。Ohmoto 等(1993)采用激光探针方法对产生于大约 34 亿年前的 Barberton 绿岩带的单个黄铁矿晶粒进行了分析,发现单个岩石标本内的黄铁矿的 $\delta^{34}S$ 值差异高达 10‰,这意味着至少 34 亿年前细菌还原作用就已经产生了。Shen 和 Buick(2004)则发现显微视角下观察到的黄铁矿的 $\delta^{34}S$ 值的巨大差异与更古老(34.7 亿年前)的澳大利亚北极(North Pole)重晶石矿床石膏的生长面一致,作者认为这些特征是最古老的微生物还原作用的证据。

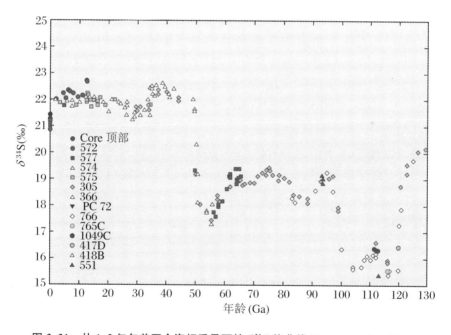

图 3.31 从 1.3 亿年前至今海相重晶石的 $\delta^{34}S$ 值曲线(Paytan et al.,2004)

3.8.4 锂

海洋中锂的两个主要输入来源是河流和海底扩张中心的热液输入,输出的锂主要被海相沉积物以及低温洋壳吸收。在对年代信息清晰的浮游有孔虫进行分析后,Misra 和 Froelich(2012)公布了最近 5000 万年间锂同位素的曲线。他们发现过去 5000 万年间锂同位素上升了 9‰,他们认为这反映了大陆风化速率的总体上升趋势。由于与钙和锶不同,锂会优先进入硅酸盐矿物中,锂同位素记录对硅酸盐岩的风化作用变化很敏感。Wanner 等(2014)所建立的模型显示了 δ^7Li 值与硅酸盐岩风化作用对 CO_2 的消耗速率之间存在关联。因此,锂同位素记录可以用来定量计算大气 CO_2 消耗量。

3.8.5 硼

地球化学模型显示,不同地质年代的海水硼同位素组成有显著差异(Lemarchand et al.,2002;Simon et al.,2006)。与锂和其他元素一样,古海水的 $\delta^{11}B$ 值也取决于大陆的侵蚀速率和洋脊处的化学交换速率。硼的独特性在于它还取决于海水的 pH。为重建古海水的 $\delta^{11}B$ 值,科学家们通过对有孔虫进行研究来确定古海水的 pH(Pearson,Palmer,2000;Pearson et al.,2009),或确定海水硼同位素组成的变化(Raitzsch,Hönisch,2014)。对古深海的 pH 进行独立估算之后,通过对深海有孔虫(相比浮游有孔虫其受到 pH 影响更小)的研究,科学家们发现 $\delta^{11}B$ 值存在 2‰的波动,同时自始新世以来 $\delta^{11}B$ 含量显著上升了约 3‰(Raitzsch,Hönisch,2014)。Greenop 等(2017)通过测定成对的浮游生物和底栖有孔虫发现了不同的 $\delta^{11}B$ 值,从而得出了相似的结论。

3.8.6 钙

一些研究已经证实海水钙同位素组成存在长期变化(De La Rocha,De Paolo,2000;Griffith et al.,2008 a,b,c;Steuber,Buhl,2006;Farkas et al.,2007;Fantle,2010),这表明地球历史上存在动态钙循环,并且可以推断钙和碳循环之间的互相反馈对海洋碳储库起到了缓冲作用。Fantle(2010)发现从始新世转到渐新世时 $\delta^{44}Ca$ 值大幅下降,这可能是因为相比沉积作用而言风化作用显著增强。除海水中输入和输出的钙含量变化外,其他过程也可能导致钙同位素组成变化,如从古生代早期方解石海到古生代晚期文石海的转变或白云石成岩量的变化等。新近纪的 Li(Misra,Froelich,2012)、B(Greenop et al.,2017)以及 Ca(Griffith et al.,2008a,b,c)同位素组成具有相类似的模式,这表明了一个普遍的机理,如大陆风化的增加。

3.9 大 气 圈

大气的基本化学组成非常简单,氮气、氧气和氩气的含量最高。其他元素和化合物的含量虽然很少但却很重要。重力场中分子量不同的气体混合物应会部分分离并发生同位素分馏。然而,较低的大气层(对流层)太过混乱,以至于重力导致的分馏很难被观察到。尽管高层大气(平流层)中某些种类的气体可能会受到重力分馏的影响,但科学家们迄今为止尚未找到高层大气重力导致分馏的同位素证据(Thiemens et al.,1995)。然而,科学家们观察到从冰芯和沙丘中捕获的空气中存在重力分馏的现象(Sowers et al.,1992)。

近年来,针对大气中非常重要的微量化合物的同位素组成的分析研究取得了巨大进步,这主要是由于 GC-IRMS 技术的引进使得对纳摩尔数量的 O_3、CH_4、N_2O、CO、H_2、硫酸盐和硝酸盐进行精确分析成为了可能,其中因为臭氧的同位素组成能影响其他微量成分,所以对其进行精确分析特别重要。

微量气体不断分解并通过多种光化学反应进行重组,在这些过程中可能会产生同位素分馏(Kaye,1987;Brenninkmeijer et al.,2003)。同位素分析法被越来越多地运用于大气微量气体循环(如 CH_4 和 N_2O)的研究中,通过这种方法科学家们可以深入了解微量气体的来源以及汇和输送过程。同位素分析法的基本原理是各种来源的微量气体的同位素比值都是独特的,且其在汇出过程中会产生同位素分馏。

许多造成地球大气同位素分馏的过程也可能发生在其他行星系统的大气中,例如大气中原子和分子向外太空逃逸的过程。生物作用或与海洋相互作用导致的同位素分馏可能是地球独有的。应用稳定同位素对源自人类活动的大气污染进行研究是很有潜力的一个大气研究方向。

平流层的分馏效应和反应与对流层相比非常不同。其中特别明显的是平流层臭氧的同位素组成。Mauersberger(1981,1987)进行的原位质谱测量证明了平流层中的 ^{17}O 和 ^{18}O 的富集程度一样,都约为 40%,质量数 49(含^{17}O)和质量数 50(多数情况下含^{18}O)基本上成 1:1 的关系。通过与平流层的其他分子的交换反应,使得臭氧层的同位素特征发生转变,这又使得对流层的气体如 O_2 和 CO_2 具有非质量分馏的特征。相类似的效应也发现于平流层的 N_2O 中(Cliff,Thiemens,1997)。

图 3.32 总结了许多大气分子(如 O_3、CO_2、N_2O 和 CO)的非质量相关的同位素组成(Thiemens,1999,2006)。

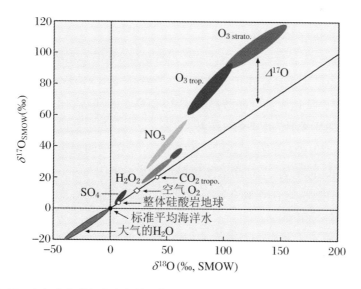

图 3.32 大气中各种氧化合物的 $\delta^{17}O$ 值与 $\delta^{18}O$ 值的对比图(Thiemens,2006)

3.9.1 大气中的水蒸气

Craig 和 Gordon(1965)首次对北太平洋上方大气内水蒸气的同位素组成进行了测量,

结果发现,尽管底层大气内主要的化合物氮、氧和氩的浓度恒定,但其内部的水蒸气浓度变化却很大。后来 Rozanski 和 Sonntag(1982)以及 Johnson 等(2001)发现在对流层和平流层的垂直剖面上,水蒸气的 δD 值(以及 $\delta^{18}O$ 值)一直到对流层顶都呈现高度越高值越低的趋势,而在平流层则呈相反趋势。对流层中 δD 值(以及 $\delta^{18}O$ 值)呈下降趋势是因为在云团形成过程以及降雨过程中发生的同位素分馏导致水蒸气中重同位素被优先丢失。平流层中 δD 值呈上升趋势可能与甲烷的光化学氧化作用有关。

3.9.2 氮气

大气中近80%都是氮元素。从不同高度的大气中收集到的氮的同位素组成都恒定(Dole et al.,1954;Sweeney et al.,1978),因而氮气代表了大气中自然发生的同位素变化的"零点"。除了占绝大部分的氮元素外,大气中还存在各种其他种类的氮化合物,这些氮化合物是大气污染的主要来源,还对降雨的酸度有重要影响。

在化石燃料和生物质的燃烧过程中,惰性氮气会被转化为活性态的 NO_x($NO+NO_2$)。土壤中的微生物作用也会产生 NO_x,然而目前大气中的 NO_x 主要来源于人类活动。

NO_x 转化为硝酸盐时的同位素分馏似乎很小,因此 $\delta^{15}N$ 值能反映 NO_x 的来源。Heaton(1986)讨论了将自然产生的和人为产生的 NO_x 的同位素区分开来的可能性。由于发电厂和汽车发动机内部化石燃料在高温燃烧过程中同位素分馏很小,其排放的污染物中硝酸盐的 $\delta^{15}N$ 值应与被氧化氮气的 $\delta^{15}N$ 值相似。

土壤中的 NO_x 是在硝化作用和反硝化作用过程中产生的,这两个过程受动力学控制。因此,原则上天然硝酸盐的 $\delta^{15}N$ 值应该比人类活动所产生的硝酸盐的 $\delta^{15}N$ 值更低。但是,Heaton(1986)总结道,不能根据 ^{15}N 含量来对天然硝酸盐与人类活动所产生的硝酸盐进行区分,Durka 等(1994)也证实了这一观点。

大气中硝酸盐的 ^{18}O 含量差异非常大(从+25‰到+115‰不等)(Morin et al.,2008;Michalski et al.,2011),并且存在年度性差异。冬季的 $\delta^{18}O$ 值较高,夏季的 $\delta^{18}O$ 值较低。高纬度硝酸盐的 $\delta^{18}O$ 值比中纬度硝酸盐的 $\delta^{18}O$ 值高。$\Delta^{17}O$ 值(由于与臭氧相互交换而产生的非质量相关的明显异常)也有类似趋势。

氮的氧化物除 NO_x 外,还有一氧化二氮(N_2O),后者是同位素地球化学的重要研究对象。空气中 N_2O 的含量约为3‰,且其含量每年增加约0.2%。一氧化二氮是一种重要的温室气体,从分子角度讲,它在导致全球变暖方面比二氧化碳效率更高,其含量增加也会导致平流层内臭氧的含量减少。

N_2O 是土壤和水在微生物硝化和反硝化过程中形成的。然而,N_2O 的全球含量很有限。Yoshida 等(1984)测出了第一个 N_2O 的 $\delta^{15}N$ 值,Kim 和 Craig(1990)公布了第一个 $\delta^{18}O$ 值,Kim 和 Craig(1993)给出了第一个双同位素测定值。目前,大气中 N_2O 的 $\delta^{15}N$ 值和 $\delta^{18}O$ 值范围分别为6.4‰~7.0‰和43‰~45.5‰(Sowers,2001)。Sowers(2001)首次对 Vostok 冰芯的 N_2O 同位素进行了测量,结果显示,其 $\delta^{15}N$ 值和 $\delta^{18}O$ 值随时间变化,且变化范围较大($\delta^{15}N$ 值的变化范围为10‰~25‰,$\delta^{18}O$ 值的变化范围为30‰~50‰),他解释这是 N_2O 在硝化作用下原位生成的结果。

总体上说，陆地（主要是土壤）所排放的 N_2O 的 δ 值比海洋所排放的 N_2O 的 δ 值更低。如 Kool 等（2009）所示，N_2O 的 $\delta^{18}O$ 值取决于 N_2O 与其周围水所发生的氧同位素交换。由于动力学效应，硝化作用和反硝化作用所产生的 N_2O 比反应物的同位素轻，而反硝化的还原作用会导致残余 N_2O 富集 ^{15}N 和 ^{18}O（Well，Flessa，2009）。

大气中的 N_2O 有少量的非质量相关的 ^{17}O 分馏（Cliff，Thiemens，1997；Cliff et al.，1999），其同位素特征与富含 ^{17}O 的臭氧类似。由于较轻的同位素会优先被光解离，高度越高平流层内 N_2O 的 $\delta^{15}N$ 值和 $\delta^{18}O$ 值就会越高（Rahn，Wahlen，1997）。

同位素地球化学家们对 N_2O 化合物的另一个方面也非常感兴趣。N_2O 是一种线性分子，其分子结构中一个氮原子在中心，而另一个氮原子在末端。其中心部位称为 α 位置，末端部位称为 β 位置。Yoshida 和 Toyoda（2000）以及 Röckmann 等（2003）表明两个氮原子位置的 ^{15}N 含量不同，可以用作示踪剂。与 ^{18}O 值和 ^{15}N 平均值相反，α 位置和 β 位置的氮同位素差异与反应前物质同位素组成无关（Popp et al.，2002）。因此，N_2O 不均一的分子内分布可能有助于辨认出其源和汇（请参见 1.3.5 小节中关于原位特定同位素组成的描述）。

Magyar 等（2016）提出了一个方法，可测定 6 个单体和双体 N_2O 的团簇同位素，包含可以指示 ^{15}N、^{18}O、^{17}O、^{15}N 位置的，以及团簇同位素 $^{14}N^{15}N^{18}O$ 和 $^{15}N^{14}N^{18}O$。单个样品的 6 个同位素指标可对 N_2O 的源区和储库进行更好的限制。

3.9.3 氧气

大气内氧气的同位素组成相当恒定（Dole et al.，1954；Kroopnick，Craig，1972；Bender et al.，1994），其 $\delta^{18}O$ 值为 23.5‰。最近科学家们又将其重新确定为 23.88‰（Barkan，Luz，2005）。氧气是通过光合作用产生的，其相对于基质水（substrate water）来说没有同位素分馏（Helman et al.，2005）。海洋是地球上最大的水库，因此大气内氧气的 $\delta^{18}O$ 值与海水的同位素组成有关。

Urey（1947）计算出在平衡条件下，25 ℃ 时大气中的氧气比水中的氧气的 ^{18}O 富集约 6‰。这意味着大气内的氧气不能与水圈内的氧气保持平衡，大气中氧气的 ^{18}O 更富集（所谓的"多尔"效应）必然有另一种解释。科学家们普遍认为大气中氧气的 ^{18}O 更富集是由生物作用导致的，即大多数生物呼吸过程中会优先吸收 ^{16}O（Lane，Dole，1956）。呼吸过程中所消耗的氧气的 ^{18}O 含量比摄入的氧气低 20‰（Guy et al.，1993）。

多尔效应有陆地和海洋两种来源。Bender 等（1994）估计，陆地生物作用导致的分馏应为 22.4‰，而海洋生物作用导致的分馏应为 18.9‰。因此，当气候从冰期转为间冰期时，随着海洋光合作用与陆地光合作用比值的变化，δ 值也会相应地发生变化。对从冰芯中收集到的分子氧的分析研究表明，不同地质年代大气中氧的 $\delta^{18}O$ 值不一样。Sowers 等（1991）、Bender 等（1994）和 Severinghaus 等（2009）率先对从冰芯中收集到的气泡内的氧气的 $\delta^{18}O$ 值进行了分析，他们通过对大气中氧和海水的 $\delta^{18}O$ 值差异进行测量，发现冰期-间冰期循环的 $\delta^{18}O$ 值差异范围在 1.5‰ 以内，且与海水的 $\delta^{18}O$ 值一致（Severinhaus et al.，2009）。

对大气氧同位素组成的进一步了解来自对 ^{17}O 含量的测量，测量结果显示 $\delta^{17}O$ 值为 12.03‰（Luz et al.，1999；Luz，Barkan，2000，2005；Barkan，Luz，2011）。这些研究表

明,由于平流层中存在光化学反应,大气中氧气存在非质量相关的^{17}O特征。光合作用和呼吸作用使^{17}O和^{18}O产生质量相关分馏,而O_3、O_2和CO_2在平流层的光化学反应(Thiemens et al.,1995)导致对流层内氧气发生非质量相关同位素分馏。结果,与只受光合作用和呼吸作用影响的氧气相比,对流层内氧气的^{17}O亏损约0.2‰。^{17}O的亏损程度取决于生物生产力和与平流层混合两种作用的相对比例。如Luz等(1999)以及Luz和Barkan(2000)所建议的,^{17}O异常程度可用作全球生物圈生物产率的同位素指标。

在大陆硫化物的氧化风化作用下,大气中的^{17}O可能会被转移到地壳矿物(例如石膏和重晶石)内。因此,通过对陆地硫酸盐进行分析,可以获取地质历史上^{17}O的异常记录(Bao et al.,2000,2001;Bao,2015)。

大气氧的额外信息可通过测定对流层O_2中非常稀少的$^{18}O^{18}O$和$^{17}O^{18}O$部分来获得(Yeung et al.,2012,2014),结果显示氧的团簇同位素不能反映对流层的同位素平衡。最近,Yeung等(2015)的测试结果显示,相对于随机分布,光化学合成的氧亏损$^{18}O^{18}O$和$^{17}O^{18}O$,作者将这一现象解释为生物信号。

科学家们通过使用地质学、矿物学和地球化学指标来对古大气的氧气含量进行推测。地球历史上的一半时间内,大气中的氧气含量可能都低于目前大气中的氧气含量(PAL)(0.001%)。稳定同位素指标记录了地球上大气和海洋的氧化作用,氧气浓度的增加似乎是分几步进行的。第一个主要的步骤发生在约24亿年前(Farquhar et al.,2000;Farquhar,Wing,2003),即所谓的"大氧化事件"(GOE),其标志性特征是氧化风化作用的开始。关于GOE的存在,最令人信服的论据是硫同位素的非质量相关分馏一直持续到GOE开始。

最近研究表明,大气中氧气的演化过程比单阶段的从太古代的缺氧状态过渡到古元古代的有氧状态的过程更复杂(Anbar,Rouxel,2007;Wille et al.,2007,2013;Frei,2009;Voegelin et al.,2010)。大氧化事件似乎是一个持续的过程,而不是单独的一个事件。换句话说,它是一个大气氧浓度多次升高和降低的过渡区间(Lyon et al.,2014)。

也可以通过铁同位素推断出大气中氧气的演变过程。除碳和硫之外,铁也可以控制海洋的氧化还原环境。Rouxel等(2005)证实铁循环从0.5～3.5 Ga前间的逐步变化与海洋的氧化作用有关(图3.33)。根据Rouxel等(2005),地球历史上的铁同位素分布可分为三个阶段:第一阶段(2.3～2.8 Ga前),其典型特征是黄铁矿的$\delta^{56}Fe$值变化极大且极低;第二阶段(1.6～2.3 Ga前),其特征是黄铁矿的$\delta^{56}Fe$值异常高;第三阶段(从1.6 Ga前至今),其典型特征是黄铁矿的$\delta^{56}Fe$值变化较小,约为$-1‰\sim0$。以上不同阶段可能反映了地球氧化还原状态的改变。在第一阶段(2.3 Ga前),铁以铁氧化物和黄铁矿的形式从海洋中沉淀。富含^{56}Fe的铁氧化物在无氧氧化作用下被沉淀,从而使海水的$\delta^{56}Fe$值变得很低(Kump,2005)。在第二阶段,大气被氧化,但海洋仍处于缺氧状态。在第三阶段,大气和海洋都被氧化,从而使得铁没有在海水中集聚,而是以不能溶解的Fe^{3+}的形式被沉淀,Fe^{3+}保留了进入海洋的铁的同位素组成,与地壳的铁同位素组成的平均值接近。

其他还原环境敏感的微量元素和同位素也符合这种观点。采用一系列的元素和同位素指标(S、Mo、Se、U),例如2.5 Ga前的Mount McRae页岩钻孔表明,随着还原态大气到氧化态大气的变化,O_2是周期性增加的(Anbar et al.,2007;Lyons et al.,2014;Kendall et al.，2017)。在显生宙时期,氧化还原敏感的同位素指标被用来追踪海洋还原性情况。一个非常有前景的技术似乎是结合 Mo 和 U 同位素进行的,它们对氧化还原环境的响应不同,因此可以优势互补(Kendall et al.，2017；Andersen et al.，2017)。

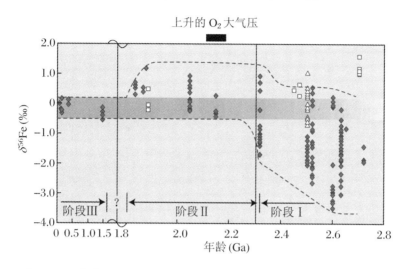

图 3.33 黄铁矿和铁氧化物随时间变化的 δ^{56}Fe 值显示了海洋演化的
三个阶段(Anbar，Rouxel，2007)
阶段Ⅱ和阶段Ⅲ的年龄界线尚未确定。

3.9.4 二氧化碳

1. 碳

大气中 CO_2 含量不断增加的问题受到全世界的关注。通过对同一空气样品中 CO_2 的浓度和同位素组成进行测量,可以确定出二氧化碳含量增加是人类活动、海洋还是生物作用导致的。人们认为对 CO_2 进行隔离是减少温室气体排放的一项重要举措。一般的沉积盆地和深层盐碱含水层可能是人类活动产生的 CO_2 的储集层,CO_2 的同位素组成可能是储库内输入的 CO_2 含量变化理想的示踪剂(Kharaka et al.，2006)。

Keeling(1958,1961)在 1955 年、1956 年首次对 CO_2 的碳同位素比值进行了大量测量。他注意到碳同位素的日变化、季节性变化、长期变化、局部变化和区域性变化为常规变化。日变化只存在于大陆上并取决于植物的呼吸作用,在午夜或清晨达到最大值。夜晚的时候,植物呼吸作用会产生 CO_2(其含量可以被测出来),使 δ^{13}C 值降低(图 3.34)。^{13}C 的季节性变化与 CO_2 浓度变化非常相似,都是陆生植物活动导致的。如图 3.35 所示,季节性变化从北向南逐渐变小,与人们所预期的高纬度地区植物活动季节性变化较大以及北半球陆地面积较大一致。在南半球几乎看不到这种效应(Keeling et al.，1989)。

自 1978 年以来,科学家们对几个清洁空气地点处大气中的 CO_2 进行了接近连续的长期测量(Keeling et al.，1979；Mook et al.，1983；Keeling et al.，1984，1989，1995；Ciais et al.，1995)。测量结果明确证实,大气中的 CO_2 含量平均每年增加约 1.5 ppm,而 ^{13}C/^{12}C 同位素比则逐渐降低。每年 10^{15} g 的化石燃料(平均 δ^{13}C 值为 $-27‰$)的燃烧量将使大气中

CO_2 的 ^{13}C 含量每年减少 0.02‰。然而,人们观察到每年 CO_2 的 ^{13}C 降低量要小得多。排入大气中的 CO_2 有大约一半留在了大气中,另一半被海洋和陆地生物圈吸收。科学家们对这两种碳汇的占比争议极大。大多数海洋学家认为海洋碳汇并不能吸收全部的 CO_2,陆地生态学家则不认为陆地生物圈是一个占比很大的碳汇。

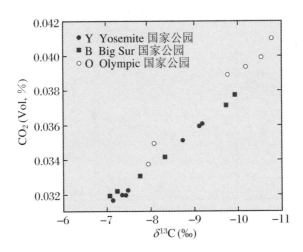

图 3.34 大气中 CO_2 浓度与 $\delta^{13}C_{CO_2}$ 值的关系(根据 Keeling 1958 年的研究)

2. 氧

大气中 CO_2 的 $\delta^{18}O$ 值约为 +41‰,这意味着大气中的 CO_2 与海水的同位素处于近似平衡的状态,但与大气中的氧气处于不平衡状态(Keeling,1961;Bottega,Craig,1969)。Mook 等(1983)以及 Francey 和 Tans(1987)所做的测量显示大气中的 CO_2 存在大范围的季节性变化和区域差异。由南向北 ^{18}O 含量升高了接近 2‰,是 ^{13}C 值变化的近 10 倍。其季节性变化程度与 $\delta^{13}C$ 值相似(图 3.36)。这种由南向北的渐变趋势是由南北半球海洋和陆地分布不均以及海水与大气降水氧同位素组成差异较大导致的。

Farquhar 等(1993)证明,与光合作用过程中植物所吸收的 CO_2 相比,与叶片水分相接触的 CO_2 要多得多。光合作用每吸收一个 CO_2 分子,就有另外两个 CO_2 分子通过气孔进入叶片。它们迅速与叶片水分达成平衡,然后再次进入大气中,而没有被植物吸收。因此,这种较大的 CO_2 流量仅对大气中 CO_2 的 ^{18}O 含量产生影响,而对其 $\delta^{13}C$ 值没有影响。

通过对三氧同位素进行分析,可以加深对大气中 CO_2 循环的了解。Hoag 等(2005)提出,除对流层中 CO_2 的 ^{18}O 含量外,^{17}O 含量也可作为 CO_2 与生物圈和水圈相互作用的同位素指标。平流层中的 CO_2 在与臭氧发生同位素交换后会异常富集 ^{17}O 和 ^{18}O,平流层中的 CO_2 流入对流层后对流层中的 CO_2 富集 ^{17}O 和 ^{18}O,但是由于 CO_2 会与地表水发生同位素交换,这些富集特征可能会被重置。Hofmann 等(2012)对 CO_2 和水之间平衡分馏的 $^{17}O/^{16}O$、$^{18}O/^{16}O$ 比值进行了精确测定。他们证明对流层中 CO_2 的 $\Delta^{17}O$ 随时间而变化,但与 $\delta^{18}O$ 季节性变化趋势又不完全一致。

Horvath 等(2012)确定了燃烧过程和人类呼吸过程中 CO_2 的三氧同位素组成。高温燃烧过程所产生的 CO_2 的氧同位素组成取决于周围空气中的 O_2,而人类呼吸过程所产生的

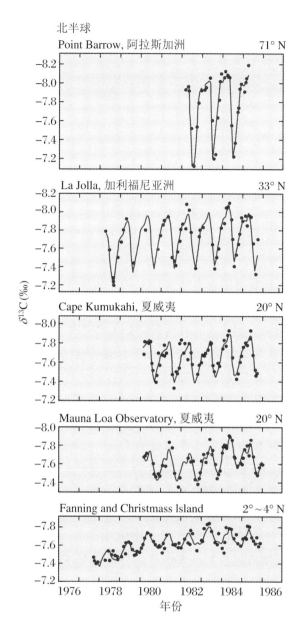

图 3.35 北半球五个站点大气中 CO_2 的 $\delta^{13}C$ 值的季节性变化

点表示月平均值,振荡曲线是日平均值的拟合值(根据 Keeling 等人 1989 年的研究)。

CO_2 的氧同位素组成取决于 CO_2 与体内水分所产生的同位素交换。因此,来自人类的 CO_2 的三氧同位素组成与来自自然的 CO_2 三氧同位素组成区别明显。

3. CO_2 浓度及同位素的长期变化

人们越来越意识到在过去的 5 亿年中,地球大气中的 CO_2 含量变化很大。最明显的证据来自对冰芯中 CO_2 的测量,其显示在过去的 420000 年中,各时间段 CO_2 含量差异极大 (Petit et al., 1999)。

Berner(1990)建立了一个由大气中 CO_2 排放(如火山活动)与吸收(如风化作用和有机

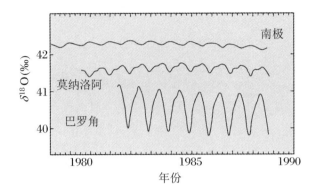

图 3.36　三个站点大气中 CO_2 的 $\delta^{18}O$ 值季节性变化记录

三个站点分别为：巴罗角（71.3°N）、莫纳洛阿（19.5°S）、南极（90.0°S）（根据 Ciais 等人 1998 的研究）。

物的沉淀）两个过程的平衡状态的改变导致 CO_2 浓度发生长期变化的模型。他所给出的过去 5 亿年间 CO_2 浓度理论曲线与几个关键时间点的气候记录吻合：石炭纪和二叠纪的冰期浓度较低，白垩纪浓度最大。尽管人们对真实的 CO_2 浓度变化趋势尚不知晓，但很明显，古代大气中 CO_2 含量的变化可能对全球地表古温度起到关键性的作用。用不同物质的碳同位素差异来示踪的几种有潜力的"CO_2 古气压计"可能有利于阐明以上短期、长期的 CO_2 变化。

科学家们将树木年轮中的短期碳同位素变化作为人类活动导致的 CO_2 燃烧过程的指标（Freyer，1979；Freyer，Belacy，1983）。受气候和生理因素的影响，不同树木的同位素记录差异很大，但许多树木的年轮记录都显示 1750～1980 年间 $\delta^{13}C$ 值下降了 1.5‰。Freyer 和 Belacy（1983）公布了两组欧洲橡树过去 500 年间的碳同位素数据：林木的 $\delta^{13}C$ 值在过去 500 年中呈非系统性变化，而独木的 $\delta^{13}C$ 值变化更小，这可能与气候变化有关。由于独木所在区域自 1850 年以来就受工业革命的影响，其 $\delta^{13}C$ 值系统性地下降了约 2‰。

从南极冰芯中收集到的空气为大气中 CO_2 浓度和 $\delta^{13}C$ 值的变化提供了最令人信服的证据。图 3.37 显示了对南极冰芯 Law Dome 的分析结果，过去 1000 年的时间记录非常清晰（Trudinger et al.，1999）。过去 150 年间的 CO_2 浓度和 $\delta^{13}C$ 值的变化显然与人类活动所燃烧的化石燃料增加有关。上一个冰期大气中的 CO_2 浓度较低且大气中的 CO_2 比间冰期的 CO_2 同位素轻约 0.3‰（Leuenberger et al.，1992）。Schmitt 等（2012）公布了两个南极冰芯过去 24000 年的 $\delta^{13}C$ 数据并观察到在约过去 17500～14000 年间（CO_2 浓度上升的时期）$\delta^{13}C$ 值下降了 0.3‰，他们解释这是南半球大洋富 CO_2 海水上涌所致。

Bauska 等（2015）报道了来自南极洲 Taylor Glacier 的高分辨率、高精度的冰消记录，年龄跨越尺度从 22000 到 11000。最初 CO_2 含量增长伴随着 $\delta^{13}C$ 值下降，这可能是由变弱的生物泵导致的，而逐渐升高的 CO_2 含量，并伴随着 $\delta^{13}C$ 值的微小变化，指示了源区和过程的共同作用（Bauska et al.，2015）。

对大气中 CO_2 的长期变化进行研究有两种不同的方法：一种是通过深海沉积物，另一种是通过大陆沉积物。Cerling（1991）通过对从大气或植物根系中逸出的 CO_2 所组成的古土壤碳酸盐进行分析，并以此对古大气中的 CO_2 含量进行了重建。这种方法依赖于特定假设和前提条件。例如,一个前提条件是必须将成土钙质结砾岩同在地下水平衡的状态下形成的钙质结砾岩(不能用于 p_{CO_2} 的测定)区分开来(Quast et al., 2006)。

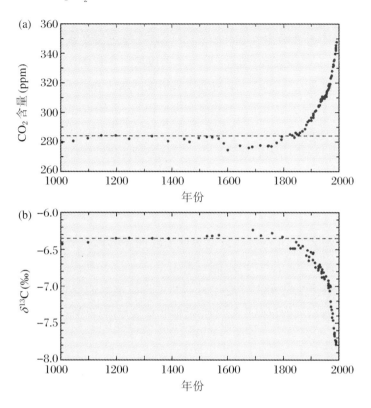

图 3.37　过去 1000 年 Law Dome 冰芯的(a) CO_2 含量和(b) $\delta^{13}C$ 值记录(根据 Trudinger 等人 1999 年的研究)

另一种方法是通过对海相有机浮游生物的分子 CO_2 浓度与 $\delta^{13}C$ 值之间的关系进行探讨(Rau et al., 1992)。对 CO_2(aq) 和 $\delta^{13}C_{org}$ 进行量化的尝试需要根据经验来进行校准(Jasper, Hayes, 1990; Jasper et al., 1994; Freeman, Hayes, 1992)。理论分析和实验都证明,细胞的生长速率(Laws et al., 1995; Bidigare et al., 1997)和细胞的几何形状(Popp et al., 1998)极大地决定了 $\delta^{13}C_{org}$ 值,它们对细胞内 CO_2 的浓度也有同样的影响。其他复杂因素包括陆地有机物和海洋光合作用系统(不同固碳途径被整合到整体有机物中)的潜在污染。因此,最好使用特定生物标志,如烯酮。烯酮是长链($C_{36}\sim C_{39}$)不饱和酮,来源为一些浮游植物类群(如常见的 Emiliani huxleyi 类群),其双键的数量与光合作用时的水温有关。可以根据烯酮和同时代碳酸盐的碳同位素组成估算出古 CO_2 含量(Jasper, Hayes, 1990; Pagani et al., 1999a, b)。

用硼同位素法(参见 2.3.2 小节)对 p_{CO_2} 值进行估算是基于大气中 CO_2 浓度的升高会导致表层海水 p_{CO_2} 的升高,同时会导致其 pH 降低。通过对浮游有孔虫的硼同位素组成进行测量,Palmer 等(1998)以及 Pearson 和 Palmer(2000)重建了始新世海水的 pH,并对古大气的 CO_2 浓度进行了估算。然而,Lemarchand 等(2000)认为,浮游有孔虫的 $\delta^{11}B$ 记录虽然能部分反映海洋硼同位素含量的变化,但无法反映海水的 pH 变化。

3.9.5 一氧化碳

一氧化碳(CO)是一种重要的微量气体,其在大气中的平均滞留时间约为 2 个月,平均浓度约为 0.1 ppm μg/g。CO 的主要来源有甲烷和其他更复杂碳氢化合物的氧化过程,生物质燃烧过程,交通、工业和家庭供暖以及海洋和植被。主要的汇是羟基(—OH)自由基的原位氧化,这个过程使对流层中的污染物气体被清除并被土壤吸收。Stevens 等(1972)公布了第一组 CO 同位素数据。后来 Brenninkmeijer(1993)和 Brenninkmeijer 等(1995)对该数据进行了核实。$\delta^{13}C$ 值的季节性变化似乎反映了 CO 的两个主要来源(生物质燃烧过程和甲烷的大气氧化过程)相对比例的变化。大气中 CO 的移除(碳汇过程)往往伴随着氧同位素的动力学同位素效应,因此 $\delta^{18}O$ 值比 $\delta^{13}C$ 值变化更大。CO 中的氧气也会产生非质量相关分馏,其 ^{17}O 过剩高达 7.5‰,这肯定与涉及羟基的移除反应有关(Röckmann et al.,1998)。

Röckmann 等(2002)对北纬高纬度站点的 CO 的完整同位素组成进行了测量,测量结果显示,$\delta^{13}C$、$\delta^{17}O$ 和 $\delta^{18}O$ 值季节性差异较大,且发生了北纬中高纬度的 CO 混合。在冬季,来自工业区的燃烧产生的 CO 被输送到高纬度。科学家们发现冰芯中 CO 的碳和氧同位素组成变化很大,他们认为这是生物质燃烧量的变化导致的(Wang et al.,2011)。

3.9.6 甲烷

生物作用和人类活动会向大气中排放甲烷,甲烷与羟基发生反应时会被破坏。因此,在校正甲烷与羟基反应所产生的同位素分馏效应后,所有甲烷来源的同位素组成的质量加权平均值与大气中甲烷的平均 $\delta^{13}C$ 值相等。测得的极地冰芯内空气中甲烷的浓度表明,甲烷浓度在过去几百年中增加了一倍(Stevens,1988)。20 世纪 70 年代末至 80 年代初,甲烷浓度每年上升近 1%,此后不知什么原因,其上升率不断变缓。

甲烷是在潮湿环境(例如湿地、沼泽和稻田)下由无氧状态的细菌产生的。牛的胃和白蚁也能产生甲烷。典型的人类活动产生甲烷的来源有化石燃料(例如煤炭开采过程所产生的甲烷)以及生物质燃烧过程中的附属产物。后者产生甲烷的 ^{13}C 含量比前者高得多。在有氧状态下,陆生植物也能产生甲烷(Keppler et al.,2006)。人们尚不知晓陆生植物所产生甲烷的占比,但这可能是甲烷循环的重要一环。

大气中甲烷的平均 $\delta^{13}C$ 值约为 −47‰(Stevens,1988)。Quay 等(1999)发表了 1988~1995 年间大气中甲烷的碳、氢同位素组成全球时间序列记录。他们对 $\delta^{13}C$ 值和 δD 值的空间、时间差异进行了测量,发现南半球的 $\delta^{13}C$ 值(−47.2‰)比北半球(−47.4‰)稍高。平均 δD 值为 −86‰±3‰,北半球的 δD 值比南半球低 10‰。

从 350 年前的极地冰内气泡中收集到的甲烷的 $\delta^{13}C$ 值比目前低 2‰(Craig et al.,1988)。这可能说明人类活动对地球上的生物质的燃烧是目前甲烷中 ^{13}C 较为富集的主要原因。Mischler 等在南极洲的一个冰芯中发现,在过去的 1000 年内,生物材料燃烧逐渐降低,而农业来源逐渐增加。Sowers(2010)报道了覆盖全新世的双重记录,$\delta^{13}C$ 值从 11000 年前的 −46.4‰降低至 1000 年前的 −48.4‰,δD 值在 4000 年前到 1000 年前内变化了 20%。

从日本上空收集到的平流层内甲烷的 $\delta^{13}C$ 值在对流层顶为 $-47.5‰$,在约 35 km 高处上升到 $-38.9‰$(Sugawara et al., 1998)。研究者们认为甲烷与平流层内氯的反应可能是导致 ^{13}C 较富集的原因。

3.9.7 氢气

氢气(H_2)仅次于甲烷,是大气中浓度第二高的还原性气体(平均浓度为 0.53 ppm)(Ehhalt,Rohrer,2009)。尽管氢气的分布相当均一,南半球的 H_2 浓度比北半球高约 3%。大气中氢的同位素地球化学特征非常复杂,因为大量的含氢化合物都在一直发生着化学和物理变化。

氢气主要来自于甲烷和其他碳氢化合物的燃烧(生物质和化石燃料的燃烧),主要是被土壤吸收和羟基自由基的氧化。氢和氘之间存在巨大的质量差异,因此在 H_2 的产生或消失过程中会发生大的同位素分馏。最明显的是土壤在吸收大气中 H_2 的过程中所产生的动力学同位素效应(Rice et al., 2011)。由光化学作用产生的 H_2 的 δD 值为 $+100‰\sim+200‰$。由化石燃料燃烧和有机质焚烧所产生的 δD 值为 $-300‰\sim-200‰$,这要比海洋来源的溶解氢还要亏损,后者主要取决于水温(Walter et al., 2016)。这些研究的主要发现是氢同位素组成存在较大的季节性以及纬度差异,且南半球的 δD 值比北半球高(Batenburg et al., 2011)。

总的来说,源和汇相关过程会导致平流层氢的 δD 值为 $+130‰$(Gerst,Quary,2011;Batenburg et al., 2011)。考虑到细菌作用、化石燃料和生物质燃烧过程中所产生的 H_2 的 δD 值较低($-250‰$及以下),大气中的氢气氘含量较高很难解释。一种解释将氘含量较高归因于氢与羟基反应过程中所发生的动力学分馏,另一种解释将氘含量较高归因于在甲烷和更复杂碳氢化合物的光化学作用下产生的 H_2。

科学家们在平流层空气样品中发现一些 H_2 非常富集氘(Rahn et al., 2002 b)。其 δD 值变化高达 $+440‰$,是地球上氘最为富集的天然物质。

3.9.8 硫

人们发现大气中的微量硫化合物以气溶胶(如硫酸盐)和气态(H_2S 和 SO_2)的形式存在。硫可以通过自然作用(火山作用、海浪作用、风化作用、生物作用)或人为活动(化石燃料燃烧和精炼、矿石冶炼、石膏加工)产生。如图 3.38 所示,以上不同来源的硫同位素组成差异很大。Krouse 和 Grinenko(1991)所做的 SCOPE 43 报告中对大气中硫同位素组成的复杂性进行了讨论。各种工业活动所产生的硫同位素组成通常差异很大,因而人类活动对大气的影响很难评估。Krouse 和 Case(1983)发现亚伯达省工业活动所产生的 SO_2 的 $\delta^{34}S$ 值恒定(约 20‰),因此实现了对工业活动所产生的硫对大气贡献的半定量估算。实际的情况要复杂得多,因而只能通过一些极个别案例来推断工业活动所产生的硫对大气中硫的贡献。

Nriagu 等人(1991)观察到降水和气溶胶样品中的硫具有非常有趣的季节性变化。取自加拿大北极地区的气溶胶样品的 $\delta^{34}S$ 数据显示出明显的季节性差异,夏季比冬季更富集 ^{34}S。这与加拿大南部所观察到的空气中的硫的 $\delta^{34}S$ 值明显不同。在加拿大南部的乡村和偏远地区,冬季大气样品的 $\delta^{34}S$ 值比夏季高。冬季大气中的硫主要来自供暖和工业活动,而夏季土壤、植被、沼泽和湿地排出的大量亏损 ^{34}S 的生物硫导致空气中硫的 $\delta^{34}S$ 值降低。观察到的北极地区气溶胶硫的相反趋势表明高纬度地区硫的来源不同。

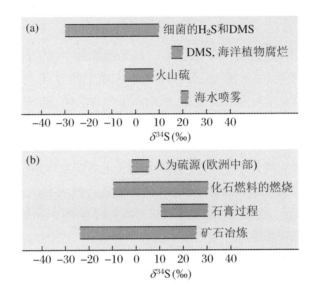

图 3.38 大气中天然硫(a)和人类活动所产生硫(b)的同位素组成(DMS 为二甲基硫醚)

气溶胶样品的多硫同位素组成非常适合用于限定潜在的硫来源和硫酸盐气溶胶形成过程。如 Han 等(2017)指出,中国北京的硫酸盐气溶胶的 $\Delta^{33}S$ 值表现为明显的季节性,春天、夏天和秋天为正值,而冬天为负值。正值可能反映了对流层和平流层之间的空气质量传输,而冬天的负值可能与取暖季节煤的不完全燃烧有关(Han et al.,2017)。

Shaheen 等(2014)在非火山的南极雪中发现了很大的 S 同位素非质量分馏异常。他们解释道他们的 S 同位素数据表明,化石燃料和生物有机质的燃烧过程产生的对流层硫酸盐会对平流层的硫酸盐气溶胶有贡献,并提供了超级 El Nino 事件是怎么影响到气溶胶传送到平流层的。

Baroni 等(2007)从南极洲冰雪中提取的火山硫酸盐气溶胶中发现了大量的硫同位素异常现象。火山(皮纳图博火山、阿贡火山、坦博拉火山)爆发会释放大量 SO_2,含硫气体上升到平流层中并形成小的硫酸气溶胶,硫酸气溶胶在沉降到地面之前可以在平流层中保留数年。在提取出南极冰盖中的硫酸盐后,Baroni 等(2007)证明,阿贡火山和皮纳图博火山喷发过程中的硫酸盐产生了大的非质量相关同位素分馏。$\Delta^{33}S$ 从最初的正值变为负值,这表明在几个月的时间内,SO_2 在光化学氧化作用下迅速变为硫酸。

3.9.9 高氯酸盐

高氯酸盐已经在土壤、水、植物和食物中被检测到,且其浓度可能会导致健康问题。通过 $\delta^{37}Cl$、$\delta^{18}O$ 和 $\Delta^{17}O$ 值可以判断氯酸盐的来源(Bao, Gu, 2004;Böhlke et al.,2005)。自然环境中的高氯酸盐要么是人类活动产生的,要么是天然的。人们将合成高氯酸盐用于炸药、导弹、火箭或汽车安全气囊中。天然高氯酸盐微量存在于超干旱盐矿床(如阿塔卡马沙漠)中。合成高氯酸盐是氯化物水溶液在电解反应下产生的。它的 $\delta^{37}Cl$ 值与天然氯一样,在 0 左右浮动。合成高氯酸盐的 $\delta^{18}O$ 值在 $-25‰\sim-12‰$ 之间,远低于水的 $\delta^{18}O$ 值,这说明在合成过程中发生了同位素分馏。到目前为止,所有公布的 $\delta^{37}Cl$ 值中天然高氯酸盐的 $\delta^{37}Cl$ 值最低(Bao, Gu, 2004; Böhlke et al., 2005),这表明大气中的天然高氯酸盐在形成过程中发生了同位素分馏。天然高氯酸盐的 $\delta^{18}O$ 值也与合成高氯酸盐存在差异,但最突出的差异是其 $\delta^{17}O$ 值异常高,这种异常要归因于大气中含氯化合物与臭氧的光化学反应。相比于天然高氯酸盐,合成高氯酸盐不存在 $\Delta^{17}O$ 的异常,因此联合 $\delta^{37}Cl$ 值和 $\Delta^{17}O$ 值可明显区分自然的和人工合成的高氯酸盐。

3.9.10 金属同位素

大气颗粒中的金属来源鉴定对评估空气质量来说是非常重要的。在大城市中,颗粒物的主要来源是金属焚化和化石燃料的燃烧。不同时间,在伦敦和巴塞罗那搜集的悬浮颗粒具有特征的同位素组成(Ochao Ganzalez et al., 2016)。Ochao Ganzalez 等(2016)得出结论,对于 Zn,汽车的非废气排放是主要的污染源;对于 Cu,化石燃料是一个非常重要的来源。

3.10 生 物 圈

生物圈指所有生物以及地质环境中生物的残留物(如煤和石油)。尽管在整个地质历史上光合作用一直强于呼吸作用,但光合作用和呼吸作用之间一直保持平衡。光合作用所产生的能量主要存储在分散的有机物(自然包括煤炭和石油)中。

光合作用会导致生物圈中的同位素分馏,不仅会导致碳同位素分馏,还会导致氢和氧同位素分馏。然而,正如以下小节将要阐述的,沉积物中的生物质向有机物转化的过程也会导致同位素分馏,这种过程分为两个阶段:生物化学阶段和地球化学阶段。在生物化学阶段,微生物在对有机物进行重构的过程中起主要作用。在地球化学阶段,温度升高以及在一定条件下的压力升高会导致有机质进一步转化(Galimov, 2006)。

3.10.1 生物有机体

1. 总碳

Wickman(1952)和 Craig(1953)最早证明海洋植物的 ^{13}C 比陆生植物的 ^{13}C 富集约 10‰。后续的许多研究在这个观点的基础上进行了拓展,并对生物圈中的同位素变化进行了更详细的说明。新的光合作用途径在 20 世纪 60 年代被发现后,植物中碳同位素较大的差异才得到合理的解释。大多数(80%~90%)陆生植物通过 C_3(或加尔文)途径进行光合作用,这种途径所产生的有机碳中的 ^{13}C 比大气中 CO_2 中的亏损约 18‰。现代陆生植物约 10%~20%的碳吸收是通过 C_4(或 Hatch-Slack)光合作用途径进行的,这种途径产生碳同位素分馏平均值仅为6‰。人们认为C_4途径是植物对CO_2含量较少的环境所做的适应,这种途径在地球历史上发展相对较晚。这种光合作用途径可以适应温暖、干燥和盐碱的环境。通过C_3和C_4途径进行光合作用的植物同位素组成的差异被广泛用作对古环境的指标并对气候变化或动物饮食的变化进行示踪。

海洋浮游植物是一种很重要的生物种群。天然海洋浮游植物种群的$\delta^{13}C$值存在约15‰的差异(Sackett et al.,1973;Wong,Sackett,1978)。Rau等(1982)证明北半球和南半球浮游生物碳同位素组成随纬度变化的趋势不同:南半球的海洋内浮游生物的^{13}C含量明显与纬度有关,北半球的海洋内浮游生物的^{13}C含量与纬度的关系不太明显。

多年以来,人们对高纬度南半球海洋浮游生物中异常低的^{13}C值都感到困惑不解。Rau等(1989,1992)发现浮游生物高纬度^{13}C亏损与表层水中的CO_2浓度明显成反比。因此,科学家们推测浮游植物的碳同位素组成主要取决于水溶液中CO_2的浓度。但是,海洋微藻培养实验(Laws et al.,1995;Bidigare et al.,1997;Popp et al.,1998)表明,浮游植物的碳同位素组成取决于更多因素,如细胞壁通透性、细胞生长速率、细胞大小、细胞吸收无机碳的活跃性以及养分对细胞生长的影响。因此,根据海洋有机物的碳同位素组成对古CO_2浓度进行估算时需要考虑浮游植物产生时的古环境条件,但是地质学历史上的古环境条件很难判定。

构成生命体的有机质包括碳水化合物(糖,Sacc)(主要碳固定过程第一产物)、蛋白质(Prot)、核酸(NA)和脂质(Lip),这些化合物都遵循以下规律:

$$\delta NA \sim \delta Prot$$
$$\delta Prot - \delta Sacc \sim -1‰$$
$$\delta Lip - \delta Sacc \sim -6‰ (Hayes,2001)$$

一个长期以来的认识是,脂质的^{13}C比整个生物体要亏损约5‰~8‰。另一方面,各种有机体内的碳水化合物的^{13}C比整个生物体要富集4.6‰(Teece,Fogel,2007)。人们观察到单个氨基酸(Abelson,Hoering,1961)和单个碳水化合物(Teece,Fogel,2007)的差异甚至更大,这种差异可能与合成过程中的不同代谢途径有关。

总海洋有机质的$\delta^{13}C$值代表了陆生植物碎屑、水生生物体(占主要部分)和微生物的初级产物的同位素混合值。对单个组成部分进行分析,可以使对整体$\delta^{13}C$数据的解释不断完善。通过对特定化合物的同位素进行分析,可以将有机质同位素组成的主要来源和次要来源区分开来。人们将这些特定来源的分子称为生物标志,这些生物标志是来自生物有机体的复杂有机化合物,其结构与母体生物分子结构差异很小,且只要基本生物结构被保存下来,成岩作用的影响就很小。由于生物标志来源的专一性,通过生物标志可以对复杂混合物中来自各种有机体的有机质的贡献比例进行研究。Freeman等(1990)观察到Messel页岩中单个化合物的碳同位素差异范围在-73.4‰~-20.9‰之间(表3.3)。差异范围如此大是因为Messel页岩的化合物是包括次要来源、细菌作用过程和主要来源所产生化合物在内的多组分混合。尽管分析发现大部分碳氢化合物主要来自其生物来源,但一些低浓度的碳氢化合物仍极度亏损^{13}C,这显示它们是来自次要微生物来源——富含甲烷的环境中。Summons等(1994)、Thiel等(1999)、Hinrichs等(1999)以及Peckmann和Thiel(2005)的后续研究明确表明,发酵和化学自养生物也是沉积有机物的一大来源。例如,个别生物标志的 $\delta^{13}C$ 值低至 $-120‰$,这说明该个别古生菌的碳源一定是 ^{13}C 亏损的甲烷,而不是代谢产物。Schoell 等(1994)证明甾烷和萜烷类化合物可显示古海洋水深。研究者们证实,C_{35} 萜烷类化合物的 $\delta^{13}C$ 值以及甾烷和萜烷类化合物之间的 Δ 差值与中新世太平洋的气候演变一致。

表 3.3 Messel 页岩中单个碳氢化合物的 $\delta^{13}C$ 值(Freeman et al., 1990)

峰	$\delta^{13}C$(‰)	化合物
1	−22.7	降姥鲛烷
2	−30.2	C_{19} 无环类异戊二烯
3	−25.4	姥鲛烷
4	−31.8	植烷
5	−29.1	C_{23} 无环类异戊二烯
8	−73.4	C_{32} 无环类异戊二烯
9	−24.2	类异戊二烯烷烃
10	−49.9	22,29,30-三降萜烷
11	−60.4	类异戊二烯烷烃
15	−65.3	30-降萜烷
19	−20.9	糖番

2. 特定位置的同位素组成

如 Abelson 和 Hoering(1961)以及 Monson 和 Hayes(1980)所证实的,脂肪酸和氨基酸内相邻碳位置的同位素组成相差可达 30‰。例如,一段时间以来人们都认为(Blair et al., 1985)乙酸盐有两个不同的碳基,即甲基(—CH_3)和羧基(—COOH),其 $\delta^{13}C$ 值最多相差 20‰。这些差别反映出与生物合成路径相关的同位素效应。近年来,高分辨率的 IRMS 使得对不同位置的碳和氢同位素组成进行测量成为可能(Eiler, 2013; Eiler et al., 2014)。Piasecki 等(2016,2018)分析了丙烷——最简单的可记录特定位置的碳同位素变化的有机分子,他们证明了丙烷可从其前驱体中继承某个特定结构,并记录裂解反应的机理。

Gilbert 等(2016)测定了简单碳氢化合物($C_3 \sim C_4$ 链烷烃)的特定碳位置的同位素组成。丙烷有两个单独的替代碳组:终端(—$^{13}CH_3$—CH_2—CH_3—)和中间位置(—CH_3—$^{13}CH_2$—CH_3—)。如 Gilbert 等所示的 3 个样品,偏好位置的值——终端和中间位置上同位素组成的差异——可从 −1.8‰ 变化到 −12.9‰。可以期待的是这个分析技术可提供自然气体形成历史的更多信息。

3. 氢

在光合作用过程中,植物将水中的氢提取出来并将其转移到有机化合物中。植物在光合作用过程中需要利用周围环境中的水,因此植物的 δD 值主要取决于周围环境中水的 δD 值。氢以水的形式从根部进入陆生植物,通过扩散进入水生植物。水通过这两种方式进入有机体时都没有产生明显的分馏。高等陆生植物中的水在蒸发作用下会从叶片中蒸腾出来，这时会产生高达40‰～50‰的氢同位素分馏(White,1989)。

在合成有机化合物的生化反应过程中会产生较大的负同位素分馏(Schiegl，Vogel，1970)。在植物代谢过程中产生的氢同位素分馏的大致情况如图3.39所示(Sachse et al.，2012)。

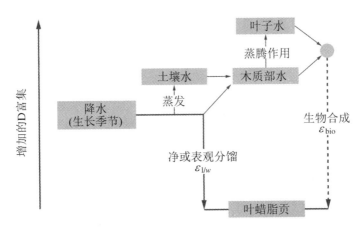

图3.39　植物中氢同位素变化示意图(Sachse et al.，2012)

植物内不同化合物的D/H比一般都不一样：通常脂质中的氘比蛋白质和碳水化合物中的少(Hoering，1975；Estep，Hoering，1980)。脂质有两种：直链脂质，其氘含量比水亏损150‰～200‰；类异戊二烯脂质，其氘含量比水亏损约200‰～300‰。

植物内通常会被拿来分析的成分是纤维素，它是植物中的主要结构性碳水化合物(Epstein et al.，1976，1977)。纤维素内的氢70%是同位素不可交换的与碳原子结合的氢，30%是羟基形式的同位素可交换的氢(Epstein et al.，1976；Yapp，Epstein，1982)。羟基氢容易与周围环境中的水进行同位素交换，其D/H比不能反演植物周围环境中水的D/H比。

对单个脂质特定化合物的分析显示，其δD值差异很大，差异范围为$-400‰\sim+200‰$(Sachse et al.，2012)，这可能与不同生物合成作用以及次生的氢化、脱氢作用交换反应所导致的同位素分馏有关。如果将脂质生物标志的δD值作为古气候的指标，就必须将这些效应考虑在内。

尽管有机质中的氢和碳都来源于生物，但在成岩和成熟过程中会发生不同的改变。尽管碳一般会被保留下来，但氢在各种成岩反应时会与周围环境中的水进行同位素交换。氢同位素交换的时间跨度取决于有机分子的结构，最长可以达到数百万年。Schimmelmann等(2006)证明，随着热成熟度的增加，单个碳氢化合物的δD值将逐渐增加，线性和类异戊二烯结构之间将不存在100‰的生物合成差异，如Wang等(2009b)所述，这可能是由氢同位素交换逐渐趋于平衡导致的。同位素交换的最终结果会导致碳氢化合物和孔隙水产生$-100‰\sim-80‰$的分馏。

如Sessions(2016)总结的，有四个主要的因素控制着碳氢化合物中氢同位素的组成：环境水的D/H同位素组成、水中的氢进入有机分子的新陈代谢过程、氢的交换过程中可随着地质时期变化改变 D/H 比值、沉积有机质的热裂解过程的动力学分馏。由于在自然界中这四个因素是重叠的，有机分子中的氢含量可以反映出环境、生物、成岩的混合信号，并且不容易区分。

4. 氧

测定生物质的氧同位素组成存在的实验性困难在于有机结合的氧，特别是羰基和羧基官能团的氧会与水发生快速的同位素交换。这也是为什么对生态系统中的氧同位素分馏进行研究一般聚焦在其纤维素上（纤维素的氧同位素交换非常慢）(Epstein et al.，1977；DeNiro，Epstein，1979，1981)。

有机物中的氧有三种不同的来源：二氧化碳、水和氧气。DeNiro 和 Epstein(1979)的实验表明，在水中生长的两组植物的纤维素 ^{18}O 含量相似，但在二氧化碳中生长的两组植物的纤维素 ^{18}O 含量虽然初始氧同位素比值不一样，但差异不大。这表明二氧化碳与水的氧同位素平衡。因此可以推断，水的同位素组成决定了有机结合的氧的同位素组成。与氢相似，植物根部吸收土壤水的过程中不会产生氧同位素分馏，但植物叶片中会产生氧同位素分馏，这是由于蒸发蒸腾作用会导致同位素富集，氧同位素分馏程度取决于外部水蒸气压力与内部水蒸气压力的比值。因此，纤维素中 $\delta^{18}O$ 值较高可能是由于温度升高或相对湿度降低，这导致我们很难对 $\delta^{18}O$ 值进行明确解释(Sternberg et al.，2002)。

目前，对 ^{18}O 含量进行分析的方法得到的是一个纤维素分子中各个位置氧同位素组成的平均值。Waterhouse 等(2013)介绍了一种对纤维素中不同位置的 ^{18}O 含量进行测量的方法，他们通过对不同氧位置的氧同位素交换程度不同进行证明来获取最终测量结果。通过该方法可能可以对过去的温度和湿度进行独立确定。

5. 氮气

在光合作用过程中，无机氮可以通过多种途径被固定到有机物中。氮自养生物可以对多种物质加以利用，因此不同环境下的 $\delta^{15}N$ 值差异很大。但是，大多数植物的 $\delta^{15}N$ 值为 $-5‰\sim+2‰$。大气中氮固定的植物的 δ 值的范围为 $0\sim+2‰$。无机氮源区过量后，固氮过程就会发生同位素分馏(Fogel，Cifuentes，1993)。藻类吸收 NH_4^+ 过程中所产生的同位素分馏极大，在 $-27‰\sim0$ 之间(Fogel，Cifuentes，1993)。依赖从硝酸盐中吸收氮而生长的藻类在吸收氮的过程中所产生的同位素分馏也有类似的变化范围。

有机氮的很大一部分是氨基酸。如 McClelland 和 Montoya(2002)以及其他人所述，不同氨基酸 ^{15}N 含量的内部差异是代谢方式不同导致的。McClelland 和 Montoya(2002)对两组氨基酸进行了区分：与系统 ^{15}N 组成一致的"源区"(source)组以及 ^{15}N 含量比源区更富集 ^{15}N 的"营养级"(trophic level)组。

6. 硫

直接产生有机结合硫的主要过程是活体植物对硫酸盐的直接同化过程，以及合成有机硫化合物的微生物同化过程。通常情况下，植物中的硫主要来源于无机硫酸盐和大气中的 SO_2。植物的 $\delta^{34}S$ 值通常比周围环境中硫酸盐的 $\delta^{34}S$ 值低约 1‰(Trust，Fry，1992)。

生物合成有机硫以化学不稳定的形式（如氨基酸）存在，因此在成岩过程中有机物中的硫含量应该会降低。但是，事实并非如此，硫含量通常会增加。腐殖酸和富里酸中所含的大部分有机硫是在成岩早期二次硫化作用下产生的，相比原始植物，其^{34}S值通常低得多。这表明细菌还原硫酸盐时会增加同位素亏损的硫化物。

7. 金属同位素

金属在植物吸收养分的过程中起着至关重要的作用。例如，铁在各种氧化还原反应过程和叶绿素的生物合成过程中起着至关重要的作用。锌在碳水化合物和蛋白质代谢过程中不可或缺。钼和铜是重要的微量养分，但这些元素过量会产生毒性效应。

生物必需的金属在土壤中被植物吸收，并通过活的生物有机体进行循环。在这些循环过程中，确实会发生各种分馏过程，因此通过金属同位素可对金属从土壤到植物以及植物内部的迁移过程进行研究。

动植物中金属同位素的变化范围与地质材料相似(Jaouen et al.，2013)。植物中种子、茎和叶的金属同位素组成都不一样，且都与其生长介质的同位素组成不同。动物内不同器官的金属同位素组成都不一样。因此，金属同位素是可以用来对古食谱进行重建的示踪物。

人们已经对植物中的铁同位素分馏进行了研究(Guelke，von Blanckenburg，2007；Kiczka et al.，2010)。这些研究表明，植物质膜在吸收铁的过程中会形成一个重同位素亏损的"铁池"。对锌和镁同位素的研究(Moynier et al.，2008；Viers et al.，2007；Black et al.，2008)证明植物中的化学过程十分复杂。对于钙同位素，Page等(2008)以及Cobert等(2011)发现高等植物有3个同位素分馏步骤，通过这3个步骤可以对植物内钙的迁移机制进行研究。

总而言之，各种金属的同位素分馏程度和方向不同，许多金属的同位素分馏程度和方向至今仍未可知。可能像轻元素一样，金属会产生生命独有的同位素特征。

3.10.2 饮食和代谢指标

Harmon在1953年就已经指出，同一环境中动植物的δ^{13}C值相似。后来，许多实验室研究表明，同一环境中动植物的δ^{13}C值只相差1‰~2‰，有机体与其食物来源的δ^{34}S值差异甚至更小(DeNiro，Epstein，1978；Peterson，Fry，1987；Fry，1988)。

该技术已被广泛用来对现代和史前食物网中的碳、硫和氮的来源进行示踪(DeNiro，Epstein，1978)，一个经典的说法——"您就是您所吃的食物加上或减去其千分之几"，使其达到了巅峰。饮食与特定组织之间同位素的具体差异取决于合成过程中重同位素的结合或丢失程度。与碳和硫相反，肌肉组织、骨胶原或整个生物体内的^{15}N比其食物来源富集3‰~4‰(Minigawa，Wada，1984；Schoeninger，DeNiro，1984)。考虑到这种分馏的存在，氮同位素也能指示出有机体的食物来源。由于^{14}N会被优先排出，沿着食物链的每个营养级的δ^{15}N值差异都为3‰~4‰，因而可以以此为基础建立营养结构。

对有机化合物起源的多元素同位素分析衍生出了稳定同位素研究的新应用领域——稳定同位素法医学(Meier-Augustein，2010)。在这一迅速发展的研究分支中，不仅蜂蜜或威士忌等食物的来源被成功追踪，而且人们还在阐明药物和爆炸物来源方面进行了成功的尝试。

在考古学研究中，人们通过对从骨头化石中提取的胶原蛋白的稳定同位素进行分析来对史前人类的饮食进行重建(Schwarcz et al., 1985)。

碳同位素已被成功用于对地球上植被的变化进行探索。人们发现具有大量 C_4 生物量的生态系统只存在于晚新近纪到现在(Cerling et al., 1993, 1997)。南亚土壤碳酸盐和牙釉质的同位素记录表明在 60~80 Ma 前，C_4 植物数量急剧增加(Quade et al., 1992; Quade, Cerling, 1995)。

金属同位素可为区分复杂饮食提供额外的限制(Martin et al., 2015; Jaouen et al., 2016)。Martin 等(2015)研究了现在哺乳动物牙齿的 Mg 同位素变化，$\delta^{26}Mg$ 值从食草动物到杂食动物逐渐富集，这可能是由 ^{26}Mg 在肌肉中比骨骼中富集导致的。对于 Zn，Jaouen 等(2016)发现，食草动物比食肉动物富集 Zn 同位素，他们将这解释为摄入的叶子比植物的其他部分富集同位素。

3.10.3 示踪人为有机污染物的来源

对污染环境的有机化合物进行鉴定备受全世界关注。对特定化合物的稳定同位素分析已成为对环境中有机污染物的来源及其转化反应过程进行研究的有力工具。1990 年末首次发表了关于地下水污染物降解过程进行研究的文章。此后，该研究领域迅速发展，许多对污染地自然衰减过程进行监测的文章应运而生(Schmidt et al., 2004; Philp, 2007; Hofstetter et al., 2008)。

自然环境中的污染物种类有很多，包括原油的自然渗漏、泄漏的储罐和管道、多氯联苯和其他类型的化学物质。这些研究中很多的最终目标都是确定出污染的来源以及清理工作费用由谁承担。

通过各种有机污染物的时空同位素变化可以知晓污染物的降解途径，甚至可知晓其某些情况下的降解程度。在生物或非生物转移反应过程中，通常会产生动力学同位素效应，而这会使转移反应产物的同位素组成一开始就比其母体轻。

自然衰减过程可能会使将同位素比值用作污染物指标的做法行不通。除细菌降解作用外，氯化烃在蒸发和移动过程中所产生的同位素分馏也可能影响污染物的同位素组成。

氯化烃对环境影响极大，由于其被各行各业广泛使用，因此可能会对环境造成污染。使用碳和氯同位素研究结合起来，是对氯化烃的来源、经由途径和降解过程进行示踪的有力工具(Heraty et al., 1999; Huang et al., 1999; Jendrzejewski et al., 2001)。使用碳和氯同位素作为污染物的同位素指标时，要求污染物的同位素比值与自然丰度有显著差异。Jendrzejewski 等(2001)对来源不同的一组氯化烃进行研究后证明，碳($\delta^{13}C$ 值为 -51‰~-24‰)和氯($\delta^{37}Cl$ 值为 -2.7‰~+3.4‰)的同位素组成变化范围很大。氯的变化范围特别大，比无机氯的变化范围大得多。

3.10.4 海相有机质与陆源有机质

来自海洋的初级生产者和陆生植物的有机物的 $\delta^{13}C$ 值差异约为 7‰，人们已将其成功地用于对最近产生的近海海洋沉积物中有机物的来源进行示踪(Westerhausen et al., 1993)。沿河流近海截面采集的样品显示，陆源与海洋有机质具有非常一致且相似的同位素变化趋势(Sackett, Thompson, 1963; Kennicutt et al., 1987)。显然, 从海洋沉积有机物的碳同位素组成可以看出, 远洋海洋沉积物中来自陆地有机物的比例在减少。但是, 即使是沉积在远离大陆地区的深海沉积物也可能是海洋和大陆有机物的混合物。

但是, 与人们最初所认为的不一样, 陆地和海洋有机物的碳同位素差异不能作为相指标。不同地质年代海洋有机物产生过程中所发生的碳同位素分馏不一样, 而各个地质年代陆地有机物产生过程中所发生的碳同位素分馏几乎一致(Arthur et al., 1985; Hayes et al., 1989; Popp et al., 1989; Whittacker, Kyser, 1990)。特别有趣的是白垩纪海洋沉积物中的有机物^{13}C 含量异常少, 人们将其解释为, 是由于含水二氧化碳浓度升高导致藻类在光合作用过程中对二氧化碳更挑剔。

Hayes 等(1999)对过去 8 亿年间的碳酸盐与同时代有机物碳同位素分馏进行了系统评估。他们总结道, 先前人们认为各个地质年代碳酸盐和有机物之间同位素一致的说法站不住脚。相反, 生物地球化学途径、环境不同所产生的同位素分馏可能相差约 10‰。

不仅是碳, 沉积物的氮同位素组成也主要取决于其源区有机物。人们对陆源有机物在海水和沉积物中所占的比例进行了研究(Sweeney et al., 1978; Sweeney, Kaplan, 1980)。但是, 这些研究基于水柱中^{15}N 含量保持不变的假设。Cifuentes 等(1989)、Altabet 等(1991)和 Montoya 等(1991)所做的调查已经证明, 在生物地球化学作用下, 水柱的氮同位素组成可能会出现快速的时间变化(甚至在几天的时段上)和空间变化。这使得要区分开陆地和海洋有机物很难, 尽管海洋有机物通常比陆地有机物的 δ^{15}N 值更高。

3.10.5 化石有机物

与生物有机体相似, 岩石圈中的有机物是有机微粒残留物和活的细菌生物体的复杂混合物。多样的有机体来源、可变的生物合成途径以及在成岩作用和催化作用过程中会发生转化的特征都导致其成分复杂。特别是在成岩作用和随后的变质过程中, 有机化合物在生物降解和无机降解过程中会表现出不同的稳定性。

生物有机体被埋藏进沉积物中后, 立即会发生复杂的成岩变化。人们推测碳同位素组成的变化是两个过程导致的: (1) 与保存下来的有机化合物同位素组成不一样的有机化合物的优先降解。由于更易降解的有机化合物(如氨基酸)比不易降解的化合物(如脂质)更加富集^{13}C, 这种优先降解会导致 δ 值更低。(2) 微生物代谢过程中产生的同位素分馏。早期成岩过程中不仅有机物会被降解, 而且还会产生同位素组成可能与原始有机体不同的新化合物。Freeman 等(1990)以德国 Messel 页岩中的碳氢化合物为经典例子进行了分析(表 3.3)。总体上讲, 近代海洋沉积物的平均 δ^{13}C 值为 $-25‰$(Deines, 1980)。沉积物在向干酪根转化的过程中, 会丢失一些^{13}C, 其平均 δ^{13}C 值会变为 $-27.5‰$(Hayes et al., 1983)。这个同位素的亏损是由于沉积物在向干酪根转化的过程中会损失大量的 CO_2。一些富含^{13}C 的羧基在脱羧过程中, ^{13}C 亏损尤为明显。随着沉积物更加热成熟, 会发生相反的效应(^{13}C 富集)。Peters 等(1981)和 Lewan(1983)的实验研究表明, 热蚀变会导致干酪根^{13}C 组成改变最高约 $+2‰$。超过 2‰ 的改变量很可能不是干酪根热降解过程中的同位素分馏导致的, 而是由干酪根与碳酸盐之间的同位素交换反应导致的。

碳在成岩作用和成熟过程中会保存完好，而氢在各种成岩反应时会与周围环境中的水进行同位素交换。因此，有机化合物的 δD 值可被视作能让人们了解沉积岩埋藏过程是一个不断演化的系统(Sessions et al.，2004)。Radke 等(2005)对成熟过程如何改变单个化合物的 δD 值进行了研究。他们证实因为脂族烃不易产生氢同位素交换，因而更能保存接近原始的成分特征。Pedentschouk 等(2006)认为，正构烷烃和类异戊二烯可以保持原始的生物成分不变直到石油开始产生。

有机物成岩作用的最终产物(二氧化碳、甲烷和不溶性复合干酪根)的同位素组成可能记录了原始沉积环境的信息。Boehme 等(1996)测定了一个意义明确的沿海地点的碳同位素组成。这些研究者证明生物碳通过硫酸盐还原反应和甲烷生成的过程来进行降解。成岩过程中最主要的碳同位素效应与甲烷生成有关，甲烷生成会使埋藏碳的碳同位素值变得更高。

3.10.6 石油

关于煤炭和石油的起源主要有三个问题：母体生物质的性质和组成、有机质的积累方式以及将有机质转化为最终产物过程中所发生的反应。

石油或原油是天然存在的复杂混合物，主要由碳氢化合物组成。尽管毫无疑问，石油中包含很多直接由生物产生的分子组成的化合物，但是大多数石油成分都是次生的，要么是分解过程产物，要么是缩合和聚合反应的产物。

人们已经成功地将多种稳定同位素(^{13}C、D、^{15}N、^{34}S)应用到石油勘探中(Stahl，1977；Schoell，1984；Sofer，1984)。原油的同位素组成主要取决于其源材料的同位素组成，更具体地说，取决于干酪根的类型、形成原油的沉积环境以及原油的热蚀变程度(Tang et al.，2005)。其他次要效应，例如生物降解作用、水洗作用和迁移距离，似乎对其同位素组成仅有很小的影响。

^{13}C 含量的变化是使用最广泛的参数。通常情况下，石油的 ^{13}C 含量比其源岩中的碳亏损 1‰～3‰。原油内各种化合物存在很小但很典型的 $\delta^{13}C$ 差异。随极性从饱和烃到芳烃再到混杂化合物(N、S、O 化合物)再到沥青质依次增加，^{13}C 含量依次增高。人们已经将这些典型的 ^{13}C 组成差异用于关联性研究。Sofer(1984)对饱和馏分和芳香馏分的 ^{13}C 含量进行了对比。来源类似的石油和疑似源岩提取物被绘制在一起，来源不同的石油和疑似源岩提取物被绘制在图中另一个区域内。Stahl(1977)和 Schoell(1984)的方法略有不同：不同同位素分馏的 ^{13}C 含量如图 3.40 所示。在这种情况下，来自相同源岩的石油在图中成线性关系。图 3.40 说明不同种类石油成正相关关系，石油-原岩则成负相关关系。

对化合物特定 ^{13}C 和氘含量进行综合分析的方法已在石油地球化学的许多领域中被应用。Tang 等(2005)证明，长链烃的 δD 值变化可以灵敏地反映出热成熟度。以上研究表明，热成熟过程会改变曲线(特别是饱和部分的曲线)的形状，从而使关联研究变得更加困难。此外，石油的迁移可能会影响同位素组成。通常情况下，石油迁移过程中 ^{13}C 含量会轻微降低，这是饱和部分比例的相对增加以及 ^{13}C 更富集的芳烃和沥青质部分相对减少所致。

对特定化合物进行分析的研究还显示，异戊二烯与烃类、姥鲛烷与植烷(通常认为这些

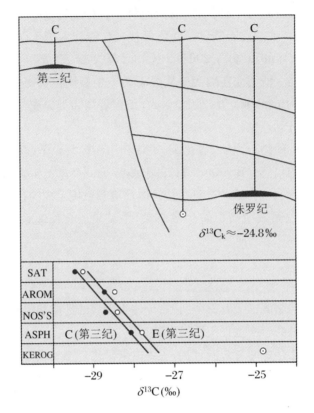

图 3.40　北海不同石油成分的^{13}C 含量分布图

不同石油类型曲线显示不同种类石油的^{13}C 含量成正相关,石油-原岩的^{13}C 含量成负相关(SAT:饱和烃;AROM:芳烃;NOS'S:混杂化合物;ASPH:沥青质;KEROG:干酪根(Stahl,1977))。

化合物都来自叶绿素)的^{13}C 含量存在差异,这表示以上两组化合物有除叶绿素以外的不同来源(Freeman et al.,1990)。其他生物标志,例如藿烷化合物,也并不总来自同一源区。Schoell 等(1992)证明,未成熟石油的藿烷化合物可以分为两类:一种的^{13}C 比石油整体亏损2‰~4‰,另一种比石油整体亏损9‰,这表明后一种来自化学自养细菌,这种细菌会利用^{13}C 亏损的源区。以上研究结果表明,有机化合物的来源远比人们之前所认为的要复杂。

单独有机硫组分的特定硫成分分析揭示出来自不同年龄和地区石油的 δ^{34}S 变化可达 60‰(Amrani et al.,2012;Amrani,2014;Greenwood et al.,2018;Cai et al.,2015,2016)。不同硫化合物组分的 δ^{34}S 差异可用来反映热力学和微生物硫酸盐反应过程的不同阶段,也可反映后期蚀变过程和迁移情况。

原油含有高含量的金属元素,特别是 V 和 Ni,其次是 Mo。Ventura 等(2015)首次报道了 V、Ni、Mo 的同位素组成,并发现 V 和 Mo 同位素有很大的变化,而 Ni 的同位素变化比较小。控制金属同位素分馏的主要因素是源区岩石的同位素组成。

3.10.7　煤

煤的碳和氢同位素组成变化范围很大(Schiegl,Vogel,1970;Redding et al.,1980;

Smith et al.，1982；Schimmelmann et al.，1999；Mastalerz，Schimmelmann，2002）。较大的变化范围可能是植物群落和气候差异造成的。由于在煤化过程中释放出的甲烷和其他高级碳氢化合物的量与总碳储量相比较少，因此，不同煤化程度的碳同位素组成差异很小。

在对煤的 D/H 含量比进行测量时通常是将氢作为一个整体来进行测量的，尽管氢包含两部分：可交换氢和不可交换氢。褐煤中高达20%的氢是同位素不稳定的，能与周围的水快速反复进行同位素交换。随着温度（成熟度）不断增加，可交换氢含量将下降到约 2%（Schimmelmann et al.，1999；Mastalerz，Schimmelmann，2002）。不可交换有机氢可能保存了原始的生物化学的 D/H 含量比。随着成熟度不断增加，煤的 δD 值变得越来越重，这表明热成熟过程中有机氢和地层水会发生同位素交换。

由于煤的燃烧会带来很多问题，对煤中硫的来源和分布进行研究具有重要意义。煤中的硫通常以不同形式存在，如黄铁矿、有机硫、硫酸盐和单质硫。黄铁矿和有机硫含量最高。有机硫主要有两个来源：最初被植物同化的有机结合硫（在煤化过程中被保留下来）以及在植物残留物的生物蚀变过程中与有机化合物反应生成的生物硫化物。

Smith 和 Batts（1974）、Smith 等（1982）、Price 和 Shieh（1979）以及 Hackley 和 Anderson（1986）的研究表明，有机硫具有典型的同位素变化范围，且与硫含量相关。低硫煤中有机硫的 $\delta^{34}S$ 值相当一致，这表明其主要来源于植物。相比之下，高硫煤的同位素差异很大，并且通常 $\delta^{34}S$ 值更低，这表明其主要来源于细菌作用。

有机物在浓度受限的氧气中燃烧会生成富含碳的物质，例如木炭和烟灰。黑炭由于良好的抗腐性，在近代以及古代多种环境中是常见的微量成分，通过其碳同位素组成可以推断其来源（Bird，Ascough，2012）。但是，必须予以考虑的是，在热解温度和真空或明火条件下，木炭和其他形态的黑炭在热解过程中同位素组成可能会发生改变，改变最高可达 2‰。

3.10.8 天然气

天然气主要由几种简单的碳氢化合物构成，这些碳氢化合物可在多种环境中形成。甲烷是天然气的主要成分，其他成分有高级烷烃（乙烷、丙烷、丁烷）、CO_2、H_2S、N_2 以及稀有气体。可以对生物天然气和热成天然气两种不同类型的天然气进行区分，$^{13}C/^{12}C$ 和 D/H 比值是将这两种类型的天然气区分开来的最有用的参数。由于天然气会发生混合、移动和氧化蚀变，因此对其来源进行评定很困难。实际对天然气来源进行准确评定时，必须知晓其源岩成熟度以及天然气形成时间。目前前人已经提出了多种对天然气碳和氢同位素变化进行描述的模型（Berner et al.，1995；Galimov，1988；James，1983，1990；Rooney et al.，1995；Schoell，1983，1988）。

James（1983，1990）等证明相比单独使用天然气中甲烷的同位素组成，使用天然气中烃类成分（特别是丙烷、异丁烷和正丁烷）的碳同位素分馏可以更好地确定天然气成熟度、源岩和不同天然气之间的关联。从 C_1 到 C_4，随着分子量的增加，^{13}C 富集程度越来越高，且与源岩的碳同位素组成越来越接近。

过去，天然气的成因模型主要基于现场数据和经验模型。最近，Rayleigh 蒸馏理论和动力学同位素理论的数学模型（Rooney et al.，1995；Tang et al.，2000）可以解释为什么单

一天然气中从 C_1 到 C_4 变化 $\delta^{13}C$ 值会增加,以及为什么在不同天然气中特定的碳氢化合物 $\delta^{13}C$ 值随着天然气热成熟度的增加而增加。通过以上模型可以了解天然气形成过程中不同阶段的同位素组成。

尽管大多数天然气同位素组成具有以下顺序:$\delta^{13}C_1$(甲烷)$\leqslant\delta^{13}C_2$(乙烷)$\leqslant\delta^{13}C_3$(丙烷),但越来越多的研究(Jenden et al., 1993; Burruss, Laughrey, 2010; Tilley, Muehlenbachs, 2013; Xia et al., 2013)显示,部分天然气具有以下完全相反的同位素趋势:$\delta^{13}C_1\geqslant\delta^{13}C_2\geqslant\delta^{13}C_3$。同位素趋势相反的天然气可以解释为原生天然气(干酪根裂开过程中所产生的甲烷)和次生气体(含更高比例的高级烷烃的干酪根的中间产物,"更湿润"的气体)的混合物。

除天然气来源和形成机制外,天然气迁移过程中所产生的同位素效应也可能会影响其同位素组成。早期实验工作表明,甲烷在迁移过程中^{12}C或^{13}C会逐渐富集,天然气迁移机制以及所通过介质的性质不同,^{12}C或^{13}C富集程度也不同。Zhang 和 Kroos(2001)对有机质含量各异的天然页岩所进行的实验表明,天然气迁移移动过程中^{13}C亏损程度各异,其范围为1‰~3‰(亏损程度取决于页岩中有机质的含量)。

近年来,人们对在海洋沉积物和极地岩石中形成的天然气水合物(在高压和低温下含盐孔隙水内天然气达到饱和时)进行分析特别感兴趣。Kvenvolden(1995)和 Milkov(2005)总结,水合甲烷的$\delta^{13}C$值和δD值存在较大的差异,这表明天然气水合物是微生物所产生的天然气和热成天然气的复杂混合物。即使在近端,两种气体的比例也可能存在极大差异。

正如许多研究(Röhl et al., 2000; Dickens, 2003)所推测,天然气水合物的大量释放可以改变气候。支撑该假设的最佳例子是约 5500 万年前古新世—始新世气候最暖期期间所沉积的沉积岩,这个时期碳酸盐中碳的$\delta^{13}C$值下降2‰~3‰,这是由于天然气水合物甲烷的突然热释放并且随后被吸收进碳酸盐岩油气藏中。

1. 生物天然气

根据 Rice 和 Claypool(1981)的研究,世界上超过20%的天然气是通过生物作用产生的。生物甲烷通常产生于近代缺氧沉积物中,既存在于淡水环境(如湖泊和沼泽)中,也存在于海洋环境(如河口和陆架区)中。甲烷的产生主要通过两个代谢途径:乙酸发酵和二氧化碳还原。尽管海洋和淡水环境中两种代谢途径都存在,但海洋沉积物无硫酸盐区域内的甲烷通过CO_2还原产生,而淡水沉积物的甲烷主要通过乙酸盐发酵产生。

在微生物作用期间,在产甲烷细菌作用下有机物的动力学同位素分馏会导致甲烷极度亏损^{13}C,其$\delta^{13}C$值范围通常为−110‰~−50‰(Schoell, 1984, 1988; Rice, Claypool, 1981; Whiticar et al., 1986)。海洋沉积物中在CO_2还原作用下形成的甲烷^{13}C通常比淡水沉积物中通过乙酸盐发酵所形成的甲烷的^{13}C要亏损。因此,海洋沉积物中甲烷的典型$\delta^{13}C$范围为−110‰~−60‰,而淡水沉积物中的甲烷的典型$\delta^{13}C$范围为−65‰~−50‰(Whiticar et al., 1986; Whiticar, 1999)。

来自淡水的甲烷和来自海洋的甲烷的氢同位素组成差异更加明显。海洋细菌甲烷的δD值为−250‰~−170‰,而淡水沉积物中的生物甲烷极度亏损氘,其δD值为−400‰~−250‰(Whiticar et al., 1986; Whiticar, 1999)。来自淡水的甲烷和来自海洋的甲烷的巨大差异可能是氢的来源不同导致的:CO_2还原过程中的氢来自地层水,而在乙酸盐发酵过程中,多达四分之三的氢直接来自极度亏损氘的甲基。

2. 热成天然气

当有机物被深埋并因此导致温度升高时,就会产生热成天然气。因此,在各种化学反应(例如干酪根中的裂化和氢歧化作用)下,升高的温度改变了有机物的特性。在有机物成熟的第一阶段,^{12}C—^{12}C键被优先破坏。因此这会导致残留物中的^{13}C富集,随着温度的升高,更多的^{13}C—^{12}C键被破坏,使$\delta^{13}C$值变得更高。Sackett(1988)进行的热裂解实验已经证实了这一过程,并证明了所生成的甲烷的^{13}C比母体亏损约4‰~25‰。因此,热成天然气的$\delta^{13}C$值通常为-50‰~-20‰之间(Schoell,1980,1988)。同等成熟度的非海生(腐殖质)源岩所产生的天然气比海生(腐泥)源岩所产生的天然气同位素更为富集。与$\delta^{13}C$值相反的是,δD值与母体的成分无关,仅取决于干酪根的成熟度。

总之,将天然气的碳氢同位素结合起来进行分析是区分天然气不同来源的有力工具。$\delta^{13}C$与δD关系图(图3.41),不仅将来自不同环境的生物天然气和热成天然气进行了清楚区分,而且还对不同类型天然气的混合物进行了描绘。

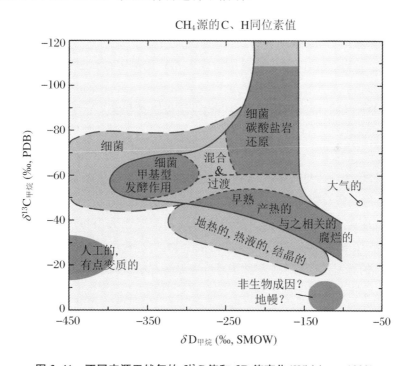

图3.41 不同来源天然气的$\delta^{13}C$值和δD值变化(Whiticar,1999)

3. 非生物甲烷

非生物甲烷的定义是产生过程中不涉及生物有机体的甲烷(Welhan,1988)。大洋中脊热液系统中散发的甲烷是非生物甲烷。非生物甲烷的典型特征是其$\delta^{13}C$值比生物甲烷的$\delta^{13}C$值高得多(最高为-7‰)(Abrajano et al.,1988)。Horita和Berndt(1999)证明,非生物甲烷可在热液条件下,在镍铁催化剂的作用下形成。然而,在催化剂作用下所产生的同位素分馏导致$\delta^{13}C$值极低。在蛇纹岩中,水循环会导致矿物发生反应,在这个过程中可能会释放出氢气(H_2),氢气通过费托反应会形成甲烷。人们发现加拿大和费洛斯坎迪亚地盾区的结晶岩是另一个重要的非生物甲烷的来源(Sherwood Lollar et al.,1993;Sherwood Lollar et al.,2002)。

Etiope 和 Sherwood-Lollar(2013)以及 Etiope 和 Schoell(2014)证明非生物甲烷比人们以前认为的更为普遍。这些学者列出了产生 CH_4 的九种具体途径,其主要在以下两种过程中发生:高温岩浆作用过程和超镁铁质岩石的低温(低于 150 ℃)蛇纹石化过程。其同位素组成可以分为两种:^{13}C 和 D 富集($\delta^{13}C \geqslant -20‰$ 且 $\delta D \geqslant -200‰$)以及 ^{13}C 和 D 亏损($\delta^{13}C \leqslant -30‰$ 且 $\delta D \leqslant -200‰$)。非生物甲烷的团簇同位素数据显示其形成过程中的高温变化范围很大(Stolper et al.,2014)。

以上两种同位素组成可以反映出,非生物甲烷不同的来源(地幔或地壳)以及 CO_2 和 CH_4 同位素交换的不同程度。然而,根据其 $\delta^{13}C$ 和 δD 值对生物成因化合物和生物成因有机化合物进行区分仍然存在问题(Taran et al.,2007;Bradley,Summons,2010;Etiope,Sherwood-Lollar,2013)。

4. 甲烷中的同位素团簇

通常给出的甲烷的 $\delta^{13}C$ 和 δD 值的组成成分有十个团簇同位素的贡献。如果甲烷是在内部平衡的状态下形成的,则通过过量的团簇同位素可以了解甲烷形成时的温度(Eiler et al.,2014)。使用常规质谱仪无法对每个团簇同位素的相对比例进行测量。Stolper 等(2014)通过使用高分辨率的多接收器质谱仪,成功地对甲烷的团簇同位素分布进行了测量。他们证实对 $^{13}CH_3D$ 和 $^{12}CH_2D_2$ 含量的精确测量可以将生物甲烷和热成甲烷区分开来。

5. 天然气中的氮

氮有时是天然气的主要成分,但氮的来源仍然是个谜。如 Zhu 等(2000a,b,c)、Huang 等(2005a,b)、Li 等(2009)及其他人所述,天然气中的氮的含量及同位素组成变化范围较大。虽然被埋藏的沉积有机物在降解时会释放出一定含量的氮,但天然气中的氮也可能来源于几种非沉积的氮源。Jenden 等(1988)在对加利福尼亚大山谷的富氮天然气进行分析后证实,富氮天然气来源复杂,是多种气体的混合物。这些学者认为如果天然气的 $\delta^{15}N$ 值为 0.9‰~3.5‰的相对恒定值,则表明其来自地壳深部的变沉积源区。因此,富含烃的气体和富含氮的气体可能在成因上并不相关。

6. 地球早期生命的同位素证据

生物过程中 C 和 S 同位素的特征变化被视为最适合用来鉴别地球早期的生命形式。鉴定生物信号需要反褶积潜在的次生蚀变作用,这些次生蚀变随年龄的增加而增加。因此最古老岩石中保存的生命证据都是含糊的,同位素数据不能单独用作证据,必须要结合地质和岩相学数据,这可明确地层学、变质级别以及成岩和变质作用的干扰。伴随生命有机质的 C 和 S 同位素分馏可能源自非生物过程。

早期的学者,如 Schidlowski(2001)声明过,格陵兰岛(Isua 地区)年龄为 3.8~3.9 Ga 的 C 同位素组成可代表生物信息。然而,Isua 的碳质石墨物质经历了 400~500 ℃的变质作用,该作用会使得 C 同位素和碳酸盐岩进行交换。

近期,原位 SIMS 技术被用来测定有机质、碳酸盐岩和黄铁矿中的 C 和 S 同位素,该技术具有高空间分辨率和高准确度(Lepot et al.，2013；Williford et al.，2016)。根据这些研究,距今约 3.45 Ga 的澳大利亚西岸的斯特雷利池,可被认为是具有生命活动的最古老的沉积岩。

3.11 沉 积 岩

沉积物是岩浆岩、变质岩和沉积岩的风化产物和残留物,是在水和空气的风化、侵蚀、运输、积累下形成的。因此,沉积物可能是来自多种来源的复杂混合物。通常将沉积岩以及沉积岩的成分分为碎屑和化学两类。各种被运输的碎片残留物构成了岩石的碎屑成分。来自水中的无机沉淀物和有机沉淀物构成了岩石的化学成分。由于它们的成分差异和较低的形成温度,沉积岩的同位素组成可能会非常不同。例如,沉积岩的 $\delta^{18}O$ 值范围很广,从大约 +10‰(某些砂岩)到大约 +44‰(某些燧石)。

3.11.1 黏土矿物

Savin 和 Epstein(1970a,b)以及 Lawrence 和 Taylor(1971)建立了大陆和海洋环境中黏土矿物的总体同位素系统。Savin 和 Lee(1988)以及 Sheppard 和 Gilg(1996)在随后的综述中对适用于各种地质问题的黏土矿物的同位素研究进行了总结。所有的应用都依赖于对黏土矿物和水之间同位素分馏系数、温度以及黏土同位素交换的停止时间的了解。由于黏土矿物可能由碎屑和自生成分的混合物组成,并且由于不同年龄的颗粒可能已发生不同程度的同位素交换,因此对黏土矿物同位素变化进行解释需要对特定沉积物的黏土矿物学特性有深刻的了解。

与许多其他硅酸盐矿物相比,因为天然黏土粒径小、比表面积大以及某些黏土中含有夹层水等诸多特殊问题,所以对天然黏土的同位素研究更加困难。黏土表面的典型特征是 1 层或 2 层吸附水。Savin 和 Epstein(1970a)证明,吸附水和夹层水可以在数小时内与大气中的水蒸气进行同位素交换。完全去除夹层水使其与羟基完全不产生同位素交换,以方便对黏土进行分析,这在任何情况下都似乎是不可能的(Lawrence,Taylor,1971)。

黏土矿物中的一部分氧以氢氧根离子的形式存在。Hamza 和 Epstein(1980)、Bechtel 和 Hoernes(1990)以及 Girard 和 Savin(1996)试图将羟基和非羟基键合的氧分开以进行单独的同位素分析。其中所使用的技术包括热脱羟基技术和不完全氟化技术,使用两种技术的结果都表明羟基氧比非羟基氧要亏损 ^{18}O。

天然黏土矿物是否会保留其原始同位素组成呢? 有关天然系统同位素交换程度的证据是相互矛盾的(Sheppard,Gilg,1996)。许多黏土矿物,例如高岭石、蒙脱石和伊利石,通常情况下都与现在的区域水不平衡。这并不意味着这些黏土矿物不会发生形成后同位素交换或退化交换。Sheppard 和 Gilg(1996)总结道,除非温度更高或地质条件特殊,目前并没有令人信服的证据表明在没有重结晶的情况下存在完全的氧或氢同位素交换。因此,在与大气降水接触过程中形成的黏土矿物的同位素组成应有与大气降水线近平行的同位素组成,其偏离量与它们各自的分馏系数有关(图3.42)。这意味着黏土矿物记录了一些古环境信息,且在合适的情况下可以用作古气候指标(Stern et al.,1997;Chamberlain,Poage,2000;Gilg,2000)。Mix 和 Chamberlain(2014)在对盆地、山脉以及北美大平原的大量蒙脱石进行分析后总结道,在某些地区,温度变化是 D 和 ^{18}O 同位素组成变化的决定性因素,而在其他地区,大气降水组成的变化是同位素组成变化的原因。

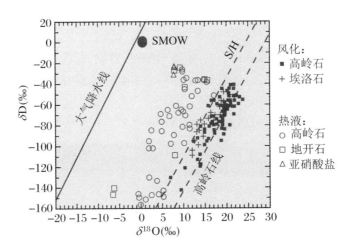

图 3.42　来自风化、热液环境的高岭石及相关矿物的 δD 和 $\delta^{18}O$ 值
大气降水线、高岭石风化线和浅成/深成(S/H)线作为参考(修改自 Sheppard 和 Gilg(1996))。

3.11.2　碎屑沉积岩

碎屑沉积岩由通常保留其来源氧同位素组成的碎屑颗粒以及在风化和成岩过程中形成的自生矿物组成,其同位素组成取决于形成时的物理化学环境。这意味着与火成岩碎屑矿物相比,在低温下形成的自生矿物 ^{18}O 更为富集(Savin,Epstein,1970b)。由于难以从碎屑岩芯中分离出自生矿物,因此很少有关于这类研究的文献。但是,随着离子探针分析精度的提高(空间分辨率为 $1\sim 10~\mu m$),对以上两种石英进行明确区分得以实现(见图3.43,Kelly et al.,2007)。以上学者认为,在低温(10~30 ℃)条件下从大气降水中形成的自生石英矿物的 $\delta^{18}O$ 值比较均一。

自生矿物的 ^{18}O 富集程度取决于流体成分、温度和矿物质/水有效比值。如果流体是 ^{18}O 亏损的大气降水,则沉淀矿物的 ^{18}O 含量将会很低(假设温度不变)(Longstaffe,1989)。因此,在成岩过程中沉积岩发生的变化很大程度上取决于流体成分、流体/岩石比例和温度。

通过分析成岩矿物组合的氧同位素组成可以对温度进行估算。例如,通过对前寒武纪贝尔特超群的石英-伊利石组合的同位素组成进行分析,Eslinger 和 Savin(1973)估算出其温度范围为 225~310 ℃,深度越深,温度越高。其 $\delta^{18}O$ 值与其岩石矿物学特征相符,且沉积物变质程度可以通过矿物之间的同位素分馏程度推测出来。该方法假定所使用的成岩矿物彼此之间氧同位素平衡,并且即使在埋藏量最大的情况下也不会发生退化的再平衡。

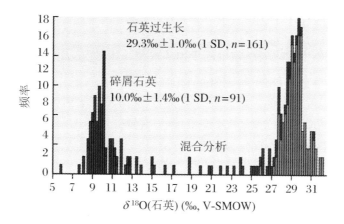

图 3.43　砂岩中石英的 $\delta^{18}O$ 值直方图（离子微探针上 6~10 μm 点）

混合结果是对碎屑石英和自生石英的边界进行的分析（Kelly et al.，2007）。

稳定同位素还应用于碎屑岩中风化剖面的分析，并可以让人们了解其形成过程中的大陆气候。尽管有这种潜力，但由于无法精确得知地表温度下矿物质与水的同位素分馏，以及难以从复杂、非常细小的岩石中获得纯的矿物相，因此仅有极少的研究（Bird，Chivas，1989；Bird et al.，1992）使用了这种方法。Bird 等（1992）发明了部分溶解技术，并使用这种方法从海地的红土中分离出 9 种纯矿物（图 3.44）。对于某些矿物，测得的 $\delta^{18}O$ 值与根据

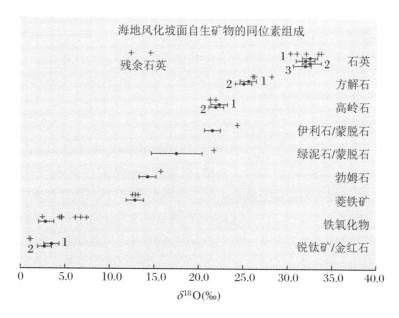

图 3.44　从海地风化剖面中分离出的矿物氧同位素组成的预测值（横线）和实测值（十字）

预测的 $\delta^{18}O$ 值范围是在假定温度为 25 ℃、大气降水在 $\delta^{18}O$ 值为 -3.1‰ 的基础上算出的（Bird et al.，1992）。

已有的分馏系数所预测的$^{18}O/^{16}O$比值相符，而其他矿物则不同。这种差异可能是由于个别矿物的分馏系数不正确或存在一些过程对某些特别矿物的形成过程产生了影响（例如蒸发）（Bird et al., 1992）。

最后，碎屑沉积物中的碎屑矿物可用于物源研究。如果没有重结晶，许多常见的成岩矿物，例如石英、白云母、石榴石等，在中等变质环境中都能保留其源岩成分。因此，它们能被用作沉积物来源的同位素指标。这种方法很实用，特别是对于缺少其他来源指示矿物的硅质碎屑沉积物。Vennemann等（1992，1996）通过这种方法对南非和加拿大的太古代含金、铀砾岩的起源进行了研究。时间记录清晰的锆石的$\delta^{18}O$值显示出沉积物成分随时间的变化（Valley et al., 2005）。

化学风化的复杂过程可将岩石/矿物转变为可溶性和不溶性产物，该过程会产生很大的金属同位素分馏。特别注意的是，在矿物溶解、次生矿物形成、吸附/解吸以及非常重要的生物活动等过程中，可能会发生金属同位素分馏。特别相关的是还原反应，不管是非生物，还是微生物参与的。对于轻元素，金属的还原态经常是比氧化态的同位素轻的。

风化过程中的金属同位素分馏研究主要采用三种不同的技术：研究风化剖面，研究河水的同位素组成，以及实验学研究。风化剖面和土壤的研究揭示了金属同位素分馏程度主要受控于次生矿物的类型。测定河水中可溶相态和颗粒相态的同位素比值总体揭示出，河流和岩石具有明显的同位素变化。由于很多动力学和平衡过程都可能会潜在地影响河流的同位素组成，因此，金属同位素的分馏程度取决于其特定的风化过程。轻同位素优先进入到次生矿物中，而重同位素优先进入到相应的流体中，导致河流水相对于风化基岩具有重的同位素组成。实验室溶解实验及风化反应模式有助于了解特定风化反应产生的同位素分馏，也有助于解释野外数据。值得注意的是，岩石和土壤的自然风化过程要比简单的实验条件复杂得多。

3.11.3 生物硅和燧石

1. 生物硅

由于低温下SiO_2和水之间会产生大的氧同位素分馏，因此生物硅和燧石的氧同位素组成在自然界中"最重"。与碳酸盐一样，生物硅（例如硅藻和放射性弧菌）的氧同位素组成可作为古气候指标，这将使人们能够获取$CaCO_3$含量低的海域（例如高纬度地区）的气候记录。人们因此发明了多种对生物硅氧同位素组成进行测量的技术。由于燧石和生物硅沉淀物中存在松散结合的水，这些水使得对生物硅的氧同位素组成进行测量变得复杂。生物硅石为非晶质结构，不仅包含Si—O—Si键，而且还包含Si—OH键和结晶水，后者很容易与环境中的水发生同位素交换，因此在对生物硅石进行同位素分析之前必须将它们除去。目前有3种技术可用来对生物硅的氧同位素组成进行测量（Chapligin et al., 2011）：

（1）受控同位素交换。Labeyrie和Juillet（1982）以及Leclerc和Labeyrie（1987）通过对生物硅与同位素组成不同的水之间进行受控同位素交换，估算出发生交换的和未发生交换的硅结合氧的同位素比值。

（2）逐步氟化。Haimson和Knauth（1983）、Matheney和Knauth（1989）以及Dodd和

Sharp(2010)指出,氟化早期的氧气比氟化晚期的氧气更亏损^{18}O,这表明在氟化的早期含水二氧化硅的富水成分会优先发生反应。

(3) 高温碳还原(Lücke et al.,2005)。该技术基于在电感高温加热下(>1500 ℃)产生一氧化碳的过程。它可以使生物硅在一个连续的过程中发生完全的脱水和分解反应。

二氧化硅和水的氧同位素分馏系数差异很大:沉积物岩芯中的硅藻(Matheney,Knauth,1989)比活的淡水硅藻(Brandriss et al.,1998;Dodd,Sharp,2010)和沉积物收集器中的硅藻的同位素组成高8‰(Moschen et al.,2006;Schmidt et al.,2001)。

Schmidt 等(2001)证明沉积硅藻的同位素富集与表层沉积物中二氧化硅成熟过程中Si—OH 键原位缩合引起的结构和组成变化有关。Dodd 等(2013)认为沉积硅藻中^{18}O 含量较高是硅藻死后所发生的变化导致的。他们证明,硅藻死亡后半年内,二氧化硅-水之间的成分可以达到平衡。

2. 燧石

总体来说,现代的燧石可通过硅质有机物生物沉积形成,而前寒武纪的燧石主要是非生物沉淀形成的。燧石也可通过前体材料的硅质化作用形成。O 和 Si 同位素是记录了主要环境条件,还是记录了成岩的溶解再沉淀过程,目前尚不清楚。

Degens 和 Epstein(1962)的早期研究表明,与碳酸盐一样,燧石的同位素随时间而变化:年代越久的燧石的^{18}O 含量越低。因此,不同地质时代的燧石显示了温度、海水同位素组成和成岩作用的变化史。但是,由于沉积、热液和火成硅化作用都能产生燧石,并且燧石会被变质流体蚀变,因此根据 δ^{18}O 值对海水温度进行重建仍然存在争议。

燧石的高分辨率原位氧和硅同位素分析结果(Marin et al.,2010;Marin-Carbonne et al.,2011,2012;Steinhoefel et al.,2010;Chakrabarti et al.,2012)显示,在微米尺度上燧石的氧和硅同位素存在非常大的变化范围,这使得确定温度变得十分困难,并表明沉积成岩过程以及成岩或变质流体中的显微石英形成过程中存在氧同位素交换。

太古代燧石较低的 δ^{30}Si 值说明其来源为热液系统,元古代 δ^{30}Si 值升高可能表明相比来自热液系统的二氧化硅,来自大陆的硅的比例逐步增加(Chakrabarti et al.,2012)。

3.11.4 海相碳酸盐

1. 氧

1947 年,Urey 对同位素系统的热力学特性进行了讨论,并推测碳酸钙从水中沉淀的温度变化应导致碳酸钙^{18}O/^{16}O 比的可测量变化。他推测,原则上可以通过对化石壳体方解石的^{18}O 含量进行测量来确定古海洋的温度。Mc Crea(1950)首次描述了古温度"刻度"。随后,该古温度刻度被多次完善。通过将有孔虫的实际生长温度与计算出的同位素温度进行比较的实验,Erez 和 Luz(1983)确定了以下温度方程:

$$T = 17.0 - 4.52(\delta^{18}O_c - \delta^{18}O_w) + 0.03(\delta^{18}O_c - \delta^{18}O_w)^2$$

其中,$\delta^{18}O_c$ 是来自碳酸盐的 CO_2 的氧同位素组成,而 $\delta^{18}O_w$ 是与 25 ℃的水形成平衡时 CO_2 的氧同位素组成,T 的单位为℃。

根据该方程式,碳酸盐中^{18}O 含量升高 0.26‰意味着温度降低 1 ℃。Bemis 等(1998)对不同的温度方程进行了重新评估,并证明它们在5～25 ℃的温度范围内可以相差2 ℃。导致以上差异的原因是,贝壳的$\delta^{18}O$值除了受温度和水的同位素组成影响外,可能还受到海水中碳酸根离子浓度和藻类共生体的光合作用的影响。

对生物和无机$CaCO_3$的实验室实验和现场研究表明,碳酸盐浓度、pH和沉淀速率等非平衡效应也可能会对测出来的$CaCO_3$的同位素组成形成影响。Dietzel等(2009)认为没有确切的证据表明从水溶液中自然沉淀的方解石处于真正的氧同位素平衡状态,目前使用的方解石-水分馏平衡值很可能实际上过低(Coplen,2007)。

对化石生物进行有意义的温度计算必须满足几个假设条件。在成岩过程中,文石或方解石壳的同位素组成将保持不变,直到壳体材料溶解并重结晶为止。在大多数浅层沉积系统中,钙质壳体的碳同位素和氧同位素比值不会因为成岩作用而变化,但是许多有机体都有明显的空心结构,这能使成岩碳酸盐的含量增加。随着埋藏深度越深,时间越久,成岩作用的影响越大。由于流体中的碳含量比氧含量少得多,因此人们认为$\delta^{13}C$值比$\delta^{18}O$值受成岩作用的影响更小。判断样品是否保存了原始同位素组成的标准并不总是很明确(参见"石灰岩的成岩作用"的讨论)。Schrag(1999)认为在温暖的热带表层海洋中形成的碳酸盐受成岩作用影响特别大,这是因为比热带表层水温度低得多的孔隙水改变原始同位素组成并向更高的δ值转变。平均温度非常相似的高纬度地表流体和孔隙流体中的碳酸盐没有这种情况。

用于古温度研究的分泌贝壳的生物必须是在与海水同位素平衡的状态下沉淀下来的。Weber和Raup(1966a,b)的研究表明,某些生物的骨骼碳酸盐是在与其周围的水成平衡的状态下沉淀的,而另一些则不是。Wefer和Berger(1991)对所谓的"生命效应"对多种生物的重要性进行了总结(图3.45)。大多数生物体所沉淀的碳酸钙的氧同位素组成与预期平衡值接近;不平衡状态下沉淀物的氧同位素组成与平衡状态下沉淀物的氧同位素组成差异很小(图3.45)。至于碳,不平衡是常态,在这种状态下沉淀物的$\delta^{13}C$值比预期的平衡状态下沉淀物的$\delta^{13}C$值更低。如下所述,这并不妨碍对古海水的$^{13}C/^{12}C$比进行重建。

同位素不平衡效应有新陈代谢和动力学效应两种(McConnaughey,1989a,b)。新陈代谢同位素效应显然是由在光合作用和呼吸作用下沉淀的碳酸盐周围溶解的无机碳同位素组成的变化所致。动力学同位素效应是由CO_2的水化和羟基化过程中不优先吸收^{13}C和^{18}O导致的。强烈的动力学不平衡分馏通常与高的钙化速率有关(McConnaughey,1989a,b)。

除温度变化外,海洋中同位素组成的变化也能导致有孔虫^{18}O含量的变化。一个关键点盐度:盐度大于3.5%的海水^{18}O含量更高,因为在蒸发过程中^{18}O在蒸汽相中会亏损,而盐度低于3.5%的水在淡水(尤其是融化水)稀释下^{18}O含量较低。另一个会导致海水同位素组成变化的因素是大陆低^{18}O含量冰的体积变化。由于冰川作用时期海洋中的水会被转化为亏损^{18}O的冰并且被暂时储存在各大陆,因此全球海洋$^{18}O/^{16}O$的含量之比与大陆和极地冰川的体积成正比。通过对浮游和底栖有孔虫分别进行分析,可以对温度效应与冰量效应的关联性进行解析。浮游有孔虫垂直分布于海洋的上层水柱中,记录了海水的温度和同位素组成。图3.46是海面上及250米深度的海水的年平均温度的纬度分布以及各种有孔虫

δ¹⁸O 值纬度分布的对比图。从亚极地区到热带地区，浅层浮游有孔虫与深层浮游有孔虫 ¹⁸O 含量差异不断增大，亚极地区约为 0，热带地区约为 3‰。通过浅层和深层钙化类群的差异可算出海水上层 250 米的垂直渐变温差。

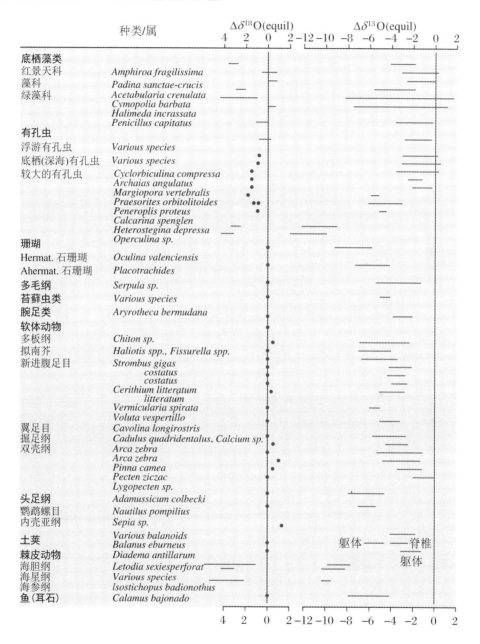

图 3.45　现存钙质物种平衡同位素组成的 **Δ¹⁸O** 和 **Δ¹³C** 差异（Wefer，Berger，1991）

只要两极都存在冰盖，深海水团的温度就大致是恒定的。因此，底栖生物的氧同位素组成变化更能体现水同位素组成的变化（冰体积效应），而浮游有孔虫的 δ¹⁸O 值既受温度影响，也受水同位素组成的影响。

解析冰量和温度效应的最佳方法是对长时间处于恒温状态的海域（例如热带西太平洋

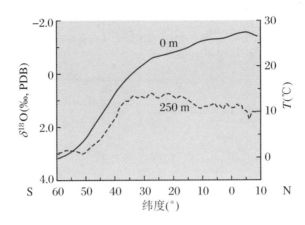

图 3.46　浮游有孔虫的氧同位素组成的纬度分布以及海面与
250 米水深处年平均温度（Mulitza et al.，1997）

或热带印度洋）的生物壳体材料进行研究。挪威海的温度是另一个极端，其目前深海温度接近冰点，因此，其温度在冰川时期也不可能更低（特别是由于该海中的盐度已经很高）。在以上有限假设的基础上，可以获得在最后一个气候周期中水团的 ^{18}O 变化（在温度未变化的情况下）的参照数据（Labeyrie et al.，1987）。

可以通过孔隙流体的同位素组成直接对末次盛冰期（LGM）期间海水的 δ^{18}O 值进行测量（Schrag et al.，1996）。陆地冰量变化引起的深海 δ^{18}O 值变化从海底向下扩散到孔隙流体中，使孔隙流体的 δ^{18}O 值呈现随深度变化的剖面。Schrag 等（1996）通过使用这种方法估计末次盛冰期期间全球海水的 δ^{18}O 值变化为 1.0‰ ± 0.1‰。

除了以上变量外，海水碳酸盐的化学性质也使得对碳酸盐壳体的 ^{18}O 值进行解释变得更加困难。通过对活有孔虫进行培养实验，Spero 等（1997）证明 pH 或 CO_3^{2-} 浓度增加会导致壳体的同位素变得更轻，这是由于海水化学性质发生了变化。Zeebe（1999）证明，海水 pH 每增加 0.2～0.3 个单位值会使壳体内 ^{18}O 含量降低 0.2‰～0.3‰。当对末次盛冰期的样本进行分析时，以上效应必须予以考虑。

将温度影响和未知的水同位素组成影响区分开来的另一种方法是使用团簇同位素温度计（Eiler，2007；Ghosh et al.，2006；Tripati et al.，2010；Thiagarajan et al.，2011），它可以避免传统 Urey 碳酸盐温度计（1947 年）的模糊性。大多数 δ^{18}O 和 δ^{13}C 值不平衡（生命效应）的典型特征是其 ^{13}C—^{18}O 键丰度通常与平衡状态下的值无法区分（Tripati et al.，2010）。

此外，^{13}C 和 ^{18}O 聚集进入碳酸盐结构的过程与形成矿物的水的 δ^{18}O 值无关。对无机和生物方解石的 Δ^{47} 进行校准后可精确到（0.004‰～0.005‰）/℃（Huntington et al.，2010；Tripati et al.，2010；Dennis，Schrag，2010；Wacker et al.，2014）（图 1.5）。

2. 碳

大量研究探讨了将有孔虫的 ^{13}C 含量用作古海洋学同位素指标的用途。如前所述，δ^{13}C 值与海水不平衡。但是，如果假设不平衡的 ^{13}C/^{12}C 比值大致上随时间变化而变化，则碳同位素组成的系统性变化可以反映海水中 ^{13}C 含量的变化。Shackleton 和 Kennett（1975）首次公布了新生代深海碳酸盐中碳同位素组成的记录。他们明确证实,浮游和底栖有孔虫的 $\delta^{13}C$ 值差异一致,前者比后者要富集 1‰。浮游有孔虫中 ^{13}C 富集特征是光合作用导致的,因为光合作用会优先将 ^{12}C 吸收进有机碳中,从而使表层水亏损 ^{12}C。有机物的一部分会沉到深海,并被重新氧化,从而使深海水团富集 ^{12}C。图 3.47 是根据 ^{13}C 相对富集趋势进行排序的底栖有孔虫的 $\delta^{13}C$ 值。

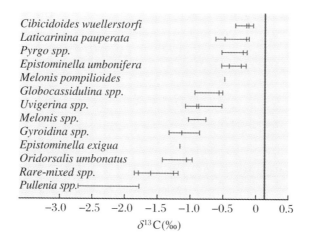

图 3.47　各种底栖有孔虫的 $\delta^{13}C$ 值
赤道深海中溶解的碳酸氢盐的 $\delta^{13}C$ 值以垂直线表示 (Wefer, Berger, 1991)。

通过对浮游有孔虫和底栖有孔虫 $\delta^{13}C$ 值的垂直梯度进行测量,可以对大气中的 CO_2 变化进行监控,这个垂直变化起到生物碳泵的作用。Shackleton 等(1983)率先使用了这种方法并证实,大气中 CO_2 含量减少的时期表层水和深层海水 $\delta^{13}C$ 值差异会变大。表层水中生成的有机碳含量增加(很可能是可利用的养分变多所致)会导致表层水中溶解的碳减少,表层水就会通过再平衡作用从大气储库中吸收二氧化碳并导致其浓度降低。

有孔虫碳同位素还可以被用来对不同的水团进行区分并对深海水流动过程进行示踪 (Bender, Keigwin, 1979; Duplessy et al., 1988)。在有机质的不断氧化下,时间越久,深度越深,溶解的碳酸盐同位素就越轻,因此,对古深度相似的不同区域的有孔虫碳同位素进行比较,可以对深海水从源头开始的流动过程进行示踪。这种流动过程的重建可以通过对时间记录清晰的有孔虫的 $\delta^{13}C$ 值进行分析来完成。

通过对高分辨率记录的底栖有孔虫 Cibicides wuellerstorfi 进行分析(因为该物种最能反映出底层海水的化学变化),科学家们对过去 6 万年来北大西洋深水团的流动路径进行了重建(Duplessy et al., 1988; Sarntheim et al., 2001)。北大西洋深水(NADW)的初始 $\delta^{13}C$ 值为 1.3‰~1.5‰。随着北大西洋深水向南流动,有机物的持续氧化导致 ^{13}C 逐渐亏损以致南半球大洋中的 ^{13}C 含量不足 0.4‰。北大西洋的许多岩芯 ^{13}C 含量降低(Sarntheim et al., 2001; Elliot et al., 2002)被解释为是由于融化水进入了表层海洋("海因里希"事件),这种输入会导致深水流动过程发生变化。

3.11.5 成岩作用

原生碳酸盐形成后,可能马上会发生成岩改变。两个过程可能会改变碳酸盐壳体的同位素组成:胶结作用以及溶解和再沉淀。胶结是指从周围孔隙水中次生的非生物碳酸盐。原生碳酸盐形成后最初的次生胶结物可能会与海水形成平衡,而最晚的次生胶结物取决于孔隙水的同位素组成和温度。溶解和再沉淀产生于含碳酸氢盐的孔隙流体中,一般代表了不稳定的碳酸盐相(如文石),再沉淀为稳定的碳酸盐相(主要是低镁方解石)。成岩改变可能通过以下两种途径发生,即通常所说的埋藏成岩作用和大气降水成岩作用。

1. 埋藏途径

深海环境是这种类型的成岩稳定化的最好体现。被困的孔隙水来自海水,且与碳酸盐矿物集合体平衡。沉积物向灰岩的转化不是通过化学势梯度来实现的,而是通过其他沉积物的沉积导致压力和温度升高来实现的。与淡水路径相反,这里流体流动受限,以致将孔隙水向上挤出到上覆的沉积柱中。从理论上讲,埋藏过程中氧同位素比值不会发生明显变化,因为其 $\delta^{18}O$ 值与海水一致。然而,随着深度的增加,深海沉积物以及孔隙水的 ^{18}O 含量会降低千分之几(Lawrence,1989)。^{18}O 含量下降的主要原因似乎是孔隙水与底层岩石圈中的洋壳低温下产生了同位素交换。固态条件系数 ^{18}O 改变主要是随着埋藏的进行,温度升高导致的。可以通过团簇同位素测温法对成岩温度进行单独估算(Huntington et al., 2011; Ferry et al., 2011)。

另一个重要的成岩过程是有机物的氧化。随着埋藏的进行,沉积物中的有机物依次穿过不同的区域,这些区域会在特定细菌聚集物作用下发生不同的氧化还原反应。这些过程通常会导致碳同位素变得更轻,^{13}C 亏损的程度与有机物质氧化的碳的相对比例成正比。在特殊的发酵条件下,释放出的 CO_2 可能是重同位素,因而 ^{13}C 含量降低的程度与有机物质氧化的碳的相对比例成反比。

2. 大气降水途径

沉积在浅海环境中的碳酸盐沉积物在成岩过程中通常会受到大气降水的影响。因为大气降水的 $\delta^{18}O$ 值比海水低得多,因此大气降水成岩作用会使 $\delta^{18}O$ 和 $\delta^{13}C$ 值降低。Hays 和 Grossman(1991)证明,碳酸盐胶结物的氧同位素组成取决于其所处大气降水中 ^{18}O 的含量。$\delta^{13}C$ 值降低是因为土壤中碳酸氢盐相对于海水碳酸氢盐更加亏损 ^{13}C。

另一种不常见的成岩效应是泥质沉积物中形成的碳酸盐固结物。Hoefs(1970)、Sass 和 Kolodny(1972)和 Irwin 等(1997)的同位素研究表明,微生物的活动造成了方解石的局部过饱和,其中溶解的各种碳酸盐的产生速度比它们扩散消失速度更快。这些固结物中 $\delta^{13}C$ 值的差异极大,表明固结物是各种微生物作用导致的。Irwin 等(1977)提出了一个模型,其中有机物通过以下过程逐渐发生成岩改变:硫酸盐还原、发酵和热诱导的非生物成因 CO_2 的形成,可以根据其 $\delta^{13}C$ 值来对这三种过程进行区分,分别为 $-25‰$、$+15‰$ 以及 $-20‰$。

3.11.6 灰岩

早期的灰岩研究都使用全岩样。在后来的研究中,科学家们对各个成分(例如不同世代的胶结物)进行了分析(Hudson,1977；Dickson,Coleman,1980；Moldovany,Lohmann,1984；Given,Lohmann,1985；Dickson et al.,1990)。这些研究表明,早期胶结物的 $\delta^{18}O$ 和 $\delta^{13}C$ 值较高,后期的胶结物 ^{13}C 和 ^{18}O 逐渐亏损。^{18}O 含量变化的趋势可能是温度升高和孔隙水的同位素变化所致。Dickson 等(1990)采用激光剥蚀技术在方解石胶结物中发现了尺度非常小的氧同位素区带,他们认为这表明孔隙流体的同位素组成发生了变化。

3.11.7　白云岩

白云岩在古生代和较老的地层中大量存在,但在较年轻的岩石中很少见。白云岩的形成需要两个条件:Mg/Ca 比例高的流体的存在以及大量通过灰岩的流体。目前生成白云岩的地方很少。研究人员一直在努力通过实验室实验在适合白云岩沉积物形成的温度和压力下生成白云岩(Horita,2014)。这是"白云岩问题"的难点。

由于白云岩石化是在有水的条件下发生的,因此其氧同位素组成取决于孔隙流体的成分、形成时的温度以及含盐量(影响相对较小)。相反,其碳同位素组成取决于前体碳酸盐成分,由于孔隙流体碳含量通常较低,因此通常会保留前体的 $\delta^{13}C$ 值。在对白云岩的成因和成岩作用进行解释时,有两个问题会使其同位素数据解释变得更复杂。将高温实验白云石-水分馏外推到低温条件后可以推断出,在 25 ℃时白云岩的 ^{18}O 比方解石富集 4‰～7‰(Sheppard,Schwarcz,1970)。除此之外,全新世方解石和白云岩之间的氧同位素分馏较小,在 2‰到 4‰之间(Land,1980；McKenzie,1984),这与最近的理论预测一致(Zheng,Böttcher,2015)。同位素分馏也可能部分取决于晶体结构,更具体地讲是取决于晶体组成和结晶有序度。目前不能直接确定沉积温度条件下白云岩与水之间的平衡氧同位素分馏,因为在这些低温条件下白云岩的合成存在问题。在发现细菌能对白云岩的沉淀进行介导后,Vasconcelos 等(2005)提出了一种能够重建古代白云岩矿床的温度条件的新的古温度计。Horita(2014)通过使白云岩在 80 ℃下沉淀并使 $CaCO_3$ 在 100～350 ℃温度范围内白云岩石化,确定了实验条件下的碳和氧同位素分馏系数。在此温度范围内,白云岩的 ^{18}O 相对方解石富集 0.7‰～2.6‰。根据 Horita(2014)的假设,这个分馏系数可以外推至更低的温度下。为了阐明白云岩石化流体的形成温度和氧同位素组成,Ferry 等(2011)表明,意大利白云岩是在 40～80 ℃温度下形成的,这个温度更接近形成温度,而不是结晶时的埋藏温度。

图 3.48 对一些近代和更新世生成的白云岩的氧和碳同位素组成进行了总结(Tucker,Wright,1990)。氧同位素组成的差异反映了不同类型的水(海水、淡水)的参与和不同的温度范围。至于碳,海相白云岩的典型 $\delta^{13}C$ 值在 0～3‰之间。在存在大量有机物的情况下,低于 -20‰的 $\delta^{13}C$ 值表明碳是有机物分解产生的。非常高的 $\delta^{13}C$ 值(达 +15‰)表明碳是有机物发酵产生的(Kelts,McKenzie,1982)。这种同位素重的白云岩典型例子是 Guaymas 盆地,其白云岩形成于产甲烷菌活跃的区域中。

除了碳和氧同位素组成外,科学家们还对多种白云岩进行了钙同位素(Holmden,2009；Blattler et al.,2015)和镁同位素(Geske et al.,2015a,b；Blattler et al.,2015；Huang et al.,2015)研究。白云岩的钙和镁同位素比值受多种因素的影响,包括镁的来源和沉淀/溶解过程,这使得利用钙和镁同位素来约束白云岩形成模型变得复杂。联合白云岩的 Ca 和 Mg 同位素可用来限定白云岩的成岩历史（Fantle，Higgins，2014；Blattler et al.，2015）。由于 C、Ca 和 Mg 在海洋中的滞留时间不同，综合这些元素的同位素变化可用来研究随深度变化的孔隙流体同位素组分（Blattler et al.，2015）。Mg 和 Ca 同位素与地质时间以及白云岩类型没有相关性，这可能反映出同位素的变化是受多种因素控制的，如成岩过程的变化。

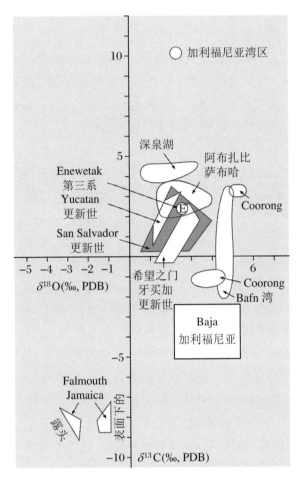

图 3.48　近代和更新世生成的白云岩的碳氧同位素组成
(Tucker，Wright，1990)

3.11.8　淡水碳酸盐

沉积在淡水湖中的碳酸盐的同位素组成范围很广，其取决于流域降雨的同位素组成、降雨量、季节性、温度、蒸发率、相对湿度和生物生产力。湖相碳酸盐通常由成分离散的基质组成，例如碎屑成分、自生沉淀物、浅水和底栖生物。对这些成分进行单独分析可使对整个水柱进行研究成为可能。例如，通过表层水中自生碳酸盐和硅藻的氧同位素组成可知晓温度和大气环境变化，而通过底层水中碳酸盐的组成可知晓水的同位素组成（假设底部水温保持恒定）。

许多湖泊中沉淀的碳酸盐的碳氧同位素组成具有很强的时间相关性,特别是在那些封闭系统或碳酸盐滞留时间长的湖泊中(Talbot,1990)。相比之下,开放系统且碳酸盐滞留时间短的湖泊通常时间相关性很弱或没有。图3.49是此类协变趋势的示例。由于协变趋势不同,每个封闭的湖泊似乎具有独特的同位素特征,该同位素特征取决于盆地的地理和气候环境、水文学特征和水体历史(Talbot,1990)。

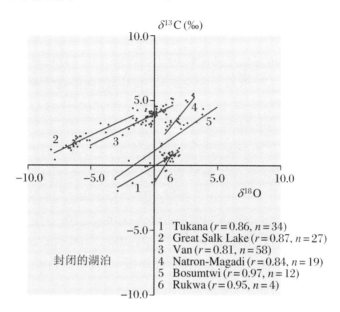

图3.49 来自近代形成的湖泊内淡水碳酸盐的碳和氧同位素组成
(Talbot,1990)

3.11.9 磷酸盐

生物磷酸盐的稳定同位素组成既记录了环境参数,也记录了生物过程。Longinelli首先使用生物磷酸盐$Ca_5(PO_4、CO_3)_3(F、OH)$对古环境进行重建(Longinelli,1966,1984;Longinelli,Nuti,1973),后来Kolodny及其同事也进行了类似的重建(Kolodny et al.,1983;Luz,Kolodny,1985)。但是,由于分析上的困难,多年来生物磷酸盐的应用受限。最近,由于分析技术的改进,各种问题得以解决(Crowson et al.,1991;O'Neil et al.,1994;Cerling,Sharp,1996;Vennemann et al.,2002;Lecuyer et al.,2002),因此对磷酸盐的同位素进行分析已被广泛用于古环境的重建中。

在非生物表面条件下,磷酸盐不会产生氧同位素交换。然而,在生物反应过程中,在酶的催化下,磷酸盐-水氧同位素交换很快(Kolodny et al.,1996;Blake et al.,1997;Paytan et al.,2002;Blake et al.,2005)。O'Neil等(1994)证明了不同的磷酸盐物质对PO_4^{3-}(aq)之间以及各种PO_4^{3-}(aq)与水之间的氧同位素分馏的重要作用。

可以用来进行分析的磷酸盐材料有骨头、牙本质、牙釉质、鱼鳞和无脊椎动物的外壳。与骨骼和牙本质不同,牙釉质密度非常高,因此它很少受到成岩作用的影响,是古环境重建的主要候选对象。除PO_4^{3-}外,生物磷灰石还包含可以替代PO_4^{3-}和OH^-的CO_3^{2-}以及"不稳定的"CO_3^{2-}"（Kohn，Cerling，2002），后者可以通过用弱酸进行预处理而除去。然后，与对碳酸盐的分析一样，可以对生物磷灰石中剩余的 CO_3^{2-} 进行分析（McCrea，1950）。早期对碳酸盐碳同位素组成的研究结果似乎表明它受成岩作用的影响，直到 20 世纪 90 年代，人们才普遍认为牙釉质碳酸盐的碳同位素组成是生物饮食情况的记录（Cerling et al.，1993，1997）。

地质学家们对同时代碳酸盐-磷酸盐组合的同位素分析研究特别感兴趣（Wenzel et al.，2000），这有助于将原始海洋信息与次生蚀变效应区分开，并找出古海水中 $\delta^{18}O$ 值变化的原因。Wenzel 等（2000）将志留纪钙质腕足动物与来自相同地层的磷酸盐腕足动物及牙形石进行了比较。他们发现，牙形石中的原始海洋氧同位素组成比腕足类壳体磷灰石保存得更好，并且推断牙形石记录了志留纪海水的温度和 $^{18}O/^{16}O$ 含量之比。Joachimski 等（2004）对泥盆纪海水的研究也得出了相同结论。

对哺乳动物、无脊椎动物和鱼类的研究清楚地表明，生物磷灰石的氧同位素组成随动物体内水分的同位素组成的变化呈现系统性差异，而动物体内水分的同位素组成取决于当地的饮用水（Longinelli，1984；Luz et al.，1984；Luz，Kolodny，1985）。哺乳动物体内水分与 PO_4^{3-} 的 $\delta^{18}O$ 值差异恒定（约 18‰）（Kohn，Cerling，2002），生物磷灰石的 PO_4^{3-} 和 CO_3^{2-} 的 $\delta^{18}O$ 值差异约为 8‰（Bryant et al.，1996；Iacumin et al.，1996）。Luz 等（1990）以及 Ayliffe 和 Chivas（1990）等的研究证明，生物磷灰石的 $\delta^{18}O$ 值也可能取决于湿度和饮食。

Pack 等（2013）使用了另一种对古地球气候进行研究的方法，即通过对小型哺乳动物的三氧同位素组成进行测量。该方法基于以下事实：大气中的氧气、饮用水、食物中的水是哺乳动物的氧气来源之一。鉴于空气中氧气的 ^{17}O 含量异常与大气中的 CO_2 有关，且这种相关性会显示在骨骼磷灰石上，通过对骨骼和牙齿磷灰石的三重同位素组成进行测量，Pack 等（2013）对动物生命周期内大气中的 CO_2 浓度进行了约束。

3.11.10 铁氧化物

1. 氧

铁的氧化物/氢氧化物在土壤和沉积物中普遍存在，并且是作为针铁矿和赤铁矿的常见前体。在自然环境中，最初的富铁沉淀物是富含水的三氧化二铁凝胶和无序的水铁矿，而后缓慢地老化为针铁矿和赤铁矿。铁氧化物-水系统中氧同位素分馏的程度还存在争议（Yapp，1983，1987，2007；Bao，Koch，1999），但不可否认的是氧同位素分馏很小，并且受温度变化影响不大。因此铁氧化物似乎可以完整记录周围环境中水的同位素组成。然而，Bao 和 Koch（1999）认为，在氧化铁随后的老化过程中，会与周围环境中的水发生同位素交换，因而原始三氧化二铁凝胶和三水铁矿的同位素组成会被改变。因此，通过天然结晶氧化铁的 $\delta^{18}O$ 值可以知晓土壤中水的长期平均 $\delta^{18}O$ 值。

在针铁矿转化为赤铁矿的过程中，因为大部分氧都被保留在赤铁矿内，因此似乎只发生了很少的同位素分馏（Yapp，1987）。因此，原则上应该有可能对前寒武纪条带状铁建造（BIF）的铁氧化物沉积环境进行重建。然而，在对变质程度最低的条带状铁建造进行分析后，Hoefs(1992)推断，事实并非如此。在成岩作用或低温变质过程中外部流体的渗透似乎已经改变了古沉积物中的原始同位素记录。

2. 铁

由于水合三氧化二铁的结晶状态不稳定，并且会快速转变成稳定的矿物，因此氢氧化铁和其他铁相之间的铁同位素分馏尚不为人所知。尝试下的分馏系数测定工作表明 Fe(Ⅱ)和氢氧化铁之间平衡分馏系数的测量值为 -3.2‰左右，因而 Fe(Ⅲ)矿物最富集^{56}Fe(Johnson et al., 2002; Welch et al., 2003; Wu et al., 2011)。由于 Fe(Ⅱ)和氢氧化铁之间的分馏与 Fe(Ⅱ)和 Fe(Ⅲ)之间的分馏类似(Johnson et al., 2002; Welch et al., 2003)，因此 Fe(Ⅲ)和氢氧化铁之间的铁同位素分馏应接近于零。

获得最多关注的是条带状铁建造，因为其具有全世界变化范围最大的铁同位素组成(Johnson et al., 2003, 2008; Steinhöfel et al., 2009, 2010; Halverson et al., 2011)。尽管对条带状铁建造成因模型仍有争论，但是人们普遍认为，铁同位素的巨大差异是沉积环境中以及后期成岩作用中铁被还原和氧化所致(Steinhöfel et al., 2009, 2010)。值得注意的是，即使在非常高的变质阶段，铁氧化物仍保留有小尺度不均一性(Frost et al., 2007)。

3.11.11 沉积硫和黄铁矿

1. 硫

对沉积物中硫和铁的同位素组成进行分析，可以知晓含硫化合物和含铁化合物的来源以及后续转化过程。黄铁矿是沉积的硫循环和铁循环的最终产物，其稳定同位素记录了氧化还原状态的变化。细菌硫酸盐的还原是通过有机物的氧化完成的：

$$2\,CH_2O + SO_4^{2-} \rightleftharpoons H_2S + 2\,HCO_3^-$$

生成的 H_2S 会与非硅酸盐结合的铁(羟基化合物)发生反应。因此，沉积物中形成的黄铁矿的数量可能受到以下因素的限制：硫酸盐的含量、有机物的含量以及反应性铁的含量。基于这三个储库之间的关系，可以对黄铁矿在缺氧环境中生成的不同方式进行推测(Raiswell, Berner, 1985)。在正常的海洋沉积物中(上覆水体中存在氧气)，黄铁矿的形成似乎受到有机物含量的限制。

由于厌氧硫酸盐还原菌的活动，大部分硫同位素分馏发生在浅海和滩涂的最上层泥层中。因此，相对于海水硫酸盐，沉积的硫化物一般亏损^{34}S(亏损程度为 20‰～60‰)(Hartmann, Nielsen, 1969)。与此相比，纯培养液中的细菌所产生的同位素分馏最大只有47‰(Kaplan, Rittenberg, 1964; Bolliger et al., 2001)。因此，如果沉积硫化物亏损^{34}S 的程度高于47‰的表观极限，则表明随着硫化物的氧化、硫中间体的形成以及后续的新陈代谢作用而产生了另外的同位素分馏。对于培养实验和自然环境下同位素分馏的差异，有人认为是中间硫化合物被细菌歧化导致的(Canfield, Thamdrup, 1994; Cypionka et al., 1998; Böttcher et al., 2001)。

沉积物中硫同位素的差异体现了原生共生作用和次生成岩作用的存在(Jorgenson et al., 2004)。在特定的硫同位素值范围中的最小值应代表受次生成岩作用影响最小、同位素组成最原始或为硫循环中受氧化影响最严重的部分。化石记录显示少数情况下黄铁矿的

$\delta^{34}S$ 值比共存海水的 $\delta^{34}S$ 值更高,这要归因于厌氧的甲烷氧化导致的沉积后成岩作用(Jorgensen et al.,2004)。

在对沉积物中不同形态的硫的同位素组成进行鉴定和测量上已经取得了很大进展(Mossmann et al.,1991;Zaback,Pratt,1992;Brüchert,Pratt,1996;Neretin et al.,2004)。黄铁矿通常被认为是缺氧海洋沉积物中硫成岩作用的最终产物。酸挥发性硫化物(AVS)包括"非晶态"FeS、马基诺矿、钙铁矿和黄铁矿,被认为是黄铁矿成矿早期的短暂形态,但 Mossmann 等(1999)的研究证实,酸挥发性硫化物可以在黄铁矿沉淀前、沉淀过程中以及沉淀后在沉积物上层几十厘米内形成。

Zaback 和 Pratt(1992)、Brüchert 和 Pratt(1996)和 Neretin(2004)等已经分离出了六七种硫化物的同位素组成并对其进行了分析。他们给出了硫被吸收时的相对时间以及各种硫化物来源的相关信息。相比海水,黄铁矿具有最亏损的 ^{34}S 含量。酸挥发性硫和有机化合物中的硫的 ^{34}S 含量通常比黄铁矿富集。这表明在还原作用较弱的环境中,黄铁矿在最接近沉积物/水界面的地方沉淀,而酸挥发性硫和干酪根硫在还原作用较强、水深更深、孔隙水硫酸盐浓度较低的地方形成。表层沉积物中的硫元素含量最高,这可能是硫化物氧化后穿过沉积物/水界面的扩散导致的。

通过使用 GC-MC-ICP-MS 技术,Raven 等(2015)实现了对特定有机硫化合物中硫同位素组成的测量。与早期的发现相反,相对于干酪根和孔隙水硫化物,可萃取的有机硫化合物更亏损 ^{34}S,这让人们对有机物的硫化有了更多的了解。

2. 黄铁矿

对沉积物中黄铁矿进行分析得出的是整体黄铁矿的平均值。随着时间的推移,通过不同过程、在不同环境中形成的大多数黄铁矿的 $\delta^{34}S$ 值会被整合在一起。通过微观分析技术可测出整体黄铁矿的晶粒内和晶粒间差异。Riciputi 等(1996)在用离子探针技术对泥盆纪碳酸盐岩中的黄铁矿进行研究时,发现硫化物存在双峰式分布,其在很小的尺度上非常不均一,相差高达 25‰。显著较低的 δ 值表示黄铁矿是在细菌硫酸盐还原下形成的,而较高的 δ 值表示黄铁矿是在更深处由热化学硫酸盐还原形成的。黄铁矿形态与同位素 δ 值之间的相关性表明,硫酸盐还原是一个区域差异很明显的过程,即使在很小的尺度上差异也很大。Kohn 等(1998d)也表明单个黄铁矿晶粒内部和各个晶粒之间存在较大的 ^{34}S 差异。McKibben 和 Riciputi(1998)发现单个黄铁矿晶粒在其内部 200 μm 范围内 $\delta^{34}S$ 相差约 105‰。通常,黄铁矿晶粒内离外缘越近的地方 ^{34}S 越富集,以上研究者认为这表明封闭系统内存在微生物硫酸盐还原作用。

综上所述,黄铁矿的晶粒内和晶粒间硫同位素组成差异很大,这是很长的时间范围内黄铁矿形成过程各异导致的。因此,对整合了各种成矿过程的黄铁矿的 $\delta^{34}S$ 值进行整体分析可能会导致错误的解释。

除细菌硫酸盐还原过程外,有机物介导的热化学硫酸盐还原过程也能产生大量 H_2S。关键问题是在低至 100 ℃ 的温度下(刚好超过微生物还原的极限)是否可以发生非生物硫酸盐还原。Trudinger 等(1985)的结论是,200 ℃ 以下的非生物还原并没有得到明确的证明,尽管不否认其存在的可能性。Krouse 等(1988)研究指出,有越来越多的证据显示即使温度接近100℃或更低,热化学硫酸盐还原也有可能发生。因此,热化学硫酸盐还原反应可能比最初认为的要普遍得多。

Strauss(1997,1999)在对整个显生代的沉积硫化物的同位素记录进行总结后,认为整个显生代沉积硫化物同位素记录的长期趋势大致与硫酸盐变化趋势一致,即在古生代初期达到最大值,二叠纪达到最小值,新生代又上升。硫酸盐硫同位素和硫化物硫同位素最低时的差异在−51‰±8‰内。

对黄铁矿铁同位素进行精确的MC-ICP-MS研究,可以得出反应性铁的来源的同位素组成以及黄铁矿形成过程中产生的铁同位素分馏程度。通过SIMS技术可得到高分辨率的单个黄铁矿晶粒中的铁同位素组成信息(Virtasalo et al.,2013)。

现代缺氧盆地中的黄铁矿的$\delta^{56}Fe$值为$-1.3‰\sim-0.4‰$(Severmann et al.,2006)。元古代和太古代建造中的黄铁矿的同位素值甚至更小。通常人们认为马基诺矿(FeS_x)是黄铁矿的前体矿物,且Fe^{2+}(aq)-FeS系统中的铁同位素分馏决定了黄铁矿的铁同位素组成。Butler等(2005)和Guilbaud等(2011)通过实验证明,相比Fe^{2+},FeS更亏损^{56}Fe。Johnson等(2008)认为,黄铁矿的^{56}Fe是细菌还原过程中所形成的FeS化合物以及异化铁还原所产生的^{56}Fe的混合。Marin-Carbonne等(2014)结合黄铁矿中铁同位素和硫同位素的变化认为其存在不同的前体矿物:在水柱中沉淀的马基诺矿以及在沉积物中形成的硫复铁矿。

总而言之,对沉积黄铁矿的详细研究表明,硫同位素组成和铁同位素组成存在较大差异,因此应综合使用硫和铁同位素对沉积黄铁矿进行研究(Archer,Vance,2006;Marin-Carbonne et al.,2014)。

3.12 古气候学

地质记录中有多种古气候的印记。对古温度进行重建最广泛使用的地球化学方法是测定稳定同位素比值。用于古气候重建的样品的同位素组成必须能灵敏地反映其形成时的温度。

气候记录可分为海洋记录和大陆记录。由于海洋系统非常庞大且混合均匀,因此海洋记录适用于全球,而大陆记录则受到区域因素的影响。对气候进行重建时一个最大的限制就是时间分辨率,这对于海洋沉积物来说更为明显。深海的沉积速率通常为$1\sim5$ cm/10^3 a,沉积快的区域沉积速率为20 cm/10^3 a,这使得沉积快的区域时间分辨率仅限50年,其他地区则为200年。此外,海洋沉积物顶层20 cm内可能会混进底栖生物,这使得其时间分辨率进一步降低。

3.12.1 大陆记录

由于陆地生态系统和气候的时空差异很大,对大陆气候进行同位素重建非常困难。降水的同位素组成是最容易确定的陆地气候参数,而降水的同位素组成又很大程度上(但不完全)取决于温度。与大气降水有关的气候信息保存在各种自然界的"档案"中,例如树木年轮、有机质以及含羟基的矿物。

1. 树木年轮

树木年轮显示了按年计算的绝对时间顺序,但是合适的古树的稀缺性以及原始同位素比保存方面的不确定性是树木年轮应用的主要限制。由于植物材料的纤维素成分稳定且容易区分,因而通常被用作同位素研究对象。许多研究中都对树木年轮的稳定同位素组成进行了探讨。但是,将树木年轮用于气候研究仍有许多方面的限制。尽管纤维素的 δD 值和 $\delta^{18}O$ 值与源区水有很强的相关性,但水和纤维素之间的同位素分馏并不固定。越来越多的研究对大气气候信息传递到树木纤维素的复杂过程进行了探讨(White et al.,1994;Tang et al.,2000)。其复杂性是各种因素(例如湿度、降水量、地形、生物导致的同位素分馏、根部结构、木材的老化)的相互作用导致的。Tang 等(2000)对美国西北部一个特征鲜明的地区的树木年轮中系统(温度、湿度、降水等的变化)和随机同位素变化进行了评估,并以温度为例证明其变化导致硝酸纤维素的 δD 值变化的贡献率最高仅为 26%。

2. 有机物质

将有机质中 D/H 比作为古气候指标的可行性取决于其原始生物合成信息是否被保存下来。近年来,沉积生物标志的 D/H 比被广泛用于古气候的研究。例如,来自水生生物和陆生植物的脂质生物标志的 δD 值可用作古水文学研究的重要对象(Sachse et al.,2012)。

有一个问题,即在成岩作用和热成熟过程中,古气候信息何时丢失?Schimmelmann 等(2006)认为,成岩早期大多数脂质生物标志的 δD 值不受影响。随着深成作用的开始,定量信息逐渐减少,但定性信息仍可能被保留。生物标志达到最高热成熟度时会变得不稳定且可能发生降解,从而导致大量的氢同位素交换(Sessions et al.,2004),因此古气候信息会丢失。

叶蜡 δD 值被越来越多地用于陆生古气候研究(Niedermeyer et al.,2016;Daniels et al.,2017)。叶蜡反映了沉淀的氢同位素组成。它们在很长的历史时期可保持稳定,并在沉积物中广泛富集。

3. 含羟基矿物

人们将含羟基矿物质视作对气候变化进行重建的另一种工具。同样,由于存在一些困难,运用含羟基矿物质对气候变化进行重建也会受限。目前对黏土矿物和氢氧化物的分馏系数尚未了解清楚(特别是在低温下),只有对纯度较高的单矿物分离物的 δD 和 $\delta^{18}O$ 值进行测量才有意义。但是由于单矿物分离物粒径小且多种相共生,所以纯度较高的单矿物分离物很难获得。此外,某些黏土是碎屑的,而另一些是自生的。因此,对这样混合物进行解释也很困难。

4. 湖泊沉积物

通过分析湖泊中生物成因和自生矿物沉淀物的同位素组成可推断湖水的温度及同位素组成。在对沉淀过程进行解释时,对可能影响湖水同位素组成的因素的了解至关重要(Leng,Marshall,2004)。对湖泊中各种自生成分(沉淀的方解石、介形虫、双壳类、硅藻等)

进行综合分析可获得季节性的特定信息。

非海相介形虫(小型双壳类甲壳动物)是对古气候变化进行估算很有用的一种成分,它们可以生活在大多数类型的淡水中,被视为"大陆的有孔虫"。近年来,越来越多的研究表明,通过介形虫能够对年均降水温度变化、古水文变化和蒸发历史情况进行重建(Lister et al., 1991; Xia et al., 1997a,b; von Grafenstein et al., 1999; Schwalb et al., 1999)。许多学者已经证实,介形虫与在平衡状态下沉淀的方解石的 $\delta^{18}O$ 值系统性差异高达 2‰,且 $\delta^{13}C$ 值差异更大。人们尚不知晓介形虫的生命周期、偏爱栖息地和制约其形成的因素,因此,关于这种差异尚未有令人满意的解释。

5. 洞穴堆积物

洞穴的两个特征使其稳定同位素可作为古档案使用:(1) 洞穴全年的气温保持相对恒定,且与洞穴上方的年平均气温相近;(2) 在凉爽的温带气候地区,洞穴中空气湿度非常高,因而最大程度地减少了蒸发作用。近年来,人们对将洞穴堆积物作为大陆古环境记录的研究越来越感兴趣。Hendy 和 Wilson(1968)首先讨论了将洞穴堆积物作为气候指示物的可能,随后 Thompson 等(1974)也对其进行了讨论。即使这些早期研究者也已经认识到洞穴碳酸盐同位素组成很复杂。将洞穴堆积物作为气候指示物的早期目标是对年平均温度的绝对变化进行重建,但这似乎是不现实的,因为很多作用都会影响到水滴的同位素组成,并进而影响沉淀的洞穴碳酸盐的同位素组成(McDermott, 2004; Lachniet, 2009)。

大部分关于洞穴堆积物的同位素研究都将 $\delta^{18}O_{方解石}$ 值作为主要的古气候同位素指标。研究者们对将洞穴堆积物中流体包裹体的 δD 和 $\delta^{18}O$ 值用作古气候同位素指标的可能性进行了讨论(Dennis et al., 2001; McGarry et al., 2004; Zhang et al., 2008)。方解石和水之间可能发生氧同位素交换,这可能导致原始水滴的同位素组成发生变化,但方解石和水之间不会产生氢同位素交换。Zhang 等(2008)通过使用改进的破碎技术释放流体包裹体内的水,获取了无同位素分馏的古水同位素组成。他们证实这有可能获得准确的古温度。

在 CO_2 快速去气的过程中产生的动力学同位素效应可能使对古气候进行重建变得困难。如 Affek 等(2008)、Daeron 等(2011)和其他人所证明的,团簇同位素可能是不平衡效应的敏感指标。在这种情况下,Δ^{47} 值降低以及伴随的 $\delta^{18}O$ 值升高与表观温度升高有关。

6. 磷酸盐

磷酸盐的氧同位素组成也被用作古温度指标。由于哺乳动物的体温恒定在 37 ℃左右,因此骨骼或牙齿的 $\delta^{18}O$ 值仅取决于哺乳动物体内水的 $\delta^{18}O$ 值,而后者又取决于饮用水的 $\delta^{18}O$ 值(Kohn, 1996)。因此,来自大陆环境的磷酸盐是古代大气降水的间接指示物。

最好的研究对象似乎是哺乳动物的牙釉质(Ayliffe et al., 1994; Fricke et al., 1998 a, b),它从牙冠到牙根逐渐生长。因此,牙釉质沿生长方向保留了 $\delta^{18}O$ 值的时间序列,该时间序列仅反映摄入水的 ^{18}O 含量变化。生活在各种气候条件下的食草哺乳动物牙齿的氧同位素数据表明,牙齿内部 $\delta^{18}O$ 值反映了当地降水 ^{18}O 含量的季节性和年均差异(Fricke et al., 1998a)。Ayliffe 等(1992)甚至对追溯到冰川期—间冰期过渡时期的记录进行了介绍。Fricke 等(1998b)推测,牙釉质的温度记录甚至能追溯到新生代早期。

3.12.2 冰芯

极地地区的冰芯是古气候的最佳记录物。极地冰芯保存有高时间分辨率的雪、冰同位素组成变化记录以及冰中气泡同位素组成变化记录,因而彻底改变了我们对第四纪气候的理解。格陵兰岛上原始同位素组成保存最好的冰芯记录是其山顶上一对 3 km 长的冰芯。这对冰芯保存了距今 110000 年前的气候记录。对每个夏季和冬季的冰层数进行精确计数可以延伸到至少 45000 年前。

古气候研究中许多冰芯来自南极冰盖。南极洲比格陵兰岛更冷,其冰盖面积更大、更厚。南极洲的堆冰速度比格陵兰岛慢,因此其时间分辨率不太高。Vostok 冰芯为过去 420000 年间的气候变化性质提供了有力的证据。最近,来自南极洲 Dome C 的冰芯甚至能够追溯到 740000 年前(Epica,2004)。Dome C 冰芯与 Vostok 冰芯最近 4 个冰期旋回的观测结果非常一致,但 Dome C 冰芯更长,有 8 个冰期旋回的记录。

在非洲(乞力马扎罗山)、南美洲和亚洲的喜马拉雅山脉(Thompson et al.,2006)钻取的低纬度、高海拔冰芯是极地冰芯的重要补充记录。这些低纬度、高海拔的冰芯中有一些可追溯到过去 25000 年前,是末次冰期和全新世的高时间分辨率记录(Thompson et al.,2000)。然而,由于热带地区降水的季节性差异很大(数量效应),因此对其 $\delta^{18}O$ 值进行解释很有挑战性。

冰芯中的氧和氢同位素比值以及各种大气成分显示了过去 700000 年间的详细气候记录。为了通过同位素变化知晓温度变化,必须知晓温度-$\delta^{18}O$ 的关联性。在早期研究中,Dansgaard 等(1993)指出温度-$\delta^{18}O$ 的关系为:温度每变化 1 ℃ 则 $\delta^{18}O$ 值相应地变化 0.63‰。而 Johnsen 等(1995)提出温度-$\delta^{18}O$ 的关系为:温度每变化 1 ℃ 则 $\delta^{18}O$ 值相应地变化 0.33‰(Allen,Cuffey,2001)。$\delta^{18}O$-T 关系随气候条件的变化而变化,尤其是在冰期和间冰期,这是因为在这期间覆盖范围更广的海冰增加了其水分来源的距离,并且在冰期海洋的同位素组成发生了变化。

图 3.50 中对格陵兰岛 GRIP 和 NGRIP 在过去 30000~50000 年间的冰芯 $\delta^{18}O$ 值进行比较,末次盛冰期(LGM)的温度明显低于过去 10000 年的温度。图 3.50 的典型特征是 $\delta^{18}O$ 值在 -45‰~-37‰ 之间快速波动。这些被称作"Dansgaard-Oeschger"事件(Dansgaard et al.,1993;Grootes et al.,1993)的典型特征是气候在几十年内迅速变暖,随后在更长的时间内逐渐变冷。人们发现在过去 110000 至 23000 年间有 23 起"Dansgaard-Oeschger"事件,而形成这些事件的原因尚不清楚。

1. 冰芯记录的关联

冰芯同位素地层学是古气候学的重大进步,因为它使两极的气候记录相互关联,并使过去 100000 年间高时间分辨率的深海海洋气候记录形成关联(Bender et al.,1994),从而使我们对海洋与大气之间的同步研究成为了可能。对不同冰芯进行关联最大的一个困难是确定年代与深度的关系。如果积冰速率足够快,那么过去 10000 年间的时间刻度十分精确。虽然 10000 年之前的不确定性更高,但是近年来,随着新方法的发现,我们对确定年代的技术进行改善,从而可以对不同冰芯的年代进行关联(图 3.50)。

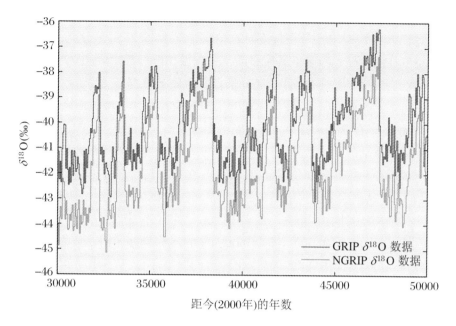

图 3.50　GRIP 和 NGRIP 冰芯数据所显示的过去 30000～50000 年间的
"Dansgaard-Oeschger"事件

检测大气气体成分的变化是一种很有效的关联方法。虽然大气的混合时间约为 1～2 a，但是气体成分的变化应该是同步的。Bender 等(1994)将 Vostok 冰芯内气体包裹体的 $\delta^{18}O$ 值变化与 GISP-2 冰芯内气体包裹体的 $\delta^{18}O$ 值变化进行了关联。其结果表明，两个冰芯中的 ^{18}O 变化类似，因此可以将这两个记录平行排列(Bender et al.，1985；Sowers et al.，1991，1993)，然后将其他参数(如 CO_2 和 CH_4)与根据冰的同位素组成推断出来的温度进行比较。

2. 冰芯中的气体包裹体

对大气中微量气体化学性质的研究是古大气研究中一个快速发展的领域，因为 CO_2、CH_4 和 N_2O 具有辐射特性，因而可作为气候变化的指标。获取冰芯微量气体浓度记录时会遇到的一个难题：气泡中的空气总是比周围的冰更"年轻"。这是因为雪被随后的降雪掩埋后逐渐转变为雪和冰的混合体，雪晶之间的空气始终保持与大气接触，直到气泡被密封到积雪/冰转变界面以下，且密度增加到约 0.83 g/cm^3 为止。因此，冰芯内的空气比基质年轻，其年龄差异主要取决于积冰速率和温度。例如在格陵兰，年龄差异为 200～900 a。

Sowers 等(1993)和 Bender 等(1994)表示，可以构建一条与深海有孔虫的氧同位素曲线一样的冰的氧同位素曲线。以上学者认为，就像有孔虫中的 $\delta^{18}O$ 值一样，$\delta^{18}O$(atm)值可以表示冰量。可以根据海水中产生光合作用的海洋生物的记录获取大气中氧气的同位素信息，具体方法如下：

$$\delta^{18}O(海水) \longrightarrow 光合作用 \longrightarrow \delta^{18}O(原子) \longrightarrow 极地冰 \longrightarrow \delta^{18}O(冰)$$

但是，这种转换方案很复杂，必须考虑几个水文和生态因素。Sowers 等(1993)认为，这些因素在上一次冰期—间冰期循环中几乎保持恒定，因此大气氧同位素记录的主要信息能显示冰量。

冰芯中的空气成分在物理过程（如重力、热分馏）的影响下会产生微小变化。在热扩散和重力分馏过程影响下，冰芯中分子量不同的气体混合物将产生部分分离。通常，质量较大的物质将向空气柱的底部或温度更低端移动。在缓慢扩散过程中，冰芯中空气的气体成分比（如 Ar/N_2 比）会发生轻微变化，且空气分子会发生氮和氧同位素分馏。Severinghaus 等 (1996)率先进行了这方面的研究，并首先证明了沙丘中存在热扩散。后来 Severinghaus 等 (1998)、Severinghaus 和 Brook(1999)以及 Grachev 和 Severinghaus(2003)证明，在冰芯气泡中可以检测到热驱动的同位素异常。由于气体扩散的速度是热扩散速度的 50 倍左右，所以快速的气候温度变化将导致同位素异常。因此，在对古气候进行重建时雪中的氮气可以作为同位素指示剂，这是因为大气中氮气的 $^{29}N/^{28}N$ 含量比保持恒定。从而，对氮同位素含量比的测量可以作为氧同位素记录的补充，并可用于确定气候变化的速度和规模。Severinghaus 等(1998)在对 11500 年前 Younger Dryas 末期冰芯内单独的氮和氧同位素异常冰层的厚度进行测量后，估算其气温变化的时间跨度小于 50～100 a，并表明 Younger Dryas 期的气温比今天低约 15 ℃，这比估算的"Dansgaard-Oeschger"事件发生时气温变化的程度大 2 倍。

3.12.3 海洋记录

大多数海洋古气候研究都以有孔虫为研究对象。许多案例中对浮游有孔虫和底栖有孔虫都进行了分析。自从 Emiliani(1955)发表第一篇开创性的论文以来，人们对大量来自 DSDP 和 ODP 项目不同地点的岩芯进行了分析，并且将这些岩芯精确关联后，得到了更新世和第三纪完整的氧同位素曲线。研究表明，各个岩芯所在地区的 $\delta^{18}O$ 值变化相似。在利用其他手段获得的年龄信息的前提下，岩芯系统的 $\delta^{18}O$ 值变化与沉积记录所显示的信息一致，这是因为海水混合的时间相对较短（1000 年）。这些信息是地层标志，通过这些标志可以将相距几千千米的岩芯进行关联。科学家们已经通过氧同位素地层学特性对几个更新世生物地层学数据进行了校准，这反过来又有助于确认其是否同步。这种关联极大地方便了我们对短期和长期的特征性同位素组成，以及从具有典型特征性组成的一个时期到另一个时期的快速转变进行识别，从而使氧同位素地层学成为现代古海洋学研究的实用工具。图 3.51 显示了更新世的氧同位素曲线。该图具有几个显著的特征，最明显的一个特征是周期性，此外，波动幅度永远不会超出范围任一侧的特定最大值。这似乎意味着存在着一个非常有效的反馈机制，使变冷和变暖趋势限制在某个最大水平内。图 3.51 中的"锯齿状"曲线的特征是非常陡峭的梯度：最寒冷时期后紧跟着的就是最温暖时期。

Emiliani(1955)在对更新世海洋有孔虫氧同位素记录中可识别事件进行阶段编号后，引入了"同位素阶段"的概念。奇数表示间冰期（暖期）阶段，而偶数表示 ^{18}O 富集的冰期（冷期）阶段。用于对同位素记录进行细分的第二种术语是标有罗马数字Ⅰ、Ⅱ、Ⅲ等的终止词，这些词描述了从冰期最大值到间冰期最大值的快速过渡。Martinson 等(1987)用这种方法创建了一个高时间分辨率的年代表，这个年代表被称作 Specmap 时间尺度，即在一个共同的时间尺度上绘制不同的同位素记录。使用以上不同的技术，可以得出相当详细的年代表。

对图3.51所示的曲线进行仔细观察即可发现其周期大约为10万年。Hays等(1976)认为,氧同位素记录的变化是由太阳光照的变化引起的,而太阳光照的变化又是由地球轨道参数的变化引起的。因此,在对"Milankovitch理论"进行确认时同位素数据至关重要。该理论认为同位素和古气候记录是对在特定频率下运行的轨道参数的一种响应。

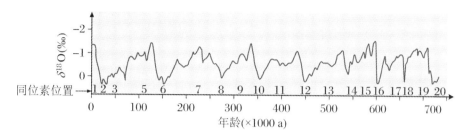

图3.51 加勒比海中心有孔虫G种群的复合的$\delta^{18}O$值波动情况(Emiliani,1978)

1. 珊瑚

造礁珊瑚具有长达数个世纪的高分辨率记录,可作为重建古热带气候的理想工具。其年度分层可作为时间年表,并且其较高的年增长率使得人们可以清楚地将两个年份区分开。众所周知,珊瑚骨骼的"生命效应"十分强烈,其氧同位素组成比平衡状态下的值通常低1‰~6‰。由于这种强烈的非平衡分馏作用,早期研究者高度怀疑将$\delta^{18}O$值作为气候指标的可行性。然而,后来的研究者意识到$\delta^{18}O$值记录显示了海水温度和盐度的亚季节变化。大多数气候研究者通过假设偏移恒定、与时间无关且只对其相对变化进行解释,规避了平衡偏移的问题。因此,人们通常不将珊瑚的$\delta^{18}O$值解释为温度记录,而是解释为温度和盐度变化的综合记录。珊瑚的$\delta^{18}O$值可能有厄尔尼诺现象的异常记录(Cole et al.,1993;Dunbar et al.,1994),其中包括在大量降水下$\delta^{18}O$值稀释效应的记录(Cole,Fairbanks,1990)。

珊瑚的年层显示增长率在一年中会有所不同。Leder等(1996)证明了必须使用特殊的微量采样技术(每年50个样品)才能准确地再现海洋表面每年的情况。通常,$\delta^{18}O$值记录会显示整片热带海洋长期变暖和盐度降低的趋势(Gagan et al.,2000;Grottoli,Eakin,2007)。化石珊瑚样本还有另一个问题:由于珊瑚主要由文石组成,所以接近地面的化石珊瑚在成岩作用下会重结晶为方解石,因此其氧同位素值极易改变。

2. 牙形石

牙形石是牙齿状的磷酸盐的显微化石,其时空分布广泛。

从Longinelli(1966)、Longinelli和Nuti(1973)以及Kolodny等(1983)的早期研究开始,磷酸盐就被用于温度的重建,尽管磷酸盐分析起来更困难,但因为其不易产生同位素交换,所以比碳酸盐更适合用于温度的重建。Puceat等(2010)重新确定了饲养在受控条件下的鱼类的磷酸盐-水氧同位素分馏系数,发现其斜率与早期研究中的方程的斜率相似,但有约+2‰的偏移,计算出的温度因此升高4~8℃。在对以上温度进行校准后,可得出泥盆纪的合理温度(Joachimski et al.,2009)。科学家们观察到在二叠纪-三叠纪过渡时期,温度大幅升高(Joachimski et al.,2012)。

3. 特征气候事件

在过去的 20 年中,覆盖整个新生代的高分辨率同位素记录迅速增加。Zachos 等(2001)对代表了新生代各个时期的 40 个 DSDP 和 ODP 站点的同位素记录进行了总结。他们对底栖有孔虫同位素记录的汇编表明,在整个新生代中,底栖有孔虫同位素变化为 5.4‰。通过这种变化可以让人们了解深海温度和大陆冰量的演变。由于深海海水主要是极地地区冷却和下沉的水,因此深海温度数据也可反映高纬度海面温度。

新生代一个最具特征性的气候事件是,约 5600 万年前的古新世—始新世气候最暖期(PETM)(McInerney,Wing,2011),其持续时间不到 20 万年。古新世—始新世气候最暖期的特征是温度突然升高约 5 ℃(甚至高达 8 ℃),同时出现极端负的碳同位素比值。

在南极冰川作用开始前(约 3300 万年前),全球底栖有孔虫记录中的氧同位素变化仅体现温度变化。其氧同位素数据表明,白垩纪和古新世的深海温度可能高达 10~15 ℃,这与现代深海温度相差很大(现代深水温度范围为 -1~+4 ℃)。Zachos 等(2001)的汇编表明,在古新世到始新世早期的 500 万年中,深海水温升高了约 5 ℃。

3300 万年前之后的底栖有孔虫记录的变化表明,除温度变化外,全球冰量也有变化。从那时起,$\delta^{18}O$ 值的变化大部分都可归因于全球冰量的变化。因此,Tiedemann 等(1994)证明了在过去 250 万年间至少存在 45 个冰期—间冰期循环。

Zachos 等(2001)讨论了 3 个不同时间框架下的新生代气候史:主要由构造过程导致的长期变化,时间尺度为 $10^5\sim10^7$ a;由特征性的轨道运动导致的节律性、周期性循环,其时间大约为 100 ka、40 ka 和 23 ka。轨道运动导致的太阳辐射的时空变化被公认是冰期和间冰期振荡变化的根本原因;持续时间为 $10^3\sim10^5$ a 的短暂异常事件,异常事件通常使全球碳循环发生重大扰动。3 个最大的异常事件分别发生在 5500 万年前、3400 万年前和 2300 万年前。

图 3.52 对最近 6500 万年间的氧同位素曲线进行了总结。最明显的变暖趋势的标志是 $\delta^{18}O$ 值降低 1.5‰,这个趋势从 5900 万年前到 5200 万年前的新生代早期开始,在始新世早期达到峰值。与这一事件同时发生的是短暂的碳同位素值负漂移,这是由于大量甲烷被释放到大气中(Norris,Röhl,1999)。以上学者在对沉积岩芯进行高时间分辨率分析后发现,有 $\frac{2}{3}$ 的碳同位素值漂移发生在只有几千年的时间段内,这表明甲烷络合物中的甲烷被释放到海洋和大气中的过程是灾难性的。

1700 万年前开始出现变冷的趋势,$\delta^{18}O$ 值上升了 3‰,这是因为深海温度下降了 7 ℃。随后所有的 $\delta^{18}O$ 值变化都体现了冰量和温度的综合影响。

为了对有规律的周期性变化进行研究,Zachos 等(2001)对 4 个时间段(0~4.0 Ma、12.5~16.5 Ma、20.5~24.5 Ma、31~35 Ma)进行了详细研究,每个时间段代表了主要的大陆冰盖生长或衰减的时期。这些时间段表明气候以准周期方式变化。关于其频率,Zachos 等(2001)总结道,气候谱中的大部分能量似乎与倾角(黄赤夹角)的变化(40 ka)有关。这一推论与近 1~2 Ma 前的同位素曲线显示的周期性(100 ka)变化形成鲜明对比。

第 3 章 自然界中稳定同位素比值的变化

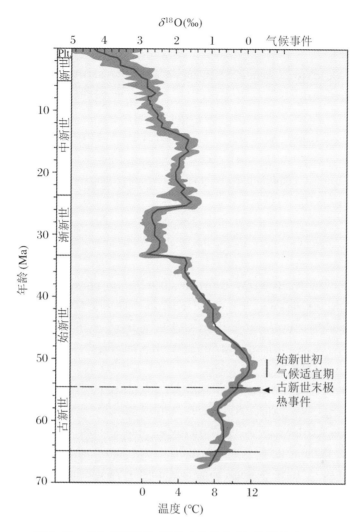

图 3.52 多个 DSDP 和 ODP 冰芯的全球深海同位素记录
（Zachos et al.，2001）

参 考 文 献

Abelson P H, Hoering T C, 1961. Carbon isotope fractionation in formation of amino acids by photosynthetic organisms[J]. PNAS, 47:623.

Abrajano T A, Sturchio N B, Bohlke J H, et al., 1988. Methane: hydrogen gas seeps Zambales ophiolite, Phillippines: deep or shallow origin[J]. Chem. Geol., 71:211-222.

Affek H P, Bar-Matthews M, Ayalon A, et al., 2008. Glacial/interglacial temperature variations in Soreq cave speleothems as recorded by "clumped isotope" thermometry[J]. Geochim. Cosmochim. Acta, 72:5351-5360.

Agrinier P, Hekinian R, Bideau D, et al., 1995. O and H stable isotope compositions of oceanic crust and upper mantle rocks exposed in the hess deep near the Galapagos triple junction[J]. Earth Planet Sci. Lett., 136:183-196.

Aharon P, Fu B, 2000. Microbial sulfate reduction rates and sulfur and oxygen isotope fractionation at oil and gas seeps in deepwater Gulf of Mexico[J]. Geochim. Cosmochim. Acta, 64:233-246.

Aharon P, Fu B, 2003. Sulfur and oxygen isotopes of coeval sulphate-sulfide in pore fluids of cold seep sediments with sharp redox gradients[J]. Chem. Geol., 195:201-218.

Alexander C M, Fogel M, Yabuta H, et al., 2007. The origin and evolution of chondrites recorded in the elemental and isotopic compositions of their macromolecular organic matter [J]. Geochim. Cosmochim. Acta, 71:4380-4403.

Alexander C M, Newsome S D, Fogel M L, et al., 2010. Deuterium enrichments in chondritic macromolecular material: implications for the origin and evolution of organics, water and asteroids [J]. Geochim. Cosmochim. Acta, 74:4417-4437.

Alexander C M, Bowden R, Fogel M L, et al., 2012. The provenances of asteroids and their contributions to the volatile inventories of the terrestrila planets[J]. Science, 337:721-723.

Allard P, 1983. The origin of hydrogen, carbon, sulphur, nitrogen and rare gases in volcanic exhalations: evidence from isotope geochemistry[M]//Tazieff H, Sabroux J C. Forecasting volcanic events. Amsterdam: Elsevier, 337-386.

Allen R B, Cuffey K M, 2001. Oxygen and hydrogen isotopic ratios of water in precipitation: beyond paleothermometry[J]. Rev. Miner. Geochem., 43:527-553.

Alt J C, Muehlenbachs K, Honnorez J, 1986. An oxygen isotopic profile through the upper kilometer of the oceanic crust, DSDP hole 504 B[J]. Earth Planet Sci. Lett., 80:217-229.

Altabet M A, Deuser W C, 1985. Seasonal variations in natural abundance of ^{15}N in particles sinking to the deep Sargasso Sea[J]. Nature, 315:218-219.

Altabet M A, McCarthy J J, 1985. Temporal and spatial variations in the natural abundance of ^{15}N in POM from a warm-core ring[J]. Deep Sea Res., 32:755-772.

Altabet M A, Deuser W G, Honjo S, et al., 1991. Seasonal and depth related changes in the source of sinking particles in the North Atlantic[J]. Nature, 354:136-139.

Amari S, Hoppe P, Zinner E, et al., 1993. The isotopic compositions of stellar sources of meteoritic graphite grains[J]. Nature, 365:806-809.

Amrani A, 2014. Organosulfur compounds: molecular and isotopic evolution from biota to oil and gas[J]. Ann. Rev. Earth Planet Sci., 42:733-768.

Amrani A, Deev A, Sessions A L, et al., 2012. The sulfur-isotopic compositions of benzothiophenes and dibenzothiophenes as a proxy for thermochemical sulfate reduction[J]. Geochim. Cosmochim. Acta, 84:152-164.

An Y, Huang J X, Griffin W L, et al., 2017. Isotopic composition of Mg and Fe in garnet peridotites from the Kaapvaal and Siberian cratons[J]. Geochim. Cosmochim. Acta, 200:167-185.

Anbar A D, Rouxel O, 2007. Metal stable isotopes in paleoceanography[J]. Ann. Rev. Earth Planet Sci., 35:717-746.

Ancour A M, Sheppard S M F, Guyomar O, et al., 1999. Use of ^{13}C to trace origin and cycling of inorganic carbon in the Rhone river system[J]. Chem. Geol., 159:87-105.

Anderson A T, Clayton R N, Mayeda T K, 1971. Oxygen isotope thermometry of mafic igneous rocks [J]. J. Geol., 79:715-729.

Angert A, Cappa C D, DePaolo D J, 2004. Kinetic O-17 effects in the hydrologic cycle: indirect evidence and implications[J]. Geochim. Cosmochim. Acta, 68:3487-3495.

Antler G, Turchyn A V, Rennie V, et al., 2013. Coupled sulphur and oxygen isotope insight into bacterial sulphate reduction in the natural environment[J]. Geochim. Cosmochim. Acta, 118: 98-117.

Antonelli M A, Kim S T, Peters M, et al., 2014. Early inner solar system origin for anomaleous sulfur isotopes in differentiated protoplanets[J]. PNAS, 111:17749-17754.

Archer C, Vance D, 2006. Coupled Fe and S isotope evidence for Archean microbial Fe(Ⅲ) and sulphate reduction[J]. Geology, 34:153-156.

Armytage R M G, Georg R B, Williams H M, et al., 2012. Silicon isotopes in lunar rocks: implications for the Moon's formation and the early history of the Earth[J]. Geochim. Cosmochim. Acta, 77: 504-514.

Arnold M, Sheppard S M F, 1981. East Pacific Rise at 21° N: isotopic composition and origin of the hydrothermal sulfur[J]. Earth Planet Sci. Lett., 56:148-156.

Arthur M A, Dean W E, Claypool C E, 1985. Anomalous ^{13}C enrichment in modern marine organic carbon[J]. Nature, 315:216-218.

Asael D, Matthews A, Oszczepalski S, et al., 2009. Fluid speciation controls of low temperature copper isotope fractionation applied to the Kupferschiefer and Timna ore deposits[J]. Chem. Geol., 262: 147-158.

Ayliffe L K, Chivas A R, 1990. Oxyen isotope composition of the bone phosphate of Australian kangaroos: potential as a palaeoenvironmental recorder[J]. Geochim. Cosmochim. Acta, 54: 2603-2609.

Ayliffe L K, Lister A M, Chivas A R, 1992. The preservation of glacial-interglacial climatic signatures in the oxygen isotopes of elephant skeletal phosphate[J]. Palaeo., 99:179-191.

Ayliffe L K, Chivas A R, Leakey M G, 1994. The retention of primary oxygen isotope compositions of fossil elephant skeletal phosphate[J]. Geochim. Cosmochim. Acta, 58:5291-5298.

Bacastow R B, Keeling C D, Lueker T J, et al., 1996. The δ^{13}C Suess effect in the world surface oceans and its implications for oceanic uptake of CO_2: analysis of observations at Bermuda[J]. Global Biochem. Cycles, 10:335-346.

Baker A J, Fallick A E, 1989. Heavy carbon in two-billion-year-old marbles from Lofoten-Vesteralen, Norway: implications for the Precambrian carbon cycle[J]. Geochim. Cosmochim. Acta, 53: 1111-1115.

Baker J, Matthews A, 1995. The stable isotope evolution of a metamorphic complex, Naxos, Greece[J]. Contr. Miner. Petrol., 120:391-403.

Baker J A, Macpherson C G, Menzies M A, et al., 2000. Resolving crustal and mantle contributions to continental flood volcanism, Yemen: constraints from mineral oxygen isotope data[J]. J. Petrol., 41:1805-1820.

Banner J L, Wasserburg G J, Dobson P F, et al., 1989. Isotopic and trace element constraints on the orgin and evolution of saline groundwaters from central Missouri[J]. Geochim. Cosmochim. Acta, 53:383-398.

Bao H, 2015. Sulfate: a time capsule for Earth's O_2, O_3 and H_2O[J]. Chem. Geol., 395:108-118.

Bao H, Gu B, 2004. Natural perchlorate has a unique oxygen isotope signature[J]. Environ. Sci. Tech., 38:5073-5077.

Bao H, Koch P L, 1999. Oxygen isotope fractionation in ferric oxide-water systems: low temperature synthesis[J]. Geochim. Cosmochim. Acta, 63:599-613.

Bao H, Thiemens M H, Farquahar J, et al., 2000. Anomalous ^{17}O compositions in massive sulphate deposits on the Earth[J]. Nature, 406:176-178.

Bao H, Thiemens M H, Heine K, 2001. Oxygen-17 excesses of the Central Namib gypcretes: spatial distribution[J]. Earth Planet Sci. Lett., 192:125-135.

Barkan E, Luz B, 2005. High precision measurements of $^{17}O/^{16}O$ and $^{18}O/^{16}O$ ratios in H_2O[J]. Rapid Commun. Mass Spectr., 19:3737-3742.

Barkan E, Luz B, 2007. Diffusivity fractionations of $H^{16}O/H^{17}O$ and $H^{16}O/H^{18}O$ in air and their implications for isotope hydrology[J]. Rapid Commun. Mass Spectrom, 21:2999-3005.

Barkan E, Luz B., 2011. The relationship among the three stable isotopes of oxygen in air, seawater and marine photosynthesis[J]. Rapid Commun. Mass Spectrom, 25:2367-2369.

Barnes J J, Franchi I A, Anand M, et al., 2013. Accurate and precise measurements of the D/H ratio and hydroxyl content in lunar apaites using NanoSIMS[J]. Chem. Geol., 337:48-55.

Baroni M, Thiemens M H, Delmas R J, et al., 2007. Mass-independent sulfur isotopic composition in stratospheric volcanic eruptions[J]. Science, 315:84-87.

Batenburg A M, Walter S, 2011. Temporal and spatial variability of the stable isotope composition of atmospheric molecular hydrogen[J]. Atm. Chem. Phys. Discuss, 11:10087-10120.

Baumgartner L P, Rumble D, 1988. Transport of stable isotopes: I: development of a kinetic continuum theory for stable isotope transport[J]. Contr. Miner. Petrol., 98:417-430.

Baumgartner L P, Valley J W, 2001. Stable isotope transport and contact metamorphic fluid flow[J]//Clayton R N. Stable Isotope Geochemistry. Rev. Miner. Geochem., 43:415-467.

Bauska T K, Baggenstos D, Brook E J, et al., 2016. Carbon isotopes characterize rapid changes in atmospheric carbon dioxide during the last deglaciation[J]. PNAS, 113:3465-3470.

Beaty D W, Taylor H P, 1982. Some petrologic and oxygen isotopic relationships in the Amulet Mine, Noranda, Quebec, and their bearing on the origin of Archaean massive sulfide deposits[J]. Econ. Geol., 77:95-108.

Bechtel A, Hoernes S, 1990. Oxygen isotope fractionation between oxygen of different sites in illite minerals: a potential geothermometer[J]. Contr., Miner. Petrol., 104:463-470.

Bechtel A, Sun Y, Püttmann W, et al., 2001. Isotopic evidence for multi-stage base metal enrichment in the Kupferschiefer from the Sangershausen Basin, Germany[J]. Chem. Geol., 176:31-49.

Becker R H, Epstein S, 1982. Carbon, hydrogen and nitrogen isotopes in solvent-extractable organic matter from carbonaceous chondrites[J]. Geochim. Cosmochim. Acta, 46:97-103.

Bell D R, Ihinger P D, 2000. The isotopic composition of hydrogen in nominally anhydrous mantle minerals[J]. Geochim. Cosmochim. Acta, 64:2109-2118.

Bemis B E, Spero H J, Bijma J, et al., 1998. Reevaluation of the oxygen isotopic composition of planktonic foraminifera: experimental results and revised paleotemperature equations [J]. Paleoceanography, 13:150-160.

Bender M L, Keigwin L D, 1979. Speculations about upper Miocene changes in abyssal Pacific dissolved bicarbonate δ^{13}C[J]. Earth Planet Sci. Lett., 45:383-393.

Bender M, Sowers T, Labeyrie L, 1994. The Dole effect and its variations during the last 130000 years as measured in the Vostok ice core[J]. Global Biogeochem Cycles, 8:363-376.

Bennett S A, Rouxel O, Schmidt K, et al., 2009. Iron isotope fractionation in a buyant hydrothermal plume, 5°S Mid-Atlantic Ridge[J]. Geochim. Cosmochim. Acta, 73:5619-5634.

Berndt M E, Seal R R, Shanks W C, et al., 1996. Hydrogen isotope systematics of phase separation in submarine hydrothermal systems: experimental calibration and theoretical models[J]. Geochim. Cosmochim. Acta, 60:1595-1604.

Berner R A, 1990. Atmospheric carbon dioxide levels over Phanerozoic time[J]. Science, 249: 1382-1386.

Berner U, Faber E, Scheeder G, et al., 1995. Primary cracking of algal and landplant kerogens: kinetic models of isotope variations in methane, ethane and propane[J]. Chem. Geol., 126:233-245.

Beucher C P, Brzezinski M A, Jones J L, 2008. Sources and biological fractionation of silicon isotopes in the Eastern Equatorial Pacific[J]. Geochim. Cosmochim. Acta, 72:3063-3073.

Bickle M J, Baker J, 1990. Migration of reaction and isotopic fronts in infiltration zones: assessments of fluid flux in metamorphic terrains[J]. Earth Planet Sci. Lett., 98:1-13.

Bidigare R R, 1997. Consistent fractionation of ^{13}C in nature and in the laboratory: growth-rate effects in some haptophyte algae[J]. Global Biogeochem. Cycles, 11:279-292.

Bindeman I N, Ponomareva V V, Bailey J C, et al., 2004. Volcanic arc of Kamchatka: a province with high-δ^{18}O magma sources and large scale ^{18}O/^{16}O depletion of the upper crust[J]. Geochim. Cosmochim. Acta, 68:841-865.

Bindeman I N, Eiler J N, 2005. Oxygen isotope evidence for slab melting in modern and ancient subduction zones[J]. Earth Planet Sci. Lett., 235:480-496.

Bindeman I N, Eiler J M, Wing B A, et al., 2007. Rare sulfur and triple oxygen isotope geochemistry of volcanogenic sulfate aerosols[J]. Geochim. Cosmochim. Acta, 71:2326-2343.

Bindeman I N, Gurenko A, Sigmarsson O, et al., 2008. Oxygen isotope heterogeneity and disequilibria of olivine crystals in large volume Holocene basalts from Iceland: evidence for magmatic digestion and erosion of Pleistocene hyaloclastites[J]. Geochim. Cosmochim. Acta, 72:4397-4420.

Bindeman I N, Serebryakov N S, 2011. Geology, petrology and O and H isotope geochemistry of remarkably ^{18}O depleted Paleoproterozoic rocks of the Belomorian belt, Karelia, Russia, attributed to global glaciation 2.4 Ga[J]. Earth Planet Sci. Lett., 306:163-174.

Bird M I, Ascoughz P L, 2012. Isotopes in pyrogenic carbon: a review[J]. Org. Geochem., 42: 1529-1539.

Bird M I, Chivas A R, 1989. Stable-isotope geochronology of the Australian regolith[J]. Geochim. Cosmochim. Acta, 53:3239-3256.

Bird M I, Longstaffe F J, Fyfe W S, et al., 1992. Oxygen isotope systematics in a multiphase weathering system in Haiti[J]. Geochim. Cosmochim. Acta, 56:2831-2838.

Black J R, Epstein E, Rains W D, et al., 2008. Magnesium isotope fractionation during plant growth[J]. Environ. Sci. Technol., 42:7831-7836.

Blair N, Leu A, Munoz E, et al., 1985. Carbon isotopic fractionation in heterotrophic microbial metabolism[J]. Appl Environ Microbiol, 50:996-1001.

Blake R E, O'Neil J R, Garcia G A, 1997. Oxygen isotope systematics of biologically mediated reactions of phosphate: I. Microbial degradation of organophosphorus compounds[J]. Geochim. Cosmochim. Acta, 61:441-4422.

Blake R E, O'Neil J R, Surkov A, 2005. Biogeochemical cycling of phosphorus: insights from oxygen isotope effects of phosphoenzymes[J]. Am. J. Sci., 305:596-620.

Blättler C L, Miller N R, Higgins J A, 2015. Mg and Ca isotope signatures of authigenic dolomite in siliceous deep-sea sediments[J]. Earth Planet Sci. Lett., 419:32-42.

Blattner P, Dietrich V, Gansser A, 1983. Contrasting ^{18}O enrichment and origins of High Himalayan and Transhimalayan intrusives[J]. Earth Planet Sci. Lett., 65:276-286.

Blisnink P M, Stern L A, 2005. Stable isotope altimetry: a critical review[J]. Am. J. Sci., 305:1033-1074.

Blum T B, Kitajima K, Nakashima D, et al., 2016. Oxygen isotope evolution of the Lake Owyhee volcanic field, Oregon, and implications for the low-$\delta^{18}O$ magmatism of the Snake River Plain—Yellowstone hotspot and other low-$\delta^{18}O$ large igneous provinces[J]. Contr. Miner. Petrol., 171:92.

Boctor N Z, Alexander C M, Wang J, et al., 2003. The sources of water in Martian meteorites: clues from hydrogen isotopes[J]. Geochim. Cosmochim. Acta, 67:3971-3989.

Boehme S E, Blair N E, Chanton J P, et al., 1996. A mass balance of ^{13}C and ^{12}C in an organic-rich methane-producing marine sediment[J]. Geochim. Cosmochim. Acta, 60:3835-3848.

Bogard D D, Johnson P, 1983. Martian gases in an Antarctic meteorite[J]. Science, 221:651-654.

Böhlke J K, Sturchio N C, Gu B, et al., 2005. Perchlorate isotope forensics[J]. Anal Chem., 77:7838-7842.

Bolliger C, Schroth M H, Bernasconi S M, et al., 2001. Sulfur isotope fractionation during microbial reduction by toluene-degrading bacteria[J]. Geochim. Cosmochim. Acta, 65:3289-3299.

Böttcher M E, Brumsack H J, Lange G J, 1998. Sulfate reduction and related stable isotope (^{34}S, ^{18}O) variations in interstitial waters from the eastern Mediterranean[J]. Sci. Res., 160:365-373.

Böttcher M E, Thamdrup B, Vennemann T W, 2001. Oxygen and sulfur isotope fractionation during anaerobic bacterial disproportionation of elemental sulfur[J]. Geochim. Cosmochim. Acta, 65:1601-1609.

Bottinga Y, Craig H, 1969. Oxygen isotope fractionation between CO_2 and water and the isotopic composition of marine atmospheric CO_2[J]. Earth Planet Sci. Lett., 5:285-295.

Bottomley D J, Katz A, Chan L H, et al., 1999. The origin and evolution of Canadian Shield brines: evaporation or freezing of seawater? New lithium isotope and geochemical evidence from the Slave craton[J]. Chem. Geol., 155:295-320.

Bowers T S, Taylor H P, 1985. An integrated chemical and isotope model of the origin of midocean ridge hot spring systems[J]. J Geophys. Res., 90:12583-12606.

Bowman J R, O'Neil J R, Essene E J, 1985. Contact skarn formation at Elkhorn, Montana; II, Origin and evolution of C-O-H skarn fluids[J]. Am. J. Sci., 285:621-660.

Boyd S R, Pillinger C T, 1994. A preliminary study of $^{15}N/^{14}N$ in octahedral growth from diamonds[J]. Chem. Geol., 116:43-59.

Boyd S R, Pillinger C T, Milledge H J, et al., 1992. C and N isotopic composition and the infrared absorption spectra of coated diamonds: evidence for the regional uniformity of CO_2-H_2O rich fluids in lithospheric mantle[J]. Earth Planet Sci. Lett., 109:633-644.

Bradley A S, Summons R E, 2010. Multiple origins of methane at the Lost City hydrothermal field[J]. Earth Planet Sci. Lett., 297:34-41.

Brandriss M E, O'Neil J R, Edlund M B, et al., 1998. Oxygen isotope fractionation between diatomaceous silica and water[J]. Geochim. Cosmochim. Acta, 62:1119-1125.

Brenninkmeijer C A M, 1993. Measurement of the abundance of ^{14}CO in the atmosphere and the $^{13}C/^{12}C$ and $^{18}O/^{16}O$ ratio of atmospheric CO with applications in New Zealand and Australia[J]. J. Geophys. Res., 98:10595-10614.

Brenninkmeijer C A M, Lowe D C, Manning M R, et al., 1995. The ^{13}C, ^{14}C and ^{18}O isotopic composition of CO, CH_4 and CO_2 in the higher southern latitudes and lower stratosphere[J]. J. Geophys. Res., 100:26163-26172.

Brenninkmeijer C A M, Janssen C, Kaiser J, et al., 2003. Isotope effects in the chemistry of atmospheric trace compounds[J]. Chem. Rev., 103:5125-5161.

Brzezinski M A, Jones J L, 2015. Coupling of the distribution of silicon isotopes to the meridional overturning circulation of the North Atlantic Ocean[J]. Deep-Sea Res. II, 116:79-88.

Bridgestock L J, Williams H, 2014. Unlocking the zinc isotope systematics of iron meteorites[J]. Earth Planet Sci. Lett., 400:153-164.

Broecker W S, 1974. Chemical oceanography[M]. New York: Harcourt Brace Jovanovich.

Brüchert V, Pratt L M, 1996. Contemporaneous early diagenetic formation of organic and inorganic sulfur in estuarine sediments from the St. Andrew Bay, Florida, USA[J]. Geochim. Cosmochim. Acta, 60:2325-2332.

Brumsack H J, Zuleger E, Gohn E, et al., 1992. Stable and radiogenic isotopes in pore waters from Leg 1217, Japan Sea[J]. Proc. Ocean Drill Program, 127(128):635-649.

Brunner B, Bernasconi S M, Kleikemper J, et al., 2005. A model of oxygen and sulfur isotope fractionation in sulfate during bacterial sulfate reduction[J]. Geochim. Cosmochim. Acta, 69:4773-4785.

Bryant J D, Koch P L, Froelich P N, et al., 1996. Oxygen isotope partitioning between phosphate and carbonate in mammalian apatite[J]. Geochim. Cosmochim. Acta, 60:5145-5148.

Buhl D, Neuser R D, Richter D K, et al., 1991. Nature and nurture: environmental isotope story of the river Rhine. Naturwissenschaften, 78:337-346.

Burdett J W, Arthur M A, Richardson A, 1989. A Neogene seawater sulfate isotope age curve from calcareous pelagic microfossils[J]. Earth Planet Sci. Lett., 94:189-198.

Burruss R C, Laughrey C D, 2010. Carbon and hydrogen isotope reversal in deep basin gas: evidence for limits to the stability of hydrocarbons[J]. Org. Geochem., 41:1285-1296.

Butler I B, Archer C, Vance D, et al., 2005. Fe isotope fractionation on FeS formation in ambient aqueous solution[J]. Earth Planet Sci. Lett., 236:430-442.

Cabral R A, Jackson M G, Rose-Koga E F, et al., 2013. Anomaleous sulphur isotopes in plume lavas reveal deep mantle storage of Archaean crust[J]. Nature, 496:490-493.

Cai C, Zhang C, Worden R H, et al., 2016. Sulfur isotopic compositions of individual organosulfur compounds and their genetic links in the Lower Plaleozoic petroleum pools of the Tarim Basin, NW China[J]. Geochim. Cosmochim. Acta, 182:88-108.

Calmels D, Gaillerdet J, Brenot A, et al., 2007. Sustained sulfide oxidation by physical erosion processes in the Mackenzie River basin: climatic perspectives[J]. Geology, 35:1003-1006.

Cameron E M, 1982. Sulphate and sulphate reduction in early Precambrian oceans[J]. Nature, 296: 145-148.

Cameron E M, Hall G E M, Veizer J, et al., 1995. Isotopic and elemental hydrogeochemistry of a major river system: Fraser River, British Columbia, Canada[J]. Chem. Geol., 122:149-169.

Canfield D E, Teske A, 1996. Late Proterozoic rise in atmospheric oxygen concentration inferred from phylogenetic and sulphur-isotope studies[J]. Nature, 382:127-132.

Canfield D E, Thamdrup B, 1994. The production of ^{34}S depleted sulfide during bacterial disproportion to elemental sulfur[J]. Science, 266:1973-1975.

Cartigny P, 2005. Stable isotopes and the origin of diamond[J]. Elements, 1:79-84.

Cartigny P, 2010. Mantle-related carbonados? Geochemical insights from diamonds from the Dachine komatiite (French Guiana) [J]. Earth Planet Sci. Lett., 296:329-339.

Cartigny P, Marty B, 2013. Nitrogen isotopes and mantle geodynamics: the emergence of life and the atmosphere-crust-mantle connection[J]. Elements, 9:359-366.

Cartigny P, Boyd S R, Harris J W, et al., 1997. Nitrogen isotopes in peridotitic diamonds from Fuxian, China: the mantle signature[J]. Terra Nova, 9:175-179.

Cartigny P, Harris J W, Javoy M, 1998. Subduction related diamonds? The evidence for a mantle-derived origin from coupled δ^{13}C-δ^{15}N determinations[J]. Chem. Geol., 147:147-159.

Cartigny P, Palot M, Thomassot E, et al., 2014. Diamond formation: a stable isotope perspective[J]. Ann. Rev. Earth Planet Sci., 42:699-732.

Cartwright I, Valley J W, 1991. Steep oxygen isotope gradients at marble—metagranite contacts in the NW Adirondacks Mountains[J], N.Y. Earth Planet Sci. Lett., 107:148-163.

Cerling T E, 1991. Carbon dioxide in the atmosphere: evidence from Cenozoic and Mesozoic paleosols [J]. Am. J. Sci., 291:377-400.

Cerling T E, Sharp Z D, 1996. Stable carbon and oxygen isotope analyses of fossil tooth enamel using laser ablation[J]. Palaeo. Palaeo. Palaeoecol., 126:173-186.

Cerling T E, Brown F H, Bowman J R, 1985. Low-temperature alteration of volcanic glass: hydration, Na, K, ^{18}O and Ar mobility[J]. Chem. Geol., 52:281-293.

Cerling T E, Wang Y, Quade J, 1993. Expansion of C4 ecosystems as an indicator of global ecological change in the late Miocene[J]. Nature, 361:344-345.

Cerling T E, Harris J M, MacFadden B J, 1997. Global vegetation change through the Miocene/Pliocene boundary[J]. Nature, 389:153-158.

Chakrabarti R, Knoll A H, Jacobsen S B, 2012. Si isotope variability in Proterozoic cherts[J]. Geochim. Cosmochim. Acta, 91:187-201.

Chakraborty S, Muskatel B H, Jackson T L, 2014. Massive isotopic effect in vacuum of N_2 and implications for meteorite data[J]. PNAS, 111:14704-14709.

Chamberlain C P, Poage M A, 2000. Reconstructing the paleotopography of mountain belts from the isotopic composition of authigenic minerals[J]. Geology, 28:115-118.

Chapligin B, Leng M J, 2011. Inter-laboratory comparison of oxygen isotope compositions from biogenic silica[J]. Geochim. Cosmochim. Acta, 75:7242-7256.

Chaussidon M, Marty B, 1995. Primitive boron isotope composition of the mantle[J]. Science, 269:383-386.

Chaussidon M, Albarede F, Sheppard S M F, 1987. Sulphur isotope heterogeneity in the mantle from ion microprobe measurements of sulphide inclusions in diamonds[J]. Nature, 330:242-244.

Chaussidon M, Albarede F, Sheppard S M F, 1989. Sulphur isotope variations in the mantle from ion microprobe analysis of microsulphide inclusions[J]. Earth Planet Sci. Lett., 92:144-156.

Chazot G, Lowry D, Menzies M, 1997. Oxygen isotope compositions of hydrous and anhydrous mantle peridotites[J]. Geochim. Cosmochim. Acta, 61:161-169.

Chen H, Savage P S, Teng F Z, 2013. Zinc isotopic fractionation during magmatic differentiation and the isotopic composition of bulk Earth[J]. Earth Planet Sci. Lett., 370:34-42.

Chiba H, Sakai H, 1985. Oxygen isotope exchange rate between dissolved sulphate and water at hydrothermal temperatures[J]. Geochim. Cosmochim. Acta, 49:993-1000.

Chivas A R, Andrew A S, Sinha A K, 1982. Geochemistry of Pliocene-Pleistocene oceanic arc plutonic complex, Guadalcanal[J]. Nature, 300:139-143.

Ciais P, Tans P P, Trolier M, 1995. A large northern hemisphere terrestrial CO_2 sink indicated by the $^{13}C/^{12}C$ ratio of atmospheric CO_2[J]. Science, 269:1098-1102.

Cifuentes L A, Fogel M L, Pennock J R, 1989. Biogeochemical factors that influence the stable nitrogen isotope ratio of dissolved ammonium in the Delaware Estuary[J]. Geochim. Cosmochim. Acta, 53:2713-2721.

Claypool G E, Holser W T, Kaplan I R, 1980. The age curves of sulfur and oxygen isotopes in marine sulfate and their mutual interpretation[J]. Chem. Geol., 28:199-260.

Clayton R N, 2002. Self-shielding in the solar nebula[J]. Nature, 451:860-861.

Clayton R N, 2004. Treatise on geochemistry[M]. Amsterdam: Elsevier, 129-142.

Clayton R N, Mayeda T K, 1996. Oxygen isotope studies of achondrites[J]. Geochim. Cosmochim. Acta, 60:1999-2017.

Clayton R N, Mayeda T K, 1999. Oxygen isotope studies of carbonaceous chondrites[J]. Geochim. Cosmochim. Acta, 63:2089-2104.

Clayton D D, Nittler L R, 2004. Astrophysics with presolar stardust[J]. Ann. Rev. Astron. Astrophys., 42:39-78.

Clayton R N, Steiner A, 1975. Oxygen isotope studies of the geothermal system at Warakei, New Zealand[J]. Geochim. Cosmochim. Acta, 39:1179-1186.

Clayton R N, Friedman I, Graf D L, 1966. The origin of saline formation waters: 1. Isotopic composition[J]. J. Geophys. Res., 71:3869-3882.

Clayton R N, Muffler L J P, White, 1968. Oxygen isotope study of calcite and silicates of the River Branch No. I well, Salton Sea geothermal field, California[J]. Am. J. Sci., 266:968-979.

Clayton R N, Grossman L, Mayeda T K, 1973a. A component of primitive nuclear composition in carbonaceous meteorites[J]. Science, 182:485-488.

Clayton R N, Hurd J M, Mayeda T K, 1973b. Oxygen isotopic compositions of Apollo 15, 16 and 17 samples and their bearing on lunar origin and petrogenesis[J]// Gose W A. Proceedings of 4th lunar Science Conference. Geochim. Cosmochim. Acta Supplement, 2:1535-1542.

Cliff S S, Thiemens M H, 1997. The $^{18}O/^{16}O$ and $^{17}O/^{16}O$ ratios in atmospheric nitrous oxide: a mass independent anomaly[J]. Science, 278:1774-1776.

Cliff S S, Brenninkmeijer C A M, Thiemens M H, 1999. First measurement of the $^{18}O/^{16}O$ and $^{17}O/^{16}O$ ratios in stratospheric nitrous oxide: a mass-independent anomaly[J]. J Geophys. Res., 104:16171-16175.

Cline J D, Kaplan I R, 1975. Isotopic fractionation of dissolved nitrate during denitrification in the eastern tropical North Pacific Ocean[J]. Mar. Chem., 3:271-299.

Clog M, Aubaud C, Cartigny P, et al., 2013. The hydrogen isotopic composition and water content of southern Pacific MORB: a reassessment of the D/H ratio of the depleted mantle reservoir[J]. Earth Planet Sci. Lett., 381:156-165.

Clor L E, Fischer T P, Hilton D R, 2005. Volatile and N isotope chemistry of the Molucca Sea collision zone: tracing source components along the Sangihe arc, Indonesia[J]. Geochem. Geophys. Geosys., 6(3).

Cobert F, Schmitt A D, Bourgeade P, 2011. Experimental identification of Ca isotopic fractionations in higher plants[J]. Geochim. Cosmochim. Acta, 75:5467-5482.

Cohen A S, Coe A, Kemp D B, 2007. The Late-Paleocene-Early Eocene and Toarcian (Early Jurassic) carbon isotope excursions: a comparison of their time scales, associated environ- mental changes, causes and consequences[J]. J. Geol. Soc., 164:1093-1108.

Cole J E, Fairbanks R G, 1990. The southern oscillation recorded in the $\delta^{18}O$ of corals from Tarawa atoll [J]. Paleoceanography, 5:669-683.

Cole J E, Fairbanks R G, Shen G T, 1993. The spectrum of recent variability in the southern oscillation: results from a Tarawa atoll[J]. Science, 260:1790-1793.

Colman A S, Blake R E, Karl D M, 2005. Marine phosphate oxygen isotopes and organic matter remineralization in the oceans[J]. PNAS, 102:13023-13028.

Connolly C A, Walter L M, Baadsgaard H, et al., 1990. Origin and evolution of formation fluids, Alberta Basin, western Canada sedimentary basin: II. Isotope systematics and fluid mixing[J]. Appl. Geochem., 5:397-414.

Conway T M, John S G, 2014. Quantification of dissolved iron sources in the North Atlantic Ocean[J]. Nature, 511:212-215.

Conway T M, John S G, 2015. The cycling of iron, zinc and cadmium in the North East Pacific Ocean-insights from stable isotopes[J]. Geochim. Cosmochim. Acta, 164:262-283.

Cook N, Hoefs J, 1997. Sulphur isotope characteristics of metamorphosed Cu-(Zn) volcanogenic massive sulphide deposits in the Norwegian Caledonides[J]. Chem. Geol., 135:307-324.

Cooper K M, Eiler J M, Asimov P D, 2004. Oxygen isotope evidence for the origin of enriched mantle beneath the mid-Atlantic ridge[J]. Earth Planet Sci. Lett., 220:297-316.

Coplen T B, 2007. Calibration of the calcite-water oxygen-isotope geothermometer at Devils Hole, Nevada, a natural laboratory[J]. Geochim. Cosmochim. Acta, 71:3948-3957.

Coplen T B, Hanshaw B B, 1973. Ultrafiltration by a compacted clay membrane. Ⅰ. Oxygen and hydrogen isotopic fractionation[J]. Geochim. Cosmochim. Acta, 37:2295-2310.

Cortecci G, Longinelli A, 1970. Isotopic composition of sulfate in rain water, Pisa, Italy[J]. Earth Planet Sci. Lett., 8:36-40.

Craddock P R, Dauphas N, 2010. Iron isotopic compositions of geological reference materials and chondrites[J]. Geostand. Geoanal. Res., 35:101-123.

Craddock P R, Warren J M, Dauphas N, 2013. Abyssal peridotites reveal the near-chondritic Fe isotope composition of the Earth[J]. Earth Planet Sci. Lett., 365:63-76.

Craig H, 1953. The geochemistry of the stable carbon isotopes[J]. Geochim. Cosmochim. Acta, 3:53-92.

Craig H, 1961. Isotopic variations in meteoric waters[J]. Science, 133:1702-1703.

Craig H, Chou C C, Welhan J A, et al., 1988. The isotopic composition of methane in polar ice cores[J]. Science, 242:1535-1539.

Criss R E, Taylor H P, 1986. Meteoric-hydrothermal systems. Stable isotopes in high temperature geological processes[J]. Rev. Miner., 16:373-424.

Criss R E, Champion D E, McIntyre D H, 1985. Oxygen isotope, aeromagnetic and gravity anomalies associated with hydrothermally altered zones in the Yankee Fork Mining District, Custer County, Idaho[J]. Econ. Geol., 80:1277-1296.

Criss R E, Fleck R J, Taylor H P, 1991. Tertiary meteoric hydrothermal systems and their relation to ore deposition, Northwestern United States and Southern British Columbia[J]. J. Geophys. Res., 96:133335-13356.

Crowson R A, Showers W J, Wright E K, 1991. Preparation of phosphate samples for oxygen isotope analysis[J]. Anal. Chem., 63:2397-2400.

Cummins R C, Finnegan S, Fike D A, 2014. Carbonate clumped isotope constraints on Silurian ocean temperature and seawater $\delta^{18}O$[J]. Geochim. Cosmochim. Acta, 140:241-258.

Curry W B, Duplessy J C, Labeyrie L D, et al., 1988. Quaternary deep-water circulation changes in the distribution of $\delta^{13}C$ of deep water $\sum CO_2$ between the last glaciation and the Holocene[J]. Paleoceanography, 3:317-342.

Cypionka H, Smock A, Böttcher M A, 1998. A combined pathway of sulfur compound disproportionation in Desulfovibrio desulfuricans[J]. FEMS Microbiol. Lett., 166:181-186.

D'Errico M E, Lackey J S, Surpless B E, et al., 2012. A detailed record of shallow hydrothermal fluid flow in the Sierra Nevada magmatic arc from low-$\delta^{18}O$ skarn garnets[J]. Geology, 40:763-766.

Daeron M, Guo W, 2011. $^{13}C^{18}O$ clumping in speleothems: observations from natural caves and precipitation experiments[J]. Geochim. Cosmochim. Acta, 75:3303-3317.

Daniels W C, Russell J M, Giblin A E, et al., 2017. Hydrogen isotope fractionation in leaf waxes in the Alaskan Arctic tundra[J]. Geochim. Cosmochim. Acta, 213:216-236.

Dansgaard W, 1964. Stable isotope in precipitation[J]. Tellus, 16:436-468.

Dansgaard W, 1993. Evidence for general instability of past climate from a 250 ka ice-core record[J]. Nature, 364:218-220.

Dauphas N, Marty B, 1999. Heavy nitrogen in carbonatites of the Kola peninsula: a possible signature of the deep mantle[J]. Science, 286:2488-2490.

Dauphas N, Teng N Z, Arndt N T, 2010. Magnesium and iron isotopes in 2.7 Ga Alexo komatiites: mantle signatures, no evidence for Soret diffusion, identification of diffusive transport in zoned olivine [J]. Geochim. Cosmochim. Acta, 74:3274-3291.

Dauphas N, John S G, Rouxel O, 2017. Iron isotope systematics[J]. Rev. Miner. Geochem., 82: 415-510.

Day J M, Moynier F, 2014. Evaporative fractionation of volatile stable isotopes and their bearing on the origin of the Moon[J]. Phil. Trtans. Roy. Soc. A, 372:20130259.

De Hoog J C M, Taylor B E, Van Bergen M J, 2009. Hydrogen-isotope systematics in degassing basaltic magma and application to Indonesian arc basalts[J]. Chem. Geol., 266:256-266.

De La Rocha C L, De Paolo D J, 2000. Isotopic evidence for variations in the marine calcium cycle over the Cenozoic[J]. Science, 289:1176-1178.

De Moor J M, Fischer T P, et al., 2013. Sulfur degassing at Erta Ale (Ethiopia) and Masaya (Nicaragua) volcanoes: implications for degassing processes and oxygen fugacities of basaltic systems [J]. Geochem. Geophys. Geosys., 14(10):4076-4108.

De Moor J M, Fischer T P, Sharp Z D, et al., 2010. Sulfur isotope fractionation during the May 2003 eruption of Anatahan volcano, Mariana Islands: implications for sulfur sources and plume processes [J]. Geochim. Cosmochim. Acta, 74:5382-5397.

De Souza G F, Reynolds B C, Johnson G C, et al., 2012. Southern Ocean control of silicon stable isotope distribution in the deep Atlantic Ocean[J]. Global Biogeochem. Cycl., 26: GB2035.

De Souza G F, Slater R D, Hain M P, et al., 2015. Distal and proximal controls on the silicon stable isotope signature of North Atlantic Deep Water[J]. Earth Planet Sci. Lett., 432:342-353.

Degens E T, Epstein S, 1962. Relationship between $^{18}O/^{16}O$ ratios in coexisting carbonates, cherts and diatomites[J]. Bull. Am. Assoc. Pet. Geol., 46:534-535.

Deines P, 1980. The isotopic composition of reduced organic carbon[M]//Fritz P, Fontes J C. Handbook of environmental geochemistry. Amsterdam: Elsevier, 239-406.

Deines P, 1989. Stable isotope variations in carbonatites [M]//Bell K. Carbonatites, genesis and evolution. London: Unwin Hyman.

Deines P, Gold D P, 1973. The isotopic composition of carbonatite and kimberlite carbonates and their bearing on the isotopic composition of deep-seated carbon[J]. Geochim. Cosmochim. Acta, 37:1709-1733.

Deines P, Haggerty S E, 2000. Small-scale oxygen isotope variations and petrochemistry of ultradeep (> 300 km) and transition zone xenoliths[J]. Geochim. Cosmochim. Acta, 64:117-131.

Deines P, Gurney J J, Harris J W, 1984. Associated chemical and carbon isotopic composition variations in diamonds from Finsch and Premier Kimberlite, South Africa[J]. Geochim. Cosmochim. Acta, 48: 325-342.

Delaygue G, Jouzel J, Dutay J C, 2000. Oxygen-18-salinity relationship simulated by an oceanic general simulation model[J]. Earth Planet Sci. Lett., 178:113-123.

Deloule E, Robert F, 1995. Interstellar water in meteorites? [J]. Geochim. Cosmochim. Acta, 59:4695-4706.

Deloule E, Robert F, Doukhan J C, 1998. Interstellar hydroxyl in meteoritic chondrules: implications for the origin of water in the inner solar system[J]. Geochim. Cosmochim. Acta, 62:3367-3378.

DeNiro M J, Epstein S, 1978. Influence of diet on the distribution of carbon isotopes in animals[J]. Geochim. Cosmochim. Acta, 42:495-506.

DeNiro M J, Epstein S, 1979. Relationship between the oxygen isotope ratios of terrestrial plant cellulose, carbon dioxide and water[J]. Science, 204:51-53.

DeNiro M J, Epstein S, 1981. Isotopic composition of cellulose from aquatic organisms[J]. Geochim. Cosmochim. Acta, 45:1885-1894.

Dennis K J, Schrag D P, 2010. Clumped isotope thermometry of carbonatites as an indicator of diagenetic alteration[J]. Geochim. Cosmochim. Acta, 74:4110-4122.

Dennis P F, Rowe P J, Atkinson T C, 2001. The recovery and isotopic measurement of water from fluid inclusions in speleothems[J]. Geochim. Cosmochim. Acta, 65:871-884.

Dennis K J, Cochran J K, Landman N H, et al., 2013. The climate of the Late Cretaceous: new insights from the application of the carbonate clumped isotope thermometer to western interior seaway macrofossil[J]. Earth Planet Sci. Lett., 362:51-65.

Derry L A, Kaufmann A J, Jacobsen S B, 1992. Sedimentary cycling and environmental change in the Late Proterozoic: evidence from stable and radiogenic isotopes[J]. Geochim. Cosmochim. Acta, 56:1317-1329.

Marais D, 2001. Isotopic evolution of the biogeochemical carbon cycle during the Precambrian[J]// Valley J, Cole D. Stable isotope geochemistry. Rev. Miner., 43:555-578.

Marais D, Moore J G, 1984. Carbon and its isotopes in mid-oceanic basaltic glasses[J]. Earth Planet Sci. Lett., 69:43-57.

Deutsch S, Ambach W, Eisner H, 1966. Oxygen isotope study of snow and firn of an Alpine glacier[J]. Earth Planet Sci. Lett., 1:197-201.

Dickens G R, 2003. Rethinking the global carbon cycle with a large dynamic and micrmediated gas hydrate capacitor[J]. Earth Planet Sci. Lett., 213:169-182.

Dickson J A D, Coleman M L, 1980. Changes in carbon and oxygen isotope composition during limestone diagenesis[J]. Sedimentology, 27:107-118.

Dickson J A D, Smalley P C, Raheim A, et al., 1990. Intracrystalline carbon and oxygen isotope variations in calcite revealed by laser micro-sampling[J]. Geology, 18:809-811.

Dietzel M, Tang J, Leis A, et al., 2009. Oxygen isotopic fractionation during inorganic calcite precipitation—effects of temperature, precipitation rate and pH[J]. Chem. Geol., 268:107-115.

Dipple G M, Ferry J M, 1992. Fluid flow and stable isotope alteration in rocks at elevated temperatures with applications to metamorphism[J]. Geochim. Cosmochim. Acta, 56:3539-3550.

Dobson P F, O'Neil J R, 1987. Stable isotope composition and water contents of boninite series volcanic rocks from Chichi-jima, Bonin Islands, Japan[J]. Earth Planet Sci. Lett., 82:75-86.

Dobson P F, Epstein S, Stolper E M, 1989. Hydrogen isotope fractionation between coexisting vapor and silicate glasses and melts at low pressure[J]. Geochim. Cosmochim. Acta, 53:2723-2730.

Dodd J P, Sharp Z D, 2010. A laser fluorination method for oxygen isotope analysis of biogenic silica and a new oxygen isotope calibration of modern diatoms in freshwater environments[J]. Geochim. Cosmochim. Acta, 74:1381-1390.

Dodd J P, Sharp Z D, Fawcett P J, et al., 2013. Rapid post-mortem maturation of diatom silica oxygen isotope values[J]. Geochem. Geophys. Geosys., 13(9).

Dodson M H, 1973. Closure temperature in cooling geochronological and petrological systems[J]. Contr. Miner. Petrol., 40:259-274.

Dole M, Lange G A, Rudd D P, et al., 1954. Isotopic composition of atmospheric oxygen and nitrogen [J]. Geochim. Cosmochim. Acta, 6:65-78.

Donahue T M, Hoffman J H, Hodges R D, et al., 1982. Venus was wet: a measurement of the ratio of deuterium to hydrogen[J]. Science, 216:630-633.

Dorendorf F, Wiechert U, Wörner G, 2000. Hydrated sub-arc mantle: a source for the Kluchevskoy volcano, Kamchatka, Russia[J]. Earth Planet Sci. Lett., 175:69-86.

Douthitt C B, 1982. The geochemistry of the stable isotopes of silicon[J]. Geochim. Cosmochim. Acta, 46:1449-1458.

Drake M J, Righter K, 2002. Determining the composition of the Earth[J]. Nature, 416:39-44.

Driesner T, 1997. The effect of pressure on deuterium-hydrogen fractionation in high-temperature water [J]. Science, 277:791-794.

Driesner T, Seward T M, 2000. Experimental and simulation study of salt effects and pressure/density effects on oxygen and hydrogen stable isotope liquid-vapor fractionation for 4~5 molal aqueous NaCl and KCl solutions to 400 ℃[J]. Geochim. Cosmochim. Acta, 64:1773-1784.

Dunbar R B, Wellington G M, Colgan M W, et al., 1994. Eastern sea surface temperature since 1600 A. D.: The $\delta^{18}O$ record of climate variability in Galapagos corals[J]. Paleoceanography, 9:291-315.

Duplessy J C, Shackleton N J, Fairbanks R G, et al., 1988. Deepwater source variations during the last climatic cycle and their impact on the global circulation[J]. Paleoceanography, 3:343-360.

Durka W, Schulze E D, Gebauer G, et al., 1994. Effects of forest decline on uptake and leaching of deposited nitrate determined from ^{15}N and ^{18}O measurements[J]. Nature, 372:765-767.

Ehhalt D, Rohrer F, 2009. The tropospheric cycle of H_2: a critical review[J]. Tellus, 61:500-535.

Eiler J M, 2007. The study of naturally-occurring multiply-substituted isotopologues. Earth Planet Sci. Lett., 262:309-327.

Eiler J M, 2013. The isotopic anatomies of molecules and minerals[J]. Ann. Rev. Earth Planet Sci., 41: 411-441.

Eiler J M, Kitchen N, 2004. Hydrogen isotope evidence for the origin and evolution of the carbonaceous chondrites[J]. Geochim. Cosmochim. Acta, 68:1395-1411.

Eiler J M, Baumgartner L P, Valley J W, 1992. Intercrystalline stable isotope diffusion: a fast grain boundary model[J]. Contr. Miner. Petrol., 112:543-557.

Eiler J M, Valley J W, Baumgartner L P, 1993. A new look at stable isotope thermometry[J]. Geochim. Cosmochim. Acta, 57:2571-2583.

Eiler J M, Farley K A, Valley J W, et al., 1996. Oxygen isotope constraints on the sources of Hawaiian volcanism[J]. Earth Planet Sci. Lett., 144:453-468.

Eiler J M, Crawford A, Elliott T, et al., 2000. Oxygen isotope geochemistry of oceanic-arc lavas[J]. J. Petrol., 41:229-256.

Eiler J M, Stolper E M, McCanta M, 2011. Intra and intercrystalline oxygen isotope variations in minerals from basalts and peridotites[J]. J. Petrol., 52:1393-1413.

Eiler J M, 2014. Frontiers of stable isotope geoscience[J]. Chem. Geol., 372:119-143.

Elardo S M, Shahar A, 2017. Non-chondritic iron isotope ratios in planetary mantles as a result of core formation[J]. Nat. Geosci., 10:317-321.

Eldridge C S, Compston W, Williams I S, et al., 1988. Sulfur isotope variability in sediment hosted massive sulfide deposits as determined using the ion microprobe SHRIMP. Ⅰ. An example from the Rammelsberg ore body[J]. Econ. Geol., 83:443-449.

Eldridge C S, Compston W, Williams I S, et al., 1991. Isotopic evidence for the involvement of recycled sediments in diamond formation[J]. Nature 353:649-653.

Eldridge C S, Williams I S, Walshe J L, 1993. Sulfur isotope variability in sediment hosted massive sulfide deposits as determined using the ion microprobe SHRIMP. Ⅱ. A study of the H. Y. C. deposit at McArthur River, Northern Territory[J]. Australia Econ. Geol., 88:1-26.

Elkins L J, Fischer T P, Hilton D R, et al., 2006. Tracing nitrogen in volcanic and geothermal volatiles from the Nicaraguan volcanic front[J]. Geochim. Cosmochim. Acta, 70:5215-5235.

Elliot M, Labeyrie L, Duplessy J C, 2002. Changes in North Atlantic deep-water formation associated with the Dansgaard-Oeschger temperature oscillations (60~10 ka) [J]. Quat. Sci. Rev., 21: 1153-1165.

Elliott T, Jeffcoate A B, Bouman C, 2004. The terrestrial Li isotope cycle: light-weight constraints on mantle convection[J]. Earth Planet Sci. Lett., 220:231-245.

Emiliani C, 1955. Pleistocene temperatures[J]. J. Geol., 63:538-578.

Emiliani C, 1978. The cause of the ice ages[J]. Earth Planet Sci. Lett., 37:349-354.

Engel M H, Macko S A, Silfer J A, 1990. Carbon isotope composition of individual amino acids in the Murchison meteorite[J]. Nature, 348:47-49.

Epica community members, 2004. Eight glacial cycles from an Antarctic ice core[J]. Nature, 429: 623-628.

Epstein S, Yapp C J, Hall J H, 1976. The determination of the D/H ratio of non-exchangeable hydrogen in cellulose extracted from aquatic and land plants[J]. Earth Planet Sci. Lett., 30:241-251.

Epstein S, Thompson P, Yapp C J, 1977. Oxygen and hydrogen isotopic ratios in plant cellulose[J]. Science, 198:1209-1215.

Epstein S, Krishnamurthy R V, Cronin J R, et al., 1987. Unusual stable isotope ratios in amino acid and carboxylic acid extracts from the Murchison meteorite[J]. Nature, 326:477-479.

Erez J, Luz B, 1983. Experimental paleotemperature equation for planktonic foraminifera[J]. Geochim. Cosmochim. Acta, 47:1025-1031.

Eslinger E V, Savin S M, 1973. Oxygen isotope geothermometry of the burial metamorphic rocks of the Precambrian Belt Supergroup, Glacier National Park, Montana[J]. Bull. Geol. Soc. Am., 84:2549-2560.

Estep M F, Hoering T C, 1980. Biogeochemistry of the stable hydrogen isotopes[J]. Geochim. Cosmochim. Acta, 44:1197-1206.

Etiope G, Schoell M, 2014. Abiotic gas: atypical, but not rare[J]. Elements, 10:291-296.

Etiope G, Sherwood-Lollar B, 2013. Abiotic methane on Earth[J]. Rev. Geophys., 51:276-299.

Evans B W, Hattori K, Baronnet A, 2013. Serpentinite: what, why, where?[J]. Elements, 9:99-106.

Exley R A, Mattey D P, Boyd S R, et al., 1987. Nitrogen isotope geochemistry of basalticglasses: implications for mantle degassing and structure[J]. Earth Planet Sci. Lett., 81:163-174.

Fairbanks R G, 1989. A 17000 year glacio-eustatic sea level record: influence of glacial melting rates on the Younger Dryas event and deep ocean circulation[J]. Nature, 342:637-642.

Fantle M S, 2010. Evaluating the Ca isotope proxy[J]. Am. J. Sci., 310:194-210.

Fantle M S, De Paolo D J, 2005. Variations in the marine Ca cycle over the past 20 million years[J]. Earth Planet Sci. Lett., 237:102-117.

Fantle M S, De Paolo D J, 2007. Ca isotopes in carbonate sediment and pore fluid from ODP Site 807A: the Ca^{2+}-calcite equilibrium fractionation factor and calcite recrystallization rates in Pleistoce sediments[J]. Geochim. Cosmochim. Acta, 71:2524-2546.

Fantle M S, Higgins J, 2014. The effects of diagenesis and dolomitization on Ca and Mg isotopes in marine platform carbonates: implications for the geochemical cycles of Ca and Mg. Geochim[J]. Cosmochim. Acta, 142:458-481.

Farkas J, Buhl D, Blenkinsop J, et al., 2007. Evolution of the oceanic calcium cycle during the late Mesozoic: evidence from $\delta^{44/40}$Ca of marine skeletal carbonates[J]. Earth Planet Sci. Lett., 253:96-111.

Farquhar J, Thiemens M H, 2000. The oxygen cycle of the Martian atmosphere-regolith system: δ^{17}O of secondary phases in Nakhla and Lafayette[J]. J. Geophys. Res., 105:11991-11998.

Farquhar G D, 1993. Vegetation effects on the isotope composition of oxygen in atmospheric CO_2[J]. Nature, 363:439-443.

Farquhar J, Chacko T, Ellis D J, 1996. Preservation of oxygen isotopic compositions in granulites from Northwestern Canada and Enderby Land, Antarctica: implications for high-temperature isotopic thermometry[J]. Contr. Miner. Petrol., 125:213-224.

Farquhar J, Thiemens M H, Jackson T, 1998. Atmosphere-surface interactions on Mars: δ^{17}O measurements of carbonate from ALH 84001[J]. Science, 280:1580-1582.

Farquhar J, Bao H, Thiemens M, 2000. Atmospheric influence of Earth's earliest sulfur cycle[J]. Science, 289:756-759.

Farquhar J, Wing B, McKeegan K D, 2002. Insight into crust-mantle coupling from anomalous δ^{33}S of sulfide inclusions in diamonds[J]. Geochim. Cosmochim. Acta Spec. Suppl., 66: A225.

Farquhar J, Johnston D T, Wing B A, 2003. Multiple sulphur isotope interpretations for biosynthetic pathways: implications for biological signatures in the sulphur isotope record[J]. Geobiology, 1:27-36.

Farquhar J, Kim S T, Masterson A, 2007. Implications from sulfur isotopes of the Nakhla meteorite for the origin of sulfate on Mars[J]. Earth Planet Sci. Lett., 264:1-8.

Ferry J M, 1992. Regional metamorphism of the waits river formation: delineation of a new type of giant hydrothermal system[J]. J. Petrol., 33:45-94.

Ferry J M, Dipple G M, 1992. Models for coupled fluid flow, mineral reaction and isotopic alteration during contact metamorphism: the Notch Peak aureole, Utah[J]. Am. Miner., 77:577-591.

Ferry J M, Passey B H, Vasconcelos C, 2011. Formation of dolomite at 40~80 ℃ in the Latemar carbonate buildup, Dolomites, Italy from clumped isotope thermometry[J]. Geology, 39:571-574.

Ferry J M, Kitajima K, Strickland A, et al., 2014. Ion microprobe survey of the grain-scale oxygen isotope geochemistry of minerals in metamorphic rocks[J]. Geochim. Cosmochim. Acta, 144: 403-433.

Fiebig J, Chiodini G, Caliro S, et al., 2004. Chemical and isotopic equilibrium between CO_2 and CH_4 in fumarolic gas discharges: generation of CH_4 in arc magmatic-hydrothermal systems[J]. Geochim. Cosmochim. Acta, 68:2321-2334.

Field C W, Gustafson L B, 1976. Sulfur isotopes in the porphyry copper deposit at El Salvador, Chile[J]. Econ. Geol. 71:1533-1548.

Fiorentini E, Hoernes S, Hoffbauer R, et al., 1990. Nature and scale of fluid-rock exchange in granulite-grade rocks of Sri Lanka: a stable isotope study[M]//Vielzeuf D, Vidal P H. Granulites and crustal evolution. Dordrecht: Kluwer: 311-338.

Fischer T P, Giggenbach W F, Sano Y, et al., 1998. Fluxes and sources of volatiles discharged from Kudryavy, a subduction zone volcano, Kurile Islands[J]. Earth Planet Sci. Lett., 160:81-96.

Fischer T P, Hilton D R, Zimmer M M, et al., 2002. Subduction and recycling of nitrogen along the Central American margin[J]. Science, 297:1154-1157.

Fittoussi C, Bourdon B, Kleine T, et al., 2009. Si isotope systematics of meteorites and terrestrial peridotites: implications for Mg/Si fractionation in the solar nebula and for Si in the Earth's core[J]. Earth Planet Sci. Lett., 287:77-85.

Fogel M L, Cifuentes L A, 1993. Isotope fractionation during primary production[J]//Engel M H, Macko S A. Organic geochemistry. New York: Plenum Press:73-98.

Francey R J, Tans P P, 1987. Latitudinal variation in oxygen-18 of atmospheric CO_2[J]. Nature, 327: 495-497.

Franchi I A, Wright I P, Sexton A S, et al., 1999. The oxygen isotopic composition of Earth and Mars [J]. Meteorit. Planet Sci., 34:657-661.

Franz H B, 2014. Isotopic links between atmospheric chemistry and the deep sulphur cycle on Mars[J]. Nature, 508:364-368.

Frape S K, Fritz P, McNutt R H, 1984. Water-rock interaction and chemistry of groundwaters from the Canadian Shield[J]. Geochim. Cosmochim. Acta, 48:1617-1627.

Freeman K H, Hayes J M, 1992. Fractionation of carbon isotopes by phytoplankton and estimates of ancient CO_2 levels[J]. Global Biogeochem. Cycles, 6:185-198.

Freeman K H, Hayes J M, Trendel J M, et al., 1990. Evidence from carbon isotope measurements for diverse origins of sedimentary hydrocarbons[J]. Nature, 343:254-256.

Frei R, Gaucher C, Poulton S W, et al., 2009. Fluctuations in Precambrian atmospheric oxygenation recorded by chromium isotopes[J]. Nature, 461:250-253.

Freyer H D, 1979. On the ^{13}C-record in tree rings. Ⅰ. ^{13}C variations in northern hemisphere trees during the last 150 years Tellus Tellus[J]. Tellus, 31:124-137.

Freyer H D, Belacy N, 1983. ^{13}C/^{12}C records in northern hemispheric trees during the past 500 years—anthropogenic impact and climatic superpositions[J]. J. Geophys. Res., 88:6844-6852.

Fricke H C, O'Neil J R, 1999. The correlation between ^{18}O/^{16}O ratios of meteoric water and surface temperature: its use in investigating terrestrial climate change over geologic time[J]. Earth Planet Sci. Lett., 170:181-196.

Fricke H C, Wickham S M, O'Neil J R, 1992. Oxygen and hydrogen isotope evidence for meteoric water infiltration during mylonitization and uplift in the Ruby Mountains—East Humboldt Range core complex, Nevada[J]. Contr. Miner. Petrol., 111:203-221.

Fricke H C, Clyde W C, O'Neil J R, 1998a. Intra-tooth variations in δ^{18}O (PO$_4$) of mammalian tooth enamel as a record of seasonal variations in continental climate variables[J]. Geochim. Cosmochim. Acta, 62:1839-1850.

Fricke H C, Clyde W C, O'Neil J R, et al., 1998b. Evidence for rapid climate change in North America during the latest Paleocene thermal maximum: oxygen isotope compositions of biogenic phosphate from the Bighorn Basin (Wyoming) [J]. Earth Planet Sci. Lett., 160:193-208.

Fripiat F, Cavagna A J, Delairs F, 2012. Processes controlling the Si isotopic composition in the Southern Ocean and application for paleoceanography[J]. Biogeosciences, 9:2443-2457.

Frost C D, von Blanckenburg F, Schoenberg R, et al., 2007. Preservation of Fe isotope heterogeneities during diagenesis and metamorphism of banded iron formation[J]. Contr. Miner. Petrol., 153:211-235.

Fry B, 1988. Food web structure on Georges Bank from stable C, N and S isotopic compositions[J]. Limnol. Oceanogr. 3:1182-1190.

Fu B, Kita N T, Wilde S A, et al., 2012. Origin of the Tongbai-Dabie-Sulu Neoproterozoic low-δ^{18}O igneous province, east-central China[J]. Contr. Miner. Petrol., 165:641-662.

Fu Q, Sherwood L B, horita J, et al., 2007. Abiotic formation of hydrocarbons under hydrothermal conditions: constraints from chemical and isotope data [J]. Geochim. Cosmochim. Acta, 71:1982-1998.

Gagan M K, Ayliffe L K, Beck J W, et al., 2000. New views of tropical paleoclimates from corals[J]. Quat. Sci. Rev., 19:45-64.

Galimov E M, 1985. The relation between formation conditions and variations in isotope compositions of diamonds[J]. Geochem. Int., 22(1):118-141.

Galimov E M, 1988. Sources and mechanisms of formation of gaseous hydrocarbons in sedimentary rocks [J]. Chem. Geol., 71:77-95.

Galimov E M, 1991. Isotopic fractionation related to kimberlite magmatism and diamond formation[J]. Geochim. Cosmochim. Acta, 55:1697-1708.

Galimov E M, 2006. Isotope organic geochemistry[J]. Org. Geochem., 37:1200-1262.

Gao X, Thiemens M H, 1993a. Isotopic composition and concentration of sulfur in carbonaceous chondrites[J]. Geochim. Cosmochim. Acta, 57:3159-3169.

Gao X, Thiemens M H, 1993b. Variations of the isotopic composition of sulfur in enstatite and ordinary chondrites[J]. Geochim. Cosmochim. Acta, 57:3171-3176.

Gao Y, Hoefs J, Przybilla R, et al., 2006. A complete oxygen isotope profile through the lower oceanic crust, ODP hole 735B[J]. Chem. Geol. 233:217-234.

Garlick G D, Epstein S, 1967. Oxygen isotope ratios in coexisting minerals of regionally metamorphosed rocks[J]. Geochim. Cosmochim. Acta, 31:181.

Gat J R, 1971. Comments on the stable isotope method in regional groundwater investigation[J]. Water Resour. Res., 7:980.

Gat J R, 1984. The stable isotope composition of Dead Sea waters[J]. Earth Planet Sci. Lett., 71: 361-376.

Gat J R, Issar A, 1974. Desert isotope hydrology: water sources of the Sinai desert[J]. Geochim. Cosmochim. Acta, 38:1117-11131.

Gazquez F, Evans N P, Hodell D A, 2017. Precise and accurate isotope fractionation factors ($\alpha^{17}O$, $\alpha^{18}O$ and αD) for water and $CaSO_4 \cdot 2H_2O$ (gypsum) [J]. Geochim. Cosmochim. Acta, 198:259-270.

Georg R B, Reynolds B C, Frank M, et al., 2006. Mechanisms controlling the silicon isotopic compositions of river water[J]. Earth Planet Sci. Lett. 249:290-306.

Georg R B, Halliday A N, Schauble E A, et al., 2007. Silicon in the Earth's core[J]. Nature, 447:1102-1106.

Gerdes M L, Baumgartner L P, Person M, et al., 1995. One- and two-dimensional models of fluid flow and stable isotope exchange at an outcrop in the Adamello contact aureole, Southern Alps, Italy[J]. Am. Miner., 80:1004-1019.

Gerlach T M, Thomas D M, 1986. Carbon and sulphur isotopic composition of Kilauea parental magma [J]. Nature, 319:480-483.

Gerlach T M, Taylor B E, 1990. Carbon isotope constraints on degassing of carbon dioxide from Kilauea volcano[J]. Geochim. Cosmochim. Acta, 54:2051-2058.

Gerst S, Quay P, 2001. Deuterium component of the global molecular hydrogen cycle[J]. J. Geophys. Res., 106:5021-5031.

Geske A, Goldstein R H, Mavromatis V, et al., 2015a. The magnesium isotope ($\delta^{26}Mg$) signature of dolomites[J]. Geochim. Cosmochim. Acta, 149:131-151.

Geske A, Lokier S, Dietzel M, et al., 2015b. Magnesium isotope composition of sabkha porewater and related sub-recent stoichiometric dolomites, Abu Dabi (UAE) [J]. Chem. Geol., 394:112-124.

Ghosh P, 2006. ^{13}C-^{18}O bonds in carbonate minerals: a new kind of paleothermometer[J]. Geochim. Cosmochim. Acta, 70:1439-1456.

Giggenbach W F, 1992. Isotopic shifts in waters from geothermal and volcanic systems along convergent plate boundaries and their origin[J]. Earth Planet Sci. Lett., 113:495-510.

Gilbert A, Yamada K, Suda K, et al., 2016. Measurement of position-specific ^{13}C isotopic composition of propane at the nanomole level[J]. Geochim. Cosmochim. Acta, 177:205-216.

Giletti B J, 1986. Diffusion effect on oxygen isotope temperatures of slowly cooled igneous and metamorphic rocks[J]. Earth Planet Sci. Lett., 77:218-228.

Gilg H A, 2000. D-H evidence for the timing of kaolinization in Northeast Bavaria, Germany[J]. Chem. Geol., 170:5-18.

Girard J P, Savin S, 1996. Intercrystalline fractionation of oxygen isotopes between hydroxyl and non-hydroxyl sites in kaolinite measured by thermal dehydroxylation and partial fluorination[J]. Geochim. Cosmochim. Acta, 60:469-487.

Given R K, Lohmann K C, 1985. Derivation of the original isotopic composition of Permian marine cements[J]. J. Sediment. Petrol., 55:430-439.

Goericke R, Fry B, 1994. Variations of marine plankton $\delta^{13}C$ with latitude, temperature and dissolved CO_2 in the world ocean[J]. Global Geochem. Cycles, 8:85-90.

Goldhaber M B, Kaplan I R, 1974. The sedimentary sulfur cycle[M]//Goldberg E B, The sea, New York: Wiley.

Goldhammer T, Brunner B, Bernasconi S M, et al., 2011. Phosphate oxygen isotopes: insights into sedimentary phosphorus cycling from the Benguela upwelling system[J]. Geochim. Cosmochim. Acta, 75:3741-3756.

Gonfiantini R, 1986. Environmental isotopes in lake studies[M]//Fritz P, Fontes J, Handbook of environmental isotope geochemistry. Amsterdam: Elsevier, 112-168.

Grachev A M, Severinghaus J P, 2003. Laboratory determination of thermal diffusion constants for $^{29}N/^{28}N$ in air at temperatures from 60 ℃ to 0 ℃ for reconstruction of magnitudes of abrupt climate changes using the ice core fossil-air paleothermometer[J]. Geochim. Cosmochim. Acta, 67:345-360.

Graham S, Pearson N, Jackson S, et al., 2004. Tracing Cu and Fe from source to porphyry: in situ determination of Cu and Fe isotope ratios in sulfides from the Grasberg Cu-Au deposit[J]. Chem. Geol., 207:147-169.

Grasse P, Ehlert C, Frank M, 2013. The influence of water mass mixing on the dissolved Si isotope composition in the eastern Equatorial Pacific[J]. Earth Planet Sci. Lett., 380:60-71.

Green G R, Ohmoto D, Date J, et al., 1983. Whole-rock oxygen isotope distribution in the Fukazawa-Kosaka Area, Hokuroko District, Japan and its potential application to mineral exploration[J]. Econ. Geol. Monogr., 5:395-411.

Greenop R, Hain M P, Sosdian S M, et al., 2017. A record of Neogene seawater $\delta^{11}B$ reconstructed from paired $\delta^{11}B$ analyses on benthic and planktic foraminifera[J]. Clim. Past., 13:149-170.

Greenwood J P, Riciputi L R, McSween H Y, 1997. Sulfide isotopic compositions in shergottites and ALH 84001, and possible implications for life on Mars[J]. Geochim. Cosmochim. Acta, 61:4449-4453.

Greenwood R C, Franchi I A, Jambon A, et al., 2006. Oxygen isotope variation in stony-iron meteorites[J]. Science, 313:1763-1765.

Greenwood J P, Itoh S, Sakamoto N, et al., 2008. Hydrogen isotope evidence for loss of water from Mars through time[J]. Geophys. Res. Lett., 35:5203.

Greenwood J P, Itoh S, Sakamoto N, et al., 2011. Hydrogen isotope ratios in lunar rocks indicate delivery of cometary water to the Moon[J]. Nat. Geosci., 4:79-82.

Greenwood P F, Mohammed L, Grice K, et al., 2018. The application of compound-specific sulfur isotopes to the oil-source rock correlation of Kurdistan petroleum[J]. Org. Geochem., 117:22-30.

Gregory R T, Taylor H P, 1981. An oxygen isotope profile in a section of Cretaceous oceanic crust, Samail Ophiolite, Oman: evidence for $\delta^{18}O$ buffering of the oceans by deep (> 5 km) seawater-hydrothermal circulation at Mid-Ocean Ridges[J]. J. Geophys. Res., 86:2737-2755.

Gregory R T, Taylor H P, 1986. Possible non-equilibrium oxygen isotope effects in mantle nodules, an alternative to the Kyser-O, Neil-Carmichael $^{18}O/^{16}O$ geothermometer[J]. Contr. Miner. Petrol., 93:114-119.

Griffith E M, Paytan A, Kozdon R, et al., 2008a. Influences on the fractionation of calcium isotopes in planktonic foraminifera[J]. Earth Planet Sci. Lett., 268:124-136.

Griffith E M, Schauble E A, Bullen T D, et al., 2008b. Characterization of calcium isotopes in natural and synthetic barite[J]. Geochim. Cosmochim. Acta, 72:5641-5658.

Griffith E M, Payton A, Caldeira K, et al., 2008c. A dynamic marine calcium cycle during the past 28 million years[J]. Science, 322:1671-1674.

Grimes C B, Ushikubo T, John B E, et al., 2011. Uniformly mantle-like $\delta^{18}O$ in zircons from oceanic plagiogranite and gabbros[J]. Contr. Miner. Petrol., 161:13-33.

Grootes P M, Stuiver M, White J W C, et al., 1993. Comparison of oxygen isotope records from the GISP-2 and GRIP Greenland ice cores[J]. Nature, 366:552-554.

Grossman E L, 1984. Carbon isotopic fractionation in live benthic foraminifera—comparison with inorganic precipitate studies[J]. Geochim. Cosmochim. Acta, 48:1505-1512.

Grottoli A G, Eakin C M, 2007. A review of modern coral $\delta^{18}O$ and $\delta^{14}C$ proxy records[J]. Earth Sci. Rev., 81:67-91.

Gruber N, 1998. Anthropogenic CO_2 in the Atlantic Ocean[J]. Global. Biogeochem. Cycles, 12:165-191.

Gruber N, 1999. Spatiotemporal patterns of carbon-13 in the global surface oceans and the oceanic Suess effect[J]. Global. Biogeochem. Cycles, 13:307-335.

Guelke M, von Blanckenburg F, 2007. Fractionation of stable iron isotopes in higher plants[J]. Environ. Sci. Tech., 41:1896-1901.

Guilbaud R, Butler I B, Ellam R M, 2011. Abiotic pyrite formation produces a large Fe isotope fractionation[J]. Science, 332:1548-1551.

Guo W, Eiler J M, 2007. Temperatures of aqueous alteration and evidence for methane generation on the parent bodies of the CM chondrites[J]. Geochim. Cosmochim. Acta, 71:5565-5575.

Guy R D, Fogel M L, Berry J A, 1993. Photosynthetic fractionation of the stable isotopes of oxygen and carbon[J]. Plant. Phys 101:37-47.

Haack U, Hoefs J, Gohn E, 1982. Constraints on the origin of Damaran granites by Rb/Sr and $\delta^{18}O$ data [J]. Contrib. Miner. Petrol., 79:279-289.

Hackley K C, Anderson T F, 1986. Sulfur isotopic variations in low-sulfur coals from the Rocky Mountain region[J]. Geochim. Cosmochim. Acta, 50:703-1713.

Hahm D, Hilton D R, Castillo P R, et al., 2012. An overview of the volatile systematics of the Lau Basin—resolving the effects of source variation, magmatic degassing and crustal contamination[J]. Geochim. Cosmochim. Acta, 85:88-113.

Haimson M, Knauth L P, 1983. Stepwise fluorination-a useful approach for the isotopic analysis of hydrous minerals[J]. Geochim. Cosmochim. Acta, 47:1589-1595.

Halbout J, Robert F, Javoy M, 1990. Hydrogen and oxygen isotope compositions in kerogen from the Orgueil meteorite: clues to a solar origin[J]. Geochim. Cosmochim. Acta, 54:1453-1462.

Hallis L J, Anand M, Greenwood R C, et al., 2010. The oxygen isotope composition, petrology and geochemistry of mare basalts: evidence for large-scale compositional variation in the lunar mantle[J]. Geochim. Cosmochim. Acta, 74:6885-6899.

Hallis L J, Huss G R, Nagashima K, et al., 2015. Evidence for primordial water in Earth, deep mantle [J]. Science, 350:795-797.

Halverson G P, Poitrasson F, Hoffman P E, et al., 2011. Fe isotope and trace element geochemistry of the Neoproterozoic syn-glacial Rapitan iron formation[J]. Earth Planet Sci. Lett., 309:100-112.

Hamza M S, Epstein S, 1980. Oxygen isotope fractionation between oxygen of different sites in hydroxyl-bearing silicate minerals[J]. Geochim. Cosmochim. Acta, 44:173-182.

Han X, Guo Q, Strauss H, et al., 2017. Multiple sulfur isotope constraints on sources and formation processes of sulfate in Beijing $PM_{2.5}$ aerosol[J]. Environ. Sci. Tech., 51:7794-7803.

Harmon R S, Hoefs J, 1995. Oxygen isotope heterogeneity of the mantle deduced from global ^{18}O systematics of basalts from different geotectonic settings[J]. Contr. Miner. Petrol., 120:95-114.

Harmon R S, Hoefs J, Wedepohl K H, 1987. Stable isotope (O, H, S) relationships in Tertiary basalts and their mantle xenoliths from the Northern Hessian Depression, W.-Germany[J]. Contr. Miner. Petrol., 95:350-369.

Harte B, Otter M, 1992. Carbon isotope measurements on diamonds[J]. Chem. Geol. 101:177-183.

Hartmann M, Nielsen H, 1969. $\delta^{34}S$-Werte in rezenten Meeressedimenten und ihre Deutung am Beispiel einiger Sedimentprofile aus der westlichen Ostsee[J]. Geol. Rundsch., 58:621-655.

Hauri E H, Wang J, Pearson D G, et al., 2002. Microanalysis of $\delta^{13}C$, $\delta^{15}N$ and N abundances in diamonds by secondary ion mass spectrometry[J]. Chem. Geol., 185:149-163.

Hauri E H, Weinreich T, Saal A E, et al., 2011. High pre-eruptive water contents preserved in melrt inclusions[J]. Science, 333:213-215.

Hawkesworth C J, Kemp A I S, 2006. Using hafnium and oxygen isotopes in zircons to unravel the record of crustal evolution[J]. Chem. Geol., 226:144-162.

Hayes J M, Waldbauer J R, 2006. The carbon cycle and associated redox processes through time[J]. Phil. Trans. R Soc. B, 361:931-950.

Hayes J M, Kaplan I R, Wedeking K W, 1983. Precambrian organic chemistry, preservation of the record[M]//Schopf J W. Earth's earliest biosphere: its origin and evolution. Princeton: Princeton University Press, 93-132.

Hayes J M, Popp B N, Takigiku R, et al., 1989. An isotopic study of biogeochemical relationships between carbonates and organic carbon in the Greenhorn Formation[J]. Geochim. Cosmochim. Acta, 53:2961-2972.

Hayes J M, Strauss H, Kaufman A J, 1999. The abundance of ^{13}C in marine organic matter and isotopic fractionation in the global biogeochemical cycle of carbon during the past 800 Ma[J]. Chem. Geol., 161:103-125.

Hays P D, Grossman E L, 1991. Oxygen isotopes in meteoric calcite cements as indicators of continental paleoclimate[J]. Geology, 19:441-444.

Hays J D, Imbrie J, Shackleton N J, 1976. Variations in the earth's orbit: pacemaker of the ice ages[J]. Science, 194:943-954.

Heaton T H E, 1986. Isotopic studies of nitrogen pollution in the hydrosphere and atmosphere: a review [J]. Chem. Geol., 59:87-102.

Helman Y, Barkan E, Eisenstadt D, et al., 2005. Fractionation of the three stable oxygen isotopes by oxygen producing and consuming reactions in photosynthetic organisms[J]. Plant Phys., 2005: 2292-2298.

Hendy C H, Wilson A T, 1968. Paleoclimatic data from speleothems[J]. Nature, 219:48-51.

Heraty L J, Fuller M E, Huang L, et al., 1999. Isotopic fractionation of carbon and chlorine by microbial degradation of dichlormethane[J]. Org. Geochem., 30:793-799.

Herwartz D, Pack A, Friedrichs B, et al., 2014. Identification of the giant impactor Theia in lunar rocks [J]. Science, 344:1146-1150.

Herwartz D, Pack A, Krylov D, et al., 2015. Revealing the climate of snowball Earth from $\delta^{17}O$ systematics of hydrothermal rocks[J]. PNAS, 112:5337-5341.

Higgins J A, Schrag D P, 2012. Records of Neogene seawater chemistry and diagenesis in deep-sea carbonate sediments and pore fluids[J]. Earth Planet Sci. Lett., 358:386-396.

Hin R C, Schmidt M W, Bourdon B, 2012. Experimental evidence for the absence of iron isotope fractionation between metal and silicate liquids at 1GPA and 1250~1300 ℃ and its cosmochemical consequences[J]. Geochim. Cosmochim. Acta, 93:164-181.

Hin R C, Burkhardt C, Schmidt M W, et al., 2013. Experimental evidence for Mo isotope fractionation between metal and silicate liquids[J]. Earth Planet Sci. Lett., 379:38-48.

Hin R C, Fitoussi C, Schmidt M W, et al., 2014. Experimental determination of the Si isotope fractionation factor between liquid metal and liquid silicate[J]. Earth Planet Sci. Lett., 387:55-66.

Hinrichs K U, Hayes J M, Sylva S P, et al., 1999. Methane-consuming archaebacteria in marine sediments[J]. Nature, 398:802-805.

Hitchon B, Friedman I, 1969. Geochemistry and origin of formation waters in the western Canada sedimentary basin. 1. Stable isotopes of hydrogen and oxygen[J]. Geochim. Cosmochim. Acta, 33: 1321-1349.

Hitchon B, Krouse H R, 1972. Hydrogeochemistry of the surface waters of the Mackenzie River drainage basin, Canada. Ⅲ. Stable isotopes of oxygen, carbon and sulfur[J]. Geochim. Cosmochim. Acta, 36:1337-1357.

Hoag K J, Still C J, Fung I Y, et al., 2005. Triple oxygen isotope composition of tropospheric carbon dioxide as a tracer of terrestrial gross carbon fluxes[J]. Geophys. Res. Lett., 32: L02802.

Hoefs J, 1970. Kohlenstoff-und Sauerstoff-Isotopenuntersuchungen an Karbonatkonkretionen und umgebendem Gestein[J]. Contrib. Miner. Petrol., 27:66-79.

Hoefs J, 1992. The stable isotope composition of sedimentary iron oxides with special reference to Banded Iron Formations[M]//Clauer N, Isotopic signatures and sedimentary records. New York: Springer, 199-213.

Hoefs J, Emmermann R, 1983. The oxygen isotope composition of Hercynian granites and pre-Hercynian gneisses from th Schwarzwald, SW Germany[J]. Contrib. Miner. Petrol., 83:320-329.

Hoefs J, Sywall M, 1997. Lithium isotope composition of quaternary and Tertiary biogene carbonates and a global lithium isotope balance[J]. Geochim. Cosmochim. Acta, 61:2679-2690.

Hoering T, 1975. The biochemistry of the stable hydrogen isotopes[J]. Carnegie Inst. Washington Yearb., 74:598.

Hoernes S, Van Reenen D C, 1992. The oxygen isotopic composition of granulites and retrogressed granulites from the Limpopo Belt as a monitor of fluid-rock interaction[J]. Precambrian Res., 55:353-364.

Hoffman J H, Hodges R R, McElroy M B, et al., 1979. Composition and structure of the Venus atmosphere: results from Pioneer Venus[J]. Science, 205:49-52.

Hoffman P E, Kaufman A J, Halverson G P, et al., 1998. Neoproterozoic snowball earth[J]. Science, 281:1342-1346.

Hofmann M E, Horvath B, Pack A, 2012. Triple oxygen isotope equilibrium fractionation between carbon dioxide and water[J]. Earth Planet Sci. Lett., 320:159-164.

Hofstetter T B, Scharzenbach R P, Bernasconi S M, 2008. Assessing transformation processes of organic compounds using stable isotope fractionation[J]. Environ Sci. Technol., 42:7737-7743.

Holloway J R, Blank J G, 1994, Application of experimental results to C-O-H species in natural melts [J]//Carroll M R, Holloway J R, Volatiles in magmas. Rev. Miner., 30:187-230.

Holmden C, 2009. Ca isotope study of Ordovician dolomite, limestone and anhydrite in the Williston basin: Implications for subsurface dolomitization and local Ca cycling[J]. Chem. Geol., 268:180-188.

Holser W T, 1977. Catastrophic chemical events in the history of the ocean[J]. Nature, 267:403-408.

Holser W T, Kaplan I R, 1966. Isotope geochemistry of sedimentary sulfates[J]. Chem. Geol., 1:93-135.

Homoky W B, Severmann S, Mills R A, et al., 2009. Pore-fluid Fe isotopes reflect the extent of benthic Fe redox recycling: evidence from continental shelf and deep-sea sediments[J]. Geology, 37:751-754.

Homoky W B, John S G, Conway T M, et al., 2013. Distinct iron isotope signatures and supply from marine sediment solution[J]. Nat. Commun., 4:2143.

Hoppe P, Zinner E, 2000. Presolar dust grains from meteorites and their stellar sources[J]. J. Geophys. Res. Space Phys. 105:10371-10385.

Horita J, 1989. Stable isotope fractionation factors of water in hydrated salt minerals[J]. Earth Planet Sci. Lett., 95:173-179.

Horita J, 2014. Oxygen and carbon isotope fractionation in the system dolomite-water-CO_2 to elevated temperatures[J]. Geochim. Cosmochim. Acta, 129:111-124.

Horita J, Berndt M E, 1999. Abiogenic methane formation and isotope fractionation under hydrothermal conditions[J]. Science, 285:1055-1057.

Horita J, Cole D R, Wesolowski D J, 1995. The activity-composition relationship of oxygen and hydrogen isotopes in aqueous salt solutions: III. Vapor-liquid water equilibration of NaCl solutions to 350 ℃[J]. Geochim. Cosmochim. Acta, 59:1139-1151.

Horita J, Driesner T, Cole D R, 1999. Pressure effect on hydrogen isotope fractionation between brucite and water at elevated temperatures[J]. Science, 286:1545-1547.

Horita J, Cole D R, Polyakov V B, et al., 2002a. Experimental and theoretical study of pressure effects on hydrous isotope fractionation in the system brucite-water at elevated temperatures[J]. Geochim. Cosmochim. Acta, 66:3769-3788.

Horita J, Zimmermann H, Holland H D, 2002b. Chemical evolution of seawater during the Phanerozoic: implications from the record of marine evaporates[J]. Geochim. Cosmochim. Acta, 66:3733-3756.

Horn I, von Blanckenburg F, Schoenberg R, et al., 2006. In situ iron isotope ratio determination using UV-femtosecond laser ablation with application to hydrothermal ore formation processes [J]. Geochim. Cosmochim. Acta, 70:3677-3688.

Horvath B, Hofmann M, Pack A, 2012. On the triple oxygen isotope composition of carbon dioxide from some combustion processes[J]. Geochim. Cosmochim. Acta, 95:160-168.

Hu S, Lin Y, Zhang J, et al., 2014. NanoSIMS analysis of apatite and melt inclusions in the GRV 020090 Martian meteorite: hydrogen isotope evidence for recent past underground hydrothermal activity on Mars[J]. Geochim. Cosmochim. Acta, 140:321-333.

Hu Y, Teng F Z, Zhang H F, et al., 2016. Metasomatism-induced magnesium isotopic heterogeneity: evidence from pyroxenites[J]. Geochim. Cosmochim. Acta, 185:88-111.

Huang L, Strurchio N C, Abrajano T, et al., 1999. Carbon and chlorine isotope fractionation of chlorinated aliphatic hydrocarbons by evaporation[J]. Org. Geochem. 30:777-785.

Huang B, Xiao X, Hu Z, et al., 2005a. Geochemistry and episodic accumulation of natural gases from the Ledong gas field in the Yinggehai basin, offshore South China[J]. Org. Geochem. 36:1689-1702.

Huang Y, Wang Y, Alexandre M, et al., 2005b. Molecular and compound-specific isotopic characterization of monocarboxylic acids in carbonaceous chondrites[J]. Geochim. Cosmochim. Acta, 69:1073-1084.

Huang K J, Shen B, Lang X G, et al., 2015. Magnesium isotope compositions of the Mesoproterozoic dolostones: implications for Mg isotope systematics of marine carbonates[J]. Geochim. Cosmochim. Acta, 164:333-351.

Hudson J D, 1977. et al., Stable isotopes and limestone lithification[J]. J. Geol. Soc. London, 133:637-660.

Hui H, 2017. A heterogeneous lunar interior for hydrogen isotopes as revealed by the lunar highlands samples[J]. Earth Planet Sci. Lett., 473:14-23.

Hulston J R, 1977. Isotope work applied to geothermal systems at the Institute of Nuclear Sciences, New Zealand[J]. Geothermics., 5:89-96.

Hulston J R, Thode H G, 1965. Variations in the ^{33}S, ^{34}S and ^{36}S contents of meteorites and their relations to chemical and nuclear effects[J]. J. Geophys. Res., 70:3475-3484.

Huntington K W, Wernicke B P, Eiler J M, 2010. Influence of climate change and uplift on Colorado Plateau paleotemperatures from carbonate clumped isotope thermometry[J]. Tectonics, 29:TC3005.

Huntington K W, Budd D A, Wernicke B P, et al., 2011. Use of clumped-isotope thermometry to constrain the crystallization temperature of diagenetic calcite[J]. J. Sediment. Res., 81:656-669.

Hüri E, Marty B, 2015. Nitrogen isotope variations in the solar system[J]. Nat. Geosci., 8:515-522.

Iacumin P, Bocherens H, Marriotti A, et al., 1996. Oxygen isotope analysis of coexisting carbonate and phosphate in biogenic apatite: a way to monitor diagenetic alteration of bone phosphate?[J]. Earth Planet Sci. Lett., 142:1-6.

Ikehata K, Notsu K, Hirata T, 2011. Copper isotope characteristics of copper-rich minerals from Besshi-type volcanogenic massive sulfide deposits, Japan, determined using a Femtosecond La-MC-ICP-MS [J]. Econ. Geol., 106:307-316.

Ionov D A, Hoefs J, Wedepohl K H, et al., 1992. Contents and isotopic composition of sulfur in ultramafic xenoliths from Central Asia[J]. Earth Planet Sci. Lett., 111:269-286.

Irwin H, Curtis C, Coleman M, 1977. Isotopic evidence for the source of diagenetic carbonate during burial of organic-rich sediments[J]. Nature, 269:209-213.

Ishibashi J, Sano Y, Wakita H, et al., 1995. Helium and carbon geochemistry of hydrothermal fluids from the Mid-Okinawa trough back arc basin, southwest of Japan[J]. Chem. Geology., 123:1-15.

Jaffrés J B, Shields G A, Wallmann K, 2007. The oxygen isotope evolution of seawater: a critical review of a long-standing controversy and an improved geological water cycle model for the past 3.4 billion years[J]. Earth Sci. Rev., 83:83-122.

James D E, 1981. The combined use of oxygen and radiogenic isotopes as indicators of crustal contamination[J]. Ann. Rev. Earth Planet Sci., 9:311-344.

James A T, 1983. Correlation of natural gas by use of carbon isotopic distribution between hydrocarbon components[J]. Am. Assoc. Petrol. Geol. Bull., 67:1167-1191.

James A T, 1990. Correlation of reservoired gases using the carbon isotopic compositions of wet gas components[J]. Am. Assoc. Petrol. Geol. Bull., 74:1441-1458.

Jaouen K, Pons M L, Balter V, 2013. Iron, copper and zinc isotopic fractionation up mammal trophic chains[J]. Earth Planet Sci. Lett., 374:164-172.

Jaouen K, Beasley M, Schoeninger M, et al., 2016. Zinc isotope ratios of bones and teeth as new dietary indicators: results from a modern food web (Koobi For a, Kenya)[J]. Sci. reports, 6:26281.

Jasper J P, Hayes J M, 1990. A carbon isotope record of CO_2 levels during the late Quaternary[J]. Nature, 347:462-464.

Jasper J P, Hayes J M, Mix A C, et al., 1994. Photosynthetic fractionation of C-13 and concentrations of dissolved CO_2 in the central equatorial Pacific[J]. Paleoceanography, 9:781-798.

Javoy M, Pineau F, Delorme H, 1986. Carbon and nitrogen isotopes in the mantle[J]. Chem. Geology., 57:41-62.

Jeffcoate A B, Elliott T, Kasemann S A, et al., 2007. Li isotope fractionation in peridotites and mafic melts[J]. Geochim. Cosmochim. Acta, 71:202-218.

Jeffrey A W, Pflaum R C, Brooks J M, et al., 1983. Vertical trends in particulate organic carbon $^{13}C/^{12}C$ ratios in the upper water column[J]. Deep Sea Res., 30:971-983.

Jenden P D, Kaplan I R, Poreda R J, et al., 1988. Origin of nitrogen-rich natural gases in the California Great Valley: evidence from helium, carbon and nitrogen isotope ratios[J]. Geochim. Cosmochim. Acta, 52:851-861.

Jenden P D, Drazan D J, Kapan I R, 1993. Mixing of thermogenic natural gases in northern Appalachian Basin[J]. Am. Assoc. Petrol. Geol. Bull., 77:980-998.

Jendrzejewski N, Eggenkamp H G M, Coleman M L, 2001. Characterisation of chlorinated hydrocarbons from chlorine and carbon isotopic compositions: scope of application to environmental problems[J]. Appl. Geochem., 16:1021-1031.

Jenkyns H C, 2010. Geochemistry of oceanic anoxic events[J]. Geochem. Geophys. Geosys., 11: Q03004.

Jiang J, Clayton R N, Newton R C, 1988. Fluids in granulite facies metamorphism: a comparative oxygen isotope study on the South India and Adirondack high grade terrains[J]. J. Geol., 96:517-533.

Joachimski M, van Geldern R, Breisig S, et al., 2004. Oxygen isotope evolution of biogenic calcite and apatite during the Middle and Late Devonian[J]. Int. J. Earth Sci., 93:542-553.

Joachimski M, Simon L, van Geldern R, et al., 2005. Boron isotope geochemistry of Paleozoic brachiopod calcite: implications for a secular change in the boron isotope geochemistry of seawater over the Phanerozoic[J]. Geochim. Cosmochim. Acta, 69:4035-4044.

Joachimski M M, Breisig S, Buggisch W, et al., 2009. Devonian climate and reef evolution: insights from oxygen isotopes in apatite[J]. Earth Planet Sci. Lett., 284:599-609.

Joachimski M M, Lai X, Shen S, et al., 2012. Climate warming in the latest Permian and the Permian-Triassic mass extinction[J]. Geology, 40:195-198.

Johnsen S J, Dansgaard W, White J W, 1989. The origin of Arctic precipitation under present and glacial conditions[J]. Tellus, 41B:452-468.

Johnsen S J, Clausen H B, Dansgaard W, et al., 1995. The Eem stable isotope record along the GRIP ice core and ist interpretation[J]. Quat. Res., 43:117-124.

Johnson D G, Jucks K W, Traub W A, et al., 2001. Isotopic composition of stratospheric water vapour: measurements and photochemistry[J]. J. Geophys. Res., 106D:12211-12217.

Johnson C M, Skulan J L, Beard B L, et al., 2002. Isotopic fraction between Fe(Ⅲ) and Fe(Ⅱ) in aqueous solutions[J]. Earth Planet Sci. Lett., 195:141-153.

Johnson C M, Beard B L, Beukes N J, et al., 2003. Ancient geochemical cycling in the Earth as inferred from Fe-isotope studies of banded iron formations from the Transvaal craton[J]. Contr. Miner. Petrol., 114:523-547.

Johnson C M, Beard B L, Roden E E, 2008. The iron isotope fingerprints of redox and biogeochemical cycling in modern and ancient Earth[J]. Ann. Rev. Earth Planet Sci., 36:457-493.

Johnston D T, 2011. Multiple sulfur isotopes and the evolution of Earth's surface sulfur cycle[J]. Earth Sci. Rev., 106:161-183.

Jones H D, Kesler S E, Furman F C, et al., 1996. Sulfur isotope geochemistry of southern Appalachian Mississippi Valley-type depopsits[J]. Econ. Geol., 91:355-367.

JØrgensen B B, Böttcher M A, Lüschen H, et al., 2004. Anaerobic methane oxidation and a deep H_2S sink generate isotopically heavy sulfides in Black Sea sediments[J]. Geochim. Cosmochim. Acta, 68: 2095-2118.

Jouzel J, Merlivat L, Roth E, 1975. Isotopic study of hail[J]. J. Geophys. Res., 80:5015-5030.

Jouzel J, Merlivat L, Lorius C, 1982. Deuterium excess in an East Antarctic ice core suggests higher relative humidity at the oceanic surface during the last glacial maximum[J]. Nature, 299:688-691.

Jouzel J, Lorius C, Petit J R, et al., 1987. Vostok ice core: a continuous isotopic temperature record over the last climatic cycle (160000 years)[J]. Nature, 329:403-408.

Juranek L W, Quay P D, 2010. Basin-wide photosynthetic production rates in the subtropical and tropical Pacific Ocean determined from dissolved oxygen isotope ratio measurements[J]. Global. Biogeochem. Cycles, 24: GB2006.

Kampschulte A, Strauss H, 2004. The sulfur isotope evolution of Phanerozoic seawater based on the analyses of sructurally substituted sulfate in carbonates[J]. Chem. Geol., 204: 255-280.

Kaplan I R, Hulston J R, 1966. The isotopic abundance and content of sulfur in meteorites[J]. Geochim. Cosmochim. Acta, 30: 479-496.

Kaplan I R, Rittenberg S C, 1964. Microbiological fractionation of sulphur isotopes[J]. J. Gen. Microbiol. 34: 195-212.

Kaufman A J, Knoll G M, 1995. Neoproterozoic variations in the C-isotopic composition of seawater: stratigraphic and biogeochemical implications[J]. Precambrian. Res., 73: 27-49.

Kaye J, 1987. Mechanisms and observations for isotope fractionation of molecular species in planetary atmospheres[J]. Rev. Geophysics., 25: 1609-1658.

Keeling C D, 1958. The concentration and isotopic abundance of atmospheric carbon dioxide in rural areas[J]. Geochim. Cosmochim. Acta, 13: 322-334.

Keeling C D, 1961. The concentration and isotopic abundances of carbon dioxide in rural and marine air [J]. Geochim. Cosmochim. Acta, 24: 277-298.

Keeling C D, Mook W G, Tans P, 1979. Recent trends in the $^{13}C/^{12}C$ ratio of atmospheric carbon dioxide [J]. Nature, 277: 121-123.

Keeling C D, Carter A F, Mook W G, 1984. Seasonal, latitudinal and secular variations in the abundance and isotopic ratio of atmospheric carbon dioxide. II. Results from oceanographic cruises in the tropical Pacific Ocean[J]. J. Geophys. Res., 89: 4615-4628.

Keeling C D, Bacastow R B, Carter A F, et al., 1989. A three dimensional model of atmospheric CO_2 transport based on observed winds[J]. Geophys. Monogr. 55: 165-236.

Keeling C D, Whorf T P, Wahlen M, et al., 1995. Interannual extremes in the rate of rise of atmospheric carbon dioxide since 1980[J]. Nature, 375: 666-670.

Kelly W C, Rye R O, Livnat A, 1986. Saline minewaters of the Keweenaw Peninsula, Northern Michigan: their nature, origin and relation to similar deep waters in Precambrian crystalline rocks of the Canadian Shield[J]. Am. J. Sci., 286: 281-308.

Kelly J, Fu B, Kita N, et al., 2007. Optically continuous silcrete quartz cements in the St. Peter sandstone[J]. Geochim. Cosmochim. Acta, 71: 3812-3832.

Kelts K, McKenzie J A, 1982. Diagenetic dolomite formation in quaternary anoxic diatomaceous muds of DSDP Leg 64, Gulf of California[J]. Initial Rep. DSDP, 64: 553-569.

Kempton P D, Harmon R S, 1992. Oxygen isotope evidence for large-scale hybridization of the lower crust during magmatic underplating[J]. Geochim. Cosmochim. Acta, 56: 971-986.

Kendall B, Dahl T W, Anbar A D, 2017. The stable isotope geochemistry of molybdenum[J]. Rev. Miner. Geochem., 82: 683-732.

Kennicutt M C, Barker C, Brooks J M, et al., 1987. Selected organic matter indicators in the Orinoco, Nile and Changjiang deltas[J]. Org. Geochem., 11: 41-51.

Keppler F, Hamilton J T G, Braß M, et al., 2006. Methane emissions from terrestrial plants under aerobic conditions[J]. Nature, 439:187-191.

Kerrich R, Rehrig W, 1987. Fluid motion associated with Tertiary mylonitization and detachment faulting: $^{18}O/^{16}O$ evidence from the Picacho metamorphic core complex, Arizona[J]. Geology., 15: 58-62.

Kerrich R, Latour T E, Willmore L, 1984. Fluid participation in deep fault zones: evidence from geological, geochemical and to $^{18}O/^{16}O$ relations[J]. J. Geophys. Res. 89:4331-4343.

Kerridge J F, 1983. Isotopic composition of carbonaceous-chondrite kerogen: evidence for an interstellar origin of organic matter in meteorites[J]. Earth Planet Sci. Lett., 64:186-200.

Kerridge J F, Haymon R M, Kastner M, 1983. Sulfur isotope systematics at the 21° N site, East Pacific Rise[J]. Earth Planet Sci. Lett., 66:91-100.

Kerridge J F, Chang S, Shipp R, 1987. Isotopic characterization of kerogen-like material in the Murchison carbonaceous chondrite[J]. Geochim. Cosmochim. Acta, 51:2527-2540.

Kharaka Y K, Berry F A F, Friedman I, 1974. Isotopic composition of oil-field brines from Kettleman North Dome, California and their geologic implications[J]. Geochim. Cosmochim. Acta, 37: 1899-1908.

Kharaka Y K, Cole D R, Hovorka S D, et al., 2006. Gas-water-rock interactions in Frio formation following CO_2 injection: implications to the storage of greenhouse gases in sedimentary basins[J]. Geology, 34:577-580.

Kiczka M, Wiederhold J G, Kraemer S M, et al., 2010. Iron isotope fractionation during Fe uptake and translocation in Alpine plants[J]. Environ. Sci. Technol., 44:6144-6150.

Kim K R, Craig H, 1990. Two isotope characterization of N_2O in the Pacific Ocean and constraints on its origin in deep water[J]. Nature, 347:58-61.

Kim K R, Craig H, 1993. Nitrogen-15 and oxygen-18 characteristics of nitrous oxide[J]. Science, 262: 1855-1858.

King P L, McLennan S M, 2009. Sulfur on Mars[J]. Elements, 6:107-112.

Kirkley M B, Gurney J J, Otter M L, et al., 1991. The application of C-isotope measurements to the identification of the sources of C in diamonds[J]. Appl. Geochem., 6:477-494.

Kloppmann W, Girard J P, Négrel P, 2002. Exotic stable isotope composition of saline waters and brines from the crystalline basement[J]. Chem. Geol., 184:49-70.

Knauth L P, 1988. Origin and mixing history of brines, Palo Duro Basin, Texas, USA[J]. Appl. Geochem., 3:455-474.

Knauth L P, Beeunas M A, 1986. Isotope geochemistry of fluid inclusions in Permian halite with implications for the isotopic history of ocean water and the origin of saline formation waters[J]. Geochim. Cosmochim. Acta, 50:419-433.

Knauth L P, Lowe D R, 1978. Oxygen isotope geochemistry of cherts from the Onverwacht group (3.4 billion years), Transvaal, South Africa, with implications for secular variations in the isotopic composition of chert[J]. Earth Planet Sci. Lett., 41:209-222.

Knoll A H, Hayes J M, Kaufman A J, et al., 1986. Secular variation in carbon isotope ratios from Upper Proterozoic successions of Svalbard and East Greenland[J]. Nature, 321:832-838.

Kohn M J, 1996. Predicting animal $\delta^{18}O$: accounting for diet and physiological adaptation[J]. Geochim.

Cosmochim. Acta, 60:4811-4829.

Kohn M J, 1999. Why most "dry" rocks should cool "wet"[J]. Am. Miner., 84:570-580.

Kohn M J, Cerling T E, 2002. Stable isotope compositions of biological apatite[J]. Rev. Miner. Geochem., 48:455-488.

Kohn M J, Valley J W, 1994. Oxygen isotope constraints on metamorphic fluid flow, Townshend Dam, Vermont, USA[J]. Geochim. Cosmochim. Acta, 58:5551-5566.

Kohn M J, Valley J W, Elsenheimer D, et al., 1993. Oxygen isotope zoning in garnet and staurolite: evidence for closed system mineral growth during regional metamorphism[J]. Am. Miner., 78:988-1001.

Kohn M J, Riciputi L R, Stakes D, et al., 1998. Sulfur isotope variability in biogenic pyrite: reflections of heterogeneous bacterial colonzation?[J]. Am. Miner., 83:1454-1486.

Kolodny Y, Kerridge J F, Kaplan I R, 1980. Deuterium in carbonaceous chondrites[J]. Earth Planet Sci. Lett., 46:149-153.

Kolodny Y, Luz B, Navon O, 1983. Oxygen isotope variations in phosphate of biogenic apatites, Ⅰ. Fish bone apatite—rechecking the rules of the game[J]. Earth Planet Sci. Lett., 64:393-404.

Kolodny Y, Luz B, Sander M, et al., 1996. Dinosaur bones: fossils or pseudomorphs? The pitfalls of physiology reconstruction from apatitic fossils[J]. Palaeo. Palaeo. Palaeoecol., 126:161-171.

Kool D M, Wrage N, Oenema O, et al., 2009. The ^{18}O signature of biogenic nitrous oxide is determined by O exchange with water[J]. Rapid Commun. Mass Spectrom., 23:104-108.

Krishnamurthy R V, Epstein S, Cronin J R, et al., 1992. Isotopic and molecular analyses of hydrocarbons and monocarboxylic acids of the Murchison meteorite[J]. Geochim. Cosmochim. Acta, 56:4045-4058.

Kroopnick P, 1985. The distribution of ^{13}C of $\sum CO_2$ in the world oceans[J]. Deep Sea Res. 32:57-84.

Kroopnick P, Craig H, 1972. Atmospheric oxygen: isotopic composition and solubility fractionation[J]. Science, 175:54-55.

Kroopnick P, Weiss R F, Craig H, 1972. Total CO_2, ^{13}C and dissolved oxygen-^{18}O at Geosecs Ⅱ in the North Atlantic[J]. Earth Planet Sci. Lett., 16:103-110.

Krouse H R, Viau C A, Eliuk L S, et al., 1988. Chemical and isotopic evidence of thermochemical sulfate reduction by light hydrocarbon gases in deep carbonate reservoirs[J]. Nature, 333:415-419.

Kump L R, 1989. Alternative modeling approaches to the geochemical cycles of carbon, sulfur and strontium isotopes[J]. Am. J. Sci., 289:390-410.

Kump L R, 2005. Ironing out biosphere oxidation[J]. Science, 307:1058-1059.

Kump L R, Arthur M A, 1999. Interpreting carbon-isotope excursions: carbonates and organic matter[J]. Chem. Geol., 161:181-198.

Kvenvolden K A, 1995. A review of the geochemistry of methane in natural gas hydrate[J]. Org. Geochem., 23:997-1008.

Kyser T K, O'Neil J R, 1984. Hydrogen isotope systematics of submarine basalts[J]. Geochim. Cosmochim. Acta, 48:2123-2134.

Kyser T K, O'Neil J R, Carmichael I S E, 1981. Oxygen isotope thermometry of basic lavas and mantle nodules[J]. Contrib. Miner. Petrol., 77:11-23.

Kyser T K, O'Neil J R, Carmichael I S E, 1982. Genetic relations among basic lavas and mantle nodules [J]. Contrib. Miner. Petrol., 81:88-102.

Kyser T K, O'Neil J R, Carmichael I S E, 1986. Reply to "Possible non-equilibrium oxygen isotope effects in mantle nodules, an alternative to the Kyser-O'Neil-Carmichael geothermometer"[J]. Contr. Miner. Petrol., 93:120-123.

Labeyrie L D, Juillet A, 1982. Oxygen isotope exchangeability of diatom valve silica: interpretation and consequences for paleoclimatic studies[J]. Geochim. Cosmochim. Acta, 46:967-975.

Labeyrie L D, Duplessy J C, Blanc P L, 1987. Deep water formation and temperature variations over the last 125000 years[J]. Nature, 327:477-482.

Labidi J, Catigny P, Birck J L, et al., 2012. Determination of multiple sulphur isotopes in glasses: a reappraisal of the MORB δ^{34}S[J]. Chem. Geol., 334:189-198.

Labidi J, Cartigny P, Moreira M, et al., 2013. Non-chondritic sulphur isotope composition of the terrestrial mantle[J]. Nature, 501:208-211.

Labidi J, Cartigny P, Hamelin C, et al., 2014. Sulfur isotope budget (^{32}S, ^{33}S, ^{34}S, ^{36}S) in Pacific-Antarctic ridge basalts: a record of mantle source heterogeneity and hydrothermal sulfide assimilation [J]. Geochim. Cosmochim. Acta, 133:47-67.

Lachniet M S, 2009. Climatic and environmental controls on speleothem oxygen-isotope values. Quat. Sci. Rev., 28:412-432.

Land L S, 1980. The isotopic and trace element geochemistry of dolomite: the state of the art. In: Concepts and models of dolomitization[J]. Soc. Econ. Paleontol. Min. Spec. Publ., 28:87-110.

Landais A, Barkan E, Luz B, 2008. Record of δ^{18}O and ^{17}O excess in ice from Vostok, Antarctica during the last 150000 years[J]. Geophys. Res. Lett., 35:L02709.

Lane G A, Dole M, 1956. Fractionation of oxygen isotopes during respiration[J]. Science, 123:574-576.

Lau K V, Maher K, 2017. The influence of seawater carbonate chemistry, mineralogy and diagenesis on calcium isotope variations in Lower-Middle Triassic carbonate rocks[J]. Chem. Geol., 471:13-37.

Lawrence J R, 1989. The stable isotope geochemistry of deep-sea pore water[M]//Baskaran M, Handbook of environmental isotope geochemistry. Amsterdam: Elsevier, 317-356.

Lawrence J R, Gieskes J M, 1981. Constraints on water transport and alteration in the oceanic crust from the isotopic composition of the pore water[J]. J. Geophys. Res, 86:7924-7934.

Lawrence J R, Taviani M, 1988. Extreme hydrogen, oxygen and carbon isotope anomalies in the pore waters and carbonates of the sediments and basalts from the Norwegian Sea: methane and hydrogen from the mantle?[J]. Geochim. Cosmochim. Acta, 52:2077-2083.

Lawrence J R, Taylor H P, 1971. Deuterium and oxygen-18 correlation: clay minerals and hydroxides in quaternary soils compared to meteoric waters[J]. Geochim. Cosmochim. Acta, 35:993-1003.

Laws E A, Popp B N, Bidigare R R, 1995. Dependence of phytoplankton carbon isotopic composition on growth rate and CO_2(aq): theoretical consider-ations and experimental results[J]. Geochim. Cosmochim. Acta, 59:1131-1138.

Lazar C, Young E D, Manning C E, 2012. Experimental determination of equilibrium nickel isotope fractionation between metal and silicate from 500 ℃ to 950 ℃[J]. Geochim. Cosmochim. Acta, 86:276-395.

Leclerc A J, Labeyrie L C, 1987. Temperature dependence of oxygen isotopic fractionation between diatom silica and water[J]. Earth Planet Sci. Lett., 84:69-74.

Lécuyer C, Grandjean P, Reynard B, et al., 2002. $^{11}B/^{10}B$ analysis of geological materials by ICP-MS Plasma 54: application to boron fractionation between brachiopod calcite and seawater[J]. Chem. Geol., 186:45-55.

Leder J L, Swart P K, Szmant A M, et al., 1996. The origin of variations in the isotopic record of scleractinian corals: I. Oxygen[J]. Geochim. Cosmochim. Acta, 60:2857-2870.

Lemarchand D, Gaillardet J, Lewin E, 2000. The influence of rivers on marine boron isotopes and implications for reconstructing past ocean pH[J]. Nature, 408:951-954.

Lemarchand D, Gaillardet J, Lewin E, et al., 2002. Boron isotope systematics in large rivers: implications for the marine boron budget and paleo-pH reconstruction over the Cenozoic[J]. Chem. Geol., 190:123-140.

Leng M J, Marshall J D, 2004. Palaeoclimate interpretation of stable isotope data from lake sediment archives[J]. Quaternary Sci. Rev. 23:811-831.

Lepot K, Williford K H, Ushikubo T, et al., 2013. Texture-specific isotopic compositions in 3.4 Ga old organic matter support selective preservation in cell-like structures[J]. Geochim. Cosmochim. Acta, 112:66-86.

Leshin L A, Epstein S, Stolper E M, 1996. Hydrogen isotope geochemistry of SNC meteorites[J]. Geochim. Cosmochim. Acta, 60:2635-2650.

Leshin L A, McKeegan K D, Carpenter P K, et al., 1998. Oxygen isotopic constraints on the genesis of carbonates from Martian meteorite ALH 84001[J]. Geochim. Cosmochim. Acta, 62:3-13.

Leuenberger M, Siegenthaler U, Langway C C, 1992. Carbon isotope composition of atmospheric CO_2 during the last ice age from an Antarctic ice core[J]. Nature, 357:488-490.

Lewan M D, 1983. Effects of thermal maturation on stable carbon isotopes as determined by hydrous pyrolysis of Woodford shale[J]. Geochim. Cosmochim. Acta, 47:1471-1480.

Li L, Cartigny P, Ader M, 2009. Kinetic nitrogen isotope fraction associated with thermal decomposition of NH_3: experimental results and potential applications to trace the origin of N_2 in natural gas and hydrothermal systems[J]. Geochim. Cosmochim. Acta, 73:6282-6297.

Li W, Jackson S E, Pearson N J, et al., 2010a. Copper isotope zonation in the Northparkes porphyry Cu-Au deposit, SE Australia[J]. Geochim. Cosmochim. Acta, 74:4078-4096.

Li W Y, Teng F Z, Ke S, et al., 2010b. Heterogeneous magnesium isotopic composition of the upper continental crust[J]. Geochim. Cosmochim. Acta, 74:6867-6884.

Liotta M, Rizzo A, Paonita A, et al., 2012. Sulfur isotopic compositions of fumarolic and plume gases at Mount Etna (Italy) and inferences on their magmatic source[J]. Geochem. Geophys. Geosys., 13(5).

Lister G S, Kelts K, Chen K Z, et al., 1991. Lake Qinghai, China: closed-basin lake levels and the oxygen isotope record for ostracoda since the latest Pleistocene[J]. Palaeo. Palaeo. Palaeoecology, 84:141-162.

Little S H, Vance D, Walker-Brown C, et al., 2014. The oceanic mass balance of copper and zinc isotopes, investigated by analysis by their in puts and outputs to ferromanganese oxide sediments[J].

Geochim. Cosmochim. Acta, 125:673-693.

Liu Y, Spicuzza M J, Craddock P R, et al., 2010. Oxygen and iron isotope constraints on near-surface fractionation effects and the composition of lunar mare basalt source regions[J]. Geochim. Cosmochim. Acta, 74:6249-6262.

Liu S A, Teng F Z, Yang W, et al., 2011. High temperature inter-mineral magnesium isotope fractionation in mantle xenoliths from the North China craton[J]. Earth Planet Sci. Lett., 308:131-140.

Liu J, Dauphas N, Roskosz M, et al., 2017. Iron isotopic fractionation between silicate mantle and metallic core at high pressure[J]. Nature Commun., 8:14377.

Lloyd M R, 1967. Oxygen-18 composition of oceanic sulfate[J]. Science, 156:1228-1231.

Lloyd M R, 1968. Oxygen isotope behavior in the sulfate-water system[J]. J. Geophys. Res., 73:6099-6110.

Longinelli A, 1966. Ratios of oxygen-18: oxygen-16 in phosphate and carbonate from living and fossil marine organisms[J]. Nature, 211:923-926.

Longinelli A, 1984. Oxygen isotopes in mammal bone phosphate: a new tool for paleohydro- logical and paleoclimatological research?[J]. Geochim. Cosmochim. Acta, 48:385-390.

Longinelli A, Bartelloni M, 1978. Atmospheric pollution in Venice, Italy, as indicated by isotopic analyses[J]. Water Air Soil., Poll., 10:335-341.

Longinelli A, Craig H, 1967. Oxygen-18 variations in sulfate ions in sea-water and saline lakes[J]. Science, 156:56-59.

Longinelli A, Edmond J M, 1983. Isotope geochemistry of the Amazon basin. A reconnaissance[J]. J. Geophys. Res., 88:3703-3717.

Longinelli A, Nuti S, 1973. Revised phosphate-water isotopic temperature scale[J]. Earth Planet Sci. Lett., 19:373-376.

Longstaffe F J, Schwarcz H P, 1977. $^{18}O/^{16}O$ of Archean clastic metasedimentary rocks: a petrogenetic indicator for Archean gneisses?[J]. Geochim. Cosmochim. Acta, 41:1303-1312.

Lorius C, Jouzel J, Ritz C, Merlivat L, et al., 1985. A 150000 year climatic record from Antarctic ice. Nature, 316:591-596.

Lücke A, Moschen R, Schleser G, 2005. High-temperature carbon reduction of silica: a novel approach for oxygen isotope analysis of biogenic opal[J]. Geochim. Cosmochim. Acta, 69:1423-1433.

Luz B, Barkan E, 2000. Assessment of oceanic productivity with the triple-isotope composition of dissolved oxygen[J]. Science, 288:2028-2031.

Luz B, Barkan E, 2005. The isotopic ratios $^{17}O/^{16}O$ and $^{18}O/^{16}O$ in molecular oxygen and their significance in biogeochemistry[J]. Geochim. Cosmochim. Acta, 69:1099-1110.

Luz B, Barkan E, 2010. Variations of $^{17}O/^{16}O$ and $^{18}O/^{16}O$ in meteoric waters[J]. Geochim. Cosmochim. Acta, 74:6276-6286.

Luz B, Kolodny Y, 1985. Oxygen isotope variations in phosphate of biogenic apatites, IV: mammal teeth and bones[J]. Earth Planet Sci. Lett., 75:29-36.

Luz B, Kolodny Y, Horowitz M, 1984. Fractionation of oxygen isotopes between mammalian bone-phosphate and environmental drinking water[J]. Geochim. Cosmochim. Acta, 48:1689-1693.

Luz B, Cormie A B, Schwarcz H P, 1990. Oxygen isotope variations in phosphate of deer bones[J]. Geochim. Cosmochim. Acta, 54:1723-1728.

Luz B, Barkan E, Bender M L, et al., 1999. Triple-isotope composition of atmospheric oxygen as a tracer of biosphere productivity[J]. Nature, 400:547-550.

Lyons T W, Reinhard C T, Planavsky N J, 2014. The rise of oxygen in Earth's early ocean and atmosphere[J]. Nature, 506:307-315.

Macris C A, Manning C E, Young E D, 2015. Crystal chemical constraints on inter-mineral Fe isotope fractionation and implications for Fe isotope disequilibrium in San Carlos mantle xenoliths[J]. Geochim. Cosmochim. Acta, 154:168-185.

Mader M, Schmidt C, van Geldern R, et al., 2017. Dissolved oxygen in water and its stable isotope effects: a review[J]. Chem. Geol., 473:10-21.

Magna T, Wiechert U, Halliday A N, 2006. New constraints on the lithium isotope composition of the moon and terrestrial planets[J]. Earth Planet Sci. Lett., 243:336-353.

Magyar P M, Orphan V J, Eiler J M, 2016. Measurement of rare isotopologues of nitrous oxide by high-resolution multi-collector mass spectrometry[J]. Rapid Comm. Mass Spectr., 30:1923-1940.

Mahaffy P R, Webster C R, 2013. Abundance and isotopic composition of gases in the Martian atmosphere from the Curiosity Rover[J]. Science, 341:263-266.

Maher K, Larson P, 2007. Variation in copper isotope ratios and controls on fractionation in hypogene skarn mineralization at Coroccohuayco and Tintaya, Peru[J]. Econ. Geol., 102:225-237.

Mandeville C W, Webster J D, Tappen C, et al., 2009. Stable isotope and petrologic evidence for open-system degassing during the climactic and pre-climactic eruptions of Mt. Mazama, Crater Lake. Oregon[J]. Geochim. Cosmochim. Acta, 73:2978-3012.

Mane P, Hervig R, Wadhwa M, et al., 2016. Hydrogen isotopic composition of the Martian mantle inferred from the newest Martian meteorite fall, Tissint[J]. Meteor. Planet Sci., 51:2073-2091.

Marin J, Chaussidon M, Robert F, 2010. Microscale oxygen isotope variations in 1.9 Ga Gunflint cherts: assessments of diagenetic effects and implications for oceanic paleotemperature reconstructions[J]. Geochim. Cosmochim. Acta, 74:116-130.

Marin-Carbonne J, Chaussidon M, Boiron M C, et al., 2011. A combined in situ oxygen, silicon and fluid inclusion study of a chert sample from Onverwacht Group (3.35 Ga, South Africa): new constraints on fluid circulation[J]. Chem. Geol., 286:59-71.

Marin-Carbonne J, Chaussidon M, Robert F, 2012. Micrometer-scale chemical and isotopic criteria (O and Si) on the origin and history of Precambrian cherts: implications for paleo-temperature reconstructions[J]. Geochim. Cosmochim. Acta, 92:129-147.

Marin-Carbonne J, Robert F, Chaussidon M, 2014a. The silicon and oxygen isotope compositions of precambrian cherts: a record of oceanic paleo-temperatures?[J]. Precam. Res. 247:223-234.

Marin-Carbonne J, et al., 2014b. Coupled Fe and S isotope variatiions in pyrite nodules from Archaen shale[J]. Earth Planet Sci. Lett., 392:67-79.

Markl G, Lahaye Y, Schwinn G, 2006a. Copper isotopes as monitors of redox processes in hydrothermal mineralization[J]. Geochim. Cosmochim. Acta, 70:4215-4228.

Markl G, von Blanckenburg F, Wagner T, 2006b. Iron isotope fractionation during hydrothermal ore deposition and alteration[J]. Geochim. Cosmochim. Acta, 70:3011-3030.

Marowsky G, 1969. Schwefel-Kohlenstoff-und Sauerstof-isotopenuntersuchungen am Kupfer-schiefer als Beitrag zur genetischen Deutung[J]. Contrib. Miner. Petrol., 22:290-334.

Marschall H R, Wanless V D, Shimizu N, et al., 2017. The boron and lithium isotopic composition of mid-ocean ridge basalts and the mantle[J]. Geochim. Cosmochim. Acta, 207:102-138.

Martin E, Bindeman I, 2009. Mass-independent isotopic signatures of volcanic sulfate from three supereuption ash deposits in Lake Tecopa, California[J]. Earth Planet Sci. Lett., 282:102-114.

Martin A P, Condon D J, Prave A R, et al., 2013. A review of temporal constraints for thePalaeoproterozoic large, positive carbonate carbon isotope excursion (the Lomagundi-Jatuli event) [J]. Earth Sci. Rev., 127:242-261.

Martin J E, Vance D, Balter V, 2015. Magnesium stable isotope ecology using mammal tooth enamel[J]. PNAS, 112:430-435.

Martinson D G, Pisias N G, Hays J D, et al., 1987. Age dating and the orbital theory of the ice ages: development of a high resolution 0 to 300000 year chronostratigraphy[J]. Quat. Res., 27:1-29.

Marty B, 2012. The origins and concentrations of water, carbon, nitrogen and noble gases on Earth[J]. Earth Planet Sci. Lett., 314:56-66.

Marty B, Humbert F, 1997. Nitrogen and argon isotopes in oceanic basalts[J]. Earth Planet Sci. Lett., 152:101-112.

Marty B, Zimmermann L, 1999. Volatiles (He, C, N, Ar) in mid-ocean ridge basalts: assesment of shallow-level fractionation and characterization of source composition[J]. Geochim. Cosmochim. Acta, 63:3619-3633.

Marty B, Chaussidon M, Wiens R C, et al., 2011. A ^{15}N-poor isotopic composition for the solar system as shown by Genesis solar wind samples[J]. Science, 332:1533-1536.

Mason T F D, 2005. Zn and Cu isotopic variability in the Alexandrinka volcanic-hosted massive sulphide (VHMS) ore deposit, Urals, Russia[J]. Chem. Geol., 221:170-187.

Mason E, Edmonds M, Turchyn A V, 2017. Remobilization of crustal carbon may dominate arc emissions [J]. Science, 357:290-294.

Masson-Delmotte V, Jouzel J, 2005. GRIP deuterium excess reveals rapid and orbital-scale changes in Greenland moisture origin[J]. Science, 309:118-121.

Mastalerz M, Schimmelmann A, 2002. Isotopically exchangeable organic hydrogen in coal relates to thermal maturity and maceral composition[J]. Org. Geochem., 33:921-931.

Matheney R K, Knauth L P, 1989. Oxygen isotope fractionation between marine biogenic silica and seawater[J]. Geochim. Cosmochim. Acta, 53:3207-3214.

Mathur R, Dendas M, Titley S, et al., 2010. Patterns in the copper isotope composition of minerals in porphyry copper deposits in southwestern United States[J]. Econ. Geol., 105:1457-1467.

Matsubaya O, Sakai H, 1973. Oxygen and hydrogen isotopic study on the water of crystallization of gypsum from the Kuroko-type mineralization[J]. Geochem. J., 7:153-165.

Matsuhisa Y, 1979. Oxygen isotopic compositions of volcanic rocks from the east Japan island arcs and their bearing on petrogenesis[J]. J. Volcanic. Geotherm. Res., 5:271-296.

Matsumoto R, 1992. Causes of the oxygen isotopic depletion of interstitial waters from sites 798 and 799,

Japan Sea, Leg 128[J]. Proc. Ocean. Drill., 127(128):697-703.

Matsuo S, Friedman I, Smith G I, 1972. Studies of quaternary saline lakes. I. Hydrogen isotope fractionation in saline minerals[J]. Geochim. Cosmochim. Acta, 36:427-435.

Mattey D P, Carr R H, Wright I P, et al., 1984. Carbon isotopes in submarine basalts[J]. Earth Planet Sci. Lett., 70:196-206.

Mattey D P, Lowry D, MacPherson C, 1994. Oxygen isotope composition of mantle peridotites[J]. Earth Planet Sci. Lett., 128:231-241.

Mauersberger K, 1981. Measurement of heavy ozone in the stratosphere[J]. Geophys Res. Lett., 8:935-937.

Mauersberger K, 1987. Ozone isotope measurements in the stratosphere[J]. Geophys. Res. Letter, 14:80-83.

McCaig A M, Wickham S M, Taylor H P, 1990. Deep fluid circulation in Alpine shear zones, Pyrenees, France: field and oxygen isotope studies[J]. Contr. Miner. Petrol., 106:41-60.

McClelland J W, Montoya J P, 2002. Trophic relationships and the nitrogen isotope composition of amino acids in plankton[J]. Ecology, 83:2173-2180.

McCollom T M, Seewald J S, 2006. Carbon isotope composition of organic compounds produced by abiotic synthesis under hydrothermal conditions[J]. Earth Planet Sci. Lett., 243:74-84.

McConnaughey T, 1989a. ^{13}C and ^{18}O disequilibrium in biological carbonates. II. In vitro simulation of kinetic isotope effects[J]. Geochim. Cosmochim. Acta, 53:163-171.

McConnaughey T, 1989b. ^{13}C and ^{18}O disequilibrium in biological carbonates. I. Patterns[J]. Geochim. Cosmochim. Acta, 53:151-162.

McCorkle D C, Emerson S R, 1988. The relationship between pore water isotopic composition and bottom water oxygen concentration[J]. Geochim. Cosmochim. Acta, 52:1169-1178.

McCorkle D C, Emerson S R, Quay P, 1985. Carbon isotopes in marine porewaters[J]. Earth Planet Sci. Lett., 74:13-26.

McCrea J M, 1950. On the isotopic chemistry of carbonates and a paleotemperature scale[J]. J. Chem. Phys., 18:849-857.

McDermott F, 2004. Palaeo-climate reconstruction from stable isotope variations in speleothems: a review [J]. Quaternary Sci. Rev., 23:901-918.

McGarry S, Bar-Matthews M, Matthews A, et al., 2004. Constraints on hydrological and paleotemperature variations in the eastern Mediterranean region in the last 140 ka given by the δD values of speleothem fluid inclusions[J]. Quat. Sci. Rev., 23:919-934.

McGregor I D, Manton S R, 1986. Roberts Victor eclogites: ancient oceanic crust[J]. J. Geophys. Res., 91:14063-14079.

McInerney F A, Wing S L, 2011. The Paleocene-Eocene thermal maximum: a perturbation of carbon cycle, climate and biosphere with implications for the future[J]. Ann. Rev. Earth Planet Sci., 39:489-516.

McKay D S, 1996. Search for past life on Mars: possible relic biogenic activity in martian meteorite ALH 84001[J]. Science, 273:924-930.

McKeegan K D, Kallio A P, Heber V S, et al., 2011. The oxygen isotopic composition of the Sun inferred from captured solar wind[J]. Science, 332:1528-1532.

McKenzie J, 1984. Holocene dolomitization of calcium carbonate sediments from the coastal sabkhas of Abu Dhabi, U. A. E.: a stable isotope study[J]. J. Geol., 89:185-198.

McKibben M A, Riciputi L R, 1998. Sulfur isotopes by ion microprobe[J]//None. Applications of microanalytical techniques to understanding mineralizing processes. Rev. Econ. Geol., 7:121-140.

McLaughlin K, Chavez F, Pennington J T, et al., 2006. A time series investigation of the oxygen isotope composition of dissolved inorganic phosphate in Monterey Bay, California[J]. Limnol. Oceanogr., 51:2370-2379.

McSween H Y, Taylor L A, Stolper E M, 1979. Allan Hills 77005: a new meteorite type found in Antarctica[J]. Science, 204:1201-1203.

Meier-Augustein W, 2010. Stable isotope forensics[M]. Chichester: Wiley.

Mengel K, Hoefs J, 1990. Liδ^{18}OSiO$_2$ systematics in volcanic rocks and mafic lower crustal xenoliths[J]. Earth Planet Sci. Lett., 101:42-53.

Merlivat L, Jouzel J, 1979. Global climatic interpretation of the deuterium-oxygen 18 relationship for precipitation[J]. J. Geophys. Res. 84:5029-5033.

Michalski G, Bhattacharya S K, Mase D F, 2011. Oxygen isotope dynamics of atmospheric nitrate and its precursor molecules[M]//Baskaran M. Handbook of environmental isotope geochemistry. New York: Springer: 613-635.

Mikaloff-Fletcher S E, 2006. Inverse estimates of anthropogenic CO_2 uptake, transport and storage by the ocean[J]. Global Biogeochem. Cycles, 20:GB2002.

Milkov A V, 2005. Molecular and stable isotope compositions of natural gas hydrates: a revised global dataset and basic interpretations in the context of geological settings[J]. Org. Geochem., 36:681-702.

Ming T, Anders E, Hoppe P, et al., 1989. Meteoritic silicon carbide and its stellar sources, implications for galactic chemical evolution[J]. Nature, 339:351-354.

Minigawa M, Wada E, 1984. Stepwise enrichments of ^{15}N along food chains: further evidence and the relation between δ^{15}N and animal age[J]. Geochim. Cosmochim. Acta, 48:1135-1140.

Mischler J A, Sowers T A, Alley R B, et al., 2009. Carbon and hydrogen isotopic composition of methane over the last 1000 years[J]. Global Geochem. Cycle, 23:GB4024.

Misra S, Froelich P N, 2012. Lithium isotope history of Cenozoic seawater: changes in silicate weathering and reverse weathering[J]. Science, 335:818-823.

Mix H T, Chamberlain C P, 2014. Stable isotope records of hydrologic change and paleotemperature from smectite in Cenozoic western North America[J]. Geochim. Cosmochim. Acta, 141:532-546.

Moldovanyi E P, Lohmann K C, 1984. Isotopic and petrographic record of phreatic diagenesis: Lower Cretaceous Sligo and Cupido Formations[J]. J. Sediment. Petrol., 54:972-985.

Monster J, Anders E, Thode H G, 1965. ^{34}S/^{32}S ratios for the different forms of sulphur in the Orgueil meteorite and their mode of formation[J]. Geochim. Cosmochim. Acta, 29:773-779.

Monster J, Appel P W, Thode H G, et al., 1979. Sulphur isotope studies in early Archean sediments from Isua, West Greenland: implications for the antiquity of bacterial sulfate reduction[J]. Geochim. Cosmochim. Acta, 43:405-413.

Montoya J P, Horrigan S G, McCarthy J J, 1991. Rapid, storm-induced changes in the natural abundance of ^{15}N in a planktonic ecosystem, Chesapeake Bay, USA[J]. Geochim. Cosmochim. Acta, 55: 3627-3638.

Mook W G, Koopman M, Carter A F, et al., 1983. Seasonal, latitudinal and secular variations in the abundance and isotopic ratios of atmospheric carbon dioxide. Ⅰ. Results from land stations[J]. J. Geophys. Res., 88: 10915-10933.

Morin S, Savarino J, Frey M F, et al., 2008. Tracing the origin and fate of NO_x in the arctic atmosphere using stable isotopes in nitrate[J]. Science, 322: 730-732.

Moschen R, Lücke A, Parplies U, et al., 2006. Transfer and early diagenesis of biogenic silica oxygen isotope signals during settling and sedimentation of diatoms in a temperate freshwater lake (Lake Holzmaar, Germany)[J]. Geochim. Cosmochim. Acta, 70: 4367-4379.

Mossmann J R, Aplin A C, Curtis C D, et al., 1991. Geochemistry of inorganic and organic sulfur in organic-rich sediments from the Peru Margin[J]. Geochim. Cosmochim. Acta, 55: 3581-3595.

Moynier F, Blichert-Toft J, Telouk P, et al., 2007. Comparative stable isotope geochemistry of Ni, Cu, Zn and Fe in chondrites and iron meteorites[J]. Geochim. Cosmochim. Acta, 71: 4365-4379.

Moynier F, Pichat S, Pons M L, et al., 2008. Isotope fractionation and transport mechanisms of Zn in plants[J]. Chem. Geol. 267: 125-130.

Muehlenbachs K, Byerly G, 1982. ^{18}O enrichment of silicic magmas caused by crystal fractionation at the Galapagos Spreading Center[J]. Contr. Miner. Petrol. 79: 76-79.

Muehlenbachs K, Clayton R N, 1972. Oxygen isotope studies of fresh and weathered submarine basalts [J]. Can. J. Earth Sci., 9: 471-479.

Muehlenbachs K, Clayton R N, 1976. Oxygen isotope composition of the oceanic crust and its bearing on seawater[J]. J. Geophys. Res. 81: 4365-4369.

Mulitza S, Duerkoop A, Hale S, et al., 1997. Planktonic foraminifera as recorders of past surface water stratification[J]. Geology, 25: 335-338.

Nabelek P I, 1991. Stable isotope monitors[J]//Kerrick D M. Contact metamorphism. Rev. Miner., 26: 395-435.

Nabelek P I, Labotka T C, O'Neil J R, et al., 1984. Contrasting fluid/rock interaction between the Notch Peak granitic intrusion and argillites and limestones in western Utah: evidence fromstable isotopes and phase assemblages[J]. Contr. Miner. Petrol., 86: 25-43.

Neretin L N, Böttcher M E, JØrgensen B B, et al., 2004. Pyritization processes and greigite formation in the advancing sulfidization front in the Upper Pleistone sediments of the Black Sea[J]. Geochim. Cosmochim. Acta, 68: 2081-2094.

Niedermeyer E M, Forrest M, Beckmann B, et al., 2016. The stable hydrogen isotopic composition of sedimentary plant waxes as quantitative proxy for rainfall in the West African Sahel[J]. Geochim. Cosmochim. Acta, 184: 55-70.

Nielsen H, Ricke W, 1964. S-Isotopenverhaltnisse von Evaporiten aus Deutschland. Ein Beitrag zur Kenntnis von δ^{34}S im Meerwasser Sulfat[J]. Geochim. Cosmochim. Acta, 28: 577-591.

Niles P B, Leshin L A, Guan Y, 2005. Microscale carbon isotope variability in ALH84001 carbonates and a discussion of possible formation environments[J]. Geochim. Cosmochim. Acta, 69: 2931-2944.

Nishio Y, Sasaki S, Gamo T, et al., 1998. Carbon and helium isotope systematics of North Fiji basin basalt glasses: carbon geochemical cycle in the subduction zone[J]. Earth Planet Sci. Lett., 154:127-138.

Norris R D, Röhl U, 1999. Carbon cycling and chronology of climate warming during the Paleocene/Eocene transition[J]. Nature, 401:775-778.

Norton D, Taylor H P, 1979. Quantitative simulation of the hydrothermal systems of crystallizing magmas on the basis of transport theory and oxygen isotope data: an analysis of the Skaergaard intrusion[J]. J. Petrol., 20:421-486.

Nriagu J O, Coker R D, Barrie L A, 1991. Origin of sulphur in Canadian Arctic haze from isotope measurements[J]. Nature, 349:142-145.

Ochoa Gonzalez R, Strekopytov S, Amato F, et al., 2016. New insights from zinc and copper isotopic compositions into the sources of atmospheric particulate matter from two major European cities[J]. Environ. Sci. Tech., 50:9816-9824.

Ockert C, Gussone N, Kaufhold S, et al., 2013. Isotope fractionation during Ca exchange on clay minerals in a marine environment[J]. Geochim. Cosmochim. Acta, 112:374-388.

O'Leary J A, Eiler J M, Rossman G R, 2005. Hydrogen isotope geochemistry of nominally anhydrous minerals[J]. Geochim. Cosmochim. Acta, 69: A745.

O'Neil J R, Roe L J, Reinhard E, et al., 1994. A rapid and precise method of oxygen isotope analysis of biogenic phosphate[J]. Israel J. Earth Sci., 43:203-212.

Ohmoto H, 1972. Systematics of sulfur and carbon isotopes in hydrothermal ore deposits. Econ. Geol., 67:551-578.

Ohmoto H, 1986. Stable isotope geochemistry of ore deposits[J]. Rev. Miner., 16:491-559.

Ohmoto H, Goldhaber M B, 1997. Sulfur and carbon isotopes[M]//Barnes H L. Geochemistry of hydrothermal ore deposits, New York: Wiley, 435-486.

Ohmoto H, Rye R O, 1979. Isotopes of sulfur and carbon[M]//Barnes, Lloyd H, Geochemistry of hydrothermal ore deposits. New York: Holt Rinehart and Winston.

Ohmoto H, Mizukani M, Drummond S E, et al., 1983. Chemical processes of Kuroko formation[J]. Econ. Geol. Monogr., 5:570-604.

Ohmoto H, Kakegawa T, Lowe D R, 1993. 3.4 billion years old biogenic pyrites from Barberton, South Africa: sulfur isotope evidence[J]. Science, 262:555

Ongley J S, Basu A R, Kyser T K, 1987. Oxygen isotopes in coexisting garnets, clinopyroxenes and phlogopites of Roberts Victor eclogites: implications for petrogenesis and mantle metasoma-tism[J]. Earth Planet Sci. Lett., 83:80-84.

Ono S, Shanks W C, Rouxel O J, et al., 2007. S-33 constraints on the seawater sulphate contribution in modern seafloor hydrothermal vent sulfides[J]. Geochim, Cosmochim. Acta, 71:1170-1182.

Onuma N, Clayton R N, Mayeda T K, 1970. Oxygen isotope fractionation between minerals and an estimate of the temperature of formation[J]. Science, 167:536-538.

Ott U, 1993. Interstellar grains in meteorites[J]. Nature, 364:25-33.

Owen T, Maillard J P, DeBergh C, et al., 1988. Deuterium on Mars: the abundance of HDO and the value of D/H[J]. Science, 240:1767-1770.

Pack A, Gehler A, Süssenberger A, 2013. Exploring the usability of isotopically anomaleous oxygen in bones and teeth as palaeo-CO_2-barometer[J]. Geochim. Cosmochim. Acta, 102:306-317.

Pagani M, Arthur M A, Freeman K H, 1999a. Miocene evolution of atmospheric carbon dioxide[J]. Paleoceanography, 14:273-292.

Pagani M, Freeman K H, Arthur M A, 1999b. Late Miocene atmospheric CO_2 concentrations and the expansion of C_4 grasses[J]. Science, 285:876-879.

Page B, Bullen T, Mitchell M, 2008. Influences of calcium availability and tree species on Ca isotope fractionation in soil and vegetation[J]. Biogeochemistry, 88:1-13.

Palmer M R, Pearson P N, Conbb S J, 1998. Reconstructing past ocean pH-depth profiles[J]. Science, 282:1468-1471.

Park S, Perez T, Boering K A, et al., 2011. Can N_2O stable isotopes and isotopomers be useful tools to characterize sources and microbial pathways of N_2O production and consumption in tropical soils? [J]. Global Biogeochem. Cycles, 25.

Pawellek F, Veizer J, 1994. Carbon cycle in the upper Danube and its tributaries: $\delta^{13}C_{DIC}$ constraints[J]. Israel J. Earth Sci., 43:187-194.

Payne J L, Kump L R, 2007. Evidence for recurrent early triassic massive volcanism from quantitative interpretation of carbon isotope fluctuations[J]. Earth Planet Sci. Lett., 256:264-277.

Paytan A, Kastner M, Campbell D, et al., 1998. Sulfur isotope composition of Cenozoic seawater sulfate [J]. Science, 282:1459-1462.

Paytan A, Luz B, Kolodny Y, et al., 2002. Biologically mediated oxygen isotope exchange between water and phosphorus[J]. Global Biogeochem. Cycles, 13:1-7.

Paytan A, Kastner M, Campbell D, et al., 2004. Seawater sulfur isotope fluctuations in the Cretaceous [J]. Science, 304:1663-1665.

Pearson P N, Palmer M R, 2000. Atmospheric carbon dioxide concentrations over the past 60 million years[J]. Nature, 406:695-699.

Pearson P N, Foster G I, Wade B S, 2009. Atmospheric carbon dioxide through the Eocene-Oligocene climate transition[J]. Nature, 461:1110-1113.

Peckmann J, Thiel V, 2005. Carbon cycling at ancient methane-seeps[J]. Chem. Geol., 205:443-467.

Pedentchouk N, Freeman K H, Harris N B, 2006. Different response of δD-values of n-alkanes, isoprenoids and kerogen during thermal maturation[J]. Geochim. Cosmochim. Acta, 70:2063-2072.

Perez T, Garcia-Montiel D, Trumbore S E, et al., 2006. Determination of N_2O isotopic composition (^{15}N, ^{18}O, and ^{15}N intramolecular distribution) and ^{15}N enrichment factors of N_2O formation via nitrification and denitrification from incubated Amazon forest soils[J]. Ecol. Appl., 16:2153-2167.

Perry E A, Gieskes J M, Lawrence J R, 1976. Mg, Ca and $^{18}O/^{16}O$ exchange in the sediment-pore water system, Hole 149, DSDP[J]. Geochim. Cosmochim. Acta, 40:413-423.

Peters M T, Wickham S M, 1995. On the causes of ^{18}O depletion and $^{18}O/^{16}O$ homogenization during regional metamorphism, the east Humboldt Range core complex, Nevada[J]. Contr. Miner. Petrol., 119:68-82.

Peters K E, Rohrbach B G, Kaplan I R, 1981. Carbon and hydrogen stable isotope variations in kerogen during laboratory-simulated thermal maturation[J]. Am. Assoc. Petrol. Geol. Bull, 65:501-508.

Peterson B J, Fry B, 1987. Stable isotopes in ecosystem studies[J]. Ann. Rev. Ecol. Syst., 18:293-320.

Petit J R, 1999. Climate and atmospheric history of the past 420000 years from the Vostok ice core, Antarctica[J]. Nature, 399:429-436.

Phillips F M, Bentley H W, 1987. Isotopic fractionation during ion filtration: Ⅰ. Theory[J]. Geochim. Cosmochim. Acta, 51:683-695.

Philp R P, 2007. The emergence of stable isotopes in environmental and forensic geochemistry studies: a review[J]. Eviron. Chem. Lett., 5:57-66.

Piasecki A, Sessions A, Lawson M, et al., 2016. Analysis of the site-specific carbon isotope composition of propane by gas source isotope ratio mass spectrometry[J]. Geochim. Cosmochim. Acta, 188: 58-72.

Piasecki A, Sessions A, Lawson M, et al., 2018. Position-specific ^{13}C distributions within propane from experiments and natural gas samples[J]. Geochim. Cosmochim. Acta, 220:110-124.

Pineau F, Javoy M, 1983. Carbon isotopes and concentrations in mid-ocean ridge basalts[J]. Earth Planet Sci. Lett., 62:239-257.

Pineau F, Javoy M, Bottinga Y, 1976. ^{13}C/^{12}C ratios of rocks and inclusions in popping rocks of the Mid-Atlantic Ridge and their bearing on the problem of isotopic composition of deep-seated carbon[J]. Earth Planet Sci. Lett., 29:413-421.

Poage M A, Chamberlain C P, 2001. Empirical relationships between elevation and the stable isotope composition of precipitation and surface waters: considerations for studies of paleoelevation change [J]. Am. J. Sci., 301:1-15.

Poitrasson F, Freydier R, 2005. Heavy iron isotope composition of granites determined by high resolution MC-ICP-MS[J]. Chem. Geol., 222:132-147.

Poitrasson F, Levasseur S, Teutsch N, 2005. Significance of iron isotope mineral fractionation in pallasites and iron meteorites for the core-mantle differentiation of terrestrial planets[J]. Earth Planet Sci. Lett., 234:151-164.

Poitrasson F, Roskosz M, Corgne A, 2009. No iron isotope fractionation between molten alloys and silicate melt to 2000 ℃ and 7.7 GPa: experimental evidence and implications for planery differentiation and accretion[J]. Earth Planet Sci. Lett., 278:376-385.

Poitrasson F, Delpech G, Gregoire M, 2013. On the iron isotope heterogeneity of lithospheric mantle xenoliths: implications for mantle metasomatism, the origin of basalts and the iron isotope composition of the Earth[J]. Contr. Miner. Petrol., 165:1243-1258.

Pope E, Bird D K, Rosing M T, 2012. Isotope composition and volume of Earth's early oceans[J]. PNAS, 109:4371-4376.

Popp B N, Takigiku R, Hayes J M, et al., 1989. The post Paleozoic chronology and mechanism of ^{13}C depletion in primary organic matter[J]. Am. J. Sci., 289:436-454.

Popp B N, Laws E A, Bidigare R R, et al., 1998. Effect of phytoplankton cell geometry on carbon isotope fractionation[J]. Geochim. Cosmochim. Acta, 62:69-77.

Popp B N, 2002. Nitrogen and oxygen isotopomeric constraints on the origins and sea-to-air flux of N_2O in the oligotrophic subtropical North Pacific gyre[J]. Global Biogeochem. Cy., 16(4):1064.

Poreda R, 1985. Helium-3 and deuterium in back arc basalts: Lau Basin and the Mariana trough[J].

Earth Planet Sci. Lett., 73:244-254.

Poreda R, Schilling J G, Craig H, 1986. Helium and hydrogen isotopes in ocean-ridge basalts north and south of Iceland[J]. Earth Planet Sci. Lett., 78:1-17.

Price F T, Shieh Y N, 1979. The distribution and isotopic composition of sulfur in coals from the Illinois Basin[J]. Econ. Geol., 74:1445-1461.

Prokoph A, Shields G A, Veizer J, 2008. Compilation and time-series analysis of a marine carbonate $\delta^{18}O$, $\delta^{13}C$, $\delta^{87}Sr/^{86}Sr$ and $\delta^{34}S$ database through Earth history[J]. Earth Sci. Rev., 87:113-133.

Puceat E, Joachimski M M, 2010. Revised phosphate-water fractionation equation reassessing paleotemperatures derived from biogenic apatite[J]. Earth Planet Sci. Lett., 298:135-142.

Quade J, Cerling T E, 1995. Expansion of C_4 grasses in the late Miocene of northern Pakistan: evidence from stable isotopes in paleosols[J]. Palaeogeogr. Palaeocl., 115:91-116.

Quade J, 1992. A 16-Ma record of paleodiet using carbon and oxygen isotopes in fossil teeth from Pakistan [J]. Chem. Geol., 94:183-192.

Quade J, Breecker D O, Daeron M, et al., 2011. The paleoaltimetry of Tibet: an isotopic perspective [J]. Am. J. Sci., 311:77-115.

Quast A, Hoefs J, Paul J, 2006. Pedogenic carbonates as a proxy for palaeo-CO_2 in the Paleozoic atmosphere[J]. Palaeogeogr. Palaeocl., 242:110-125.

Quay P D, Tilbrook B, Wong C S, 1992. Oceanic uptake of fossil fuel CO_2: carbon-13 evidence[J]. Science, 256:74-79.

Quay P D, Emerson S, Wilbur D O, et al., 1993. The $\delta^{18}O$ of dissolved O_2 in the surface waters of the subarctic Pacific: a tracer of biological productivity[J]. J. Geophys. Res., 98:8447-8458.

Quay P D, Wilbur D O, Richey J E, et al., 1995. The $^{18}O/^{16}O$ of dissolved oxygen in rivers and lakes in the Amazon Basin: determining the ratio of respiration to photosynthesis in freshwaters[J]. Limnol. Oceanogr., 40:718-729.

Quay P D, Stutsman J, Wibur D, et al., 1999. The isotopic composition of atmospheric methane[J]. Global. Geochem. Cycles, 13:445-461.

Raab M, Spiro B, 1991. Sulfur isotopic variations during seawater evaporation with fractional crystallization[J]. Chem. Geol., 86:323-333.

Rabinovich A L, Grinenko V A, 1979. Sulfate sulfur isotope ratios for USSR river water[J]. Geochemistry, 16(2):68-79.

Radke J, Bechtel A, Gaupp R, et al., 2005. Correlation between hydrogen isotope ratios of lipid biomarkers and sediment maturity[J]. Geochim. Cosmochim. Acta, 69:5517-5530.

Rahn T, Wahlen M, 1997. Stable isotope enrichment in stratospheric nitrous oxide[J]. Science, 278:1776-1778.

Rahn T, Eiler J M, Boering K A, et al., 2003. Extreme deuterium enrichment in stratospheric hydrogen and the global atmospheric budget of H_2[J]. Nature, 424:918-921.

Rai V K, Thiemens M H, 2007. Mass independently fractionated sulphur components in chondrites[J]. Geochim. Cosmochim. Acta, 71:1341-1354.

Rai V K, Jackson T L, Thiemens M H, 2005. Photochemical mass-independent sulphur isotopes in achondritic meteorites[J]. Science, 309:1062-1065.

Raiswell R, Berner R A, 1985. Pyrite formation in euxinic and semi-euxinic sediments. Am. J. Sci., 285:710-724.

Raitzsch M, Hönisch B, 2014. Cenozoic boron isotope variations in benthic foraminifera[J]. Geology, 41:591-594.

Rau G H, Sweeney R E, Kaplan I R, 1982. Plankton $^{13}C/^{12}C$ ratio changes with latitude: differences between northern and southern oceans[J]. Deep Sea Res., 29:1035-1039.

Rau G H, Takahashi T, DesMarais D J, 1989. Latitudinal variations in plankton ^{13}C: implications for CO_2 and productivity in past ocean[J]. Nature, 341:516-518.

Rau G H, Takahashi T, DesMarais D J, et al., 1992. The relationship between $\delta^{13}C$ of organic matter and $\sum CO_2$(aq) in ocean surface water: data from a JGOFS site in the northeast Atlantic Ocean and a model[J]. Geochim. Cosmochim. Acta, 56:1413-1419.

Raven M R, Adkins J F, Werne J P, et al., 2015. Sulfur isotopic composition of individual organic compounds from Cariaco Basin sediments[J]. Org. Geochem., 80:53-59.

Redding C E, Schoell M, Monin J C, et al., 1980. Hydrogen and carbon isotopic composition of coals and kerogen[J]//Douglas A G, Maxwell J R, Phys. Chem. Earth, 12:711-723.

Rees C E, Jenkins W J, Monster J, 1978. The sulphur isotopic composition of ocean water sulphate[J]. Geochim. Cosmochim. Acta, 42:377-381.

Rice D D, Claypool G E, 1981. Generation, accumulation and resource potential of biogenic gas[J]. Am. Assoc. Petrol. Geol. Bull, 65:5-25.

Rice A, Dayalu A, Quay P, et al., 2011. Isotopic fractionation during soil uptake of atmospheric hydrogen[J]. Biogeosciences, 8:763-769.

Richet P, Bottinga Y, Javoy M, 1977. A review of H, C, N, O, S and Cl stable isotope fractionation among gaseous molecules[J]. Ann. Rev. Earth Planet Sci., 5:65-110.

Riciputi L R, Cole D R, Machel H G, 1996. Sulfide formation in reservoir carbonates of the Devonian Nishu Formation, Alberta, Canada: an ion microprobe study[J]. Geochim. Cosmochim. Acta, 60: 325-336.

Rindsberger M S, Jaffe S, Rahamin S, et al., 1990. Patterns of the isotopic composition of precipitation in time and space: data from the Israeli storm water collection program[J]. Tellus, 42B:263-271.

Ripley E M, Li C, 2003. Sulfur isotope exchange and metal enrichment in the formation of magmatic Cu-Ni-(PGE)-deposits[J]. Econ. Geol., 98:635-641.

Ripperger S, Rehkämper M, Porcelli D, et al., 2007. Cadmium isotope fractionation in seawater: a signature of biological activity[J]. Earth Planet Sci. Lett., 261:670-684.

Robert F, 2001. The origin of water on Earth[J]. Science, 293:1056-1058.

Robert F, Epstein S, 1982. The concentration and isotopic composition of hydrogen, carbon and nitrogen carbonaceous meteorites[J]. Geochim. Cosmochim. Acta, 46(8):1-95.

Robert F, Merlivat L, Javoy M, 1978. Water and deuterium content in ordinary chondrites[J]. Meteoritics, 12:349-354.

Robert F, Gautier D, Dubrulle B, 2000. The solar system D/H ratio: observations and theories[J]. Space Sci. Rev., 92:201-224.

Röckmann T, 1998. Mass independent oxygen isotope fractionation in atmospheric CO as a result of the reaction CO+OH[J]. Science, 281:544-546.

Röckmann T, Jöckel P, Gros V, et al., 2002. Using ^{14}C, ^{13}C, ^{18}O and ^{17}O isotopic variations to provide insights into the high northern latitude surface CO inventory[J]. Atmos Chem. Phys., 2:147-159.

Röckmann T, Kaiser J, Brenninkmeijer C A M, et al., 2003. Gas chromatography/isotope ratio mass spectrometry method for high-precision position-dependent ^{15}N and ^{18}O measure- ments of atmospheric nitrous oxide[J]. Rapid Commun Mass Spectrom., 17:1897-1908.

Röhl U, Norris R D, Bralower T J, et al., 2000. New chronology for the late Paleocene thermal maximum and its environmental implications[J]. Geology, 28:927-930.

Romanek C S, 1994. Record of fluid-rock interaction on Mars from the meteorite ALH 84001[J]. Nature, 372:655-657.

Rooney M A, Claypool G E, Chung H M, 1995. Modeling thermogenic gas generation using carbon isotope ratios of natural gas hydrocarbons[J]. Chem. Geol., 126:219-232.

Rouxel O, Fouquet Y, Ludden J N, 2004a. Copper isotope systematics of the Lucky Strike, Rainbow and Logatschev seafloor hydrothermal fields on the Mi-Atlantic Ridge[J]. Econ. Geol., 99:585-600.

Rouxel O, Fouquet Y, Ludden J N, 2004b. Subsurface processes at the Lucky Strike hydrothermal field, Mid-Atlantic Ridge: evidence from sulfur, selenium and iron isotopes[J]. Geochim. Cosmochim. Acta, 68:2295-2311.

Rouxel O, Bekker A, Edwards K J, 2005. Iron isotope constraints on the Archean and Proterozoic ocean redox state[J]. Science, 307:1088-1091.

Rouxel O, Ono S, Alt J, et al., 2008a. Sulfur isotope evidence for microbial sulfate reduction in altered oceanic basalts at ODP Site 801[J]. Earth Planet Sci. Lett., 268:110-123.

Rouxel O, Shanks W C, Bach W, et al., 2008b. Integrated Fe- and S-isotope study of seafloor hydrothermal vents at East Pacific Rise 9°~10°N[J]. Chem. Geol., 252:214-227.

Rozanski K, Sonntag C, 1982. Vertical distribution of deuterium in atmospheric water vapour[J]. Tellus, 34:135-141.

Rozanski K, Araguas-Araguas L, Gonfiantini R, 1993. Isotopic patterns in modern global precipitation [J]//Climate change in continental isotopic records. Geophys. Monograph., 78:1-36.

Rumble D, Yui T F, 1998. The Qinglongshan oxygen and hydrogen isotope anomaly near Donghai in Jiangsu Province, China[J]. Geochim. Cosmochim. Acta, 62:3307-3321.

Rumble D, Young E D, Shahar A, et al., 2011. Stable isotope cosmochemistry and the evolution of planetary systems[J]. Elements, 7:23-28.

Russell A K, Kitajima K, Strickland A, et al., 2013. Eclogite-facies fluid infiltration: constraints from δ^{18}O zoning in garnet[J]. Contr. Miner. Petrol., 165:103-116.

Rye R O, 1993. The evolution of magmatic fluids in the epithermal environment: the stable isotope perspective[J]. Econ. Geol., 88:733-753.

Rye R O, 2005. A review of stable isotope geochemistry of sulfate minerals in selected igneous environments and related hydrothermal systems[J]. Chem. Geol., 215:5-36.

Rye R O, Schuiling R D, Rye D M, et al., 1976. Carbon, hydrogen and oxygen isotope studies of the regional metamorphic complex at Naxos, Greece[J]. Geochim. Cosmochim. Acta, 40:1031-1049.

Rye R O, Bethke P M, Wasserman M D, 1992. The stable isotope geochemistry of acid sulfate[J]. Econ.

Geol., 87:227-262.

Saal A E, Hauri E H, Van Orman J A, et al., 2013. Hydrogen isotopes in lunar volcanic glasses and melt inclusions reveal a carbonaceous chondrite heritage[J]. Science, 340:1317-1320.

Saccocia P J, Seewald J S, Shanks W C, 2009. Oxygen and hydrogen isotope fractionation in serpentine-water and talc-water systems from 250 ℃ to 450 ℃, 50 MPa[J]. Geochim. Cosmochim. Acta, 73: 6789-6804.

Sachse D, Billault I, 2012. Molecular paleohydrology: interpreting the hydrogen-isotopic composition of lipid biomarkers from photosynthesizing organisms[J]. Ann. Rev. Earth Planet Sci., 40:221-249.

Sackett W M, 1988. Carbon and hydrogen isotope effects during the thermocatalytic production of hydrocarbons in laboratory simulation experiments[J]. Geochim. Cosmochim. Acta, 42:571-580.

Sackett W M, Thompson R R, 1963. Isotopic organic carbon composition of recent continental derived clastic sediments of Eastern Gulf Coast, Gulf of Mexico[J]. Am. Assoc. Petrol. Geol. Bull., 47:525.

Sackett W M, Eadie B J, Exner M E, 1973. Stable isotope composition of organic carbon in recent Antarctic sediments[J]. Adv. Org. Geochem., 1973:661.

Safarian A R, Nielsen S G, Marschall H R, et al., 2014. Early accretion of water in the inner solar system from a carbonaceous-like source[J]. Science, 346:623-626.

Saino T, Hattori A, 1980. ^{15}N natural abundance in oceanic suspended particulate organic matter[J]. Nature, 283:752-754.

Saino T, Hattori A, 1987. Geophysical variation of the water column distribution of suspended particulate organic nitrogen and its ^{15}N natural abundance in the Pacific and its marginal seas[J]. Deep Sea Res., 34:807-827.

Sakai H, 1968. Isotopic properties of sulfur compounds in hydrothermal processes[J]. Geochem. J., 2: 29-49.

Sakai H, Casadevall T J, Moore J G, 1982. Chemistry and isotope ratios of sulfur in basalts and volcanic gases at Kilauea volcano, Hawaii[J]. Geochim. Cosmochim. Acta, 46:729-738.

Sakai H, DesMarais D J, Ueda A, et al., 1984. Concentrations and isotope ratios of carbon, nitrogen and sulfur in ocean-floor basalts[J]. Geochim. Cosmochim. Acta, 48:2433-2441.

Sano Y, Marty B, 1995. Origin of carbon in fumarolic gas from island arcs[J]. Chem. Geol., 119: 265-274.

Sarntheim M, 2001. Fundamental modes and abrupt changes in North Atlantic circulation and climate over the last 60 ka: concepts, reconstruction and numerical modeling[M]//Schäfer P, Ritzau W, Schlüter M, Thiede J, The northern North Atlantic. Heidelberg: Springer, 365-410.

Sass E, Kolodny Y, 1972. Stable isotopes, chemistry and petrology of carbonate concretions (Mishash formation, Israel)[J]. Chem. Geol., 10:261-286.

Savage P S, Georg R B, Williams H M, et al., 2011. Silicon isotope fractionation during magmatic differentiation[J]. Geochim. Cosmochim. Acta, 75:6124-6139.

Savage P S, Georg R B, Williams H M, et al., 2012. The silicon isotope composition of granites[J]. Geochim. Cosmochim. Acta, 92:184-202.

Savin S M, Epstein S, 1970a. The oxygen and hydrogen isotope geochemistry of clay minerals[J].

Geochim. Cosmochim. Acta, 34:25-42.

Savin S M, Epstein S, 1970b. The oxygen and hydrogen isotope geochemistry of ocean sediments and shales[J]. Geochim. Cosmochim. Acta, 34:43-63.

Savin S M, Lee M, 1988. Isotopic studies of phyllosilicates[J]. Rev. Miner., 19:189-223.

Schauble E A, 2004. Applying stable isotope fractionation theory to new systems[J]. Rev. Miner. Geochem., 55:65-111.

Schidlowski M, 2001. Carbon isotopes as biochemical recorders of life over 3.8 Ga of Earth history. Evolution of a concept[J]. Precam. Res., 106:117-134.

Schiegl W E, Vogel J V, 1970. Deuterium content of organic matter[J]. Earth Planet Sci. Lett., 7:307-313.

Schimmelmann A, Lewan M D, Wintsch R P, 1999. D/H ratios of kerogen, bitumen, oil and water in hydrous pyrolysis of source rocks containing kerogen types I, II, IIS and III[J]. Geochim. Cosmochim. Acta, 63:3751-3766.

Schimmelmann A, Sessions A L, Mastalerz M, 2006. Hydrogen isotopic (D/H) composition of organic matter during diagenesis and thermal maturation[J]. Ann. Rev. Earth Planet Sci., 34:501-533.

Schmidt M, Botz R, Rickert D, et al., 2001. Oxygen isotopes of marine diatoms and relations to opal-A maturation[J]. Geochim. Cosmochim. Acta, 65:201-211.

Schmitt A D, Stille P, Vennemann T, 2003. Variations of the $^{44}Ca/^{40}Ca$ ratio in seawater during the past 24 million years: evidence from $\delta^{44}Ca$ and $\delta^{18}O$ values of Miocene phosphates[J]. Geochim. Cosmochim. Acta, 67:2607-2614.

Schmidt T C, Zwank L, Elsner M, et al., 2004. Compound-specific stable isotope analysis of organic contaminants in natural environments: a critical review of the state of the art, prospects and future challenges[J]. Anal. Bioanal. Chem., 378:283-300.

Schmitt J, Schneider R, 2012. Carbon isotope constraints on the deglacial CO_2 rise from ice cores[J]. Science, 336:711-714.

Schoell M, 1980. The hydrogen and carbon isotopic composition of methane from natural gases of various origins[J]. Geochim. Cosmochim. Acta, 44:649-661.

Schoell M, 1983. Genetic characterization of natural gases[J]. Am. Assoc. Petrol. Geol. Bull., 67:2225-2238.

Schoell M, 1984. Recent advances in petroleum isotope geochemistry[J]. Org. Geochem., 6:645-663.

Schoell M, 1988. Multiple origins of methane in the Earth[J]. Chem. Geol., 71:1-10.

Schoell M, McCaffrey M A, Fago F J, et al., 1992. Carbon isotope compositions of 28,30-bisnorhopanes and other biological markers in a Monterey crude oil[J]. Geochim. Cosmochim. Acta, 56:1391-1399.

Schoell M, Schouten S, Sinninghe Damste J S, et al., 1994. A molecular organic carbon isotope record of Miocene climatic changes[J]. Science, 263:1122-1125.

Schoenberg R, von Blanckenburg F, 2006. Modes of planetary-scale Fe isotope fractionation[J]. Earth Planet Sci. Lett., 252:342-359.

Schoenemann S W, Steig E J, Ding Q, et al., 2014. Triple water-isotopologue record from WAIS Divide Antarctica: controls on glacial-interglacial changes in ^{17}O excess of precipitation[J]. J. Geophys. Res. Atmos., 119:8741-8763.

Schoeninger M J, DeNiro M J, 1984. Nitrogen and carbon isotopic composition of bone collagen from marine and terrestrial animals[J]. Geochim. Cosmochim. Acta, 48:625-639.

Schrag D P, 1999. Effects of diagenesis on the isotopic record of late Paleogene tropical sea surface temperature[J]. Chem. Geol., 161:2265-2278.

Schrag D P, Hampt G, Murry D W, 1996. Pore fluid constraints on the temperature and oxygen isotopic composition of the Glacial ocean[J]. Science, 272:1930-1932.

Schwalb A, Burns S J, Kelts K, 1999. Holocene environments from stable isotope stratigraphy of ostracods and authigenic carbonate in Chilean Altiplano lakes[J]. Palaeogeogr. Palaeocl., 148: 153-168.

Schuessler J A, Schoenberg R, Sigmarsson O, 2009. Iron and lithium isotope systematics of the Hekla volcano, Iceland—evidence for Fe isotope fractionation during magma differentiation[J]. Chem. Geol., 258:78-91.

Schwarcz H P, Melbye J, Katzenberg M A, et al., 1985. Stable isotopes in human skeletons of southern Ontario: reconstruction of palaeodiet[J]. J. Archaeol. Sci., 12:187-206.

Seal R R, 2006. Sulfur isotope geochemistry of sulfide minerals[J]. Rev. Miner. Geochem., 61:633-677.

Seccombe P K, Spry P G, Both R, et al., 1985. Base metal mineralization in the Kaumantoo Group, South Australia: a regional sulfur isotope study[J]. Econ. Geol., 80:1824-1841.

Seitz H M, Brey G P, Lahaye Y, et al., 2004. Lithium isotope signatures of peridotite xenoliths and isotope fractionation at high temperature between olivine and pyroxene[J]. Chem. Geol., 212: 163-177.

Sessions A L, 2016. Factors controlling the deuterium contents of sedimentary hydrocarbons[J]. Org. Geochem., 96:43-64.

Sessions A L, Sylva S P, Summons R E, et al., 2004. Isotopic exchange of carbon-bound hydrogen over geologic time scales[J]. Geochim. Cosmochim. Acta, 68:1545-1559.

Severinghaus J P, Brook E J, 1999. Abrupt climate change at the end of the last glacial period inferred from trapped air in polar ice[J]. Science, 286:930-934.

Severinghaus J P, Bender M L, Keeling R F, et al., 1996. Fractionation of soil gases by diffusion of water vapor, gravitational settling and thermal diffusion[J]. Geochim. Cosmochim. Acta, 60: 1005-1018.

Severinghaus J P, Sowers T, Brook E J, et al., 1998. Timing of abrupt climate change at the end of the Younger Dryas interval from thermally fractionated gases in polar ice[J]. Nature, 391:141-146.

Severinghaus J P, Beaudette R, Headly M A, et al., 2009. Oxygen-18 of O_2 records the impact of abrupt climate change on terrestrial biosphere[J]. Science, 324:1431-1434.

Severmann S, Johnson C M, Beard B L, et al., 2004. The effect of plume processes on the Fe isotope composition of hydrothermally derived Fe in the deep ocean as inferred from the Rainbow vent site, Mid-Atlantic Ridge, 36°14′ N[J]. Earth Planet Sci. Lett., 225:63-76.

Severmann S, Johnson C M, Beard B L, et al., 2006. The effect of early diagenesis on the Fe isotope composition of porewaters and authigenic minerals in continental margin sediments[J]. Geochim. Cosmochim. Acta, 70:2006-2022.

Severmann S, McManus J, Berelson W M, et al., 2010. The continental shelf benthic iron flux and its isotope composition[J]. Geochim. Cosmochim. Acta, 74:3984-4004.

Shackleton N J, Kennett J P, 1975. Paleotemperature history of the Cenozoic and initiation of Antarctic glaciation: oxygen and carbon isotope analyses in DSDP sites 277, 279 and 281[J]. Initial Rep. DSDP, 29:743-755.

Shackleton N J, Hall M A, Line J, et al., 1983. Carbon isotope data in core V19-30 confirm reduced carbon dioxide concentration in the ice age atmosphere[J]. Nature, 306:319-322.

Shahar A, Young E D, 2007. Astrophysics of CAI formation as revealed by silicon isotope LA-MC-ICPMS of an igneous CAI[J]. Earth Planet Sci. Lett., 257:497-510.

Shahar A, Ziegler K, Young E D, et al., 2009. Experimentally determined Si isotope fractionation between silcate and Fe metal and implications for the Earth's core formation[J]. Earth Planet Sci. Lett., 288:228-234.

Shahar A, Hillgren V J, Young E D, et al., 2011. High-temperature Si isotope fractionation between iron metal and silicate[J]. Geochim. Cosmochim. Acta, 75:7688-7697.

Shahar A, Hillgren V J, Horan M F, et al., 2014. Sulfur-controlled iron isotope fractionation experiments of core formation in planetary bodies[J]. Geochim. Cosmochim. Acta, 150:253-264.

Shahar A, Schauble E A, Caracas R, et al., 2016. Pressure-dependent isotopic composition of iron alloys [J]. Science, 352:580-582.

Shaheen R, Albaunza M M, Jackson T L, et al., 2014. Large sulfur-isotope anomalies in nonvolcanic sulfate aerosol and its implications for the Archean atmosphere[J]. PNAS, 111:11979-11983.

Shanks W C, 2001. Stable isotopes in seafloor hydrothermal systems: vent fluids, hydrothermal deposits, hydrothermal alteration, and microbial processes[J]. Rev. Miner. Geochem., 43:469-525.

Sharp Z D, 1995. Oxygen isotope geochemistry of the Al_2SiO_5 polymorphs[J]. Am. J. Sci., 295:1058-1076.

Sharp Z D, Shearer C K, McKeegan K D, et al., 2010. The chlorine isotope composition of the Moon and implications for an anhydrous mantle[J]. Science, 329:10501053.

Shaw A M, Hilton D R, Fischer T P, et al., 2003. Contrasting He-C relationships in Nicaragua and Costa Rica: insights into C cycling through subduction zones[J]. Earth Planet Sci. Lett., 214:499-513.

Shaw A M, Hauri E H, Fischer T P, et al., 2008. Hydrogen isotopes in Mariana arc melt inclusions: implications for subduction dehydration and the deep-earth water cycle[J]. Earth Planet Sci. Lett., 275:138-145.

Shaw A M, Hauri E H, Behn M D, et al., 2012. Long-term preservation of slab signatures in the mantle inferred from hydrogen isotopes[J]. Nature Geosci., 5:224-228.

Shelton K L, Rye D M, 1982. Sulfur isotopic compositions of ores from Mines Gaspe, Quebec: An example of sulfate-sulfide isotopic disequilibria in ore forming fluids with applications to other porphyry type deposits[J]. Econ. Geol., 77:1688-1709.

Shemesh A, Kolodny Y, Luz B, 1983. Oxygen isotope variations in phosphate of biogenic apatites, II. Phosphorite rocks[J]. Earth Planet Sci. Lett., 64:405-441.

Shen Y, Buick R, 2004. The antiquity of microbial sulfate reduction[J]. Earth Sci. Rev., 64:243-272.

Sheppard S M F, 1986. Characterization and isotopic variations in natural waters. In: Stable isotopes in high temperature geological processes[J]. Rev. Miner., 16:165-183.

Sheppard S M F, Epstein S, 1970. D/H and O^{18}/O^{16} ratios of minerals of possible mantle or lower crustal origin[J]. Earth Planet Sci. Lett., 9:232-239.

Sheppard S M F, Gilg H A, 1996. Stable isotope geochemistry of clay minerals[J]. Clay Miner., 31: 1-24.

Sheppard S M F, Harris C, 1985. Hydrogen and oxygen isotope geochemistry of Ascension Island lavas and granites: variation with crystal fractionation and interaction with sea water[J]. Contrib. Miner. Petrol., 91:74-81.

Sheppard S M F, Schwarcz H P, 1970. Fractionation of carbon and oxygen isotopes and magnesium between coexisting metamorphic calcite and dolomite Contrib[J]. Miner. Petrol. Contr. Miner. Petrol., 26:161-198.

Sheppard S M F, Nielsen R L, Taylor H P, 1971. Hydrogen and oxygen isotope ratios in minerals from Porphyry Copper deposits[J]. Econ. Geol., 66:515-542.

Sherwood L B, Frape S K, Weise S M, 1993. Abiogenic methanogenesis in crystalline rocks[J]. Geochim. Cosmochim. Acta, 57:5087-5097.

Sherwood L B, Westgate T D, Ward J A, et al., 2002. Abiogenic formation of alkanes in the Earth's crust as a minor source for global hydrocarbons reservoirs[J]. Nature, 416:522-524.

Sherwood L B, 2006. Unravelling abiogenic and biogenic sources of methane in the earth, deep subsurface [J]. Chem. Geol., 226:328-339.

Shieh Y N, Schwarcz H P, 1974. Oxygen isotope studies of granite and migmatite, Grenville province of Ontario, Canada[J]. Geochim. Cosmochim. Acta, 38:21-45.

Shields G, Veizer J, 2002. Precambrian marine carbonate isotope database: version 1.1[J]. Geochem. Geophys. Geosyst., 300.

Shmulovich K I, Landwehr D, Simon K, et al., 1999. Stable isotope fractionation between liquid and vapour in water-salt systems up to 600 ℃[J]. Chem. Geol., 157:343-354.

Simon K, 2001. Does δD from fluid inclusions in quartz reflect the original hydrothermal fluid? [J]. Chem. Geol., 177:483-495.

Simon J I, dePaolo D J, 2010. Stable calcium isotopic composition of meteorites and rocky planets[J]. Earth Planet Sci. Lett., 289:457-466.

Simon L, Lecuyer C, Marechal C, et al., 2006. Modelling the geochemical cycle of boron: implications for the long-term $\delta^{11}B$ evolution of seawater and oceanic crust[J]. Chem. Geol., 225:61-76.

Sio C K, Dauphas N, Teng F Z, et al., 2013. Discerning crystal growth from diffusion profiles in zoned olivine by in-situ Mg-Fe isotopic analysis[J]. Geochim. Cosmochim. Acta, 123:302-321.

Skauli H, Boyce A J, Fallick A E, 1992. A sulphur isotope study of the Bleikvassli Zn-Pb-Cu deposit, Nordland, northern Norway[J]. Miner. Deposita., 27:284-292.

Skirrow R, Coleman M L, 1982. Origin of sulfur and geothermometry of hydrothermal sulfides from the Galapagos Rift, 86°W[J]. Nature, 249:142-144.

Smith J W, Batts B D, 1974. The distribution and isotopic composition of sulfur in coal[J]. Geochim. Cosmochim. Acta, 38:121-123.

Smith J W, Gould K W, Rigby D, 1982. The stable isotope geochemistry of Australian coals[J]. Org. Geochem., 3:111-131.

Snyder G, Poreda R, Hunt A, et al., 2001. Regional variations in volatile composition: isotopic evidence for carbonate recycling in the Central American volcanic arc[J]. Geochem. Geophys. Geosystems, 2: U1-U32.

Sofer Z, 1984. Stable carbon isotope compositions of crude oils: application to source depositional environments and petroleum alteration[J]. Am. Assoc. Petrol. Geol. Bull., 68:31-49.

Sofer Z, Gat J R, 1972. Activities and concentrations of oxygen-18 in concentrated aqueous salt solutions: analytical and geophysical implications[J]. Earth Planet Sci. Lett., 15:232-238.

Sonnerup R E, Quay P D, McNichol A P, et al., 1999. Reconstructing the oceanic ^{13}C Suess effect[J]. Global Biogeochem. Cycles, 13:857-872.

Sowers T, 2001. The N_2O record spanning the penultimate deglaciation from the Vostok ice core[J]. J. Geophys. Res., 106:31903-31914.

Sowers T, 2010. Atmospheric methane isotope records covering the Holocene period[J]. Quaternary Sci. Rev., 29:213-221.

Sowers T, Bender M, Raynaud D, et al., 1991. The $\delta^{18}O$ of atmospheric O_2 from air inclusions in the Vostok ice core: timing of CO_2 and ice volume changes during the Penultimate deglaciation[J]. Paleoceanography, 6:679-696.

Sowers T, Bender M, Raynaud D, et al., 1992. $\delta^{15}N$ of N_2 in air trapped in polar ice: a tracer of gas transport in the firn and a possible constraint on ice age-gas age differences[J]. J. Geophys. Res., 97:15683-15697.

Sowers T, 1993. A 135000 year Vostock-SPECMAP common temporal framework[J]. Paleoceanography, 8:737-766.

Spero H J, Bijma J, Lea D W, et al., 1997. Effect of seawater carbonate concentration on foraminiferal carbon and oxygen isotopes[J]. Nature, 390:497-500.

Spicuzza M, Day J, Taylor L, et al., 2007. Oxygen isotope constraints on the origin and differentiation of the Moon[J]. Earth Planet Sci. Lett., 253:254-265.

Stachel T, Harris J W, Muehlenbachs K, 2009. Sources of carbon in inclusion bearing diamonds[J]. Lithos, 112S:625-637.

Stahl W, 1977. Carbon and nitrogen isotopes in hydrocarbon research and exploration[J]. Chem. Geol., 20:121-149.

Steele R C, Elliott T, Coath C D, et al., 2011. Confirmation of mass-independent Ni isotopic variability in iron meteorites[J]. Geochim. Cosmochim. Acta, 75:7906-7925.

Stefurak E J, Woodward W F, Lowe D R, 2015. Texture-specific Si isotope variations in Barberton Greenstone Belt cherts record low temperature fractionations in early Archean seawater[J]. Geochim. Cosmochim. Acta, 150:26-52.

Steinhoefel G, Horn I, von Blanckenburg F, 2009. Micro-scale tracing of Fe and Si isotope signatues in banded iron formation using femtosecond laser ablation[J]. Geochim. Cosmochim. Acta, 73:5343-5360.

Steinhoefel G, von Blanckenburg F, Horn I, et al., 2010. Deciphering formation processes of banded iron formations from the Transvaal and Hamersley successions by combined Si and Fe isotope analysis using UV femtosecond laser ablation[J]. Geochim. Cosmochim. Acta, 74:2677-2696.

Stern L A, Chamberlain C P, Reynolds R C, et al., 1997. Oxygen isotope evidence of climate change from pedogenic clay minerals in the Himalayan molasse[J]. Geochim. Cosmochim. Acta, 61: 731-744.

Sternberg L S, Anderson W T, Morrison K, 2002. Separating soil and leaf water ^{18}O isotope signals in plant stem cellulose[J]. Geochim. Cosmochim. Acta, 67: 2561-2566.

Steuber T, Buhl D, 2006. Calcium-isotope fractionation in selected modern and ancient marine carbonates [J]. Geochim. Cosmochim. Acta, 70: 5507-5521.

Stevens C M, 1988. Atmospheric methane[J]. Chem. Geol., 71: 11-21.

Stevens C M, Krout L, Walling D, et al., 1972. The isotopic composition of atmospheric carbon monoxide[J]. Earth Planet Sci. Lett., 16: 147-165.

Stewart M K, 1974. Hydrogen and oxygen isotope fractionation during crystallization of mirabilite and ice [J]. Geochim. Cosmochim. Acta, 38: 167-172.

Stolper D A, Sessions A L, Ferreira A A, et al., 2014. Combined ^{13}C-D and D-D clumping in methane: methods and preliminary results[J]. Geochim. Cosmochim. Acta, 126: 169-191.

Strauß H, 1997. The isotopic composition of sedimentary sulfur through time[J]. Palaeogeogr. Palaeocl., 132: 97-118.

Strauß H, 1999. Geological evolution from isotope proxy signals—sulfur[J]. Chem. Geol., 161: 89-101.

Strauß H, Peters-Kottig W, 2003. The Phanerozoic carbon cycle revisited: the carbon isotope composition of terrestrial organic matter[J]. Geochem. Geophys. Geosys., 4: 1083.

Stueber A M, Walter L M, 1991. Origin and chemical evolution of formation waters from Silurian—Devonian strata in the Illinois basin[J]. Geochim. Cosmochim. Acta, 55: 309-325.

Styrt M M, Brackmann A J, Holland H D, et al., 1981. The mineralogy and the isotopic composition of sulfur in hydrothermal sulfide/sulfate deposits on the East Pacific Rise, 21°N latitude[J]. Earth Planet Sci. Lett., 53: 382-390.

Sugawara S, Nakazawa T, Shirakawa Y, et al., 1998. Vertical profile of the carbon isotope ratio of stratospheric methane over Japan[J]. Geophys. Res. Lett., 24: 2989-2992.

Summons R E, Jahnke L L, Roksandic Z, 1994. Carbon isotopic fractionation in lipids from methanotrophic bacteria: relevance for interpretation of the geochemical record of biomarkers[J]. Geochim. Cosmochim. Acta, 58: 2853-2863.

Swart P K, 2015. The geochemistry of carbonate diagenesis: the past, present and future[J]. Sedimentology, 62: 1233-1304.

Sweeney R E, Kaplan I R, 1980. Natural abundance of ^{15}N as a source indicator for near-shore marine sedimentary and dissolved nitrogen[J]. Mar. Chem., 9: 81-94.

Talbot M R, 1990. A review of the palaeohydrological interpretation of carbon and oxygen isotopic ratios in primary lacustrine carbonates[J]. Chem. Geol., 80: 261-279.

Tang Y, Perry J K, Jenden P D, et al., 2000. Mathematical modeling of stable carbon isotope ratios in natural gases[J]. Geochim. Cosmochim. Acta, 64: 2673-2687.

Tang Y, Huang Y, Ellis G S, et al., 2005. A kinetic model for thermally induced hydrogen and carbon isotope fractionation of individual n-alkanes in crude oil[J]. Geochim. Cosmochim. Acta, 69: 4505-4520.

Tang Y J, Zhang H F, Nakamura E, et al., 2007. Lithium isotope systematics of peridotite xenoliths from Hannuoba, North China craton: implications for melt-rock interaction in the considerably thinned lithospheric mantle[J]. Geochim. Cosmochim. Acta, 71:4327-4341.

Taran Y A, Kliger G A, Sevastianov V S, 2007. Carbon isotope effect in the open system Fischer Trosch synthesis[J]. Geochim. Cosmochim. Acta, 71:4474-4487.

Taylor H P, 1968. The oxygen isotope geochemistry of igneous rocks[J]. Contr. Mineral. Petrol., 19:1-71.

Taylor H P, 1974. The application of oxygen and hydrogen isotope studies to problems of hydrothermal alteration and ore deposition[J]. Econ. Geol., 69:843-883.

Taylor H P, 1977. Water/rock interactions and the origin of H_2O in granite batholiths[J]. J. Geol. Soc., 133:509.

Taylor H P, 1978. Oxygen and hydrogen isotope studies of plutonic granitic rocks[J]. Earth Planet Sci. Lett., 38:177-210.

Taylor H P, 1980. The effects of assimilation of country rocks by magmas on $^{18}O/^{16}O$ and $^{87}Sr/^{86}Sr$ systematics in igneous rocks[J]. Earth Planet Sci. Lett., 47:243-254.

Taylor H P, 1986a. Igneous rocks: Isotopic case studies of circumpacific magmatism[J]. Rev. Miner., 16:273-317.

Taylor B E, 1986b. Magmatic volatiles: isotopic variation of C, H and S[J]. Rev. Mine., 16:185-225.

Taylor B E, 1987a. Stable isotope geochemistry of ore-forming fluids[J]//Taylor B E. Stable isotope geochemistry of low-temperature fluids. Min. Ass. Canada, Short Course, 13:337-445.

Taylor H P, 1987b. Comparison of hydrothermal systems in layered gabbros and granites, and the origin of low-$\delta^{18}O$ magmas[J]//Laan S, Magmatic processes: physicochemical principles. Earth Sci. Rev., 25:329-330.

Taylor H P, 1988. Oxygen, hydrogen and strontium isotope constraints on the origin of granites[J]. Trans. Royal. Soc. Edinburgh: Earth Sci., 79:317-338.

Taylor H P, 1997. Oxygen and hydrogen isotope relationships in hydrothermal mineral deposits[J]//Barnes H L, Geochemistry of hydrothermal ore deposits. New York: Wiley, 229-302.

Taylor B E, Bucher-Nurminen K, 1986. Oxygen and carbon isotope and cation geochemistry of metasomatic carbonates and fluids—Bergell aureole, Northern Italy[J]. Geochim. Cosmochim. Acta, 50:1267-1279.

Taylor H P, Forester R W, 1979. An oxygen and hydrogen isotope study of the Skaergaard intrusion and its country rocks: a description of a 55 M. Y. old fossil hydrothermal system[J]. J. Petrol., 20:355-419.

Taylor B E, O'Neil J R, 1977. Stable isotope studies of metasomatic Ca-Fe-Al-Si skarns and associated metamorphic and igneous rocks, Osgood Mountains, Nevada[J]. Contr. Mineral. Petrol., 63:1-49.

Taylor H P, Sheppard S M F, 1986. Igneous rocks: Ⅰ. Processes of isotopic fractionation and isotope systematics[J]//Stable isotopes in high temperature geological processes. Rev. Mineralogy, 16:227-271.

Taylor B E, Eichelberger J C, Westrich H R, 1983. Hydrogen isotopic evidence of rhyolitic magma degassing during shallow intrusion and eruption[J]. Nature, 306:541-545.

Taylor H P, Turi B, Cundari A, 1984. $^{18}O/^{16}O$ and chemical relationships in K-rich volcanic rocks from Australia, East Africa, Antarctica and San Venanzo Cupaello, Italy[J]. Earth Planet Sci. Lett., 69: 263-276.

Teece M A, Fogel M L, 2007. Stable carbon isotope biogeochemistry of monosaccharides in aquatic organisms and terrestrial plants[J]. Org. Geochem., 38:458-473.

Teichert B M, Gussone N, Torres M E, 2009. Controls on calcium isotope fractionation in sedimentary porewaters[J]. Earth Planet Sci. Lett., 279:373-382.

Telmer K H, Veizer J, 1999. Carbon fluxes, p_{CO_2} and substrate weathering in a large northern river basin, Canada: carbon isotope perspective[J]. Chem. Geol., 159:61-86.

Teng F Z, Dauphas N, Helz R, 2008. Iron isotope fractionation during magmatic differentiation in Kilauea Iki lava lake[J]. Science, 320:16201622.

Thiagarajan N, Adkins J, Eiler J, 2011. Carbonate clumped isotope thermometry of deep-sea corals and implications for vital effects[J]. Geochim. Cosmochim. Acta, 75:4416-4425.

Thiel V, Peckmann J, Seifert R, Wehrung P, et al., 1999. Highly isotopically depleted isoprenoids: molecular markers for ancient methane venting[J]. Geochim. Cosmochim. Acta, 63:3959-3966.

Thiemens M H, 1988. Heterogeneity in the nebula: evidence from stable isotopes[J]//Matthews M S, Kerridge J F, Meteorites and the early solar system. Arizona: University of Arizona Press, 899-923.

Thiemens M H, 1999. Mass-independent isotope effects in planetary atmospheres and the early solar system[J]. Science, 283:341-345.

Thiemens M H, 2006. History and applications of mass-independent isotope effects[J]. Annu. Rev. Earth Planet Sci., 34:217-262.

Thiemens M H, Jackson T, Zipf E C, et al., 1995. Carbon dioxide and oxygen isotope anomalies in the mesophere and stratosphere[J]. Science, 270:969-972.

Thomassot E, Cartigny P, Harris J W, et al., 2009. Metasomatic diamond growth: a multi-isotope study (^{13}C, ^{15}N, ^{33}S, ^{34}S) of sulphide inclusions and their host diamonds from Jwaneng (Botswana) [J]. Earth Planet Sci. Lett., 282:79-90.

Thompson P, Schwarcz H P, Ford D E, 1974. Continental Pleistocene climatic variations from speleothem age and isotopic data[J]. Science, 184:893-895.

Thompson L G, Mosley-Thompson E, Henderson K A, 2000. Ice-core palaeoclimate records in tropical South America since the last glacial maximum[J]. J. Quat. Sci., 15:377-394.

Thompson L G, 2006. Abrupt tropical climate change: past and present[J]. Proc. Nat. Acad. Sci., 103: 10536-10543.

Tiedemann R, Sarntheim M, Shackleton N J, 1994. Astronomic timescale for the Pliocene Atlantic $\delta^{18}O$ and dust flux records of Ocean Drilling Program site 659[J]. Paleoceanography, 9:619-638.

Tilley B, Muehlenbachs K, 2013. Isotope reversals and universal stages and trends of gas maturation in sealed self-contained petroleum systems[J]. Chem. Geol., 339:194-204.

Todd C S, Evans B W, 1993. Limited fluid-rock interaction at marble-gneiss contacts during Cretaceous granulite-facies metamorphism, Seward Peninsula, Alaska[J]. Contr. Mineral. Petrol., 114:27-41.

Tostevin R, Turchyn A V, Farquhar J, 2014. Multiple sulfur isotope constraints on the modern sulfur cycle[J]. Earth Planet Sci. Lett., 396:14-21.

Tripati A K, Eagle R A, Thiagarajan N, et al., 2010. ^{13}C-^{18}O isotope signatures and "clumped isotope" thermometry in foraminifera and coccoliths[J]. Geochim. Cosmochim. Acta, 74:5697-5717.

Trudinger P A, Chambers L A, Smith J W, 1985. Low temperature sulphate reduction: biological versus abiological[J]. Can. J. Earth Sci., 22:1910-1918.

Trudinger C M, Enting I G, Francey R J, et al., 1999. Long-term variability in the global carbon cycle inferred from a high-precision CO_2 and $\delta^{13}C$ ice-core record[J]. Tellus, 51B:233-248.

Truesdell A H, Hulston J R, 1980. Isotopic evidence on environments of geothermal systems[J]//Fritz P, Fontes J, Handbook of environmental isotope geochemistry. Amsterdam: Elsevier, 179-226.

Trust B A, Fry B, 1992. Stable sulphur isotopes in plants: a review[J]. Plant Cell Environ., 15: 1105-1110.

Tucker M E, Wright P V, 1990. Carbonate sedimentology[M]. London: Blackwell, 365-400.

Tudge A P, 1960. A method of analysis of oxygen isotopes in orthophosphate—its use in the measurement of paleotemperatures[J]. Geochim. Cosmochim. Acta, 18:81-93.

Turchin A V, Schrag D P, 2006. Cenozoic evolution of the sulphur cycle: insight from oxygen isotopes in marine sulphate[J]. Earth Planet Sci. Lett., 241:763-779.

Turchyn A V, Schrag D P, 2004. Oxygen isotope constraints on the sulfur cycle over the past 10 million years[J]. Science, 303:2004-2007.

Uemura R, Abe O, Motoyama H, 2010. Determining the $^{17}O/^{16}O$ ratio of water using a water—CO_2 equilibration method: application to glacial-interglacial changes in ^{17}O excess from the Dome Fuji ice core Antarctica[J]. Geochim. Cosmochim. Acta, 74:4919-4936.

Urey H C, 1947. The thermodynamic properties of isotopic substances[J]. J. Chem. Soc., 1947:562.

Usui T, Alexander C M, Wang J, et al., 2012. Origin of water and mantle-crust interactions on Mars inferred from hydrogen isotopes and volatile element abundances of olivine-hosted melt inclusions of primitive shergottites[J]. Earth Planet Sci. Lett., 358:119-129.

Usui T, Alexander C M, Wang J, et al., 2015. Meteoritic evidence for a previously unrecognized hydrogen reservoir on Mars[J]. Earth Planet Sci. Lett., 410:140-151.

Valdes M C, Moreira M, Foriel J, et al., 2014. The nature of Earth's building blocks as revealed by calcium isotopes[J]. Earth Planet Sci. Lett., 394:135-145.

Valley J W, 1986. Stable isotope geochemistry of metamorphic rocks[J]. Rev. Miner., 16:445-489.

Valley J W, 2001. Stable isotope thermometry at high temperatures. Rev. Miner. Geochem., 43: 365-413.

Valley J W, 2003. Oxygen isotopes in zircon[J]. Rev. Miner. Geochem., 53:343-385.

Valley J W, Bohlen S R, Essene E J, et al., 1990. Metamorphism in the Adirondacks. II[J]. J. Petrol., 31:555-596.

Valley J W, Eiler J M, Graham C M, et al., 1997. Low temperature carbonate concretions in the martian meteorite ALH 84001: evidence from stable isotopes and mineralogy[J]. Science, 275: 1633-1637.

Valley J W, 2005. 4.4 billion years of crustal maturation: oxygen isotope ratios in magmatic zircon[J]. Contr. Miner. Petrol. 150:561-580.

Vasconcelos C, Mackenzie J A, Warthmann R, et al., 2005. Calibration of the $\delta^{18}O$ paleothermometer for dolomite precipitated in microbial cultures and natural environments[J]. Geology, 33:317-320.

Vazquez R, Vennemann T W, Kesler S E, et al., 1998. Carbon and oxygen isotope halos in the host limestone, El Mochito Zn, Pb (Ag) skarn massive sulfide/oxide deposit, Honduras[J]. Econ. Geol., 93:15-31.

Veizer J, Hoefs J, 1976. The nature of $^{18}O/^{16}O$ and $^{13}C/^{12}C$ secular trends in sedimentary carbonate rocks [J]. Geochim. Cosmochim. Acta, 40:1387-1395.

Veizer J, 1997. Oxygen isotope evolution of Phanerozoic seawater[J]. Palaeogeogr. Palaeocl., 132: 159-172.

Veizer J, 1999. $^{87}Sr/^{86}Sr$, $\delta^{13}C$ and $\delta^{18}O$ evolution of Phanerozoic seawater[J]. Chem. Geol., 161: 37-57.

VennemannT W Smith H S, 1992. Stable isotope profile across the orthoamphibole isograd in the Southern Marginal Zone of the Limpopo Belt, S Africa[J]. Precambrian Res., 55:365-397.

Vennemann T W, Kesler S E, O'Neil J R, 1992. Stable isotope composition of quartz pebbles and their fluid inclusions as tracers of sediment provenance: implications for gold- and uranium-bearing quartz pebble conglomerates[J]. Geology, 20:837-840.

Vennemann T W, Kesler S E, Frederickson G C, et al., 1996. Oxygen isotope sedimentology of gold and uranium-bearing Witwatersrand and Huronian Supergroup quartz pebble conglomerates[J]. Econ. Geol., 91:322-342.

Vennemann T W, Fricke H C, Blake R E, et al., 2002. Oxygen isotope analysis of phosphates: a comparison of techniques for analysis of Ag_3PO_4[J]. Chem. Geol., 185:321-336.

Ventura G T, Gall L, Siebert C, et al., 2015. The stable isotope composition of vanadium, nickel and molybdenum in crude oils[J]. Appl. Geochem., 59:104-117.

Viers J, 2007. Evidence of Zn isotope fractionation in a soil-plant system of a pristine tropical watershed (Nsimi, Cameroon) [J]. Chem. Geol., 239:124-137.

Villanueva G L, Mumma M J, Novak R E, et al., 2015. Strong water anomalies in the martian atmosphere: probing current and ancient reservoirs[J]. Science, 348:218-221.

Virtasalo J J, Whitehouse M J, Kotilainen A T, 2013. Iron isotope heterogeneity in pyrite fillings of Holocene worm burrows[J]. Geology, 41:39-42.

Voegelin A R, Nägler T F, Beukes N J, et al., 2010. Molybdenum isotopes in late Archean carbonate rocks: implications for early Earth oxygenation[J]. Precambr. Res., 182:70-82.

Von Grafenstein U, Erlenkeuser H, Trimborn P, 1999. Oxygen and carbon isotopes in fresh-water ostracod valves: assessing vital offsets and autoecological effects of interest for paleoclimate studies [J]. Palaeogeogr. Palaeocl., 148:133-152.

Wacker U, Fiebig J, Tödter J, et al., 2014. Emperical calibration of the clumped isotope paleothermometer using calcites of various origins[J]. Geochim. Cosmochim. Acta, 141:127-144.

Wada E, Hattori A, 1976. Natural abundance of ^{15}N in particulate organic matter in North Pacific Ocean [J]. Geochim. Cosmochim. Acta, 40:249-251.

Wallmann K, 2001. The geological water cycle and the evolution of marine $\delta^{18}O$ values[J]. Geochim. Cosmochim. Acta. 65:2469-2485.

Walter S, 2016. Isotopic evidence for biogenic molecular hydrogen production in the Atlantic Ocean[J].

Biogeosciences, 13:323-340.

Wang Y, Sessions A L, Nielsen R J, et al., 2009. Equilibrium $^2H/^1H$ fractionations in organic molecules. II: Linear alkanes, alkenes, ketones, carboxylic acids, esters, alcohols and ethers[J]. Geochim. Cosmochim. Acta, 73:7076-7086.

Wang Z, Chapellaz J, Park K, et al., 2011. Large variations in southern biomass burning during the last 650 years[J]. Science, 330:1663-1666.

Wanner C, Sonnenthal E L, Liu X M, 2014. Seawater δ^7Li: a direct proxy for global CO_2 consumption by continental silicate weathering?[J]. Chem. Geol., 381:154-167.

Warren C G, 1972. Sulfur isotopes as a clue to the genetic geochemistry of a roll-type uranium deposit[J]. Econ. Geol., 67:759-767.

Waterhouse J S, Cheng S, Juchelka D, et al., 2013. Position-specific measurement of oxygen isotope ratios in cellulose: isotope exchange during heterotrophic cellulose synthesis[J]. Geochim. Cosmochim. Acta, 112:178-192.

Watson L L, Hutcheon I D, Epstein S, et al., 1994. Water on Mars: clues from deuterium/hydrogen and water contents of hydrous phases in SNC meteorites[J]. Science, 265:86-90.

Wawryk C M, Foden J D, 2015. Fe-isotope fractionation in magmatic-hydrothermal deposits: a case study from the Renison Sn-W deposit, Tasmania[J]. Geochim. Cosmochim. Acta, 150:285-298.

Weber J N, Raup D M, 1966a. Fractionation of the stable isotopes of carbon and oxygen in marine calcareous organisms-the Echinoidea. I. Variation of ^{13}C and ^{18}O content within individuals[J]. Geochim. Cosmochim. Acta, 30:681-703.

Weber J N, Raup D M, 1966b. Fractionation of the stable isotopes of carbon and oxygen in marine calcareous organisms-the Echinoidea. II. Environmental and genetic factors[J]. Geochim. Cosmochim. Acta, 30:705-736.

Webster C R, Mahaffy P R, 2013. Isotope ratios of H, C and O in CO_2 and H_2O of the Martian atmosphere[J]. Science, 341:260-263.

Wefer G, Berger W H, 1991. Isotope paleontology: growth and composition of extant calcareous species [J]. Mar. Geol., 100:207-248.

Welch S A, Beard B L, Johnson C M, et al., 2003. Kinetic and equilibrium Fe isotope fractionation between aqueous Fe(II) and Fe(III)[J]. Geochim. Cosmochim. Acta, 67:4231-4250.

Welhan J A, 1988. Origins of methane in hydrothermal systems[J]. Chem. Geol., 71:183-198.

Well R, Flessa H, 2009. Isotopogue enrichment factors of N_2O reduction in soils[J]. Rapid Commum. Mass Spectrom., 23:2996-3002.

Wenzel B, Lecuyer C, Joachimski M M, 2000. Comparing oxygen isotope records of Silurian calcite and phosphate—$\delta^{18}O$ composition of brachiopods and conodonts[J]. Geochim. Cosmochim. Acta, 69:1859-1872.

Westerhausen L, Poynter J, Eglinton G, et al., 1993. Marine and terrigenous origin of organic matter in modern sediments of the equatorial East Atlantic: the $\delta^{13}C$ and molecular record[J]. Deep Sea Res., 40:1087-1121.

Weyer S, Ionov D, 2007. Partial melting and melt percolation in the mantle: the message from Fe isotopes[J]. Earth Planet Sci. Lett., 259:119-133.

Weyer S, Anbar A D, Brey G P, et al., 2005. Iron isotope fractionation during planetary differentiation [J]. Earth Planet Sci. Lett., 240:251-264.

White J W C, 1989. Stable hydrogen isotope ratios in plants: a review of current theory and some potential applications[M]. New York: Springer,142-162.

White J W C, Lawrence J R, Broecker W S, 1994. Modeling and interpreting D/H ratios in tree rings: a test case of white pine in the northeastern United States[J]. Geochim. Cosmochim. Acta, 58: 851-862.

Whiticar M J, 1999. Carbon and hydrogen isotope systematics of bacterial formation and oxidation of methane[J]. Chem. Geol., 161:291-314.

Whiticar M J, Faber E, Schoell M, 1986. Biogenic methane formation in marine and freshwater environments: CO_2 reduction vs. acetate fermentation-Isotopic evidence[J]. Geochim. Cosmochim. Acta, 50:693-709.

Whittacker S G, Kyser T K, 1990. Effects of sources and diagenesis on the isotopic and chemical composition of carbon and sulfur in Cretaceous shales[J]. Geochim. Cosmochim. Acta, 54: 2799-2810.

Wickham S M, Taylor H R, 1985. Stable isotope evidence for large-scale seawater infiltration in a regional metamorphic terrane: the Trois Seigneurs Massif, Pyrenees, France[J]. Contrib. Miner. Petrol., 91:122-137.

Wickman F E, 1952. Variation in the relative abundance of carbon isotopes in plants[J]. Geochim. Cosmochim. Acta, 2:243-254.

Wiechert U, Halliday A N, 2007. Non-chondritic magnesium and the origin of the inner terrestrial planets [J]. Earth Planet Sci. Lett., 256:360-371.

Wiechert U, Halliday A N, Lee D C, et al., 2001. Oxygen isotopes and the moon forming giant impact [J]. Science 294:345-348.

Wille M, Kramers J D, Nägler T F, et al., 2007. Evidence for a gradual rise of oxygen between 2.6 and 2.5 Ga from Mo isotopes and Re-PGE signatures in shales. Geochim. Cosmochim. Acta, 71: 2417-2435.

Wille M, Nebel O, Van Kranendonk M J, et al., 2013. Mo-Cr evidence for a reducing Archean atmosphere in 3.46~2.76 Ga black shales from the Pilbara, western Australia[J]. Chem. Geol., 340:68-76.

Williams H M, Archer C, 2011. Copper stable isotopes as tracers of metal-sulphide segregation and fractional crystallization processes on iron meteorite parent bodies[J]. Geochim. Cosmochim. Acta, 75:3166-3178.

Williams H M, Bizimis M, 2014. Iron isotope tracing of mantle heterogeneity within the source regions of oceanic basalts[J]. Earth Planet Sci. Lett., 404:396-407.

Williams H M, Markowski A, Quitte G, et al., 2006. Fe isotope fractionations in iron meteorites: new insight into metal-sulphide segregation and planetary accretion[J]. Earth Planet Sci. Lett., 250: 486-500.

Williams H M, Wood B J, Wade J, et al., 2012. Isotopic evidence for internal oxidation of the Earth's mantle during accretion[J]. Earth Planet Sci. Lett., 322:54-63.

Williford K H, Ushikubo T, Lepot K, et al., 2016. Carbon and sulfur isotopic signatures of ancient life and environment at the microbial scale: Neoarchean shales and carbonates[J]. Geobiology, 14: 105-128.

Wing B A, Farquhar J, 2015. Sulfur isotope homogeneity of lunar mare basalts[J]. Geochim. Cosmochim. Acta, 170: 266-280.

Wong W W, Sackett W M, 1978. Fractionation of stable carbon isotopes by marine phytoplankton[J]. Geochim. Cosmochim. Acta, 42: 1809-1815.

Wortmann U G, Chernyavsky B, Bernasconi S M, et al., 2007. Oxygen isotope biogeochemistry of pore water sulfate in the deep biosphere: dominance of isotope exchange reactions with ambient water during microbial sulfate reduction (ODP Site 1130)[J]. Geochim. Cosmochim. Acta, 71: 4221-4232.

Wright I, Grady M M, Pillinger C T, 1990. The evolution of atmospheric CO_2 on Mars: the perspective from carbon isotope measurements[J]. J. Geophys. Res., 95: 14789-14794.

Wu L, Beard B L, Roden E E, et al., 2011. Stable iron isotope fractionation between aqueous Fe(II) and hydrous ferric oxide[J]. Environ. Sci. Technol., 45: 1845-1852.

Xia J, Ito E, Engstrom D E, 1997a. Geochemistry of ostracode calcite: part I. An experimental determination of oxygen isotope fractionation[J]. Geochim. Cosmochim. Acta, 61: 377-382.

Xia J, Engstrom D E, Ito E, 1997b. Geochemistry of ostracode calcite: part 2. The effects of water chemistry and seasonal temperature variation on Candona rawsoni[J]. Geochim. Cosmochim. Acta, 61: 383-391.

Xia X, Chen J, Braun R, et al., 2013. Isotopic reversals with respect to maturity trends due to mixing of primary and secondary products in source rocks[J]. Chem. Geol., 339: 205-212.

Xiao Y, Hoefs J, van den Kerkhof A M, et al., 2002. Fluid evolution during HP and UHP metamorphism in Dabie Shan, China: constraints from mineral chemistry, fluid inclusions and stable isotopes[J]. J. Petrol., 43: 1505-1527.

Xiao Y, Zhang Z, Hoefs J, et al., 2006. Ultrahigh pressure rocks from the Chinese Continental Scientific Drilling Project: II Oxygen isotope and fluid inclusion distributions through vertical sections[J]. Contr. Mineral. Petrol., 152: 443-458.

Yang J, Epstein S, 1984. Relic interstellar grains in Murchison meteorite[J]. Nature, 311: 544-547.

Yang C, Telmer K, Veizer J, 1996. Chemical dynamics of the "St Lawrence" riverine system: δD_{H_2O}, $\delta^{18}O_{H_2O}$, $\delta^{13}C_{DIC}$, $\delta^{34}S_{SO_4^{2-}}$ and dissolved $^{87}Sr/^{86}Sr$[J]. Geochim. Cosmochim. Acta, 60: 851-866.

Yapp C J, 1983. Stable hydrogen isotopes in iron oxides: isotope effects associated with the dehydration of a natural goethite[J]. Geochim. Cosmochim. Acta, 47: 1277-1287.

Yapp C J, 1987. Oxygen and hydrogen isotope variations among goethites (α-FeOOH) and the determination of paleotemperatures[J]. Geochim. Cosmochim. Acta, 51: 355-364.

Yapp C J, 2007. Oxygen isotopes in synthetic goethite and a model for the apparent pH dependence of goethite-water $^{18}O/^{16}O$ fractionation[J]. Geochim. Cosmochim. Acta, 71: 1115-1129.

Yapp C J, Epstein S, 1982. Reexamination of cellulose carbon-bound hydrogen dD measurements and some factors affecting plant-water D/H relationships[J]. Geochim. Cosmochim. Acta, 46: 955-965.

Yeung L Y, Young E D, Schauble E A, 2012. Measurement of $^{18}O^{18}O$ and $^{17}O^{18}O$ in the atmosphere and the role of isotope exchange reactions[J]. J. Geophys. Res., 117: D18306.

Yeung L Y, Ash J L, Young E D, 2014. Rapid photochemical equilibration of isotope bond ordering in O_2[J]. J. Geophys. Res. Atmos., 119:10552-10566.

Yeung L Y, Ash J L, Young E D, 2015. Biological signatures in clumped isotopes of O_2[J]. Science, 348:431-434.

Yokochi R, Marty B, Chazot G, et al., 2009. Nitrogen in perigotite xenoliths: lithophile behaviour and magmatic isotope fractionation[J]. Geochim. Cosmochim. Acta, 73:4843-4861.

Yoshida N, Toyoda S, 2000. Constraining the atmospheric N_2O budget from intramolecular site preference in N_2O isotopomers[J]. Nature, 405:330-334.

Yoshida N, Hattori A, Saino T, et al., 1984. $^{15}N/^{14}N$ ratio of dissolved N_2O in the eastern tropical Pacific Ocean[J]. Nature, 307:442-444.

Young E D, 1993. On the $^{18}O/^{16}O$ record of reaction progress in open and closed metamorphic systems[J]. Earth Planet Sci. Lett., 117:147-167.

Young E D, Rumble D, 1993. The origin of correlated variations in in-situ $^{18}O/^{16}O$ and elemental concentrations in metamorphic garnet from southeastern Vermont, USA[J]. Geochim. Cosmochim. Acta, 57:2585-2597.

Young E D, Ash R D, England P, et al., 1999. Fluid flow in chondritic parent bodies: deciphering the compositions of planetesimals[J]. Science, 286:1331-1335.

Young E D, Tonui E, Manning C E, et al., 2009a. Spinel-olivine magnesium isotope thermometry in the mantle and implications for the Mg isotopic composition of Earth[J]. Earth Planet Sci. Lett., 288:524-533.

Young M B, McLaughlin K, Kendall C, et al., 2009b. Characterizing the oxygen isotopic composition of phosphate sources to aquatic ecosystems[J]. Environ. Sci. Techn., 43:5190-5196.

Young E D, Manning C E, Schauble E A, et al., 2015. High-temperature equilibrium isotope fractionation of non-traditional isotopes: experiments, theory and applications[J]. Chem. Geol., 395:176-195.

Young E D, Kohl I E, Warren P H, et al., 2016. Oxygen isotope evidence for vigorous mixing during the Moon-forming giant impact[J]. Science, 351:493-496.

Young E D, Kohl I E, 2017. The relative abundances of resolved $^{12}CH_2D_2$ and $^{13}CH_3D$ and mechanisms controlling isotopic bond ordering in abiotic and biotic methane gases[J]. Geochim. Cosmochim. Acta, 203:235-264

Yurimoto A, Krot A, Choi B G, A, et al., 2008. Oxygen isotopes in chondritic components[J]. Rev. Miner. Geochem., 68:141-186.

Zaback D A, Pratt L M, 1992. Isotopic composition and speciation of sulfur in the Miocene Monterey Formation: reevaluation of sulfur reactions during early diagenesis in marine environments[J]. Geochim. Cosmochim. Acta, 56:763-774.

Zachos J, Pagani M, Sloan L, et al., 2001. Trends, rhythms and aberrations in global climate 65 Ma to present[J]. Science, 292:686-693.

Zakharov D O, Bindeman I N, Slabunov A V, et al., 2017. Dating the Paleoproterozoic snowball earth glaciations using contem-poraneous subglacial hydrothermal systems[J]. Geology, 45:667-670.

Zeebe R E, 1999. An explanation of the effect of seawater carbonate concentration on foraminiferal oxygen isotopes[J]. Geochim. Cosmochim. Acta, 63:2001-2007.

Zeebe R E, 2010. A new value for the stable oxygen isotope fractionation between dissolved sulfate ion and water[J]. Geochim. Cosmochim. Acta, 74:818-828.

Zhang T, Krooss B M, 2001. Experimental investigation on the carbon isotope fractionation of methane during gas migration by diffusion through sedimentary rocks at elevated temperature and pressure[J]. Geochim. Cosmochim. Acta, 65:2723-2742.

Zhang H F, 2000. Recent fluid processes in the Kapvaal craton, South Africa: coupled oxygen isotope and trace element disequilibrium in polymict peridotites[J]. Earth Planet Sci. Lett., 176:57-72.

Zhang R, Schwarcz H P, Ford D C, et al., 2008. An absolute paleotem-perature record from 10 to 6 ka inferred from fluid inclusion D/H ratios of a stalagmite from Vancouver Island, British Columbia, Canada[J]. Geochim. Cosmochim. Acta, 72:1014-1026.

Zhao X, Zhang H, Zhu X, et al., 2010. Iron isotope variations in spinel peridotite xenoliths from North China craton: implications for mantle metasomatism[J]. Contr. Mineral. Petrol., 160:1-14.

Zhao Y, Vance D, Abouchami W, et al., 2014. Biogeochemical cycling of zinc and its isotopes in the Southern Ocean[J]. Geochim. Cosmochim. Acta, 125:653-672.

Zhao X M, Cao H H, Mi X, et al., 2017. Combined iron and magnesium isotope geochemistry of pyroxenite xenoliths from Hannuaba, North China Craton: implications for mantle metasomatism. Contr. Miner. Petrol., 172 :40.

Zheng Y F, Böttcher M E, 2016. Oxygen isotope fractionation in double carbonates[J]. Isotopes Environ Health Stud., 52:29-46.

Zheng Y F, Hoefs J, 1993. Carbon and oxygen isotopic covariations in hydrothermal calcites. Theoretical modeling on mixing processes and application to Pb-Zn deposits in the Harz Mountains, Germany[J]. Miner. Deposita., 28:79-89.

Zheng Y F, Fu B, Li Y, et al., 1998. Oxygen and hydrogen isotope geochemistry of ultra-high pressure eclogites from the Dabie mountains and the Sulu terrane[J]. Earth Planet Sci. Lett., 155:113-129.

Zhu Y, Shi B, Fang C, 2000a. The isotopic compositions of molecular nitrogen: implications on their origins in natural gas accumulations[J]. Chem. Geol., 164:321-330.

Zhu X K, O'Nions R K, Guo Y, et al., 2000b. Determination of natural Cu-isotope variations by plasma-source mass spectrometry: implications for use as geochem- ical tracers[J]. Chem. Geol., 163: 139-149.

Zhu X K, O'Nions K, Guo Y, et al., 2000c. Secular variations of iron isotopes in North Atlantic Deep Water[J]. Science, 287:2000-2002.

Ziegler K, Young E D, Schauble E, et al., 2010. Metal-silicate silicon isotope fractionationin enstatite meteorites and constraints on Earth's core formation[J]. Earth Planet Sci. Lett., 295:487-496.

Zierenberg R A, Shanks W C, Bischoff J L, 1984. Massive sulfide deposit at 21° N, East Pacific Rise: chemical composition, stable isotopes and phase equilibria[J]. Bull. Geol. Soc. Am., 95:922-929.

Zimmer M M, Fischer T P, Hilton D R, et al., 2004. Nitrogen systematics and gas fluxes of subduction zones: insights from Costa Rica arc volatiles[J]. Geochem. Geophys. Geosys., 5:Q05J11.

Zinner E, 1998. Stellar nucleosynthesis and the isotopic composition of presolar grains from primitive meteorites[J]. Ann. Rev. Earth Planet Sci., 26:147-188.